中国土木建筑百科辞典

建筑设备工程

中国建筑工业出版社

（京）新登字 035 号

图书在版编目（CIP）数据

中国土木建筑百科辞典：建筑设备工程/李国豪等主编.-
北京：中国建筑工业出版社，1999
ISBN 7-112-02523-0

I. 中… II. 李… III. ①建筑工程-词典②房屋建筑-设
备-词典 IV. TU-61

中国版本图书馆 CIP 数据核字（1999）第 06856 号

中国土木建筑百科辞典
建筑设备工程

*

中国建筑工业出版社出版、发行（北京西郊百万庄）
新 华 书 店 经 销
北京景煌照排中心照排
北京市兴顺印刷厂印刷

*

开本：787×1092 毫米　1/16　印张：33¾　字数：1179 千字
1999 年 5 月第一版　1999 年 5 月第一次印刷
印数：1—3,000 册　定价：**130.00** 元
ISBN 7 – 112 – 02523 – 0
TU·1938（9063）

《中国土木建筑百科辞典》总编委会名单

建筑设备工程卷编委会名单

主编单位： 西安建筑科技大学
　　　　　湖 南 大 学

主　　编： 赵鸿佐
　　　　　胡鹤钧

编　　委：（以姓氏笔画为序）

于广荣	马九贤	马仁民（常务）	王亦昭	叶 龙
田胜元	朱学林	华瑞龙（常务）	刘希孟	孙一坚
李强民	杨大聪	杨 磊	肖正辉	吴元炜
吴以仁	岑幻霞	余尽知	应爱珍	沈旦五
张延灿（常务）	张 淼	陆耀庆	陈在康（常务）	陈钟潮
陈耀宗	周佳霓	俞丽华（常务）	姜文源（常务）	姜正侯（常务）
夏葆真	唐衍富	黄一苓	章成骏	屠涵海
蒋永琨	傅文华	路 煜（常务）	魏秉华（常务）	

撰 稿 人：（姓氏笔画为序）

丁再励	丁崇功	于广荣	马九贤	马仁民	马 恒	王义贞
王天富	王可仁	王亦昭	王重生	王秩泉	王继明	方修睦
甘鸿仁	厉守生	卢安坚	叶 龙	田忠保	田胜元	代庆山
冯利健	邢莆桐	邢埒桐	西亚庚	朱文璎	朱贤芬	朱学林
朱桐城	朱韵维	任炽明	华瑞龙	全惠君	庄永茂	刘幼获
刘振印	刘惠娟	刘耀浩	齐永系	江予新	汤广发	安大伟
许卫君	许钟麟	许渝生	孙一坚	孙玉林	孙孝财	孙张岐
杜鹏久	李伯珍	李国宾	李家骏	李景谦	李强民	李翼家
杨大聪	杨世兴	杨庆泉	杨金华	杨渭根	杨 磊	肖睿书
吴以仁	吴含劬	吴念劬	吴祯东	吴雯琼	岑幻霞	利光裕
何鸣皋	余尽知	邹月琴	邹孚泳	应爱珍	沈旦五	张大聪
张子慧	张世根	张 同	张延灿	张军工	张连奎	张茂盛
张英才	张 明	张 淼	张瑞武	陆 杰	陆慧英	陆耀庆
陈文桂	陈在康	陈沛霖	陈郁文	陈钟潮	陈惠兴	陈耀宗

5

范存养　茅清希　林立成　罗　红　金烈安　周佳霓　郑大华
郑文晓　郑必贵　郑克敏　郑　非　单寄平　珂　仁　赵建华
赵昭余　赵鸿佐　胡　正　胡　泊　胡鹤钧　俞丽华　施沪生
施惠邦　姜乃昌　姜文源　姜正侯　祝伟华　袁世荃　袁　玫
袁敦麟　耿学栋　贾克欣　夏葆真　顾　卫　党筱凤　晁祖慰
钱以明　钱维生　倪建华　徐文华　徐可中　徐宝林　徐　斌
殷　平　高　珍　郭　骏　郭慧琴　唐衍富　唐鸿儒　唐尊亮
黄一苓　黄大江　萧正辉　曹叔维　盛昌源　章成骏　章海骢
章崇清　梁宣哲　董重成　董　锋　蒋彦胤　童福康　温伯银
路　煜　蔡尔海　蔡承媄　蔡　雷　廖传善　熊湘伟　潘家多
戴庆山　魏秉华　瞿星志

序　言

　　经过土木建筑界一千多位专家、教授、学者十个春秋的不懈努力,《中国土木建筑百科辞典》十五个分卷终于陆续问世了。这是迄今为止中国建筑行业规模最大的专科辞典。

　　土木建筑是一个历史悠久的行业。由于自然条件、社会条件和科学技术条件的不同,这个行业的发展带有浓重的区域性特色。这就导致了用于传授知识和交流信息的词语亦有颇多差异,一词多义、一义多词、中外并存、南北杂陈的现象因袭流传,亟待厘定。现代科学技术的发展,促使土木建筑行业各个领域发生深刻的变化。随着学科之间相互渗透、相互影响日益加强,新兴学科和边缘学科相继形成,以及日趋活跃的国际交流和合作,使这个行业的科学技术术语迅速地丰富和充实起来,新名词、新术语大量涌现;旧名词、旧术语或赋予新的概念或逐渐消失,人们急切地需要熟悉和了解新旧术语的含义。希望对国外出现的一些新事物、新概念、新知识有个科学的阐释。此外,人们还要查阅古今中外的著名人物,著名建筑物、构筑物和工程项目,重要学术团体、机构和高等学府,以及重要法律法规、典籍、著作和报刊等简介。因此,编撰一部以纠讹正名,解论释疑,系统汇集浓缩知识信息的专科辞书,不仅是读者的期望,也是这个行业科学技术发展的需要。

　　《中国土木建筑百科辞典》共收词约 6 万条,包括规划、建筑、结构、力学、材料、施工、交通、水利、隧道、桥梁、机械、设备、设施、管理,以及人物、建筑物、构筑物和工程项目等土木建筑行业的主要内容。收词力求系统、全面,尽可能反映本行业的知识体系,有一定的深度和广度;构词力求标准、严谨,符合现行国家标准规定,尽可能达到辞书科学性、知识性和稳定性的要求。正在发展而尚未定论或有可能变动的词目,暂未予收入;而历史上曾经出现,虽已被淘汰的词目,则根据可能参阅古旧图书的需要而酌情收入。各级词目之间尽可能使其纵横有序,层属清晰。释义力求准确精练,有理有据,绝大多数词目的首句释义均为能反映事物本质特征的定义。对待学术问题,按定论阐述;尚无定论或有争议者,则作宏观介绍,或并行反映现有的各家学说、观点。

　　中国从《尔雅》开始,就有编撰辞书的传统。自东汉许慎《说文解字》刊行以来,迄今各类辞书数以万计,可是土木建筑行业的辞书依然屈指可数,大型辞书则属空白。因此,承上启下,继往开来,编撰这部大型辞书,不惟当务之急,亦是本书总编委会和各个分卷编委会全体同仁对本行业应有之奉献。在编撰过程中,建设部科学技术委员会从各方面为我们创造了有利条件。各省、自治区、直辖市建设部门给予热情帮助。同济大学、清华大学、西南交通大学、哈尔滨建筑大学、重庆建筑大学、湖南大学、东南大学、武汉工业大学、河海大学、浙江大学、天津大学、西安建筑科技大学等高等学府承担了各个分卷的主要撰稿、审稿任务，从人力、财力、精神和物质上给予全力支持。遍及全国的撰稿、审稿人员同心同德，精益求精，切磋琢磨，数易其稿。中国建筑工业出版社的编辑人员也付出了大量心血。当把《中国土木建筑百科辞典》各个分卷呈送到读者面前时，我们谨向这些单位和个人表示崇高的敬意和深切的谢忱。

在全书编撰、审查过程中，始终强调"质量第一"，精心编写、反复推敲。但《中国土木建筑百科辞典》收词广泛，知识信息丰富，其内容除与前述各专业有关外，许多词目释义还涉及社会、环境、美学、宗教、习俗，乃至考古、校雠等；商榷定义，考订源流，难度之大，问题之多，为始料所不及。加之客观形势发展迅速，定稿、付印皆有计划，广大读者亦要求早日出版，时限已定，难有再行斟酌之余地，我们殷切地期待着读者将发现的问题和错误，——函告《中国土木建筑百科辞典》编辑部（北京西郊百万庄中国建筑工业出版社，邮编 100037），以便全书合卷时订正、补充。

《中国土木建筑百科辞典》总编委会

前　言

　　《中国土木建筑百科辞典》建筑设备工程卷，经上百位专家学者数年的辛勤努力，终于问世了。它是迄今为止中国覆盖面较广、所收词目较多的一本建筑设备工程辞书。

　　建筑设备工程既是一个具有长远历史又是一个正在迅速发展的行业。它包括了给水排水、供暖通风、空气调节、燃气供应、电气照明、安全防火及输送设备等传统建筑服务设施，还包括用户通信与办公设备、建筑管理系统等现代建筑服务系统。

　　在 20 世纪行将结束，21 世纪即将来临之际编写这本辞书，我们希望它能充分反映出由于人们生活质量、环境与节能意识的日益提高，信息、人工智能、材料等新技术的迅速发展，从而使得建筑设备这个行业的价值、内容与特征产生一系列相应变化的事实，成为本行业从业人员与关心这个行业发展的人们的一部有用的工具书。

　　本辞书是全书编委和全体编撰人员共同劳动的智慧结晶，也是社会各界大力支持的结果，在编写过程中得到了许多专家学者在提供材料与咨询上的帮助，也得到了西安建筑科技大学、湖南大学、同济大学等单位领导的关怀与支持，我们谨此表示热忱的谢意。

　　限于编者的水平，在词目选择及释文内容上如有欠妥乃至错误之处，竭诚欢迎读者批评指正。

建筑设备工程卷编委会

凡　　例

组　　卷

一、本辞典共分建筑、规划与园林、工程力学、建筑结构、工程施工、工程机械、工程材料、建筑设备工程、基础设施与环境保护、交通运输工程、桥梁工程、地下工程、水利工程、经济与管理、建筑人文十五卷。

二、各卷内容自成体系；各卷间存有少量交叉。建筑卷、建筑结构卷、工程施工卷等，内容侧重于一般房屋建筑工程方面，其他土木工程方面的名词、术语则由有关各卷收入。

词　　条

三、词条由词目、释义组成。词目为土木建筑工程知识的标引名词、术语或词组。大多数词目附有对照的英文，有两种以上英译者，用"，"分开。

四、词目以中国科学院和有关学科部门审定的名词术语为正名，未经审定的，以习用的为正名。同一事物有学名、常用名、俗名和旧名者，一般采用学名、常用名为正名，将俗名、旧名采用"俗称"、"旧称"表达。个别多年形成习惯的专业用语难以统一者，予以保留并存，或以"又称"表达。凡外来的名词、术语，除以人名命名的单位、定律外，原则上意译，不音译。

五、释义包括定义、词源、沿革和必要的知识阐述，其深度和广度适合中专以上土木建筑行业人员和其他读者的需要。

六、一词多义的词目，用①、②、③分项释义。

七、释义中名词术语用楷体排版的，表示本卷收有专条，可供参考。

插　　图

八、本辞典在某些词条的释义中配有必要的插图。插图一般位于该词条的释义中，不列图名，但对于不能置于释义中或图跨越数条词条而不能确定对应关系者，则在图下列有该词条的词目名。

排　　列

九、每卷均由序言、本卷序、凡例、词目分类目录、正文、检字索引和附录组成。

十、全书正文按词目汉语拼音序次排列；第一字同音时，按阴平、阳平、上声、去声的声调顺序排列；同音同调时，按笔画的多少和起笔笔形横、竖、撇、点、折的序次排列；首字相同者，按次字排列，次字相同者按第三字排列，余类推。外文字母、数字起头的词目按英文、俄文、希腊文、阿拉伯数字、罗马数字的序次列于正文后部。

11

检　索

十一、本辞典除按词目汉语拼音序次直接从正文检索外，还可采用笔画、分类目录和英文三种检索方法，并附有汉语拼音索引表。

十二、汉字笔画索引按词目首字笔画数序次排列；笔画数相同者按起笔笔形横、竖、撇、点、折的序次排列，首字相同者按次字排列，次字相同者按第三字排列，余类推。

十三、分类目录按学科、专业的领属、层次关系编制，以便读者了解本学科的全貌。同一词目在必要时可同时列在两个以上的专业目录中，遇有又称、旧称、俗称、简称词目，列在原有词目之下，页码用圆括号括起。为了完整地表示词目的领属关系，分类目录中列出了一些没有释义的领属关系词或标题，该词用 〔　〕 括起。

十四、英文索引按英文首词字母序次排列，首字相同者，按次词排列，余类推。

目　　录

词目分类目录

说　明

一、本目录按学科、专业的领属、层次关系编制，供分类检索条目之用。

二、有的词条有多种属性，可能在几个分支学科和分类中出现。

三、词目的又称、旧称、俗称、简称等，列在原有词目之下，页码用圆括号括起，如(1)、(9)。

四、凡加有〔　〕的词为没有释义的领属关系词或标题。

1

5

7

31

34

51

57

A

an

安全超低电压　safety extra-low voltage

　　按国际电工委员会标准规定的线间或线对地之间不超过交流 50V（均方根值）的回路电压。该回路是用安全隔离变压器或具有多个分开绕组的变流器等手段与供电电源隔离开的。上述数值相当于中国标准规定的安全电压系列的上限值。　（瞿星志）

安全电流　safe current

　　流过人体不会产生心室纤颤而导致死亡的电流。其值工频应为 30mA 及以下，在有高度危险的场所为 10mA，在空中或水面作业时则为 5mA。
　　　　　　　　　　　　　　　　　（瞿星志）

安全电压　safe voltage

　　人体长期保持接触而不致发生电击的电压系列。按工作环境情况，中国标准规定的额定值等级交流为 42、36、24、12、6V；空载上限值交流为 50、43、29、15、8V。在使用上述电压标准时，还应满足以下几点：除采用独立电源外，供电电源的输入与输出电路必须实行电路上的隔离；工作在安全电压下的电路，必须与其它电气系统和任何无关的可导电部分实行电气上的隔离；当电气设备采用 24V 以上的电压时，必须采取防直接接触带电体的保护措施，其电路必须与大地绝缘。　（瞿星志）

安全阀　safety valve，relief valve

　　安装在承受内压的管道、设备或容器上起释压保护作用的自动式阀门。当被保护系统内压力超过规定值（即安全阀的开启压力）时，阀瓣自动开启向系统外排放部分介质，防止压力继续升高；待压力降到规定值（即安全阀的回座压力）时，阀瓣自行关闭。按结构形式分有弹簧式、重锤式、杠杆重锤式、脉冲式、波纹管式、先导式、平衡式等。按阀瓣开启高度分有微启式和全启式。按排放介质是否泄至大气分有封闭式和敞开式。用于①生产过程中可能因物料的化学反应使内部压力增加的容器；②盛装液化气体的容器；③压力来源处未装安全阀和压力表的容器；④最高工作压力小于压力来源压力的容器。
　　　　　　　　　　　　　（王亦昭　张连奎）

安全隔离变压器　safety isolating transformer

　　采用双重绝缘或加强绝缘将输入绕组与输出绕组隔离的变压器。它是为供电给安全超低压下工作的设备而设计制造的。　　　（瞿星志）

安全供水　safe supply

　　保证用户用水绝对可靠的供水技术。适用于因供水中断导致生产事故或对生活有严重影响的建筑和用水设备。常采用双向供水和连续供水等。
　　　　　　　　　　　　　　　　　（姜文源）

安全技术措施　technical measures for safety

　　确保电气作业中安全无误的工作程序和技术方法。对停电作业，必须遵循停电、验电、放电、装设临时接地线、悬挂标示牌和设置遮栏的工作程序。对带电作业分为：①间接作业，作业人员与地等电位，必须与带电体保持一定的安全距离，使用绝缘安全用具触及带电体进行作业；②直接作业，作业人员借助绝缘安全用具对地绝缘，徒手直接触及带电体进行等电位作业，与地之间保持一定的安全距离。
　　　　　　　　　　　　　　　　　（瞿星志）

安全距离　safe distance

　　为防止触电和短路事故而规定的人与带电体之间、带电体相互之间、带电体与地面及其他物体之间所必须保持的最小距离。是根据不同结构形式和不同电压等级下空气放电间隙再加上一定的安全裕度而确定的。　　　　　（瞿星志）

安全照明　safety lighting

　　在正常照明电源因故障中断时，确保处于潜在危险中的人的安全而设置的应急照明。正常照明故障能使人陷入危险之中的场所（如热处理车间等）需设置它，其照度不宜低于该场所一般照明照度值的 5%，并还须设置疏散照明。　（俞丽华）

安全组织措施　composite measures for safety

　　各种电气安全规章、安全工作制度、安全工作计划、安全生产管理及安全教育等措施的总称。其中安全工作制度是进行安全操作和检修工作的组织原则。包括：工作票制度；操作票制度；工作许可制度；工作监护制度；工作间断、转移和终结恢复送电等制度。　　　　　　　　　　　　　　（瞿星志）

安装接线图　installation connection diagram

　　系二次设备进行安装和运行试验所用的接线图。由屏面布置图、屏背面接线图和端子排图几部分组成。图中设备的位置排列和相互间距离尺寸都应按实际情况、位置和联接关系按一定的比例从盘后绘制。图中设备之间、设备与端子排之间的连线都按

"相对编号"原则进行编号并加上走向标志。

（张世根）

安装系数 installation factor

又称利用系数。系空调房间中电气设备最大实耗功率与安装功率之比。它反映了对额定功率的利用程度。

（单寄平）

鞍形接头

见马鞍形接头（162页）。

按摩淋浴器 shower for massage

在莲蓬头内设有转轮，在水流推动下可使喷水流束发生周期性变化的淋浴器。可使浴者感到有按摩动作和舒适感，有利消除疲劳。是淋浴器中较高档的一种。

（张延灿）

按摩浴盆

见漩涡浴盆（267页）。

按钮式电话机 push button telephone set

拨号设备用按钮式的自动电话机。用按键代替拨号，按键时发出的是双频制的音频信号。较转盘式速度快，能与电子交换机更好地配合，抗干扰能力强，可减少交换机的错误动作。普通按钮式电话机有0～9，"＃"和"＊"共12只按键，能记忆最后一次电话号码，拨号遇忙后按"＃"键可自动重复发出拨号信号。也有的按键时发出的是直流脉冲，以用于机电制交换机系统中。

（袁玫）

按频率自动减负荷装置 load shedding equipment according to frequency

当电力系统频率偏离额定值下降时，按预定要求依次分级切除相应负载，使系统频率回升的自动装置。

（张世根）

暗藏敷设 flush mounting

管道敷设完成后加以隐蔽的敷设方式。简称暗设或暗装。敷设方式分有埋地敷设、沟槽敷设和伪装敷设等。常用于要求美观，不妨碍生产、生活环境和被输送介质需防冻、保温的场所；但不便施工安装和维护检修。

（黄大江　蒋彦胤）

暗杆闸阀 non-rising-stem gate valve

开启时阀杆不露出阀体外部的闸阀。启闭时阀杆不做升降运动，但本身转动，不能由阀杆判断闸阀的开启度，且阀杆上的螺纹和阀杆螺母均在阀腔内部，无法润滑，易受腐蚀。用于安装高度受限制的地方。

（张连奎　董锋）

暗管 concealed pipe

敷设在墙体管槽、管沟和管道井内，或由建筑装饰所隐蔽的各种管道。用于对美观要求较高或有其他特殊要求的情况。

（姜文源）

暗设

见暗藏敷设。

暗装

见暗藏敷设。

ao

凹槽盖板 core cover

密闭罩做成装配式结构时所采用的一种结构形式。其结构由若干个装配单元组成，根据实际需要，单元制作成矩形、正方形和梯形等形状。由凹槽框架、密闭盖板、压紧装置和密封填料等。基本组成一个单元。

（茅清希）

B

ba

八木天线 yagi antenna

由日本人八木秀次和宇口新太郎于1926年首先提出而得名的引向天线。

（李景谦）

巴图林-卜朗特型天窗 Baturin-Prandt skylight

两个相对的突出屋面气楼并列，外侧为不可开启的采光玻璃窗，内侧为排风窗口，两排风窗口互相遮挡的避风天窗。在任何风向自然风作用下，排风窗口处的风压均为负值。此天窗为巴图林-卜郎特设计

而得名。

（陈在康）

bai

白炽灯 incandescent lamp

将灯丝通电加热到白炽状态，利用灯丝的热辐射发出可见光的光源。1879年爱迪生发明了世界上第一只实用白炽灯。它的基本结构包括玻壳、灯丝、灯头、填充气体。它的发光效率较低，一般为10lm/W左右，但显色性、集光性好，易于大批量生产，成本低，使用方便。广泛用于住宅、办公室、教室、商场、宾馆、工厂及体育场所等照明。一百多年来始终是电

光源产品中产量最大,应用面最广的品种。

(何鸣皋)

白炽灯散热量　heat gain from incandescent lamp

白炽灯在使用过程中向室内空气散发的热量。在所散发的热量中,辐射成分约占80%,对流成分约占20%。对流成分的得热直接成为即时冷负荷;而辐射成分的得热则成为滞后冷负荷。

(单寄平)

白铁管

见镀锌焊接钢管(57页)。

百叶窗式分离器　louver dust collector

利用百叶窗式栅条造成气流转向,使气、固分离的惯性除尘器。占总量90%～95%的净化气体由上方排出,因惯性大部分粉尘积聚在作直线运动的5%～10%的气流中,一起由顶部条缝返回灰斗,并沉降分离,它的外形尺寸小。主要用于处理较粗大的粉尘。

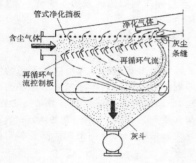

(孙一坚)

百叶阀　louver damper

又称多叶阀。由一组联动的叶片构成,调节叶片不同的倾斜角度,改变流通截面面积,从而调节流量的阀用于风道中。

(陈郁文)

ban

板式电除尘器　plate-type precipitator

每一供电段(电场)内设置多排平行的极板组成集尘极的电除尘器。电晕极均匀地安装在两排集尘极构成的通道中间,气流在除尘器内沿水平方向流动的称为卧式电除尘器。为了提高除尘效率,沿气流方向分为若干个电场,各电场配备独立的供电装置,可分别施加不同的电压。可用于处理很大的烟气量。

(叶　龙)

板式空气换热器　plate heat exchanger

又称板式显热换热器。用薄铝板或其它板材做成的平板和波纹板,进行互相交错、方向交变地排列,使排风和室外进来的新风交错地流过波纹通道

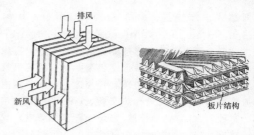

进行间接换热,使新风得到预热的装置。板上涂以氯化锂吸湿剂后,可同时进行显热和潜热的交换,即成为板式全热换热器。

(马九贤)

板式快速加热器　plate heat exchanger

又称板式换热器。冷热流体在成组板片间之空隙形成的各自流道中平行流动进行热交换的快速式水加热器。由一组四周带有密封垫的长方形板片和框架组成。框架两端有固定压板和活动压板,借拉杆螺栓组将成组板片夹紧;板片由金属薄板压制成,呈各种波纹状,常见的有平直波与人字波。波纹的作用可增加有效传热面积,促使流体介质在流道内呈紊流状态增强传热能力,板片由于波纹接触形成较多接触点而增加刚性与强度承受住两流道间较大的压差。流道据工艺要求和板片特性分有串联并联和混联等多种组合方式。具有传热系数高,为列管式的2～4倍;灵活性大,板片数可按热量计算要求而定;结构紧凑,在相同传热能力下占地面积约为列管式的1/3～1/4;维修方便,它是高效的节能设备。

(王重生　郑大华　胡鹤钧)

半电子电话交换机　semi-electronic switching system

又称准电子交换机。控制部分实现电子化而话路接续部分仍用机电式元件的自动电话交换设备。它的控制方式分有布线逻辑控制和存储程序控制两种。电子化的控制部分动作迅速,设备利用率高,可靠、省电、使用寿命长;若这部分采用存储程序控制,其适应能力更强,可灵活地增添或更改业务性能。话路部分,一般采用笛簧和螺簧等新型接线器,比机电式交换机所用的接线器体积小、接续速度快、功耗小;若话路接续采用笛簧接线器其接续速度更接近全电子电话交换机。

(袁　玫)

半固定式消防设施　semi-fixed fire extinguishing facilities

消防时需用配套的移动式喷射设备或器材从固定安装在室内或室外的灭火剂供给管路上接出,才能在设定范围内喷射灭火剂进行扑救火灾的消防设施。如各种类型以水为灭火剂的室内消火栓和室外消火栓以及半固定泡沫灭火设施等。

(郑必贵　陈耀宗)

半即热式水加热器　semi-instantaneous heat exchanger, semi-instantaneous water heater

设有多组水平螺旋形浮动加热盘管、贮水容积较小的密闭立式加热设备。密闭罐中立式的主蒸汽管与主凝水管间由若干组螺旋管相连，蒸汽与罐内被加热水沿罐体高度进行热交换。传热效率甚高、热水产率较大、水垢极易振散。它是一种节能与投资较少的设备。　　　　　　　　　　　（胡鹤钧）

半集中式空调系统　partially central air conditioning system

空气经过集中处理与末端装置处理相结合的空气调节系统。如风机盘管加新风系统以及诱导器系统等。　　　　　　　　　　　（代庆山）

半间接照明　semi-indirect lighting

通过照明器的配光，使10%～40%的发射光通量向下并直接到达工作面上（假定工作面是无边界的）的正常照明。上述剩余的光通量90%～60%是向上的，只能间接地有助于工作面。

（俞丽华）

半开放式集热器　semi-open heat collector

通过透明罩直接吸收太阳辐射能制备热水的集热器。无吸热板与集热管等装置。分有筒式集热器、池式集热器和袋式集热器。具有结构简单、造价低廉，但热效率低。　　　　　　　　（刘振印）

半通行管沟　semi-passable ditch

用于敷设管道，且人可在其中弯腰行走的管沟。净高一般为1.2～1.5m。用于需经常检修但数量不多的管道敷设。　　　　　（黄大江　蒋彦胤）

半循环管道系统　part-circulation system

热水仅在配水与回水干管间的环路中循环流动的系统。热水循环泵定时启动工作。它不能保证各配水点随时得到不低于规定水温的热水。适用于对热水水温使用要求较低、定时供应热水的工业与民用建筑。　　　　　　　　　　　（陈钟潮）

半移动式水景设备　semi-moving waterseape equipment

除水池之外，其他装置均可随意搬动的水景设备。一般由潜水泵、管道、喷泉喷头、照明装置、控制装置等按设计喷水造型要求组合而成，将其置入水池或其他水体中，接通电源即可喷出要求的喷水造型，适用于中小型水景工程。

（张延灿）

半直接照明　semi-direct lighting

通过照明器的配光，使60%～90%的发射光通量向下，并直接到达工作面上（假定工作面是无边界的）的正常照明。上述剩余的光通量是向上发射的。　　　　　　　　　（俞丽华）

半自动排水　semi-automatic water discharge

利用燃气管网内压力，经人工启动即能自动排出凝水井内冷凝水的方法。分有浮子式和皮膜式。

（李伯珍）

bao

薄膜唱片　film disk

用聚氯乙烯塑料薄膜压制成型的密纹唱片。纹槽宽度比普通密纹唱片略宽，约为0.08～0.11mm，转速为$33\frac{1}{3}$r/min，直径为175mm。它的片基薄而轻，不易摔碎，成本低；但质量指标低于普通密纹唱片。分有单面和双面及单声道或立体声，中国生产的均为双面。　　　　　　　　　（袁敦麟）

薄膜式减压阀　membrane pressure reducing valve

通过薄膜感受由阀体外均压管输入的阀后蒸汽压力脉冲，直接作用到阀内的双阀孔阀瓣上，以稳定阀后蒸汽压力的减压阀。　　　　（王亦昭）

饱和度　①degree of bed saturation，②saturation

①固定床吸附器穿透时，床层内吸附剂的实际吸附量与相同条件下床层内吸附剂吸附达平衡时的吸附量之比。亦即吸附剂的动活性与静活性之比。其值的大小与吸附剂的种类、性质、颗粒大小、气体中吸附质的性质及浓度、吸附平衡的性质及吸附操作条件等因素有关。

②用以估价纯彩色在整个色觉（包括无彩色）中的成分的视觉属性。它与颜色的纯度这一物理心理量有关（或近似相关）。它决定于颜色光中所混入的白色光的数量，纯光谱色的含量愈多，则它愈高。

（党筱凤　俞丽华）

饱和时间　saturation time

从吸附床层开始通入气流起，到流出床层的气流中吸附质浓度等于入口气流中吸附质浓度（吸附床层饱和）时止所需的时间。　　　（党筱凤）

饱和水　saturated water

处于饱和状态下的水。　　　（岑幻霞）

饱和温度　saturation temperature

饱和状态时液体和蒸汽的温度。它与饱和压力有一一对应的关系。　　　　　（郭慧琴）

饱和压力　saturation pressure

饱和状态时蒸汽的压力。对应于某一定的饱和温度必有一定的该压力。　　　（岑幻霞）

饱和蒸汽　saturated steam

处于饱和状态下的蒸汽。可分为湿饱和蒸汽和干饱和蒸汽。　　　　　　　（郭慧琴）

饱和状态　saturated state

在密闭容器中，液体气化速度等于气体液化速度时，若不对之加热或吸热以改变其温度，气、液两相将保持该一定的相对数量而处于动态平衡时，该两相平衡的状态。此时蒸汽空间内分子数已达饱和，即蒸汽压力已达最大值。　　　　　　（岑幻霞）

保持器　holding device

将数字信号 $y(nt)$ 转换成模拟信号 $y(t)$ 的装置。从数学上，它是解决在各采样点之间的插值问题。它实现"外推器"的作用，即现在时刻的输出信号取决于过去时刻离散信号值的外推。常用的方法是采用多项式外推公式为

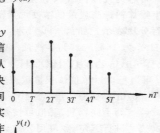

$$y(nT + \Delta t) = a_0 + a_1\Delta t + a_2\Delta t_2 + \cdots a_m\Delta t^m$$

nT 为采样时刻；$a_0, a_1\cdots a_m$ 为方程各项的系数，由过程确定。当 $y(nT + \Delta t) = a$。时称为零阶保持器的外推公式，零阶保持器的功能是把 nT 时刻的信号保持到下一个采样时刻 $(n+1)T$ 到来之前，或为按常数（恒值）外推。　　　　　（温伯银）

保护间隙　protective spark gap

由镀锌圆钢制成的羊角状主间隙和辅助间隙组成的过电压保护器。主间隙水平安装，以便在雷电波侵入被击穿时，所产生的电弧因空气受热上升将其移向主间隙上方被拉长而熄灭。辅助间隙是防止裸露的主间隙被意外短路而设置的。

（沈旦五）

保护角　shielding angle

又称遮光角。灯具的出光面沿口或遮光格栅的下沿与灯具内发光部分（光源或闪光部分）的连线和水平线形成的夹角。采用不透光材料遮挡射向人眼的光线，减少眩光的一种措施，角度越大，眩光（s）越小。CIE对各种看得见内部发光体会产生眩光的灯具根据光源类型和光源的平均亮度范围、按眩光限制质量等级规定选用最小保护角的值。　　　（章海骢）

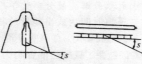

保护角法　method of protective corner

又称富兰克林保护型式。用许多导体（通常是垂直和水平导体）以给定的保护角盖住需要防雷空间的方法。它是以滚球法为基础用等效计算导出的，即保护角保护的空间等于滚球法保护的空间。

（沈旦五）

保护接地　earth-fault protection，protective earthing

IT 系统与 TT 系统中用电设备的外露可导电部分经过各自的 PE 线接地。

（瞿星志　俞丽华）

保护接零　protective connecting neutral

在 TN-S 系统与 TN-C 系统中将用电设备的外露可导电部分与 PE 干线或 PEN 干线相联接。

（瞿星志　俞丽华）

保护线　protective conductor

简称 PE 线。某些电击保护措施所要求的用来将外露可导电部分、装置外可导电部分、总接地端子、接地极、电源接地点或人工中性点等作电气连接的导体。　　　　　　　　（瞿星志）

保护性接地　protective earthing

指为防止人、畜因电击而造成伤亡或损坏的接地。包括保护接地、保护接零、重复接地、防静电接地、建筑物接地和防雷接地等。

（瞿星志）

保护装置　protection equipment

用于保护电气设备发生故障和不正常工作状态的自动动作装置。按构成的不同分为熔断器保护、自动空气开关保护、电磁脱扣器保护和继电保护等装置。　　　　　　　　　　（张世根）

保温地面　insulated floor

由导热系数 λ 小于 $1.16\text{W}/(\text{m}\cdot\text{K})$ 的材料组成的地面。其耗热量的计算方法，基本上与非保温地面的计算方法相同，只不过其各地带的传热阻是不保温地面的传热阻与保温材料层的导热阻之和。

（胡　泊）

保温阀　thermal insulation damper

又称保温窗。当通风空调系统停止运行时，用来关闭新风入口，以防冷空气进入冻坏加热设备的阀门。通常安装在严寒地区送风小室或空调机的新风百叶窗之后。广义地说，凡阀板覆以保温材料的均属这类。　　　　　　　　　　（王天富）

报警阀　alarm valve

又称控制信号阀。安装在自动喷水灭火系统进水管上，具有控制向喷水管网供水，发出声光报警信号，并可启动消防水泵等多功能的专用阀。是自动喷水灭火系统的关键部件。由阀体、阀瓣、座圈、密封圈等组成。按使用场所不同分为湿式报警阀、干式报警阀和干湿式报警阀。

（张英才　陈耀宗）

报警信号灯　alarm signal lamp

用强的可见光发出有关发生盗窃、抢劫或其他危险事件的信息，并对作案者在心理上造成威胁的照明设备。其中包括闪光灯和旋转灯。为了防止破坏，均装有防拆开关。　　　　　　　　（王秩泉）

抱箍式无法兰连接　hoop joint without flange

利用抱箍进行的金属风管连接方法。先将每一管段的接口端轧制出鼓筋，并使一端缩为小口，形成一端大另一端小。安装时按气流方向把小口插入大口内，外面再用钢板抱箍将两个管端的鼓筋抱紧连接，最后用螺栓穿在耳环中固定拧紧，形成一体。　　（陈郁文）

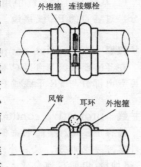

暴雨强度　rainstorm intensity

某一连续降落暴雨时段内的平均降雨量。中国常用的暴雨强度（q）公式为

$$q = \frac{167A(1 + C\lg T)}{(t + b)^n} \qquad (L/s \cdot 10^4 m^2)$$

T 为重现期（a）；t 为降雨历时（min）；A、C、b、n 为地方的气象等参数。它是确定雨水设计流量的重要依据。　　　　　　　（王继明　胡鹤钧）

爆轰　detonation

又称爆震。以冲击波为特征、超音速传播的爆炸现象。是爆炸物质特定的反应形式。它所产生的冲击波，在波阵面的温度与压力均很高，且速度极快，其冲击波可达 $1500 \sim 9000 m/s$，冲击波依靠自身的能量所支持，迅速传播并能远离其发源地而独立存在产生"殉爆"现象，引起其它爆炸性物质（炸药）或气体的爆炸。　　　　　　（杨渭根　赵昭余）

爆破压力　explosive pressure

合成橡胶接头在进行压力试验时，其自身抵抗破坏的能力。单位为 MPa。一般取工作压力的 $3 \sim 4$ 倍，采用水压试验的方法来检验。此试验是在一批产品中或生产一定周期后，抽样检查。在规定值下，该产品不应出现塑性变形或损坏。

　　　　　　　　　　　　　　（邢垾桐　丁崇功）

爆燃　deflagration

以亚音速传播的爆炸。是火、炸药或燃爆性气体混合物的快速燃烧。　　　　　　（华瑞龙）

爆炸　explosion

物质受到摩擦、撞击、震动、高热或其它因素的激发，在极短时间内释放出大量能量，产生高温，并释放大量气体，在周围造成高压的化学反应或状态

变化，同时伴有光、声等效应的现象。分有物理爆炸、化学爆炸和核爆炸三种形式。如蒸汽锅炉、高压钢瓶等的爆炸属物理爆炸；炸药、粉尘、可燃气体、易燃可燃液体的爆炸属化学爆炸；氢弹、原子弹等爆炸属核爆炸。　　　　　　　　　　（赵昭余　杨渭根）

爆炸极限　explosive range

可燃的气体、蒸气、粉尘与空气混合后，遇火源产生爆炸的最高或最低浓度。其范围可燃气体以体积百分比表示，如氢（H_2）为 $4.1\% \sim 74.0\%$；氨（NH_3）为 $16\% \sim 27\%$；汽油（$C_5H_{12} \sim C_{12}H_{26}$）为 $1.3\% \sim 6\%$；乙醚（$C_2H_5OC_2H_5$）为 $1.85\% \sim 36.5\%$ 等。可燃粉尘以单位体积重量表示，如铝粉（Al）为 $25 \sim 40 g/m^3$；钛粉（Ti）为 $40 \sim 300 mg/L$ 等。具有爆炸特性的不同物质，其值可按规定的测试条件，用标准仪器进行测定，亦可用公式计算获得，分有爆炸上限和爆炸下限。它的极限范围越宽，火灾危险性就越大。　　　　　　　（赵昭余　杨渭根）

爆炸上限　upper explosive limit

爆炸极限中的最高浓度值。如氢为 74%；氨为 27%；汽油为 6%；乙醚为 36.5% 等。易燃和可燃性液体一般有两种表示形式：浓度爆炸极限以 $\%$ 表示；温度爆炸极限以 ℃ 表示，两者在本质上是一致的，只是表示形式不同。　　　　　　　　（杨渭根）

爆炸速度　explosion velocity

物质发生快速放热爆炸时的冲击波传播速度。是衡量不同炸药威力的重要指标。炸速高、功率大，破坏力也大。　　　　　　（杨渭根　赵昭余）

爆炸特性　explosive behaviour

物质受到摩擦、撞击、震动、高热或其他因素的激发而发生的快速放热现象。其特性为：①爆炸时的反应速度快，通常在百万分之一秒内即可完成；②产生大量的热；③产生大量气体。

　　　　　　　　　　　　　　　（赵昭余）

爆炸物质　explosive substance

受到高热、摩擦、撞击或受一定物质的激发能瞬息间引起单分解或复分解化学反应，并以机械功的形式在极短时间内放出能量的物质。按化学结构可分为：①无机物类，有硝酸盐混合物、迭氮酸及其盐类、雷酸盐类、氯酸盐混合物类；②有机物类，有芳香族硝基化合物类、硝酸酯类、其它硝基物类、有机重氮化合物类。从性质和用途可分为：①用于引爆雷管或火药的点火器材，如导火索、拉火管等；②用于引爆炸药的起爆器材，如导爆索、雷管等；③炸药和爆炸性药品，包括起爆药、爆破药和火药；④其它爆炸物品，如爆竹、烟花等。

　　　　　　　　　　　　　　　（赵昭余）

爆炸下限　lower explosive limit

爆炸极限中的最低浓度值。是衡量物质火灾危

险性的重要指标之一，其值越低，火灾危险性就越大。如氢（4.1%）的火灾危险性比氨（16%）大；汽油（1.3%）比酒精（3.3%）危险等。易燃可燃性液体的爆炸温度极限，其下限即该种液体的闪点温度。

（杨渭根）

爆震

见爆燎（6页）。

bei

备用电源自动投入装置　automatic throw-in equipment of emergency power supply

当供电电源（线路或变压器）因故障而被切除后，使备用供电电源设备自动合闸以保持正常供电的自动装置。　　　　　　　　　　　（张世根）

备用照明　standby lighting

在正常照明电源因故障中断时，供继续工作用的应急照明。有些生产车间、大型商店、消防控制中心等需设置它，其工作面上的照度不宜低于一般照明推荐照度值的10%。　　　　　（俞丽华）

背景音乐　BGM，background music

在一些公共场所播放音量较低的轻松的音乐。常用在商场、娱乐场和宾馆的大厅、餐厅和走廊等处，形成一个和谐的音响环境。其扬声器一般装在吊顶中，向下辐射声音。　　　　（袁敦麟）

背压阀　back-pressure valve

不论阀后压力如何变化，均能维持阀前压力稳定的阀门。对维持给水系统的稳定运行起到重要作用。它在热水供应系统中，装设在热水回水管的末端，可维持回水管内的压力稳定，防止热水供水管道的较高处压力过低甚至形成负压影响用户使用。

（张延灿）

倍频程　octave band

两个频率之比为2：1的频程。人耳可闻的声音、频率在20～20000Hz之间，而其中心频率为31.5、63、125、250、500、1000、2000、4000、8000、16000Hz。在噪声控制的现场测试中，通常它只用63～8000Hz分为8个倍频程。用它来表示某个宽广的声频范围，给噪声的度量带来一定的方便。

（钱以明）

被调量　regulated variable，controlled variable

指被调对象内要求保持给定值或按一定规律变化的物理量。通常是决定对象工作状态的主要变量。如房间的温度、湿度和水箱内的水位等。

（温伯银）

被动式红外探测器　passive infrared detector

根据温度不为绝对零度的一切物体总是在不断发射红外辐射制成的防盗探测器。它通过接收周围的红外辐射来感知它的作用区内活动着的人的存在。通常由光学系统、热电传感器、信号处理器和接口等主要部分组成。设计不同的光学系统，可实现不同形状和大小的作用区。作用区一般又可分为若干个敏感区，有帘状作用区和圆锥形作用区等。

（王秩泉）

被动式太阳房　passive solar house

又称被动太阳房。通过建筑物朝向及内部空间的合理布置以及建筑构造和材料的恰当选择，不需附加供暖设备即可合理利用太阳能，完成集热、储热和释热功能的供暖系统。造价低、易于推广，但调节性能较差。分为直接受益式、集热—储热墙式、附加温室式和自然对流式。　　　　　（岑幻霞）

被复管

见复合管（76页）。

被控对象　controlled object

简称对象。又称调节对象。指自动控制系统中需要进行控制的机器、设备或生产过程的全部或一部分。　　　　　　　　　　　　　（张子慧）

被控对象特性　controlled object characteristic

在输入信号作用下，被控对象所表现出来的输出信号和输入信号的函数关系。常用传递函数表示。分为静态特性和动态特性两种。前者是指输出与输入信号在稳态时的函数关系，与时间变化无关；后者是指变化输入信号引起输出随时间变化的特性，又分为响应特性（输入信号为阶跃信号）和频率特性（输入信号为正弦信号）。　　　（张子慧）

被控制对象　controlled plant

指要求实现自动控制的机器、设备或生产过程。如建筑设备中的空调、热力、给水和排水等系统。按其特性可分为线性对象与非线性对象、集中参数对象与分布参数对象。前者用常系数微分方程来描述。

（温伯银）

被控制量　controlled variable

指被控制对象内要求实现自动控制的物理量。通常是决定被控制对象工作状态的主要变量，如温度、湿度、流量、压力和液位等。它即为自动控制系统的输出量。要求它服从一定的规律，使被控制对象保持最优工作状态或所要求的工作状态。

（温伯银）

ben

本生火焰法　bunsen flame method

层流可燃混合气体从一可调节一次空气量的圆管内喷出燃烧来测定火焰传播速度的方法。测定时

用测高仪测出喷口火焰内锥高度，再计算焰面上各点法向火焰传播速度 S_n，其平均值为

$$S_n = \frac{L_g(1 + \alpha' V_0)}{\pi r \sqrt{h^2 + r^2}}$$

L_g 为燃气流量；α' 为一次空气系数；V_0 为理论空气需要量；h 为火焰内锥高度；r 为喷管内半径；π 为圆周率。 （施惠邦）

bi

比表面积 specific surface area

①单位质量粉尘的表面积（m^2/kg）。随其值增大，粉尘的化学活泼性也大为加强，对粉尘的某些特性如爆炸性、粘附性等有较大影响。

②单位体积或单位质量工作层所具有的表面积。用于填料层，单位为 m^2/m^3；用于吸附剂层，单位为 m^2/g。它是衡量工作层性能优劣的重要参数之一。 （孙一坚 党筱凤 于广荣）

比电阻 specific resistivity

以电阻率来表示的粉尘导电性。单位为 $\Omega \cdot cm$。粉尘的导电由颗粒的容积导电及其表面吸附水分等形成的化学膜的表面导电两个部分组成，它随环境条件及粉尘的形体构成不同而改变。所以它仅是一种可以互相比较的表观电阻率的简称，是决定电除尘器对粉尘捕集能力的重要物理参数。 （赵鸿佐）

比例调节器 proportional controller

使输入偏差信号与输出信号之间产生连续线性关系的仪表。其调节方程式为

$$u = K_p X = \frac{1}{\delta} X$$

u 为输出信号；X 为偏差信号（被调量与给定值之差）；K_p 为调节器比例系数，即放大倍数；δ 为比例度即调节阀开度百分比与被调量偏差变化的百分比之比值。由于调节器根据偏差大小按比例地指挥执行机构动作，因此偏差只能减小，而不能消除，所以调节的结果是有静态偏差存在。再则比例范围 δ 越大，静差越大，但若比例范围太小了，虽然静差很小，然而调节作用过于强烈，会造成调节系统自激振荡。 （刘幼荻）

比例调节系统 proportional regulating system

调节量按被调量与给定值偏差的大小成比例的连续线性调节的自动控制系统。由敏感元件、比例调节器和执行机构组成。因调节器是根据偏差大小按比例地指挥执行机构动作，所以只能减小不能消除偏差，系统最终有静态偏差存在。 （刘幼荻）

比例度 proportional band

又称比例带。是调节器放大倍数 K_p 的倒数。是调节器的一个重要参数。实质上是表示调节阀开度的百分比与被调量偏差变化的百分比的比值。若比例度 $\delta = 50\%$，调节器放大倍数 K_p 为 2，即为被调量产生 50% 的偏差时，调节阀能从全开到全关（或全关到全开）满量程变化。加大比例度能提高系统稳定性，但静态偏差要增加；反之，能提高系统的精度，但调节过程的振荡程度要增加。

（唐衍富）

比例积分微分调节器 proportional integral derivative controller

简称 PID 调节器。使输出信号 u 按输入偏差 X 大小、偏差的累积值、偏差的变化速度成比例规律动作的仪表。其调节方程式为

$$u = \frac{1}{\delta} \left(X + \frac{1}{T_i} \int X dt + T_d \frac{dx}{dt} \right)$$

T_d 为微分时间（min），是衡量微分作用的强弱与比例作用比较而言的特性指标，T_d 越大，微分作用越强；δ 为比例度。由于有与偏差的变化速度成比例的微分作用，使调节量超前变化，克服对象动态滞后而改善调节品质。 （刘幼荻）

比例积分微分调节系统 proportional-plus-integral-plus-derivative regulating system

调节量按被调量与给定值的偏差大小、符号、累积值及变化速度等，通过逻辑判断，实现非线性调节的自动控制系统。由敏感元件、比例积分微分调节器和执行机构组成。因比例积分微分调节器的作用，系统调节结果将使被调对象的静态偏差消除，有较好的动态过程调节品质。因此都使用在控制精度要求高的调节系统中。 （刘幼荻）

比例位移 proportional move

在比例式调节系统中，调节机构与被调量与给定值之间偏差值对应的位移。 （唐衍富）

比例增益 proportional gain

表示调节仪表对被调参数变化的反应灵敏度。它相当于放大系数。 （唐衍富）

比摩阻 specific frictional resistance

管段单位长度的摩擦压力损失值。常以 R 表示。 （王亦昭）

比色法 colorimetry

溶液中被检物质含量以溶液显色对比测定的方法。分有目测比色法，以特定的显色试剂使溶液显色，将颜色的深浅与标准溶液或标准色列进行比较以确定被测物质的含量；光电比色法，用光电比色计测定单色光透过溶液时被吸收的程度以确定被测物质含量。 （徐文华）

比特　bit

数字通信中度量信息的单位。在二进制脉冲信号的情况下 1 比特为 1bit/s。　　　　（温伯银）

比重瓶法　pycnometer method

测定粉尘真密度的方法。将尘样烘干并称得其质量，然后装入比重瓶，用液体介质浸没尘样并在真空状态下排除粉尘间隙内空气，此时粉尘所排开的液体体积即粉尘的真实体积，按质量与体积之比求得粉尘真密度。　　　　　　　　（徐文华）

比转数　specific speed

①以模型泵的主要性能参数（扬程、流量、转数）反映叶片式水泵中与其相似泵群共同特性和叶轮构造的特征数。模型泵在最高效率下确定扬程为 $1mH_2O$，有效功率为 746W。用于对叶片式水泵进行分类，增补产品的系列和规格。

②表征通风机、水泵特性的特征量。对通风机以 n_s 表示，单位为 r/min，其表达式为

$$n_s = n \frac{Q^{\frac{1}{2}}}{H^{3/4}}$$

Q 为通风机在最高效率下的流量（m³/s）；H 为通风机在最高效率下的风压（Pa）。该值小的通风机风量小，风压高，叶轮相对宽度小；该值大的通风机则相反。同一型号的通风机该值相同。

（姜乃昌　胡鹤钧　孙一坚）

毕托管　Pitot tube

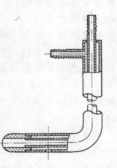

适用于管内无尘气流的测压管。标准毕托管由两同心金属圆管制成 L 型，使测压端可正对气流。内管端开有小孔，孔口正对气流，可感测气流全压；外管侧壁开有小孔，孔口垂直气流，可感测气流静压。内、外管另一端以不同方式与测压计相连，可分别测得气流全压、静压和动压。　　　　　　（徐文华）

闭环控制系统　closed loop control system

又称反馈控制系统。指控制装置与对象之间存在反馈联系的自动控制系统。对被控制量 x 进行连续测量，并与给定值 x_0 相比较，得出偏差信号 $\varepsilon = x_0 - x$，经过放大，变换后，指挥执行机构动作，直到消除偏差为止。　　　　　　（唐衍富）

闭路电视　CCTV，closed cable television

见电缆电视系统（48 页）。

闭式满管回水　closed full flow return system

整个回收系统封闭，二次蒸汽就地分离利用，室外凝水管为凝水满管流的回水方式。系高压凝水回收图式之一。主要设备有闭式凝水箱、扩容箱、阻汽水封或疏水阀。室外凝水管中凝水的流动动力可以是势能或机械能。　　　　　　　（王亦昭）

闭式喷头　sprinkler head

通过封闭喷水口的感温元件动作而开启自动喷水的喷头。由喷水口、感温元件和溅水盘组成，是闭式自动喷水灭火系统的关键部件，起着探测火灾、喷水灭火的重要作用。按照感温元件材质分为易熔合金喷头和玻璃球阀喷头。按照溅水盘的形式分为下垂式、直立式、通用式、边墙式和装饰式。此外还可按照感温级别分类。在不同环境温度场所内设置喷头时，应严格按照环境温度来选用喷头温级，一般喷头公称动作温度应比环境最高温度高 30℃ 左右。

（张英才　陈耀宗）

闭式膨胀水箱　closed expansion tank

与大气隔绝的膨胀水箱。一般将它与之配套的附属设备合称为定压（或加压）装置。

（王义贞　方修睦）

闭式热水供应系统　closed system for hot water supply

热水管系内因热水升温体积膨胀增高的压力，利用在正常工作状态下与大气隔绝的安全阀、膨胀水罐等装置释放的热水供应系统。由于系统密闭，水质不易受污染。　　　　　（陈钟潮　胡鹤钧）

闭式回水系统　closed return system

凝水各管段均处于不小于 5000Pa 压力之下，凝水箱是闭式的，保证凝水在回收途中不与大气接触的高压凝水回收方式。凝水中的溶氧量不致因接触大气而增加，减少了管路和设备的腐蚀机会，且凝水和凝水热量的损失少。　　　　　　（王亦昭）

闭式自动喷水灭火系统　closed sprinkler system

所装设的喷头为闭锁状态的自动喷水灭火系统。火灾时空气温度升高而热力开启喷头喷水灭火。按管网内充填物分有湿式自动喷水灭火系统、干式自动喷水灭火系统、干湿式自动喷水灭火系统、预作用自动喷水灭火系统。　　　　（胡鹤钧）

箅板回风口　grate plate air return opening

吸风面为箅孔孔板的矩形回风口。分有不带和带调节阀两种型式。安装方式与孔板回风口相同。　　　　　　　　　　　　（王天富）

壁流　water wall

附着陡壁流下的跌水形态。根据环境功能和艺术需要，可在陡壁上镶砌乱石、雕刻纹样、养殖水草，也可做成平滑的壁面。可造成雪花翻滚、浮雕蠕动、水草摇曳或水膜鳞纹闪烁的景象。　　（张延灿）

避风天窗　wind-sheltered skylight

排风口外装设挡风板或采用其他措施，保证在任何风向的自然风作用下，排风口处的风压均为负值的天窗。根据其挡风结构形式的不同常用的分有矩形天窗、折线型天窗、曲线型天窗、纵向下沉式天窗、横向下沉式天窗和天井式天窗等。

（陈在康）

避雷带　lightning strip

安装在建筑物最易受雷击部位的带状金属导体。对于高层建筑物在 30m 以上部位，每隔三层在外墙四周暗敷一圈避雷带与引下线焊接，以防侧击雷，同时也起着均压环作用。

（沈旦五）

避雷器　lightning arrester

用于防止雷电波侵入和雷电反击的保护器件。当雷电波将其击穿并泄放入地时，强行将雷电波截断，此时加在设备上的电压为有效地限制在绝缘可以承受的残余电压，雷电波过后恢复正常工作。常用的分有阀型避雷器、压敏避雷器和管型避雷器等。

（沈旦五）

避雷网　lightning net

建筑物屋面面积较大或底部裙房较高较宽时，根据其具体造型在建筑物最易受雷击部位布置的网格状金属导体。也可利用钢筋混凝土屋面中的钢筋网。

（沈旦五）

避雷线　overhead ground wire

安装在架空电力线路或被保护空间上方的架空接地导线。其单根线形成一狭长保护区；其多根线可组成一个保护区间。

（沈旦五）

避雷针　lightning rod

安装在建筑物最高处或单独设立在杆塔顶上防雷的杆状金属导体。利用其高耸空中造成较大的电场梯度，将雷电引向自身放电。它可由一根或多根组成防雷保护区。

（沈旦五）

避震喉　shock protected throat

见可曲挠合成橡胶接头（138 页）。

bian

边墙式喷头　side wall sprinkler head

靠墙边安装在给水支管上的喷头。洒水的形状为半抛物线形，单面水流定向地喷向被保护区域，少部分水喷向墙面。按照安装方式分为水平型和垂直型。常用于办公室、门厅、休息室、走廊和仓库等要求设置自动喷水灭火系统的场所。

（张英才　陈耀宗）

编码　to code

用数据处理机可接收的符号形式来表示数据或计算机程序。

（温伯银　俞丽华）

蝙蝠翼配光　batwing distribution

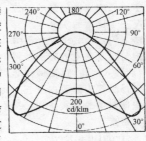

一种在铅垂线方向光强较小，最大光强在 30°左右的光强分布曲线。这种配光在铅垂方向上光强小，不会在书本上产生过多的反光，相反有较多的斜射光线，提高了书本上字迹的清晰度。是特别适合于办公室和教室中应用的配光曲线。

（章海骢）

扁射流　plane jet

又称平面射流。气体经窄而长的条缝型喷嘴出流，形成仅在喷嘴宽度窄边方面不断扩散，而在喷嘴长度长边方面不扩散的外射流动。这种流动可视为流体力学中的平面运动。

（陈郁文）

变电所　substation

供配电系统中变换电压，并把电能分配给用户的场所。其中主要的电气设备有电力变压器和高、低压配电装置。

（朱桐城）

变风量调节箱　variable air volume controlling chamber

变风量系统所配置的末端装置。用以调节送入空调房间风量的箱体，其调节型式分有节流型、旁通型以及诱导型。

（代庆山）

变风量送风口　VAV outlet

在变风量调节箱的开口处，用调节装置改变风口尺寸的大小，来控制送入房间风量的送风口。

（代庆山）

变风量系统　VAV system，variable air volume system

当室内负荷减少时，固定送风温度靠改变（减小）送风量以维持室温不变的空气调节系统。是通过特殊的送风装置（末端装置）来实现的。其型式有节流型、旁通型、诱导型等。目前最大调节风量为 50%，多单元的冷热量分别由冷机房或锅炉房送出，其所需的系统最大负荷均小于其它现有的系统。其优点在于节能、调节方便，近年来国内外发展很快，如风机电机的变频调速等，得到较广泛的应用。

（代庆山）

变换器　transducer

见变送器（11 页）。

变径管

见异径管（277 页）。

变量补气

见余量补气（286 页）。

变频调速电力拖动　variable frequency electric drive

　　用电力半导体变频器实现交流电动机调速的交流电力拖动。变频器把 50Hz 工频电源或直流电源转换成可调频调压的交流电源对需调速的交流电动机供电。　　　　　　　（唐衍富　唐鸿儒）

变送器　transmitter

　　又称变换器。将检测器输出的信号（一般为电信号）变换为能远距离传送的统一标准信号（一般为电信号）的器件。国际上统一规定 1～5VDC 或 4～20mADC 作为标准信号。　　　（廖传善　温伯银）

变送器特性　charactristic of converter

　　变送器输出信号与输入信号的函数关系。由于一般变送器的时间常数很小，可略而不计，故相当于一个比例环节，它可用代数方程表示，即

$$B_Z = K_B \theta_Z$$

B_Z 为变送器输出信号；θ_Z 为变送器输入信号（传感器的输出信号）；K_B 为变送器的放大系数。
　　　　　　　　　　　　　　　　　　（张子慧）

变速电机调速　variable motor governor

　　调速水泵机组的拖动电动机与水泵直接联接，靠改变电动机的转速来调节水泵转速的调速方法。常用鼠笼式感应电动机的实用调速方法分有变极调速、串级调速、变压调速、变频调速、定子串联电阻（或电抗）调速和转子串联电阻（或电抗）调速等。
　　　　　　　　　　　　　　　　　　（张延灿）

变温变容贮热设备　both temperature and volume variation heat slorage tank

　　容器中热水的水温及容积均作分层变化的贮热设备。冷水于设备下部进入，热水自上部流出，间接加热部件置于下部。被加热水在对流状态下被逐层加热；同时，自高温至低温逐层供出热水。其典型的设备为容积式水加热器。贮水容积一般用经验法确定，但必须保证使用的最低水温。
　　　　　　　　　　　　　　　（钱维生　胡鹤钧）

变形压缩量　compression value of deformation

　　隔振材料在外力作用下的压缩变形程度。其容许变形量随材料、形状和使用条件的不同而异，从使用寿命和隔振效果考虑，变形量应限制在一定的范围内。　　　　　　　　　　　　　　（甘鸿仁）

变压变频控制　VVVF, variable voltage variable frequency control

　　根据设定参数（如温度、压力等）自动或人工改变交流感应电动机供电电压和频率以改变电机转速的控制。用于风机、水泵等对象的电机转速控制一般分有电流型、电压型和脉宽调制型三种方式。在空调和冷热水系统运行的部分负荷工况下，采用此控制节电效果显著。　　　　　　　　　　（廖传善）

变压器短路损耗　short-circuit loss of transformer

　　又称铜损。变压器在额定负荷条件下，原、副边绕组中所产生的功率损耗。由于此值是通过短路试验所得，称为短路损耗。因绕组中的功率损耗与其温度有关，变压器铭牌所给出的短路功率，系指绕组温度为 75℃ 条件下，额定负荷所产生的功率损耗。
　　　　　　　　　　　　　　　　　　（朱桐城）

变压器功率损耗　power loss of transformer

　　变压器在变压和传递电功率的过程中，其自身产生的有功功率损耗和无功功率损耗。有功功率损耗由固定损耗与可变损耗两部分组成。固定损耗是与负荷大小无关的空载损耗（铁损），而可变损耗则是与负荷平方成正比变化的短路损耗（铜损）。无功功率损耗由与负荷大小无关的空载励磁功率以及与负荷平方成正比变化的漏磁功率两部分组成。
　　　　　　　　　　　　　　　　　　（朱桐城）

变压器空载损耗　no-load loss of transformer

　　空载条件下，励磁电流在变压器铁芯中所引起的涡流损耗及磁滞损耗之和。涡流损耗是铁芯中所产生的感应电流引起的热损耗。磁滞损耗是由于铁芯中的磁畴在交变磁场作用下作周期性旋转而引起铁芯的发热。因其损耗主要发生在铁芯中，故又称为铁损。　　　　　　　　　　　　　　　（朱桐城）

变压器纵联差动保护装置　longitudinal differential protection of a transformer

　　比较变压器各侧电流的数值大小与相位而构成的差动保护装置。在变压器各侧都装设电流互感器，它们的二次绕组用电缆（又称二次辅助导线）按环流法相互串联，继电器并联于二次绕组。在正常运行和外部故障时，流入继电器的电流为各侧电流之差，其值接近于零，继电器不动作；内部故障时，流入继电器的电流为各侧短路电流之和，继电器动作，断开各侧断路器。　　　　　　　　　　　（张世根）

变压式气压给水设备　variable pressure pneumatic water supply installation

　　供水压力在一定范围内周期性波动的气压给水设备。水泵机组、气压水罐与给水管系直接连接，水泵机组的启闭由气压水罐内的压力控制。较广泛用于对供水压力要求不严的情况。　　　　（张延灿）

便溺用卫生器具　toilet fixtures

　　收集和排除粪便、尿液用的卫生器具。设在厕所或卫生间内，供人们便溺使用。按用途分有大便器、大便槽、小便器、小便槽和倒便器。由冲洗装置、接受容器和排出口等组成。接受容器常用陶瓷制成，也

有玻璃钢、人造大理石、人造玛瑙等制品。

(倪建华 金烈安)

便器冲洗用水 flushing water for toilet

携带各类便器中粪便污物及尿液进入排水管系的冲洗用水。应有足够的水量和满足冲刷的水压。对大便器其最低要求水压水量分别为 5 kPa 和 1.20 L/s。

(胡鹤钧)

biao

标度变送器 scale converter

它是将各种传感器及变送器输出的信号变换为统一信号,并且输入巡回检测或控制器接口设备。一种信号转换器。

(温伯银)

标量照度

见平均球面照度 (179 页)。

标么值 per unit quantity

任意一个物理量的值对其基准值之比值。无量纲。

(朱桐城)

标示牌 identifiable plate

用文字、图形及安全色组成的牌型标示。用来预防接近带电部分、指示工作地点、提醒注意采取安全措施以及禁止向设备送电。根据用途可分为警告类、禁止类和允许类等标示牌。

(瞿星志)

标志器 marker

自动电话交换机中,控制话路系统进行接续的公共控制设备。即控制话路网络中连接通路的选择和接通。它根据记发器送来号码,进行接续有关的查定、选择和控制工作,它是控制中心,与各种设备都有联系。当交换机采用集中控制方式时,它是全站公用设备;当交换机采用分级控制方式时,它可是只控制一级或几级接线网络进行接续的局部公用设备,可分为用户标志器和选组标志器等。

(袁 玫)

标准玻璃 glass with typical sol-optical properties

一种假想的、具有典型的太阳光学特性的玻璃。根据它的太阳光学特性作成的玻璃日射得热因素表具有代表性,可用于计算空调冷负荷。

(陈沛霖)

标准尺寸比 SDR, standard dimension ratio

又称标准外径尺寸比。为管的平均外径与最小壁厚之间的比值。常用于以外径控制尺寸的塑料管等。是控制管壁厚度、决定承受内压能力的重要参数。

(张延灿)

标准内径尺寸比 SIDR, standard insidediameter dimension ratio

管的平均内径与最小壁厚之间的比值。常用于以内径控制尺寸的塑料管等。是控制管壁厚度、决定

承受内压能力的重要参数。

(张延灿)

标准年 standard year

在最近 10a120 个月的平均温度、平均湿度和平均日射值样本中,按某年某月的该三项月均值都接近于该月的 10a 均值之原则,按月份选出各月取值的代表年份后,以此来自非同一年份的 12 个月所组成的全年逐月平均气象资料。

(田胜元)

标准水银温度计 standard mercury thermometer

用水银作为填充液制成的玻璃棒温度计。由于水银作为测温物质比起其他物质可有更高的测量精度,常可用来标定其他测温元件。

(安大伟)

标准外径尺寸比

见标准尺寸比。

标准有效温度 SET, standard effective temperature

将室内气候因素对身着实际服装热阻条件下的人体所产生的以平均皮肤温度和皮肤湿润度所表征的热感效应综合成一个以身着标准服装,产生同样热感(相同皮肤温度和湿润度)的相对湿度为 50%、流速为零并与室内平均辐射温度相等的单一空气温度所表示的热感指标。对坐着穿轻薄服装和较低空气流速的标准状况,该单一温度指标的温度值就等于新有效温度。上述的所谓标准服装是和活动量相对应的。当活动量为 0.3～3.8mets (注 1met = 58W) 时,其相应标准服热阻值为 0.7～0.3clo。

(马仁民)

表格显示 tabular display

又称字符显示、文件显示。以表格形式表示的显示。

(温伯银)

表具合一 combination of gas flowmeter and appliance

将燃气表装于燃具下方与燃具合成一体的安装方式。横向进表支管离地 400～500mm。安装定型简单,便于施工维修。

(孙孝财)

表面防护装置 surface protection

在被防护面上覆盖一层形成闭合回路金属网的装置。可防护由金属、木头、砖或水泥构成的墙、地板和天花板,也可防护机要房间和保险柜。当闯入者企图从被防护面进入时,将引起开路,从而发出报警信号。

(王秩泉)

表面过滤 surface filtering

以较薄的纤维滤布、毡等为滤料,利用滤料表面所粘附的粉尘层作为过滤层来捕集含尘气体中的粉尘。

(叶 龙)

表面换热器处理空气过程 the air handling process by surface heat exchanger

通过金属表面以实现空气与冷、热介质进行间接热、湿交换以获得空气状态变化的过程。视通入换热器的介质不同可分为以热水或蒸汽作热媒的空气加热器处理过程、以冷水为热媒的水冷式表冷器处理空气的过程和以制冷剂为热媒的直接蒸发式表冷器处理过程。空气加热器只能实现对空气的等湿加热过程；表冷器只能实现对空气等湿冷却或减湿冷却过程，而不能实现加湿空气的多变过程，否则需增加淋水设备。   （田胜元）

表面换热器热工性能 thermodynamical characteristics of surface heat exchanger

表面换热器在不同运行工况（干、湿）和空气流速下，所具有的传热系数、空气流通阻力和热媒流通阻力等的热工性能。   （田胜元）

表面换热系数 coefficient of surface heat transfer; film or surface conductance

又称表面热交换系数、表面热转移系数、放热系数和受热系数。当围护结构表面与相邻空气之间为单位温度差时，单位时间内通过单位面积所交换的热量。这种换热过程包括辐射、对流和传导，三者能单独变化而影响总的换热系数。在内表面称为内表面换热系数，以 α_n 〔W/（m^2 · K）〕表示；在外表面称为外表面换热系数，以 α_w 〔W/（m^2 · K）〕表示。   （西亚庚）

表面式换热器 surface heat exchanger

又称间接式换热器。两种不同温度的流体，在固定壁面两侧的流道中彼此不相接触，通过壁的传导和壁面流体的对流进行换热的设备。主要类型分有管壳式换热器、套管式换热器、板式换热器和盘管式换热器。   （王重生）

表面温度计 surface thermometer

用来测量物体表面温度的仪表。如半导体点温计。   （安大伟）

表压 gauge pressure

又称表压力。压力表指示的压力。它以大气压力为读数起点，其值表示所测的压力与大气压力之差。   （岑幻霞）

bing

冰点下降 freezing point depression

由于盐水溶液中水的成分低于纯水，故其冰点比纯水的冰点低，而溶液的冰点随浓度增加而降低。   （齐永系）

冰树

见雪松（268 页）。

冰水 chilled water

俗称冰镇水，又称冷冻水。冷却至冰点下的凉开水。制备方式有人工投加冰块和使用制冷设备。   （夏葆真 胡鹤钧）

冰塔

见雪松（268 页）。

冰柱 icicle, ice pipe, ice pillar

又称雪柱、大直径的也称雪龙。白色柱状气水射流。是水景工程中较常用的水流形态。（张延灿）

并联电力电容器 parallel power capacitor

旧称移相电容器。主要用于提高工频电力系统功率因数的电容器。按电压分为高压和低压；按相数分为三相和单相；按安装场所分为户外式和户内式。   （朱桐城）

并联电容器分组补偿 group compensation of parallel capacitor

并联电容器成组分散安装在各建筑物的配电母线上的补偿方式。对于用电负荷较分散及补偿容量较小时，一般采用此方式。它可减少高压供电线路和变压器中的无功功率；而低压配电线路中的无功功率未能减少。   （朱桐城）

并联电容器个别补偿 individual compensation of parallel capacitor

并联电容器直接安装在个别用电设备之上或近旁的补偿方式。对于吸取无功功率的用电设备很分散时，是理想的补偿方式。它可减少供配电线路和变压器中的无功功率，降低线路和变压器中的有功电能损耗。适当配置低压电容器，还可减小低压配电线路的导线截面和配电变压器的容量。但其利用率低、投资大。仅适用于运行时间长的大容量用电设备，尤其是需补偿的无功功率很大及由较长线路供电的情况。   （朱桐城）

并联电容器集中补偿 concentrated compensation of parallel capacitor

并联电容器组集中安装在变配电所的低压或高压母线上的补偿方式。此方式的电容器组利用率高，可减少电力系统的无功功率；但不能减少建筑物配电网络中的无功功率。   （朱桐城）

并联管路资用压力 available pressure in parallel pipes

并联管路中的一支管路进出口处所具有的能用于克服流动阻力的压力差。当已知两并联管路中的某一支管路的压力损失后，其它一支的资用压力按并联环路压力损失平衡的规律求得。在水力计算时，为了保证两并联管路中的流量分配符合设计值，必须使热媒沿并联管路流动时的压力损失与其资用压力相等。   （王亦昭）

并联环路 parallel circuit

具有共同管路和并联管路的各环路。它们在某一共同点（称为节点）分支，又在另一共同点汇合。
　　　　　　　　　　　　　　　　　（王亦昭）

并联给水方式　parallel connection water supply scheme

　　建筑物自下至上各区独立加压供水的竖向分区给水方式。各区水泵集中设置于下区泵房内，型号不同、规格较多，便于维修管理。各区独立运行互不影响，对整个系统的供水安全可靠性较串联方式好。在实际工程中较常采用。　　（姜文源　胡鹤钧）

bo

波特　baud

　　表示信号传输速率的单位。它等于每秒种内传输线上传输离散状态或信号事件的个数。也是异步传输中调制率的单位，它等于单位间隔的倒数，如单位间隔的宽度为20ms，则调制率为50波特。
　　　　　　　　　　　　　　　　　（温伯银）

波纹管　corrugated pipe

　　金属或非金属制成具有一定伸缩弹性的环形波状管。一般由黄铜、锡磷青铜、不锈钢、塑料、橡胶等材质制成。管径为22～200mm。主要用于柔（挠）性连接、管路伸缩补偿及作为压力测量敏感元件。　　　　　　　　　　　　　　（胡鹤钧）

波纹管补偿器　bellows compensator

　　利用金属波纹管的弹性补偿管段热伸长的设备。体积小，阻力小，省钢材；但补偿能力也小，且内推力较大，安装质量要求严格。　（胡　泊）

波纹管式减压阀　corrugated pressure reducing valve

　　通过通入波纹管内的阀后蒸汽压力与下弹簧弹力的平衡带动阀瓣升降进行减压的阀门。
　　　　　　　　　　　　　　　　　（王亦昭）

波阻抗　surge impedance

　　电磁波沿导线传播时电压 U_m 和电流 I_m 之间数量关系的量。它只决定于线路本身的分布参数 Z，即为 $Z = \dfrac{U_m}{I_m} = \sqrt{\dfrac{L_0}{C_0}}$（$L_0$ 为单位长度的电感；C_0 为单位长度的电容）。在计算雷击点电位时，引用雷道波阻抗的概念，把直接雷击的作用看成沿一条等于雷道波阻抗 Z_0 的线路上流动的电压波，在闪击对象处的作用来代替。一般取雷道波阻抗 $Z_0 = 300\Omega$。
　　　　　　　　　　　　　　　　　（沈旦五）

玻璃对太阳辐射的散射透过率　transmittance of glass for the diffuse solar radiation

　　透过玻璃的太阳辐射能中的散射部分的量与其外表面接受的散射太阳辐射量之比。其值随玻璃情况而异。　　　　　　　　　　　　（陈沛霖）

玻璃对太阳辐射的直射透过率　transmittance of glass for the direct solar radiation

　　透过玻璃的太阳辐射能中的直射部分的量与其外表面接受的直射太阳辐射入射量之比。其值随入射角和玻璃情况而异。　　　　　　（陈沛霖）

玻璃辐射系数　emittance of window glass

　　玻璃放出的总辐射通量与相同温度下理想黑体所放出的总辐射通量之比。　　　　　　（陈沛霖）

玻璃钢（FRP）管　fiberglass reinforced plastic pipe

　　又称玻璃纤维增强塑料管、纤维增强塑料管。以酚醛树脂（PE）、改性酚醛树脂、环氧树脂（EP或PR）、不饱和聚酯树脂（UP），呋喃树脂（FR）、有机硅树脂（SI）等为胶粘剂，玻璃纤维或玻璃布为增强材料，再添加适量助剂、颜料和填料，用离心浇铸、缠绕、卷制、层压等法加工成型和固化制成的热固性塑料管，密度为 $1.5 \sim 2.1\text{g/cm}^3$，可自燃，质轻，坚硬，机械强度较高，不导电，耐腐蚀性能好。最高使用温度为 90～180℃，常用规格公称直径为 25～600mm。一般采用法兰连接和承插粘接。主要用于输送腐蚀性介质，也可作落水管、排烟管、风管等。
　　　　　　　　　　　　　　　　　（张延灿）

玻璃钢通风机　glass fiber reinforced plastic fan

　　用环氧树脂玻璃钢制作的通风机。适用于输送腐蚀性气体。玻璃钢质轻而坚硬，机械强度可与钢材相比，不导电、耐水和耐腐蚀，但易燃烧。
　　　　　　　　　　　　　　　　　（孙一坚）

玻璃管　glass pipe

　　以玻璃为原料，经熔融拉制、离心或模铸成型的非金属管。按玻璃材质分为普通玻璃管（通常采用钠玻璃加工）和化工玻璃管（通常采用热稳定性和化学稳定性良好的硼玻璃加工）。透明、光滑、流动阻力小、耐化学腐蚀；但质脆、耐压能力差、不能承受振动和挠曲。一般使用温度范围为 -30～130℃，温度骤变不得超过 80℃。常用于实验室管路。化工玻璃管也可在无振动环境下，用于输送低压腐蚀性介质。
　　　　　　　　　　　　　　　　　（张延灿）

玻璃破碎探测器　glass break detector

　　通过检测门窗玻璃被闯入者击破时产生的机械振动（频率为 0.1Hz 到 1MHz）来感知闯入事件发生的探测器。利用压电传感器将振动变成电信号，经放大、处理和确认后，发出报警信号。　　（王秩泉）

玻璃球阀喷头　glass-bulb type sprinkler head

　　环境温度升高使玻璃球内的工作液体膨胀而产生内压，导致玻璃球爆破脱落而开启喷水的闭式喷头。由喷水口、内装工作液体的玻璃球体和溅水盘组成。工作液体通常使用酒精和乙醚。喷头的公称动作温度和色标分有：57℃为橙色、68℃为红色、79℃为黄色、93℃为绿色、141℃为蓝色和182℃为紫红色。

　　　　　　　　　　　　　　　　（张英才　陈耀宗）

玻璃温度计　glass-stem thermometer

　　在玻璃壳体内充有水银或有机液体等感温物质的膨胀式温度计。按用途和测量精度分为工业玻璃温度计、实验室玻璃温度计和标准玻璃温度计；按结构形式分为棒式玻璃温度计和内标式玻璃温度计；按感温液体分为水银玻璃温度计和有机液体玻璃温度计等。　　　　　　　　　　　　　　　（唐尊亮）

玻璃纤维过滤器　glass fibre air filter

　　以细的（一般十几微米）或超细的（一般几微米）玻璃纤维棉、玻璃纤维毡作为填充滤料的过滤器。单体形状为片式，表面覆以网材，片与片可组成楔形、V字形等。　　　　　　　　　　（许钟麟）

玻璃纤维增强塑料管

　　见玻璃钢管（14页）。

玻璃液体温度计　liquid-in-glass thermometer

　　利用液体容积受热膨胀原理的温度测量仪表。当泡壳受温度影响加热或冷却时，液体在固定不变的泡壳内体积就增大或缩小，因此液体就沿着与泡壳联在一起的玻璃细管上升或下降，温度值即可在细管内标或外标刻度尺上读取。由于液体种类不同，因此可分为水银温度计与有机液体温度计等。

　　　　　　　　　　　　　　　　　　（刘幼荻）

bu

补偿调节与串级调节　compensate control and cascade control

　　反馈控制与前馈控制的集合为补偿调节；两个负反馈控制回路的嵌套构成串级调节。这两种调节在热工系统中的应用，可提高调节品质等指标，但系统复杂，价格提高，调整较难。以室外温度为前馈信号构成的新风补偿调节，既可克服外扰，达到高精度控温目的；又可过（或欠）补偿，使温度控制值随外温而变化，达到舒适性空调目的。串级调节的副回路嵌套在主回路中，具有很强的快速克服干扰能力，适用于对象滞后较大、干扰变化大而激烈和调节品质要求高的直接蒸发式冷库和高精度恒温恒湿空调系统等场合。　　　　　　　　　　　　　（张瑞武）

补偿率　ratio of compensation

　　无功功率的相对降低值。用无功补偿设备供给的无功功率 Q_c 和用户设备所需的无功功率 Q 之比。以 R_c 表示。其表达式为 $R_c = Q_c/Q$

　　　　　　　　　　　　　　　　　　（朱桐城）

补偿器

　　又称伸缩器、伸缩节。装在热力管道上，可在一定范围内沿轴向自由伸缩，以消除或减轻管道热应力的管道附件。工程中常用的分有方形补偿器、套筒补偿器、波形补偿器、波纹管补偿器、球形补偿器和自然补偿器。　　　　　（黄大江　胡　泊　郑克敏）

补偿式微压计　compensating micromanometer

　　测量气流极小压力的压力计。光学观察器与可调节高低的平衡器下部连通，内注水。测压前，光学观察器内液面与指针尖端相平。感受压力后，液面下降，转动刻度圆盘可带动粗刻度标尺及平衡器升高，使光学观察器内液面重新与指针尖端相平。此时从粗刻度标尺（mm）及刻度圆盘（0.01mm）上可读出被测压力值。　　　　　　　　　　（徐文华）

补气式气压水罐　make-up air pneumatic tank

　　贮存的气体与水直接接触，在运行中气体不断溶解到水中被带走，需要不断予以补充的气压水罐。按补气方式分有自动补气、泄空补气、余量补气和限量补气。　　　　　　　　　　　　　　（张延灿）

补色波长　complementary wavelength (of a colour stimulus)

　　指当试验色刺激和某单一波长光的色刺激（单色光刺激）以适当的比例混合后，与特定的白光刺激达到颜色匹配时，此单色光刺激的波长。以 λ 表示。主要用于紫色。在色坐标图上可将紫色轨迹区的颜色的色坐标点和白色点连成直线，并延长至光谱轨迹，它们的交点所对应的波长即为其值。

　　　　　　　　　　　　　　　　　　（俞丽华）

补心

　　见内外接头（168页）。

捕垢器　scale catcher

　　又称捕碱器。缓解热水管道结垢的装置。安装在水加热器和热水配水管网间。分有立式和卧式两种，内装金属切削物（铁屑）和滤网。由于它的断面较管道断面大，水流至此流速降低水与铁屑有较长的接触时间，使水中钙、镁、碳酸盐易于析出并沉积于铁屑上；同时水中溶解氧与铁屑结合生成的氧化铁也可减缓氧的腐蚀。但其体积较大，需定期更换铁屑，不能完全防止水垢形成。　　　　　　（郑大华）

捕碱器

　　见捕垢器。

不保温地面　uninsulated floor

　　由导热系数 λ 大于 1.16W/（m·K）的材料组成的地面。直接铺设在土壤上的该地面的耗热量计算，是把地面从外墙向内划分成四个平行于外墙的地带，每个地带宽 2m，都有各自固定的传热系数，各地带的传热量之和即为该房间该地面的耗热量，但第一地带靠近外墙角处的地面面积需计算两次。工程中还可采用对整个房间地面取平均传热系数的

方法进行更简易的计算。 （胡 泊）

不等温降法 method of variable temperature drop

又称水量分配法。保持热水供暖系统各并联管路（如垂直式单管的各立管，双管式各散热器支管）中进出口的设计水温降不相等的管道水力计算方法。 （王亦昭）

不间断电源 UPS, uninterruption power supply

可靠性高、能长期连续工作的电源系统。由整流电源、变流器、大功率切换开关、控制保护电路等四大部分组成。普遍采用的静止式固态系统柜（如图）。在正常工作时，由市电经过整流滤波后向变流器供电，变流器输出经滤波后向设备供电，同时市电还持续不断地向蓄电池充电。当市电出故障时，检测和控制电路切断整流滤波电路与变流器的连接，由蓄电池供电，继续维持电源输出。

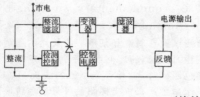

（施沪生）

不可逆循环 irreversible cycle

如循环中有部分过程是不可逆的循环。可以是正循环，也可以是逆循环。 （杨 磊）

不凝性气体分离器 noncondensable gas purger

又称放空气器。从制冷系统中排除不凝性气体（主要是空气）的设备。 （杨 磊）

不舒适眩光 discomfort glare

引起不舒适感觉，但不一定降低视觉功效或可见度的眩光。 （江予新）

不通气立管 unvented stack

无通气部分（伸顶通气管）的排水立管。适用于排水立管所接入的卫生器具数量较少和因建筑结构或其他原因无法延伸出屋面的情况。 （张 森）

不完全燃烧产物 incomplete combustion products

由于供给燃烧所需的空气量不足或燃烧设备的运行工况不佳，致使燃烧不完全所生成的烟气。烟气中尚存有部分未燃烬的中间产物和可燃组分。成分为 CO_2、SO_2、N_2、H_2O、CO、CH_4 和 H_2 等。

（全惠君）

不稳定状态 unstable condition

由于某种气象因素使大气作远离最初的平衡位置趋势的上下垂直运动状态。 （利光裕）

不锈钢管

见不锈无缝钢管。

不锈钢通风机 non-corrsion steel fan

用耐腐蚀金属制作的通风机。其制作材料除铬不锈钢外，还有硅铁合金、铝合金以及球墨铸铁等。

（孙一坚）

不锈耐酸薄壁无缝钢管

用铬镍不锈耐酸钢材经热轧或冷拔（冷轧）制成的薄壁无缝钢管。在壁厚为 $0.15\sim0.50mm$ 时，称为不锈耐酸极薄壁无缝钢管。 （张延灿）

不锈无缝钢管 seamless stainless steel pipe

又称不锈钢管。用不锈钢钢锭或钢坯轧制成的无缝钢管。通常情况下，在大气中不氧化生锈，能抵抗某些特殊气体和液体的腐蚀。按轧制状态分为热轧和冷轧（冷拔）不锈无缝钢管。

（肖睿书　张延灿）

布线 wiring

一根、多根电缆、绝缘导线或母线以及固定它们的部件的组合。布线系统还可包括封装电缆、绝缘导线或母线的部件。常用方式分有直敷布线、管子布线、线槽布线、绝缘子布线和电缆桥架布线等，可根据环境条件选用。 （俞丽华）

布线逻辑控制方式 wired logic control system

交换机话路接续的控制动作，通过用一定布线方法相连接的电路来实现的控制方式。其性能简单时比较经济；但主要是适应性差，要改变或增添控制性能必须改变原来布线；其次是控制速度慢，使用元件多，性能多时布线比较复杂。适用于机电式和小容量电子交换机。 （袁 玫）

部分预混层流火焰 partial premixed laminar flame

又称大气式层流火焰。部分预混的燃气-空气混合物流经火孔的出口速度属层流范围时所形成的火焰。由内、外两个锥体组成。在气流的法向分速度等于法向火焰传播速度之处，出现的是稳定的蓝色内锥。由于一次空气量小于燃烧所需的空气量，在内锥上仅进行部分燃烧过程，未燃的燃气-空气混合物和燃烧中间产物穿过内锥焰面，在其外部按扩散方式与空气混合而燃烧，形成外锥。一次空气系数越小，外锥就越大。 （吴念劬）

部分预混式燃烧 partiol premixed combustion

又称大气式燃烧。在燃烧反应进行之前，可燃气体与一部分燃烧所需的空气预先进行混合，一次空气系数 $\alpha'<1$ 的预混式燃烧。燃烧时形成蓝色火焰。此种燃烧方法由德国化学家罗伯特·威廉·本生

(Robert Wilhelm Bunsen) 发现，并创造了本生燃烧器。与扩散式燃烧相比，使燃烧进程强化，火焰温度提高，推动了燃烧技术的发展。　　（吴念劬）

部分预混紊流火焰　partial premixed turbulent flame

又称大气式紊流火焰。部分预混的燃气-空气混合物流径火孔的出口速度属紊流范围时燃烧形成的火焰。焰面皱曲，轮廓不清晰，火焰高度较短。随着紊流程度加剧，焰面发生强烈扰动，成为由许多燃烧中心组成的燃烧层，使燃烧表面积增大，燃烧得到强化。由于燃烧较不稳定，易脱火，常需采取稳焰措施。

（吴念劬）

C

cai

材料蓄热系数　thermal storage coefficient of materal

当某一足够厚的单一材料层一侧受到谐波（正弦波或余弦波）热作用时，通过表面的热流波幅 A_q 与表面温度波幅 A_r 的比值。以 S 表示。单位为 W/(m²·K)。即为 $S = A_q / A_r$。材料的 S 值与其 λ、c、γ 值及热作用周期 T 有关，可按下式计算：$S_t = \sqrt{2\pi\lambda c\gamma / T}$。同一周期的波动热流作用下，$S$ 值愈大，A_r 值愈小，材料的热稳定性愈好。一般重的和导热系数大的材料其 S 值较大，如花岗岩的 $S_{24} = 21.9$，混凝土的 $S_{24} = 11.2$；轻的和导热系数小的材料其 S 值较小，如玻璃棉的 $S_{24} = 0.72$。

（西亚庚）

采暖工程　heating engineering

见供暖工程（86 页）。

采气口　outdoor air opening

通风空调系统从室外吸入新鲜空气的进风口。

（陈郁文）

采样　sampling

又称取样、抽样。自动控制系统中信号的采集。分有瞬时采样和区间采样两种。在遥测里一般是指瞬时采样。　　（温伯银）

采样控制系统　sampled-data control system

又称脉冲系统。在自动化系统中，用数字调节器或计算机采样的控制系统。是一种常用的断续调节系统。在此系统中，至少存在一个脉冲元件或环节（调节器或采样开关）。脉冲元件将输入的连续信号变成一串脉冲信号输出，其脉冲参数（幅值、宽度和符号）取决于采样时间的输入量。　　（温伯银）

采样头　sampling probe

又称采样嘴。被测气体进入采样系统的入口装置。为减少对被测气流的干扰，其入口端外形呈 30°圆锥角，入口为锐边圆形，有多种口径以适应等速采样的需要。其出口端内径与相连的采样管内径相等。

（徐文华）

彩度　chroma

在同样照明条件下以白色表面作为基准判断出来的物体表面颜色的浓淡。它是颜色的三属性之一。光谱色最浓，其值最高。对于明度和色调相同的色，它和饱和度的等感觉间隔是一样的。在一系列饱和度恒定的知觉中，它随亮度而增大。　　（俞丽华）

彩色显示　color display

用几种不同颜色表示信息的显示。

（温伯银）

彩色音乐喷泉　colour music fountain

利用各种自动控制方式达到水流姿态、彩色照明随着音乐的节奏、旋律自动变换和调节的水景工程。常被人们誉为"声、色、景、情交融的艺术"和"看得见的音乐"。　　（张延灿）

can

参考年　TRY，test reference year

从最近多年气象资料中以月平均温度为基准，依据能量分析的重要性顺序地进行筛选，把那些月平均温度极大或极小，即极端的年份淘汰掉，最后剩下的基本不含月平均极值的某一个年份。它是由美国三个机构（ASHRAE，NBS，NOAA）和北大西洋公约组织（NATO）发展起来的。其内容包括：干、湿球和露点温度，风向，风速，气压和云量等逐时数据。　　（田胜元）

残余电流　residual current

又称剩余电流。在电气装置的一点上，流经回路所有带电导体的电流瞬时值的代数和。在正常工作时，其值为零；当电气设备的绝缘损坏漏电或人体触及到正常工作的带电体时，其值不为零。

（瞿星志）

残余电流保护　protection against residual

current

又称漏电保护。利用残余电流向保护装置发出动作信号,使之有选择而快速地切断电源,避免电击发生的措施。　　　　　　　　　　　　(瞿星志)

残余电压 residual voltage

简称残压。雷电波侵入时避雷器被击穿而接地,此时雷电流在避雷器和接地装置上所产生的电压降。它的大小与流经避雷器的雷电流幅值以及入侵波的陡变有关。　　　　　　　　　　(沈旦五)

cao

操作电源 operational power supply

用于供给控制回路、信号回路、继电保护和自动装置等的电源。按电源的性质分有交流操作电源和直流操作电源;按电压等级分有 220、110、48、24V。　　　　　　　　　　　　　　　(张世根)

槽边排风罩 rim hood

专门用于电镀、酸洗槽等工业槽上的特殊形式排风罩。利用装置在槽边的罩口造成的抽风速度,把槽面散发的有害气体吸走。按结构形式不同分为倒置式、平口式和条缝式槽边排风罩;按布置形式不同分为单侧、双侧、周边和环形槽边排风罩;还有带吹风的槽边排风罩。　　　　　　　(茅清希)

ce

侧击雷 side stroke

孤立的或处于旷野的高大建筑物,遇到较低雷云时,其侧腰部位发生的直击雷。
　　　　　　　　　　　　　　　(沈旦五)

侧流器

见旋流器(268 页)。

侧墙式地漏 wall-side floor drain

侧向排除地面积水的地漏。装设在靠近外墙处。用于排水管道不能穿越楼板的情况。
　　　　　　　　　　　　　　　(胡鹤钧)

侧送风口 sidewall supply air outlet

从空调房间上部将空气横向送出,用于侧面送风方式的风口。常见的类型分有格栅、百叶风口、插板式风口和喷口等。风口可设置在房间侧墙上部,与墙面齐平;也可在风管一侧或两侧壁面上开设若干个孔口,或者将该风口直接安装在风管一侧或两侧的壁面上。　　　　　　　　　　　(王天富)

侧吸式排风罩 side hood

有害物质发生源附近侧向装置的排风罩。是外部吸气罩的一种形式。　　　　　　(茅清希)

测点 measuring point

测试过程中为获取某一参数值而选定的测量位置。宜根据被测参数的场分布特性来确定其数量及分布,并注意防止或减少干扰。在圆形或矩形通风管道内通常采用等面积同心圆环法或等面积矩形法在测定断面上布置测点。　　　　　　(徐文华)

测定管法 determination tube method

快速测定有害气体浓度的方法。将浸泡过某种试剂的载体颗粒装入玻璃管内,当气体以一定速度被抽过此管时,被测物质与试剂发生显色反应,以颜色深浅与标准比色板比较或以显色段长度与浓度标尺比较,即可确定有害气体浓度。　　(徐文华)

测量仪表 instrument

检测生产过程中的变量、产品质量和安全保护等方面应用的仪表。按其在控制系统中所具备的功能可分成检测仪表和显示仪表;按其被测参数可分成机械量仪表(如测量尺寸、厚度、位移、转速、加速度等)、热工量仪表(如检测温度、压力、流量及液位等)和成分分析仪表(如粘度计、浓度计、pH 气相与液相色谱仪等);按安装地点可分成就地式和远距离式测量仪表;按信号能源可分成气动、液动、电动和电子式仪表等;按使用环境可分为一般型、防爆型、防腐型和特殊型等。　　　　　(刘幼荻)

测压管 pressure measurement probe

气流压力测定系统的传感元件。通常由一端带小孔的细长圆管制成。根据开孔方向不同可分别感测气流全压或静压。它的另一端与压力计相连,即可获得压力读数。常用的分有测压探针、毕托管和 S 型测压管等。　　　　　　　　　　(徐文华)

ceng

层流 laminar flow

流体各质点基本属于沿平行路线流动的流型。它以反映流体流动惯性力与粘滞力对流态影响的雷诺数 Re 为判据,管中流约相当于:$Re < 2 \times 10^3$ 时,流体常为层流状态的运动。
　　　　　　　　　　　　　　　(王重生)

层流火焰传播 laminar flame propagation

可燃混合物向点火端的流动处于均匀的层流状态,火焰依靠分子热传导进行的传播。
　　　　　　　　　　　　　　　(全惠君)

层流扩散火焰 laminar diffusion flame

当燃气和空气分别以层流流动进入燃烧室或燃气以层流状态从管口喷到大气进行燃烧所形成的火焰。火焰呈光滑规整的圆锥形状。燃烧强度很低,故在工业上很少采用。　　　　　　　(庄永茂)

层门方向指示灯 landing direction indicator

显示轿厢欲运行方向并装有到站音响的装置。

设置在各楼层出入电梯桥厢的封闭门上方或一侧。

（唐衍富）

层门指示灯 landing indicator, hall position indicator

显示轿厢运行层站和方向的指示装置。设置在各楼层出入电梯桥厢的封闭门上方或一侧。

（唐衍富）

cha

叉流 cross flow

又称错流、横流。在热质交换过程中，如表面式换热器及气体洗涤器中，参与热质交换的流体，在其流通路径上彼此呈相互垂直方向的流动。

（王重生　赵鸿佐）

叉排 cross arrangement

管束按三角形排列。流体在管间交替收缩和扩张的弯曲通道中流动，扰动较好，增强了换热。

（岑幻霞）

差动保护装置 differential protection equipment

反应单回线路首末端电流之差大小，二回平行线路电流之差大小和方向，发电机、电动机定子绕组两侧电流之差大小，变压器各侧电流之差大小和相位等的保护装置。按使用对象分为：用于单回线路、发电机、电动机和变压器的纵联差动保护；用于双回线路的横联差动方向保护；用于母线的完全差动和不完全差动保护等。

（张世根）

差动继电器 differential relay

由带短路绕组或制动绕组的速饱和变流器和执行元件电磁式电流继电器组成的反应被保护区内各侧电流矢量差而动作的继电器。它具有躲过电力变压器的励磁涌流和被保护区外部短路时暂态不平衡电流的良好性能。通常用于同步发电机、电力变压器和大型高压电动机的纵联差动保护中。

（张世根）

差温火灾探测器 rate-of rise fire dectator

升温速率超过预定值时响应的感温火灾探测器。按敏感元件不同分为双金属、热敏电阻、膜盒、半导体、空气管线等类型。通常其响应的升温速率在 5 ℃/min 以上。

（徐宝林）

差压流量计 differential pressure flowmeter

以节流件前后的压差值为依据计量管道内流量的流量计。由节流件和差压计组成。节流件分为标准节流件和非标准节流件两类。前者包括标准孔板、标准喷嘴和标准文丘里管，用于测量清洁的单相流体，测量精度较高；后者分有锥形入口孔板、圆缺孔板、双重孔板、1/4 圆喷嘴等型式，使用前必须通过实验进行标定，常用于测量脏污或高粘度流体，测量精度较前者低。

（唐尊亮）

插板阀 slide damper

阀板垂直于风管轴线并能在轨槽之间自由滑动，改变风管的开度大小，以调节风量的阀门。

（王天富）

插接式母线 plug-in busbar

又称保护式、封闭式、密集式绝缘母线。以铜或铝排为导电母线、金属板制成保护外壳、按一定模数插接组装成型的布线装置。可利用与母线配套的进、出线插接箱（箱内配有自动开关）、插座箱引接电源。主要用于机床密集车间、产品多变车间、试验室、高层民用建筑、自动装配线等场所。

（施沪生）

插接式无法兰连接 spigot-and-socket joint without flange

由特制的中间联接短管的连接方法。将短管两端分别插入被连接两侧管的管端，再用自攻螺栓或拉拔铆钉紧密固定。

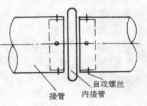

接管　内接管　自攻螺丝

（陈郁文）

插盘短管 flange and bell

又称短管乙。一端带插口、另一端带法兰的管接头。主要用于带承口的给水铸铁管或管件与带法兰的管子、阀门或设备的连接。

（唐尊亮）

插入式熔断器 plug-in type fuse

熔断体靠导电插件插入底座的熔断器。

（施沪生）

chai

柴油发电机组 diesel generating sets

由柴油机作为原动机与发电机同轴连接在一起的发电设备。一般用于移动电源或备用电源。

（施沪生）

chan

掺气量 quantity of dragging air

随雨水带入雨水管系中的空气量。用空气量与雨水量的百分比表示。其值在降雨初期雨水斗前水深浅时最大，其后随水深增加而逐渐减小，直至斗前水深高出雨水斗顶时为零。

（胡鹤钧）

掺气水流　flow dragging with air

　　雨水自屋面雨水斗进入排水管系时混入空气形成的气水流。易使管系内压力产生波动、流态变为复杂。　　　　　　　　　　　　　　　（王继明）

产品用水　water as production meterial

　　生产过程中作为产品的生产原料，成为产品的组成部分或参加化学反应的水。　　　　　（姜文源）

产销差　uncounted gas

　　燃气生产量与销售量计量之间的差额。主要由燃气管道和设备的漏损、计量仪表的误差和气温变化等因素引起。　　　　　　　　　　　（张　明）

chang

长波辐射　long wave radiation

　　在地面、大气和建筑物等常有的温度（$T=200\sim300K$）下，绝大部分的绝对黑体辐射能的波长是在 $4\sim40\mu m$ 范围内，基本上属于具有比可见光的波长更长的红外线范围。　　（单寄平　赵鸿佐）

长期工作制

　　见连续工作制（153 页）。

长途电话　toll telephone system

　　指城市之间或相距较远的地区之间使用的电话。通话时话音信号需经本市市内电话局和长途局送到长途线路，传输到对方长途电话局后，再经市内电话局送给对方用户。长途局之间可以用有线线路或无线电波传送。它可分为国内长途电话和国际长途电话两种。　　　　　　　　　　　（袁　玫）

长途电话记录及计费　long distance call recording and accounting

　　用户打长途电话经交换机和微机能自动计算出费用等的功能。主要用于长途电话局和高级宾馆。
　　　　　　　　　　　　　　　　（袁　玫）

长翼型铸铁散热器　cast iron long ribbed radiator

　　外部铸有竖向肋片的扁盒形铸铁散热器。由于老产品的总高度为 60cm，故俗称为 60 型。按所带肋片数目分为大规格有 14 个肋片、外形长 280mm；小规格有 10 个肋片、外形长 200mm。是中国多年来在东北地区常用的散热器。由于耗铁量大、笨重，已逐渐为柱型铸铁散热器所取代。
　　　　　　　　　　　　　（郭　骏　董重成）

常高压系统

　　见高压消防给水系统（82 页）。

常设人工辅助照明　PSAL, permanent supplementry artificial lighting

　　当单独利用天然光照明不充足或不舒适时，为弥补天然光而设的人工的正常照明。它设在进深较

大的建筑物沿窗的天然采光区和内部的人工照明区之间的地段。　　　　　　　　　　（俞丽华）

场致发光光源　electroluminescence lamp

　　又称电致发光光源。在电场作用下发光的平面固体器件光源。结构与平板电容相类似。是一种小功率的面发光源，发光效率达 $10\sim14lm/W$，寿命达10000h 以上。适于作标示照明。
　　　　　　　　　　　　　　　　（何鸣皋）

场致发光显示板　electroluminescent display panel

　　用场致发光（EL）材料的矩阵显示板。
　　　　　　　　　　　　　　　　（温伯银）

唱机　record player

　　旧称留声机。将电唱盘、放大器和扬声器三者组合于同一箱体内的唱片放音设备。分有便携式和台式机。结构紧凑、成本低、使用方便；但易引起低频机振或增大低频噪声，故近代放音设备倾向采用分立式，将电唱盘、放大器和扬声器箱各自独立。
　　　　　　　　　　　　　　　　（袁敦麟）

唱片　disk

　　系录有声音信息的圆片形载体。利用声-电-机换能原理，将声音转变为相应的机械振动，以刻纹的方法在胶片上刻成声槽，通过放唱设备可重放所录的声音。录音的方式分有纵向、横向和纵横向（又称45/45）三种，随着电子和电声技术发展，它已成为一种高保真节目源。它可分为粗纹唱片、密纹唱片、薄膜唱片、立体声唱片等。近年来又有多声道唱片、录像盘（VLP，又叫电视唱片）和数字声频唱片（DAD）。后两者转速均为 450r/min。与磁带放音比较，更易于长期保存，便于大量复制和听节目中某一段，不易发生故障。　　　　　（袁敦麟）

chao

超纯水　ultra purified water

　　25℃时电导率接近理论纯水 $0.054\mu S/cm$ 的纯水。其他水质项目如细菌、微粒与化学成分等均符合一级水质指标。　　　　　　　　（胡鹤钧）

超调量　overshoot

　　是在阶跃输入作用下，被调量最大值（x_{max}）与稳定值（x_∞）的差值与稳定值之比。是过渡过程品质指标之一。一般用 σ（％）表示。其数学表达式为

$$\sigma=\frac{x_{max}-x_{(\infty)}}{x_{(\infty)}}\times100\%$$

　　　　　　　　　　　　　　　　（温伯银）

超高效过滤器　ULPA filter, ultra low penetration air filter

　　又称超低穿透率过滤器、ULPA 过滤器。近几

年出现的比高效过滤器效率还要高的过滤器。主要以过滤 $0.1\mu m$ 微粒为目的，对 $0.1\mu m$ 微粒的效率在 99.999％以上，现在一般达到 99.9999％以上。

（许钟麟）

超净化 ultra-clean

简称超净。室内或装置内空气洁净度达到特定的等级标准。为此，必须用高效（或亚高效，或超高效）过滤器作为末级过滤器处理送风，并采取其他特殊措施，才能达到这一高度洁净的程度。

（许钟麟）

超量补气

见余量补气（286 页）。

超滤 ultrafiltration

见膜过滤（166 页）。

超声波流量计 ultrasonic flowmeter

根据在流动的流体中超声波顺流与逆流传播的视在速度之差与被测流体流速有关的原理，用时差法、相差法或频差法测量视在速度之差，以速度差来测定流量的仪器。 （刘耀浩）

超声波运动探测器 ultrasonic motion detector

基于波的多普勒（Doppler）效应制成的防盗探测器。由超声波发射机和接收机组成。工作时发射机连续发射某一频率（如 25.6kHz）的超声波，接收机连续接收回波。当闯入者进入它的作用区活动时，接收机接收到的回波的频率是起伏的。这种回波叫多普勒信号。对该信号进行处理和确认后发出报警信号。 （王秩泉）

超细玻璃纤维纸过滤器 superfine glass fibre filter

以超细玻璃纤维做的滤纸制作的高效率的过滤器。约在 1950 年以后，这种过滤器在美国成为商品出售，中国在 1965 年试制成功。滤纸中的纤维越细，可以获得越高的过滤效率，目前纤维已经达到 $0.3\mu m$ 以下。这种过滤器一直都把滤纸做成折叠形，中间夹以分隔板，以形成空气通道，称为有分隔板过滤器。分隔板也称波纹板。如果在滤纸上压粘上一种线状物以代替分隔板，则称为无分隔板过滤器。这类过滤器当过滤对象的粒径是 $0.3\mu m$ 时，称为常规高效过滤器或 $0.3\mu m$ 级高效过滤器，简称高效过滤器；过滤对象的粒径是 $0.1\mu m$ 时，称 $0.1\mu m$ 级高效过滤器，即超高效过滤器。滤纸高效过滤器是空气洁净领域最基本也是最重要的"元件"。

（许钟麟）

朝向附加耗热量 additional heat consumption of aspect

考虑建筑物受太阳照射影响对房间垂直外围护结构（如门、窗、墙）附加（或附减）的热量。按其占围护结构基本耗热量的百分率确定。随地区和围护结构的朝向不同，取不同的百分率。

（胡　泊）

chen

尘化作用 pulverization

粉尘从静止状态变为悬浮于周围空气中的非分子的机械或物理过程。按照其机理的不同和尘化过程分为一次尘化和二次扬尘。粉尘在车间的传播可分为两个过程：①一次尘化形成局部含尘气流；②二次气流（指室内各种运动气流）带动局部含尘气流在车间内传播。一次尘化作用是生产过程中高速惯性物诱导的气流、空气和粉尘的相对剪切作用形成的。

（孙一坚）

尘迹照相术 dust-trajectory photography technique

在气流中加入适量的硬脂酸锌微粒作为示踪物质，在频闪的片光照明下摄取流场照片的技术。根据闪光的频率及照片中示踪微粒的轨迹长度可求得流场中各点的流速。用于测量狭小空间中的气流速度。

（李强民）

尘粒荷电 charged dust

在电除尘器中，由于气体中的离子和尘粒碰撞，尘粒获得电荷。分有两种机理：①离子沿电力线方向运动时与尘粒碰撞而荷电称为电场荷电；②由于离子作不规则热运动时与尘粒碰撞，称为扩散荷电。在电除尘器中，对于粒径大于 $0.5\mu m$ 的尘粒，电场荷电是主要的；对小于 $0.2\mu m$ 的尘粒，扩散荷电是主要的；对 $0.2\sim0.5\mu m$ 间的尘粒，两者均起作用。它是电除尘的最基本的过程，经它后才能在电场力作用下获得朝集尘极运动的力。尘粒荷电量与尘粒的粒径大小、电场强度和停留时间等因素有关。

（叶　龙）

尘粒密度 particle density

又称粉尘的真密度。密实状态下单位体积粉尘的质量。单位为 kg/m^3。一般情况下，它与组成此粉尘的物质密度是不同的，物质密度要比它大 20％～50％；在松散状态下单位体积粉尘的质量称为容积密度。前者用于计算尘粒的沉降速度和选择除尘设备；后者用于计算灰斗体积。 （孙一坚）

尘密灯具 dust-tight luminaire

用在充满灰尘的环境中，不让一定性质和粒度的灰尘侵入内部而设计的灯具。用 IP6X 表示。IP 是代表灯具外壳防护等级的两个专用的英文字母；X 表示防水的等级；6 表示尘密。 （章海骢）

尘源控制 control of dust source

直接在粉尘散发地点控制粉尘扩散传播措施的总称。常用的控制方法分有湿法除尘、尘源密闭、局部排风、高压静电尘源控制等。湿法除尘是一种简单、有效的防尘措施,其方法分有水力除尘、蒸汽除尘、喷雾机组除尘和厂房湿法清扫。在尘源密闭的同时,为消除密闭罩内正压,防止粉尘外逸,必须同时进行机械排风。实践经验表明,要有效控制粉尘在生产车间的传播,不能单一依赖某种措施,必须采用综合防尘措施。　　　　　　　　　　　(孙一坚)

沉降介质 sedimentation medium

　　用沉降法测定粉尘粒径分布时,供尘粒沉降用的液体介质。常用的有蒸馏水和酒精等。
　　　　　　　　　　　　　　　　　　(徐文华)

沉降曲线 sedimentation curve

　　由沉降天平自动绘制的表示粉尘累计沉降质量与沉降时间之对应关系的曲线。由横坐标上与某粒径尘粒相应的沉降时间处找到曲线上对应点,该点切线与纵坐标交点的数值即为大于等于该粒径的尘粒的累计沉降质量,据此原理可得出粉尘粒径分布。
　　　　　　　　　　　　　　　　　　(徐文华)

沉降室 settling chamber

　　在重力作用下尘粒在缓慢运动的气流中垂直沉降、分离的大容积除尘设备。主要用于捕集尘粒密度大、粒径在 $50\mu m$ 以上的粉尘。　　(汤广发)

沉降速度 particle terminal settling velocity

　　又称末端沉降速度。尘粒在静止空气中自由沉降,所达到的最大末端速度。以 v_s 表示。单位为m/s。当尘粒与气流相对运动的雷诺数 $Re_c \leqslant 1$ 时,其表达式为

$$v_s = g \frac{(\rho_c - \rho)\ d_c^2}{18\mu}$$

g 为重力加速度 (m/s²); ρ_c 为尘粒密度 (kg/m³); ρ 为空气密度 (kg/m³); d_c 为粒径 (m); μ 为空气的动力粘度 (Pa·s)。　　　　　　　(孙一坚)

沉降天平法 sedimentation balance method

　　用沉降天平测定粉尘粒径分布的方法。当粉尘在沉降介质中自由沉降时,沉降天平可自动记录随沉降时间的增加称量盘上粉尘的累计沉降量,并自动绘制出沉降曲线。由沉降曲线可分析出粒径分布。此法测得的粉尘粒径为斯托克斯粒径。
　　　　　　　　　　　　　　　　　　(徐文华)

衬敷管 lining pipe

　　将膜片状或管状材料被复在另一种管子内壁上构成的复合管。常见的有橡胶衬里钢管、橡胶衬里铸铁管、硬聚氯乙烯被复钢管、耐热聚氯乙烯钢管、内衬黄铜钢管、内衬不锈钢钢管及内衬硬聚氯乙烯玻璃钢管等。　　　　　　　　　　(张延灿)

cheng

成端通信电缆 terminating cable of telephone

电话站(局)内在配线架上接至配线架端子的一段通信电缆。应采用塑料或绵纱绝缘电缆,不能采用纸绝缘电缆。　　　　　　　　　　　(袁敦麟)

成套变电所 unit substation

　　高压配电装置、电力变压器和低压配电装置三个部分,均由制造厂配套供应的变电所。按安装场所可分为户内式和户外式。　　　　　　(朱桐城)

成组作用阀

　　见雨淋阀(287页)。

承插单盘排气三通 single junction for air relief with bell and spigot, 90°tee for air relief with bell and spigot, single flange

　　顶端具有排气管接头与排气阀连接,可将水平管道内积气排出的管件。常设在给水管道的最高点。
　　　　　　　　　　　　　　　　　　(唐尊亮)

承插连接 bell-and-spigot joint

　　将管子或管件一端的插口插入欲接件的承口内,并在环隙内用填充材料密封的连接方式。填充材料分有柔性的青铅、弹性橡胶密封圈、水泥砂浆等。用于铸铁管、钢筋混凝土管、塑料管等连接。便于拆卸,但施工操作不便。适应柔性连接与刚性连接的要求。
　　　　　　　　　　　　　(胡鹤钧　张延灿)

承插式预应力水泥压力管

　　见预应力钢筋混凝土输水管(289页)。

承插式自应力水泥压力管

　　见自应力钢筋混凝土输水管(313页)。

承插泄水三通 single junction bleeder, 90° tee bleeder, blow-off branch

　　可将水平管道内积水泄空的管件。具有与管件内表面相切的泄水口。专用于承插式铸铁给水管与泄水阀的连接,常设在给水管道的最低点。用于管道泄空检修。　　　　　　　　　　　(唐尊亮)

承盘短管 flange and spigot

　　又称短管甲。一端带承口、另一端带法兰的管接头。主要用于带插口的给水铸铁管或管件与带法兰的管子、阀门或设备的连接。　　　　(唐尊亮)

承压铸铁管 cast iron water pipe

　　又称给水铸铁管。可承受内压的铸铁管。适用于给水、煤气等压力流体的输送。按铸造方法分为砂型离心铸铁管和连续铸铁管;按铸造用材料分有灰口铸铁管和球墨铸铁管;按工作压力分有高压铸铁管(工作压力 1.0MPa)、普压铸铁管(工作压力 0.75MPa)和低压铸铁管(工作压力 0.45MPa)。埋地管常采用承插式连接,常用接头材料内层有油麻、橡胶圈等,外层有石棉水泥、青铅、自应力水泥、石膏水泥等,也有单纯使用橡胶圈的。水泵站内等需要经常拆装检修的地方常采用法兰式连接。
　　　　　　　　　　　　　(肖睿书　张延灿)

城市中水道系统　municipal reclaimed water system

又称广域中水道系统。以城市污水处理厂的二级处理水为水源，经处理后以专用管网回供城市杂用水的中水道系统。属广域循环方式。特点是①中水处理设施，一般在城市污水处理厂内扩建或改建；②设城市专用中水道；③为减少中水管网投资和施工困难，一般将处理后的水用于处理厂自身或工业用水、地下回灌、补给水体、园林绿化等。

（夏葆真）

程控电话交换机　stored program control switching system

利用电子计算机技术，以预先编好的程序来控制交换接续动作的电话交换机。根据不同的话路接续设备可分为空分制程控交换机和时分制程控交换机。时分脉码交换加上程控方式，是目前较先进的交换技术。它具有：①接续速度快，音质音量好；②能提供许多新的服务功能；③灵活性大，适应性强，可改变软件来满足各种需要；④便于向综合业务数字网（ISDN）方向发展；⑤机械加工较为简单，可节省大量有色和黑色金属，从长远看生产成本会逐渐下降；⑥体积小、重量轻，可节省站房面积和基建费用；⑦耗电省；⑧可通过采用远端用户模块方式节省用户线；⑨由于检测和诊断故障自动化，可减少维护工作量；⑩易于实现无阻塞交换网络等。它是今后电话交换设备的发展方向。　　　（袁玫）

程控电话小交换机服务性能　service features of SPC PABX

指除一般电话通信功能外，其他的服务性能。是为了提高通话效率、方便使用和简化使用等。它包括：国内长途直拨、国际长途直拨、缩位拨号、叫醒服务、呼叫等待、转移呼叫、呼出加锁、三方通话和热线服务等。这些性能均可由用户利用不同调用码自行登记、编制和取消。　　　（袁玫）

程序设计语言　programming language

指用来编写程序的语言。常用的分有 BASIC 语言、FORTRAN 语言和 C 语言。　（温伯银）

程序系统　programming system

见软件（204 页）。

chi

池式集热器　basin type heat collector

混凝土池体内涂有黑色涂料、池面覆盖透明罩，集热与贮热合为一体的半开放式集热器。构造简单，可与屋面保温功能相结合；热效率低，热损失大，容易滋生藻类而引起水质恶化。　　（刘振印）

池水形态　pool water

水面宽阔且基本不流动的特殊水流形态。按照水面的动静与否可分为镜池和浪池两种形态。

（张延灿）

chong

冲击感度　impluse sensitivity

炸药受到外界机械冲击作用时引起爆炸反应的敏感程度，是决定炸药的爆炸危险性的重要指标之一。据其而确定爆炸物品的防震要求。

（赵昭余）

冲击接地电阻　percussive earthing resistance

接地装置上引出雷电流处的电压最大值与流经该接地装置雷电流最大值之比。由于雷电流幅值很大，在接地极周围形成很大的电场强度，使周围的土壤被击穿产生火花放电，这相当于增大了接地极的尺寸，因此冲击接地电阻 R_{ch} 总是小于工频接地电阻 R_g。常用换算系数 A 将它换算成工频接地电阻，其表达式为 $R_g = AR_{ch}$。　　　（沈旦五）

冲击式吸收管　impact absorption tube

吸收气体样品中被测物质的装置。垂直的吸收管内装有一定量的吸收液。气体由导管导至吸收管液面下管底附近，从导管端小孔以较高速度冲出，其中所含被测物质冲击到管底而被分离吸收。冲击式吸收管主要用于吸收惯性较大的气溶胶颗粒。

（徐文华）

冲激流　surge flow

又称涌浪水流。受水容器或卫生器具排放水进入排水横管中形成涌浪状态的水流。具有排水能力约为稳定均匀流时的两倍，并有较强冲刷能力，能及时排除横管中沉积物；水流在短时间充满管断面，迫使管内气体压力剧烈波动，影响沿程接入的各种存水弯水封层的稳定性能。　　　（胡鹤钧）

冲塞式流量计　piston type flowmeter

由锥体塞在喷嘴中上下位移量确定通过喷嘴流量的流量计。由喷嘴、锥体塞、阻尼筒、阻尼活塞、杠杆、表盘和外壳等组成。用于计量无腐蚀性清洁液体。　　　（董锋）

冲洗阀　flush valve

冲洗便溺用卫生器具的专用阀门。按用途分有大便器冲洗阀和小便器冲洗阀；按功能分有普通冲洗阀、自闭式冲洗阀和延时自闭式冲洗阀；按操作方式分有手动冲洗阀、脚踏冲洗阀和自动冲洗阀。常用阀体材料有铸铜和塑料。阀体下设有真空破坏器，以防止产生回流污染。　（金烈安　倪建华）

冲洗水龙头

见洒水栓（205 页）。

冲洗水箱 washing tank, flush tank

冲洗便溺用卫生器具的专用水箱。其作用是贮存足够冲洗一次所需的水量,保证一定的冲洗强度,并起流量调节与空气隔断作用,防止给水系统污染。按安装高度分有高水箱和低水箱;按冲洗原理分有塞封式、虹吸式和电磁阀式;按操作方式分有手动式和自动式。箱体材料多用陶瓷,也有用塑料、玻璃钢、铸铁等。　　　　　　　　　(金烈安　倪建华)

冲洗用水 flushing water

冲洗各类卫生器具、地面、设备与工具的生活用水。如便器冲洗用水、汽车冲洗用水和清扫用水。尽量采用杂用水。　　　　　　　　　(姜文源)

冲焰式燃烧器 jet impingement diffusion-flame burner

两个扩散火焰相冲撞的燃烧器。加强气流扰动,增进燃气和空气的混合,以提高燃烧稳定性和强化燃烧过程。　　　　　　　　　(周佳霓)

充满度 depth ratio

排水管渠内水流充满程度的参数。对圆形管道,为管内水深与管径的比值;对其他断面的管渠,为水深与设计最大水深的比值。以管内留有一定空间容纳超设计负荷和流通气体。　　　　(魏秉华)

充气充水式报警阀

见干湿式报警阀 (77 页)。

充气式报警阀

见干式报警阀 (78 页)。

充实水柱 solid stream

由直流水枪喷射出的密集水流中,从喷嘴起到射流水柱直径为 38cm 的一段射流长度。是扑灭火焰的有效射流段。　　　　(应爱珍　陈耀宗)

充水式报警阀

见湿式报警阀 (215 页)。

重复接地 repetitive earthing

在 PE 线或 PEN 线上一点或多点通过接地装置与大地再次连接。其主要作用:当零线断开时,使其断开点后面的接零保护设备发生单相碰壳时,外壳对地电压明显地低于相电压;以及减轻或消除在零线断线又三相负荷极不平衡的情况下,断后的零线上可能出现的危险电压。　　　　(瞿星志)

重复利用给水系统 reuse water supply system

生产废水经适当处理或无需处理而供作另一生产工艺用水的给水系统。用于用水量大且另一生产工艺用水对水质水温符合要求的情况。有些情况还可循序利用,多次重复。它是节水节能、节约水资源的有效措施之一。　　　　(耿学栋　胡鹤钧)

重现期 recurrence interval

在一定年代的雨量记录资料统计期间内,等于或大于某暴雨强度的降雨出现一次的平均间隔时间。为该暴雨发生频率的倒数。设计雨水排水系统时,根据工业厂房生产工艺及建筑物的性质确定,一般采用 1a。　　　　(王继明　姜文源)

重影 ghost

视频信号的电磁波遇到障碍物产生反射波对直射主波所引起的干扰,使电视接收机荧光屏上出现叠影现象。为了抑制它常采用前后比大的八木天线、交叉天线和移相天线等抗影天线,或在电视机电路中加设消影电路等措施。　　　　(李景谦)

chou

抽水马桶

见大便器 (31 页)。

臭氧消毒 disinfection with ozone

以臭氧为消毒剂进行消毒的过程。向水中注入臭氧,分解放出具有强烈氧化作用的氧原子,达到杀灭水或污水中有害微生物的目的。臭氧比氯对病毒的灭活能力更强,且无刺激作用;但比氯的持续消毒作用差,且溢出的臭氧对人体有害。它广泛用于水和污水的消毒。　　　　(卢安坚)

chu

出户管

见排出管 (171 页)。

初期火灾 incipient fire

在火灾发生初起阶段的燃烧火势。此时,一般燃烧面积不大,火焰不旺,产生的烟和气体流动不快,辐射热不强,火势不稳定,向周围蔓延发展的速度比较缓慢。　　　　(华瑞龙)

初始照度 initial illuminance

在照明装置和环境的表面都是清洁的情况下,由初始使用的照明装置所产生的照度。CIE 规定不得作为照度的推荐值使用。　　　　(江予新)

除尘机理 mechanism of dust collection

从含尘气体中捕集、分离尘粒的作用原理。主要包括重力沉降、离心分离、惯性碰撞、接触阻留、扩散沉降和静电沉降等。在除尘器中常同时利用多种机理进行工作。　　　　(汤广发)

除尘器 dust collector

从含尘气流中分离、捕集固体微粒的装置。用以保证排入大气的气体中,含尘浓度不超过国家排放标准的规定。在某些生产部门用以回收有用的粉状物料如水泥、面粉等。按照除尘机理分为机械式除尘器、湿式除尘器、过滤式除尘器、电除尘器和超声波除尘器;按照除尘系统中是否有除尘器串联运行分

为单级除尘和多级除尘。　　　　（汤广发　孙一坚）

除尘器分级效率　fractional collection efficiency

含尘气体通过除尘器时，对某一粒径范围内的粉尘，捕集量与进入量之比。其表达式为

$$\eta_i = \frac{G_3(d_c)}{G_1(d_c)}$$

η_i 为某一粒径下的分级效率；$G_3(d_c)$ 为除尘器捕集的粒径在 $d_c \pm \Delta d_c$ 范围内的粉尘量（kg）；$G_1(d_c)$ 为进入除尘器的粒径在 $d_c \pm \Delta d_c$ 范围内的粉尘量（kg）。它可以反映出粉尘粒径对除尘效率的影响。
　　　　　　　　　　　　　　　　（孙一坚）

除尘器全效率　total colletion efficiency

含尘气体通过除尘器时捕集的全部粉尘量与进入除尘器的粉尘总量之比。以 η 表示。其表达式为

$$\eta = G_3/G_1 = \frac{L_1 y_1 - L_2 y_2}{L_1 y_1}$$

G_3 为除尘器捕集的粉尘量（kg）；G_1 为进入除尘器的粉尘量（kg）；L_1、L_2 为除尘器进、出口处的气体流量（m³/h）；y_1、y_2 为除尘器进、出口处的气体含尘浓度（y/m³）。按前者计算称为称重法；按后者计算称为浓度法。它没有反映出粉尘粒径对除尘效率的影响。
　　　　　　　　　　　　　　　　（孙一坚）

除尘效率　collection efficiency

含尘气体通过除尘器时，除尘器捕集的粉尘量与进入除尘器的粉尘总量之比。用以评价除尘器的除尘效果。按照计算的粒径范围分为全效率和分级效率。　　　　　　　　　　（汤广发　孙一坚）

除二氧化碳　decarbonize

利用水中 CO_2 和空气中 CO_2 的分压差，解吸出水中游离 CO_2 的方法。分有鼓风式和真空式两种。并已制成除二氧化碳器。　　　　　（贾克欣）

除垢器　scaler, scaling tool

利用机械方法清除管道或容器中水垢的装置。通常为各式带电动铣刀头的清垢工具，如电动洗管器等。　　　　　　　　　　　　　（郑大华）

除热量　heat extraction

为保持空气调节空间内设定的温湿度值，需由空气调节系统排除的热量。室温完全恒定时，它就等于冷负荷。室温波动时，如间歇调节过程中，它等于冷负荷与蓄热负荷之和。　　　　（赵鸿佐）

除盐水　demineralized water

又称脱盐水。无机盐含量降低至25℃时电导率为 $10 \sim 1\mu$S/cm 和残余含盐量为 $1 \sim 5$mg/L 的水。制备方法有蒸馏、膜分离、离子交换和综合应用等。
　　　　　　　　　　　　　　　　（姜文源）

除氧　deoxidation

去除水中溶解氧的方法。分有物理法和化学法除氧，也可结合应用。是防止金属容器与管道腐蚀的重要措施之一。　　　　　　　　（贾克欣）

除油器

见油脂阻集器（282 页）。

厨房排水　wastewater from kitchen

公共食堂厨房在食品菜肴加工制备过程中所排放的水。含有大量食用油脂、有机物及悬浮沉淀物，需设置隔油井回收处理，排水方式宜用排水沟或放大排水管管径以防堵塞。　　　（夏葆真　姜文源）

储热器　thermal energy storage

又称蓄热器。储存热能的装置。按工作原理分为显热储热和潜热储热。　　　　　（岑幻霞）

处理机　processor

计算机系统中能够独立执行程序，完成对数据和指令进行加工和处理的部分。　　（温伯银）

触电急救法　method of first aid for electric shock

人体触电时的人工紧急抢救法。触电严重者有时表现为电休克，即"假死"现象，如抢救得法，还可恢复生命。在进行急救时必须注意：迅速脱离电源；就地进行抢救；正确施行抢救法；及时和坚持进行抢救。常采用的有人工呼吸法和心脏挤压法。
　　　　　　　　　　　　　　　　（瞿星志）

触发器件　trigger device

自动或手动产生火灾报警信号的器件。如火灾探测器和手动火灾报警按钮等。　　（徐宝林）

chuan

穿墙管　wall pipe

又称墙管。穿越承重墙墙体或建筑物基础的给排水管。穿越处应预留洞口，并在管顶上部应留出不小于建筑物沉降量的净空。　　　（姜文源）

穿堂风　allway wind

在风力作用下穿堂而过的自然通风气流。通常发生在建筑物迎风面门窗和背风面门窗相对，空气气流阻力小的情况，进风窗口所形成的射流到达排风窗口时尚未完全衰减。它所形成的室内空气流速常被利用在夏天炎热季节改善室内空气环境。
　　　　　　　　　　　　　　　　（陈在康）

穿透　breakthrough

又称破点。流出固定床吸附器的气流中出现了吸附质或吸附质达到某一规定浓度的现象。此时，吸附床层失效。吸附剂需脱附再生。　　（党筱凤）

穿透率　penetration

含尘气体通过除尘器时，从除尘器排出的粉尘量与进入除尘器粉尘量之比。用下式表示为

$$P = 1 - \eta$$

P 为除尘器穿透率；η 为除尘器全效率。它反映了除尘器的排空量对大气污染的影响程度。

（汤广发）

传递函数法 TFM, transfer function method

利用工程控制理论中以传递函数描述线性定常系统输入量与输出量之间关系的原理以解决空调房间或墙板动态负荷分析的方法。传递函数是以复数形式表示的房间或墙板的热动态特性函数，它等于输入与输出函数的拉普拉斯变换之比。因为它是复数，所以工程应用中常直接使用由它导出的以实数形式表示的反应函（系）数或 z 传递函数系数等，这些在国内外均统称为传递函数法。它是由加拿大国家建筑研究所 Stephenson 和 Mitalas 于 1967 年提出的。由于它的数理概念清楚，易于建立数学模型，适于电算。因而已成为一种基本的建筑物空调负荷计算方法。

（单寄平 赵鸿佐）

传感器 sensor

又称敏感元件。将被测量（物理量、化学量、生物量等）按一定规律，以单值函数关系、稳定而准确地换成便于处理和传输的另一种物理量（一般为电量）的元件。如热电偶温度传感器。现代传感器正向多维化（多个传感单元做在一起）、智能化（带有部分预处理电路的集成传感器）方向发展。

（张子慧 温伯银）

传感器加变送器特性 charactristic of sensor and converter

变送器输出信号与传感器输入信号的函数关系。因变送器近似比例环节，当传感器为一阶惯性元件时，则传感器加变送器的特性可用一阶线性常系数非齐次微分方程式描述。（张子慧）

传感器特性 characteristic of sensor

在输入信号作用下，所表现出来的输出信号与输入信号的函数关系。分为静态特性和动态特性两种。前者指输出与输入信号在稳态时的函数关系，与时间变化无关；后者是指变化输入信号引起输出随时间变化特性，当输入阶跃信号时，为响应特性；当输入正弦信号时，则为频率特性。（张子慧）

传感器特性参数 characteristic parameter of sensor

描述传感器响应曲线特性所采用的动态、静态特性的物理量。即时间常数、滞后时间（仅双容元件存在）和放大系数。前两者为动态特性参数；后者为静态特性参数。（张子慧）

传感器微分方程 differential equation of sensor

根据某种物理定律或原理而推导的、用微分方程式来描述传感器输出与输入信号动态特性的数学表达式。一般，为一阶线性常系数非齐次微分方程

式。

（张子慧）

传感器响应曲线 response curve of sensor

传感器在阶跃信号作用下，其输出信号随时间变化的曲线。分为单容元件响应曲线和多容元件响应曲线（如有保护套管的热电阻的双容元件响应曲线）。

（张子慧）

传热单元数 number of elements of heat transfer

当空气温度与水温相差 1℃ 时，空气每温降 1℃，所需表冷器放出的热量。以 β 表示。它是水冷式表冷器选择计算中，为求表冷器所能达到的热交换效率系数 η_1 而引出的中间变量，其表达式为

$$\beta = \frac{K_s F}{\xi G c_p}$$

K_s 为湿工况表冷器传热系数；F 为表冷器传热面积；ξ 为析湿系数；G 为风量；c_p 为空气定压比热。

（田胜元）

传热系数 coefficient of heat transmission, overall coefficient of heat transfer

又称总传热系数。当围护结构内外侧的空气为单位温度差时，单位时间内通过单位面积所传递的热量。以 K 表示。单位为 W/（m²·K）。

（西亚庚）

传热阻 heat transmission resitance, resistance of heat transfer

又称总热阻、总传热阻。为内表面换热阻、各层材料的导热阻（包括空气间层的热阻）和外表面换热阻之总和。一般以 R_0 表示。单位为 m²·K/W。它的倒数为传热系数，即为 $K=1/R_0$。

（西亚庚）

传声器 microphone

旧称微音器、麦克风、话筒。能将声音信号变为相应电信号的声电换能器。利用它产生电信号，经过放大，可用来进行语言通信、广播、录音和扩声。按换能原理可分为动圈式传声器、电容式传声器、碳粒式传声器、压电式传声器等；按指向性可分为全向传声器、双向传声器和单向传声器。目前使用最多的是动圈式传声器和电容式传声器。它的主要电声性能指标分有灵敏度、频率响应、指向性、输出阻抗、电噪声和谐波失真等。

（袁敦麟）

传声器灵敏度 sensitivity of microphone

反映传声器在一定声压作用下输出电压大小的参量。根据所选条件或单位不同，它有各种表示方法。常用的空载灵敏度，是指在 1Pa 声压作用下所产生的开路电压（V），单位为 V/Pa。过去曾以 mV/μbar 表示（$1mV/\mu bar=10^{-2}V/Pa$）。它还常用 dB 数来表示，称为灵敏度级，不过它是以 1V 作为参考电

压的，因传声器灵敏度都比 1V 小很多，所以灵敏度级值总是在负数拾 dB。对不同频率声音的灵敏度称为其频率响应，对不同方向声音的灵敏度称为其指向性响应。　　　　　　　　　　　　　（袁敦麟）

传声器输出阻抗　out impedance of microphone

在传声器输出端测得的交流阻抗值。一般以1000Hz 的阻抗值为标称值。按输出阻抗大小可分为低阻和高阻传声器两大类。前者输出阻抗通常有50、150、200、250、600Ω；后者输出阻抗通常有10、20、50kΩ 等。　　　　　　　　　　　　（袁敦麟）

传输参数　transmission parameter

用来说明射频信号沿电缆或明线回路传输特性的参数。电缆和明线传输参数分为一次参数和二次参数。一次参数取决于电缆结构、所用材料和使用频率。一次参数分有单位长度电阻 R（Ω/km）、单位长度电感 L（H/km）、单位长度电容 C（F/km）和单位长度电导 G（S/km）。二次参数与一次参数和电流的频率有关，分有特性阻抗 Z_c（Ω）和传播常数 γ（N/km），$\gamma=\alpha+\beta$，其中 α 为衰减常数；β 为相移常数（rad/km）。　　　　　　　　　　　　（袁敦麟）

传输设计　transmission design

在保证通信质量前提下，以技术经济合理为依据，选择线路网内各传输设备和电缆、导线的型号规格的过程。它应符合长途终端衰耗、市内电话衰耗和企业内部通信衰耗的分配限值、信号传送的要求和线路串音衰耗的规定。　　　　　　　　（袁敦麟）

传输衰耗标准　standard of transmission attenuation

为了保证通话质量，邮电部门规定两个电话机之间全程允许最大衰耗值。它的制定有两种方法：①不包括两端话机因素，仅以电缆和局内设备衰耗值来制订的，称为全程传输衰耗。其优点是计算简单，但真实性差一些；②由于电话机质量对全程通话质量有直接影响，考虑话机因素在内而制定的，称为全程参考当量。这两种方法的计算单位均采用 dB。中国邮电部规定：本地用户之间通话模拟传输二线交换时，全程参考当量应不大于 30dB，全程传输损耗应不大于 29dB；国内长途模拟网中，任何二个用户之间进行长途通话时，全程参考当量和全程传输衰耗均应不大于 33dB；由话机至市内电话局用户线路衰耗不得大于 7dB（终端标准话机时）。对于少数边缘地区用户，当采取各种技术措施将引起投资过大时，可适当超过限值，但超出值不应大于 2dB。故应根据当地市内和长话局情况和电话站中继方式来确定线路各段最佳衰耗分配的限值。全程衰耗值应包括线路净衰耗、局（站）内衰耗、线路复接衰耗和长距离中继器的附加衰耗等。当工业企业电话站作为

市话局小交换机时，由市话局至电话站分机间应不超过该分局用户线路衰耗限额。　　（袁敦麟）

传输衰耗单位　unit of transmission attenuation

计算电信号在传输线路中所产生的电压损失或功率损耗的单位。中国过去曾采用奈培（N、neper），简称奈。现采用分贝（dB、decibel）。上述单位中音频信号频率均以 800Hz 为计算和测试标准。传输衰耗的计算式为

$$\alpha=10\log_{10}\frac{P_1}{P_2}=20\log_{10}\frac{I_1}{I_2}=20\log_{10}\frac{E_1}{E_2}\ \text{(dB)}$$

$$\alpha=\frac{1}{2}\ln\frac{P_1}{P_2}=\ln\frac{I_1}{I_2}=\ln\frac{E_1}{E_2}\ \text{(N)}$$

$$1\text{dB}=0.1151\text{N}；1\text{N}=8.686\text{dB}$$

P_1 为发送端功率；P_2 为接收端功率；I_1 为发送端电流；I_2 为接收端电流；E_1 为发送端电压；E_2 为接收端电压。　　　　　　　　　　　　（袁敦麟）

传真　facsimile

传送各种文件、图表、照片等静止图像的一种通信。既传送信息的内容，又保留其形式。其工作过程为：在发送端，将欲传送的图像分解为很多微小单元（即像素），并以一定顺序将这些单元转变成电信号，电信号的幅度或频率与所传送单元的亮度成比例。接收端把所收到的电信号再转变成相应亮度的微小单元，并按发送端相同的顺序组合成图像。传真系统由传真机和传输通路组成。　　　　　（袁敦麟）

传真分辨率　resolution of facsimile

综合传真的机械、电路和光学系统的特性，而得到的对传真图片中细微部分的分辨能力。可分为纵向和横向分辨率。一般以每毫米能达到扫描线数表示。　　　　　　　　　　　　　　　（袁敦麟）

传真机　facsimile equipment

传真通信的终端设备。包括发片机和收片机两大部分。发片机作用是将需传送的原稿通过光学扫描系统分解成按分辨率所要求的小单元（像素），然后经过电子或机械扫描，依次由光电元件将原稿转换成一组脉冲信号，载频经该信号调制为传真信号。收片机的作用是将接收到的传真信号，经过解调和波形变换后，按照与原发片机相同的扫描速度和顺序，并以一定的记录方式还原成与原稿黑白一致的接收样张。为了保证接收样张与原稿一致、正确与完整，发片机和收片机扫描的相位和速度必须一致，因而有同步和同相的要求。其主要质量指标有扫描线密度、合作系数、有效画面、滚筒转速、分辨率、抖动量等。按用途可分为照片、气象、新闻和文字传真机等。　　　　　　　　　　　　　　　（袁敦麟）

串接单元　series unite

又称串接-分支器。它是一个分支器和用户端插

座的组合体。用在支干线传输中取出一路信号供电视机使用,它有75Ω和300Ω两种输出,供用户选用。它可节省电缆和独立的分支器。

(余尽知)

串联给水方式 series connection water supply scheme

建筑物自下至上逐区串级加压供水的竖向分区给水方式。各区水泵分别与下区高位水箱设置在同一技术层,需防振、防噪、防漏,且分散设置不便维修管理;水泵流量需附加转输部分,耗费能源;串级供水,安全可靠性差。在实际工程中较少单独采用。

(姜文源 胡鹤钧)

串片散热器 finned tubular radiator

以钢或其它金属板制成的肋片,串套固定在钢管或其它金属管上而组成的散热器。按串片是否折边分为闭式和开式两种;可按要求加工成不同长度。承压能力高、加工简单、耐腐蚀时间长于一般钢制散热器;但当加工或材质不良时,串片容易松动,使散热量下降。

(郭骏 董重成)

串音衰耗 crosstalk attenuation

一个通信回路电信号引起相邻回路电磁感应的程度。当通信回路传送信号时,在回路周围便产生电磁场,在电磁场作用下,相邻回路内产生了感应电动势,便造成串音。串音按方向可分为近端串音(主串和被串在同一端)和远端串音(主串和被串在两端)。为了保证通话质量,对通话回路间最小的其值作出了规定:采用市话电缆的线路,其线对间的近端其值不应小于69.5dB(8N);市话架空明线线对间近端其值不应小于65dB(7.5N)。

(袁敦麟)

chuang

窗玻璃遮阳系数 shading factors of window glass

根据玻璃种类、玻璃厚度或玻璃层数相对于标准玻璃而言,对太阳辐射造成的向室内传热量的影响的系数。

(陈沛霖)

窗户有效面积系数 adjustment factors for windows

窗户的有效传热面积与轮廓面积之比。通过窗户的传热量(包括由于太阳辐射造成的传热量)是按玻璃来计算的,事实上窗户是由玻璃和窗框两者构成,在计算时利用窗户有效面积系数来考虑窗框对传热的影响。

(陈沛霖)

窗户遮阳系数 shading factors of fenestrations

用来考虑窗户遮阳设施(如建筑物的外遮阳、内外窗帘和百叶窗等)对太阳辐射热的遮挡作用的系数。

(陈沛霖)

窗口水幕喷头 window sprinkler

用于防护建筑物的墙、窗、门和防火卷帘等立面或斜面的专用水幕喷头。常用口径为6、8、10、12.7、16mm。

(张英才 陈耀宗)

窗式空调器 window type air conditioner

直接装在被空调房间的窗台或墙壁上(一般距地面1.5~2.0m)的小型空调器[冷量多在7kW(6000kcal/h)以下]。其制冷机为全封闭型,制冷剂采用R-22,冷凝器部分凸出墙外,借助风机用室外空气冷却冷凝器。按其供暖方式不同分有电热式和热泵式。后者可节省供热电耗。

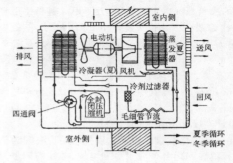

(田胜元)

窗综合遮阳系数 total shading factors of fenestrations

用来综合考虑遮阳设施和玻璃自身对太阳辐射造成的向室内传热量的影响的系数。

(陈沛霖)

床头柜集控板 bedside control panel

在高级宾馆客房中,装于床头柜上的电气集中控制板。面板上装有:控制客房内床灯、房灯和脚灯、电视机电源、门口"请勿打扰"指示灯、客房内门铃、客房音响节目选择和客房音响音量调节等开关,有的还装有呼叫服务员按钮、电子闹钟和空调高、中、低速三档调节开关等。

(袁敦麟)

闯入 intrution

以盗窃、抢劫、破坏和威胁为目的,通过暴力或讹诈等手段非法进入某一区域的行为。

(王秩泉)

闯入探测系统控制器 intrusion detection system control unit

从闯入探测器接收报警、故障和状态等信息,并根据程序设计起动有关的指示、报警和远程报警等设备的控制器。其结构可相当简单,也可相当复杂。它是闯入探测系统的心脏。

(王秩泉)

chui

吹淋室　air shower box

利用高速洁净气流将进入洁净室人员工作服表面附着的较大的尘埃吹落的人身净化设备。因进出吹淋室的两扇门不同时开启，可兼具气闸室的作用。

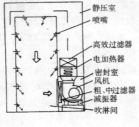

静压室
喷嘴
高效过滤器
电加热器
密封室
风机
粗、中过滤器
减振器
吹淋间

（杜鹏久）

吹淋通道　shower passage

又称通道、吹淋室。可以连续多人吹淋的吹淋室。　（杜鹏久）

吹淋装置　shower device

利用高速射流气流进行人身净化的装置。

（杜鹏久）

吹扫脱附　sweeping desorption

用不含吸附质的惰性气体吹扫有负载的吸附剂床层，使吸附质脱附出来的再生方法。不消耗热能及动力，但脱附效果差，且回收吸附质较困难。

（党筱凤）

吹吸气流　blow-extract stream

吹吸式通风中的吹风气流（即射流）和排风罩形成的吸风气流所组成的气流总称。吹吸气流可以控制单个有害物质发生源，也可控制多个有害物质发生源的污染。影响它运动的主要是吹风口作用。

（茅清希）

吹吸式排风罩　push-pull hood

当有害物质发生源尺寸较大时，采用在其一侧吹风和另一侧抽风的方法，将污染气流排走的通风装置。其主要原理是依靠吹风射流的作用，将有害物质输送到排风罩口附近并被排走；或者利用射流的覆盖作用，阻挡和控制有害物质扩散。其所需风量小，抗干扰能力强，控制有害物质污染的效果好。

（茅清希）

垂直动刚度　vertical dynamic stiffness

结构（隔振器）在动载荷作用下沿垂直方向抵抗变形的能力。其值为

$$K_z = dK_{zs}(N/cm)$$

K_z 为垂直动刚度；d 为隔振材料（如橡胶）的动态系数，它等于材料动态弹性模量与静态弹性

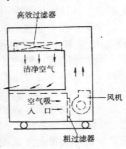

高效过滤器
洁净空气
空气吸入口
风机
粗过滤器

模量之比值；K_{zs} 为垂直静刚度。　（甘鸿仁）

垂直平行流工作台　vertical laminar flow clean bench

以比较均匀、垂直向下的洁净气流通过工作区，造成局部高洁净环境的净化工作台。　（杜鹏久）

垂直平行流洁净室　vertical laminar flow cleanroom

通过高效过滤器过滤后的洁净气流由上而下以平行流线流经工作区，携带工作区发散的尘埃粒子，经格栅地板进入回风静压箱，实现空气循环的洁净室。　（杜鹏久）

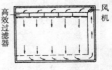

高效过滤器
风机

chun

纯水　purity water

又称去离子水、深度脱盐水。除盐水进一步处理，使无机盐含量降至 25℃ 时电导率为 $1\sim0.1\mu S/cm$ 和残余含盐量为 $1mg/L$，并且对金属元素、有机物、微生物、微粒杂质等含量均有一定要求的水。制备方法有蒸馏、膜分离、离子交换。用于食品、造纸、纺织、电子等工业。　（姜文源）

ci

磁带　magnetic tape

利用磁性材料具有剩磁性能的特点，来记录和储存信息的带状磁性媒质。它是在塑料薄膜带基上涂磁粉层而成。按使用性质分为录音磁带、录像磁带和计测磁带等；按磁性材料分为普通用氧化铁磁带、二氧化铬磁带、金属膜磁带和合金粉磁带等。金属带输出电平高，动态范围宽广，是理想的磁带；按厚度分为常用磁带、薄形磁带和超薄形磁带；按结构分为盒式磁带和循环磁带。盒式录音机的磁带宽度为 $3.81mm$，厚度小于 $20\mu m$；盒式录像机的磁带宽度分有 6.25、12.7、$25.4mm$ 等，厚度小于 $35\mu m$。

（袁敦麟）

磁带放音机　tape player

只能用于重放磁带上预录节目的设备。其构造比录音机简单，无消音磁头与录音磁头，只有放音功能。　（袁敦麟）

磁带录音机　tape recorder

以磁带作为载音体记录声音的机电设备。具有录音、放音和抹音功能。主要由磁头、传动（走带）机构、录音放大器、偏磁振荡器、放音放大器等部分组成。有频率响应好，失真小，噪声小，剪辑方便，可以当时就地放音或抹音等，磁带装置受热和振动

也不易损坏。根据声道不同，可分为单声道、立体声和多声道录音机。　　　　　　　　　（袁敦麟）

磁卡电话机　card phone

使用者只要将购买的定值电话磁卡插入该机内，就能接通电路，直接进行通话的公众收费电话机。该机具有自动计时、自动计费、自动递减电话卡贮存金额的功能。使用时话机面板上能不断显示卡中所余金额，便于控制开支和通话时间，卡中金额即将用完时能发出信号，用完后就切断电路，停止通话。采用此机后，可减少人工挂发电话和计费、付帐等繁琐手续。　　　　　　　　（袁　玫）

磁力起动器　magnetic starter

由交流接触器和热继电器组合而成的直接起动电动机的起动器。具有过载和欠压保护作用。　　　　　　　　　　　　　　（施沪生）

磁石式电话机　magneto telephone set

需自备两节干电池做电源，并带有磁石式手摇发电机（用于产生交流振铃信号）的电话机。用于磁石式交换机系统中，是最老式的一种话机。对线路要求低，通话距离长，但使用不方便。也可将两台此种电话机连接起来，组成简单对讲电话使用。适用于农村、部队和铁路部门。　　　　　（袁　玫）

磁石式电话交换机　magneto switchboard

采用人工接线方法来完成磁石式电话用户间连接通话的设备。交换机上有用户和中继号牌、用户和中继塞孔、塞绳、板键、手摇发电机、夜铃及话务员通话设备等。每一个用户有一个号牌和塞孔，用户呼叫和话终信号用号牌跌落来指示，塞绳用于连接两通话用户。容量一般有10、20、30、50、100门等。按其形式可分为携带式、挂墙式、桌式和落地式四种。其电源采用直流3V，磁石交换机和磁石电话机均需用二节大号干电池供电。磁石式电话由于使用麻烦、接续速度慢，与现代通信网配合困难，一般已不采用。但由于它不需要交流电源，且对线路要求较低，传输距离较远，在小镇、农村、矿山和军队中仍有采用。　　　　　　　　　（袁　玫）

磁头　magnetic head

磁性录音中的关键部件电磁换能器。可将电信号转换成磁信号存贮在磁带（载音体）上；也可将存贮在磁带上的磁信号还原成电信号或将磁信号消去。分为录音磁头、放音磁头、消音磁头、录放两用磁头、单路磁头和多路磁头等。　（袁敦麟）

磁性放音　playback

又称还音。通过录音机放音磁头的工作，将音体上的磁信号转换成电信号，且经放大后送至扬声器重放原来录制的音频信号的过程。　（袁敦麟）

磁性录音　magnetic sound recording

简称录音。使载音体磁带上留下随音频信号变化的剩磁过程。当音频信号经录音放大器放大，频率预矫并与偏磁信号叠加后，输送到录音磁头线圈，使录音磁头工作缝隙中产生随音频信号变化的磁场，当载音体磁带经过该工作缝隙时，即被这一磁场磁化，录下了音频信号。它保真度高，且可迅速多次重复录音、放音和消音，还可长期保存，已广泛用于广播、电视、电影、计算技术、地震测量和文艺、教育等各个领域。　　　　　　　（袁敦麟）

次氯酸钠发生器　hypochlorite generator

电解食盐水或海水制取次氯酸钠的装置。一般由软水器、溶盐槽、电解槽、整流器和次氯酸钠贮液槽等组成。在电解槽内的阴极和阳极间施加直流电压，食盐水和海水中的氯化钠转化为次氯酸钠。广泛用于水和污水的消毒。　　　　（卢安坚）

次氯酸钠消毒　disifection with scdium hypochlorite

以次氯酸钠为消毒剂进行消毒的过程。次氯酸钠可为氯碱工业的副产品，也可在使用现场用次氯酸钠发生器电解食盐或海水制取。它较液氯消毒安全，但费用较高，适用于人口稠密或无液氯供应地区的水或污水的消毒以及少量水或污水的消毒。　　　　　　　　　　　　（卢安坚）

cu

粗纹唱片　SP. standard play coarsegroove record

声槽纹宽较粗约为0.15mm左右，每厘米约有30～45条纹的唱片。它是早期广泛使用的唱片，转速为78r/min，声音为单声道。由于它放唱时间短、表面噪声大等已被密纹唱片所代替。　（袁敦麟）

粗效过滤器　low-efficiency filter

用以过滤10～100μm较粗尘粒的过滤器。可用作中、高效过滤的预过滤。滤料分有泡沫塑料和针刺毡等。其过滤风速宜小于1.2m/s，初阻力小于100Pa，容尘量较大。　　　　　　（叶　龙）

cui

催化燃烧　catalytic combustion

在催化剂的催化作用下，使废气中的可燃有毒物质氧化分解的燃烧过程。燃烧温度为350～400℃。实用的催化剂为铂、钯、稀土和过渡金属的氧化物。废气中不宜含尘粒或雾滴。　（党筱凤）

催化燃烧器　catalytic burner

燃气与空气在固体催化剂表面层进行燃烧的燃烧器。最终生成物为CO_2和H_2O（烟气），同时放出热量。根据空气供给方式可分为扩散式和引射式两种类型。前者燃烧表面温度为 400℃ 左右，辐射波长为 4～6μm，能够进入被加热物体内部，热效应特别显著。适用于要求低温加热的行业；后者为预混式燃烧器，燃烧表面温度为 600℃ 左右。目前两者均用于物料干燥和采暖等方面。 (蔡承媄)

催化氧化燃烧器 catalytic oxidation burner

由浸过催化剂铂盐和金盐类的玻璃绒催化层组成头部的燃烧器。是燃气红外线辐射器的一种形式。燃气通过它而燃烧，辐射出大量的红外线。辐射温度约为 300～450℃ 左右，辐射强度为 2500～10000W/m²。 (陆耀庆)

cun

村镇建筑设计防火规范 fire protection standard for the design of villages and downtowns

为了在村镇规划和建筑设计中防止和减少火灾危险，保护人身和财产安全而制定的规范。主要内容包括：总则，建筑物的耐火等级和建筑构造，规划和建筑布局，厂（库）房、堆场、贮罐、民用建筑，消防给水及电气等。 (马 恒)

存储程序控制方式 stored program control system

利用电子计算机技术，以预先编好的程序来控制交换接续动作的控制方式。其控制部分是一种专用电子计算机，主要由存储器、中央控制器、输入/输出设备和交换控制程序等组成。它具有灵活性大，如要更改或增加交换机性能，只要变换或增加相应的程序，而不必变动布线和控制设备，而且同样一套交换机可用于办公或宾馆，只要改变软件程序即可；但初建费用大。适用于程控电话交换机。 (袁 玫)

存水弯 trap

连接各类卫生器具（除坐式大便器外）与排水横支管或立管起水封作用的管件。防止下水道气体通过排水管系进入房间污染室内环境。常见形式分有管式存水弯、筒式存水弯、瓶式存水弯和碗式存水弯。材质多为铸铁与塑料。它要求水封高度不小于 50mm，且要便于清通。 (唐尊亮 胡鹤钧)

D

da

大便槽 soil pit

可供多人同时大便用的长条形沟槽。一般采用混凝土或钢筋混凝土浇筑，槽底有一定坡度。起端设有自动冲洗水箱，定时或根据使用人数自动冲洗。末端通过存水弯与污水管道连接。便槽用隔板分成若干个蹲位。污物易附着在槽壁上，冲洗不易及时，易散发臭气。常用于低标准的公共厕所。 (倪建华 金烈安)

大便器 toilet, water closet

旧称抽水马桶、恭桶。供人们大便的便溺用卫生器具。与冲洗水箱或冲洗阀配套使用。按使用方式分有坐式大便器和蹲式大便器两类。多为陶瓷制品，也有玻璃钢、人造大理石制品。 (金烈安 倪建华)

大地 earth

可导电的地层，其任何一点的电位通常取为零。 (瞿星志)

大火 mass fire

在火灾发生后，猛烈燃烧阶段的燃烧火势。此时，一般发生了轰燃，燃烧面积迅速扩大，燃烧速度大大加快，燃烧温度急剧上升达到最高温度，气体对流达到最高速度。 (华瑞龙)

大门空气幕 door way air curtain

设置于建筑物大门处的空气幕。该空气幕主要用来减少或隔断外界气流的侵入，以维持室内的气温条件。按其气流方向分为上送式、侧送式和下送式三种。 (李强民)

大气尘分散度 atmospheric particle size distribution

又称按粒径的分布、粒径频谱。指各种粒径的尘粒在大气尘总体中所占的比例份额。与大气尘浓度一样，是反映大气尘的另一重要特性。 (许钟麟)

大气尘浓度 atmospheric particle concentration

单位体积空气中所含大气尘的量。分有计数浓度（又称数量浓度）、计重浓度（又称重量浓度）和沉降浓度。还应区分是瞬时（一次）值或平均值，是最大值或最小值。在平均值里还应区分是 1h 平均、24h（日）平均或月平均值，时间越长的平均值应该

越小。 （许钟麟）

大气过电压 atmospheric over-voltage

又称冲击过电压。当雷云主放电时（放电电流为波头很陡、波幅值很高、衰减很快的冲击波）作用在物体上形成的冲击过电压。对建筑物、人身和设备绝缘有很大的危害性。 （沈旦五）

大气含尘量 atmospheric particles content

在空气洁净技术领域，广义上是指室外大气中所含各种固态、液态悬浮微粒数量（质量）的总和；狭义上仅指室外大气中所含固态悬浮微粒即尘埃粒子的数量（质量），而在环境保护领域，包括飘尘数量（质量）和沉降尘数量（质量）。它在一年的不同季节、一天的不同时刻中是不同的，地区性差异也极大，取决于它的自然发生源和人为发生源。一般大气尘约 70% 是由风化产生的，工业污染产生的约占 25%。 （许钟麟）

大气降水

见雨水（287 页）。

大气扩散 atmospheric dispersion

大气中的污染物在湍流的混合作用下逐渐分散稀释的现象。与气象条件和污染物的排放状况有关。 （利光裕）

大气扩散模式 atmospheric dispersion model

污染物在大气中迁移和扩散规律的数学描述。此模型可用来预测在给定的污染物排放强度（单位时间排放量）和气象条件下某种污染物的时间和空间分布。 （利光裕）

大气式燃烧器 atmospheric burner

按照燃烧前部分预混助燃空气方法设计的燃烧器。由喷嘴、引射管和燃烧器头部组成。一次空气系数 a' 为 $0.45 \sim 0.75$。一定压力的燃气从喷嘴喷出，依靠引射作用将一次空气吸入引射管，燃气和空气混合均匀后经排列在燃烧头部的火孔喷出燃烧，形成本生火焰。广泛用于商业、民用和工业的加热设备。 （蔡 雷 吴念劬）

大气透明度 clearness ratio, clearness number

某地某时的大气透明系数 P 与标准大气的透明系数 P_0 之比。晴天太阳射线在穿透大气层时，由于尘粒、空气及水汽分子的散射和 CO_2、H_2O、O_3 的吸收作用而减弱，到达地面的太阳直射强度 S 与太阳常数 S_0 之比，即

$$\frac{S}{S_0} = P^m \quad \text{或} \quad P = \sqrt[m]{\frac{S}{S_0}}$$

中国暖通规范所规定的大气透明度等级，是以大气质量 m=2，并考虑站台海拔高度不同而对 m 值加以订正后的大气透明系数 P_2 为依据的。 （赵鸿佐）

大气湍流 atmospheric turbulence

大气以不同尺度作无规则运动的流体状态。风速时大时小，具有阵性，并在主导风方向上出现上下左右无规则的阵性搅动。它的形成和发展取决于机械或动力的因素形成的湍流称为机械湍流和热力因素形成的湍流称为热力湍流两种因素。它的强弱决定于两种因素的综合结果。 （利光裕）

大气稳定度 atmospheric stability

在各种气象条件下，大气中气团稳定状态的描述。大气中的气团，由于某种原因而产生向上或向下运动，可能出现三种情况：当除去外力后这个气团逐渐减速并返回原来高度的趋势，这时大气是稳定的；当除去外力后这个气团仍加速前进（可能上升或下降），称这时的大气是不稳定的；如果除去外力后，气团既不加速也不减速，称这时在大气处于中性平衡状态。对其分类，中国采用修订的帕斯奎尔（Pasquill）稳定度分类法（简称 P. S 分类法），分为强不稳定(A)、不稳定(B)、弱不稳定(C)、中性(D)、较稳定(E)和稳定(F)等 6 级。 （利光裕）

大气污染源 atmospheric pollution sources, air pollution sources

造成大气污染的污染物发生源，可分为天然污染源和人工污染源。前者为大气污染物的天然发生源。如活火山、自然逸出煤气和天然气的煤田和油田等；后者为人类的生活和生产活动中形成的污染物发生源。如资源和能源的开发、燃料的燃烧以及向大气排放污染物的设备、装置和场所等。按污染源的运动形态分为固定源和移动源；按污染源的高低分为高架源和低矮源；按污染源的形状大小分为点源、线源和面源。点源是污染物从一个排放口排放的情况，如烟囱；线源是污染物的排放呈线状的情况，如繁忙的公路；面源是污染物从较大面积范围内排放的情况，如稠密居民区中的家庭炉灶。 （利光裕）

大气压力 atmospheric pressure, barometric pressure

地球表面上一层很厚的空气层对地面所形成的压力。也即空气压力。它随地区海拔高度而异，也因季节、晴、雨等气候变化而稍有改变。一个标准大气压（1atm），又称物理大气压，其值为 101.325kPa；工程上常把 $1kgf/cm^2$ 作为一个工程大气压，它等于 98.07kPa。 （田胜元）

大气质量标准 ambient air quality standard

对大气中污染物或其它有害物质的最大容许浓度所作的规定。目前世界上已有 80 多个国家颁布了该标准。世界卫生组织（WHO）于 1963 年提出二氧化硫、飘尘、一氧化碳和氧化剂的该标准。中国 1962 年颁布的《工业企业设计卫生标准》中首次对居民区大气中的 12 种有害物质规定了最高容许浓度。1982

年颁布了《大气环境质量标准》》(GB 3095—82)，按标准的适用范围分为三级：①一级标准为保护自然生态和人群健康，在长期接触情况下，不发生任何危害影响的空气质量要求。适用于国家规定的自然保护区、风景游览区、名胜古迹和疗养地等；②二级标准为保护人群健康和城市、乡村的动植物，在长期和短期接触情况下，不发生伤害的空气质量要求。适用于城市规划中确定的居民区、商业交通居民混合区、文化区、名胜古迹和广大农村等；③三级标准为保护人群不发生急、慢性中毒和城市一般动植物(敏感者除外)正常生长的空气质量要求。适用于大气污染比较重的城镇和工业区以及城市交通枢纽、干线等。该标准包括总悬浮微粒、飘尘、二氧化硫、氮氧化物、一氧化碳和光化学氧化剂 (O_3) 等项目。每一项目按不同取值时间(日平均和任何一次)和三级标准的不同要求，分别规定了不同的浓度限值。

（利光裕）

大水容式热交换器
见容积式水加热器（203页）。

大小头
见异径管（277页）。

dai

代码开关　code switch
用代码操作的开关。常与闯入探测系统的控制/指示器联用，以提高保密性。　　　（王秩泉）

带调节板百叶送风口　adjustable horizontal vanes grille with splitter plate

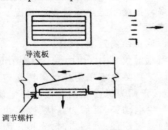

由一组水平可调叶片与可调导流板组装成的风口。通常直接安装在送风管道上，可调气流的仰角或俯角，但不能调扩散角。导流板的开启度是靠旋转调节螺杆来实现。　　　（王天富）

带镉镍电池直流操作电源　with nicklecadmium battery direct current operating power supply
用镉镍电池放电电流作为断路器跳、合闸、控制、信号、继电保护和自动装置的直流操作电源。通常由浮充电装置、充电装置、镉镍电池组、绝缘监察、电压监察、闪光装置和直流馈电等部件组成。分有蓄电池充-放电和蓄电池浮充电两种运行方式。

（张世根）

带架水枪　nozzle with holder
在专门支架上固定起来的大口径水枪。由枪管、管嘴、集水器、旋转盘、出水叉、操纵杆和底架等构成。枪管比较长，内装有稳流器。喷嘴口径为 $DN25$、28、32mm 三种，可互换使用。有两个口径为 $DN65mm$ 的进水口。旋转盘可保证水枪按水平方向旋转 360°、上下转动 90°。只需一人操作，转动灵活，操作轻便，出水量大，射程远。用于扑救露天大面积和高层建筑火灾或难以接近的火灾。

（郑必贵　陈耀宗）

带状辐射板　strip heating radiant panels
将块状辐射板沿长度方向多块进行串联而组成的一种形式的钢制辐射板。实践中也可采用卷材钢板按块状辐射板的结构形式加工至需要的长度。由于长度较长，必须妥善处理排管的补偿、空气排除和凝水泄放等问题。　　　（陆耀庆）

袋式除尘器　bag filter
通过纤维织物或针刺毡等做成的滤袋过滤含尘气体的除尘器。一般新滤袋的除尘效率并不高，主要是依赖粘附在滤袋表面上的粉尘层捕集粉尘，使其具有很高的除尘效率。滤袋有圆袋和扁袋两类。处理风量大的除尘器，多采用圆袋。清灰方式分有机械振动、气流清灰（反吹风）、脉冲喷吹和气环反吹等型式。除尘效率可达 99％以上，如设计和维护管理恰当，甚至对细尘也可达 99.9％以上。压力损失通常为 0.9～2kPa。处理风量可从每小时几百立方米到百万立方米。广泛应用于各个工业部门，但需注意按照含尘气体特性选择滤料，不能直接处理高温（280℃以上）、高湿气体以及用于净化粘结性粉尘。

（叶　龙）

袋式过滤器　bag-type air filter
滤材成型为袋式的过滤器。几个滤袋作为一组，绷紧固定在框架上，袋与袋之间用软的绳索或硬的网架保持相对位置，不致受气流作用而使滤袋贴靠住。它分有带滤袋振打装置和不带振打装置。

（许钟麟）

袋式集热器　bag type heat collector
黑色塑料水袋吸收太阳能，集热贮热合为一体的半开放式集热器。一般由水袋、空气隔热层、透明罩及其他附属装置组成。构造简单，造价低，安装移动方便；但热效率低，热损失较大，使用寿命短。

（刘振印）

袋水　water gathering
冷凝水因坡度失真在管道低处结聚的现象。会引起管内输送燃气压力的波动。可用调整管道坡度排除。也可用压缩空气或清管机吹扫等临时排除。

（李伯珍）

dan

单柄混合龙头 mixing faucet with single lever, single lever control mixer

单手柄控制调温、调节水量的混合龙头。调节和密封元件材料常用膨胀系数小、耐高温和温差冲击的高铝陶瓷。构造新颖、使用方便、价格较高。
（张延灿）

单层百叶送风口 single deflection supply grille

由一组可调节角度的水平或垂直的叶片，按一定的间距排列，安装在矩形框架内而构成的送风口。
（王天富）

单点辐射供暖系统 single-point radiant heating system

应用钢制辐射板、电气红外线辐射器或燃气红外线辐射器等依靠辐射传热方式对有限空间内的个别工作地点进行供暖的系统。它也可对无限大空间（室外）中某一地点进行供暖。实质上该系统可隶属于局部辐射供暖系统范畴，只是供暖范围更小。
（陆耀庆）

单斗雨水排水系统 single strainer storm system

雨水架空管系上仅装有一个雨水斗的内排水雨水系统。水流状态较简单，计算方法较易，为普遍采用的系统。
（王继明）

单管供暖系统 one-pipe heating system

散热器的进出口支管均连接在同一根主管上的供暖系统。单管热水供暖系统的热水依次流经连接在立管上的散热器，散热器的平均水温依次下降。管路简单、施工方便、初投资省和水力稳定性好。按主管的不同布置分为垂直单管和水平单管系统；按主管中的水是否全部流经散热器或按有无跨越管分为单管顺序式或单管跨越式系统。它是目前实际工程中使用最广泛的热水供暖系统。
（路　煜）

单管跨越式供暖系统 one-pipe heating system with cross-over tube

散热器的进出水连接支管间设有跨越（旁通）管的单管热水供暖系统。与单管顺序式供暖系统相比，允许在散热器连接支管上设阀门以进行个别调节，并可适当缓解上层过热现象。按型式分有垂直和水平两种。
（路　煜）

单管热水供应系统 one-pipe hot water system

配水点所需热水水温不能调节而直接由单管供给的热水供应系统。热水由加热设备加热到使用水

温或通过冷热水混合器调节成使用水温后经单管供给。它节省管材，节约水量，管理方便；但不能任意调节使用水温。一般适用于营业性和企事业单位的淋浴室。
（陈钟潮）

单管顺序式供暖系统 one-pipe sequence flow heating system

立管中的热媒水依次全部流经连接在同一立管上的散热器的热水供暖系统。管路简单、水力稳定性好；但连接散热器的支管上不允许安装调节阀门，因此无法对每组散热器进行调节。根据供回水干管敷设位置的不同分为上供下回式和下供上回（倒流）式两种；按型式分有垂直与水平两种。是目前工程中应用较广泛的系统。
（路　煜）

单户热水供暖系统 housing hot water heating system

俗称土暖气。用于单层房屋单户或若干户的自然循环热水供暖系统。锅炉与散热器几乎在同一高度，因而只能靠管道散热而形成重力作用压头，故作用压头小、管径粗。为了提高作用压力和减少管道阻力，可把散热器抬高和把散热器布置在内墙处。
（路　煜）

单级喷水室 single stage air washer

空气仅与来自一支供水干管，且只是一种水温的喷水接触，进行热湿交换的喷水室。
（齐永系）

单立管排水系统 single stack system

仅有排水立管而无通气立管的生活排水系统。由于排水管系内空气不能得到及时补充，故排水立管通水能力较小，水流噪声较大。适用于建筑物层数不多、污废水排除量较少的情况。
（姜文源）

单流阀

见止回阀（301 页）。

单面辐射仪 directional radiometer

又称热电堆辐射热计。测量定向辐射热强度的仪表。正面为黑白相间的串联热电偶，可感受辐射热而产生电动势；反面为毫伏计，可由电动势指示出相应的辐射热强度。测定时，先将正面对准辐射热源再打开盖板，从反面直接读得测定值。（徐文华）

单母线 single-busbar arrangement

用一段母线把电源引入线和引出线连接起来的主接线。每条引入线和引出线分别经各自的断路器和母线隔离开关接至母线。
（朱桐城）

单色显示 monochrome display

只用一种颜色表示信息的显示。（温伯银）

单声道 mono

在音响重放系统中只有一个声音通道。
（袁敦麟）

单双管混合式供暖系统 combined one-and

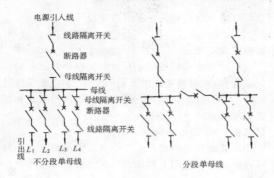

单母线

two-pipe heating system

沿垂直方向每 2～4 层散热器划分为一组,每组范围内为双管方式连接,而组与组之间则为单管方式连接的热水供暖系统。可缓解竖向失调现象和防止散热器支管过粗,还可使散热器能进行个别调节。适用于高层建筑。　　　　　　　　(路 煜)

单筒式吸嘴 single drum suction mouth

圆筒下端做成喇叭口,罩以棚罩,筒壁上部开有二次空气入口,口外装有旋转调节箍的吸嘴。物料和一次空气从下端喇叭口吸入筒内,改变旋转调节箍二次空气入口开度,控制二次空气吸入量,不致使料气比过大而堵塞管道。也可用来调节输送不同物料所需的料气比。　　(邹孚泳)

单位热负荷年经营费 annual operating cost per unit heating load

供暖系统的年经营费除以供暖系统的热负荷而得。单位为¥/(a・W)。　　　(西亚庚)

单位热量设备水容量 water volume per unit heat emission of heating appliance

每供给 1kW 热量的散热设备及构件的水容积(L/kW)。　　　　　　　(王义贞 方修睦)

单位容积制冷量 volumic refrigerating effect

被压缩机吸入的 $1m^3$ 制冷剂蒸汽在蒸发器中形成时所吸收的热量。单位为 kJ/m^3。它可由单位质量制冷量除以压缩机吸气比容 v 求得。
　　　　　　　　　　　　　　(杨 磊)

单位容量法 method of unit capacity

采用单位产品耗电量或单位面积需供功率等,直接求出计算负荷的方法。此法简便,适用于估算计算负荷。　　　　　　　　(朱桐城)

单位质量制冷量 refrigerating effect, specific refrigerating

1kg 制冷剂节流后在蒸发器中气化时所吸收的

热量。单位为 kJ/kg。它可由进入蒸发器制冷剂的比焓与出蒸发器制冷剂的比焓二者的差值求得。
　　　　　　　　　　　　　　(杨 磊)

单位轴功率制冷量 refrigerating effect per shaft horsepower

单位时间内制冷机制取的冷量 Q_0 与轴功率 N_b 之比。常用 K_e 表示,即 $K_e = \dfrac{Q_0}{N_b}$。是评价制冷机的一个重要技术经济指标。多用于开启式和半封闭式制冷压缩机。　　　　　　　(杨 磊)

单相触电 single-phase shock

人或家畜站在地上接触到带电的电气装置的一相。其触电危险程度决定于电网中性点是否接地和周围环境。　　　　　　　(瞿星志)

单相短路 one-phase short-circuit

供配电系统中,任意一相导线与中性线或接地中性点(经大地)直接金属性连接或经过小阻抗连接在一起。　　　　　　　(朱桐城)

单相短路电流 one-phase short-circuit current

单相短路时,流经短路电路的电流。
　　　　　　　　　　　　　　(朱桐城)

单相接地 one-phase ground

供配电系统中,当电源中性点不接地时,任意一相导线与大地作直接金属性连接或经过小阻抗连接在一起。　　　　　　　(朱桐城)

单相接地电流 one-phase ground current

单相接地时,流经接地电路的电流。
　　　　　　　　　　　　　　(朱桐城)

单向传声器 unidirectional microphone

对正前方来的声波特别灵敏的传声器。按单向性程度不同可分为心形传声器、超心形传声器和超指向传声器三种。前两种用于电影音乐、舞台和厅堂扩声,可减少室内反射声、环境噪声的影响和声反馈,从而提高清晰度、信噪比和舞台扩声系统传声增益。超指向传声器只对主轴方向上某一角度有较高灵敏度,适用于电视实况转播等。
　　　　　　　　　　　　　　(袁敦麟)

单向阀

见止回阀(301 页)。

单向供水 one way service pipe system

自室外给水管网向建筑内部仅引接一条引入管的间歇供水技术。管道中水流作单一方向流动。常用于一般低层建筑。　　　　　　　(姜文源)

单向流通风 unidirectional ventilation

利用吹风射流,使整个车间或者一定范围内的气流按预定方向流动,并将污染气流与射流一起经排风口排走的通风方法。吹风射流的作用是输送或覆盖污染气流。它是吹吸式通风方法的一种特例。
（茅清希）

单向中继线　one-way trunk

市话局用户与小交换机用户之间只能单向进行呼叫的两个电话站局间的连接线。可分为出中继线和入中继线两种。它占用市话局号码比双向中继线少，中继设备简单，小交换机呼出话务量增大时不会影响市话局的接通率；但中继线群过小时，单向会降低中继线利用率。一般用于容量较大的自动电话站。也有采用部分单向中继线和部分双向中继线的混合方式，以便更好提高中继线使用率。　（袁玫）

淡化水　desalted water

高含盐量的海水或苦咸水脱盐至一般水源水质的水。最常用制备方法有电渗析、反渗透等膜分离法。　（胡鹤钧）

氮氧化合物　oxides of nitrogen

在燃烧过程中，氮和空气中的氧起反应而形成的产物。主要来自：①燃烧时空气带入的氮，在高温条件下与分解的氧原子反应生成的NO，称为温度型NO；②燃料中固有的氮化物，这些中间产物与含氧的化合物进行反应生成NO，称为燃料型NO。采用降低燃烧温度、缩短烟气在高温区的滞留时间、减少氧浓度以及使用含氮量较少的燃料等以抑制氮氧化合物的生成。　（庄永茂）

dang

当量长度　equivalent length

将局部压力损失折算成与之相当的摩擦压力损失后，管段所应增加的名义长度。在计算流量和压力损失不变的条件下，将管件或某一管径管道的长度折算成另一管径管道的长度。
（王亦昭　林立成）

当量局部阻力系数　equivalent coefficient of local resistance

将管段的摩擦压力损失折算成与之相当的局部压力损失后，管段所应增加的名义局部阻力。
（王亦昭）

当量温度　equivelant temperature

又称等效温度、太阳辐射热的当量温升。将建筑表面吸收的太阳辐射热人为等效折算成的一个温度。其数值等于单位面积围护结构外表面所吸收的太阳辐射热除表面换热系数之商。
（曹叔维　赵鸿佐）

当量直径　equivalent diameter

流体在非圆形断面中流动时，其四倍过流断面积除以该断面的湿周。在计算流量和沿途压力损失不变的条件下，将不同管径、不同长度的多根并联管道折算成一根已知长度管道的管径。
（王重生　林立成）

挡板式固定支座　fixed support with baffle

把焊有肋板的挡板，在型钢支撑架两侧分别与管道焊牢，限制管道自由移动的支座。它能承受超过50kN（5t）的轴向推力。通常分有双面挡板式和四面挡板式。　（胡泊）

挡风板　wind shelter

天窗出口处的挡板。其他使天窗出口处在任何风向的自然风作用下的风压均保持负值，防止产生倒灌。　（陈在康）

挡风圈　circular wind shelter

围挡在圆形风帽排风口外的圆筒形挡板。其作用为避免风帽出口处风压为正值而产生倒灌，影响风帽的排风。　（陈在康）

挡热板　heat baffle-plate

用对热射线具有较高吸收或反射能力的板材制成、放在热设备与工作位置之间用来阻挡热辐射的遮热装置。常用作炉壁、炉门和工作孔的遮热。还有做成围罩的形式，将热设备罩在里边，接排气管进行自然排热，以遮挡设备发热散入室内。
（邹孚泳）

挡水板　eliminator

喷水室排管前后所设阻挡喷水向两端飞溅的具有曲折通道的多折板。前挡水板尚有均匀分布过流空气的作用。多用0.75～1.0mm厚的镀锌钢板制成。双波纹型挡水板常用于高速喷水室，挡水效率较高。　（齐永系）

档距　pole span

又称跨距。指两个电杆之间的水平距离。由线路电压、回路数、导线的种类与截面、电杆的结构形式、气象条件以及地形等因素而定。　（朱桐城）

dao

刀开关　knife switch

带有刀形动触头，与底座上的静触头在闭合位置相楔合的开关。主要用来隔离电源。
（施沪生）

导出状态参数　developed state parameter

由基本状态参数间接算得的状态参数。如内能、焓和熵等。　（岑幻霞）

导流叶片　guide vane

在通风系统配件中（如弯头、三通等）为减少局部阻力损失，所装置吻合流线的多叶栅。
（陈郁文）

导热率　thermal conductance

当材料层的厚度为δ、两表面为单位温度差时，单位时间内通过单位面积由导热方式传递的热量。一般以 Λ 表示。单位为 W/(m·K)。即为 $\Lambda=\lambda/\delta$。它的倒数为导热阻 R(m·K/W),$R=1/\Lambda$。

(西亚庚)

导热系数 thermal conductivity, heat conduction coefficient

单位厚度的物体,两侧表面为单位温度差时,单位时间内通过单位面积由导热方式传递的热量。以 λ 表示。单位为 W/(m·K)。它与材料密度、温度、湿度和热流方向等因素有关。 (西亚庚)

导温系数 thermal diffusivity

又称热扩散率。物质的导热系数 λ 与其密度 ρ 和定压比热 c_p 乘积之商。以 a 表示。单位为 m²/s。即为 $a=\dfrac{\lambda}{\rho c_p}$。它表明物质在冷却或加热时,各部分温度趋向一致的能力。 (郭慧琴)

导线 conductor

用来传送电能的导体。对其材料要求电阻率小、机械强度高、质轻、不易腐蚀和价廉等。架空线路常用的分有铝绞线(LJ)、钢芯铝绞线(LGJ)、铜绞线(TJ)、钢绞线(GJ)和塑料绝缘导线(BV、BLV)等。 (朱桐城)

导向弯头 direction guide bend

与旋流器配合使用的下部特制配件。内部有导翼板,迫使立管水流旋流排出,有利于改善立管底部的水气流工况。 (姜文源)

导向支架 direct guide support

只允许管道有单向位移的支架。在竖直管道上能限制管道的位移方向,防止管道的振动,但不能承受管道的重量;在水平管道上,可承受管道重量,只允许管道有单向水平位移。根据对摩擦力的不同要求,可分为滑动导向支架、滚柱导向支架和滚球导向支架。 (黄大江)

导压管 impulse tube

指将被测介质输送到变送器或显示、调节仪表上去的取样管。根据输送介质的压力不同,这种取样管的材质分有水煤气管、紫铜管、不锈钢管和尼龙管等。 (唐衍富)

导压管最大允许长度 maximum allowable length of impulse tube

使被测介质在导压管中,保持正常传递的长度。一般气体分析导压管为 10m;压力在 ±650Pa 以内为 30m;其他压力导压管为 50m。 (唐衍富)

倒便器 bedpan washer

又称便盆冲洗器。倾倒粪便并冲洗便盆或便壶用的便溺用卫生器具。由外壳、冲洗装置和排水管构成,有的还带有蒸汽消毒装置。通常为不锈钢制品。设在医院厕所或卫生间内,为卧床病人服务。

(朱文琭)

倒流式供暖系统 upward-flow heating system

又称下供上回式供暖系统。供水干管设在下部,回水干管设在上部,热水沿立管自下而上流动(倒流)的热水供暖系统。易于排除系统内的空气;对于热损失较大的底层房间,由于底层散热器的供水温度高,所以底层散热器面积较小;但这种接法的散热器的传热系数低得多,所以平均水温几乎等于散热器的出口水温,散热器面积需相应增大,对于高温水供暖系统,这一点有利于满足散热器表面温度不致过高的卫生要求。还可和上供下回式系统串联组成混合式供暖系统。 (路 煜)

倒闸操作 switching operation

变配电所中实现停送电控制用的隔离开关、断路器等开关设备的拉合闸操作。隔离开关没有灭弧装置,不允许带负荷拉合闸;断路器具有灭弧装置,允许带负荷拉合闸。为确保操作安全,避免电气事故,必须严格遵守操作顺序的规定:停电拉闸时按照断路器、负荷侧隔离开关、母线侧隔离开关的顺序依次操作;送电合闸时则与上述操作相反。

(瞿星志)

倒置式槽边排风罩 upset rim hood

吸气罩口向下的槽边排风罩。由于其罩口朝下吸气,使与槽内液面的距离减小,吸气气流紧贴液面,从而减少了排风量。结构较复杂。其布置形式分有单侧、双侧和周边形。 (茅清希)

道路灯具 luminaire for street lighting

为使道路使用者识别路面上障碍物,预知前进方向,减少心理负担,提高安全感和舒适性而沿道路方向设置的固定的灯具。分用于车行道的道路灯、商业区和住宅步行道的街路灯和绿化地的庭园灯。50 年代前后路灯使用白炽灯和荧光灯,后来使用荧光高压汞灯。70 年代以来,广泛使用高压钠灯。道路灯有比较严格的配光要求,以期在道路上得到的平均亮度、纵向亮度均匀度和总均匀度满足 CIE 推荐的标准。由于路面亮度还与路面材料的表面反射特性有关,因此路灯的配光除与安装的距高比有关外,还与路面材料有关。它的配光按 CIE 的建议分为:投射——光线沿道路纵向的扩散程度分为短、中、长 3 种;扩展——光线在道路横向的扩散程度分为窄、一般、宽 3 种;控制——控制眩光的程度分为有限、中等、严格 3 种。路灯的外壳防护等级分别是:门灯 IP23、电气配件的空间 IP43、光学系统的空间 IP54,污染严重的城市和环境中不宜采用敞开式灯具。

(郑 非)

de

得热量　heat gain

室温恒定条件下进入空气调节空间的热量。它的大小随气象条件、建筑条件、生产生活设备与活动情况不同而改变，是空调工程设计中的一个重要计算参数。　　　　　　　　　　　　　　（赵鸿佐）

德尔布法　Delburge methed

用华白数和燃烧势来判定燃气互换性的方法。法国煤气公司 P. Delburge 博士的研究成果。选择校正华白数和燃烧势作为从离焰、回火和完全燃烧角度来判定燃气互换性的两个参数，并以此两个参数为坐标所作的互换图来表示燃气允许互换的范围。　　　　　　　　　　　　　　　　（吴念劬）

deng

灯　lamp

为产生光而人工制作的光源。常用的分有白炽灯、荧光灯、高压汞灯、高压钠灯和金属卤化物灯等。　　　　　　　　　　　　　　　　　　（俞丽华）

灯光显示牌　lamp display panel

用灯泡组成点阵，实现矩阵显示的平面显示装置。　　　　　　　　　　　　　　　　　　（温伯银）

灯光音乐控制　musical lighting control

使灯光设备发光的强度、频率、节奏和色彩完全依音乐的强度、节奏而自动调节的控制。通常灯光与音乐的情调完全溶为一体。舞台灯光和音乐喷泉中的灯光设备往往采用这种控制。　　　　（江予新）

灯具　luminaire

使光源可靠地发出光线，以满足人类从事各种活动时对光线需求的器具。现代灯具，除光源外还包括：改变光线在空间、时间和频率上的分布的光学系统，如反射器、折射器、格栅和滤色片等；保证光源工作的电气配件，如灯座、镇流器和启动器以及保护和固定光源、支承灯具的机械部件，如外壳、支架和调节机构等。对有照明功能的亦称为照明器。除按使用场所来划分灯具的种类外，还有多种按性能划分的方法：按外壳防水和防尘能力可分为防滴水、防雨、防喷水、防浸水、潜水、防尘和尘密灯具；按防触电能力可分为 0 类、Ⅰ 类、Ⅱ 类和Ⅲ类灯具；按接受尘埃污染程度——维护种类的分类共 Ⅰ 到 Ⅵ 六类以及对一般照明灯的光分布还有 CIE 分类。　　　　　　　　　　　　　　　　（章海骢）

灯具光输出比　light output ratio of a luminaire

又称灯具效率。在规定的实际条件（灯具工作的环境温度为 $25\pm1℃$，无烟和潮气的环境中，光源、灯具和电压均符合要求）下，灯具发出的光通量，与光源工作在灯具外面在参考条件（按 IEC 光源标准中指定的条件）下发出的光通量的总和之比。对气体放电灯，上述两次试验应使用同一只实用镇流器（用于被试灯具，代表了该产品性能范围内的镇流器）。　　　　　　　　　　　　　　　　（章海骢）

灯具维护种类　luminaire maintenance categories

根据灯具积集灰尘快慢划分灯具的分类方法。灰尘在反射器内表面和出光面内外表面上的积聚将减少灯具射出的光通量，影响受照面上的照度，据此将灯具分为 Ⅰ 到 Ⅵ 共 6 类；灯具裸露光源的为 Ⅰ 类；灯具下部敞开（或有格栅）上部有光源直接射出 15％ 或更多上射光通的为 Ⅱ 类；灯具下部敞开上部有不到 15％ 的上射光通的为 Ⅲ 类；灯具下部敞开上部全封闭的（也可以有光）为 Ⅳ 类；上下部都封闭（都可以有光）的为 Ⅴ 类；下部封闭（也可有光）上部敞开的为 Ⅵ 类。其中以 Ⅱ 类型式的灯具最好，Ⅳ 与 Ⅵ 类最差。该维护种类供设计者确定灯具污染光衰系数后计算照度。　　　　　　　　　（章海骢）

灯具污染光衰系数　LDD. luminaire dirt depreciation factor

灯具因灰尘和污物积聚造成光输出减少，从而影响工作面照度的一个系数。与灯具结构和工作环境内的污染情况有关，前者用灯具维护种类分Ⅵ类加以区分；后者工作环境可分为非常清洁、清洁、中等、污染和严重污染 5 个等级。各种等级下，各类灯具的 LDD 可表达为

$$LDD = e^{-A(t^B)}$$

A、B 为常数，与灯具维护分类和环境污染等级有关；e 为自然对数；t 为时间（以 a 计）。　　　　　　　　　　　　　　　　（章海骢）

灯具效率　luminaire efficiency

见灯具光输出比。

灯具 CIE 分类　luminaire CIE classification

用灯具向上下空间发出光通量占整个灯具发出光通量的百分比来划分灯具照明类型的方法。分为 5 类：①直接照明型，几乎所有的光即 90％～100％ 的光都向下直接照明工作面，只有 0％～10％ 的光向上；②半直接照明型，60％～90％ 的光向下，10％～40％ 的光向上照明顶棚和上方墙壁；③漫射照明型，上下射的光几乎相等，即 40％～60％ 的光直接向下或向上，其中在接近水平方向上光线较少的一类称为直接-间接型；④半间接照明型，60％～90％ 的光向上，其余的向下；⑤间接照明型，90％～100％ 的光都向上，只有 0％～10％ 的光向下照明下半空

间。 （章海骢）

灯罩隔热系数 heat insulation factor of lamp cover

用以表征荧光灯在使用过程中由于灯罩型式、通风状况等不同而产生不同隔热效果的系数。当荧光灯罩上部穿有小孔（下部为玻璃板），可利用自然通风散热于顶棚内时，取此系数值为 0.5～0.6；当荧光灯罩无通风孔时，则视顶棚内通风情况，可取为 0.6～0.8。 （单寄平）

登高平台消防车 elevating platform fire truck

旧称曲臂消防云梯车。装备有折叠式或折叠、伸缩组合式臂架、载人平台、转台及灭火装置，用载重汽车底盘改装的举高消防车辆。由工作臂、载人平台、消防泵、供水系统、液压系统和电气系统等组成。它机动灵活、工作范围广、工作面积大，易于在火场上选择工作位置，从高处观察和监视火场，并从高处灭火、破拆和救援。多用于扑救高层建筑和工厂火灾。 （华瑞龙）

登高作业安全用具 safety appliance of working on high

为防止在高空作业时从高处跌下或便于登上高空进行作业需使用的保安工具。主要包括安全带、脚扣、脚踏板、人梯、升降台和高凳等。 （瞿星志）

等电位联结 equipotential bonding

使各个外露可导电部分及装置外可导电部分的电位实质上相等的电气连接。 （瞿星志）

等电位联结线 equipotential bonding conductor

用作等电位联结的保护线。 （瞿星志）

等光强曲线 isocandela curve (line)

在以灯具发光中心为中心的假想球面上，把光强相等的那些方向相对应的点连接而成的曲线，或是该曲线的平面表示（用平面图和相应的角度来表示球体及其坐标）。它可较好的表示发光体在空间的光分布，特别适合于非旋转对称的灯具。 （俞丽华）

等价干工况 equivalent dry working condition

对于空气初状态的焓值相同、干球温度不同的各工况，如果某一干工况的终状态焓 i_2、η_2（为接触系数）值与另一湿工况的 i_2、η_2 值相等，则称这一干工况为该湿工况的等价干工况。图

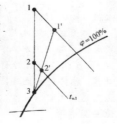

中干工况 1-2-3 为湿工况 1'-2'-3 的等价干工况；φ 为相对湿度；t_{w1} 为水初温。它可以代替湿工况参数进行水冷式表冷器的选择计算。 （田胜元）

等离子显示板 plasma display panel

利用等离子体的电离和不电离的双稳态特性，用工艺方法制成的显示板。对于等离子显示的激励电路，多采用峰值电压不大于着火电压而大于熄灭电压的交流电压作为维持电压。电压的波形可以是正弦，也可以是矩形，还可以是其他适当的波形和频率。 （温伯银）

等流型热电风速仪 constant current thermal anemometer

通过测头热丝中的工作电流保持恒定的热线热电风速仪表。它的时间常数和响应滞后较大，测量紊动度大于 5% 的流速时，将导致较大的误差。 （马九贤）

等面积同心圆环 concentric rings with equal area

在圆形风管测定断面上确定测点时所划分的面积相等的同心圆环。圆环个数由风管直径确定。在每一圆环内再以一同心圆周将其分为面积相等的两部分，该圆周与风管两相互垂直的直径之交点即为测点。 （徐文华）

等速采样 isovelocity sampling

测定气体含尘浓度的采样原理。为保证采样结果准确，要求采样头轴线与气流方向一致，并在采样截面上使进入采样口的气体流速与截面上该处原有气流速度相等。实现它可采用预测流速法、毕托管平行采样法和静压平衡法等。 （徐文华）

等温降法 method of constant temperature drop

保持热水供暖系统各并联管路（如垂直单管式的各立管，双管式的各散热器支管）中进出口的设计水温降相等的管道水力计算方法。 （王亦昭）

等温空气幕 isothermal air curtain

又称非加热空气幕。不设置加热装置或冷却装置的空气幕。送出的空气不需热湿处理。结构简单，体积小。适用于非严寒地区的各类民用或工业建筑。 （李强民）

等温射流 isothermal jet

射流出口温度与周围空间空气温度相同的自由射流或受限射流。 （陈郁文）

等温型热电风速仪 constant tempereture thermal anemometer

保持测头热丝的温度为恒定的热线热电风速仪表。它的时间常数和响应滞后都比等流型热电风速

仪小，适于测量紊动度大的气流。

（马九贤）

等响曲线 equal-loundness contour

通过对人耳声响实感的测定所得出的声音响度主观感量（响度级）相等的一簇曲线。图示：横坐标表示频率（Hz），纵坐标为声压级（dB）；每条曲线表示响度相当的声音，亦即相同于一定响度级（phon）的声音；最下面的曲线是听阈曲线，最上面的曲线是痛阈曲线，在此两者之间为正常人耳可闻的全部声音。

（范存养）

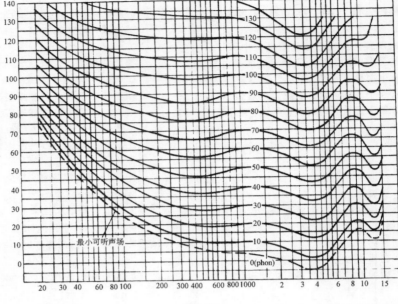

频率 (Hz)

等效球照度 ESI, equivalent spherical illuminance

评价室内照明有效程度的一种照度指标。在给定照明环境中一个作业面上的等效球照度就是将作业移到参考照明环境（一种积分球状的标准环境）中，调节其明暗，使它具有与给定照明环境中相同可见度时的照度。

（江予新 章海骢）

等效杂音电压 noise voltage equivalent

与所研究的某频率电压所产生的杂音强度（人耳感觉）相等的800Hz的电压值。由于人耳听觉和通信设备对不同频率的脉动电压所产生的杂音具有不同灵敏度。杂音强弱一般采用等效杂音电压大小作为衡量的标准。中国邮电部规定：电话交换机直流电源电压为24～60V时，最大允许为2.4mV。

（袁敦麟）

等压力损失法 equal pressure method

又称等压法、等摩擦法、定压法。以单位长度风道具有相等的摩擦阻力损失为前提的风道计算方法。该方法采用相同的单位摩擦阻力损失设计最不利环路，如果各分支风道长度不同，则采用不同的单位摩擦阻力损失。

（殷平）

等照度曲线 isolux curve (line)

由被照面上照度相等的点连接而成的曲线。按其表达方式的不同可分为空间等照度曲线、平面相对等照度曲线和线光源等照度曲线三种。它是为简化照度计算提供的工具。

（俞丽华）

di

低倍数泡沫灭火系统设计规范 standard for the design of low-expansion foam systems

为了合理地设计低倍数空气泡沫灭火系统，保护人身和财产的安全而制定的规范。主要内容包括：总则、泡沫液和系统型式的选择、系统设计及系统组件等。

（马恒）

低电压保护装置 low-voltage protection equipment

反应供电网络运行电压低于额定值而动作的保护装置。电压继电器线圈接在电压互感器的二次侧，通过电压互感器反应供电网络电压的变化，当加于电压继电器线圈上的电压降低到整定值及以下时，保护装置有延时或无延时地动作。常用于电动机保护和自动装置中。

（张世根）

低气压放电灯 low-pressure (discharge) lamp

灯管内气体总压强相当于1013.25Pa（1%atm）的弧光放电灯。目前广泛用于照明的有荧光灯和低压钠灯等。

（俞丽华）

低水箱 low tank

又称低位冲洗水箱。安装位置较低，常用于冲洗坐式大便器的冲洗水箱。按冲洗原理分有虹吸式和塞封式。按操作方式分有杠杆式、按钮式、提拉式和自动式。箱体材料多用陶瓷，也有用塑料、玻璃钢、人造大理石等。

（金烈安）

低位冲洗水箱

见低水箱（40 页）。

低位能热利用 thermal energy utilization of low-enthalpy

开发和利用辐射总能量很大而能量密度很小的太阳能、温度较低的地热能以及工业上已失去做功能力的废热等的统称。如利用太阳能、地热能在太阳房和地热供暖以及太阳能游泳池等。它在建筑中可节省大量的高位热能。 （马九贤　张军工）

低温辐射供暖系统 low temperature radiant heating system, panel heating system

又称板面供暖系统。主要依靠辐射传热方式进行热传递，且辐射表面的温度不高于 45℃ 的供暖系统。通常它由埋设在建筑物内部的墙、地、顶等围护结构内的钢管、铜管或塑料管等构成的加热盘管而组成，管内通以 38～82℃ 的低温热水。有时也利用埋设电热电缆、粘贴电热织物而形成辐射表面。根据辐射板位置的不同分为平顶辐射供缓、墙面辐射供暖和地面辐射供暖等。 （陆耀庆）

低温热水 low temperature hot water

①又称低温水。温度为 20～40℃ 的热水。热水使用温度：洗脸盆、洗手盆为 30～35℃；浴盆、淋浴器为 35～40℃。

②水温低于 100℃ 的热水。常用热媒之一。适用于住宅、医院、幼儿园等的供暖系统。具有散热器表面温度低，安全、舒适、卫生以及系统中不会产生汽化。 （姜文源　郭慧琴）

低温水

见低温热水。

低悬罩 low-canopy hood

在热源上方高度不大于 $1.5\sqrt{A}$（A 为热源的水平投影面积）范围内装置的接受式排风罩。 （茅清希）

低压变压器 low-voltage transformer

将 220V 电压降至 36、24、12、6.3V 等低电压以供照明、电热、整容等电器具之用的变压器。以保证使用者人身安全。 （俞丽华）

低压电力电缆 low-voltage power cable

额定电压为 1000V 及以下的电力电缆。 （晁祖慰）

低压继电器 low pressure relay

又称低压控制器。在制冷系统中防止压力过低由压力信号控制的电路开关。在制冷系统中，防止蒸发压力（或吸气压力）过低，制冷机在不必要的低温工作下而浪费电能，是制冷压缩机的安全保护器件。它一般具有手动和自动复位装置。 （杨　磊）

低压流体输送用镀锌焊接钢管

见镀锌焊接钢管（57 页）。

低压流体输送用焊接钢管

见普通焊接钢管（180 页）。

低压钠灯 low pressure sodium lamp

由低气压钠蒸气放电组成的光源。是目前各种光源中发光效率最高的，可达 200lm/W 左右。它分为 U 形和直管形两种。因低气压钠蒸气放电辐射集中在 589.0 和 589.6nm 的双 D 谱线，为单一黄色光。仅用于对显色性要求不高的场所，如隧道和郊区高速公路照明等。 （何鸣皋）

低压配电装置 low-voltage switchgear

用来接受和分配电能的低压（交、直流电压为 1200V 及以下）电气装置。包括开关电器、控制电器、测量仪表、联接母线及其他辅助设备。 （俞丽华）

低压熔断器 low-voltage fuse

电压在 1kV 及以下的熔断器。按其结构分为开启式、半封闭式和封闭式；按用途分为一般工业用熔断器、保护硅元件快速熔断器、具有二段保护特性的快慢动作熔断器及自复式熔断器等。 （施沪生）

低压消防给水系统 low-pressure fire water system

室外最不利点消火栓处有不小于 10mH₂O 的水压，但不能满足消防要求的消防给水系统。发生火灾时，消防所需水压由消防车载水泵或其他移动式消防水泵加压提供。 （陈耀宗　华瑞龙）

低压蒸汽 low pressure steam

在供暖通风领域中，特指工作压力低于或等于 70kPa（表压）的蒸汽。常用热媒之一。 （郭慧琴）

低压蒸汽供暖系统 low-pressure steam heating system

供汽压力等于或低于 0.07MPa 的蒸汽供暖系统。散热器入口处蒸汽压力要求 1.5～2.0kPa。蒸汽在散热器内在稍高于大气压力下定压凝结。散热器表面平均温度的设计值为 100℃。系统的凝水管路与大气联通，并有专门的空气管排出和进入空气。空气靠蒸汽压力排出系统。凝水回收分为重力式和机械式；凝水管路分为干式和湿式。 （王亦昭）

低音扬声器 woofer

工作频率在 500Hz 以下，低音比较丰富，用作组合扬声器中的低音单元的扬声器。一般采用大口径的纸盆扬声器，目前广泛采用橡皮折环扬声器。其共振频率较低，装在小体积封闭式扬声器箱中，能获得良好的低音。 （袁敦麟）

低中压锅炉用无缝钢管 seamless steel pipe used in low-medium pressure boiler

专用于低中压锅炉的过热蒸汽管、沸水管和机车锅炉的过热蒸汽管、大烟管、小烟管、拱砖管等的无缝钢管。钢材为优质碳素结构钢（20 号或 10 号钢）。轧制方法有热轧和冷轧（冷拔）。中国标准规格为外径 10～426mm、壁厚 1.5～26.0mm。

（张延灿）

低 NOx 燃烧器 gas burner with low NO$_x$ emission

利用燃烧器本身的作用来控制或减少烟气中 NO$_x$ 含量的燃烧器。它使燃烧温度降低，燃烧区 O$_2$ 浓度降低，高温区停留时间短，以抑制 NO$_x$ 的产生。一般分有自身回流型、低 NO$_x$ 燃烧器、空气两段供给型低 NO$_x$ 燃烧器和燃气两段供给型低 NO$_x$ 燃烧器等。

（郑文晓）

滴水盘 water dripping pan

装于表面冷却器下部，盛装凝结水的盘状容器。用于防止设在下部的冷却器被上面流下来的凝水浸湿，影响其传热效果。

（田胜元）

镝灯 dysprosium lamp

放电管中充入镝卤化物的金属卤化物灯。其光谱近似于太阳光。相关色温 5000～6000K，发光效率达 80lm/W。一般显色指数为 90，是一种极好的照明、电影电视摄影光源，也适于印刷照相制版。

（何鸣皋）

底阀 foot valve

又称吸水阀、滤水阀、进水止回阀。安装在抽吸式水泵吸水管底部，水泵启动后靠水流推开阀瓣，使水流进入吸水管，水泵停止后阀瓣自行关闭，阻止水流返回水池（井）的止回阀。主要由阀体、阀瓣和滤网等组成。其功能是水泵除第一次启动外不必灌水，使操作简化有利自动控制。同时滤网可防止较粗杂质吸入管内，保护水泵免受阻塞和损坏。

（张延灿 张连奎）

地板空间比 floor cavity ratio

在确定照明利用系数时，用来表示房间地板空间（工作面至地板高度内的空间）几何特征的数码或代号。以 FCR 表示。一般没有特殊说明时，可由下式求得：

$$FCR = \frac{5h_{fc}\ (l+w)}{lw}$$

l 为房间长度（m）；w 为房间宽度（m）；h_{fc} 为地板空间高度（m）。

（俞丽华）

地道风降温系统 the application of subway air to lowering temperature system

由地下通道内抽取温度低于大气温度的冷空气用于地面建筑内的通风降温系统。由于地下隧道、防空洞等大型地下设施深埋于地下，它们周围土壤温度滞后于或不受地面一年四季温度变化的影响。当地面为炎热的夏季时，地下通道内仍保持当地年平均温度左右的温度。抽取地道风降温，其系统是节能的有效措施，但空气的质量较差，往往不易符合卫生要求。

（马九贤）

地沟

见管沟（92 页）。

地漏 floor drain

排除地面积水的配件。一般装置在盥洗室卫生间及厨房内易溅水积水处的地面。分有直通式与带水封两类。前者必须另接存水弯；后者有钟罩地漏、多通道地漏、防溢地漏和防堵地漏等，还有密闭地漏和侧墙式地漏。其材质常用铸铁、黄铜和塑料。

（张 淼 胡鹤钧）

地漏算子 grate

地漏面部具有栅条的可活动的盖板。防止地面脏杂物体进入堵塞地漏或管道。由铸铜、铸铁和塑料等材质制成。栅条有条形、花形等图案。中间留孔洞可具有插接洗衣机排水管的作用。

（张 淼）

地面反射 ground reflection

到达地面的太阳辐射能中被地面所反射出去的能量。其值随地面情况和入射角而异。

（单寄平）

地面辐射供暖 floor panel heating

以室内地面作为供暖表面的低温辐射供暖方式。根据构造的不同分为埋管式、风道式和电热式等。常用的为埋管式。应用埋管式时，盘管必须全部埋设在混凝土层内，管中心距宜保持 150～450mm 左右；盘管上部应保持 40～100mm 厚混凝土覆面层，地面的表面温度不宜高于 30℃。

（陆耀庆）

地面最大浓度 ground maximum concentration

大气污染物在主导风向下游的扩散过程中落地浓度的最大值。

（利光裕）

地热供暖系统 geothermal heating system

以地热，一般是地热水，直接用于供暖的系统。通常包括取水、辅助或备用热源、用户系统、回灌或排泄四部分。由于地下水质的不同，系统设计时应考虑：①在水处理及材料选择上应防腐蚀及结垢；②处理好水的最终利用或排放。　（路 煜 赵鸿佐）

地热热泵供热 geothermal heat pump heat supply

以地下热水作为热源的热泵。用它作为冬季供暖和生活用热，可节约常规能源而且便于调节。

（张军工）

地热水 geothermal water

在一些地区的异常地层中，由于受地下岩浆的热作用而含有一定温度的热水。常被开采出来，经处理后用来采暖、作热泵的热源、发电、作吸收式制冷的能源或作植物、蔬菜和鱼虾的养殖。

（张军工）

地下含水层蓄热   underground aquifer heat reservoir

在地下一定深度的水层，由于不受地上一年四季气候的影响和无限土层的包围，有良好的保温性能，而形成的一个大蓄热体。将夏季大自然的热能以水做媒介储存起来用于冬季，也可将冬季的自然冷量储存而用于夏季。   （马九贤）

第二次全国室内给水排水技术交流会

1984 年 1 月在北京市召开，由"全国给水排水技术情报网"和"室内给水排水和热水供应设计规范管理组"等单位联合组织，与会代表 150 人。会议重点交流高层建筑给水排水设计、施工、管理等方面的技术和经验，会后组织出版"高层建筑给排水工程实例"，共选录了 45 项高层建筑给排水工程实例。

（姜文源）

第二类防雷建筑物   class II lightning-protection of buildings

国家级重点文物保护、具有特别重要用途等的建筑物。分有国家级重点文物保护的建筑物；具有特别重要用途的建筑物；对国民经济有重要意义且装设有大量电子设备的建筑物；凡建筑物中制造、使用或贮存爆炸物质，但电火花不易引起爆炸或不致造成巨大破坏和人身伤亡；1 区、11 区或 2 区爆炸危险场所；建筑物年预计雷击次数 $N>0.04$ 的重要或人员密集的公共建筑物以及 $N>0.2$ 的一般性民用建筑物。这类防直击雷的防雷装置一般装设在建筑物上。   （沈旦五）

第三类防雷建筑物   class III lightning-protection of buildings

省级重点文物保护、建筑物年预计雷击次数为 $0.04 \geqslant N \geqslant 0.01$ 的重要或人员密集等的建筑物。分有省级重点文物保护的建筑物和省级档案馆；建筑物年预计雷击次数为 $0.04 \geqslant N \geqslant 0.01$ 的重要或人员密集的建筑物；$N \geqslant 0.01$ 的 21 区、22 区、23 区火灾危险场所；$0.2 \geqslant N \geqslant 0.05$ 的一般性民用建筑物；$N \geqslant 0.05$ 的一般性工业建筑物；高度在 15m 以上的烟囱、水塔等孤立的高耸建筑物以及年平均雷暴日数不超过 15 的地区，高度可达 20m 及以上的建筑物。   （沈旦五）

第一次全国室内给水排水技术交流会

1977 年 12 月在广东省广州市召开，由"全国给水排水技术情报网"和"室内给水排水和热水供应设计规范管理组"等单位联合组织，与会代表 100 余人。会议重点交流和讨论了高层建筑给水排水和医院污水消毒处理，明确了中国医院污水必须经消毒

处理并以一级处理为主的原则。该次会议是中国建筑给水排水范畴第一次全国性的学术交流活动。

（姜文源）

第一类防雷建筑物   class I lightning-protectionof buildings

凡建筑物中制造、使用或贮存大量爆炸物质（如炸药、火药、起爆药、火工品等），因电火花而引起爆炸，会造成巨大破坏和人身伤亡以及 0 区或 10 区爆炸危险场所。这类应设置独立的防直击雷装置，并应与被保护空间保持一定的安全距离。

（沈旦五）

dian

点灯电路   operating circuit for light source

指气体放电光源的工作电路。一般由光源、启动器和镇流器构成。可分为荧光灯电路、荧光高压汞灯电路、高压钠灯电路、金属卤化物灯电路和氙灯电路等。   （何鸣皋）

点光源   point source of light

只有固定位置而大小可不计的光源。当光源尺寸足够小，光源和受照面之间平方反比定律成立时，这一光源可以看作点光源。一般当光源的线尺寸不大于它与受照面之间距离的 1/10 时，计算照度误差在 1% 以下。   （俞丽华）

点火环   ignition ring

部分预混层流火焰根部的一个环形水平焰面。位于燃烧器火孔出口的周边上。在该处的向外出口气流速度与向内火焰传播速度相平衡。是部分预混层流火焰的点火源，使火焰根部得以稳定。

（吴念劬）

点火噪声   ignition noise

燃气点火时，若点火不当，引起火孔周围积聚大量可燃混合气体，当这些气体着火，体积骤增，产生压力震荡所发出的噪声。通常点火器失灵或安装位置不合适，或者火孔传出性能不好，开启燃气阀门不能立刻将燃气点燃，就会产生此噪声。   （徐斌）

点燃   ignition

冷混合物经热源快速局部加热时，由于邻近热源的混合物产生火焰而传播至其整体的过程。在工业生产、民用灶具等方面应用较多，是引起火灾事故原因之一。   （赵昭余）

点型火灾探测器   spot-type fire dectator

响应某一点周围的火灾参数的火灾探测器。其传感器为点型结构，为通常采用的类型。

（徐宝林）

点阵法字符发生器   dot raster character generator

由光点排列形成字符的发生器。光点可排列成 5×7 的点阵。显示时，偏转按小光栅扫描，用只读存储器产生辉亮控制信号。 （温伯银）

电报 telegraph

利用电的方法，用远距离传送书面消息的一种通信方式。它传送的基本方法是在发端将文字编成电码发送，在收端又将电码译成文字称为编码电报。特点是收发端均有报文记录。电报信号频谱比电话窄得多，在一个话路中可以组成多个电报电路，极为经济。电报通信设备主要由电报终端机、电报电路和电报交换设备组成。 （袁敦麟）

电场风速 gas velocity in electrical field

电场中的气流速度。等于进入的烟气量（m^3/s）与电场横截面（m^2）之比。它不宜过大（0.5～2.0m/s），以免气流冲刷集尘极而造成二次扬尘，使除尘效率下降。 （叶 龙）

电唱盘 turntable

由电动机、拾音头、音臂、传动变速机构、转盘和机箱等组成的唱片放音设备。高级电唱盘往往附有频闪测速、转速微调、唱盘水平调节、音臂升降、自动放唱和选段等附属装置。它一般不带放大器，其转速通常分有 78、45、$33\frac{1}{3}$、$16\frac{2}{3}$r/min。主要技术要求是转速稳定，晃抖率小，噪声低、循迹性能良好，非线性失真小和频响宽，对立体声电唱盘还应有声道分隔度和声道平衡等性能要求。 （袁敦麟）

电除尘器 electrostatic precipitator

又称静电收尘器。通过电晕放电空气电离而使尘粒荷电，并在电场力作用下移动到集尘极而被捕集的除尘装置。由两大部分组成：①除尘器本体，包括用以建立电场的电晕极和集尘极、清灰装置、气流均布装置和壳体等；②产生高压直流电的供电机组和低压控制装置。按集尘极的形式分为管式电除尘器和板式电除尘器；按电晕极和集尘极的不同配置分为单区和双区电除尘器；按清灰方式分为干式和湿式电除尘器。它是高效、低能耗、但造价较高的除尘器。 （叶 龙）

电传打字机 teleprinter

简称电传机。直接传送电码的打字机。广泛用于公众电报和用户电报作为终端机。主要由键盘、发报机构、收报机构、印字机构和辅助机构四部分组成。当在发端按下字键，就会将字符打印在纸页上，并发出电码信号，经长途线路传送到收方，收方根据电码，立刻将同一字符打印出来，不需要编码和译码。国际上采用国际 2 号五单位电码。它分为机械式和电子式两种。现已发展到带微处理机控制，具有编辑功能和屏幕显示器的电子电传机。 （袁敦麟）

电磁阀 magnetic valve, solenoid valve, electromagnetic valve

用电磁力执行阀孔开关的阀门。阀芯由电磁线圈、可动衔铁（软铁心）和阀瓣组成。按工作状态分有常开式和常闭式；按通道分有双通道和多通道。当电磁线圈通电被激励时，衔铁被吸上，则常闭电磁阀被打开，常开电磁阀被关闭。广泛用于控制系统的先导元件和管道的快速截止或接通。 （张连奎 刘幼荻）

电磁干扰 electromagnetical interference

外来的电磁辐射能对接收所需信号构成的扰乱。 （余尽知）

电磁流量变送器 electromagnetic flow transducer

测量导电液体流量的变送器。它利用电磁感应的原理来测量管道中导电液体的流量，将产生的交流信号输入转换器，经放大、整流后，输出一个与流量成正比例的直流统一标准信号 0～10mA 或 4～20mA。 （刘幼荻）

电磁流量计 electromagnetic flowmeter

利用电磁感应原理计量管道内导电液体流量的流量计。由发送器、转换器和显示仪组成。因阻力小且能测脉冲流量，故在给水排水工程中应用较为广泛。适用于计量酸、碱溶液和含有纤维或固体悬浮导电介质。 （刘耀浩 唐尊亮 董 锋）

电动操作器 electric operator

远距离控制阀位的手动装置。由切换开关和操作开关组成。是调节机构进行"自动⇄手动"工作状况切换时远方手动操作机构。与 0～10mA 直流电流表配合作阀位开度指示。是电动单元组合仪表中的一个辅助单元。 （刘幼荻）

电动阀 motorized valve, moter-driven valve, electric valve

借助电机驱动的阀门。按电动装置分有普通型、防爆型、耐热型和户外、防腐、防爆三合一型。常用于启闭扭矩较大，人力驱动有困难，并需自动或远距离操作、经常反复操作以及快速启闭等情况。 （陈文桂 张延灿）

电动扬声器 dynamic loudspeaker

又称动圈式扬声器。指应用电动原理的电声换能器件。主要由振动系统（纸盆、音圈和空心支片）、磁路系统（永久磁铁、导磁夹板和芯柱）和辅助装置（盆架等）构成。当位于磁场中音圈（导体）有交变电流通过时，音圈受力带动纸盆振动，发出声音。根据构造不同可分为纸盆式扬声器、号筒式扬声器和球顶形扬声器等；根据磁路中永久磁铁位置不同可分为外磁式和内磁式。它的电声性能好、价格适中和结构坚固，是目前广泛采用的扬声器。 （袁敦麟）

电动执行器 electric actuator

电动机接受电信号,通过机械构件,转变成相对应的机械出轴的动力装置。由异步电动机、减速器、反馈变阻器、电气终端开关盒等组成。当信号电源输入电动机后,电动机即按规定的方向旋转,首先由本身的减速部分减速后,传至减速箱的输出轴。在输出轴的另一端,装有反馈变阻器的滑动臂,与出轴相同方向、相同角速度移动,输出不同大小的反馈值。并在此轴端上同时装有两个凸轮来操纵终点开关,用来调整出轴转动,使其在要求的范围内。终点开关装有一对常开触点和一对常闭触点,常开触点用来发出执行机构出轴的位置极限信号。 (刘幼获)

电度表 energy meter

用于测量交流回路中电功率和时间乘积累计值(即电能)的仪表。电能的常用单位为千瓦小时或千乏小时,简称为度。根据使用场合的不同分为单相电度表和三相电度表。在三相电度表中又根据用途的不同分为三相有功电度表和三相无功电度表。 (张世根)

电风 electric wind

由于离子流对气体分子的作用而导致气体向集尘极的流动。像芒刺式电晕极的刺尖会产生强烈的离子流,在电除尘器内增大了它,有助于减小电晕闭塞。它的速度可达每秒几米,是产生二次气流的原因。它能增加尘粒的有效驱进速度和增加尘粒碰撞次数而有助于尘粒凝聚,以提高除尘效率。但当它造成集尘极上的积尘尘粒再飞扬时,则不利于除尘。 (叶 龙)

电杆 pole

用来支持导线和绝缘子,使导线对地面保持足够高度,保证线路运行和人身安全的支持物。常用的分有木杆、钢筋混凝土杆和铁塔等。 (朱桐城)

电杆扳线 guy of pole

又称电杆拉线。用来平衡电杆各侧所受的拉力,以免电杆倾覆的装置。用于架空线路的转角杆、耐张杆、分支杆和终端杆等处。根据地形、环境等条件,可采用高桩扳线、普通扳线、自身扳线等形式。 (朱桐城)

电杆拉线

见电杆扳线。

电感镇流器 inductive ballast

由电感量来限制放电灯电流的器件。主要应用于交流电路,是目前生产、应用最广泛的镇流器。其结构包括铁芯和线圈两部分。 (何鸣皋)

电光源特性 characteristic of light source

指衡量电光源品质及实用性能的指标。包括:电气特性(额定电压、额定功率等);光学特性(额定光通量、色温、显色性等);机械特性(结构、几何尺寸、灯头等)和经济特性(发光效率、寿命等)。 (何鸣皋)

电焊钢管

见直缝焊接钢管(298页)。

电话 telephone

利用电信号传送语言的一种通信方式。在发话端,由送话器把语言转变成电信号,再经有线或无线电设备发送到对方;在收话端,由受话器把电信号还原成话音。按电信号传送方式可分为有线电话和无线电话两种。按通话范围可分为农村电话、市内电话、长途电话和国际电话等。按通话接续方式可分为人工电话和自动电话。按用途和特点可分为会议电话、调度电话和电视电话等。 (袁 玫)

电话出线盒 telephone outlet of telephone

在暗配线中,从电话用户线管引出电话用户线的出线设备。可分为墙上出线盒和地面出线盒两种。前者由铁盒(或塑料盒)和不同形式面板组成;后者由铸铁或铸铜制成。 (袁敦麟)

电话电缆分线盒 cable branch box of telephone

用于电缆与电话用户线相连接的分线设备。由于电话用户线采用绝缘线,故盒内不装保安装置。中国产品标准容量分有 5、10、15、20、30 对等。分为室外型和室内型两种。前者结构坚固、严密,采用铸铁或铝合金底座,钢板或铝合金罩壳;后者外壳用钢板或塑料制成,盒内装有接线条和穿线环。它一般装于电缆杆上或建筑物内、外墙上。 (袁敦麟)

电话电缆分线箱 cable branch box of telephone

用于架空电缆与架空明线相连接的分线设备。箱内每对线上均装有熔丝管和避雷器保安装置,以保证电缆的安全。中国产品标准容量分有 5、10、20、30、50 对等。一般装于需接架空明线的电缆杆上,分线箱内避雷器要接地。 (袁敦麟)

电话电缆复接配线 multiple connection of telephone cable core

从电话站到分线设备间电缆线路有一定容量的线对相互复接,使两个复接配线点附近用户均可选用该对复接配线的电话电缆配线方式。电缆网路较直接配线制通融性大,能在一定程度上适应用户变动,但调度还不够灵活,线路设备的使用率较直接配线高。由于复接线路设备容量扩大,对今后调整和扩建比较方便。但投资增加,部分线路设备不能充分使用,在线路上增加串音和附加复接衰减,维修、管理复杂,障碍机会增加。用于容量较大的电话网和用户变化较多的地区。复接配线分有电缆复接和分线设备复接。分线设备的复接方法分为单等分复接、重等分复接、不等分复接、任意复接、按5的倍数复接和套箱复接等。设计时，应使复接线序适当整齐，以便施工和维护，同一线对复接以不超过二次为宜。

（袁敦麟）

电话电缆交接配线 cross connection of telephone cable core

从电话站到分线设备间装有中间接续交接箱，各线对必须通过交接箱内跳线连接后才能接通的电话电缆配线方式。电缆网路通融性大，能适应用户的变化，调度线对方便灵活，有利于交接区内装设直通、专线和调度电话（不必占用干线电缆芯线），维修和扩建方便，干线电缆芯线使用率提高，节省线路器材等；但需要增加跳线，增加维护管理工作和人为障碍的机会。用于用户密度大和变化较多地区，有的地区调度电话等有特殊通信要求地区，距站较远地区以及特殊重要为保证通信需有迂回路由的地区等。交接配线根据交接方式分为一次交接法、交接间法、缓冲交接法、环连交接法和二等交接法等。

（袁敦麟）

电话电缆配线方式 mode of telephone cable core connection

由电话站总配线架至分线设备的整个电缆网的连接方式。它在设计中选择是否恰当，对网路投资大小，施工及维护工作量大小和长久使用中的服务效果，都有重要影响。常用配线方式分有电话电缆直接配线、电话电缆复接配线、电话电缆补助配线和电话电缆交接配线四种。在一个工程中，根据不同地区特点，可以采用不同配线方式。

（袁敦麟）

电话电缆直接配线 direct connection of telephone cable core

从电话站到各分线设备间无复接线对，用单一独用线供应每个用户点的电话电缆配线方式。施工、维护、管理简单，线路安全可靠，通信保密性强；但网路通融性差，调度线对不灵活，线路设备有效利用率低，投资增加。用于小容量电话网、近电话站的配线区、用户发展变动比较少的地区、保密性较强地区和经交接箱后的配线电缆。

（袁敦麟）

电话分机 extension

接至工矿企业和机关专用电话小交换机（PBX）的电话机。它的制式主要决定于小交换机的制式。主要用于单位内部通话，通过中继线也可以与外单位通话。

（袁 玫）

电话分级控制 individual control system of telephone

自动交换机的各级接线网络都由本级所属控制设备分别进行的控制。如步进制自动电话交换机是典型的分级控制。

（袁 玫）

电话负荷区 telephone loading zone

根据气象条件不同而划分的负荷地区。当同一条线路架设在不同地区时，由于气象条件不同，在建筑上必须采用不同规格，才能保证稳固和经济合理。因此线路器材选用与气象条件有关。设计和施工时应根据全国气象条件划分成轻、中、重、超重四种负荷地区因地制宜的选用。

（袁敦麟）

电话机 telephone, telephone set

电话通信的终端设备。具有听到对方语言、送出自己的话音、接受对方的振铃及发出呼叫信号等四种功能。主要由收话器、发话器、铃、拨号设备及其他附属部分等组成。根据不同构造可分为磁石式电话机、共电式电话机和自动式电话机等。按使用方式可分为墙式电话机、桌式电话机、墙桌两用式电话机及携带式电话机等。

（袁 玫）

电话集中控制 common control system of telephone

指自动电话交换机采用由一个公共设备来完成整个通话过程所需全部接续的控制。集中控制由于控制面广，连接设备多，故控制设备电路很复杂；但由于它统一掌握整个通话的接续，可提高各级机件利用率，节省整个交换机中设备数量，同时也能方便地适应电话通信新技术发展的需要。

（袁 玫）

电话间接控制 indirect control system of telephone

不是由用户所拨号码来直接控制各级机键选择动作的控制。一般由记发器接收、记存和发送主叫所拨号码。它具有：①由于控制设备公用，提高了控制设备利用率，也便于增加服务功能；②由于不是直接控制，对拨号盘性能要求可降低；③灵活性高，可汇接和自动路由选择，合理组织电话交换网，提高安全可靠性。因此，除了步进制式外，其他制式自动电话交换机，均采用间接控制。

（袁 玫）

电话用户线 subscriber wire of telephone

由电缆分线设备至电话机的一段绝缘线路。根据敷设地点的不同可分为室外用户线和室内用户线两种。前者敷设方法可分为沿架空杆路敷设、沿外墙敷设及地下穿管敷设三种；后者敷设方法为沿墙明敷和穿放在明管或暗管中敷设三种。常用用户线规格分有 $2\times1/0.6$、$2\times1/0.9$、$2\times1/1.2$、$2\times1/1.6$ 铜芯或铁芯绝缘线。

（袁敦麟）

电话总配线架 MDF, main distributing frame of telephone

连接电话外线电缆和交换机设备的配线架。按接线部位分为直列与横列。前者接用户电缆和中继电缆，带有保安设备；后者接交换机的用户设备和中继设备电缆。按接线方式分有落地式和墙挂式两种。墙挂式配线架无横列，全部用直列装置。小型配线架亦有装在箱内的，称为配线箱。按架上接线排构造可分为焊接式、绕接式和卡接式三种。施工以卡接式最为方便。直列和横列间可根据需要用跳线连接。

（袁　玫）

电火花点火　spark ignition

旧称电子点火。电极产生电火花，点燃可燃混合气体引起燃烧的点火。点火所需能量取决于可燃混合气体物理化学性质、电极间距，并与混合气体温度、压力及流速有关。常分有压电陶瓷点火、脉冲点火。　　　　　　　　　　　　　　　（施惠邦）

电击　electric shock

又称触电事故。电流通过人体或动物体引起的病理生理效应。严重者可造成死亡。通常分为单相触电、两相触电、接触电压触电和跨步电压触电。

（瞿星志）

电击保护措施　measures of protection against electric shock

电气装置正常工作情况下和故障情况下的防电击措施。分有直接接触保护和间接接触保护两种。

（瞿星志）

电击电流　shock current

通过人体或动物体可能产生病理生理效应的电流。　　　　　　　　　　　　　　　（瞿星志）

电极式加湿器　electrode humidifier

用三根与三相电源接通的铜棒作电极，插入装水的容器中，水被加热蒸发成蒸汽的加湿器。其产生的蒸汽量可用改变溢流管高度调节水位高低来控制。它具有结构紧凑，加湿量易控制，但耗电量大，电极上易积水垢。　　　　　　　　　　（齐永系）

电加热器自动控制　automatic control of electric heater

自动控制电加热器的功率，改变加热量，以实现控温目的的系统。控温方法分为位式与连续控制两类。利用位式控制器，通过接触器控制电加热器的通断，是位式控制的常见形式；利用连续输出的调节器，通过可控硅调节加热器功率是连续控制的常见形式。　　　　　　　　　　　　　　　（张瑞武）

电接触液位控制器　electrode fluid-level controller

又称电极式液位控制器。根据液位高低带动电接点接通或断开电路发出电信号，并按预定值调节的仪表。适用于具有导电溶液密封容器、管道和集水坑等开口容器中作水位报警或液位控制用。

（刘幼获）

电接点式玻璃水银温度计　electrical contact mercury thermometer

在玻璃水银温度计上端加装调整控温的铂丝导电装置的温度计。当周围温度发生变化时，水银柱随着上升或下降，与表内的导电铂丝接通或断开，使控制回路断或通，从而使热源停止加热或继续加热，实现温度控制。　　　　　　　　　　（刘幼获）

电接点式双金属温度计　bimetallic thermometer with electrical contacts

由双金属温度传感器带动指针接通可调导电指针电路，指示温度值与发出电信号的双金属温度计。当被测介质的温度变化时，双金属片感温元件带动指示指针转动，其温度变化值可从刻度盘上读出。当温度达到给定值时，则动指针与可调导电预定指针的触柱（上限或下限）接通或断开电路。

（刘幼获）

电接点压力表　electric contact manometer

又称真空表、压力真空表。在弹簧压力计表头内加装导电装置及给定机构的压力仪表。当指针回转时带动导电指针的活动触头，在到达给定值时，它与导电针接通，发出信号。　　　　　　（刘幼获）

电接点压力式温度计　pressure type thermometer with electrical contacts

由温包感温元件与导电发信装置等组成的具有指示与接通或断开电路功能的压力式温度计。由水银开关、控制针、调节旋钮和动作机构等组成导电发信装置。当温度变化，指针移动，在动指针与可调控制针接触时，接通电路。　　　　　（刘幼获）

电缆　electrical cable

用来传送电力或信号电流、信号电压的被覆有绝缘层、保护层、屏蔽层等的导体。按用途分为电力电缆、控制电缆、通信电缆和射频电缆等；按电压分为高压电缆和低压电缆；按绝缘材料分为橡皮绝缘电缆、纸绝缘电缆和塑料绝缘电缆等。（朱桐城）

电缆的气压维护　gas pressure supervision of cable

为了防止水和潮湿气体从电缆外护套进入电缆内部，在电缆内部充入 0.04～0.07MPa 压力的干燥气体，加以保护，防止降低绝缘，影响通信的措施。它主要由供气、滤气、报警和一些辅助设备组成。其优点是：①预防障碍；②可代替人工逐段检查，提高劳动生产率；③采用报警设备后，电缆有漏洞时能及时报警，使维护工作主动，并节约维修费用。普遍用于市内电话电缆和室外电缆较多的工业企业。

（袁敦麟）

电缆地沟敷设　laying in channel

在预先规划建造的地沟中把电缆敷设在其支架上的方法。较经济、占地少、走向灵活、且能容纳较多电缆，并可避免外界条件引起的损伤和腐蚀。

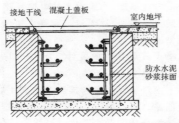

（朱桐城）

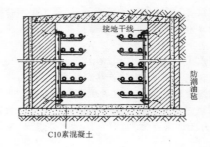

（朱桐城）

电缆电视系统　cable television

又称有线电视（CTV）、闭路电视（CCTV）。用射频电缆或光缆传输、分配和交换图像、声音及数据信息的电视系统。是在共用天线电视系统（CATV）的基础上发展起来的。这种系统除收看电视台的节目外，还可配置一定的设备自办节目向系统内用户播放，并可作监视、保安报警之用。　　（李景谦）

电缆排管敷设　laying in duct bank

在预先规划埋设于地面下 0.7m 及以下的排管中穿设电缆的方法。可使电缆免受机械损伤、化学腐蚀，维修方便；但造价较高，并电缆的允许载流量也有所下降。一般在多根电缆同时敷设以及维修时不破坏其上路面时采用。

（朱桐城）

电缆桥架　cable rack, cable tray

又称汇线桥架。电缆、绝缘导线布线时用的构

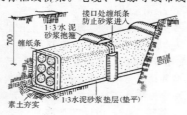

架。由直通架、水平三通（四通）、垂直凹弯通、垂直转动弯通、连接板、绞接板、护罩、托架和吊架等部件组成。一般钢材表面经喷漆、镀锌（冷镀、热镀）、喷塑等方法处理以防腐蚀。其敷设方式水平、垂直和转角、T 字形、十字形分支，以及调宽、调高、变径，均可随用电设备分布情况定位。（俞丽华）

电缆桥架布线　cable rack wiring

将多根电缆或绝缘导线置于电缆桥架中，沿建筑结构、设备构架等敷设的布线。随用电设备分布情况而定位。整齐美观、配置灵活、安全可靠、施工方便；但投资较高。　　　　　　　　（俞丽华）

电缆隧道敷设　laying in tunnel

在预先规划建造的隧道中把电缆敷设在其支架上的方法。敷设、检修和更换电缆均甚方便，且能容纳大量的电缆；但投资大、耗用材料多。适用于敷设大量电缆集中的场所。

电缆芯线使用率　Percentage of cable core used

电话电缆中近期使用的芯线对数（对）与电缆容量（对）比值。以百分数表示。由于设计时用户数估计与实际有偏差，用户位置在使用中会有变迁，数量会有增减以及电缆线对在使用中会有故障等。因此要求电缆中线对要有一定富裕量。它在交接配线的干线电缆中一般为 85%～90%，在配线电缆中一般为 60%～80%。　　　　　　　　　　（袁敦麟）

电缆直埋敷设　laying direct in ground

在地面下 0.7m 及以下的土层中直接埋设电缆的方法。最为经济，施工方便；但易受机械损伤、化学腐蚀、电腐蚀，可靠性较差，检修也不方便。一般用于敷设电缆根数不多的场所。

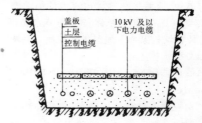

（朱桐城）

电力变压器　power transformer

用来变换交流电压和电流，而传输交流电能的静止电器。按用途分为升压、降压（配电）和联络变压器；按相数分为单相和三相变压器；按绕组数分为双绕组、三绕组和自耦变压器；按绝缘冷却介质分为油浸式和干式变压器等。

（朱桐城）

电力电缆线路　power cable line

用来传输电能的设施。由电力电缆、电缆中间接线盒、电缆终端接线盒等组成。电缆线路敷设的方式分有：电缆直接埋地敷设、电缆地沟敷设、电缆隧道敷设、电缆架空敷设、电缆排管敷设、电缆穿管敷设和电缆桥架敷设等。　　　　　　　　（朱桐城）

电力负荷　electrical load

连接在电力系统中的各种用电设备消耗的电

力。分有照明负荷、动力负荷、通信及数据处理设备负荷等。　　　　　　　　　　　　（朱桐城）

电力负荷分级　classification of electrical load

根据对供电可靠性、供电连续性及中断供电在政治、经济上所造成的损失或影响程度而划分的负荷等级。共分为三级：一级电力负荷、二级电力负荷及三级电力负荷。　　　　　　　　　（朱桐城）

电力负荷工作制　duty of electrical load

根据负荷的工作时间和工作情况而确定的制式。一般分为连续工作制、短时工作制和断续周期工作制。　　　　　　　　　　　　（朱桐城）

电力负荷计算　calculation of electrical load

对连接在电力系统中的各种用电设备所消耗的电力进行的各种计算。包括有：为了按发热条件选择配电变压器、馈电线路和电器，需要计算最大电力负荷；为了检验电压水平和选择保护设备，需要计算尖峰负荷；为了计算电能消耗，需要计算平均负荷或最大电力负荷等。　　　　　　　（朱桐城）

电力负荷计算方法　calculating methods of electrical load

通常指按发热条件选择电器或导体的负荷计算方法。常用的分有需要系数法、利用系数法、二项式法和单位容量法等。　　　　　　　（朱桐城）

电力拖动　electric drive

又称电气传动。将电能转换成机械能的原动机，去拖动各种类型的生产机械进行工作的统称。分有直流电力拖动和交流电力拖动。

（唐衍富　唐鸿儒）

电力系统接地型式　ground grouping of electrical power system

按国际电工委员会（IEC）标准的规定制订的接地型式。分有 TN 系统、TT 系统和 IT 系统三种接地型式。第一个字母表示电力系统的对地关系：T 为一点直接接地；I 为所有带电部分与地绝缘，或一点经阻抗接地。第二个字母表示装置的外露可导电部分的对地关系：T 为外露可导电部分对地直接电气连接，与电力系统的任何接地点无关；N 为外露可导电部分与电力系统的接地点直接电气连接（在交流系统中，接地点通常即为中性点）。　　（瞿星志）

电力需求控制　demand control

为了控制电力负荷不超过用户和供电部门签订的最高电力需求量的合同规定值而采用的技术措施。一般为负荷切除投入程序，即预测电力负荷超过或低于合同值某一限值时切除或投入相应次要负荷。　　　　　　　　　　　　（廖传善）

电流标么值　per unit of current

有名单位表示的电流 I 与相应有名单位表示的基准电流 I_b 之比值。以 I_* 表示。其表达式为

$$I_* = \frac{I}{I_b}$$

（朱桐城）

电流表　current meter

用以测量交流（或直流）电流的仪表。

（张世根）

电流动作型漏电保护器　current-type leakage protector

以被保护设备的残余电流为动作信号，作用于自动开关的脱扣器，切断被保护设备主电路的装置。其优点是保护器、被保护设备的外壳或支架都不需要接地和接零，检测元件零序电流互感器可安装在系统工作接地线上、干线上和分支线上，分别构成全网保护、干线保护和分支线保护等方式。

（瞿星志）

电流互感器　current transformer

俗称 CT。又称仪用变流器、流变。为了测量和控制电路而专门设计的变流器。用于将一次电流变换成适于继电器、仪表或其他测量设备所用的二次值；或将测量电路与高压的一次电路隔离开来，以使测量等设备的结构与使用这种设备的人员的防护大大简化。　　　　　　　　　（朱桐城）

电流继电器　current relay

以电流作为激励量的继电器。该继电器的线圈与电流互感器的二次线圈串联连接，它通过电流互感器直接感受到被保护的电气设备的电流变化情况。当电流增加到等于或大于继电器的启动电流时动作。　　　　　　　　　　　　（张世根）

电流谐波分量　harmonic components of current

周期电流的正弦波分量。其频率为基波频率的整倍数。　　　　　　　　　　　　（朱桐城）

电能损耗　electrical energy loss

指电流通过导体和电器时，由于热效应、电磁效应等而损耗的电能。供配电系统中通常是指供配电线路的电能损耗和配电变压器的电能损耗之和。

（朱桐城）

电气安全　electric safety

电气人身安全和电气设备安全的总称。在电气设计、施工、安装、运行、使用、维修和测试等各个工作环节中，必须严格遵守有关规程规范的规定，采取相应的安全预防措施、保护措施、技术措施和组织措施，确保安全发电、输电、变电、配电、用电及安全作业，避免电气事故的发生。

（瞿星志）

电气安全用具　electric safety appliance

在电气作业中，用来直接保护作业人员人身安全的用具。主要包括绝缘安全用具、验电器、携带式

临时接地线、标示牌、遮栏和登高作业安全用具等。在用电场所，要根据用电设备的电压等级和维修工作的具体要求，配置相应的上述有关用具。

（瞿星志）

电气测量　electrical measurement

用各种电工测量仪表进行电气参数的测量。电工测量仪表分有电流表、电压表、频率表、功率因数表、有功功率表、无功功率表、有功电度表和无功电度表等。主要用于监视电气设备的运行状况、电能质量和计算电能的消耗量等。　（张世根）

电气红外线辐射器　electric infrared radiator

利用灯丝、电阻丝、石英灯和石英管等通电后产生高温时辐射出的红外线进行供热的设备。它既可以用于供暖，也可用于医疗和干燥等过程。

（陆耀庆）

电气绝缘　electrical insulation

用绝缘材料将带电体封护起来，实现带电体相互之间、带电体与其他物体或人身之间的电气隔离。通常可分为气体绝缘、液体绝缘和固体绝缘。其绝缘性能是以绝缘电阻、耐压强度、泄漏电流和介质损失角等指标来衡量。　（瞿星志）

电气人身事故　electrical casualty

电对人体产生的直接伤害、间接伤害和电气作业中非电性质的人身伤亡的总称。直接伤害分为电击和电伤；间接伤害指电气着火或爆炸带来的人身伤亡和电击引起的二次人身事故（如人在高处，遇到感知电流的刺激，发生意外的摔伤或摔死）。

（瞿星志）

电气设备　electrical equipment

用以产生和变换电能（如发电机、变压器、电动机等）、开闭和切换电路（如断路器、负荷开关、隔离开关等）以及限流和限压（如电抗器、避雷器等）的设备。分有电压在1kV以上者为高压电气设备、电压不超过1kV者为低压电气设备。（朱桐城）

电气设备安全防护分级　classification of safety and protection in electrical equipment

按电击保护划分的电气设备的等级。分为0级、Ⅰ级、Ⅱ级和Ⅲ级设备。等级的数字不是用来反映设备的安全水平，只是用来反映获得安全的手段。

（瞿星志）

电气设备安装功率　installed power of electrical equipment

空调房间中所安装的电气设备的额定功率或铭牌的标称功率。对于电动机的额定功率而言，乃指在额定电压下电动机轴上的输出功率；对其他电气设备，额定功率指的是在额定电压下由电网输入的功率。对于多台电气设备的安装功率，则指各电气设备额定功率的代数和。用于空调房间设备散热引起冷负荷的计算。　（单寄平　厉守生）

电气设备的效率　efficiency of electrical equipment

空调房间中的电气设备处于额定负载时，其输出功率（实耗功率）与输入功率之比。这一效率一般系指额定效率。　（单寄平　厉守生）

电气设备散热量　heat gain from electrical equipment

电气设备在使用过程中向室内空气散发的热量。包括对流和辐射两种成分。前者直接与室内空气换热成为即时冷负荷。后者则首先为室内围护结构和家具等蓄热体所吸收，这部分热量便蓄存于其中，与此同时，蓄热体表面温度将会提高，一俟其表面温度高于室内空气温度，即以对流方式与室内空气进行换热，从而形成滞后冷负荷。它的辐射成分所占的百分比因其表面温度而异，表面温度愈高，则所占的百分比愈大。　（单寄平）

电气设备事故　electrical equipment failure

电气设备不同程度的损坏事故、线路事故、产品质量事故、火灾爆炸事故以及由上述因素引起的停电停工停产事故的总称。　（瞿星志）

电气事故　electrical accident

电气人身事故和电气设备事故的总称。其原因主要有：系统及设备在设计、制造、安装和维修等环节中存在的隐患；运行操作人员违章作业；防护措施不得当、不完善或不具备；管理混乱，不重视安全生产，安全用电技术水平低以及其他外界因素的影响。

（瞿星志）

电气照明　electric lighting

利用将电能转换为光能的装置或器件照亮物体及其周围环境的工程技术。由电光源、灯具、供配电线路及控制设备等的组合来实现。广义上也包括红外光源和紫外光源的应用。　（俞丽华）

电-气转换器　electro-pneumatic converter

在工业仪表与控制系统中，将电动仪表的电流信号转换成气动仪表的气压信号的设备。为了使电子计算机能直接控制气动阀门，可采用电的数字信号直接转换成气的模拟信号的电-气转换器。

（温伯银）

电气作业　electric working

电气基本作业和一般作业的总称。基本作业包括停电作业、带电作业、登高作业和值班与巡视等项。一般作业包括一般电气装修和测试以及电气施工中的挖坑、立杆、爆破、吊装和运输等相关作业。

（瞿星志）

电热墙板　electric panels

把电热元件埋设在墙体、地面、楼板或平顶内进行加热，或直接贴附于墙壁、平顶表面作为供暖表面

的低温辐射供暖方式。分为电热平顶、电热墙和电热地（楼）面等。　　　　　　　　　　　（陆耀庆）

电热式加湿器　electric resistance humidifier

管状电热元件置于水槽中，元件通电后能将水加热产生蒸汽的加湿器。补水靠浮球阀自动控制，以免发生断水空烧现象。　　　　　　　　（齐永系）

电热水器　electric water heater

利用电热元件将电能转化成热能制备热水和沸水的局部加热设备。分有容积式与快速式两种。前者需预先加热贮存热水或沸水。　　（钱维生　刘振印）

电热丝点火　ignition by spark coil

又称热丝点火。电热丝灼热后同可燃混合气体接触引起燃烧的点火。点火所需的电热丝温度与其直径、线圈内径、圈数、可燃混合气体的组成、浓度、流速等有关。电源可用电池或城市供电。用城市供电时，电压必须降至36V以下。　　　　　（施惠邦）

电容式传声器　condenser microphone

采用声电转换机理，使受声波振动作用引起电容量变化的声电换能器。一般由极头、前级增音机和极化电源三部分组成。极化电源采用外接电源箱、外部供电系统或用小型电池。灵敏度高，频率响应和瞬态特性好，音质较好；但价高，比较易损坏。一般用于高质量广播、录音和舞台扩声。　　　　（袁敦麟）

电伤　electric harm

电流的热效应、机械效应和化学效应对人体或动物体外部造成的局部伤害。如电弧烧伤、电灼伤等。　　　　　　　　　　　　　　（瞿星志）

电渗析　electric osmosis

在直流电场作用下，利用阴、阳离子交换膜对溶液中阴、阳离子有选择透过性的特性，而使溶质与水分离的一种物理化学过程。属膜分离技术。其系统由一系列阴、阳膜交替排列置放于两电极之间组成，膜之间有通水隔室。工作时离子减少的隔室称淡室，出淡水；反之称浓室，出浓水。是常用的水质除盐方法之一。用于海水与苦咸水的淡化和初级除盐，以及工业废水处理中的重金属离子的浓缩回收。

（袁世荃　胡　正）

电声学　electroacoustics

研究声电相互转换的原理和技术以及声音信号的储存、加工、测量和利用的学科。电声技术主要应用于通信系统，有线或无线广播系统以及会场、剧院、录音棚及高保真度录放系统，此外还应用于发展中的声控、语控、语言识别和声测等新技术。是一门与人的主观因素密切相关的物理学科，从声源到接收都摆脱不了人的因素。它的发展趋势是：电声器件和设备向高保真、立体声、高抗噪能力、高效率、高通话容量的方向发展；并进行音质评价的研究，改善录放和音响加工技术。在政治、军事、经济、文化等

各个领域内得到日益广泛的应用。　　　（袁敦麟）

电视电话机　television telephone set, picture-phone

能使通话双方相互看得见的电话机。一般由按钮式电话机、显像管、摄像管、控制器和电源等组成。按图像信号所占频带分为窄带和宽带电视电话。前者只占用4kHz通频带，每半分钟左右传一幅固定图像，也称为可视电话机；后者占用1MHz或4MHz通频带，图像是连续的。1MHz及以下通频带的话机可用现有市内电话线路传输。它还可用来传送文件、图纸以及向计算机传送数据，并把计算结果在显像管上显示出来。　　　　　　　　　（袁　玫）

电视图像质量等级　TV image quality degree

评定电视图像优劣的标准。根据干扰和杂波造成对电视图像质量的影响程度分成五个等级：五（优）级：觉察不到杂波和干扰；四（良）级：可觉察到但不令人讨厌；三（中）级：看上去有些不舒服；二（差）级：令人讨厌；一（劣）级：无法收看。高层建筑物内的电视接收机应保证有四级或五级的收看效果，故用户端电平控制在：黑白电视机为70±5dBμV，最大80dBμV；彩色电视机为73±5dBμV，最大83dBμV。　　　　　（余尽知）

电视系统自动开关机装置　antomatic switching device

按电视信号有无来控制开关机的装置。它是电缆电视系统前端设备的附加装置之一。（余尽知）

电视演播室　television studio

供摄像、录像和录音以及播送和制作电视节目的工作场地。它对隔音、吸音、防干扰、防震、灯光照明等均有一定的要求。　　　　　（李景谦）

电梯　lift（elevator）

用电力拖动，具有乘客或载货轿厢，轿厢运行于铅垂的或与铅垂方向倾斜不大于15°角的两列刚性导轨之间，运送乘客和货物的固定设备。按其运送对象可分为乘客电梯、载货电梯、病床电梯、车辆电梯和杂物电梯等；按其安装场所可分为住宅电梯和船舶电梯等。　　　　　　　　　　（唐衍富）

电梯并联控制　duplex/triplex control of liftes

两或三台集中排列的电梯，共用层门外召唤信号，按规定顺序自动调度，确定其运行状态的控制。

（唐衍富）

电梯操纵箱　operation panel of lift, car operation panel of lift

设置在轿厢内，用指令开关、按钮或手柄等操纵轿厢运行的操纵箱。　　　　　　　　（唐衍富）

电梯极限开关　final limit switch of lift

当轿厢运行超过端站时，轿厢或对重装置未接触缓冲器之前，强迫切断主电源和控制电源的非自动复位的安全开关。 （唐衍富）

电梯急停按钮 emergency stop button of lift

设置在电梯操纵箱上在紧急状态下可以断开控制电路，使轿厢急停的按钮。 （唐衍富）

电梯集选控制 collective selective control of liftes

多台电梯集中选择停靠电梯的控制装置。多台电梯同时运行中，层门外召唤经程序控制器或电子计算机综合后自动决定某一台电梯停靠召唤层免去正在高速运行的电梯就近停靠。这样可省电能及提高电梯运行速度。 （唐衍富）

电梯控制系统 control system of lift

曳引电梯电机的驱动装置。由检测器具和元件，各种控制器（继电器、程控器、计算机），备用电源，指示灯等组成的监测，控制电梯运行的系统。
（张茂盛）

电梯群控 lifts group control

对集中排列的多台电梯，共用层门外按钮，按规定程序的集中调度和控制。 （唐衍富）

电梯随行电缆 travelling cable of lift, trailing cable of lift

连接于电梯运行的轿厢与固定点之间的电缆。
（唐衍富）

电梯召唤盒 calling board of lift, hall buttons of lift

又称呼梯装置。乘客使电梯运行的召唤盒。一般在层站门侧，当有呼梯信号时，在轿厢内即可显示或登记令其运行，停靠在相应的呼梯层站的位置。
（张茂盛）

电信 tele communication

俗称通信。又称电气通信。为了达到联系目的，使用电或电子设施来传送语言、文字、图像或其他信息的各种通信方式的总称。按其业务内容可分为电话、电报、传真、数据通信和电视电话等，按其信号传输的媒质可分为有线电通信和无线电通信。
（袁敦麟）

电信电源 telecommunication power source

为使电信设备能正常工作所需配置的交流或直流的电源。一般由交流配电屏、直流配电屏、整流器和蓄电池等组成。机关企业电信设备交流电源一般按二级负荷供电；如限于条件，可按三级负荷供电；重要电信站常可利用建筑物柴油发电机组作为备用电源；除特殊情况外，一般不需单独设置柴油发电机组作备用电源。大部分电信设备工作电源均为直流电，电压有24、48、60、110、130、220V等，直流电源均由交流经整流设备而获得。对直流电源波纹因数有较高要求，为保证不间断供电，常需配置蓄电池组。 （袁敦麟）

电信接地 telecommunication earth

电信设备和线路网中有关部位用导体与大地相连通的措施。它对保证通信质量、设备和人员的安全有重要的作用。由接地体以及把接地体连接到电信设备上的导体组成的装置称为接地装置。按其用途可分为通信接地、保护接地和辅助接地；按接地点位置可分为站内接地和线路网接地。 （袁敦麟）

电信设备直流供电方式 DC power supply method of telecommunication equipment

电信设备所需直流电源的来源和运行方式。常用的分有整流设备直接供电方式、蓄电池充放电方式和蓄电池浮充方式三种。 （袁敦麟）

电信线路网接地 network earth of telecommunication

线路网中为了防止雷电、交流工频高压触碰和短路电流感应危害影响，保护人身和线路设备安全的电信接地。它包括：敷设于空旷地区地下电缆金属护套或屏蔽层接地；架空电缆金属护套及其钢绞线接地；电缆分线箱处避雷器接地；装于空旷地区架空通信线路中终端和引入等重要电杆避雷针接地；与1kV以上电力线路交越两侧的电杆和雷击区部分电杆所装避雷针的接地，由架空明线引入用户终端处用户保安器中避雷器接地等。 （袁敦麟）

电压标么值 per unit of voltage

有名单位表示的电压 U 与相应有名单位表示的基准电压 U_b 之比值。以 U_* 表示。其表达式为

$$U_* = \frac{U}{U_b}$$

（朱桐城）

电压表 voltmeter

用以测量交流（或直流）电压的仪表。
（张世根）

电压波动 voltage dip

供配电系统中负荷电流的大幅度增减而引起电压的急剧变化。在电压变化过程中，用最高电压与最低电压之差值相对于额定电压的百分数表示。它将导致用电设备运行不稳定，照明闪烁，影响正常生产和生活，应采取必要的措施，使它限制在允许范围之内。 （朱桐城）

电压动作型漏电保护器 voltage-type leakage protector

以被保护设备的金属外壳或支架出现漏电而引起的异常对地电压作为动作信号，对被保护设备实现保护切断的装置。简单、经济；但人体直接触及带电体时，保护器不能动作。故应用受到限制，正在被电流动作型漏电保护器逐步代替。 （瞿星志）

电压互感器　potential transformer

俗称PT。又称仪用变压器、压变。为测量和控制电路而专门设计的变压器。用于将一次电压变换成适宜于继电器、仪表或其他测量设备所用的二次值；或将测量电路与高压的一次电路隔离开来，以使测量等设备的结构与使用这种设备的人员的防护大大简化。　　　　　　　　　　　　（朱桐城）

电压畸变　voltage distortion

系统中正弦波形的工频电压受谐波电压影响而产生的变形。随着硅整流及可控硅（晶闸管）换流设备的广泛使用和各种非线性负荷的增加，大量的谐波电流注入电网，通过系统阻抗产生谐波电压，造成电压正弦波形畸变，使电能质量下降，给发供电设备及用户用电设备带来严重危害。故必须对各种非线性用电设备注入电网的谐波电流加以限制，以保证电网和用户用电设备的安全经济运行。（朱桐城）

电压继电器　voltage-relay

以电压作为激励量的继电器。该继电器的线圈直接接在电压互感器的二次侧上，它通过电压互感器的作用感受到被保护电气设备的电压变化情况。当电压升高或降低到一定程度时动作。根据用途的不同分为过电压继电器和低电压继电器两种。

　　　　　　　　　　　　（张世根）

电压偏移　voltage deviation

用电设备的端电压与其额定电压之差值相对于额定电压的百分数。正常运行情况下用电设备端子处电压偏移允许值为：①电动机、室内照明及其他用电设备无特殊要求时均为±5%；②视觉要求高的场所的照明为+5%～-2.5%；③应急照明、道路照明、警卫照明为+5%～-10%。　　（朱桐城）

电压谐波分量　harmonic components of voltage

周期电压的正弦波分量。其频率为基波频率的整倍数。　　　　　　　　　　　（朱桐城）

电晕　corona

又称电晕放电。电除尘器中由于施加到电极上的高电压使空气电离，当电压梯度超过一定临界值，放电极周围空气中出现连续的电流，在放电极表面和它周围出现淡蓝色辉光并伴有轻微噬噬声的放电现象。根据电晕极性的不同分为正电晕和负电晕。

　　　　　　　　　　　　（叶　龙）

电晕闭塞　corona quenching

当进入电除尘器的气体含尘浓度太高时，由电晕区生成的离子都吸附在粉尘上，使电除尘的电晕电流急剧下降，严重时可能形成趋近于零的现象。这时除尘效果严重恶化。　　　　（叶　龙）

电晕极　corona electrode

又称放电极。电除尘器中和供电装置的高压输出端相连接，是产生电晕、建立电场的主要构件。要求其表面曲率半径小；具备起晕电压低、火花电压高、电晕电流大且分布均匀等放电特性；还应具备一定的机械强度和抗腐蚀性。实际使用的有圆线、星形线和芒刺状电极。　　　　　　　（叶　龙）

电晕区　corona zone

电除尘器中电晕极附近的强电场区域内，原有的空气电离后，所产生的新电子又被加速并再次引起空气原子的碰撞电离，过程的规模迅速扩大，即形成"电子雪崩"，致使该区域内的空气中产生大量电子和正离子的区域。在电除尘器正常工作时，它局限于电晕极周围的几毫米内。　　　　（叶　龙）

电子调节器　electron controller

由电子元器件组成、以电为能源的调节仪表。它的输入来自传感器或其他标准电信号。根据输出电信号的种类可分为断续式电子调节器和连续式电子调节器两类。调节规律前者分为两位、三位、三位比例积分等种类；后者分为比例、比例积分、比例积分微分等种类。　　　　　　（张子慧）

电子防盗探测系统　electronic detection system against burglar

依据有关物理现象识别真实的企图闯入的迹象，并通过电子设备将其变换成电信号，按预定程序进行处理后发生报警信号的系统。目前这类探测系统种类繁多，其中包括相当简单的和极其先进的。

　　　　　　　　　　　　（王秩泉）

电子继电器　electronic relay

利用电子元件组成的继电器。根据外界条件（热工参数、光、液位、机械位移等）的变化，按照需要接通或断开某些电路，以达自动控制的目的。

　　　　　　　　　　　　（刘耀浩）

电子镇流器　electronic ballast

由电子线路来实现限制放电灯电流的器件。相当于电源变换器，使灯在 20～50kHz 频率下工作。其功耗小，重量轻，无频闪，是一种很有发展前途的镇流器。　　　　　　　　　　（何鸣皋）

diao

吊顶扬声器　ceiling speaker

装在吊顶内向下辐射声波的放音装置。由纸盆扬声器、变压器、罩壳和面板等构成。面板形状一般为圆形，也有方形的，用金属或塑料制成，面板上装有金属网或开孔以放声。主要装于宾馆、展览馆和商场的大厅、走廊等处吊平顶中，用于播放背景音乐和紧急广播。　　　　　　　　　（袁敦麟）

调度电话　dispatcher telephone system

工业企业系统内，用以指挥、调度生产用的内部电话。有的调度设备还可举行生产调度会议和带有录音设备。新型调度设备还有无线通信接口和闭路电视，可与无线通信设备相连通并能看到生产现场的实况。调度电话系统由座席、落地机架（主机）、配电板、直流电源和调度电话分机等组成。座席又称操作台，分有台式和落地式两种。一只座席一般有两个调度员操作回路可以同时分别与两个用户通话，一般没有绳路，不能用于交换，但可以利用操作回路使两个调度用户通话。一般调度电话总机都采用共电式二线制，使总机与调度用户迅速联系，新的设备也有用程控的。现在一般调度总机都采用交直流供电、直流电源电压有 24、48、60V 三种；另有中继线可与工厂电话站和上级调度总机连接。根据生产需要，中小型工业企业一般设有一级调度，是在全厂设一个调度总机；大型工业企业设有二、三级调度，除了全厂性生产总调度外，还有分厂调度、车间调度、动力调度、运输调度、供应调度和供电调度等；可根据需要选用。调度总机一般装在生产调度处（科）办公室内或专用值班室内。　　（袁　玫）

调度电话机　dispatcher telephone set

接入和用于调度电话总机的电话机。其制式决定于调度总机的制式。目前国产调度总机大多是共电两线制，为了配合调度和会议功能的需要，有的调度总机须配套专用话机，如带按钮的普通用户调度电话机、总工程师和厂长专用调度电话机等。

（袁　玫）

die

跌落式熔断器　dropout type fuse

又称跌落开关。由固定的底座和活动的熔断体组成的熔断器。熔体熔断时，熔断体由于其本身重量而自动跌开。　　（朱桐城）

跌水井　drop manhole, drop well

连接上下游不同高程排水管道，以跌水形式消能的井状构筑物。由井基础、井底、井身、井盖及井盖座组成。按跌水级数分为单级跌水井和多级跌水井。跌落差一般为 1～2m，最大可达 4m。

（魏秉华）

跌水形态　drop

突然自高处跌落而下的流水形态。按照水流跌落的形式和条件不同可分为叠流、瀑布、水幕、壁流、孔流等。　　（张延灿）

叠流　repeatedly falling stream

自落差不大的陡坎上逐层跌落而下的跌水形态。常与溪流、瀑布等配合应用，形成层层叠叠，高低错落的景观，使之更加活泼欢快，生机盎然。是水景工程常用的水流形态之一。　　（张延灿）

蝶阀　butterfly gate

又称蝶形阀、蝴蝶阀。圆盘状蝶板启闭件绕其自身中轴线旋转改变与管道轴线间的夹角，而控制过流截面大小的阀门。按蝶板在阀体中的安装方式分有中心对称板式、斜板式和偏置板式等。按驱动方式分有手动、气动、液动和电动等。其结构简单、阀体短、占地小、流体阻力小、重量轻、启闭迅速、扭矩小、低压时密封可靠、调节性能较好及适用口径范围大。　　（王天富　张延灿　张连奎）

蝶形阀

见蝶阀。

ding

丁字管

见三通（206 页）。

丁字托滑动支座　movable support with T-shaped bracket

由顶板、底板和侧板构成支座部分的滑动支座。管道由支座部分托起，滑动面低于保温层，当管道受热移动时，保温层不会受到损坏，但安装位置较高。

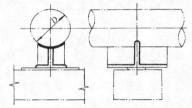

（胡　泊）

顶棚空间比　ceiling cavity ratio

在确定照明利用系数时，用来表示房间顶棚空间（灯具出光口面至顶棚高度内的空间）几何特征的数码或代号。以 CCR 表示。一般没有特殊说明时，可由下式求得：

$$CCR = \frac{5h_{cc}(l + w)}{lw}$$

l 为房间长度（m）；w 为房间宽度（m）；h_{cc} 为顶棚空间高度（m）。　　（俞丽华）

顶棚密集散流器　diffusers densely located on the ceiling

将流线型散流器在顶棚上密集布置的形式。必须使送出的扩散角为 20°～30°，且射流在工作区域之上互相搭接。　　（邹月琴）

定风量调节器　constant volume control unit

在双风道空调系统的冷热风混合箱中，靠机械式弹簧负载阀门或是压差调节器来控制总风量不变的装置。　　（马仁民）

定风量系统　constant air volume system

又称质调节系统。风量始终不变,靠改变送风参数控制空调房间空气状态参数的空气调节系统。送风系统稳定,调节容易,应用较广。　（代庆山）

定量补气

见限量补气（257页）。

定量水表　quantitative water meter

当管道中流过的水量达到给定值时,可自动截断水流的水表。截流装置常采用电磁阀等。用于需定量给水的场合。　（唐尊亮　董锋）

定流量阀　fixed flow rate valve

能保持通过流量稳定的阀门。在阀门前后压差较大时,能自动调小过流断面积;反之调大过流断面积,而使通过的流量基本稳定不变。常见结构形式有柱塞式、隔膜式和弹性孔口式等。　（张延灿）

定流量水龙头　fixed quantity faucet

过流截面不随阀瓣开启度而有显著变化,出流量基本不变的节水型水龙头。阀瓣形状与普通（水）龙头不同,使用时可避免不必要的过大流量,达到节约用水目的。在给水压力较大时,用于洗涤盆、污水盆、盥洗槽等。　（张延灿）

定容变温贮热设备　constant volume and temperature variation heat storage tank

出流热水的贮存容积不变,而其水温却随热水供应工况变动的贮热设备。耗热量小于供热量时水温升高;反之降低。其典型的设备及工况为:热水箱的底部设置热水出水管,冷水自上部流入且流量大于热水出水量保持恒定水位;供热期间同时以间接加热方式继续制备热水;贮水容积必须满足使用的最低水温要求,同时以使用的最高水温控制。　（钱维生　胡鹤钧）

定时限过电流保护装置　definite time delay overcurrent protection equipment

动作时间由时间继电器确定为一定值且与故障电流大小无关的过电流保护装置。通常由电磁式电流继电器、时间继电器、中间继电器和信号继电器等组成。　（张世根）

定水量水龙头　fixed flow faucet

又称延时自闭水龙头。每次开启流出一定水量后自动关闭阀瓣的节水型水龙头。可防止长流水而节约用水。常用于公共场所。　（张延灿）

定温变容贮热设备　constant temperature and volume variation heat storage tank

出流热水的温度不变,而其贮存水量容积随热水供应工况变化的贮热设备。常用于将预先制备妥的热水贮存,而使用期间不再继续制备的情况,如热水贮水箱。贮水容积必须满足整个热水使用期间所需的水量。　（钱维生　胡鹤钧）

定温火灾探测器　thermostat type fire dectator

温度达到或超过预定值时响应的感温火灾探测器。按敏感元件不同分为易熔合金、玻璃球、双金属、水银接点、热电偶、热敏电组、半导体、缆式线型、半导体线型等类型。按响应灵敏度不同分为Ⅰ、Ⅱ、Ⅲ三级,动作温度不小于54℃,并分别不大于62、70、78℃。　（徐宝林）

定压差阀　fixed differential pressure valve

维持阀前阀后压力差稳定的阀门。用于保证靠压力差工作的仪表、装置、设备等（例如喷射器的定量投药）的稳定运行。　（张延灿）

定压式气压给水设备　constant pressure pneumatic water supply installation

保持给水管系起点压力基本恒定的气压给水设备。它一般是由变压式气压给水设备的出水管上设置调压阀,使阀后压力维持在给定压力范围内;或是采用双罐式气压水罐,在补气管上设置调压阀,以保持气压水罐内压力在给定压力范围内。（张延灿）

dong

冬季空调室外计算温度　outdoor air temperature for air conditioning design in winter

用以计算冬季建筑物空调热负荷的设计计算温度参数。按历年平均不保证1d的日平均温度通过统计气象资料确定。　（单寄平）

冬季空调室外计算相对温度　outdoor air relative humidity for air conditioning design in winter

与冬季空调室外计算温度相配合以确定冬季室外空气状态点和计算新风热负荷的设计计算湿度参数。按累年最冷月逐日相对湿度的平均值确定。　（单寄平）

冬季室外平均风速　mean wind speed in winter

累年最冷三个月各月室外平均风速的平均值。用于建筑物围护结构的传热计算。　（章崇清）

冬季围护结构室外计算温度　outdoor air temperature for external enclosure calculating in winter

围护结构的最小总热阻计算时采用的室外计算温度。常以 t_w（℃）表示。根据围护结构热惰性指标 D 值的不同,分为四种类型,分别采用不同的计算温度。中国规定:$D>6.0$ 时,$t_w=t_{wn}$;$D=4.1\sim6.0$ 时 $t_w=0.6t_{wn}+0.4t_{pmin}$;$D=1.6\sim4.0$ 时,$t_w=0.3t_{wn}+0.7t_{pmin}$;$D\leq1.5$ 时,$t_w=t_{pmin}$。t_{wn}为供暖室外计算

温度（℃）；t_{pmin}为累年最低日平均温度（℃）。t_w均取整数值。　　　　　　　　　　（西亚庚）

动活性　dynamic activity

又称动吸附量。在一定温度和压力下，将含吸附质的气流通入吸附剂床层，当床层穿透时，吸附剂对吸附质的平均吸附量。常以被吸附物质的质量对吸附剂的质量百分数，或以单位质量吸附剂吸附的物质质量表示。显然，它小于静活性。它是表示吸附剂吸附能力和进行固定床吸附器设计的重要参数。
（党筱凤）

动力法　kinetic method

又称火焰静止法。指可燃混合气体以层流状态从喷口喷出燃烧来测定火焰传播速度的方法。主要分有本生火焰法和平面火焰法。　（施惠邦）

动力负荷　power load

动力设备消耗的电力。如风机、水泵、电梯、机床等电动机消耗的电力。　　　　（朱桐城）

动力配电箱　power distribution box

用于工业及民用建筑中交流50Hz500V以下三相三线、三相四线、三相五线动力系统的配电箱。其安装方式分有落地式、挂墙式两种。　（俞丽华）

动力粘度　dynamic viscosity

又称动力粘滞系数、内摩擦系数。反映流体粘滞性（或称内摩擦）的动力学特性的系数。以μ表示。单位为Pa·s。其物理意义是相距1cm的两层流体，速度相差为1cm/s时，1cm²接触面积上的内摩擦力的大小。该值愈大，内摩擦作用愈强，流体粘性愈大。不同流体的该值不同；同一流体温度不同该值也不同。
（王亦昭）

动平衡　dynamic balance

风机叶轮在旋转时所保持的平衡。经静平衡校正的叶轮由于质量分布不匀或对转轴不对称，旋转时各部分产生的离心力不平衡而引起振动，故风机叶轮要能实现它以保持平稳运转。　（徐文华）

动圈式程序控制调节仪　moving-coil pro-grammable controller

按事先编排好的程序（动作顺序、时间程序等）发送信号的调节仪表。由动圈式指示调节仪加上程序控制装置组合而成。被调量的设定值是根据需要的加工程序确定，通过执行机构可以达到程序控制的目的。程序控制装置可采用凸轮等机械装置、有触点与无触点控制装置、各种通用与专用的逻辑控制装置及数字控制装置。　　　　　（刘幼荻）

动圈式传声器　moving-coil microphone

振膜受声振动后带动音圈切割磁力线，而产生相应电动势的声电换能器。结构较简单，使用方便，稳定可靠，输出阻抗低，可接长电缆，固有噪声小；但灵敏度较低，频率响应比电容式传声器差，易产生磁感应噪声。广泛用于语言广播、一般扩声系统和有线广播。　　　　　　　　　　　（袁敦麟）

动圈式指示调节仪　moving-coil indicator with controller

接收敏感元件的检测信号，通过磁电动圈测量及电子调节系统，指示并输出具有位式、比例或连续电流输出的比例积分微分功能的调节仪表。当敏感元件信号输入到测量回路，使动圈连同指针随输入信号的大小相应的发生偏转，指针便指示出被测参数值，同时指针上附有小铝旗，与定值指针上附有的电感线圈构成了偏差检测装置，偏差的符号、大小控制晶体管振荡器输出电流增大或减小，经放大器输出控制信号，附加不同功能的电子装置，则可输出各种调节功能。　　　　　　　（刘幼荻）

动圈式指示仪　moving-coil type indicator

利用可动线圈内电流在固定的永久磁铁磁场中受力而工作的显示仪表。动圈由张丝支承，处于磁路系统中。只要被测参数通过一次测量元件转换成电压（mV）或电阻信号，都能与之配套，面板可以刻成任何参量和分度。　　　　（刘幼荻）

动态负荷　dynamic load

建筑物在变化的室内、外气象参数扰量作用下所形成的逐时的负荷序列值，累积成各月、各季或全年的负荷。它是进行供暖、空调能耗分析，比较设计、运行方案的依据。它的计算需要输入较长时期的大量气象数据。　　　　　　　　（田胜元）

动态负荷用气象资料　meteorological data of dynamic load

为计算动态负荷所需要输入的当地逐月或全年的逐时动态气象数据。构成此种气象资料的方法分有气象数学模型法和原始气象记录统计法。后者的统计工作量很大，现分有：标准年、参考年及能量年或典型年构成法。后两者构成方法一致，只是给出的参数项目不同。　　　　　　　（田胜元）

动态精度　dynamic accuracy

指系统在随时间变化的输入作用下所具有的精度。在给定输入作用下的该精度是指过渡过程最大动态偏差。　　　　　　　　　（温伯银）

动态偏差　dynamic deviation

又称最大偏差。控制系统过渡响应中被控量偏离给定值的最大偏差。对于衰减振荡过渡响应，是指在第一个波峰出现的偏差。是描述过渡响应的动态特性参数。　　　　　　　（张子慧）

动态偏差持续时间　dynamic deviation duration

动态偏差所在的半个周期的持续时间。是描述自动控制系统过渡响应的动态性能的参数。
（张子慧）

动态弹性模量 elastic modulus of dynamic

材料在动载荷作用下的弹性模量。单位为 N/m²。有些隔振材料（如橡胶、泡沫乳胶、软木等）有明显的滞后变形，其值较静态弹性模量值要大。
（甘鸿仁）

动态吸湿 dynamic dehumidification by solid absorbent

让潮湿空气在风机的强制作用下通过固体吸湿剂材料层，达到对空气吸湿的目的。（齐永系）

动态显示 dynamic display

指航班、列车和班车等运行动态的显示。包括日期、班次、时间、起点和终点等。（温伯银）

动稳定 dynamic stability

载流导体和电气设备在发生短路故障时，能承受短路电流产生的电动力而不致变形或损坏的性能。（朱桐城）

动压 dyuamic pressure

又称速度压力。流体流动时，相当于单位体积流体动能在流动方向的压力。它总是正值。
（殷平）

dou

斗前水深 submerged depth of roof drain

屋面雨水斗设置处的天沟水深。应保证雨水不致从天窗溢流入室内。（王继明）

抖动率 wow and flutter

又称抖晃率、失调率。用录音机速度的偏差峰值与录音机额定速度之比值。以百分数表示。是录音机的一项主要指标。当录音机运转时，由于传动机构的配合不精确以及运行中因张力、摩擦、振动等原因引起磁带运行速度变动、造成放音时音调周期性的变动现象。行走速度的变动会改变信号的频率，速度慢会引起声音振动，速度快则会使声音混浊不清。
（袁敦麟）

du

独立接地极 independent earth electrodes

无相互环联的多个单元接地极，且相互配置的间距使可能流散的最大电流不致显著影响近邻的接地极的电位。（瞿星志）

独立式变电所 independent substation

与生产车间或建筑物在建筑上无直接联系的单独建造的变电所。（朱桐城）

读写存储器 RAM, random access memory storage

又称随机存取存储器。存储单元的内容按需要既可以读出，也可以写入或后写的存储器。主要用来存放各种现场的输入、输出数据，中间计算结果，以及与外存交换信息和作堆栈用。在断电时将失去所有存储的信息。也称挥发性存储器。
（温伯银　陈惠兴）

堵盖

见管帽（93页）。

堵头

见管堵（92页）。

度日 degree day

每日室外平均气温低于或高于室内基准温度的温度数。当温度差一度时，则称为一个度日。而供暖度日数则指全年（指冬季）所有度日的累积和；中国的供暖期度日数是以当地采暖起、止时的室外日平均气温（一般为5℃）为计算起、止点，所计算出的度日之累积和。它被广泛应用于对建筑物能耗分析和确定围护结构的热工性能。（田胜元）

镀锌钢管

见镀锌焊接钢管。

镀锌焊接钢管 galvanized steel pipe

旧称白铁管，又称低压流体输送用镀锌焊接钢管。简称镀锌钢管。普通焊接钢管内外表面经热浸镀锌而成的焊接钢管。分类、钢材、试验和工作压力、用途和规格等均与普通焊接钢管基本相同，不同的是单位长度重量因镀锌层而增加3%～6%、耐锈蚀性较好、还可用于热水和食用蒸汽的输送。
（张延灿）

duan

短管甲

见承盘短管（22页）。

短管乙

见插盘短管（19页）。

短路 short-circuit

通过一个可忽略的阻抗连接电路的两点或更多点。它可以是故意的，也可以是偶然的。
（朱桐城）

短路冲击电流 impact current of short-circuit

三相短路电流的最大瞬时值。即三相短路电流第一个周期全电流的峰值。（朱桐城）

短路电流 short-circuit current

由于电路故障或错误连接造成短路而引起的过电流。根据短路的种类分为三相短路电流、两相短路电流和单相短路电流。单相和两相短路电流通常均小于三相短路电流，仅当短路发生在发电机附近时，两相短路稳态电流才有可能大于三相短路稳态电流。在短路过程中，它的变化取决于系统电源容量的

大小、短路点离电源的远近以及系统内发电机是否带有电压自动调节装置等因素。　　（朱桐城）

短路电流冲击系数　impact factor of short-circuit current

三相短路冲击电流 i_p 与三相短路电流周期分量幅值 I_m 之比。以 K_p 表示。其表达式为

$$K_p = \frac{i_p}{I_m} = \frac{i_p}{\sqrt{2} I}$$

K_p 可用下式计算：$K_p = 1 + e^{-\frac{0.01}{L/R}}$；$R$ 为短路电路的电阻；L 为短路电路的电感；I 为三相短路电流周期分量的有效值。

（朱桐城）

短路电流非周期分量　aperiodic component of short-circuit current

由短路暂态过程中感应电势和短路阻抗所确定的按指数规律衰减变化的短路电流。因它只是在短路暂态过程中出现，并由电路中储藏的磁场能量转换而来，故又称暂态分量或自由分量。它的衰减速度由短路电路中电阻和电感的比值来确定。

（朱桐城）

短路电流假想时间　image time of short-circuit current

使短路稳态电流产生的热量，与短路电流在实际短路时间内产生的热量相等所需的时间。

（朱桐城）

短路电流周期分量　periodic component of short-circuit current

由系统电源电压和短路回路阻抗所确定的按正弦规律作周期变化的短路电流。在无限容量系统情况下，在整个短路过程中其幅值（或有效值）不变，故又称稳态分量；又因它是由电源电压所产生、并按电源电压的规律变化，故又称强迫分量。

（朱桐城）

短路功率法　method of short-circuit MVA

通过短路回路中各元件的短路功率来求解短路电流的方法。它是一个较简便的工程计算方法。

（朱桐城）

短路容量　short-circuit capacity

短路电路中短路电流与线路额定电压的相乘积。三相短路容量 S_{sc} 由下式确定：

$$S_{sc} = \sqrt{3} I_{sc} U_{av}$$

I_{sc} 为三相短路电流；U_{av} 为线路平均额定电压。三相短路容量是用来选择断路器断路容量的重要数据。

（朱桐城）

短路阻抗　short-circuit impedance

短路电路中各元件的阻抗。　　（朱桐城）

短时工作制　short-time duty

工作时间甚短，停歇时间相当长的制式。如金属切削机床的辅助机械横梁升降、刀架快速移动装置等的工作。　　（朱桐城）

断接卡　open-contact clamp

避雷引下线与接地线之间装设的可拆卸的连接金属件。它是测量接地装置的接地电阻和检查引下线时用的，一般设在地面上 1.8m 处。　（瞿星志）

断流水箱　break flow tank

间接排水方式中用以承接废水的专用水箱。无贮水功能，仅起空气隔断作用以防止回流污染。

（姜文源　胡鹤钧）

断路器　circuit-breaker

能接通、承载以及分断正常电路条件下的电流，也能在规定的非正常电路条件（如短路）下接通、承载一定时间和分断电流的开关电器。　（朱桐城）

断续周期工作制　intermittent periodic duty

又称反复短时工作制。时而工作，时而停歇，反复运行的制式。如起重机及电焊变压器等的工作。

（朱桐城）

dui

堆积密度　bulk density

在堆积状态下，单位体积填料层所具有的质量。单位为 kg/m^3。填料的特性数据之一，是影响填料塔重量的参数。　　（党筱凤）

对比显现因数　CRF, contrast rendition factor

在给定的照明系统下一项作业的可见度与该作业放在参考照明条件下的可见度之比或亮度对比之比。其中参考照明环境指的是一个内表面具有均匀亮度的球，作业置于球心位置。计算公式为

$$CRF = \frac{C}{C_{ref}}$$

C 为实际照明条件下的亮度对比；C_{ref} 为参考照明条件下的亮度对比。用来定量评价照明系统所产生的光幕反射对可见度的影响程度。　　（江予新）

对称反射器　symmetrical reflector

至少具有一个对称面的反射器。分有旋转对称反射器和柱面反射器两大类。　　（章海聪）

对讲电话机　intercommunication telephone set

又称直通电话机。能直接通话对讲，不经过交换机连接的电话机。由二个或数个电话机组成。话机间采用直接连线方式，通话状态可由一方主控或各个话机都能控制。它用于需要经常联系或需要迅速立即通话的两地。用两台磁石式电话机可以组成一套最简单对讲电话机。　　（袁　玫）

对绞通信电缆　paired cable

一个回路的二根绝缘芯线扭绞成对，由若干绞线对组成的通信电缆。用于市话音频电缆。

（袁敦麟）

对绞线 paired wire

一个回路的二根绝缘芯线相互扭绞成对的电线。用在电声系统中可增大与其它线路间串音衰减，防止串音和减小杂音。 （袁敦麟）

对开多叶阀 split multiblade damper

由若干对开叶片组成的阀门。调节不同开启角度达到调节流量。用于通风及空调管道。

（陈郁文）

对流换热系数 coefficient of convective heat transfer

又称对流放热系数。当流体与表面之间为单位温度差时，单位时间内通过单位面积从流体向表面或从表面向流体以对流和传导方式传递的热量。以 α 表示。单位为 $W/(m^2 \cdot K)$。影响对流换热的因素有流体流动状态、流速、流体物性、壁面的几何尺寸、形状和位置等。 （西亚庚）

对喷 opposite spray

喷水室中，两排喷嘴方向相反，水苗相对而喷的喷水方式。此喷水方式采用较多。 （齐永系）

对数平均温差 logarithmic mean temperature difference

换热器冷热流体之温差是随流动而变，根据传热学理论，两流体的计算平均温差。以 Δt_p^d 表示。其表达式为

$$\Delta t_p^d = \frac{\Delta t_1 - \Delta t_2}{\ln \dfrac{\Delta t_1}{\Delta t_2}}$$

Δt_1 为进口处两流体温差；Δt_2 为出口处两流体温差。 （王重生 姜文源）

对数平均温差修正系数 correction factor of logarithmic mean temperature difference

换热器冷热流体呈叉流或混合流时，其平均温差应为逆流式换热器对数平均温差乘以某个修正值。该值与冷、热流体的加热度或冷却度以及两流体入口温差有关。 （王重生）

对数正态分布 logarithmic normal distribution

以几何标准偏差 σ_j 为特征量表示粒径分布的分布函数。在横坐标为对数粒径，纵坐标为对数粒径下的相对频率分布的坐标系中，画出的相对频率分布曲线是以几何平均粒径（即中位径）为中轴的对称曲线。以 y 表示。其表达式为

$$y = \frac{d\phi}{d(\log d_c)} = \frac{1}{\sqrt{2\pi}\log\sigma_j}\exp\left[-\frac{(\log d_c - \log d_{cj})^2}{2(\log\sigma_j)^2}\right]$$

$d\phi$ 为该粒径下尘粒所占的质量百分数；d_c 为粒径；

d_{cj} 为几何平均粒径；σ_j 为几何标准偏差，σ_j 值大，粒径分布较为分数；σ_j 值小，大部分尘粒都集中在几何平均粒径 d_{cj} 附近。 （孙一坚）

对象放大系数 amplification factor of object

对象在阶跃输入信号作用下，被控量新、旧稳定值之差与输入信号变化量的比值。是对象的静态特性参数。 （张子慧）

对象负荷 load of object

自动控制过程处于稳态时，在单位时间内流入或流出对象的物质量和能量。由于外部干扰是变化的，故负荷也是变化的，而且变化的快慢程度对自动控制系统的要求有直接影响。 （张子慧）

对象监视 object surveillance

对保险柜、地窖、画和展览柜等重要对象，进行监视，一旦发现盗窃者，就发出报警信号。常用的探测器分有防护触点、振动探测器、画监视系统和表面防护装置等。 （王秩泉）

对象容量 capacity of object

当被控量等于设定值时，在对象中所储蓄的物质或能量。当设定值改变后，它也随之改变。容量的存在是由于在对象中物质或能量的流出口上存在着某种阻力。只存在着一个容量的称单容对象；存在着两个或以上的称多容对象，这些容量之间隔着某种阻力（如热阻、水阻、电阻等）。 （张子慧）

对象容量系数 capacity factor of object

被控量改变一个单位时，对象中需要相应改变的物质或能量的量值。即容量对被控量的一阶导数，用 C 表示，其表达式为

$$C = \frac{dy}{dx}$$

C 为容量系数；y 为容量；x 为被控量。由于容量和被控量不同，则容量系数 C 有不同的因次。C 较大的对象，被控量在阶跃信号作用后，变化缓慢，惯性大；反之则相反。 （张子慧）

对象时间常数 time constant of object

被控对象受到阶跃信号作用后，被控量以过渡响应中最大上升（或下降）速度变化到稳定值所需时间。是对象动态特性参数。也是表示对象惯性大小的物理量。在数值上，单容对象是以初始变化点作响应曲线的切线，该切线与稳定值交点所截时间段；双容（或多容）对象，则是从响应曲线的拐点作曲线的切线，该切线与稳定值和时间轴两交点所截时间段。

（张子慧）

对象特性参数 characteristic parameter of object

描述被控对象动态和静态特性的物理量。即时间常数 T、滞后时间 τ 和放大系数 K。

（张子慧）

对象响应曲线 response curve of object

又称对象的反应曲线。对象在输入阶跃信号作用下,被控量随时间的变化过程线。是表示对象动态特性的一种形式。它可分为无滞后的单容对象、有滞后的单容对象、无滞后的多容对象和有滞后的多容对象等。 (张子慧)

对象滞后 lag of object

对象在阶跃响应中所表现的时间延迟。分为纯滞后和容量滞后两种。前者存在于单容对象中,它是由于进入对象中的物质或能量需要一定时间的输送和传递而产生的,这种滞后又称传递滞后;后者则是存在于双容或多容对象之中,它是由于容量与容量之间存在着某种阻力,当对象受到输入的阶跃扰动作用后,其输出量不能立即变化而产生的滞后。滞后是对象动态特性参数。 (张子慧)

对象自平衡 inherent balance of object

对象受到干扰作用平衡状态被破坏后,在不需要任何外力作用(不进行控制)下,依靠对象自身的能力,被控量可以自发地恢复平衡的性质。是由对象自身结构决定的。 (张子慧)

对旋式燃烧器 opposite swirls burner

又称逆向旋转式燃烧器。燃气与两股在平行截面上互为反向旋转的空气流激烈混合燃烧的燃烧器。作为燃气(热)接触法的专用燃烧器,也可用于其他高温加热。热强度高,操作空气系数 α=5 时火焰仍稳定,必要时可让被加热物料经燃烧器中轴与火焰直接接触。 (徐 斌)

dun

蹲式大便器 squatting pan

供人们蹲着使用的大便器。分有盘式和斗式。一般采用高水箱冲洗,也可用低水箱和自闭式冲洗阀冲洗。便器本身不带存水弯,有前出口和后出口之分。使用时不与人体接触,有利卫生,但会散发臭气,属低档卫生器具。常设在公共厕所内。 (倪建华 金烈安)

duo

多变指数 polytropic exponent

为了概括理想气体所有过程提出了一个多变过程方程式。即为 $pv^n=$ 常数,n 为多变指数,$n=0\sim\pm\infty$。当 n 为某一定值时,则过程为一定;当 $n=1$ 时,方程式 $pv=$ 常数,即等温过程;当 $n=0$ 时,方程式 $p=$ 常数,即定压过程;当 $n=\infty$ 时,方程式 $v=$ 常数,即定容过程;当 $n=k$ 时,方程式 $pv^k=$ 常数,即绝热过程。 (杨 磊)

多点毫伏测量仪 multi-point millivoltmeter

由多点切换机构和直流毫伏计组成,通过切换操作可测量多路直流电压的毫伏数值的动圈式仪表。 (刘耀浩)

多点温度巡回检测仪 multipoint temperature mobile checkout meter

能自动地将多点温度值依次进行采样,然后把采样信号进行放大、标度变换,最后送到模拟显示装置或数字显示装置进行温度显示的仪表。 (安大伟)

多斗雨水排水系统 muti-strainers storm system

雨水架空管系上装有两个以上雨水斗的内排水雨水系统。水流状态较复杂,实际被采用的较少。 (王继明 张 森)

多工况节能控制 energy saving control on multioperation mode

具有多种空气处理方式的空调系统,在不同季节里选用能满足要求又获得尽可能节约能源的处理方式。即较优节能运行工况的控制技术。选择较优节能工况的控制装置一般具有参数输入、工况识别和转换、输出控制等功能。 (廖传善)

多功能电话机 multi-function telephone set

又称电子电话机。具有许多功能键的按钮式自动电话机。通常由普通电话机拨调用码调用的各种性能,在此机中可用单键调用。话机上功能键有固定功能和可编程序功能键两种。它除了具备一般话机功能外,还有一些特殊功能,如:①数码显示,可显示日期、时间、呼叫和来话的电话号码;②免提收发话器通话和拨号;③单键调用系统性能;④常用电话号码自动拨号;⑤单机多号等。因此,装有此机的用户,能够快速、容易和方便地使用该交换机系统的许多功能,可提高通话和办公效率。 (袁 玫)

多管旋风除尘器 multicyclone

将许多小旋风除尘器(又称旋风子)并联组合在一个壳体内,共用一个进口和一个灰斗的旋风除尘器。旋风子有轴向式进口、蜗壳式进口等,有垂直布置、也有卧式布置的。单个旋风除尘器可以达到较高除尘效率;但是在并联组合后,如果在实际运行条件下的各旋风除尘器流量分配不均匀、部分旋风除尘器底部从集灰斗进风,则其除尘效率会明显下降。它处理风量大,常用于高温烟气净化。 (叶 龙)

多级泵 multi stage pump

若干叶轮串接组装在同一轴上串联工作的离心泵。被吸入的液体顺序由前一叶轮压向后一叶轮逐级提高比能,总扬程系随级数而增加。 (胡鹤钧)

多级除尘 multi-stage dust collection

在同一除尘系统中两个或两个以上除尘器过滤器串联运行的方式。当 n 个除尘器串联运行时,其除尘过滤效率按下式表示为

$$\eta = 1 - (1-\eta_1)(1-\eta_2)\cdots(1-\eta_n)$$

η 为它的除尘效率;η_1、$\eta_2\cdots\eta_n$ 为各级除尘器单独的除尘效率。　　　　　　　　　(汤广发　孙一坚)

多级串联水封 multi-stage water-seal

由多个单级水封相互串联组成的阻汽疏水装置。每个单级水封由内、外套管和放气阀、泄水阀构成。由内套管与前一级的外套管相连。内套管管径按通过的最大凝水量和允许的流动压降计算确定。外套管管径是内套管的两倍。　　　　　(王亦昭)

多级发生 multistage generation

为了提高吸收式制冷装置的热力系数和降低蒸汽消耗量的技术措施。一般采用两个发生器。在吸收式制冷装置中采用两级发生,热利用系数可提高50%,蒸汽消耗量降低30%,放出热量减少25%,因此冷却水消耗量减少,该装置的经济效益大为提高。
　　　　　　　　　　　　　　　　　(杨　磊)

多孔玻板吸收管 porous glass plate absorption tube

吸收气体样品中被测物质的装置。垂直的吸收管内装有一定量的吸收液,气体由玻璃细管导入液面以下经管口处多孔玻璃板进入吸收液。由于多孔玻璃板上微孔的阻留和分散作用,该装置对气体、蒸气及气溶胶颗粒均有较高的吸收效率。(徐文华)

多孔陶瓷板-金属网复合燃烧器 ceramic perforated panel-metal gauze complex burner

与多孔陶瓷板燃烧器相类似,仅在板外表面的一定距离处,增设一层与陶瓷板平行的金属网的燃烧器。是燃气红外线辐射器的头部型式之一。该网起到了充分利用燃烧产物余热的作用,从而增强了辐射效果。　　　　　　　　　　　　(陆耀庆)

多孔陶瓷板燃烧器 ceramic perforated panel burner

由若干块穿有小孔的陶瓷板组成的燃烧器。是燃气红外线辐射器的头部型式之一。它对燃烧过程中温度的分布、辐射能力的强弱以及稳定与否等因素起主要的决定作用。该板的导热系数要求应小于 $0.6W/(m\cdot K)$;抗折强度应大于或等于 $800kPa$。
　　　　　　　　　　　　　　　　　(陆耀庆)

多声道唱片 multichannel record

在一个纹槽内载有很多个声音通道信息的唱片。转速为 $33\frac{1}{3}$ r/min。它较双声道更具有空间立体效果和临场感;但需用相应多声道放唱设备来重放。　　　　　　　　　　　　　　　(袁敦麟)

多通道地漏 multi-way floor drain

兼作排除多个生活废水用的带水封地漏。筒体因需接入横管而较长,但可直埋入于楼板内。
　　　　　　　　　　　　　　　　　(胡鹤钧)

多头水枪 multi-outlet nozzle

具有四个喷头,可实现不同方向调节的导流式多头组合的消防水枪。具有直流、喷雾等多种功能,机动性好。　　　　　　　(郑必贵　陈耀宗)

多叶风阀 multiblade damper

由一组转轴在中间的叶片组成的联动式调节阀门。分有所有叶片互相平行按同一方向旋转的平行式;相邻叶片按不同方向旋转的对开式。后者应用较广。　　　　　　　　　　　　　　　(王天富)

多用水枪 multi-purpose nozzle

具有直流、直流开花、喷雾、喷雾开花及开关控制等多功能射水的消防水枪。由接扣、连接管、球阀、枪体、活动喷管、雾化喷头、分流芯等组成。其用途与开花直流水枪相同,但射程较远,开花面较宽,不仅可从喷嘴喷雾,还能开化喷雾,形成双层雾状水流。另有在直流喷雾水枪的喷嘴后安装一水幕装置,在直流或喷雾的同时可形成伞形水幕,用以保护消防员进行灭火战斗。　　　　(郑必贵　陈耀宗)

多油断路器 dead-tank oil circuit-breaker, bulk-oil circuit-breaker

利用绝缘的矿物油来灭弧,并使带电部件与油箱绝缘的断路器。其油箱不带电并且通常是接地的。
　　　　　　　　　　　　　　　　　(朱桐城)

E

e

额定功率因数 rated power factor

用电设备在额定条件下的功率因数。即额定有功功率 P_n 和额定视在功率 S_n 之比。以 $\cos\phi_n$ 表示，其表达式为

$$\cos\phi_n = \frac{P_n}{S_n}$$

(朱桐城)

er

二次回风系统 secondary return air system

将室内回风分别在空气处理设备前后与新风进行两次混合的空气调节系统。与一次混合式相比，省掉二次加热，用二次混合代替，可进一步节能。

(代庆山)

二次接线 secondary wiring

又称二次回路、二次系统。表示对一次接线系统中各元件进行测量、监察、控制、信号、继电保护和自动化等二次设备的电气连接电路。通常用原理接线图、展开接线图、安装接线图表示。图中所有开关电器和继电器的触头都是按照它们的正常状态表示的，即开关电路在断路位置和继电器线圈未激励时的状态。

(张世根)

二次空气 secondary air

在燃烧反应过程中所提供的助燃空气。扩散燃烧时全部提供；部分预混燃烧时部分提供；全预混燃烧时无需提供。

(吴念劬)

二次盘管 secondary coil

诱导器在引射室内空气（即二次风）时，用来冷却（加热）室内空气的盘管。盘管内通以冷（热）水。

(代庆山)

二次射流区 secondary jet zone

多孔送风射流相互间充分混合和完成搭接后所组成的均匀射流的区域。

(邹月琴)

二次扬尘 secondary dust source

已降落在地面或设备表面，因振动或室内气流的带动，再次在室内飞扬的粉尘。对车间防尘有很大影响。防止它的主要措施为：经常冲洗、清扫地面或墙壁，擦净设备表面，防止表面积尘。

(孙一坚)

二次蒸发箱 flash tank

又称扩容箱。集中汽化与分离利用过热凝水所含二次蒸汽的设备。

(王亦昭)

二次蒸汽 secondary steam

蒸汽供暖系统凝结水因压力降低而再次蒸发所产生的蒸汽。

(岑幻霞)

二级处理 secondary treatment

由一级级处理和生物化学处理或化学处理组成的污水处理过程。除一级处理中包括的处理单元外，通常还包括生物化学处理过程（如活性污泥曝气池、接触曝气池、生物滤池、生物转盘、氧化沟或生物塘等）、二次沉淀池和消毒系统等。

(萧正辉)

二级电力负荷 class 2 electrical load

中断供电将在政治、经济上造成较大损失，影响重要用电单位正常工作的电力负荷。如交通枢纽、通讯枢纽等用电单位中的重要电力负荷，以及中断供电将造成大型影剧院、大型商场等较多人员集中的重要的公共场所秩序混乱。

(朱桐城)

二进制 binary number system

指只有两种数字即"0"和"1"，在加法中，满2进位的数制。电子计算机由于采用只有两种状态的电子元件，所以使用二进制数字来表示数。十进制数从 0 到 15，若写成二进制，则依次为：0000、0001、0010、0011、0100、0101、0110、0111、1000、1001、1010、1011、1100、1101、1110、1111。

(温伯银)

二通调节阀 two-way regulating valve

又称二通阀。具有两个通路的水量调节阀。由温度调节器控制阀门的开度，当室温高时阀门开大，使冷水量增大；反之则关小。以调节室内温度。

(代庆山)

二维显示 two dimensional display

又称平面显示。只表示一个平面上的图形或图像的显示。有时还在上面加添某些文字或数字。

(温伯银)

二项式法 method of two term

采用用电设备组的平均负荷和数台大容量用电设备对负荷影响的附加负荷相加求计算负荷的方法。该法较简便；但计算结果往往偏大。当用电设备台数较少，各台设备容量相差悬殊时，干线、支线的计算负荷宜采用此法。

(朱桐城)

二氧化碳灭火剂 carbon dioxide extinguishing agent

惰性气体灭火剂。扑救火灾时主要起窒息作用，

并兼有冷却作用。由于灭火后不留痕迹，一般对扑救物质不产生腐蚀、损坏作用。用于扑救贵重物品、图书档案、精密仪器以及一般固体、液体和带电设备的火灾。　　　　　　　　　　　　　　（华瑞龙）

二氧化碳灭火系统　carbon dioxide fire extinguishing system

使用二氧化碳作为灭火剂的灭火系统。由钢瓶（或钢瓶组）、瓶头阀、管路设施、喷嘴或喷枪以及火灾探测器和自动报警装置等组成。按照设备形式分为固定式和移动式两种；按照二氧化碳灭火方法分为全淹没系统、局部应用系统和延时施放系统。常用于扑灭可燃液体、电气设备和含碳有机材料等发生的火灾。　　　　　　　　　　　　　　（张英才）

二氧化碳消防车　carbon dioxide fire truck

装备二氧化碳灭火剂罐或高压贮瓶及成套二氧化碳喷射装置，用载重汽车底盘改装而成的消防车辆。由汽车底盘、前置泵或中置泵、二氧化碳钢瓶、二氧化碳灭火器、水罐、水环排气引水装置及消防器材等组成。用于大中城市公安消防队和工矿企业专职消防队扑救贵重设备、精密仪器、重要文物和图书档案等火灾，还可用水扑救一般可燃物质火灾。前置泵二氧化碳消防车除可用二氧化碳扑救火灾外，还可用泡沫扑救小面积油类火灾。　　　　（陈耀宗）

二氧化碳延时施放法　extended dischange method for carbon dioxide

初期快速喷射二氧化碳并在机器设备减速期间继续补充释放二氧化碳，维持一定时间的惰性环境而扑灭火灾的方法。初期喷射需要的二氧化碳数量取决于被保护空间总容积。延时施放需要的二氧化碳数量则取决于被保护空间总容积和机器设备的减速时间。用于空气流动场所和含碳有机材料的火灾。

（张英才　陈耀宗）

F

fa

发光二极管显示牌　light-emitting diode display panel

用发光二极管作为矩阵显示单元的显示牌。

（温伯银）

发热量

见供热量（88 页）。

发射率　emissivity

又称辐射率。物体在一定温度下所发出的辐射能与同温度下黑体的辐射能之比。与物体物性、表面状态和温度等有关。　　　　　　　　（岑幻霞）

发生炉煤气　producer gas

固体燃料与空气及水蒸气在高温条件下连续气化生成的可燃气体。主要成分为一氧化碳和氢，热值在 5400kJ/Nm³ 左右。热值低、毒性大。可用于焦炉等加热，或与高热值燃气掺混后作为城市燃气气源。

（黄一苓）

发生器　generator

在吸收式制冷装置中，通过加热溶液，使其中的低沸点工质蒸发，产生制冷剂蒸汽的设备。

（杨　磊）

阀

见阀门。

阀件

见阀门。

阀门　valve

旧称凡尔，又称阀件。简称阀。控制管道内流体的流向、流态、流速（量）与压力的管道附件。按阀体内部结构分有截止阀、闸阀、球阀、隔膜阀、旋塞阀、蝶阀、浮球阀、止回阀、底阀等；按用途分有调压阀、减压阀、节流阀、安全阀、排气阀、止气阀、疏水阀、防污隔断阀等；按驱动方式分有手动阀、电动阀、液动阀、气动阀、电磁阀等；按公称压力分有真空阀、低压阀、中压阀、高压阀、超高压阀；按连接方式分有内螺纹式、外螺纹式、法兰式、焊接式、对夹式、卡箍式、卡套式等。型号根据其种类、驱动方式、连接方式、阀体结构、密封或衬里材料、公称压力、阀体材料分别用汉语拼音字母及数字表示。

（陈文桂　董锋　张连奎）

阀门井　valve chamber

安置并可检修阀门的地下井状构筑物。小型的为预制混凝土或玻璃钢、塑料小室；较大的用砖砌筑成。一般井深较浅，但寒冷地区或安置大型阀门时则较深。　　　　　　　　　　（陈文桂　吴祯东）

阀门控制器　valve controller

用来控制阀门的开启和关闭，并指示其开启程度和流通能力的与阀用电动装置配套的控制器。它可安装在就地单独控制或装在仪表盘上集中控制；也可在就地或集中双控。　　　　　（刘幼获）

阀型避雷器　valve-type lightning arrester

具有放电间隙和非线性电阻片（阀片）的避雷器。当放电间隙被雷电波击穿时，阀片电阻变得很低，将雷电流泄放入地，所产生的电压降即为其残余电压，而阀片对工频电流呈现很高的电阻。在雷电峰头过后，放电间隙迅速切断工频续流恢复正常工作。

(沈旦五)

法兰 flange

又称法兰盘、突缘。管子与管件间、简体与封头间等用螺栓连接和拆卸的中空盘状机械零件。外形多采用圆形，也有椭圆形、方形和其它特殊形状。材质一般与所连接的管子、管件、简体及其封头相同。盘面形式分有平面式、凸式、凸凹式、槽式、榫槽式等。它与管子接口的连接方式分有焊接式、螺纹式、衬环式、活套式、整体式等。垫片分有宽面式和窄面式。它安装、拆卸方便，并能承受较高压力和温度。用于需经常拆卸部位的连接。 (张延灿 唐尊亮)

法兰连接 flange joint

法兰盘间衬垫垫片（圈）后，用若干螺栓拉紧密封的机械连接方式。用于钢管、铸铁管、塑料管等需经常拆卸的管段以及较大管径管子连接。

(陈郁文 珂 仁 张延灿)

法兰盘

见法兰。

法兰煨弯机 flange-bending machine

通过旋转辊轴或轧辊与压模，在外力作用下，将角钢或扁钢卷圆煨制成法兰的机械设备。

(邹孚泳)

fan

凡尔

见阀门（63页）。

反电晕 back corona

沉积在集尘极表面的高比电阻粉尘层中产生的局部反向放电现象。由于高比电阻粉尘释放电荷缓慢，随积尘层逐渐加厚，粉尘荷电产生的电场逐渐增强。当积尘层空隙中电场强度超过临界值时，其中空气被电离。在电晕极接负电位的情况下，这里产生向集尘极迁移的负离子和向电晕极迁移的正离子。这些正离子在两电极间的空间内，与荷负电的尘粒和来自电晕极附近区的负离子碰撞。由于电中和，尘粒荷电量下降，空间电荷密度变小，这时驱进速度下降，除尘效率降低；同时由于供电装置必需提供较大的电流，火花放电变得频繁，电气运行呈现不稳定状态。故在电除尘中应防止产生这种现象。

(叶 龙)

反复短时工作制

见断续周期工作制（58页）。

反馈 feedback

将输出信号的部分送回到输入端，以增强或减弱输入信号的效应。凡是使输入信号增强者为正反馈；减弱者为负反馈。正反馈能提高系统的灵敏度和选择性，但却是产生振荡的主要原因；负反馈能增加系统的稳定性，减少畸变失真，改善频率响应，减少元件参数或特性的变化对系统品质的影响，以减少某些非线性因素的影响等。 (温伯银)

反馈控制系统 feedback control system

又称闭环控制系统。由系统输出量的全部或部分反馈到输入端来实现控制的系统。系统中某一输出量被连续或周期地测量，并与给定值进行比较，利用两者的偏差值作为控制的依据，来达到消除或减小偏差的目的。该系统的输出是受系统的输入和输出共同控制的。该类控制系统的示例有：室内温、湿度控制；工业过程中对温度、压力、流量和液位的控制等。 (张子慧 温伯银)

反射隔热板 heat reflecting plate

利用具有较高反射能力的板材，把热源投射到板上的大部分热射线反射回去，阻挡热辐射的隔热装置。 (邹孚泳)

反射率 reflectance

被物体表面反射的入射辐射能与作用到该表面的入射辐射能之比，为一无量纲量。其值因不同材料表面而异。此外，它还与材料周围介质和入射角有关。 (单寄平)

反射器 reflector

利用反射原理，收集并反射光源的光线，分布到需要的方向上去的光学部件。它在灯具的光学系统中，有两种类型：①只收集光源后射光线并按要求的方向反射到出光口面（灯具的光强分布曲线还依赖出光面的类型和形状），如聚光灯和汽车前照灯中的反射器；②它反射的光线和光源向前发出的光线合在一起产生需要的光强分布曲线（起决定配光的作用），如工厂用一般照明灯和投光灯等。按其形状可分为对称反射器和非对称反射器两大类。目前它大多采用纯铝板冲压或拉伸后抛光制成，也有在玻璃反射器上真空镀膜或镀银等。 (章海骢)

反射眩光 reflected glare

由视野中的光泽表面的反射所产生的眩光。

(江予新)

反渗透 reverse osmosis

用足够的压力使溶液中的溶剂（一般为水）通过反渗透膜（半透膜）而分离出来的过程。它与自然渗透的方向相反。所需的压力取决于膜的性质、溶质的性质、浓度和温度等因素。能去除水中无机盐类、胶体类、有机物质和细菌等。耗能少、适应性强。常用于海水和苦咸水的淡化、除盐和制取高纯水。

(袁世荃 胡 正)

反时限过电流保护装置 inverse time delay overcurrentprotection equipment

　　保护装置的动作时间与流入继电器的故障电流大小有关的过电流保护装置。当短路电流较保护装置的动作电流大得不多时（1～3倍），保护装置的动作时间与短路电流的大小成反比；当短路电流较保护装置的动作电流大得很多时（3倍以上），保护装置的动作时间与短路电流的大小无关。　（张世根）

反应系数 response factors

　　在单元脉冲扰量激励下所得到的系统输出的时间序列。由于系统的脉冲反应函数等于系统在时域的动态特性函数——权函数，所以它也是系统动态特性的一种表述方式。在墙板热计算中，视热作用的部位不同，常分别给出传热反应系数，内及外表面的吸（放）热反应系数等。在房间负荷计算时，有房间反应系数或权系数。它表示房间在某时刻接受一个单位脉冲得热量时，在该时刻及以后逐时这个得热量转变为负荷的数量。　（曹叔维　赵鸿佐）

反应系数法 thermal response factor method

　　以反应系数的时间序列表示墙、板或房间动态特性的空调负荷计算方法。因为输入（温度或得热）、系统特性、输出（传热量或负荷）三者的关系是确定的，所以在已知反应系数的时间序列之后，只要给出扰量的时间序列即可以求得相应的各时刻的传热量或负荷值。　（赵鸿佐）

反应因素 reaction factor

　　在吸收过程中，当有化学反应发生时，对吸收速率的影响因素。是化学吸收速率与物理吸收速率之比。也可理解为化学吸收的吸收系数较物理吸收增加的倍数。它是求取化学吸收速率的重要参数。　（党筱凤）

返回系数 resetting ratio

　　继电器的返回值与动作值之比。反应故障参数量增加而动作的继电器，其值小于1；反应故障参数量降低而动作的继电器，其值大于1。　（张世根）

返混 reentrainment

　　又称再飞扬。除尘器中底部旋转向上气流将部分已被分离的粉尘重新带走的现象。它将严重影响除尘器的除尘效率。　（叶　龙）

泛光灯具 floodlight

　　见投光灯具（242页）。

泛光照明 flood lighting

　　又称投光照明。为照亮一个场地或目标，使其亮度高于周围环境的正常照明。它以功效、广告或装饰为目的，使用的照明器可不必加以限定。常用于室外体育场的夜间照明、建筑物和纪念碑的立面照明等。　（俞丽华）

fang

方框图 block diagram

　　指系统中每个环节的功能和信号流向的图示法。根据工作原理，把系统分成若干典型环节，然后按信号传递关系把它们连结起来。　（唐衍富）

方位系数 aspect factor

　　方位系数法中表示计算点与线光源相对几何关系的系数。通常将线光源分成典型的五类给出其值。　（俞丽华）

方位系数法 aspect factor method

　　线光源直射照度的计算方法。其计算公式为

$$E_h = \frac{I_{\theta 0}}{Lh^2} F_x \cos^2 \theta$$

E_h 为计算点水平面照度（lx）；$I_{\theta 0}$ 为长度是 L 的线状灯具在 θ 平面（计算点与灯具两端点所决定的平面，它与铅垂线成 θ 角）上垂直于灯轴线的光强（cd）；L 为线状灯具的长度（m）；h 为线状灯具在水平面上的计算高度（m）；F_x 为方位系数。仅适用于线光源直射照度的计算。　（俞丽华）

方向照明 directional lighting

　　投射到被照明场所或被照明物体上的光具有一个主导方向，该主导方向上所接受的光通量比任何其他方向上所接受的光通量都多的一种照明方式。在具有雕塑陈列或其他立体展品的场所里，就需利用它配合漫射照明，才能生动地显现其物体的"三维"性质。　（江予新）

方形补偿器 expansion loops

　　又名 Π 形补偿器、膨胀弯。利用管道弯成 Π 形来补偿管段热伸长的部件。一般用无缝钢管煨弯或焊接制成。　（胡　泊）

防爆灯具 explosion-proof luminaire

　　符合防爆使用规则的封闭结构的灯具。灯具内容易产生火花和高温的部件必须按照规定要求设计制造，从而不会引起周围爆炸性混合物的爆炸。在各种含有易燃易爆气体或可燃液体的蒸汽和薄雾与空气混合形成的爆炸性混合气体的场所或粉尘环境中使用。1813 年 G. 斯蒂芬森（G. stephensen）和 S. H. 戴维（S. H. Davy）几乎同时发明了用于煤矿照明的最简单的安全火灯。目前防爆灯及其附件的类型已发展为：隔爆型（标志 d）、增安型（c）、本安型（i）、充砂型（q）、正压型（p）、无火花型（n）和粉尘防爆型（尘密形 DT、防尘形 DP）等，并以前两种使用最为普遍。　（许卫君）

防爆电话机 antidetonating telephone set

　　适于有引起爆炸气体场所使用，矿井和车间的电话机。它具有严密封闭的外壳结构，当机内接触簧片偶尔产生火花时，也不会引起周围气体爆炸。

(袁 玫)

防爆门 anti-explosion door

又称泄压门、泄爆门。为减轻炉膛或烟道因爆炸而造成破坏的装置。按结构可分为：靠门盖自重使之常关，当烟气压力升高，推力大于自重产生的平衡力时，门盖被推开而泄压的重力式；将承压能力很低的防爆膜固定在框上，当炉内压力升高时，膜破裂而泄压的破裂式；当炉内压力升高时，烟气冲出水封而泄压的水封式等。

(梁宣哲 吴念劬)

防爆通风机 explosion-proof fan

用于输送易爆易燃气体的通风机。为防止因部件碰擦、或通风机内部积留的杂屑引起火花，此类通风机选用与砂粒、铁屑等碰撞不起火花的材料制作。防爆等级低的叶轮用铝板、机壳用钢板制作。防爆等级高的叶轮和机壳全部用铝板制作，并在机壳和轴之间增加密封装置。配用的电动机应选用防爆电动机。

(孙一坚)

防尘灯具 dustproof luminaire

为了使一定性质和粒度的灰尘不过多侵入，以免破坏在充满灰尘的环境中正常工作而设计的灯具。用 IP5X 表示。IP 是代表灯具外壳防护等级的两个英文字母；X 表示防水的等级；5 表示防尘。

(章海骢)

防冲流速 anti-scouring velocity

又称最大允许流速。污废水在管渠内流动时对管渠壁不产生冲刷或损坏的最大速度。与管渠材质有关，金属管道为 10m/s，非金属管道为 5m/s。

(魏秉华)

防闯入系统 a system providing protection against intrusion

又称防侵入系统。由设备（硬件）、控制（软件）、建筑结构和组织机构等部分组成的整体。其用途为自动地探测和防止非法闯入。当探测到并确认闯入发生时，立即采取行动，防止损失和破坏。

(王秩泉)

防盗系统 a system providing protection against burglar

指预防盗窃的防闯入系统。完善的该系统应包括的子系统为：①防盗探测系统，用以探测或监视盗窃事件的发生；②信号处理系统，对来自探测系统的信号进行处理；③报警系统，根据信号处理系统发来的确认盗窃事件发生的信息，发出声和光的报警信号，并对报警信号进行自动记录和存贮；④保安人员，接到报警信号后，立即采取行动捉拿盗贼。现代化的防盗系统是属于高科技领域。 (王秩泉)

防滴水灯具 drip-proof luminaire

能在设计的安装位置上，防止大体上来自垂直水滴的灯具。用 IPX1 表示。IP 是表示灯具外壳防护等级的英文字母；X 表示防固体物能力的等级；1 表示防滴水。

(章海骢)

防冻给水栓

见给水栓（117 页）。

防堵地漏 preventing clog floor drain

具有及时清渣或清通功能的带水封地漏。由可取出倒渣、清洗的清渣桶和带有盖板或螺孔的清通口等组成。

(胡鹤钧)

防腐绝缘层 anticorrosion coatings

为包扎或涂敷在金属管表面，使与周围腐蚀介质绝缘的防腐材料层。一般分有石油沥青、环氧煤沥青、聚乙烯热塑、氯磺化聚乙烯等涂层和聚乙烯胶带、泡沫塑料等绝缘层。

(徐可中)

防腐通风机 corrosion-proof fan

用于输送含有腐蚀性气体的通风机。必须采用防腐材料制作。按材质不同分为塑料通风机、玻璃钢通风机和不锈钢通风机。 (孙一坚)

防垢

见管道防结垢（91 页）。

防垢器 scale preventer

防止用水设备、管道等结水垢的给水物理处理装置。一般安装在水的加热、冷却等设备的给水管道上。按作用原理分有磁化防垢器（磁水器）、静电防垢器、离子防垢器、电子防垢器、高频防垢器等。是给水稳定处理的简单经济方法，且对用水设备和管道等的防腐蚀也有一定的作用。 (张延灿)

防虹吸存水弯 anti-siphonage trap

出水管上设有补气装置，排水管系内形成负压时可补入空气防止水封破坏的存水弯。正常情况下，补气装置保持密封状态气体不致外逸；一旦管系内形成负压，即自动开启补入空气，将负压消除，以防止水封破坏。 (唐尊亮)

防护区内卤代烷灭火剂分界面 interface of Halon in the enclosure

通过开口进入防护区的空气和防护区内含有卤代烷灭火剂混合气体间所形成的水平面。随着混合气体从开口不断流失，其高度不断下降，下部空间虽仍能保持设计灭火浓度，而上部空间将失去保护作用。在灭火剂浸渍时间内，其高度应大于防护区内被保护物的高度，且不应小于防护区净高的 1/2。

(熊湘伟)

防火阀 fire damper

在防火要求较高的建筑物通风空调系统风管中，设置平常呈开启状态，遇火灾时阀内易熔片受高温熔化，阀板在重力作用下自动关闭，以阻止热气流或火焰沿风管蔓延的阀门。一般设置在送、回风总风管穿越空调机房、重要房间或火灾危险性较大房间

的隔墙、楼板处以及垂直风管与每层水平风管交接处的水平支风管上。　　　　　　（王天富）

防火检查　fire inspection

为发现和清除火险隐患，落实消防措施，预防火灾事故的发生而进行的检查。由于每个单位生产、生活设施等不断发展，防火安全设施也随着不断变化，不同季节和气候对防火安全的要求也不同。故它必须经常反复进行，并应根据国家有关消防安全法规等因地制宜地落实制订出各种防火措施。
（马　恒）

防浸水灯具　waterlight luminaire

能浸在水下一定深度防止水浸入的不会经常在水下工作的灯具。用 IPX7 表示。IP 是代表灯具外壳防护等级的英文字母；X 表示防固体物能力的等级；7 表示防浸水。　　　　　　（章海聪）

防静电地板　floor with static electrisity protaction

表面涂以防静电涂料的地板。如在地面涂料内加适量的石墨粉。　　　　　　（杜鹏久）

防雷装置　lightning-protection

用于防雷电危害的所有装置。防直击雷的外部防雷装置是接闪器、引下线和接地装置的总和；内部防雷装置是抑制雷电冲击过电压的各种过电压保护器及辅助装置。　　　　　　（沈旦五）

防喷水灯具　jet-proof luminaire

在任何方向用水喷射后都不渗水的灯具。用IPX5 表示。IP 代表灯具外壳防护等级的英文字母；X 表示防固体物能力的等级；5 表示防喷水。
（章海聪）

防松螺母

见锁紧螺母（233 页）。

防跳继电器　jump prevent relay

用于防止高压继路器合闸到永久性故障元件上去而出现多次"跳-合"现象的带电流起动线圈和电压保持线圈的中间继电器。用于断路器控制操作回路中。　　　　　　（张世根）

防污隔断阀　anti-pollution valve

又称止回隔断阀、空气断路阀。能有效隔断逆向水流并予以排除的阀门。由止回阀、截止阀及与之联动的排水阀等组成。装设在饮用水与非饮用水管道连接处和生活饮用水的引入管上，当非饮水水压大于饮用水作逆向流动时，止回阀关闭，同时截止阀亦关闭，与其联动的排水阀开启排出泄漏的非饮用水。是生活饮用水作为工业用水备用水源时不可缺少的保证饮用水不致受污染的技术装置之一；也是防止已送给用户的饮用水回流污染市政生活饮用水管网的有效措施之一。　　　　　（张延灿　胡鹤钧）

防误饮误用

防止人们将中水误作生活饮用水使用的措施。常用中水管道染色、管道及设备作特殊标志；用特殊用水器具或在出水口加锁封以及在用水点设防止标志等措施。　　　　　　（孙玉林）

防烟防火调节阀　adjustable fire damper

与通风系统中感烟器连接装有易熔金属的温度熔断器的蝶阀。当感烟器发出信号阀门可迅速关闭，切断气流防止火灾烟气蔓延。当感烟器失灵时，阀门仍可靠温度熔断器自动关闭。关阀装置上的复位手

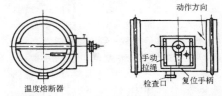

柄兼有调节阀门叶片开启角度的功能，改变不同角度，达到调节流量。　　　　　　（陈郁文）

防烟分区　smoke control compartmentization

为防止烟气扩散，确保避难和救护人员的安全，将烟气控制在一定空间内加以排除，而将建筑空间沿水平和垂直方向划分的空间。对于需设排烟设施的走道、净高不超过 6m 的房间，应用挡烟垂壁、隔墙或从顶棚向下突出不小于 50cm 的防烟梁来划分。但不得跨越防火分区。　　　　（邹孚泳）

防烟加压送风　pressurization air supply for smoke control

对防烟楼梯间及其前室、消防电梯前室进行机械送风，而在火灾房间进行排烟，造成由火灾房间到疏散楼梯疏散路线方向的压力由低到高，以防止烟气侵入前室和防烟楼梯的防烟方式。　（邹孚泳）

防烟楼梯　stairwell pressurization

能在火灾发生时，利用专用的机械送风加压，造成一定正压，阻止烟气侵入，作为人员垂直疏散和进行扑救的主要通道的楼梯。　　　　　（邹孚泳）

防烟排烟　smoke control and smoke exhaust

在高层建筑发生火灾时，为了确保着火层和其上下层人员的安全疏散和救护人员扑救工作的顺利进行，所采取的有效控制烟气工程技术。要合理组织新风气流，使烟气限制在着火房间或着火层所在防烟分区内，并将火灾产生的烟气就地及时地予以排除。常用的分有自然排烟、机械排烟、密闭排烟和防烟加压送风。　　　　　（邹孚泳　于广荣）

防溢地漏　preuenting overflow floor drain

具有防止生活废水排放时返溢出地面装置的多通道地漏。当大量废水排入时，地漏算子下的浮球沿导向装置竖直向上顶住地漏进水口，使废水不致上溢。　　　　　　（胡鹤钧）

防淤流速

见自清流速（312页）。

防雨灯具 rainproof luminaire

能防止雨水侵入的灯具。主要用于室外。用 IPX3 表示。IP 是代表灯具外壳防护等级的英文字母；X 表示防固体物能力的等级；3 表示防雨。

（章海骢）

房间传递函数 room transfer function

当初始条件为零时，作为输出的房间冷负荷函数的拉普拉斯变换与作为输入的房间得热函数的拉普拉斯变换之比。它表示了房间热力系统的动态特性。因为传递函数是复数，所以工程中常直接应用由它导出的以实数形式表示房间的反应系数或 z 传递函数系数。

（单寄平 赵鸿佐）

房间失热量 room heat loss

冬季房间通过各种途径损失的热量。包括：围护结构的耗热量；加热由门窗缝隙渗入到室内的冷空气的耗热量；加热由门孔洞及相邻房间侵入的冷空气的耗热量；加热外部运入的冷物料和运输工具的耗热量；水分蒸发的耗热量；通风耗热量；通过其他途径散失的热量。

（胡 泊）

房间吸声 room sound absorption

房间内壁、平顶、地板等对声能的吸收作用。如果室内有一个声源，发出的声波将从墙面、顶棚、地板以及其他物体表面多次地反射，将使室内声源的噪声级比同样声源在露天的噪声级增高。如果用吸声材料装饰在房间的内表面上或悬挂空间吸声体，则该房间的噪声就会得到一定程度的降低。用吸声材料处理房间的作用就是吸收入射到其上的声能，减弱反射声，从而达到降低室内噪声的目的。

（钱以明）

房间蓄热系数 heat storage factor of room

用以表征由于围护结构和家具等物体具有一定热容量而使房间对于得热量产生蓄存和释放能力的系数。

（单寄平）

房屋通信电缆 house cable of telephone

安装在用户房屋内使用的通信电缆。它有三种敷设方式：①用卡钩沿墙明敷；②在埋地或埋墙的铁管或塑料管中暗敷，称为暗配线；③安装在电缆井中。一般采用铅护套、塑料绝缘和护套或综合护层通信电缆。暗配线电缆线路隐蔽美观，安全可靠。适用高级民用建筑、办公楼和高层建筑。 （袁敦麟）

房屋卫生设备

见建筑内部给水排水工程（123页）。

放空管

见泄水管（263页）。

放气阀 air vent

俗称跑风。又称排气阀。装在系统的适当部位，用以排除系统内的空气的部件。（王义贞 方修睦）

放气管 air vent pipeline

供暖系统中专门用于疏导和排除空气的管道。

（王义贞 方修睦）

放射式配电系统 radial distribution system

以馈电线路为主组成的配电系统。此系统供电可靠、敷设简单、计量保护简单、操作维护方便；但配电装置出线较多、需用配电设备较多、有色金属消耗及投资较大。 （晁祖慰）

fei

飞火 firebrand

火灾中燃烧物质被气流或强风吹落到远处的现象。能使一定距离外的可燃物质起火。（华瑞龙）

非等温射流 non-isothermal jet

射流出口温度高于或低于周围空间空气温度的自由射流或受限射流。 （陈郁文）

非对称反射器 asymmetrical reflector

产生非对称光强分布的反射器。用于单灯就能给出很好照度分布的场合。

（章海骢）

非供暖地区 region without heating

冬季无须设置任何供暖设备，室温即可维持在人体产生明显冷感的临界温度（12℃）以上的地区。

（岑幻霞）

非共沸溶液制冷剂 non-ozeotropic refrigerant

由两种不同沸点组分所组成的制冷剂。在饱和状态下气液两相的组成是不同的，且低沸点的组份在气相中的成分高于液相中的成分。溶液中含量较多的组份称为主要组份，含量较少的组份称为加入组份。在一般情况下，非共沸溶液是指将少量高沸点组份加入到低沸点主要组份中所组成的混合工质。

（杨 磊）

非集中供暖地区 region without central heating

供暖期较短，一般情况下不宜设置集中供暖的地区。它包括了非供暖地区在内。中国暖通风与空气调节设计规范规定，如某地区累年日平均温度的数值及持续天数不符合对集中供暖地区和过渡供暖地区规定的地区。 （岑幻霞）

非金属散热器 nonmetalic radiator

用非金属材料（如陶瓷、混凝土、塑料等）制成的散热器。 （郭 骏 董重成）

非燃气体 non-combustible gas

在空气中与火源或高温热源接触时，不燃烧、不爆炸的气体物质。包括有二氧化碳、氮气、水蒸气、二氧化硫、卤代烷灭火剂、氟氯氨、惰性气体等。在物质燃烧过程中往往会产生此类气体；这种物质是有机物质的完全燃烧产物。其中氮气在燃烧过程中不起反应而呈游离状态析出。　　　（赵昭余）

非燃物质　non-combustible substance

在空气中受到火烧或高温作用时，不燃烧、不阴燃、不炭化的物质。包括有砖、石、砂、混凝土、金属等固体；防火漆、防火涂料、水等液体；燃烧完全的产物中的二氧化碳、五氧化二磷等气体；均属此类物质。由它制成的建筑材料构件，叫做非燃建筑材料构件或非燃建筑构件。　　　（赵昭余）

非通行管沟　non-passable ditch

仅供敷设管道而不能通行的管沟。其尺寸仅能满足安装管道的要求，检修时需打开沟上盖板或通过检查井抽出管道进行。一般用于支管或不需经常检修的管道。　　　（黄大江　蒋彦胤）

非饮用水

见杂用水（290页）。

废热　waste heat

工业企业生产过程中排放出的能作为热媒进行热交换的热能物质。包括有蒸汽、汽化冷却蒸汽、高温冷却废水与废液、高温烟气等，对其充分利用可节约能源。但对含毒、含油与具有腐蚀性的物质需经处理并经技术经济比较后才能利用。　　　（钱维生）

废水　wastewater

在人类日常生活活动和生产过程中产生的未受污染或仅有轻度污染无需处理可直接排放的水。按性质分有生产废水和生活废水。　　　（姜文源）

沸水

见开水（137页）。

沸腾床吸附器　boiling bed adsorber

将吸附剂放置在器内的筛孔板上，气流以一定速度通过筛板上的吸附剂层，使吸附剂颗粒处于沸腾状态，以完成对气流中吸附质的吸附过程的吸附器。处理气量大，但易产生返混。　　　（党筱凤）

沸腾浴盆

见漩涡浴盆（267页）。

fen

分贝　dB，decibel

简称分贝。衡量增益或衰减的单位。等于1贝尔的1/10。通常用dB表示。表示功率的增益或衰减时为

$$\text{分贝数（dB）}=10\lg\frac{\text{输出功率}}{\text{输入功率}}$$

表示电压（或电流）的增益或衰减时为

$$\text{分贝数（dB）}=20\lg\frac{\text{输出电压（电流）}}{\text{输入电压（电流）}}$$

利用它可以方便地进行加减运算，但应注意增益的

分贝数为正，而衰减的分贝数则为负。（李景谦）

分层空调　stratification air conditioning in large space

在高大空间（建筑容积大于10000m³，房间高度大于等于10m）的建筑中，利用合理的气流组织方式，仅对需要空调的下部空间进行空调，而对上部较大空间不予空调或通风排气的空调方式。通常以送风口安装高度为分界面，分界面以下为空调区；分界面以上为非空调区。　　　（邹月琴）

分层式热水供暖系统　multi-floor hot water heating system

在竖向上划分成两个或两个以上系统的热水供暖系统。下层系统与室外热网直接连接，其高度取决于外网的压力与散热器的承压能力；上层系统与外网采用隔绝式连接。适用于高层建筑。（路　煜）

分程隔板　partition plate

又称隔板。为使管程流体能按管程数分配给各管孔而在管箱内设置的固定隔板。隔板采用平行和垂直布置。　　　（王重生）

分割粒径　cut diameter

又称临界粒径。含尘气流通过除尘器时，分级效率为50%的尘粒粒径。常以 d_{c50} 表示。除尘器型号、尺寸、运行工况和粉尘特性而变化。它的大小概略地反映除尘器的除尘效果。　　　（孙一坚）

分户管

住宅建筑内自给水干管或立管直接接水供各户使用的管段。一般装有分户水表供计量各户用水量。
　　　（黄大江　蒋彦胤）

分级控制系统　multi-level control system

采用多台计算机分级进行过程控制的系统。较为普遍的是由一台大、中型计算机连接多台小型计算机组成的两级控制系统，用来控制一个建筑设备机房（如冷冻机房、水泵房、空调机房等）。这是扩展了的监督控制系统。图示为三级控制系统的结构方框图。前沿级DDC为直接数字控制系统，协调级SCC为监督控制系统，最后为管理级。（温伯银）

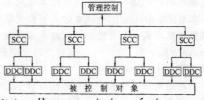

分节弯头　elbow consisting of pieces

俗称虾米腰。由若干中间节与两个端节焊接或咬口制成的圆管弯头。　　　（陈郁文）

分离器　separator

用来把管道内输送的物料从高速的两相流中分离出来的设备。常用的有容积式分离器和旋风分离

器。前者主要用来分离粗颗粒状物料；后者主要用来分离细粒状物料。 （邹孚泳）

分流制排水系统 separate sewer system

不同水质污废水和雨水采用两个或两个以上各自独立的管渠系统予以排除的排水体制。分有城市生活污水、工业废水和雨水分别用污水排水系统与雨水排水系统排除；建筑物内部的生活污水和生活废水系统等。 （杨大聪 胡鹤钧）

分配器 distributor

把一路高频信号的功率等分成两路或两路以上输出的装置。常用的分有二分配、三分配及四分配器。使用时输出端不能开路，也不能短路，否则将造成输入端阻抗严重失配。其输入和输出阻抗一般为 75Ω。 （李景谦）

分配损失 distributing loss of distributor

信号经分配器从输入端分配到各输出端的传输损失。即输入端输入信号电平（dB）与转移到输出端输出信号电平（dB）之差。在理想情况下，n 路分配器每一路输出信号功率应为输入信号功率的 n 分之一，实际上总是要产生一定的损耗，这在一定程度上反映了分配器质量的优劣。 （余尽知）

分频器 crossover filter, crossover network

又称分频网络。能把整个音频频带分割成各扬声器单元所需要的频带的滤波网络。分有两种方式：①采用多放大器的分频放大方式，即先由滤波器分频，再分别经相应放大器放大后接至扬声器。它互调失真小，无 LC 网络所发生的各种问题，且能配合环境调到最佳状态；但价格贵。用于要求很高的高保真放音系统；②在扬声器处直接用 LC 分频网络，即整个声音频带先由主放大器放大，再进行分频，扬声器直接接到各分频网络的输出端。用于普通高保真放音系统。两路分频器由高通和低通两只滤波器组成；三路分频器由高通、带通和低通三只滤波器组成。两只滤波器频率响应曲线的交叉点，就是它的分频点频率。 （袁敦麟）

分区给水方式 zoning water supply scheme

将建筑内部给水系统或消防给水系统按不同水压、水量要求分成若干个独立的或互相关联的系统供水的给水方式。分有竖向分区给水方式和平面分区给水方式。 （姜文源 胡鹤钧）

分区水箱 zone tank

高层建筑串联给水方式与并联给水方式中除最上区外的各分区高位水箱。一般设置在较各分区最高层至少高三层的上一分区中。 （姜文源）

分区一般照明 localized general lighting

除整个场地（假定工作面）被照亮以外，需提高特定区域照度而设置的照明方式。在同一房间内，其工作区的某一部分或几个部分需要较高照度时，宜

采用此方式。 （江予新）

分散剂 clisperse agent

用沉降法测定粉尘粒径分布时，为防止尘粒在沉降介质中相互凝聚而加入的化学物质。常用的有六偏磷酸钠和硅酸钠等。使用时，先用它湿润粉尘，再加入沉降介质。 （徐文华）

分散式空气调节系统 decentralized air conditioning system

将整体式或分体式空调器安装于要求空调的房间内或内外的空气调节系统。结构紧凑、安装简便，使用灵活、一般不需专人管理，特别适用于空调要求和使用工况不同的房间和一般小型建筑。目前中国生产的空调器有窗台式、分体式、立柜式和屋顶式四类。按供热方式可分为电热式和热泵式；按冷却方式分有水冷式和风冷式（窗式空调器仅有风冷式）。 （田胜元）

分水器 supply header

又称供水联箱。当供暖建筑物或供暖分区数量较多时，为了便于集中控制和管理而在集中锅炉房内或热力点内设置的供水分配装置。用较粗的钢管制作。它的供水分支管数与供暖分区数相同，上设阀门、压力表和温度计等检测仪表。 （路 煜）

分体式空调器 remote type air conditioner

将制冷机组或冷凝器与空气处理设备分开设置的空调器。通常将空气处理设备直接装在被空调房间，制冷工质则通过管道向一台或多台处理设备供冷，可减少室内噪声和提高制冷效率。它的容量从几个千瓦到 70kW 左右，适于中小型空调房间使用。冷凝器独立装于室外的风冷立柜式空调器示意如图。

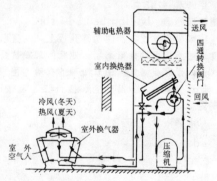

（田胜元）

分线盒 distribution box, distributor box

用来做一条或几条支路接线的保护式或封闭式部件。分有铁制和塑料制两种。 （俞丽华）

分线设备 cable distributing equipment

用于终接通信电缆的设备。常用的分有电缆交接箱、电话电缆分线箱、电话电缆分线盒、房屋通信电缆中嵌装电话分线箱等。其分线端子老式采用焊

接和螺帽压接；新式采用卡接式等。　（袁敦麟）

分支器　branching device

串接在信号干线上把流经干线的信号功率取出一部分，分送给一支、二支或四支支线到用户插孔的器件。是一个既有干线输入端，又有输出端和分支输出端的部件。其技术要求是：插入损失小；反向隔离性能好；为使一条干线上用户端电平基本相近，干线前端的分支耦合衰减要大，接近干线末端的分支耦合衰减要小。　（余尽知）

分支器插入损失　inserting loss of branching device

又称接入损失、插入衰减。分支器干线输入端电平与干线输出端电平之差。表征干线接入分支器后损失能量的多少。一般为 0.3～4dB。　（余尽知）

分支损失　branching loss of branching device

又称分支耦合衰减量。分支器输入端输入的信号电平耦合到分支输出端所出现的损失。即分支器输入端输入的信号电平（dB）与分支器输出端信号电平（dB）之差。　（余尽知）

分质供水　different quality water supply

对不同的给水系统分别供给相应所需水质的供水技术。常见的有分质供给生活用水与工业用水、分质供给生活饮用水与杂用水。是合理利用水资源、节省制水成本的一项技术。　（姜文源）

分子筛　molecular sieve

水合硅铝酸盐晶体。晶体结构中有许多直径均匀的孔道与排列整齐的孔穴，限制了比孔径大的分子进入，能起到筛选分子的作用。它是离子型吸附剂，适用于吸附极性吸附质（如氮氧化物等）。　（党筱凤）

酚醛塑料管　phenolic plastics pipe

以酚醛树脂为胶粘剂，石棉或石墨为填料，经捏和、滚压、热压成型的热固性塑料管。密度为 1.60～2.00g/cm³，可自熄。介质温度为 150℃ 以下。用于输送酸性液体或气体。　（张延灿）

粉尘　dust

能在空气中浮游的固体微粒。分有工业粉尘和一般粉尘。前者主要来自：固体物料的机械破碎和研磨；粉状物料的混合、筛分、包装及运输；物质的燃烧；物质加热时的升华和凝结。这种粉尘直接危害人体健康，毒性强的粉尘进入人体后会引起中毒以至死亡。后者进入人体肺部后会引起各种尘肺病如矽肺病。粒径大于 $10\mu m$ 能在重力作用下迅速落到地面的称为落尘；粒径小于 $10\mu m$ 能在空气中长期飘浮的称为飘尘。而粒径小于 $5\mu m$ 的粉尘能经呼吸道深入人体肺部，对人体健康危害最大，这部分粉尘也

称呼吸性粉尘，是防尘技术中主要的控制对象。　（孙一坚）

粉尘爆炸　dust explosion

可燃粉尘与空气混合物达一定浓度时遇火源发生爆炸的现象。可燃粉尘包括金属、煤炭、粮食、饲料、农副产品、林产品及合成材料等七大类。其特点是：爆炸前感应期长，需一个由表面向中心延燃过程，点火能量大（十至几百 MJ）。其危险性是有二次爆炸的可能性，发生连续爆炸，产生有毒气体。　（赵昭余）

粉尘爆炸性　explosiveness of dust

悬浮在空气中的可燃物粉尘（如煤粉、面粉等）在一定条件下会与周围空气中的氧发生剧烈的氧化反应，引起爆炸的特性。爆炸的产生取决于局部地点的温度和空气中可燃物粉尘的浓度。能引起爆炸的这个浓度范围称为爆炸浓度极限。设计通风除尘系统时，对有爆炸危险的粉尘必须考虑防爆措施。　（孙一坚）

粉尘累计质量百分数　cumulative mass percentage of dust

小于和等于某一粒径的粉尘量占粉尘总量的质量百分数。其值为 50% 的粒径称为中位径。　（孙一坚）

粉尘粒径　particle size

表征粉尘颗粒大小的量。对于球形尘粒是指直径。对于非球形尘粒随测定方法的不同，表示方法各不相同。常用的分有定向粒径、斯托克斯粒径和等体积粒径等。不同方法测出的粒径表达了不同的物理意义，因此同一种粉尘的值均不相同。（孙一坚）

粉尘凝聚　coagulation of particles

细小尘粒在接触过程中结合或粘附成较大颗粒的过程。按照机理的不同，分为由于尘粒的布朗运动产生的热凝聚、由于气流紊流运动产生的紊流凝聚、由于速度梯度产生的梯度凝聚和由于外力作用（如重力、电力和声场力等）产生的动力凝聚。　（孙一坚）

粉尘浓度　dust concentration

每立方米空气中所含的粉尘量。按照计量方法的不同分为质量浓度（mg/m³）和颗粒浓度（粒数/m³）。前者用于通风除尘技术；后者用于洁净技术。　（孙一坚）

粉尘特性　dust characteristic

块状物料破碎成细小微粒后所出现的新特性。在除尘技术中，与微粒的粒径分布、粉尘的真密度（尘粒密度）、粘附性、带电性、爆炸性和浸润性有关。设计通风除尘系统时，应根据它选择相应的除尘器。　（孙一坚）

粉尘物性测定　determination of dust charac-

teristics

粉尘的物理与化学性能的测定。通常涉及粉尘的真密度、容积密度、粒径分布、粘附性、可湿性、可燃或爆炸性、比电阻等。粉尘特性与其在空气中的传播、对人体的危害及相应的除尘技术密切相关。它为防止粉尘污染、设计或选用适当的除尘设备或系统提供了科学依据。　　　　　（徐文华）

粉末灭火剂 dry powder extinguishing agent

用于扑救和控制 D 类火灾的专用粉末状固体灭火剂。分有以氯化钠、碳酸钠等无机盐为基料的粉末灭火剂和以石墨为基料的粉末灭火剂。

（华瑞龙）

粪便污水

见生活污水（212 页）。

粪便污水系统

见生活污水系统（212 页）。

feng

风道内压力分布 pressure distribution in ducts

空气在风道中流动时，由于风道阻力和流速变化而引起的风道内沿程压力的变化,它的特点是：①不论在风道哪个断面上，全压总是等于动压和静压之和；②静压一般沿空气流动方向逐渐减少，但有的地方由于静压和动压之间的互相转化，有可能出现局部增大（静压复得）；③风道断面不变，流速相等时，动压相等；④各并联支风道的阻力总是相等；⑤风道系统的压力损失即为串联管路上所有各部件全压损失之和。　　　　　　　　（殷　平）

风道系统设计 duct system design

为确定通风、空调系统中风道的位置和风道的尺寸，以及为计算风道的压力损失，以供选择风机而进行的设计。它包括：①风道布置，确定风道尺寸；②确定风道内压力分布；③计算风道阻力；④根据风道阻力选择风机。设计时应考虑：①可供利用的空间；②房间内的气流组织；③噪声；④风道漏风；⑤风道得热或热损失；⑥压力损失的平衡；⑦防火和烟气控制；⑧初投资；⑨系统运行费用。（殷　平）

风道系统水力计算 hydrodynamic calculation for duct system

在通风、空调系统中，为了确定风道尺寸，提出所需的流动驱动力，以保证系统内各送、排、回风点处设计所需的送、排风量而进行的专门计算。主要计算方法分有等压力损失法、假定速度法、静压复得法、当量阻力法、均匀送风法和均匀排风法等。

（殷　平）

风感 draught, draft

又称吹风感。空气流动引起的人体不希望的局部降温（受冷）。人对吹风的感知取决于直接接触的气流的速度和温度。除此，人体对吹风的感觉还有许多其他变量，如吹风的作用面积、变化率、周围空气温度、人体受到吹风的部位和人的温暖感等。

（马仁民）

风管插条连接 joint by slip bar

又称搭栓连接。利用特制的插条进行风管连接的方法。根据边长的不同，将镀锌薄钢板加工成不同形式的插条，尔后插入矩形风管接口两端折边中，压紧成为一体。用于矩形风管连接。

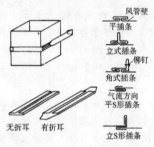

（陈郁文）

风管的统一规格 standard-sized air duct

为使设计、施工包括加工制造标准化的风管尺寸。对圆管以外径表示，矩形管以外边长表示，尺寸中包括相应的材料厚度。风管尺寸系列公比数为 $20\sqrt{10}=1.122$，均取10mm 的整数倍。（陈郁文）

风管施工机具 duct construction machine and tool

用来把金属板材（或型材）加工成风管（或风管部件）的机械设备和工具。常用的机械设备分有剪板机、折边机、咬口机、卷管机和法兰煨弯机等。它是实现管道加工机械化和工厂化所必需的设备。

（邹孚泳）

风机盘管加新风系统 fan-coil & fresh air system

由风机盘管和集中处理的新风系统组成的空气调节系统。风机盘管负担空调房间的冷热负荷，新风负荷由新风系统承担。新风系统由风机、换热器（冷却、加热）、过滤器、风管组成。将新风处理后送至各房间，有的新风系统也负担室内的一部分负荷，这样就加大了新风系统的负担。其室内温度变化范围大些，一般可保证在 10～24℃之间。　（代庆山）

风机盘管凝结水系统 condensate line for fan-coil system

采用风机盘管冷却房间空气时，常常从空气中凝结出一部分水，用管道系统排出室外的水系统。

（代庆山）

风机盘管水系统 water system for fan-coil u-nit

向空调房间风机盘管输送冷水（或热水）的管道系统。包括冷源、热源、水泵、输送管道及调节阀等。其型式分为双管制、三管制及四管制等三种。

（代庆山）

风机盘管系统 fan-coil unit system

由风机及换热器盘管组成的设于室内的空调送风机组。适用于多室建筑的周边区或者内部区域。按安装型式分为明装式和暗装式；按布置方式分为立式和水平卧式；按房间所需新鲜空气供应方法分有自然渗透补偿和采用风机盘管本身的吸力直接抽吸室外新风。对新风要求严格的，最好是专门设立新风系统。

（代庆山）

风机噪声 fan noise

空气流经风机叶片时产生的空气动力噪声。它的强度与它的频谱特性和风机的结构形式、系列、型号、转数、风量和风压等有关。其频谱特性一般为中、低频噪声，频谱的峰值 f_p 是叶片搅动空气的频率，由风机主轴转数 n 和叶片数 Z 决定，即 $f_p = nZ/60$。它的声功率级 L_w 可由风机的风量 Q 和风压 H 来计算，即 $L_w = L_{w0} + 10\lg QH^2$。式中 L_{w0} 为风机的比声功率级，即通过不同系列它的实测和计算而得出的单位风量和单位风压下噪声的声功率级。

（范存养）

风口反射衰减 inlet reflecting attenuation

在通风空调系统中，风机的声功率沿着管道进入房间内，从风口到房间的突扩过程中，一部分声功率反射回去从而使之减弱的现象。它与风口的尺寸和频率有关。

（钱以明）

风冷式空调器 air cooling air conditioner

用室外空气冷却冷凝器的各种空调器。小型的空调器包括有风冷窗式、立柜式和屋顶式等；较大容量的空调器有立柜式空调器。因风冷式空调器可省去冷却水系统，虽制冷效率低于水冷式，但其应用范围更广。

（田胜元）

风力附加耗热量 additional heat consumption for wind velocity

考虑室外风速较大时对垂直外围护结构附加的热量。按其占围护结构基本耗热量的百分率确定。一般只对建在不避风的高地、河边、海岸和旷野上的建筑物以及城镇和厂区内特别高出的建筑物给予一定比率的附加。

（胡泊）

风量平衡 air equilibrium

进行通风时，单位时间内送入室内与自室内排出空气质量的平衡。是基于质量守恒定理在通风设计中必须遵循的一条基本准则。

（陈在康）

风帽 ventilator

又称避风风帽。充分利用风力造成抽力的通风排气出口末端装置。无论室外风向如何变化，其出口风压均为负值，不产生倒灌现象。一般安装在屋顶上或排风管道系统的出口末端。

（陈在康）

风玫瑰图 wind direction rose

在风向极坐标上，以风在各个方向出现的频率为径向坐标的点所连成的图形。用以直观地表示各种风向的频率。由于其形状有如一朵玫瑰花而取名。

（陈在康）

风速测量 measurement of air velocity

空气流动速度的测定。是通风系统设计、调试及效果检验的必要步骤。包括对室外自然风速、室内通风气流、热对流气流、污染气流和系统空气进出口风速的测量等。根据不同测量场合和不同风速范围采用不同的测定方法及风速仪，测定结果可分为瞬时风速及平均风速两种。常用的风速仪分有热线热电风速仪、热球式电热风速仪、等温型热电风速仪、等流型热电风速仪、叶轮风速仪和转杯式风速仪和智能型风速仪等。近年来激光流速仪等一些先进的测速技术得到了发展和应用。通风管道内的风速则借助测压仪器测得气流平均动压后换算而得。

（徐文华 安大伟）

风向频率 frequency of wind direction

一定时段内某方位风向（包括静风）出现的次数占观测次数的百分率。

（章崇清）

风压 wind pressure

自然风因受到建筑物的阻挡而绕过建筑物流动时对建筑物外表面所产生的附加压强。即以同标高无建筑物阻挡时的空气静压强为基准所表示的建筑物外表面所受到的空气的相对压强。一般在风绕流作用下，建筑物迎风面空气压强增大，即它为正值；背风面空气压强减小，即它为负值。

（陈在康）

封闭式空气调节系统 closed air conditioning system

又称再循环式系统。空气调节房间的回风经过处理后，不加新风再送回空调房间的空气调节系统。

（代庆山）

缝隙喷头 crevice sprinkler-head

喷嘴横断面为狭长缝隙形的喷泉喷头。缝隙的形状有直形、环形、折线形、曲线形等。若缝隙稍宽且边界平滑则可喷出各种形状的透明水膜，否则在水压较大时则喷出水雾。

（张延灿）

fu

服装导热系数 thermal conductivity of clothing

由皮肤表面向衣服外表面传热过程中，皮肤表

面温度和衣服外表面平均温度之差为1℃时，单位厚度服装的导热量。单位为W/(m·K)。 （齐永系）

服装热阻 thermal resistance of clothing

反映服装保温性能的参数。其值与服装导热系数成反比。单位为Clo。1Clo＝0.155m·K/W。各种服装的热阻值有实测数据可查用。它与周围环境温度、风速和人体散热量有密切关系。 （齐永系）

氟蛋白泡沫灭火剂 fluoroprotein foam agent

添加由氟表面活性剂、异丙醇和水（重量比为3：3：4）所组成的预制液（又称F·C·S溶液）的普通蛋白泡沫灭火剂。由于加入丁氟表面活性剂使液体表面张力降低，灭火效果得到提高。又因其疏油性强，流动性好。用于液下喷射灭火和扑救大面积烃类火灾。它可与干粉灭火剂联用。 （杨金华）

氟里昂 freon

指饱和碳氢化合物的卤代物。目前应用的主要是甲烷、乙烷和丙烷的衍生物，在这些衍生物中用氟、氯或溴原子部分或全部取代化合物中的氢原子。由于其制冷剂的种类较多，其代号R后面的数字按其分子通式$C_mH_nF_xCl_yBr_z$中不同的原子数而定。在R后的数字排列为$(m-1)$、$(n+1)$、x，其中m为碳原子数，n为氢原子数，x为氟原子数。如果化合物中含有溴原子数时，则在数字后面加字母"B"和溴原子数。如二氟一氯乙烷$C_2H_3F_2Cl$其中$m=2,n=3,x=2$，其数字排列$(m-1)=1,(n+1)=4,x=2$，即为R142。 （杨 磊）

浮板式气压水罐 float plate pneumatic tank

罐中气体与水的分界面处设有随水面升降浮板的气压水罐。是介于补气式气压水罐和隔膜式气压水罐间的一种构造、型式。由于气水界面部分被浮板隔开，可减少气体在水中的溶解量，但仍需补充气体。浮板可用轻质木板和塑料制作。 （姜文源）

浮标式水位控制 water level control of floator

应用浮标随水位升降，作水位发送器的水位控制。分有浮筒式水位控制及干簧继电器水位控制两种。 （唐衍富）

浮标液面计 float gage

利用浮子感受浮力而产生位移，通过扭力管元件传出电信号的液位测量元件。用于控制非腐蚀性液体的液面，当液面超过或低于规定的液位时，通过信号装置发出信号。 （唐衍富）

浮球调节阀 float regulation valve

以浮子作为液位发信器，并直接带动供液阀针的节流机构。又是一种按比例调节规律的流量调节器。它在满液式蒸发器的制冷系统中，用于对进入蒸发器的液体进行节流减压和控制流量。（杨 磊）

浮球阀 float valve

旧称浮球凡尔、漂子门。由浮球通过杠杆机构控制进水阀孔启闭的阀门。用于水池、水箱、水塔等构筑物进水控制水位。自动启闭为其主要优点，但机械部分易损坏需经常维修调整。 （张连奎）

浮球凡尔

见浮球阀。

浮球液位变送器 float-type fluid-level transmitter

液位敏感元件将变化的液位转换为电或气压输出信号的装置。 （刘幼荻）

浮筒式水位控制 water level control of pontoon switch

由浮筒、塑料管、滑杆、微动开关及碰块等组成的使水位保持在一定位置的浮筒式水位控制。这种控制一般用在生活用水水泵的水位控制。 （唐衍富）

浮头式换热器 internal-floating heat exchanger

管束两端各连接在两管板上，一管板固定在壳体上，另一管板在壳体内可自由移动，使管束和壳体的膨胀互不影响的换热设备。适用于两种流体温差和压差较大的情况，应用较为广泛。 （王重生）

浮子流量计

见转子流量计（308页）。

符号语言 symbolic language

是机器指令系统符号化的语言。用记忆码来表示操作码，用符号地址表示地址码。因而使手编程序比较形象化，同时免去了程序员的分配内存和代真工作。 （温伯银）

辐射测温仪 radio thermometer

利用测量高温物体热辐射强度来推算物体温度的仪表。是一种非接触测量仪表，不干扰被测对象的温度场。常用的分有全辐射高温计、光学高温计、光电高温计和比色高温计等。 （安大伟）

辐射常数 radiation constant

黑体的辐射力与黑体的绝对温度的四次方之比。以σ_b表示。单位为W/$(m^2·K^4)$。按照斯蒂芬-玻尔兹曼定律，$\sigma_b=E_b/T^4$。$\sigma_b=5.67\times10^{-8}$；$E_b$为黑体的辐射力（W/$m^2$）；$T$为黑体的绝对温度（K）。建筑材料均为灰体，其辐射常数$\sigma=\varepsilon\sigma_b$。$\varepsilon$为材料的黑度，$\varepsilon$值均小于1。 （西亚庚）

辐射供暖系统 radiant heating system

利用房间内的墙、地面、平顶等表面，或其他专门的辐射板（器），对该房间进行供暖，且辐射传热成分占总传热量50%以上的供暖系统。根据表面温度的不同分为低温辐射供暖系统、中温辐射供暖系统和高温辐射供暖系统；根据供暖范围的大小分为全面辐射供暖系统、局部辐射供暖系统和单点辐射供暖系统。由于同时存在着辐射与对流热交换的作用，符合人体散热的要求，舒适感较好，且卫生和节能等。除其中的低温辐射供暖系统的初投资要比对流供暖系统高约 10%～25% 外，其他型式的初投资和运行费用，均比对流供暖系统低得多。因此，是一种较好的供暖方式。　　　　　　　　　（陆耀庆）

辐射供暖系统热负荷 heating load of radiant heating system

利用辐射供暖系统进行供暖时房间的供暖热负荷。实测证明，在人体的舒适范围之内，采用辐射供暖方式时，供暖房间内的空气温度可低于对流供暖时的温度。基于这一前提，工程界实践中普遍采取修正系数法或降低室内温度法等对其热负荷进行近似估算。　　　　　　　　　　（陆耀庆）

辐射式接地系统 radial earth system

又称一点接地系统。将电子设备中的信号接地、功率接地和外壳保护接地分开敷设的接地引下线，接至电源室的接地总端子板上的一点，再引至同一接地极的系统。外壳保护接地也可直接接零。此种系统在电子设备中因三种接地线是相互分开的，故能避免电源接地回路中的干扰信号回流至信号电路中而引起干扰。频率在 1MHz 以下时，一般采用此种系统。　　　　　　　　　　（瞿星志）

辐射系数 radiation factor

黑体的辐射力与黑体绝对温度 T 的 $(T/100)^4$ 之比。以 c_b 表示。单位为 W/（m²·K⁴）。按照斯蒂芬-玻尔兹曼定律，$c_b = E_b/(T/100)^4$，$c_b = 5.67$W/（m²·K⁴）。灰体的辐射系数为 $c = \varepsilon \cdot c_b$。$\varepsilon$ 为材料的黑度，ε 值均小于 1。　　　（西亚庚）

辐射消毒 radiation disinfection

又称辐照消毒。利用辐射线的能量杀灭致病微生物的过程。适用辐射线有紫外线、x 射线和 γ 射线等。消毒效率高、速度快、不改变水和污水的性质、容易实现自动控制，但设备和消毒成本较贵、辐照后没有持续消毒作用，消毒效果与水层厚度、水的色度、浊度等有关。只常用紫外线消毒。（张延灿）

辐射效率 efficiency of radiant

转变为有效辐射热量的能量占辐射器输入总能量的百分比。　　　　　　　　　（陆耀庆）

辐照消毒

见辐射消毒。

辅助保护 auxiliary protection

用于弥补主保护某种保护性能的不足或为加速切除某部分故障而装设的起辅助作用的保护。　　　　　　　　　　（张世根）

辅助冷凝器 auxiliary condenser

是蒸汽喷射制冷中排除冷凝器中不凝性气体的设备。设在辅助喷射器之后。其结构多为混合冷却式。不凝性气体的存在会影响蒸汽喷射制冷的效率，提高工作蒸汽的消耗量。为了排除处于真空压力下主冷凝器中的不凝性气体，使之排入大气，一般设有两级辅助喷射器。辅助喷射器将主冷凝器中的空气连同一部分水蒸气一起抽出，送入辅助冷凝器中，在其中被冷却水冷却，使其中的蒸汽凝结成水，不凝性气体即被分离出来，最后排入大气。　　（杨 磊）

辅助热源 auxiliary heat source

当太阳辐射供应的热量不能满足供暖要求时而投入使用的其他热源。　　　　　　（岑幻霞）

负荷持续率 duty factor

旧称暂载率。说明断续周期工作制负荷在一个工作周期 T 内，工作时间 t 与工作周期 T 的比值。以 DF 表示。用式表示为

$$DF = \frac{t}{T}100\%$$

工作周期时间应不超过 10min，负荷持续率分为 15%、25%、40%、60% 等。　　（朱桐城）

负荷开关 load switch

能接通、承载以及分断正常电路条件下的电流的开关。它也能在一定时间内承载非正常条件（如短路）下的电流。　　　　　　（朱桐城）

负荷系数 load factor

空调房间中电气设备每小时的平均实际消耗功率与设计的最大实际消耗功率之比。它反映了平均负荷达到最大负荷的程度。　　　（单寄平）

妇女卫生盆

见净身盆（131 页）。

附加绝缘 supplementary insulation

为了在基本绝缘失效后仍能防止电击而另加的单独绝缘。如转子铁心与转轴之间设置的转轴绝缘、塑料外壳等。　　　　　　　（瞿星志）

附加温室式太阳房 attached greenhouse solar house

又称附加阳光间式太阳房。南墙外附加温室的被动式太阳房。阳光直射阳光间及室内。阳光间热空气直接进入室内，其热量也可经墙以导热传入室内。附加温室可减少房屋热损失且可种种花卉。温室地面为储热体，可降低温室温度波动。（岑幻霞）

附加压头 extra allowable pressure drop

由于燃气和空气的密度不同，在管道高程变化时所产生的压力附加值。　　　　（任炽明）

附设式变电所 attached substation

一面或数面墙与建筑物的墙共用，并且变压器室的门和通风窗向建筑物外开的变电所。　　　　　　　　　　（朱桐城）

复叠式制冷机 cascade-type refrigerating

machine

用两种或两种以上的制冷剂由两个或两个以上完整的单级或双级制冷系统组合而成。它分为高温与低温两部分。高温部分使用中温制冷剂,低温部分使用低温制冷剂。高温部分系统中制冷剂的蒸发是用来使低温部分系统中的制冷剂冷凝,只有低温部分系统中的制冷剂在蒸发时才从被冷却对象吸热而制取冷量。高温部分和低温部分之间是用一个蒸发冷凝器联系起来,它既是高温部分的蒸发器,也是低温部分的冷凝器。根据其组成不同和制冷剂不同,可制取的蒸发温度范围为,—60~—130℃。

(杨 磊)

复合管 composite pipe; compound pipe; complex pipe

又称被复管。将两种或两种以上不同性质的材料叠合在一起制成的管。由不同性质材料的合理组合,可充分发挥各自的优点,避免单一材料的缺点,以提高管材的综合性能,构成理想的新型管。按照复合方式分有衬敷管和涂敷管两类。 (张延灿)

复合式火灾探测器 combination type fire dectator

响应两种以上不同火灾参数的火灾探测器。按响应的火灾参数组合方式不同分为复合式感温感烟、复合式感光感烟和复合式感光感温等。

(徐宝林)

复燃 rekindle

已被扑灭的火,由于余烬未彻底熄灭而重新燃烧的现象。 (华瑞龙)

复式水表 compound watermeter

由主表及副表并联组合成的流速式水表。用水量较小时仅由副表计量;用水量较大时,则由主表及副表同时计量。用于计量用水量变化幅度较大的给水系统的累计水量。 (唐尊亮 董锋)

复式整流电源 duplex rectification power supply

由所用电力变压器或电压互感器经过整流后供电,同时还能由反映故障电流的电流互感器经整流后供给继电保护和跳闸回路的直流操作电源。在正常情况下,操作电源是由所用变压器或电压互感器经一组或两组整流设备供电;在故障情况下,则因反映故障电流的电流互感器二次侧电流增大,经铁磁谐振稳压器稳压后经整流向保护回路及断路器跳闸回路供电。接线方式可分为三相式和单相式两种。三相式亦可由单相式组成。常用单相式。但在容量不能满足继电保护装置动作跳闸的情况下,才用三相式。

(张世根)

复用水 reuse water

生产给水系统中的生产废水经适当处理或无需处理,而供作另一生产工艺使用的水。

(姜文源 胡鹤钧)

复原控制方式 release control

指双方用户通话完毕后,站内机件的复原与双方电话机的重新通话受主叫、被叫用户何方控制的形式。对人工电话都由话务员控制。对自动电话分有四种方式:①主叫控制复原方式;②被叫控制复原方式;③双方联合控制复原方式,即通话任何一方不挂机,站内机件即不能复原;④双方互不控制复原方式,即通话任一方先挂机时,局内机件立即复原,已挂机用户即能进行新的呼出和呼入,未挂机用户则听到忙音。 (袁 玫)

副通气立管 secondary vent stack

设置在排水横支管始端一侧并与各层环形通气管相连接的通气立管。其上端可直接伸出屋面或顶棚;或在最高卫生器具上边缘以上 0.15m 处,以0.01上升管坡与排水立管的通气部分(伸顶通气管)相连。 (张 淼)

G

gai

盖帽

见管帽(93 页)。

盖头

见管帽(93 页)。

概算曲线 estimated curve

按利用系数法在给定灯具型式及平均照度值

(100lx)的条件下,灯数与房间面积之间关系的曲线。适用于一般均匀照明的照度计算,只要已知被照明房间的面积、灯具悬挂高度及室内各面的反射比,即可从曲线图上查得所需的灯数。 (俞丽华)

gan

干饱和蒸汽 dry saturated steam

简称干蒸汽。不含悬浮水滴的饱和蒸汽。其干度

$x=1$。已知饱和温度或饱和压力可确定其状态。

（郭慧琴）

干粉灭火剂 dry chemical extinguishing agent

由压缩气体驱动形成粉雾流用以扑救火灾的干燥、易于流动的惰性细微粉沫灭火剂。分有用于扑救B类、C类和带电设备火灾的普通型干粉灭火剂，主要以碳酸氢盐类为基料；用于扑救A类、B类、C类和带电设备的多用型干粉灭火剂，主要以磷酸盐类为基料。

（华瑞龙）

干粉、泡沫联用消防车 powder/foam universal fire truck

装备有两套发射系统，可单独发射干粉或泡沫，亦可同时发射干粉和泡沫，用载重汽车底盘改装而成的消防车辆。由汽车底盘、燃气发射干粉系统、水泵、泡沫系统、水罐、泡沫液罐、干粉罐和配套器材等组成。用于石油化工企业、输油码头和大中城市消防队扑救可燃、易燃液体、可燃气体、带电设备和一般物资的火灾。

（陈耀宗）

干粉消防车 powder fire truck

装备有干粉灭火剂罐及整套干粉喷射装置，并有消防水泵和其他消防器材用载重汽车底盘改装而成的消防车辆。由乘员室、氮气钢瓶、干粉罐、干粉氮气系统、气控系统和电气系统等组成。以高压氮气为发射干粉的动力。用于城市、工矿企业和机场等消防队扑救可燃、易燃液体、可燃气体和带电设备的火灾。也可扑救一般物资的火灾。

（陈耀宗）

干工况热工性能 thermodynamical characteristics of dry condition

当表面换热器用于加热空气或等湿冷却空气时，空气与换热器只进行显热交换，无凝结水析出时，换热器的传热系数，空气阻力及冷、热媒流通阻力等的热工性能。

（田胜元）

干管 main pipe

建筑内部给水管系、热水管系和排水管系中起主要输水或排水作用的管道。一般多为横管，管径较大。

（张 森 胡鹤钧）

干簧继电器 dry reed relay

具有干式触点的舌簧继电器。吸合功率小，吸合和释放时间短，寿命长；但不能通过较大的负载电流。

（唐衍富）

干簧继电器水位控制 water level control of dry reed relay

由永久磁钢浮标及干簧继电器等部件构成的对水位限制在一定位置的浮标式水位控制。当水位发生变化时，浮标相应升降，浮标内永久磁钢的磁力使干簧接点动作并发出信号。

（唐衍富）

干扰 disturbance

又称扰动。系指引起被调量变化的除调节量外的所有变量以及影响各部件输出量变化的因素。自动调节与控制系统应具有克服内外干扰变化的能力，使被调量与给定值的偏差尽可能减小，使被调量按一定规律变化，从而使被调对象处于最优工作状态。

（唐衍富）

干湿球湿度计 psychrometer

利用干、湿球温度差与相对湿度之间的确定关系来测量相对湿度的仪表。由两支相同的玻璃棒温度计，其中一支的温包上包以湿纱布组成。结构简单、价格便宜，但精度较低，风速的变化对测量结果有影响。

（安大伟）

干湿球湿度计变送器 transducer for psychrometer

接收干湿球温差电阻信号，变换成相应的两路0～10mA统一直流信号输出的装置。配合要求输入0～10mA统一直流信号的指示、记录、调节仪表使用。

（刘幼荻）

干湿球湿度指示控制器 indicating psychrometric controller

接收干湿球温差电阻信号，显示温度值，并输出电量信号对湿度量进行控制的仪表。有的仪表还具有同时将示值分别转换成0～10mA直流电流和0～2V的直流电压信号输出的功能，作为其他显示、记录及调节仪表的输入信号。

（刘幼荻）

干湿球信号发送器 sender of wet-and-dry-bulb psychrometer signal

由测量空气温度的感温元件与另一个通过湿纱布测量空气温度的感温元件，将温度变化转换为电阻信号输出的装置。通常称这两个感温元件为干球和湿球。由于浸水纱布包裹后测到的是汽化致冷所降低的温度，因此两个感温元件测得的温度差与空气中相对湿度存在近似的线性关系，一般采用热电阻作干湿球，配合指示、调节仪表对相对湿度进行控制。

（刘幼荻）

干湿式报警阀 composite alarm valve

又称充气充水式报警阀。安装在干湿式自动喷水灭火系统总管上的报警阀。由干式报警阀和湿式报警阀依次连接组合而成。寒冷季节将报警阀的销板与膜片板脱开，接通气源按充气方式运行；温暖季节转换成充水方式运行。

（张英才 陈耀宗）

干湿式自动喷水灭火系统 dry-wet pipe sprinkler system

利用管网在寒冷季节充满的有压气体和在温暖季节再转换成的压力水在闭式喷头动作打开时喷出报警的闭式自动喷水灭火系统。由干湿式报警阀、闭

式喷头和供水管网等组成。常用于年采暖期少于240d的不采暖场所。 (张英才 陈耀宗)

干式报警阀 dry pipe alarm valve

又称充气式报警阀。安装在干式自动喷水灭火系统总管上的报警阀。阀体内装有差动双盘阀板,上圆盘承受压缩空气,使下圆盘关闭水路,阀处于关闭状态。发生火灾时,闭式喷头动作,管网内空气压力骤降,双盘阀板抬起,向喷水管网供水;同时压力沿着阀内环形槽进入信号设施发出火警信号,并启动消防水泵。 (张英才 陈耀宗)

干式变压器 dry-type transformer

无绝缘油的变压器。按类型分有:①开启式,其器身与大气相连通,适用于洁净而比较干燥的室内环境;②封闭式,器身有封闭的外壳,使之与外部大气不相连通,可使用于较恶劣的环境;③浇注式,用环氧树脂或其他树脂浇注作为绝缘,它的体积小、重量轻、安装容易、维护方便、没有火灾和爆炸危险,适用于高层建筑、地下铁道等防火要求高的场所。 (朱桐城)

干式过滤器 dry filter

滤材或滤芯(集尘部分)在过滤器使用过程中一直保持干燥状态的过滤器。 (许钟麟)

干式凝水管 dry condensate return main

低压蒸汽供暖系统中,当水平放置时,凝水只在管断面的下部分流动,管断面的上部分流通空气,凝水的流动属无压流,当垂直放置时,凝水沿管壁流下的凝水管。此类凝水管兼起输送凝水与进出空气的作用,管径较大。 (王亦昭)

干式水表 dry-type water meter

计量机构采用磁性元件传动,计数器不与被计量水接触的旋翼式水表。读数清晰、抄表方便、计量精确、经久耐用。 (董锋)

干式自动喷水灭火系统 dry pipe sprinkler system

利用干式报警阀上部管道中充满的有压气体,在闭式喷头动作打开时泄压喷出而同时报警,随后供给压力水灭火的闭式自动喷水灭火系统。用于温度低于4℃的不采暖房间或温度高于70℃的场所。 (张英才 陈耀宗)

干线 main supply

将电能输送到数个配电装置或输送到线路上不同点的数个用电设备的线路。 (晁祖慰)

干线通信电缆 trunk cable of telephone

在主干路由上安装容量较大的通信电缆。在电缆配线采用交接制时,从电话站至交接箱的一段电缆。干线电缆一般采用地下敷设。 (袁敦麟)

干燥过滤器 drier-filter

从制冷剂液体中既除去水分,又滤去固体杂质的器件。由干燥剂和滤芯组合在一个壳体内而成。在氟里昂制冷系统中,一般装在冷凝器至热力膨胀阀(或毛细管)之间的管道上。 (杨磊)

杆面型式 wire configuration

表示电信架空明线杆面上各回路导线排列位置及其相互距离。分有弯脚、四线担和八线担三种。 (袁敦麟)

杆位 pole position

架空线路的电杆位置。 (朱桐城)

感光火灾探测器 optical flame fire detector

响应火焰辐射出的红外、紫外、可见光的火灾探测器。按响应火焰辐射频谱的不同分为紫外火焰火灾探测器和红外火焰火灾探测器等。 (徐宝林)

感温火灾探测器 heat fire detector

响应异常温度、温升速率和温差的火灾探测器。按响应方式不同分为定温火灾探测器、差温火灾探测器和差定温组合式火灾探测器等。 (徐宝林)

感烟火灾探测器 smoke fire detector

响应燃烧或热解产生的固体或液体微粒的火灾探测器。按响应原理不同分为离子感烟火灾探测器、光电感烟火灾探测器、红外光束线型火灾探测器和激光感烟火灾探测器等。 (徐宝林)

感应电动串级调速 wound rotor induction motor speed control with slip-power recovery

在线绕式异步电动机转子回路中串入附加电势,以实现其调速的交流电力拖动。附加电动势应与转子电势同频率,改变其幅值与相位即能实现线绕式异步电动机的调速。 (唐衍富 唐鸿儒)

感应式过电流继电器 induction type overcurrent relay

利用线圈中交流电流产生的交变磁场与该磁场中的可动导体(圆盘)所感应的电流间相互作用而工作的继电器。由感应元件和电磁元件两部分组成。前者构成反时限过电流保护;后者构成无时限电流速断保护。 (张世根)

gang

刚性连接 rigid connection

连接部位不允许产生任何方向位移的连接方式。在管道工程中广泛采用。 (张延灿)

钢管 steel pipe

用含碳量小于2%的铁碳合金钢锭或钢坯轧制,卷焊或熔铸而成的金属管。按加工状态分为热轧钢管、冷轧(冷拔)钢管和熔铸钢管;按钢材的化学成分分为碳素钢管、不锈钢管、不锈耐酸钢管等;按成品焊缝分为无缝钢管、焊接钢管。具有强度大、耐压高、耐振动、管壁较薄、自重较轻、管子较长、接头较少及施工较方便等特点。主要用于压力或真空流体的输送和结构用材。应根据被输送流体性质和工作环境性质选用材质。　　（张延灿　肖睿书）

钢管防腐　anticorrosion of the steel pipe

为防止钢管受周围介质的化学和电化学腐蚀所采取的防腐。主要防腐方法分为外加电源牺牲阴极法、排流法和防腐绝缘层保护法。

（徐可中　朱韵维）

钢筋混凝土板固定支座　fixed support with reinforced concrete plate

由焊接在管道上的支撑钢板，刚性地与嵌入土壤或地沟壁内的钢筋混凝土板接合在一起的固定支座。它适用于无沟或不通行地沟中。为防止钢筋混凝土板因管道受热膨胀而破坏，在与钢筋混凝土板接触的管道四周，应包裹上 10mm 厚的石棉板。

（胡泊）

钢筋混凝土排水管　reinforced concrete drainage pipe

在混凝土管壁内单层或双层配筋，并经悬辊或离心成型的重力排水用非金属管。可就地取材加工，不用进行防腐处理，使用寿命长，适合大口径管道。但抗渗、抗振性能较差，自重大，搬运不便，管节较短，接头较多，施工不便。一般采用水泥砂浆平口、企口或套管接头，也有采用承插密封垫圈管接头。按安全外荷载大小分为轻型和重型两种。中国标准规格为公称内径 100～1800mm。主要用于重力排水。

（张延灿）

钢筋混凝土输水管　reinforced concrete water supply pipe

在混凝土管壁内单层或双层配筋，经悬辊或离心成型的压力输水用非金属管。可就地取材加工，无需进行防腐处理，使用寿命长，适合大管径管道，有较好的抗渗和耐久性能，不易结水垢。但自重大，搬运不便，管节较短，接头较多，施工麻烦，质地较脆，抗振性能较差，承压能力较低。常用接口形式为承插密封垫圈管接头。按钢筋张拉方法分为普通钢筋混凝土输水管、自应力钢筋混凝土输水管和预应力钢筋混凝土输水管。主要用于压力水的输送。

（张延灿）

钢屑除氧　steel filing deoxidation

利用水中溶解氧氧化钢屑以减少氧的方法。一般采用水流通过钢屑滤层的方式进行。用于要求不甚严格的场合，如锅炉给水除氧。　（贾克欣）

钢制板型散热器　steel panel radiator

又称板式散热器。用薄钢板冲压成面板和背板，用 0.5mm 的钢板冲压成对流片，再焊接加工成上下

有水平联箱、中间有竖向水流通道的散热器。可按需要加工成不同长度。按背面有无对流片分为带对流片和不带对流片的两种。也可加工成中间以短管相连的双板或三板两种型式。　（郭骏　董重成）

钢制扁管式散热器　steel feat-tube radiator

将 1.2～1.5mm 的带钢加工成的扁管，焊接成水平和竖直水流通道而构成的散热器。可按要求生产不同高度和长度的各种规格。分为带对流片与不带对流片两类。并可加工成单排、双排或三排等型式。　（郭骏　董重成）

钢制辐射板　steel heating radiant panel

以钢板和钢管为主体组合成的以辐射传热方式为主的散热设备。通常用于中温辐射供暖系统。根据辐射板长度的不同分为块状辐射板和带状辐射板；根据散热面的分布分为单面散热式和双面散热式。其散热能力与钢板和钢管的接触是否良好有密切关系。所以，必须精心加工，保证管板密接。

（陆耀庆）

钢制散热器　steel radiator

以机械加工和焊接等方法将薄钢板或钢管加工而成的散热器。按外形和加工方式分为光管式散热器、串片散热器、钢制板型散热器、钢制扁管式散热器和钢制柱式散热器等。这类散热器重量轻、金属热强度和承压能力高；但由于薄钢板耐腐蚀能力差，所以对热媒水的水质有一定要求。仅适用于热水供暖系统。　（郭骏　董重成）

钢制柱型散热器　steel column radiator

用钢板冲压、焊接加工成具有竖向柱形水流通道的散热器。在高度和宽度上有各种规格，生产时可按设计要求的片数焊接成组。（郭骏　董重成）

缸径　cylinder bore

气缸的内直径。中国中小型活塞式制冷压缩机系列的规格分有 50、70、100、125、170mm，后又发展到 250mm。它和行程一样，是压缩机的重要参数之一。　（杨磊）

缸瓦管

见陶土管（234 页）。

gao

高保真度　Hi-Fi, high-fidelity

又称高传真度。放音系统还原节目源（唱片、碟带、广播等）所载声音的真实度。即希望能频响宽、失真小、噪声低、重现原始声场。　（袁敦麟）

高背压泡沫产生器　high back pressure foam maker

产生液下喷射泡沫灭火所需的氟蛋白泡沫的器械。由喷嘴、进气口、引气室和扩散管等组成。它是

在克服油层压力及泡沫管阻力下工作，在泡沫混合液急速通过喷嘴时，利用其射流负压经进气口向引气室内吸入空气，使混合液与空气经混合，冲击形成所需的氟蛋白泡沫。 （杨金华　陈耀宗）

高倍数泡沫灭火剂 high-expansion foam agent

由发泡剂、稳定剂和抗冻剂组成的液态或粉态灭火剂。其与水混合后在水力机械及鼓风的作用下能使泡沫体积扩大到百倍至千倍以上。常用发泡剂为拉开粉、烷基苯磺酸钠（A.B.S）和聚氧乙烯脂肪醇醚等；稳定剂为椰子油烷基酰胺和十二醇等；抗冻剂为二乙二醇丁醚。它具有发泡倍数高、灭火速度快、水渍损失小、成本低、无毒等特点。用于扑灭建筑物内的汽车库房、发电机房、地下室的火灾与扑救易燃、可燃液体的厂房、库房火灾以及洞室、矿井等地下建筑物的火灾效果良好。 （杨金华）

高层民用建筑设计防火规范 fire protection standard for the design of high-rise civil buildings

为防止和减少高层民用建筑火灾的危害，保护人身和财产的安全而制定的规范。主要内容包括：总则，建筑分类和耐火等级，总平面布局和平面布置，防火，防烟分区和建筑构造，安全疏散和消防电梯，消防给水和固定灭火装置，防烟、排烟和通风、空气调节及电气等。 （马　恒）

高纯水 high purity water

25℃时电导率小于 $0.1\mu S/cm$ 和残余含盐量为 $0.1mg/L$，并去除了非电介质的微量细菌、微生物、微粒等杂质的水。制备方法有蒸馏、膜分离、离子交换和灭菌。用于食品、造纸、医药、电子、核工业等。 （姜文源　胡鹤钧）

高地水池

见高位水池。

高度附加耗热量 additional heat consumption of room height

考虑房屋高度对围护结构耗热量的影响而附加的耗热量。其附加方法是对民用建筑和工业企业辅助建筑（楼梯间除外），当房屋层高超过 4m 时，每增高 1m，对该房间外围护结构的总耗热量（包括基本耗热量和其它附加耗热量）附加 2%，但总附加值不大于 15%。 （胡　泊）

高分子膜湿度计 macromolecule film hygrometer

利用某些经过特殊处理后的高分子薄膜，其几何尺寸会随周围空气的相对湿度而变化的特性制成的湿度测量仪表。结构简单、使用方便，但精度较低。 （安大伟）

高流槽

内排水雨水系统检查井中整流用的流槽。用以削弱来自雨水立管高速水流所形成的旋流。 （王继明　张　淼）

高强度铸铁管

见球墨铸铁管（187页）。

高强气体放电灯 high intensity discharge lamp

灯管内气体总压强为 $101325\sim506625Pa$（$1\sim5atm$）的弧光放电灯。常用的分有荧光高压汞灯、高压钠灯和金属卤化物灯。灯的发光强度高，管壁负载超过 $3W/cm^2$。广泛用于室内外大面积照明。如体育馆、厂房、道路、车站、码头、广场及体育场等。 （俞丽华）

高水箱 high tank

又称高位冲洗水箱。安装位置较高，常用于冲洗蹲式大便器的冲洗水箱。按冲洗原理分有虹吸式和塞封式。操作方式常属手拉式。箱体材料多用陶瓷，也有用塑料、玻璃钢和铸铁等。 （金烈安）

高斯扩散模式 Gaussian dispersion model

在污染物浓度符合正态分布的前提下导出的污染物在大气中扩散的计算模式。从统计理论出发，在平稳和均匀流假定条件下可证明扩散粒子位移的概率分布呈正态分布。实际大气非常复杂，这仅是一种粗略的近似。对于无界空间连续点源的该模式污染物浓度 C 为

$$C(x,y,z) = \frac{Q}{2\pi u \sigma_y \sigma_z}\exp\left[-\frac{1}{2}\left(\frac{y^2}{2\sigma_y^2}+\frac{z^2}{2\sigma_z^2}\right)\right]$$

Q 为污染物排放强度；$\bar{u}$ 为烟囱出口处大气平均风速；σ_y 和 σ_z 分别为垂直风向平面上水平和铅直方向污染物浓度分布的标准差；y 和 z 分别为距排放源的水平向和铅直向的距离。对于有界（有地面）的高架连续点源的该模式为

$$C(x,y,z,H) = \frac{Q}{2\pi u \sigma_y \sigma_z}\exp\left(-\frac{y^2}{2\sigma_y^2}\right)$$
$$\times \left\{\exp\left[-\frac{(z-H)^2}{2\sigma_z^2}\right]\right.$$
$$\left.+\exp\left[-\frac{(z+H)^2}{2\sigma_z^2}\right]\right\}$$

H 为烟囱的有效高度。 （利光裕）

高速燃烧器 high velocity burner

燃气燃烧后产生的烟气以高速喷出的燃烧器。通常速度为 $100\sim300m/s$，由燃烧室和喷头组成。适用于冲击加热和强制对流加热。 （陆慧英）

高位冲洗水箱

见高水箱。

高位水池 high possition reservoir

又称高地水池。设置在高地以重力供水的贮水

池。供水范围及容积均较大。用于居住小区给水系统或市政给水系统,但因它的高度固定,对系统的供水范围有一定的限制。 （姜文源 胡鹤钧）

高位水箱 high possition tank, gravity tank

设置在建筑内部给水系统或竖向分区给水系统的最高位置,利用重力向各系统供水的水箱。按作用分有屋顶水箱、分区水箱、减压水箱、热水箱与消防水箱等。 （姜文源 胡鹤钧）

高位水箱加压 pressurization by using a high-level water tank

利用供暖区内最高构筑物顶部设置的开式水箱对高温水供暖系统进行加压以避免高温水汽化并向系统进行补水的方法。根据高温水供暖系统所需的最低动、静压水压曲线确定水箱的安装高度和水箱补水管与供暖系统的连结点。 （盛昌源）

高温堆肥 composting

固体废弃物中的有机物主要在好气条件下生物降解为稳定最终产物的发酵过程。污泥经堆肥处理后,可将其中 20%～30% 的挥发性固体转化为二氧化碳和水。如物料适当,堆肥在一星期内温度可达到 71～77℃,堆肥后还可达到消毒目的。污泥可以单独堆肥,也可与锯末、干草、马粪或其它有机固体废物混合堆肥。经堆肥处理后的污泥可用作肥料。 （卢安坚）

高温废水降温 high temperature wastewater for cooling

为满足废水的排放要求,而对超过允许排放温度的废水进行的降温措施。排水温度过高,排入城市排水管道时会损坏管道及其接口、促使污水中有害物质挥发,危害维修人员健康和污染环境;排入水体时会造成热污染,降低水中溶解氧含量、影响水生物生长和改变水体中的生态环境。污水排入城市排水管道时,水温不得超过 35℃。常用常压蒸发或与冷水混合等方法。 （萧正辉）

高温辐射供暖系统 high temperature radiant heating system

主要利用红外线依靠辐射传热方式进行热传递,且辐射表面的温度高于 500℃ 的供暖系统。根据红外线生成源的不同分为电气红外线辐射器和燃气红外线辐射器等。前者主要应用于局部供暖系统和医学治疗方面;后者既适用于全面辐射供暖系统,也适用于局部辐射供暖系统和单点辐射供暖系统。 （陆耀庆）

高温热水 high temperature hot water

①又称高温水。温度为 60～100℃ 的热水。集中热水供应系统热水锅炉和水加热器出口处水温为 65～75℃。

②在一定压力作用下,温度高于 100℃ 的热水。

部分民用建筑如车站、商场、影剧院等及工业建筑,可采用 130℃ 或 110℃ 水作供暖热媒,且常用于城市供热系统。中国热电厂供热系统供、回水温度多为 130℃/70℃ 或 150℃/70℃。 （姜文源 郭慧琴）

高温水

见高温热水。

高温水供暖系统 high temperature water heating system

供水温度超过 100℃ 的热水供暖系统。与低温水供暖系统相比,能节省散热器;循环水温差大,流量小,能减少电能消耗,并在一定程度上节省管路投资;系统管路可采用下供上回以及下供上回和上供下回串联的混合式系统;需设置防止高温水汽化的加压装置;设计时,必须考虑供回水温差大,流量小,重力压头在总循环压头中所占比例大,以及立、支管受管径限制阻力损失小,易失调。 （盛昌源）

高效过滤器 HEPA filter, high efficiency particulate air filter, high-efficiency filfer

采用超细玻璃纤维、超细石棉纤维(纤维直径小于 1μm) 等制成的滤纸为滤料作成的过滤器。为了减小阻力和增加微粒的扩散沉降,必须采用很低的过滤风速 (数量级为 cm/s),所以需将滤纸多次折叠,折叠后中间的通道靠波纹分隔板隔开,使其过滤面积为迎风面积的 50～60 倍,用于过滤小于 1μm 的微粒。中国一般规定它对 0.3μm 微粒要具有 ≥99.97% 的效率,<245Pa 的初阻力。也即是国际上称为的 HEPA 过滤器。它还能够有效地捕集细菌,可用于生物洁净室。只适用于净化含尘浓度低的空气,所以必须在粗效过滤器和中效过滤器保护下使用,即为三级过滤的末级过滤器。

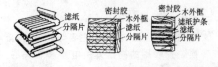

（叶 龙 许钟麟）

高效送风口 energetic air supply outlets

将高效过滤器和风口作成一个部件的送风口,或者再加上风机、中效过滤器及粗效过滤器组成一个单元,置于送风系统的末端装置。 （杜鹏久）

高悬罩 high-canopy hood

在热源上方高度大于 $1.5\sqrt{A}$ (A 为热源的水平投影面积)时装置的接受式排风罩。所需的排风量随安装高度增加而增大。 （茅清希）

高压电击 high-voltage shock

人体或动物体与高压带电体的距离小于或等于放电距离时的电弧放电。 （瞿星志）

高压电力电缆 high-voltage power cable

额定电压为 1000V 以上的电力电缆。常用的分有：①VLV、VV 系列聚氯乙烯绝缘聚氯乙烯护套电力电缆，适用于交流额定电压 6kV 及以下固定敷设的输配电线路；②YJLV、YJV 系列交联聚氯乙烯绝缘聚氯乙烯护套电力电缆，适用于交流额定电压 35kV 及以下固定敷设的输配电线路。其耐热性能、电性能均较好；但其价格比聚氯乙烯绝缘电缆贵一些；③ZQ、ZQD、ZLQD 系列油浸纸绝缘铅包电力电缆，适用于交流 35kV 及以下的输配电线路；ZQ、ZLQ 型为粘性油浸纸绝缘，ZQD、ZLQD 型为不滴流绝缘。　　　　　　　　　（朱桐城）

高压锅炉用无缝钢管 seamless steel pipe used in high-pressure boiler
专用于高压及超高压水管锅炉传热面的无缝钢管。钢材采用优质碳素结构钢、合金结构钢或不锈耐热钢。其中热轧管标准规格为外径 22～530mm、壁厚 2.0～70mm；冷轧（冷拔）管标准规格为外径 10～108mm、壁厚 2.0～13mm。　（张延灿）

高压继电器 high pressure relay
又称高压控制器。在制冷系统中防止压力过高由压力信号控制的电路开关。当压缩机排气（或系统）压力超过调定值时，继电器能切断电源，使压缩机（或被控系统）停止工作，起到保护和自动控制作用。属双位调节器。用于制冷系统，防止冷凝压力过高，是制冷压缩机必需的安全保护器件。当排气压力超过调定值时，通过波纹管和弹簧的作用变成相对位移，推动微动开关动作，切断压缩机电源，使压缩机停车，待故障排除，再使继电器手动复位。其控制的高压值可以根据工艺要求在现场进行一定范围的调节。常与低压继电器结合起来，组成高、低压继电器。　　　　　　　　　　　　　　　（杨磊）

高压开关柜 high-voltage switchgear
又称成套高压配电装置。主要与发电、输配电和电能转换装置联用的高压开关电器和有关的控制、测量、保护和调整元件组合的成套设备，以及上述开关电器和元件与内连接线、辅助件、外壳和支持件的组合的通称。按结构型式分为固定式和手车式高压开关柜；按安装方式分为户内靠墙式、户内离墙式和户外式高压开关柜；按额定电压分为 3、6、10kV 和 35kV 高压开关柜。　　　　　（朱桐城）

高压钠灯 high pressure sodium lamp
由高气压钠蒸气放电发光的高强气体放电灯。是高强气体放电灯中发光效率最高，可达 120lm/W。放电管材料用抗钠蒸气腐蚀的半透明多晶氧化铝陶瓷制作。寿命较高，可达 24000h。根据显色性划分，分有普通型、改进型和高显色型三类。普通型技术上已成熟，但光色偏黄，多用于室外大面积及道路照明；改进型及高显色型灯也日臻完善，不仅可取

代普通型，而且应用面更为广泛。　（何鸣皋）

高压配电装置 high-voltage cubicle
电压在 1kV 以上，用以接受和分配电能的电气设备。包括高压开关电器、保护电器、测量仪表、连接母线和其他辅助设备。　　　　（朱桐城）

高压熔断器 high-voltage fuse
电压在 1kV 以上的熔断器。按结构形式可分为固定式和跌落式熔断器。　　　　（朱桐城）

高压消防给水系统 high-pressure fire water system
又称常高压系统。能随时供给所保护建筑物任意点消防所需水量和水压要求的消防给水系统。扑救火灾时不需使用固定式消防水泵、消防车载的水泵或其他临时加压设备加压，可直接由室外给水管网或建筑物内给水管网上的消火栓接出水带和水枪灭火。　　　　　　　（陈耀宗　华瑞龙）

高压蒸汽 high pressure steam
在供暖通风领域中，特指工作压力高于 70kPa（表压）的蒸汽。常用热媒的一种。　（郭慧琴）

高压蒸汽供暖系统 high pressure steam heating system
供汽压力高于 0.07MPa 的蒸汽供暖系统。散热设备入口处的蒸汽压力由设备的工作压力决定，一般为 0.2～0.4MPa。散热设备表面平均温度为其入口压力下饱和蒸汽的温度。此温度高，易烫伤人和烧焦其表面上的有机灰尘；但节省散热面积，容易满足暖风机或中温辐射板对高温热媒的需求。高压蒸汽的凝水在回收途中因压降可能会不断二次汽化。多用于工业建筑。　　　　　　　（王亦昭）

高音扬声器 tweeter
工作频率较高，用作组合扬声器中的高音单元的扬声器。对它的高频宽度和指向性有特别要求，可选用的有号筒式扬声器、直径为 100mm 以下的纸盆式扬声器和球顶形扬声器。　　（袁敦麟）

ge

格栅 louver
设置在灯具出光面上，使在一定角度内避免来自光源直接光线的部件。由不透光或半透光片组成。分有正方形、长方形和圆形等。用以减弱灯具产生的眩光。其材料分有抛光铝板、塑料真空镀铝和有机玻璃等。　　　　　　　　　　（章海骢）

格栅送风口 supply grille
由一组水平叶片和另一组垂直叶片，按一定的间距排列安装在矩形框架内，构成许多格子型空气通道的送风口。它的叶片有固定的和可调的两种型式。在金属薄板上按一定的排列方式冲压成圆孔或

箅孔，或者用木板做成各种装饰图案的风口都属这类。　　　　　　　　　　　　　　　　　（王天富）

隔爆型灯具　explosion isolated luminaire

将正常工作和事故状态下，可能产生火花和高温的部件放在一个或分放在几个具有一定结构强度，并符合防爆参数分级规定的隔爆外壳中的灯具。
　　　　　　　　　　　　　　　　　　（许卫君）

隔断效果　shut-out efficiency

空气幕正常运行时，被平面气流分隔的两个空间之间的空气物理参数的衰减效应。据此空气幕具有隔冷、隔热、隔尘、隔潮、隔臭等效果。
　　　　　　　　　　　　　　　　　　（李强民）

隔离法灭火　fire extinguishing by isolation method

将燃烧物与可燃物质加以隔离或移开，使燃烧火势逐渐熄灭的方法。常用方法有：①破拆火场毗邻的易燃建（构）筑物；②移去火场周围的可燃物质；③断绝可燃物质或助燃物质进入燃烧地带；④用可靠的方法搬动可移动的燃烧物质，使其有控制地在安全地带燃烧。　　　　　（杨金华　陈耀宗）

隔离开关　disconnector, isolator, isolating or disconnecting switch

俗称刀闸。在断开位置有一个按照规定要求的绝缘距离的开关。当分断或接通微小电流或其每一极的两端子间的电压变动很小时，它能够断开和闭合电路。它也能承载正常电路条件下的电流以及在一定时间内承载非正常条件（如短路）下的电流。
　　　　　　　　　　　　　　　　　　（朱桐城）

隔膜阀　diaphragm valve

又称膜式阀。用隔膜作启闭件封闭流道、截断流体、并将阀体内腔和阀盖内腔隔开的截止阀。隔膜常用橡胶、塑料等弹性、耐腐蚀、非渗透性材料制成。阀体多用塑料、玻璃钢、陶瓷或金属衬胶材料制成。结构简单、密封和防腐性能较好，流体阻力小。用于低压、低温、腐蚀性较强和含悬浮物质的介质。按结构形式分有屋脊式、截止式、闸板式等。按驱动方式分有手动、气动、电动。　　（张延灿　张连奎）

隔膜式气压水罐　diaphragm pneumatic tank

设有橡皮隔膜将罐中气体与水分隔开的气压水罐。气水完全隔开无需补充气体。按隔膜形式分有半膜式（如帽形隔膜）和全膜式（如球形隔膜和囊形隔膜）。　　　　　　　　　　　　　　　（张延灿）

隔汽具

见疏水阀（220页）。

隔热　heat-insulation

用以降低热物体表面温度，减少散热，阻挡热辐射对人体危害的技术措施。包括建筑隔热和设备隔热。前者有墙、窗遮阳与屋顶隔热；后者根据隔热方法不同分为两类：①用导热系数低的材料直接覆盖在热设备上，以降低表面温度，减少散热；②在热设备与工作位置之间放置具有较高吸收或反射能力的遮热装置来阻挡对人体的热辐射，又称热遮挡。
　　　　　　　　　　　　　　　　　　（邹孚泳）

隔热水箱　water tank heat shield

利用水流过内焊有多回程导流片的扁形水箱，带走壁板从热源吸收的辐射热，降低热源温度的隔热装置。多用于工业炉的炉壁和炉门的隔热。
　　　　　　　　　　　　　　（邹孚泳　于广荣）

隔声量　acoustical reduction coefficient

又称透射损失。用入射总声能（E_0）透过建筑构件到另一空间的声能（E_τ）之比值，即透射系数 $\tau = E_\tau / E_0$ 来计算，以 R 表示。其表达式为

$$R = 10\lg 1/\tau (\mathrm{dB})$$

R 为隔声量，其值越大，构件的隔声性能越好。由于同一构件对不同声频的隔声性能不同，所以工程上常用若干个中心频率的 R 值的集合来表示某一构件的隔声性能，也可用单一 R 值简单的表示。国际标准化组织（ISO）建议采用隔声指数，以便能切实地反映构件的隔声性能。　　　　　（甘鸿仁）

隔油池　grease intercepter, grease trap

靠水中油分自然上浮分离去除油分的构筑物。常用池形有平流式、斜板式和平行板式。截留的油分应定期撇除。　　　　　　　　　　（萧正辉）

隔油器

见油脂阻集器（282页）。

隔振　isolation

减弱设备传给基础或者从基础传到怕振仪器上的振动的控制技术。分有积极隔振即减弱从振动源传到基础上的振动；和消极隔振即减弱从基础传到怕振仪器上的振动。在振动源和它的基础之间，或者在怕振仪器和它的基础之间安装此构件，常用的有弹簧减振器、橡皮、软木、沥青毛毡和沥青矿棉毡等，可达到其目的。　　　　　　　　　（钱以明）

隔振垫　vibration isolating spacer

为防止或减少振动源（如水泵、风机等）对外界的影响或外界振动对隔振体系（如精密仪表等）的影响所采用的一种弹性隔振垫片。一般以橡胶制品为多，具有固有频率低、结构简单、安装方便等特点。由丁腈橡胶制成的产品具有耐油、耐腐蚀、耐老化等性能。橡胶硬度有 40 度、60 度、80 度三种。广泛用于各类振动机械设备的积极隔振和各类精密仪表仪器的消极隔振。　　　　　　　　　（丁再励）

隔振基础　isolating foundation

具有对设备隔振和支承设备荷载作用的基础。由隔振构件和惰性块组成。隔振构件包括隔振器和隔振垫，由钢弹簧、橡胶、软木和毡等材料制成。惰

性块的作用是：减小设备振动；降低隔振系统重心，增进稳定性；降低固有频率，提高隔振效率；减少重量不均匀分布的影响；也可减少固体声。惰性块重量至少应等于其上负载的两倍。惰性块愈重，隔振作用愈好。　　　　　　　　　　　　　　　　　（钱以明）

隔振器 vibration isolator, vibroshock

又称减振器。是防止或减少振动源（如泵、风机等）对外界的影响或外界振动对隔振体系（如精密仪表等）影响的弹性隔振器具。分有钢制弹簧类、橡胶与金属的复合制品类及橡胶制品类。各类均有多种型号的产品。　　　　　　　　　　　（丁再励）

隔振特性 isolation characteristic

隔振系统具有的隔振性能。隔振效果可用隔振效率或振动传递率来描述。　　　　　（钱以明）

隔振效率 vibrating isolation efficiency

隔振器所隔离掉的振动的百分率。以 E 表示。即为　　　　　$E=(1-\eta)100\%$
η 为振动传递率。　　　　　　　　　（甘鸿仁）

个别中水道系统

见建筑内部中水道系统（123页）。

gei

给定值 set point

又称规定值。被调量所要求保持的数值。系统或对象的状态是由随时间与空间变化的物理量来决定的。为了使生产过程和机器设备运行正常，必须保持物理量达到规定的数值。　　　　（温伯银）

gen

根母

见锁紧螺母（233页）。

gong

工厂化施工 industrialized construction

又称装配式施工。在工厂按统一尺寸和型式进行预制，至现场装配的施工方式。具有标准化、规范化、劳动强度低、工效高等特点。　　（孙孝财）

工程塑料管 acrylonitrile butadiene styrene pipe

一般指由丙烯腈-丁二烯-苯乙烯三元共聚物粒料，经注射、挤压成型的热塑性塑料管。密度为 1.03～1.07g/cm³，可燃。除有一般塑料管特性外，还有强度较高，耐冲击性好。使用温度为 -40～80℃，最大工作压力可达 1.0MPa。生产规格一般公称直径

为 20～50mm。常用承插粘接和法兰连接。
　　　　　　　　　　　　　　　　　（肖睿书）

工况转换 operating mode change

因季节变化而改变空调系统工作状况的作法。可手动也可自动。实际应用中由于空调工艺设计不同，其条件也各异。但总原则是在满足室内温、湿度控制精度要求前提下，尽量节约能源。（刘幼荻）

工频 power frequency, industrial frequency

指电力系统的发电、输电、变电与配电设备以及工业与民用电气设备采用的额定频率。中国采用 50Hz，有些国家采用 60Hz。　　　（朱桐城）

工频接地电阻 power-frenquency earthing resistance, power-frenquency grounding resistance

接地装置对地的工频电压与通过该接地点流入地中工频电流的比值。　　　　　　（沈旦五）

工业废热利用 industrial waste heat utilization

通过各种热交换设备将工业生产过程中含有大量废热的空气、烟气、热水或水蒸气的热量，回收并充分利用，来进行采暖、通风和空气调节以及其他用途的技术措施。　　　　　　　　　（张军工）

工业废水 industrial wastewater

生产过程中排出的污废水的总称。按水质分有生产废水和生产污水。按行业分有化学工业废水、石油化工废水、冶金工业废水、轻工业废水、纺织工业废水、炼油工业废水、铁路工业废水等。
　　　　　　　　　　　　　　　　　（姜文源）

工业废水排水定额 industrial wastewater norm

工业产品在制造加工过程中，单位产品或每台生产设备排放水量的规定值。根据生产工艺要求确定。一般采用生产用水定额值。　　　（姜文源）

工业废水系统 industrial wastewater system

接纳排除工业企业生产过程中所排泄污废水的排水系统。一般由受水器、排水管道、工业废水贮水池（箱）及提升装置、局部污水处理设备等组成。按所排除的污废水性质可分为生产废水系统与生产污水系统。　　　　　　　　　（张大聪　张森）

工业炉热平衡 heat balance of industrial furnace

从能量分配和转换的量上，以能量守恒的热力学第一定律对工业炉能量收支进行的衡算。以评价工业炉能量的有效利用程度。在编制时必须划定热平衡的区域。通常分有炉膛区域热平衡、预热装置区域热平衡和整个炉子热平衡等。为了提高工业炉的热效率，以节约能源。是评价工业炉工作好坏的重要

资料。　　　　　　　　　　　（章成骏）

工业炉㶲平衡　exergy balance of industrial furnace

从能量传递和转换的质和量两个方面，以热力学第一定律和第二定律对工业炉㶲进行的衡算。以评价能量的合理利用程度。是生产实际过程中能量合理利用的评价和改进的一种热力学主要分析方法。　　　　　　　　　　　（章成骏）

工业企业建筑淋浴用水定额　shower water consumption norm for industrial building

工业企业建筑中，清洁人体消除疲劳需用的每人每工作班淋浴水量规定值。按生产过程中人体接触有毒物质、生产性粉尘及其他物质的程度而定为脏车间和一般车间两等。淋浴用水延续时间规定为1h。　　　　　　　　　　　（姜文源）

工业企业建筑生活用水定额　domestic water consumption norm for indnstrial building

工业企业建筑中，人们日常生活需用的每人每工作班水量规定值。包括饮水、洗手、生活间便器冲洗、地面清洗等用水；不包括淋浴用水。用水时间规定每班8h。　　　　　　　　　　　（姜文源）

工业通风　industrial ventilation

控制生产过程中产生的余热、余湿、有害气体及粉尘在车间的扩散，防止其对作业地带空气的污染所采用的通风措施。最有效的控制有害物扩散的方法是局部排风，即在有害物产生的地方尽可能将其封闭，局部被污染的空气就地收集起来，经过净化处理后排至室外。对有害物源分散，难以完全就地控制的则采用全面通风方法将有害物加以稀释，保证作业地带空气中有害物浓度不超过卫生标准规定的最高允许浓度。对于面积大、工作人员少而工作岗位较固定的车间，用全面通风的方法改善整个车间的空气环境，既困难又不经济，同时也是不必要的。如对某些高温车间的降温，只需向少数的局部工作地带送风，造成局部良好的空气环境，即称为局部送风的方法。　　　　　　　　　　　（陈在康）

工业通风气流组织　air flow organization for industrial ventilation

为控制室内气流分布从而保证通风效果，适当选择和布置全面通风系统送风口和排风口的方法。一般原则为使送风气流先通过人的工作地带，再进入污染源所在地带，然后从排风口排出。
　　　　　　　　　　　（陈在康）

工业用水　industrial water

工业企业生产过程中，制造、加工、冷却、洗涤、锅炉等的用水及厂内职工生活用水的总称。城市范围内可按不同工业部门（行业）分类；企业内部按其不同用途分类。　　　　　　　　　　　（姜文源）

工艺用水　water for technology

工业生产中用以制造、加工产品以及与其工艺过程有关的用水。分有产品用水、生产洗涤用水、直接冷却水等。　　　　　　　　　　　（姜文源）

工质　working substance

实现热能与机械能的转换或热能转移过程时用来携带热能的工作物质。　　　　　　　　　（王亦昭）

工作接地　working earthing

指在电力系统中，运行需要的接地。如中性点接地。　　　　　　　　　　　（瞿星志）

公安消防队　brigade of public safety department

受公安部门领导实行军事化管理的专门从事消防工作的组织。是中国的主要消防力量。中国消防部队实行现役制，纳入中国人民武装警察部队序列。
　　　　　　　　　　　（马　恒）

公比系数　common ratio

在反应系数或权系数的时间序列中，从某一项开始，出现相邻前后两项之比为（近似）常数的这个比例值。利用反应系数的这个性质，可以简化和改进算法。　　　　　（单寄平　赵鸿佐）

公称管径

见公称直径。

公称换热面积　nominal heat-change area

在表面式换热器中，以换热管外径及有效管长为基准计算出的、经过圆整为整数后的实际面积。
　　　　　　　　　　　（王重生）

公称直径　nominal diameter

又称公称管径、名义直径。管名义上的称呼直径，其值为实际直径的圆整值。各种规格的金属或非金属管，其内径、外径和壁厚均不相同，为便于统一称呼而规定了直径系列。在实际应用时应按实际内径、壁厚或外径计算确定。　　　　（胡鹤钧）

公告牌显示　bulletin board display

指体育用成绩（比分）公告牌的显示装置。一般包括国名、队名、姓名、运动员号码、道次、名次、成绩和纪录保持（或打破）情况等。公告牌容量一般应为8个名次（道次），最低应不少于3个名次（道次）。　　　　　　　　　　　（温伯银）

公共扩声系统　PA，public address system

将普通讲话声有效地扩大，使一个大会场、一幢建筑物和一个地区的人们都能听到所需的全套设备的系统。扩声原理是利用传声器拾取声压产生微弱电信号，经放大后，通过线路传输，去推动扬声器，发出与原来相同的扩大的声音。利用扩声系统可以听报告和演出，指挥生产和救灾，进行宣传教育，播送通知、背景音乐和紧急广播等。　（袁敦麟）

公用和公共建筑生活用水定额 water consumptionnorm for public building

公用和公共建筑中，人们日常生活需用的用水单位最高日用水量规定值。包括热水用水定额值和饮水定额值，不包括用以浇洒、绿化、空调等的用水定额。其与卫生设施完善程度和地区条件以及建筑物性质和使用要求等因素有关。按用水实质分有综合指标（高等学校、幼儿园、托儿所）、单一指标（集体宿舍、旅馆、招待所、医院、疗养院、休养所、办公楼、中小学校）及单项指标（菜市场）。 （姜文源）

公众电报 public telegraph

整个传送过程都由电报局完成的电报。 （袁敦麟）

功率方向继电器 power direction relay

反应加到继电器上的功率数值和方向的继电器。是方向过电流保护装置的一个主要元件，用以判断短路功率的方向。当短路功率由母线流向线路时，继电器动作；反之，则不动作。 （张世根）

功率放大器 power amplifier

用于放大来自线路放大器或前级增音机的信号，产生足够的不失真输出功率，以驱动扬声器正常发声的设备。它是电声系统中的主要设备，参见扩音机（146页）。 （袁敦麟）

功率接地 power earthing

将电子设备中的大电流电路、非灵敏电路和噪声电路等进行的接地。包括电动机、继电器、交直流电源装置和指示灯电路等的接地。它保证在这些电路中的干扰信号泄漏到地中，不至于干扰灵敏的信号电路。若交、直流电路分开接地，则分别称为交流功率接地和直流功率接地。 （瞿星志）

功率因数 power factor

旧称力率。有功功率 P 与视在功率 S 之比。以 $\cos\phi$ 表示。其表达式为

$$\cos\phi=\frac{P}{S}$$

（朱桐城）

功率因数表 power-factor meter

又称相位表。用于测量两个相同频率的有功电流（或有功功率）与总电流（或总功率）之间相位值的仪表。 （张世根）

功率因数提高 power factor correction

通常是指把用户或用电设备的较低、滞后的功率因数给予提高，使能达到减少线路电压损失、改善电压质量，减少线路损耗、提高供电能力以及节省电费支出的一种措施。提高功率因数的方法有：①提高自然功率因数，其主要措施有合理选择异步电动机，避免电力变压器轻载运行，合理安排和调整工艺流程、改善机电设备的运行状况、限制电焊机和机床电

动机的空载运行，在生产工艺条件允许下，采用同步电动机；②人工补偿法，采用供给无功功率的设备，对用电设备所需的无功功率进行人工补偿，在建筑供配电系统中一般均采用并联电力电容器来补偿无功功率。 （朱桐城）

功能模块 functional module

又称功能模件。用电子器件组装而成并能实现某些测量、控制、报警等功能要求的器件。这些不同功能模块可根据需要灵活配置成能满足各种要求的控制系统。 （廖传善）

功能性接地 functional earthing

指为保证电气设备正常工作需要的接地和电气系统低噪声的接地。包括工作接地、逻辑接地、信号接地和功率接地等。 （瞿星志）

供电线路 feeder line

见馈电线路（146页）。

供电质量 quality of power supply

供电可靠性、供电频率和供电电压质量的总称。供电可靠性应与负荷分级相适应；供电频率的允许偏差为 ±0.2Hz（最大为 ±0.5Hz）；供电电压变动幅度：10kV 及以下高压供电和低压电力用户为额定电压的 $\pm7\%$，低压照明用户为额定电压的 $\pm5\%\sim10\%$；总电压正弦波形畸变率：用户供电电压 0.38kV 者为 5%，6kV 或 10kV 者为 4%，35kV 或 63kV 者为 3%。 （朱桐城）

供暖地区 heating region

冬季必须采用人工方法（包括集中供暖和非集中供暖）才能使室温达到最低卫生标准的地区。 （岑幻霞）

供暖工程 heating engineering

又称采暖工程。冬季供给建筑空间热量、补偿建筑物的热损失、以保持所需室内温度的工程设施。一般包括热源、输热管道和散热设备三部分。按热源设置的位置，供暖系统分为局部供暖系统和集中供暖系统；按使用热媒的种类分为热水供暖系统、蒸汽供暖系统、热风供暖系统和烟气供暖系统；此外，按热源的不同还分有燃气供暖系统、电热供暖系统、太阳能供暖系统和地热供暖系统等。 （路 煜）

供暖管道水力计算 hydrodynamic calculation of heating pipe system

为了确定管径及流动驱动力（即作用压力）以保证供暖系统内各散热设备中的热媒流量的计算。各种热媒水力计算的内容为：①计算最不利环路（或枝路）以确定所需流动驱动力；②进行并联环路（或枝路）的压力损失平衡，以保证各环路（或枝路）内流量的合理分配。在规范中规定了热媒的最大允许流速及各并联环路之间的计算压力损失相对差额的允许值。 （王亦昭）

供暖期室外平均温度 outdoor mean air temperature during heating period

供暖期起止日之间，室外逐日平均气温的平均值。 （章崇清）

供暖热负荷 heating load

在冬季某一室外温度下，为维持要求的室内温度，供暖系统在单位时间内需要向房间或建筑物提供的热量。等于该室内外温度下建筑物的失热量与得热量之差。供暖室内外计算温度下的该负荷，称为供暖设计热负荷，是供暖系统设计的主要依据。 （胡泊）

供暖设备 equipment of heating system

组成供暖系统的设备与部件。主要包括：锅炉、锅炉附属设备、热交换设备、空气加热器、暖风机、散热器、辐射板、疏水阀、凝结水箱、膨胀水箱、放空气装置、减压阀、二次蒸发箱、安全阀、补偿器、定压装置、风机、水泵和各种测量仪表等。 （路煜）

供暖设备造价 total cost of heating installations

供暖系统的室内、室外和锅炉房全部工程的总造价。常以单位热负荷的造价为计算参数。此值与供暖系统的大小、形式、管道敷设方法等有关。需要通过大量的实际工程的统计方能求得适合于不同地区工程估算用的数据。 （西亚庚）

供暖室内计算温度 inside air calculating temperature for heating

供暖设计计算中所用室内计算温度。它是距地面 2m 以内人们活动地区的平均空气温度，应满足人们生活及生产的要求。与房间用途、室内热湿状况、劳动强度和生活习惯等因素有关。 （章崇清）

供暖室外计算温度 outdoor air temperature for heating calculating

设计计算供暖系统热负荷时采用的室外温度。考虑建筑物围护结构具有一定的热惰性，它以室外日平均温度为统计基础。中国规范规定其值采用历年平均每年不保证 5d 的室外日平均温度。即在 20a 统计期间内，总共有 100d 的实际室外日平均温度低于该值。 （章崇清）

供暖室外临界温度 outdoor critical air temperature for heating

借助建筑围护结构的热惰性和室内生活散热，无须供暖即可达到人体卫生要求的室内下限环境温度时所对应的室外日平均温度。在中国普通民用建筑和生产厂房及辅助建筑宜采用 5℃；中级及高级民用建筑宜采用 8℃。 （章崇清）

供暖天数 days of heating period

包括供暖起止日在内的每个供暖季节所延续的总日数。按累年日平均温度稳定低于或等于（系指在供暖起止日期之间的整个时期内，任何一组连续 5d 的室外平均温度，均不高于）供暖室外临界温度的总天数确定。 （章崇清）

供暖系统初调节 initial regulation of heating system

在供暖系统投入运行初期，为使各支管流量符合设计要求所进行的调节。 （郭骏 董重成）

供暖系统附件 accessories of heating systems

保证供暖系统正常运行的设备和部件。包括活动支座、固定支座、补偿器、阀门、泄水和放空气设备等。 （胡泊）

供暖系统个体调节 individual regulation of heating system

利用设置在散热设备处的阀门直接对各个散热设备散热量进行的调节。 （郭骏 董重成）

供暖系统集中调节 centralized regulation of heating system

根据室外气温的变化，在热源处集中改变供暖系统总流量、供水温度或供热时间的调节。 （郭骏 董重成）

供暖系统间歇调节 intermittent regulation of heating system

根据室外气温的变化，不改变供暖系统的循环水量和供水温度，而只增加或减少每天供暖时数的调节。可能引起室温的较大波动。 （郭骏 董重成）

供暖系统局部调节 local regulation of heating system

又称引入口调节、供暖入口调节。在热力站或用户引入口对供暖系统的调节。 （郭骏 董重成）

供暖系统量调节 quantity regulation (quantitative regulation) of heating system

在热水供暖系统中，保持供水温度不变，而根据热负荷的变化改变网路循环水量的调节。当水流量减少的比例较大时，易产生流量和温度的失均现象。 （郭骏 董重成）

供暖系统南北分环调节 regulation with orientational zoning of heating system

设计供暖系统时，采用南北分环，并利用设在分环上的阀门进行的调节方法。可减少不同朝向由于太阳辐射得热不同而导致的室温不均现象。 （郭骏 董重成）

供暖系统水力失调 hydraulic disorder of heating system

供暖系统中各并联管路流量分配偏离设计要求的现象。分有最初的和运行的两类。前者是指由于设计时压力损失不平衡率超过允许值而导致的；后者则指系统在某种运行调节工况下，由于系统热媒参数和流量的改变而导致的。　　　（王亦昭）

供暖系统水容量　total water volume in water heating system

热水供暖系统中，设备和管路所容纳的水的容积之和。　　　　　　　　（王义贞　方修睦）

供暖系统运行调节　operating regulation of heating system

供暖系统在投入运行后，根据室外气温的变化，为使供暖系统的供热量与供暖热负荷一致而进行的调节。按实施调节的部位不同分为供暖系统的集中调节、供暖系统的局部调节和供暖系统的个体调节三种；按调节方法的不同分为供暖系统的质调节、供暖系统的量调节、供暖系统的分阶段改变流量的质调节和供暖系统的间歇调节。

　　　　　　　　　　（郭　骏　董重成）

供暖系统质调节　quality regulation (qualitative regulation) of heating system

在热水供暖系统中，保持循环水量不变，而只根据热负荷的变化改变供水温度的调节。运行管理方便，网路的水力工况比较稳定，而根据室外气温变化，分几个阶段改变流量，使每个阶段中，在流量保持不变的条件下，用改变供水水温进行质调节的方式称为分阶段改变流量的质调节，它可在一定程度上节省输送能耗，是一种较理想的热水供暖系统的调节方式。

　　　　　　　　　　（郭　骏　董重成）

供热量　heat output

又称发热量。热水供应系统的加热设备为保证生活或生产用热水需要而供给的热量。其值应大于耗热量与系统热损失之和。　　　（姜文源）

供热系数　heat coefficient of performance

热泵装置消耗单位功所提供热量的系数。是衡量热泵的技术经济指标。　　　　　（杨　磊）

供水干管　supply main

热水供暖系统中，连接诸供水立管的管段。

　　　　　　　　　　　　　　　（路　煜）

供水减压阀　supply water pressure reducing valve

通过节流降低供水压力的阀门。主要由阀体、膜片、弹簧、联动阀芯和调节螺杆等组成。体积小，局部阻力系数小，减压值较大。　　（王亦昭）

供水立管　supply riser

热水供暖系统中，连接上、下各层散热器供水支管的竖向管段。　　　　　　　（路　煜）

供水总管　general water supply main

热水供暖系统中，从热源引出的总供水管段。如它是上升管段，则称为供水总立管。　（路　煜）

恭桶

见大便器（31页）。

拱形敷设　arciform mounting

又称拱管敷设。利用拱形构件抗弯能力大、刚度大、允许跨度大的特点，将管道加工成拱形，两端固定在支墩、固定建筑物或构筑物上的明露敷设。用于跨越通路、铁路、河渠和软弱地基。　（黄大江）

共电式电话机　common-battery telephone set

通话电源和信号电源均由电话局（站）中公共电源供给的电话机。电话机由话务员人工接续，故话机中不需要拨号盘和磁石式手摇发电机。用于共电式交换机系统。　　　　　　　（袁　玫）

共电式电话交换机　common-battery switchboard

采用人工接线方法来完成共电式（包括自动）电话用户间连接通话的设备。交换机上有用户和中继信号灯、用户和中继塞孔、塞绳、板键、手摇发电机、夜铃及话务员通话设备等，新型的还带有铃流发生器，用于自动向用户振铃。每一个用户有一只信号灯和塞孔，用户呼叫和话终信号用信号灯亮、灭来指示，塞绳用于连接两通话用户。它分单式和复式两种。单式容量一般有 20、50、100、150 门四种，其中 20 门及以下为无绳（塞绳）式，50 门为单坐席，100 门有单坐席和双坐席两种，150 门为双坐席。复式共电式交换机容量一般分有 200 门（三坐席）、300 门（四坐席）、400 门（六坐席）和 500 门（八坐席）四种。其中 20 门及以下为台式外，其余均为落地式。它需直流 24V 电源，用户电话机由电话站蓄电池集中供电。其特点是设备简单，造价低，对维修人员的技术水平要求不高，用户使用方便，故仍为一般中小机关和工业企业常用的通信设备。但接续速度慢，服务质量低，保密性差，需要话务员（特别是交换机容量大时需增加大量话务员），故容量较大时以采用自动交换机为宜。　　　　　（袁　玫）

共轭管

见结合通气管（129页）。

共沸溶液制冷剂　ozeotropic refrigerant

由两种或两种以上制冷剂按一定比例组成的溶液，但它的性质却与单一的化合物相同，在一定压力下气化时保持恒定的蒸发温度。　（杨　磊）

共用给水系统　common water supply system

同时供给不同性质用水的给水系统。根据生活用水、工业用水与消防用水对水质、水量、水压与水温的不同要求以及市政或室外给水管网供水的情况综合经济、技术等因素分有生活-生产给水系统、生活-消防给水系统、生产-消防给水系统、生活-生产-消防给水系统。　　　　　　　（耿学栋　胡鹤钧）

共用天线电视系统 CATV, community antenna television

一幢建筑物或一小片居民区由一组天线接收射频电视信号，经放大后通过分配装置分送到各用户电视接收机的有线电视系统。在收看电视较困难的地区，选择外界干扰小，地形有利的地方，架设性能良好的天线，将接收到的电视信号进行加工处理后，再用电缆分配给多个用户，既可提高收看质量扩大覆盖面，又可避免浪费大量金属材料及分别架设造成天线太多太靠近而引起相互干扰和影响市容的现象。　　　　　　　　　　　　　　　（李景谦）

共用天线控制器 controler for CATV

又称主放大器。由专用频道放大器、衰减器、混合器和稳压电源等组成的部件。是 CATV 系统中一个重要部件，应能满足系统工作频率要求，增益要高并连续可调，噪声系数小，最大输出电平大，且有良好的防止交叉调制和相互调制的特性。（李景谦）

共用天线音响系统 community antenna sound system

利用共用天线接收传送调频广播和借用 CATV 系统传送背景音乐的系统。　　　（余尽知）

gou

沟槽敷设 channeled mounting

管道在管沟、管槽、管井等内的暗藏敷设。根据管沟（槽、井）内敷设管道的直径、数量和检修方式，确定管沟（槽、井）的尺寸。其结构材料常采用砖和钢筋混凝土。　　　　　　（黄大江　蒋彦胤）

gu

固壁边界 solid boundary

流体流动过程中和固体壁相接触的界面，在流体流动过程数值解法中边界条件的一种类型。无滑动假设条件下，流体的流速为零。　　（陈在康）

固定床吸附器 fixed bed adsorber

器内固定放置一定厚度的吸附剂的吸附器。操作时，保持吸附剂层静止不动，气流流过床层，从而完成对气流中吸附质的吸附过程。根据吸附剂在器内放置状况不同可分为立式和卧式两类。结构简单，操作方便。吸附和脱附在器内交替进行。
　　　　　　　　　　　　　　　　（党筱凤）

固定管板式换热器 fixed tube-sheet exchanger

管束的两端各连结在两管板上，该两管板分别固定于壳体两端的管壳式换热设备。当管程与壳程的流体温差较大时，管板的热应力易造成管口泄漏，故常在壳体上装膨胀节，称为带膨胀节的管壳式换热器。　　　　　　　　　　　　　　　（王重生）

固定喷嘴 fixed orifice

孔口面积固定不变，不能调节的喷嘴。喷嘴流量系数与孔口直径 ϕ 与长度 L 之比、内角 θ 和加工精度有关。通常采用标准钻头钻孔，取 $L/\phi=1\sim2$、$\theta=118°$。　　　　　　　　（蔡雷　吴念劬）

固定式高压开关柜 stationary high-voltage switchgear

由固定安装的柜体构成的高压开关柜。其中的电气设备均固定安装在柜体内部和前面板上。分有开启、半封闭和封闭式。　　　（朱桐城）

固定式灭火器 fixed fire extinguisher

固定安装在火灾危险场所，用于固定封闭空间内部的灭火器具。灭火剂喷射后，能在该空间内形成灭火所需的浓度，并保持一定的时间。一般由容器、充装阀、施放阀、灭火剂、喷头等组成。可自动启动，也可手动操作。　　　　（吴以仁）

固定式喷头 fixed supply outlet

用于通风系统送风的固定空气分布器。由该喷头送出的空气射流方向不可调节。适用于工作岗位固定的空气淋浴。　　　　　（李强民）

固定式水景设备 fixed waterscape equipment

构成水景工程的各主要装置均固定设置，不能随意搬动的水景设备。为最常见的型式，适用于大中型水景工程。　　　　　　　　（张延灿）

固定式消防设施 fixed fire extinguishing facilities

以固定方式安装在建筑物或构筑物内，能迅速启动，有效扑灭被保护区域或指定部位发生的火灾，并同时发出火警信号的消防设施。一般由三部分组成：①火灾探测自动控制装置；②自动控制报警阀装置；③喷射灭火剂的喷头、供给灭火剂的管路和必要时设置的加压设备。如固定式自动喷水灭火设备和固定式气体灭火设备等。
　　　　　　　　　　（张英才　陈耀宗）

固定支架 fixed support

将管道牢固地固定在建筑物、构筑物或专用构件上的支架。以支持管道的重量和承受管道的推力。用于管道不允许有任何位移的部位。
　　　　　　　　　　（黄大江　蒋彦胤）

固定支座 fixed support

支承管道重量，限制管道变形和位移，达到分段控制管道热伸长，保障补偿器均匀工作的支座。常见的分有钢筋混凝土板固定支座、夹环固定支座、角钢固定支座、曲面槽固定支座和挡板式固定支座。

(胡 泊)

固定支座最大跨距 maximum span between fixed supports

保证供热管道、固定支座和补偿器正常运行的两个相邻固定支座间的最大长度。它必须满足：①管段的热伸长量不得超过补偿器所允许的补偿量；②管段因膨胀而产生的推力，不得超过固定支座所能承受的允许推力；③不应使管道产生纵向弯曲。

(胡 泊)

固体传递声 solid-borne noise

通过固体物质传播的声音。在建筑物中楼板的撞击声和建筑设备振动产生的声音均属此类。固体物质中声波传播的阻尼较小，它在建筑结构和管道中可传播很远。因此，必须在产生固体声的噪声源附近采取隔声措施。

(范存养)

固体吸湿剂减湿 dehumidification by solid absorbent

又称吸附减湿。用某些具有很强吸水性能的固体作为固体吸湿剂对空气进行减湿。固体吸湿剂的吸湿原理根据材料不同有两种：吸湿过程是纯物理作用，如硅胶和活性炭；吸湿过程是物理化学作用，如氯化钙、生石灰和氢氧化钠。空调工程中常用的有硅胶和氯化钙。固体吸湿剂对空气吸湿是等焓减湿过程。

(齐永系)

固体显示 solid state display

又称固态显示。指场致发光、发光二极管的显示。

(俞丽华)

固有频率 natural frequency

又称自振频率。当系统作自由振动时，由系统本身的质量（或转动惯量）、刚度和阻尼所决定的振动频率。

(甘鸿仁)

gua

挂式小便器 wall hang urinal

又称小便斗。安装在墙壁上使用的小便器。分有斗式、裙衫式。多为陶瓷制品。与冲洗装置和排水存水弯配套使用。多安装在公共建筑男厕所内。

(金烈安 倪建华)

guan

管板 tube sheet

固定管束的端板。它与管束呈垂直配置，依照管束排列开有管孔。换热管在该板上的固定方法，采用胀管连接或焊接连接。

(王重生)

管板式集热器 tube-plate heat collector

吸热板与集热管合为一体作为集热部件的平板型集热器。一般由集热管、吸热板、上下集管、透明罩、保温层和外框组成。按管板结合的形式分有管板槽式、翼片式、管板分离式和平接式等。热效率较高，热损失较小，使用寿命长；但构造较复杂，一次投资较大。

(刘振印)

管壁绝对粗糙度 absolute roughness of pipe inside surface

管道内壁面不规则起伏中峰谷的平均距离。分有尼古拉兹粗糙度与当量粗糙度。前者是尼古拉兹实验用人工均匀粗糙粒的高度；后者是在粗糙区内阻力效果与同管径的人工粗糙管等同的工业管道的粗糙度。

(王亦昭)

管壁相对粗糙度 relative roughness of pipe inside serface

管道内表面不规则凸出物的高度与管道直径的比值。它也等于管壁绝对粗糙度与管道直径（或半径）的比。

(王亦昭)

管槽 pipe ditch

建筑物墙、柱、地板中，为安装管道而预留或开凿的凹槽。管道安装好后，用同样材料封死，只在必要的地方留检修口，或沿槽做盖板封住。一般用于建筑标准较高，管道需要暗装的建筑中。

(黄大江 蒋彦胤)

管程数 number of tube side flow

流体流经换热管内的通道及其相贯通处，沿换热管长度方向，往返的次数。

(王重生)

管道 pipeline

又称管路、管线。由若干根管（子）直接焊接、粘接成或用各种型式管道连接配件连接成的输送流体的设施。按被输送流体承压状态分有压力管道、重力管道与真空管道；按安装形式分有明装管道和暗装管道；按被输送流体性质和用途分有给水管道、排水管道、热水管道、开水管道、消防管道、蒸汽管道、采暖管道、空调管道、通风管道、燃气管道、压缩空气管道和氧气管道等。按其作用分有立管、干管和引入管等。

(张延灿 胡鹤均)

管道泵 inline pump

直接安装在管道上的立式单级离心泵。总重量轻，无底座和惰性块基础；安装简便，占地面积小；泵的进出口口径相同。常用于加压输送的情况。

(姜文源)

管道补偿 pipe compensation

为消除或减小管道的热应力，在管道上采取的各种补偿技术措施。常用补偿措施分有自然补偿、伸缩器补偿、万向接头补偿等。 (黄大江 蒋彦胤)

管道吊架 pipe hanger

悬吊敷设管道用的吊架。一般用钢筋、钢板、型

钢加工而成。按其作用分有普通吊架、防晃吊架、减振吊架等。它只能起活动支架的作用。（张延灿）

管道防超压　anti-expansion in pipes

防止管道中的流体因温度升高、产生水锤、操作失误等原因，导致压力超常升高造成管道、管配件、仪表、设备等损坏的技术措施。常采用设膨胀管、膨胀水箱、水锤消除器、安全阀等。（黄大江）

管道防冻　freeze-proof for pipes

防止管道内流体冻结，造成堵塞，甚至管道破裂的技术措施。常采用管道保温、管道伴热、将管道埋至土壤冰冻线以下以及管道内流体保持一定的流速等。（黄大江）

管道防堵塞　anticlogging in pipes

防止被输送液流中悬浮物积聚堵塞管道断面，造成流通不畅的技术措施。常采用在管道前增设格栅、滤网、沉淀池等去除沉淀物，并保持管道内流体流速大于不淤流速。（黄大江）

管道防腐　anticorrosion for pipes

防止管道及其配件因内外介质的腐蚀作用，而产生损坏的技术措施。常采用耐腐蚀的管材、配件和接口材料、在管道内壁或外壁衬以或涂以防腐蚀材料、对腐蚀性介质进行适当处理以及进行电化学防腐等。（黄大江）

管道防机械破坏　mechenical break proof for pipes

防止管道受外界动静荷载、冲击、振动、地基或建筑沉陷等机械作用的技术措施。常采用避开外界破坏作用力的影响范围，选用强度较好的管道材料和连接方法，在管道外增设防护套管或管沟等。（黄大江　蒋彦胤）

管道防结垢　scale control, scale inhibition

又称防垢、阻垢、缓垢。防止流过管道的流体因压力、温度等条件变化而造成钙、镁、硅、铁等微溶盐类析出，并在管内壁或器壁沉积的技术措施。常采用化学和物理处理法，对流体进行软化或脱盐，在介质内投加适当的阻垢剂、在管道前设置防垢器以及用内壁光滑不易结垢的管道材料和配件等。（贾克欣　张延灿）

管道防磨损　wear prevention for pipes

防止被输送流体中的机械杂质，对管道内壁磨损的技术措施。常采用耐磨损管道材料、管道加内衬、涂耐磨损材料以及适当降低管道内流体流速等。（张延灿）

管道防气阻　anti-airlock or anti-airbinding in pipes

防止因管道内气体积聚而产生管道气阻现象的技术措施。常采用消除液流中的气体和在管道的突出至高点设排气阀或气水分离器等。（黄大江）

管道防污染　anti-pollution in pipes

防止管道内流体受物理、化学或生物污染的技术措施。常采用禁止生活饮用水管道与其它水质的管道直接或间接混接；管道使用前进行清洗、清毒和防锈蚀处理；在各配水点采取空气隔断措施以及保证管道内流体的流动或定期更换等。（黄大江）

管道防淤积　anti sedimentation in pipes

防止被输送液流中的悬浮固体沉淀淤积的技术措施。由于沉积物在管底沉积会减小过流断面积，影响管道的输送能力，并还会加剧管内的腐蚀。常采用保持管道内流体流速大于不淤流速。（黄大江）

管道防振　antivibration for pipes

防止管道因振动造成管道及其附件损坏和产生噪声的技术措施。常采用与管道连接的机械设备设隔振基础，管道系统设隔振接头、隔振支吊架以及限制管道内流速，防止水锤产生等。（黄大江）

管道附件　appurtenance

用以输配流体、控制流体和压力的附属部件与装置。在建筑给水排水系统中按用途分为配水附件如各种配水龙头和控制附件如各种阀门。（胡鹤钧）

管道功能保护　protection of pipe serviceability

为保障管道输送流体的正常功能而采取的各种技术措施。包括管道防冻、管道防污染、管道防腐、管道防结垢、管道防气阻、管道防淤积、管道防堵塞、管道防过热、管道防超压、管道防振、管道防磨损、管道防机械破坏等。它是管道发挥正常功能、保证正常运行的必要措施。（黄大江　张延灿）

管道井

见管井（92页）。

管道连接配件　fitting

简称管件。又称配件。管子与管子及其与设备、装置间起连接作用的部件。是管道的重要组成部分。按直线或非直线连接与分叉、变径连接等不同要求而构造、外形各异。其连接方式分有焊接连接、粘接连接、螺纹连接、承插连接、法兰连接及柔性连接与刚性连接。材质一般与所连接的管和设备相同。（唐尊亮　胡鹤钧）

管道坡度　pipe slope

管段两端管内底之高差与管段长度的比值。排水管道设计中按污水性质及要求的自清流速和充满度而选定。分有最大坡度、标准坡度和最小坡度。排水管道埋设时应尽量与地面自然坡度相近，以减少埋深。（魏秉华）

管道气阻　airlock in pipes

由于管道中液体的流速、压力、温度等的变化，造成混合和溶解在液体中的气体的析出，并在管道突出至高点积聚的现象。由于气体的积聚，会使管道过流断面减小阻碍液体流通，甚至可能使气体堵塞全部过流断面积，形成液体断流。 （张延灿）

管道热伸长量 heat expension of pipe

管道受热引起的长度增量。以 ΔL 表示。单位为 mm。其表达式为

$$\Delta L = \alpha (t_1 - t_2) L$$

α 为管道的线膨胀系数，一般可取 $\alpha = 0.012$mm/(m·K)；t_1 为管壁最高温度，可取热媒最高温度（℃）；t_2 为管道安装温度，不好确定时可取为当地最冷月平均温度（℃）；L 为计算管段长度（m）。

（胡 泊）

管道式自然通风 natural ventilation with duct system

利用风压和热压作为空气流动动力的通风管道系统。 （陈在康）

管道疏通机 pipeline dredge machine

清除管道内介质结垢、沉积和异物堵塞等用的机械设备。按疏通方式分有机械式、化学式、水力式和综合式。 （张延灿）

管道竖井

见管井（92页）。

管道通信电缆 conduit cable of telephone

安装在地下管道内的通信电缆。由于有管道保护，一般采用铅护套通信电缆或综合护层通信电缆。线路安全、隐蔽，发展和维护方便；但初次工程投资较大。用于通信电缆主干路由中。 （袁敦麟）

管道允许压力降 allowable pressure drop of pipeline

在管道设计中管内压力允许下降的计算值。它直接关系到管网的投资和运行费用。高、中压管网由气源和允许管网最低压力要求来确定；低压管网由燃具额定压力和燃具允许压力波动范围来确定。

（张 同）

管道支吊架 pipe support and hanger

将管道固定在建筑物或构筑物上的构件。它系管道支架和管道吊架的总称。（黄大江 蒋彦胤）

管道支墩 pipe pier

支承管道用的混凝土或砖砌构件。可按其受力状态进行分类，承受管道垂直荷载的称为支墩；承受水平推力的称为挡墩。后者主要用于承压铸铁管的弯头、三通、端头等部位的固定，以防止承插接口在水压作用下脱口损坏。 （张延灿）

管道支架 pipe support

支承管道用的支架。一般用型钢和钢板加工而成。按管道与支架间是否允许有相对位移，可分为固定支架、滑动支架和导向支架。 （张延灿）

管道支座 pipe support

支承管道重量，限制其变形和位移，承受从管道传来的内压力、外荷载作用力（自重、摩擦力、风力等）和管道受热变形的弹性力的支撑物。通过它将力传给支承结构或地面。常用的支座分有活动支座和固定支座。 （胡 泊）

管堵 plug

又称堵头、塞头、管塞子。封堵管子端头用的管件。据连接方式分有丝堵、承堵、插堵与盘堵法兰盲板等。适用于钢管、塑料管、铸铁管等。

（唐尊亮 胡鹤钧）

管段 pipe section

具有相同管径和流量（或流速）的一段管路。

（王亦昭）

管段折算长度 equivalent pipe length

管段实际长度与管段上的局部阻力的当量长度之和。 （王亦昭）

管沟 pipe ditch

又称地沟。专门用于敷设管道的地下沟道。一般由砖砌、混凝土或钢筋混凝土浇筑而成。其尺寸视所安装管道的大小、数量以及检修需要而定。按检修需要分为非通行管沟、半通行管沟和通行管沟。

（黄大江）

管箍

见外接头（244页）。

管件

见管道连接配件（91页）。

管件衰减 duct fitting attenuation

管道部件对通风和空调设备产生的噪声所具有的自然衰减作用。它是噪声控制设计中可利用的因素。如在管道内加吸声内衬和贴保温材料，做成消声弯头等以提高管道的消声能力。只适用在设备噪声较高，而气流速度较低的情况。 （钱以明）

管接头 joint

又称接头。直线方向连接的管件。连接方式多为螺纹、承插、法兰。适用于相同或不同管径管子间及其与其他管件、阀门等间直线连接。 （胡鹤钧）

管井 pipe shaft, pipe well

又称管道井、管道竖井。建筑物中，专用于安装立管的竖井。一般在高层建筑且建筑标准较高、管道较集中时采用。每层设有检修门。根据消防规范要求，它每隔 2~3 层应设防火隔断。

（黄大江 蒋彦胤）

管路

见管道（90页）。

管路冷却附加压力 additional pressure from pipe heat loss

热水供暖系统中，因管壁散热使水冷却所形成

的重力循环压力。　　　　　（王亦昭）

管帽　tube cap

又称盖头、堵盖、盖帽、管子盖、闷头。封盖管子端头用的管件。其作用与管堵相同，但不必与其它管件配合，可直接旋在管子端头。用于焊接钢管、塑料管等的螺纹连接。　　　　　（唐尊亮）

管坡　slope of pipeline

管道两端的竖向高程差和水平长度之比值。用千分率表示，即每1000延长米向下倾斜若干米。它的大小，视不同流体而异，对于供暖干管、回（凝）水管，不应小于3‰；对于连接散热器的支管，不应小于10‰；对于燃气管路与输送燃气的含湿量及压力有关，一般采用2‰～5‰。

（路　煜　李翼家）

管壳式换热器　shell and tube heat exchanger

又称列管式换热器。由若干换热管平行排列成的管束和裹装管束的外壳体所组成的以管壳为主体的换热设备。按管束、管板和壳体之间组合结构的不同分为浮头式换热器、固定管板式换热器和U形管式换热器。　　　　　　（王重生）

管塞子

见管堵（92页）。

管式存水弯　tube trap

利用管子弯曲构成的存水弯。按其形状分为P形存水弯、S形存水弯和U形存水弯。构造简单，不易积存污物，便于维护管理，但水封易受破坏。

（唐尊亮）

管式电除尘器　tube-type precipitator

集尘极是由一根或一组呈圆形、六角形或方形的管子组成，电晕极安装在管子中心的电除尘器。也有采用多圈同心圆筒作集尘极，而在圆筒之间布置电晕极的。一般为垂直安装，气流自下而上通过。用于处理气体流量较小，除尘效率要求不太高和安装场地较狭窄的情况下。　　　　　（叶　龙）

管式换热器　pipe heat exchanger

由管束组成的箱体，将室内的排气经管束之间排出，间接预热由管子内部流过送入房间的新风的换热装置。管束质材常用金属、塑料、玻璃和陶瓷等制成。

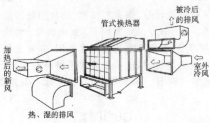

（马九贤）

管束　tube bundle

在管壳式换热器内，多根换热管按一定排列形式组成的管群。它是换热器的主要元件。

（王重生）

管束安装转角　installation angle of tube boundle

卧式管壳式换热器的壳程内，为减小蒸汽冷凝液膜的包角和厚度，使管束排列的中心线，相对设备的水平线所偏转的角度。　　　　　（王重生）

管束排列　tube pattern

多根换热管按三角形，正方形和同心圆三种不同图形在管板上的排列。管子间距按工艺要求确定，应尽量在限定的管板面积内，排列较多的管数。

（王重生）

管体　tube component

两端带接管的薄壁不锈钢波纹管。分有螺旋波纹管，适用于公称直径（$DN1\sim175mm$）和环形波纹管，适用于公称直径（$DN200\sim400mm$）两种。用户可根据需要在其两端焊上所需的接头或与配管对接焊。它本身缺乏稳定性，且只能承受低压。

（丁崇功　邢苇桐）

管网内1301灭火剂的百分比　percent of Halon 1301 in pipe

按喷嘴喷出1301灭火剂设计用量50%时管网内各管段灭火剂实际密度计算，1301灭火剂在管网内的总质量与其设计用量相比的百分数。表示管网总容积对平均贮存压力的影响，是管网计算的一个重要参数。　　　　　（熊湘伟）

管网特性曲线　characteristic curve of piping system

表示管网中总的压力损失Δp与通过管网的气体流量Q之间关系的曲线。其表达式为：

$$\Delta p = KQ^2$$

对于一个特定管网，$K=$常数。K值的大小与管网结构有关。

（孙一坚）

管系特性系数　characteristic factor of pipe system

表征自动喷水灭火系统中一组具有特定喷头数、喷头间距与管段管径、管长的管道系统水力特性的参数。根据计算而得的所需水压与管系分配流量间的关系而定。　　　　　（胡鹤钧）

管线

见管道（90页）。

管箱　stationary head-bonnet

管壳式换热器管程流体的分配箱。箱内依管程数设分程隔板，箱的内径一般与壳体相同。

（王重生）

管型避雷器 pipe-type lightning arrester

具有灭弧管和内、外间隙的避雷器。雷电波入侵时，使内、外间隙击穿，雷电流泄入大地，随之而来的工频电流产生强烈的电弧，燃烧着由胶木或塑料制成的灭弧管内壁，所产生的大量气体从管口喷出将电弧吹灭，恢复正常工作。外间隙使灭弧管在正常时与工作电压隔离而不带电。　　　（沈旦五）

管子 pipe

具有一定长度、壁厚、断面形状和机械强度的金属或非金属材料制成的中空筒状物体。常用的金属管材有钢、铸铁、铜、铝、铅等；非金属管材有塑料、石棉水泥、钢筋混凝土、混凝土、陶土、陶瓷、橡胶和复合材料等。其两端接口分有平口、螺纹、法兰盘等连接方式。用于组成管道输送各种流体，也可用作结构材料等。　　　（肖睿书　张延灿）

管子布线 tube wiring

绝缘导线穿水管、煤气管、电线管或硬质塑料管，沿墙、梁、柱等明敷（管子保护绝缘导线）或埋入地坪内、墙内或顶棚内暗敷的布线。采用暗敷，不影响建筑上美观的要求，但安装费较贵、工程量也大。　　　（俞丽华）

管子衬

见内外接头（168页）。

管子法 pipe method

通过火焰在玻璃管内静止可燃混合气体中传播来测定其传播速度的方法。根据点火后焰面在管内移动的速度，确定法向火焰传播速度 S_n 为

$$S_n = \frac{f}{F} u_m$$

f 为玻璃管截面积；F 为火焰表面积；u_m 为管内焰面移动速度。直观性较强，但受管径影响大。
　　　（施惠邦）

管子盖

见管帽（93页）。

贯流式通风机 cross-flow fan

又称横流式通风机。气流横贯叶轮，在叶片作用下使气体增压的通风机。由叶轮、蜗壳和蜗舌组成。常用于风机盘管、大门空气幕等通风空调设备，便于和建筑配合的小型通风机。叶轮宽度是任意的，可增大宽度，相应增加流量。此类通风机效率较低，一般为35%～60%。

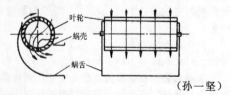

叶轮
蜗壳
蜗舌

（孙一坚）

贯通管网

又称贯通枝状管网。两条以上引入管与建筑内部给水干管连通而构成的枝状管网。　（黄大江）

贯通枝状管网

见贯通管网。

惯性冲击法 inertia impact method

利用尘粒惯性冲击测定粉尘粒径分布的方法。含尘气流经喷嘴高速冲向挡板，由于惯性，尘粒撞击并沉积在挡板上。使含尘气流依次通过由不同口径的喷嘴与不同间隔的挡板串联而成的冲击器，各级挡板上会沉积出不同粒径的尘粒，分别称重并计算出相应粒径，即获得粒径分布。　（徐文华）

惯性除尘器 inertial dust collector

利用各种形式挡板使含尘气流突然改变方向，尘粒在惯性作用下与挡板碰撞，从而分离、捕集的设备。按照结构型式分为碰撞式和回转式。主要用于捕集 $30\mu m$ 以上的尘粒。　（孙一坚）

惯性碰撞 inertial impaction

含尘气流围绕前进方向上的障碍物绕流时，粗大尘粒在惯性作用下脱离流线，与物体碰撞，从气流中分离的过程。该除尘机理主要应用于惯性除尘器、湿式除尘器和过滤式除尘器。（孙一坚　汤广发）

盥洗槽 lavatory tray

设在公共卫生间内，可供多人同时洗手、洗脸等用的盥洗用卫生器具。按水槽形式分有单面长条形、双面长条形和圆环形。多采用钢筋混凝土现场浇筑，水磨石或瓷砖贴面；也有不锈钢、搪瓷、玻璃钢等制品。与成组水龙头和排水存水弯配套使用。
　　　（朱文琫）

盥洗龙头 lavatory faucet

截止阀式等结构、角式进水、出口多呈鸭嘴形的盥洗沐浴用配水龙头。多为表面镀镍的铜品质，美观、易洁。　　　（张连奎）

盥洗设备

见盥洗用卫生器具。

盥洗用水 water for lavation

供人们清洁头脸手部使用的洗浴用水。热水水温规定为 30～35℃。　　　（胡鹤钧）

盥洗用卫生器具 lavatory wares, lavatory fixtures

又称盥洗设备。供人们洗漱、化妆用的洗浴用卫生器具。包括洗手盒、洗脸盆、盥洗槽等。常设在卫生间内，与配水和排水装置配套使用。除盥洗槽常用混凝土现场浇筑外，洗手盆等常用材料有陶瓷、玻璃钢、人造大理石、塑料等。　（朱文琫　倪建华）

guang

光电感烟火灾探测器 photoelectric smoke

dectator

应用烟雾粒子对光线产生散射、吸收或遮挡原理工作的感烟火灾探测器。按结构原理分为减光型和散射光型。　　　　　　　　　　（徐宝林）

光电继电器　photoelectric relay

利用光电效应而动作的继电器。由发光元件和光敏器件组成。当加在发光元件上的信号达到某一定值时,光的作用使光敏器件的阻值发生急剧变化,从而起到闭合或开断电路的作用。　　　（王秩泉）

光管式散热器　steel tubular radiator

用钢管焊接而成的散热器。加工方便、外表面易清扫;但耗钢量大。一般仅用于工业厂房、特别是粉尘大的车间。　　　　　　　（郭　骏　董重成）

光幕反射　veiling reflection

在视觉作业上镜面反射与漫反射重叠出现,造成作业与背景之间对比减弱,致使部分或全部细节模糊不清的现象。　　　　　　　　（江予新）

光钮　light button

又称光按钮。由几个字符所组成的一组能显示在荧光屏上的信息。每一个光钮代表一种功能。若操作者用光笔指点在它所需要的那个光按钮上,同时请求中断传送,那么机器获得中断信息后,借助软件就能处理光笔指点的那个光按钮的功能。

（温伯银）

光谱三刺激值　spectral tristimulus values

又称色匹配函数。在给定的三原色系统中匹配等能量光谱单色辐射的三种原色刺激值。CIE采用三种设定的原色 X、Y、Z 使产生光谱各种颜色的三原色比例标准化,称为"CIE标准观测者光谱三刺激值",在 CIE1931 和 1964 标准表色系统中分别用 $\bar{x}(\lambda)$、$\bar{y}(\lambda)$、$\bar{z}(\lambda)$ 和 $\bar{x}_{10}(\lambda)$、$\bar{y}_{10}(\lambda)$、$\bar{z}_{10}(\lambda)$ 表示。其中 $\bar{y}(\lambda)$ 和光谱光效率函数 $V(\lambda)$ 相同,故 Y 是与亮度成比例,而 Y_{10} 与亮度不成比例。

（俞丽华）

光强分布曲线　luminous intensity distribution curve

又称配光曲线。通常在通过光源或灯具光中心的某一个平面上,用极坐标也有用直角坐标把发光强度表示为角度函数的曲线。对具有旋转对称光分布的光源(往往都符合这一条件)和灯具,即可用一个通过对称轴的子午平面上的配光曲线来表示;对非旋转对称光分布,至少要用两个平面即通过灯具轴线的一个平面和与之相垂直的另一个平面来表示。配光曲线可用来:①给出灯具光分布的概貌;②计算被照面上的照度;③计算灯具在各方向上的平均亮度。　　　　　　　　　　（章海骢）

光圈阀　iris damper, sectorial shutters

仿照照相机镜头调节光圈的原理制成的,可调

节扇形阀片开度大小的阀门。常用于通风空调实验装置的风量调节。　　　　　　　　　（王天富）

光通量波动深度　luminous flux pulsating level

衡量受照面上光通量波动程度的一个量值。以 δ 表示。其表达式为

$$\delta = \frac{\Phi_{max} - \Phi_{min}}{2\Phi_{av}} 100\%$$

Φ_{max} 为光通量最大值;Φ_{min} 为光通量最小值;Φ_{av} 为光通量平均值。实验证明,当 δ 小于 25％时,就可避免频闪效应。　　　　　　　　　　（江予新）

光纤通信　optical fiber telecommunication

用激光作为传送信息的运载工具,用光纤作为光波传输媒介的一种通信。它主要由光源、探测器件、光纤、耦合器、连接器、中继器和电信号处理电路等组成,其中起关键作用的是光源和探测器。其工作原理是:在发送端将传输信息通过电光调制器调制在光波上,调制的光波信号耦合进光纤,通过光纤传送到接收端光端机光电二极管,由光电二极管检波,使光信号变成电信号,再经解调后,还原成声音或图像等信息,本系统中均采用脉码调制信号。它的优点是:①可用频带宽,在 $10^{13} \sim 10^{15}$ Hz,比微波高1000倍,因此通信容量大,理论上可容纳100亿话路或1000万套彩电节目。有利于开辟新的通信业务,如可视电话和会议;国际长途自动拨号;能传送千百套节目的光缆电视;电视教学;数据通信和市话局间中继电路等。②传输损耗低。③保密性好。④直径小、重量轻、便于敷设,不受外界电磁场干扰,不怕雷击,抗腐蚀性好。⑤可以节省大量有色金属。由于技术上的突破,20年来发展迅速,具有广阔发展前途。今后第二代光通信将采用集成光学系统,第三代将直接采用声光转换,实现全光通信。

（袁敦麟）

光源　light source

又称电光源。由于能量转换而发光的物体。常用的是将电能转换为光能的装置或器件。按能量转换形式的不同可分为热辐射光源、气体放电光源和场致(电致)发光光源等。　　　　　（俞丽华）

光源额定电压　nominal voltage of light source

光源稳定工作发出额定光通量所要求的电源电压。　　　　　　　　　　　　　　（俞丽华）

光源额定功率　operating power of light source

在额定电压下光源取用的电功率。单位为 W。

（何鸣皋）

光源额定光通量　operating luminous flux of light source

光源工作在额定电压下预期能辐射的总光通量。单位为 lm。 (何鸣皋)

光源发光效率 luminous efficacy of light source

简称光效。输入光源每 W 电功率所产生的总光通量。单位为 lm/W。从节能的角度出发应优先选用光效高的光源。 (何鸣皋)

光源工作电压 operating voltage of light source

光源稳定工作时灯管(或灯泡)两端的电压。单位为 V。 (何鸣皋)

光源启动时间 starting time of light source

从接通电源到光源稳定工作所需的时间。以 s 表示。 (何鸣皋)

光源色表 colour appearance of light source

指光源的表观颜色。常用色温描述。高色温光源($T_c > 5300K$)光色偏蓝绿,具冷色调感觉;低色温光源($T_c < 3300K$)光色偏红橙,具暖色调感觉。 (俞丽华)

光源寿命 life time of light source

又称光源的有效寿命。指光源点燃后光通量衰减到初始点燃时数值的 70%～85% 时的累计时间。一般以 h 计。 (何鸣皋)

光源显色性 colour rendering of light source

与参照的标准光源相比较时,光源显现物体颜色的特性。用显色指数度量。辐射连续光谱的光源一般来说显色性较好。 (俞丽华)

光源再启动时间 re-starting time of light source

处于工作状态的光源熄灭后再次点燃至稳定工作状态所需的时间。以 s 表示。 (何鸣皋)

光源在给定方向的光强 luminous intensity of light source in a given direction

光源在某一规定方向的发光强度。单位为 cd。一般常以与灯管垂直的水平方向作为给定方向。 (何鸣皋)

广播馈电方式 feeding classification of broadcast

有线广播线路馈送广播节目(电信号)至用户装置的形式。可分为三种:①一级馈电方式(单环网路式)。由广播站输送低电压经用户线直接接到用户设备,用于离广播站较近和扬声器数量不多时。②二级馈电方式(双环网路式)。将广播线分为馈电线和用户线两部分,由广播站在馈电线上输送较高电压,在适当地点经用户变压器降压后再经用户线送至各用户装置。用于广播站距用户设备较远时。③三级馈电方式(三环网路式)。整个线路分为主干馈电线、配线馈电线和用户线三部分,由广播站输送很高电压至主干馈电线,经馈线变压器降压后送至配线馈电线,再经用户变压器降压后送至用户线和用户装置。用于广播站距用户装置很远时,如农村有线广播网中。中国广播网电压采用 30V、120V 和 240V 等。 (袁敦麟)

广播用户装置 subscriber equipment of broadcast

装在有线广播网中收听用户处的设备。包括用户引入线、限流电阻、避雷器、扬声器、扬声器变压器、扬声器木箱、插座、用户线、接地线等,根据使用的需要选用。 (袁敦麟)

广告牌显示 sign board display

指商业性广告牌的显示装置。一般选用彩色矩阵显示板,均须做无反光处理,并应尽可能制造"黑洞"效果。 (温伯银)

广义华白数 generalized wobbe index

燃烧器喷嘴前燃气压力 H_g 的平方根与燃气华白数 W 之乘积。以 W' 表示。即为 $W' = \sqrt{H_g} W = H \sqrt{\dfrac{H_g}{S}}$。当燃气热值、相对密度和喷嘴前燃气压力同时改变时,燃具热负荷与其成正比;一次空气系数与其成反比。 (杨庆泉)

广域中水道系统

见城市中水道系统(23 页)。

gui

硅尘 silicon dust

又称矽尘。含有 10% 以上游离二氧化硅的粉尘(如石英、石英岩)。硅尘对人体健康危害较大。按照《工业企业设计卫生标准》的规定,对含有 10% 以上游离二氧化硅的生产粉尘,生产车间空气中的最高容许浓度为 $2mg/m^3$;含有 80% 以上游离二氧化硅的生产粉尘,最高容许浓度为 $1mg/m^3$。 (孙一坚)

硅胶 silica gel

硅酸凝胶经老化、水洗和干燥得到的物质。主要成分为 $SiO_2 \cdot nH_2O$。它是极性较强的吸附剂,常用来吸附极性吸附质(如水蒸气等)。 (党筱凤)

硅整流电容储能直流操作电源 silicon rectification capacity energy storage direct current operating power supply

由变电所所用变压器或电压互感器供电的电压源经硅整流器整流并附有电容储能装置的直流操作电源。正常运行和操作时由硅整流器供电;一次系统事故时,交流电源电压降低或消失时,利用电容器组

所储能量放电而使断路器跳闸。 （张世根）

柜式排风罩 ventilated chamber

又称通风柜。将有害物质发生源全部围挡起来，在一个侧面开有操作孔（或另开有观察孔）的排风罩。是密闭罩的一种形式。 （茅清希）

gun

滚动式电动执行机构 roll electric actuator

接受电信号并转变成相对应的角位移（角行程）或线性位移（直行程）的执行机构。自动地操纵调节阀门或者作远程操作机械使用。是一种新发展起来的产品，属检测仪表中的一个执行单元。 （刘幼荻）

滚动支座 rolling support

由弧形板、曲面槽、滚柱、导向板构成支座部分的活动支座。因其利用滚柱转动代替了滑动，当管道受热移动时，摩擦力可大为减小，从而减小了支承结构的尺寸。但其构造较复杂，一般只用于热媒温度较高和管道较大的室内或架空敷设管道上。不通行地沟内禁用。 （胡 泊）

滚球法 method of roll ball

以给定半径 h_r 的球体沿需要防直击雷的部位滚动，只与设置的接闪器顶部和地面相接触而不触及被保护空间的方法。滚球半径 h_r 是基于雷闪数学模型（电气-几何模型）得出：

$$h_r \doteq 9.4 \times I^{2/3} \ (\mathrm{m})$$

I 与 h_r 相对应的最小雷电流幅值（kA）。按雷闪数学模型认为雷电先导的发展起初是不确定的，直到先导头部电压足以击穿它与地面目标的间距时，才受地面影响而开始定位，这间距即为滚球半径。 （沈旦五）

滚柱支座 roller support

由曲面槽、滚柱和槽钢支承座构成支座部分的活动支座。其特点和适用条件见滚动支座。 （胡 泊）

guo

锅炉给水 intake water to a boiler

进入锅炉内直接产生蒸汽的水。包括回收的蒸汽冷凝水和补充的软化水。为防止产生水垢，进水一般需经软化处理。 （姜文源）

锅炉水处理用水 water for softening

为锅炉制备软化水所需的再生与冲洗等工艺用水。 （姜文源）

锅炉效率 boiler efficiency

锅炉在任何一段时间内，有效利用热量与同一段时间内消耗燃料的热量之百分比。分有铭牌（额定）效率和季节效率。前者是锅炉在设计工况时的热效率；后者是在供暖季节内锅炉实际运行工况的平均热效率。 （西亚庚）

锅炉用水 water for boiler usage

蒸汽锅炉产汽供生产工艺或采暖、发电所需的水。包括锅炉给水和锅炉水处理用水。 （姜文源）

锅炉自动控制 automatic control of boiler

实现锅炉自动启、停并保证其运行安全性与经济性的自动控制系统。主要内容有：①保证汽包水位在规定范围的给水自动调节；②稳定蒸汽（或热水）温度，控制压力恒定的蒸汽（或热水）加热系统自动调节；③维持经济燃烧的燃烧系统自动调节。 （张瑞武）

国际长途直拨 IDD, international direct dialling

由用户话机一次拨号，自动完成国际长途电话接续工作的性能。国际长途直拨电话号码由 00＋国家及地区编码＋用户电话号码组成。其中"00"为国际长途直拨冠字的代码。 （袁 玫）

国际电工委员会 IEC, International Electrotechnical Commission

国际性电工标准化组织。宗旨是促进电气、电子工程领域中标准化和有关方面的合作，增进国际间的互相了解。它的工作领域包括电力工程、电子工程、电信和原子能方面等的电工技术。它成立于1906 年 6 月，1947 年曾与国际标准化组织（ISO）合并，1976 年又分成两个独立团体。总部设在瑞士日内瓦。理事会每年召开一次，执行委员会每年至少召开一次。设有中央办公室、顾问委员会、技术委员会、分技术委员会、工作组、特别工作组、预备工作组和编辑委员会。另设有五个特别委员会：①国际无线电干扰特别委员会；②国际电气牵引设备混合特别委员会；③电子电信咨询特别委员会；④安全问题咨询小组特别委员会；⑤认证管理特别委员会。中国于1957 年 8 月参加为成员国，1982 年 1 月 1 日中国决定以中国标准化协会代替中国电机工程学会作为中国的 IEC 国家委员会。 （俞丽华）

国际照明委员会 CIE, International Commission on Illumination

照明科学与技术的国际学术组织。CIE 系法文"La Commission Internation de L' Eclairage"的缩写。主要任务是：①为所有与照明科学和技术有关问题提供国际性的学术交流的场所；②通过一切适当手段促进照明技术问题的研究；③组织国际间的照明技术情报资料交流；④组织编制与出版国际性照明技术文件。它成立于1913 年，总部设在维也纳。每4 年召开一次会员国代表大会，选举主席、行政委员会和理事会。理事会下设 7 个部：①视觉和颜色；②光和辐射的物理测量；③室内环境和照明设计；④交通运输的照明和信号；⑤室外和其他照明应用；⑥光生物和光化学；⑦照明的一般问题。部下属设若干技术委员会（TC）开展学术活动。中国 1987 年被接纳为正式会员国，由中国照明学会作为代表参加。
（俞丽华）

国内长途直拨　DDD, domestic direct dialling
由用户话机一次拨号，自动完成国内长途电话接续工作的性能。国内长途直拨电话号码由 0＋地区号＋用户电话号码组成。其中"0"为国内长途直拨冠字的代码。
（袁玫）

过饱和蒸汽　supersaturated steam
在一定温度下，超过饱和蒸汽所应有的密度而仍不发生凝结或凝华现象的饱和蒸汽。因其密度对应于较高温度时饱和蒸汽的密度，又称为过冷蒸汽。
（岑幻霞）

过电流保护装置　overcurrent protection equipment
按躲过被保护元件的最大负荷电流和外部故障切除后电流继电器可靠返回为整定原则，当被保护元件短路电流增长到超过规定值（即保护装置的起动电流）时就起动，并以时间来保证动作选择性的保护装置。按构成元件的不同分为定时限过电流保护装置和反时限过电流保护装置两种。（张世根）

过电压保护器　over-voltage protector
用来限制存在于物体之间的冲击过电压的保护装置。如保护间隙、避雷器或半导体器件等。对于建筑物中设备的过电压保护主要为防雷保护。
（沈旦五）

过电压保护装置　over-voltage protection equipment
反应供电网络运行电压高于额定值而动作的保护装置。电压继电器线圈接在电压互感器的二次侧，通过电压互感器反应供电网络电压的变化，当加于电压继电器线圈上的电压升高到整定值及以上时，保护装置有延时或无延时地动作。常用于并联电容器保护。
（张世根）

过渡供暖地区　transition heating region
介于供暖地区与非供暖地区或集中供暖地区与符合下列条件之一的地区：①累年日平均温度稳定低于或等于 5℃的日数为 60～89d；②累年日平均温度稳定低于或等于 5℃的日数不足 60d，但稳定低于或等于 8℃的日数大于或等于 75d。（岑幻霞）

过渡过程时间　transient time, response time
又称调节时间。指系统受干扰作用后从一个平衡状态到达新的平衡状态所经历的时间。即过渡过程持续的时间。
（温伯银）

过渡响应　transient response
又称过渡过程。当系统或环节的输入从某一稳定状态变化到另一状态时，输出达到稳定前这段时间的变化过程。在自动控制理论中，常以阶跃信号作为输入，这种响应称为阶跃响应。它的基本形式分为单调过程、衰减振荡过程、等幅振荡过程和发散振荡过程。
（张子慧）

过渡照明　transition lighting
见适应照明（217 页）。

过负荷保护装置　overload protection equipment
用于防御被保护元件（发电机、变压器、电动机等）的负荷电流超过额定电流的保护装置。以躲过被保护元件的额定电流为整定原则。在有值班人员监视的情况下，保护装置通常作用于发出信号；在无人值班的场合，被保护元件又可能长期过负荷时，保护装置可作用于断路器跳闸。通常在某一相上装设一个电磁式电流继电器、时间继电器和信号继电器构成；也可利用感应式过电流继电器的反时限特性构成。
（张世根）

过冷度　degree of subcooling
过冷的程度，即相同压力下饱和温度与过冷温度的差值。
（杨磊）

过冷温度　subcooling temperature
低于相同压力下所对应饱和温度的温度。
（杨磊）

过冷液体　supercooled liquid
又称未饱和液体。一定压力下，温度低于对应的饱和温度的液体。
（岑幻霞）

过量补气
见余量补气（286 页）。

过滤风速　velocity of filtering
又称气布比（air-cloth ratio）。单位时间每平方米滤料面积所通过的气体量。单位为 $m^3/min \cdot m^2$。是影响过滤式除尘器性能的一个重要参数。设计或选型时，应综合考虑粉尘性质（尘粒大小、含尘浓度等）、滤料种类、清灰方式和清灰间隔时间、除尘器的压力损失等因素而选定其大小。（叶龙）

过滤器特性指标　characteristic index of air filter
评价过滤器性能的若干参数的定量标准。最主要的有迎面风速（面速）或过滤风速（滤速）、效率、阻力和容尘量四项指标。还有其他一些指标如重量、消耗动力和再生特性等。影响这些指标的决定因素是滤材。此外过滤器的结构也是重要因素。
（许钟麟）

过滤器阻力　pressure loss of air filter
过滤器中气流流过时通畅程度的一种量度，用气流通过过滤器所产生的压力降表示。由滤料阻力和过滤器结构阻力两部分组成。滤料阻力和滤速一般呈正比关系;结构阻力和面速一般呈指数关系。

（许钟麟）

过滤式除尘器　dust filter

通过滤料分离与捕集含尘气体中粉尘的除尘装置。按过滤方式分为表面过滤和内部过滤两种类型。前者袋式除尘器属于此类型,广泛应用于净化含尘浓度较高的工业排气;后者依靠滤料层过滤含尘浓度较低的通风空调进气的空气过滤器,还有颗粒层除尘器也属于此类型,主要应用于高温烟气除尘。按过滤效率的高低一般分为粗效过滤器、中效过滤器、亚高效过滤器和高效过滤器。　　（叶　龙）

过滤效率　filtration efficiency

过滤器清除通过它的空气中的微粒能力的量度,是被捕集下来的微粒量占通过它的微粒总量的百分比。以 η 表示。其表达式分有几种形式:①用过滤器进出口气流中的含尘浓度表示,即

$$\eta = \frac{G_1 - G_2}{G_1} = \frac{Q(N_1 - N_2)}{N_1 Q} = 1 - \frac{N_2}{N_1}$$

G_1、G_2 分别为进出口气流中微粒质量或数量;N_1、N_2 为进出口气流中的含尘浓度;Q 为通过过滤器的风量。②用过滤器前气流中的尘粒含量和过滤器捕集的尘粒数量表示,即 $\eta = \frac{G_3}{QN_1}$,G_3 为过滤器捕集到的尘粒重量。③用过滤器所捕集到的尘粒数量和过滤器出口气流中尘粒的含量表示,即 $\eta = \frac{G_3}{QN_2}$。④用各粒径的分级效率表示,即 $\eta = \eta_1 n_1 + \cdots \eta_n n_n$,$\eta_1$ 至 η_n 为各粒径的分级效率;n_1 至 n_n 为各粒径微粒的含量占全体微粒的比例。　　　　　（许钟麟）

过门装置　conduit around opening

沿地面明装的热水管道,凝水管道或蒸汽管道,遇到房间的门这类敷设障碍时,管道安装部分的总称。包括过门地沟及其中的管道和泄水阀、过门绕行管、空气绕行管、放气阀等。具体作法因热媒种类而异。　　　　　　　　　　　　　（王亦昭）

过热度　overheat temperature

过热蒸汽与同压下饱和蒸汽温度的差值。

（岑幻霞）

过热凝水　overheat condensate

在凝水回收途中将发生二次汽化的凝水。它的回收初始温度高于凝水系统末端压力下饱和凝水的温度。　　　　　　　　　　　　　（王亦昭）

过热水　superheated water, overheat water

一定压力下,温度高于该压力下饱和温度的热水。　　　　　　　　　（岑幻霞　姜文源）

过热温度　superheat temperature

高于相同压力下所对应饱和温度的温度。

（杨　磊）

过热蒸汽　superheated steam

温度高于相同压力下饱和温度的蒸汽。是未饱和蒸汽。由其温度和压力确定其状态。在被冷却或膨胀作功时,不致立即引起它的凝结。　（郭慧琴）

过剩空气系数　excess air factor

实际供给的空气量 V 与理论空气需要量 V_0 之比。以 α 表示。即 $\alpha = \frac{V}{V_0}$。通常 $\alpha > 1$。取决于燃气燃烧方法及燃烧设备的运行工况。过小会使燃料的化学热不能充分发挥;过大会使烟气体积增大,致使加热设备的热效率下降。先进的设备 $\alpha = 1$。

（章成骏）

H

han

含尘浓度测定　measurement of dust concentration

单位体积空气内所含粉尘质量或尘粒个数的测定。所得结果分别为质量浓度与颗粒浓度。通风工程中常用质量浓度。使含尘气体通过捕集装置,测定捕集装置采样前后的增重及通过的气体体积,其比值即为质量浓度。气体体积应折算成标准状态。测定风管内气流含尘浓度时,宜在垂直管段某一断面上多点采样,断面选择及测点布置参照风量测定方法。利用尘粒对光线的吸收或反射原理可间接测定含尘浓度。运用各种粒子计数器可测定颗粒浓度。

（徐文华）

函数记录仪　functional recorder

能同时接受两路检测仪表输出的电信号,并分别作为横坐标和纵坐标值而绘出两路参数间相互关系曲线的记录仪表。　　　　　（刘耀浩）

焓　enthalpy

表示工质在某一状态下的内能 U 与压力势能 pV 之和。以 H 表示。即为 $H = U + pV$。它是一

个复合的状态参数。对开口热力系统,焓就代表工质流动时所具有的总能量。它为工质的内能与流动功之和。工质为 1kg 时,则比焓 $h = u + pv$,u 为比内能（J/kg 或 kJ/kg）；v 为比容（m³/kg）；p 为绝对压力（Pa）。h 单位为 kJ/kg。　　　（杨磊）

焓湿图 psychrometric chart

表示湿空气热力性质及状态参数（焓 i、含湿量 d、温度 t、相对湿度 φ 及水蒸气分压力 p_q 等）之间的数量关系和变化过程的列线图。利用适合当地大气压力的图,可由任意两个空气参数确定该空气状态点和其余参数,并可形象地绘出空气状态变化过程线,进行热、湿交换量的计算和确定空调运行调节方案。

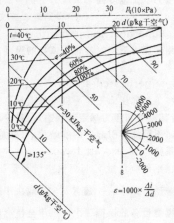

（田胜元）

焓湿图等参数线 equi-parameter line of I—d diagram

在焓湿图上以含湿量 d 为横坐标,以焓 i 为纵坐标,从而绘制了一系列与坐标平行的等 d 线和等 i 线。再根据温度、相对湿度及水蒸气分压力等参数与 i、d 的函数关系,便可绘出与不同常数值相对应的等温线、等相对湿度线和等水蒸气分压力线。参见焓湿图。　　　　　　（田胜元）

焓值控制 enthalpy control

空调系统中按照室内外空气焓值比较来确定新风量多少或新回风量比例的控制。一般新风量（或新回风量比例）用焓值控制比用干球温度控制有较大的节能效果。　　　　　　（廖传善）

寒冷地区 chill region

中国采暖通风与空气调节设计规范规定累年最冷月室外平均温度在 $0 \sim -10℃$ 范围内的地区。

（岑幻霞）

焊接钢管 welding steel pipe

旧称铁管。将扁平钢坯卷管用焊接加工制成的带有焊缝的钢管。按照焊缝形状、用途和表面是否镀锌等分为普通焊接钢管、镀锌焊接钢管、电焊钢管、螺旋缝焊接钢管等。常用于低压流体的输送,是工程最常用的管材。　　　　　　（张延灿）

焊接连接 welding joint

管子与管子或管件直接对位焊接的连接方式。钢管适合采用电焊和气焊,铜管还适合钎焊,热塑性塑料管适合热熔焊接。它强度高、密封性能好、节省管件材料,但不易拆卸。用于永久性连接。

（张延灿）

hao

号筒式扬声器 horn loudspeaker

旧称高音喇叭。带有号筒的电动扬声器。由高音头（振动系统）和号筒两部分构成。它的振膜不是纸盆,为一球顶形膜片,振膜的振动通过号筒与空气耦合而辐射声波。它效率高（可达 5%～20%）、音量大、阻抗随频率变动小、方向性强；但工作频带较窄,单个使用时音质较差。它适合于室外和广场使用,或在组合音箱中作为高、中音单元。　（袁敦麟）

耗氯量

见需氯量（265 页）。

耗热量 heat consumption, heat demand

又称需热量。热水供应系统中为满足生活或生产用热水需要而消耗的热量。为热水用量与冷热水温度差的乘积。按单位时间分有日耗热量和小时耗热量。　　　　　　（姜文源）

he

合流制排水系统 combined sewer system

不同水质污废水和雨水采用同一管道系统排除的排水体制。分有：城市生活排水、工业废水和雨水系统；建筑物内部的生活废水和生活污水系统等。

（杨大聪　胡鹤钧）

合适的网格法 method of nicely net

又称法拉第保护型式。网格形导体以给定的网格宽度和给定的引下线间距盖住需要防雷空间的方法。它是在过去经验的基础上与滚球法比较后定出的。　　　　　　　　　（沈旦五）

盒式磁带录音机 cassette recorder

使用盒式录音磁带的磁带录音机。磁带速度一般为 4.75cm/s。大多做成袖珍式或便携式,也有台式或与收音机装在一起组成收录机。由于它结构紧凑、造型美观、使用方便、价格低廉,从而得到迅速发展,不断出现新功能,如发光二极管峰值电平指示,全自动停机机构,自动记忆倒带机构,自动电脑选曲，自动降噪电路和双盒座磁带录音机构等。

(袁敦麟)

hei

黑球温度　black globe temperature

用插在表面涂有黑色煤烟能吸收辐射热的密闭空心铜球中心（或将温色涂黑插在真空玻璃球中心）的温度计所测得的温度。在辐射供暖中又称实感温度，作为衡量辐射供暖的标准或用来计算辐射强度。

(邹孚泳)

黑球温度计　black-bulb thermometer

又称辐射热温计。测定平均辐射热强度的仪表。由直径约 150mm 外表涂黑的中空铜球和温包正处于铜球中心的温度计组成。将它悬挂于测定地点，待读数稳定后记下读数，同时测定黑球附近的气温及风速，按有关计算公式或线解图即可求得平均辐射强度。

(徐文华)

黑铁管

见普通焊接钢管（180 页）。

heng

亨利常数　Henry's law constant

又称亨利系数。被吸收物质在气相中的浓度用平衡分压力 p^*，在液相中的浓度用摩尔分数 X 表示的亨利定律式 $p^*=EX$ 的比例系数 E。单位与平衡分压力相同。其值随气体种类及温度而异，一般由实验测定。

(党筱凤　于广荣)

亨利定律　Henry's law

在一定温度下，若气体分压力不太大，溶解于液体溶剂形成稀溶液，且不与溶剂起作用时，气体在液相中的浓度与气相中的分压力成正比。是亨利（Henry）在 1803 年提出的。它表示吸收过程中，气、液两相达到平衡时，被吸收气体在气、液两相中的浓度关系。实际应用中，被吸收气体在互成平衡的气、液相中的浓度可采用不同的表示方法，其数学表示式有多种。常应用于吸收过程计算中。

(党筱凤　于广荣)

亨特曲线　Hunter's design-load curve

应用概率论制定的用以确定设计秒流量值的图形曲线。系美国国家标准局的亨特（R·B·Hunter）于本世纪 40 年代初提出并作为美国国家法规应用至今。它具有三个主要特性：①卫生器具的使用属于随机事件，并且其随机变量的分布符合二项分布规律；②在满足使用条件下，考虑经济因素引入了用水保证率的概念及规定值；③实用中，对具有多种类型卫生器具的混合系统，采用器具单位数（横坐标）直接查得设计流量（纵坐标）。该曲线在器具单位数较少时有两根：一根适用于大便器冲洗水箱为主的系统；另一根以冲洗阀为主的系统。

(姜文源　胡鹤钧)

恒流器　current regulator

能自动保持负载电流不变的装置。当负载电压和阻抗发生变化时，它能保持负载电流不变。它用于需要恒流的地方，如对灯丝电流变化很灵敏的电子管灯丝处，高稳定的稳压电源中的标准稳压管处等。

(袁敦麟)

恒温恒湿自动控制系统　automatic control systems for constant temperature and humidity

利用自动装置，保证某一特定空间的温度与湿度稳定在规定范围内的自动控制系统。建立在古典控制理论基础上，利用常规工业控制仪表构成的自控系统，把温度与相对湿度的相关性视为扰动，利用两套独立的单参数调节系统实现双参数的恒值控制。建立在现代控制理论基础上，利用计算机构成的智能控制系统，用解耦控制算法，解决被调参数的相关性，提高了控制精度。　　(张瑞武)

恒温型疏水阀　thermostatic steam trap

又称热静力型疏水器。关闭元件由温度敏感元件组成的疏水阀。此类疏水阀分有双金属式、波纹管式和液体膨胀式等。　　　　(田忠保)

横担　cross arm

用来固定绝缘子，并使各导线之间保持一定距离的横杆。常用的分有铁横担、木横担和瓷横担等。

(朱桐城)

横管　horizontal pipe

呈水平方向或与水平线夹角小于 45°的管道。按管道系统分有给水横干管、给水横支管；排水横干管、排水横支管；雨水埋地管和环形通气管等。

(姜文源)

横向气流　cross draught

又称干扰气流。有害物质发生源周围的空气环境中，在水平方向上无规则运动的气流。

(茅清希)

横向位移　lateral displacement

杆件（如橡胶软接）承受剪切荷载时，两端面相互错位，其两端面轴线之间的距离。其允许值与产品的结构形式和公称通径有关。(邢莆桐　丁崇功)

横向下沉式天窗　crosswise sinking skylight

按厂房屋架平行方向部分屋面架设在屋架下弦的天窗。利用上层屋面和下沉屋面部分错开高度所形成的孔口作为天窗的排风口，并能在不同风向自然风的作用下保持排风口处的风压为负值。

（陈在康）

hong

轰燃 flash-over

燃烧空间内积蓄的热量使可燃物质在瞬间突然着火燃烧的现象。可燃物质接受热量急剧升温并加速分解，从而产生大量高温可燃气体，遇新鲜空气即致其表面突然迅速燃烧，是造成火灾的重要原因。

（华瑞龙）

烘手机 warm air hand dryer

又称手烘干器。洗手后将手吹干用的小型热风机组。由外壳、风机、电热元件和控制装置等组成。一般装在洗手盆附近的墙壁上，手伸近风口即开机吹出热风，手离开即自动关机；也有采用按钮起动、延时运行。常用在卫生要求较高的医院、宾馆、饭店、食品工厂、实验室以及公共卫生间、厕所等处，可避免使用公共毛巾造成的交叉感染。 （张延灿）

红外光束线型感烟火灾探测器 infra-red beam line-type smoke detector

应用烟雾粒子吸收或散射红外光束原理而工作的线型感烟火灾探测器。由发射和接收两部分组成。监视范围很大，监视距离按不同规格可达 60、100、200m，横向覆盖可达 14m。用于大型仓库、厂房及电缆隧道等场所。 （徐宝林）

红外光源 infrared radiation source

以产生红外辐射为主要目的的光源。辐射波长范围为 780nm～1mm。一般分为近红外 IR-A（780～1400nm）、中红外 IR-B（1400～3000nm）、远红外 IR-C（3000nm～1mm）。用于军事侦察、通信、物质结构分析及干燥加热、灯光孵化等。 （何鸣皋）

红外火焰火灾探测器 infra-red flame fire detector

对红外光辐射响应的感光火灾探测器。

（徐宝林）

红外探测器 infrared detector

将红外辐射能转换成另一种便于测量的物理量的器件。主要分有基于物体因红外辐射而变热的热效应的热敏探测器和基于物体中的电子吸收红外辐射能而改变运动状态的光电效应的光电探测器两大类。 （王秩泉）

红外线辐射器 infrared radiant burner

产生红外辐射线为主的燃气加热设备。一次空气系数 α' 为 1.03～1.06，辐射面温度为 850～900℃。由若干块多孔陶瓷板或数层铁铬铝金属丝网组成头部，并配以低压引射装置。全部助燃空气依靠燃气压力能吸入，实现燃气-空气完全预混。用于干燥、烘烤、采暖等。 （祝伟华 吴念劬）

红外线墙 infrared barrier

由红外线发射机和接收机组成的防闯入探测系统。发射机发出调制的红外光束直接照射在接收机的红外敏感元件上。当闯入者遮断红外光束时，被接收机发觉，并发出报警信号。可用于住宅和商店等建筑物的监视。 （王秩泉）

虹吸式坐便器 siphon closet bowl

便器内存水弯被充满形成虹吸作用而抽吸排除粪便的坐式大便器。排水能力大，积水面积大，污物不易附着和散发臭气，冲洗水量较大，冲洗噪声也较大。较优于水冲式坐便器。 （金烈安 倪建华）

hou

喉管 throat

利用管内负压将物料和空气由不同入口吸入管内的受料器。常用的有 L 型和动力型。前者其主风口吸入的一次空气和辅风口吸入的二次空气汇合后，流向与输料管中心线的方向基本一致，可减少阻力；舌片可调节进料量，改变落料方向，有利物料的起动和加速；减少气流动力损失。后者是 L 型的改型，消除了物料和空气混合流的运动方向与输料管方向不平行的缺陷；它与 L 型相比，结构简单，输送性能稳定，生产率高，阻力小。

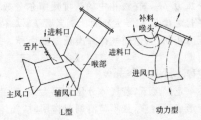

（邹孚泳）

后备保护 back-up protection

被保护元件的主保护或断路器拒绝动作时，能够带有较长时限（相对于主保护）切除故障的保护。按实现方式分有远后备方式和近后备方式两种。

（张世根）

后向叶片离心式通风机 backward curved blades type centrifugal fan

叶轮上叶片弯曲方向和叶轮旋转方向相反的离

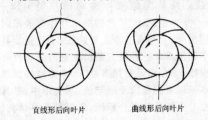

心式通风机。按叶片结构分为曲线形后向叶片和直线形后向叶片。此类通风机风压低，流量大，效率较高。采用机翼形叶片时，效率可达91%。在通风空调工程中应用最为广泛。　　　　　（孙一坚）

hu

呼出加锁　outgoing call barring

又称发话限制。能予以控制国际、国内长途直拨性能。当主人离开话机时，可登记"上锁"，使话机不能直拨长途电话，当主人需要打长话时，可先解锁，然后再使用。它可防止偷打长途电话，减少经济支出。　　　　　（袁　玫）

呼叫等待　calling waiting

当用户电话正在通话，遇第三用户呼入时，可根据需要保留一方，与另一方通话的性能。如具有此性能的甲用户与乙用户正在通话，如遇丙用户呼入时，甲、乙两用户耳机中会听到"等待音"，丙用户可听到"回铃音"，此时甲用户可以有以下三种选择：① 拒绝丙用户呼入，此时不需任何操作，过一定时间后丙与甲的接续中断，"等待音"消失，"回铃音"转为"忙音"；②保留原通话用户乙，改与呼入用户丙通话，并能轮流与乙、丙用户通话；③结束与乙用户通话，改与丙用户通话。它可在电话局（站）进行登记，用户不需要自己进行登记手续。　　　　　（袁　玫）

呼损　call loss

用户发起呼叫时，如在交换机网络中选不到一条空闲出线，从而使接续未能建立而未完成通话的呼唤损失状态。这些不能接通的话务量（即损失话务量）占总发话话务量的百分比称呼损率。它是站内设计中的一个重要质量指标。　　　　　（袁　玫）

呼吸带　respiratory zone

生产车间工人作业地带距地板面高度为1.5～2.0m的空间。　　　　　（陈在康）

呼应信号　calling signal

指以引导人为目的的声光提示的信号。一般分有医院呼应信号和旅馆呼应信号等。　（温伯银）

弧垂　sag

又称弛度、垂度。架空线从悬挂点开始下垂的最大垂直距离。为了防止刮风时导线碰线，它不能过大；为了防止导线受拉应力过大而断线，它又不能过小，它对各种架空线路均有一定的要求。
　　　　　（朱桐城）

弧光放电灯　arc discharge lamp

利用弧光放电过程中正柱区的光工作的灯。按灯管内气压的高低可分为低气压放电灯（又称低压弧光放电灯）和高强气体放电灯（又称高压弧光放电灯）两类。前者如荧光灯和低压钠灯；后者如荧光高

压汞灯、高压钠灯和金属卤化物灯等。（俞丽华）

弧形板滑动支座　movable support with arch plate

仅由弧形板构成支座部分的滑动支座。管道由弧形板托住，滑动面离管道壁很近，因此在安装支座处要去掉保温层，但管道安装位置可低一些。
　　　　　（胡　泊）

户内变电所　indoor substation

又称室内变电所。配电装置和电力变压器均设置在室内的变电所。　　　　　（朱桐城）

户外变电所　outdoor substation

又称露天变电所。高压配电装置和电力变压器位于屋外的地面上，周围设围墙或围栅，而低压配电装置装设在屋内的变电所。　　　　　（朱桐城）

hua

花洒

见莲蓬头（153页）。

华白数　Wobbe index

又称热负荷指数。燃气热值 H（高热值或低热值）和燃气相对密度 S 的平方根之比。以 W 表示。即为 $W = \dfrac{H}{\sqrt{S}}$。当以一种燃气置换另一种燃气时，燃烧器喷嘴前的燃气压力不变，则燃具的热负荷与其成正比；燃烧器的一次空气系数与其成反比。若两种燃气的热值和相对密度各不相同，但只要其值相同，则在同一燃具中能获得相同的热负荷和一次空气系数。它是燃气的一个特性参数。　　（吴念劬）

滑动支架　slide support

管道只允许轴向滑动，不允许或只许稍有垂直轴向位移的部位所装的支架。在竖直管道上不承受管道的重量，只限制该管道的横向位移；在水平管道上可承受管道的重量，并限制其垂直轴向位移。根据管道对摩擦力的不同要求，分为手板支架、滚柱支架、滚珠支架等。用于允许管道线性膨胀的自由伸缩的部位。　　　　　（黄大江）

滑动支座　slide support

靠支座与支承板之间的滑动，保证在管道发生温度变形时管道能自由移动的活动支座。通常分有弧形板滑动支座、曲面槽滑动支座和丁字托滑动支座。　　　　　（胡　泊）

化粪池　septic tank

将生活排水进行分格沉淀，并对沉淀污泥作厌氧消化的小型地下式处理构筑物。其容积应按实际使用人数计算。池型多为长方形，按处理水量分为单格、双格和三格；圆形池仅适用于少量污水。处理后的污泥需定期清挖。一般采用砖、石和混凝土结构筑

成。用于合流制排水系统中建筑物排出污废水的局部处理。　　　　　　　　　　　　　（魏秉华）

化粪池实际使用人数　design person units for septic tank

计算化粪池容积时所采用的计算人数。以建筑物内居住逗留使用卫生器具的人数与总人数的百分比表示。根据建筑物性质确定可采用百分比为：医院、疗养院、幼儿园（有住宿）为 100%；住宅、集体宿舍、旅馆为 70%；办公楼、教学楼、工业企业生活间为 40%；公共食堂、影剧院、体育场和其它类似公共场所（按座位数计）为 10%。

　　　　　　　　　　　　　　　　（魏秉华）

化粪池污泥清挖周期　dredging period of septic tank

化粪池污水中有机物质厌氧消化产生熟污泥的清挖时间间隔。与污水温度、当地气候条件和建筑物使用要求等因素有关，宜采用 3～12 个月。

　　　　　　　　　　　　　　　　（魏秉华）

化合性余氯　combined available residual chlorine

在规定的接触时间终了时，以氯胺（一氯胺、二氯胺和三氯胺）和有机氯胺形式存在的余氯。它的消毒能力不如游离性余氯中次氯酸强，且有机氯胺对水生生物有毒害作用。在水和污水氯化消毒时，应尽量避免出现有机氯胺。　　　　　（卢安坚）

化学除氧　chemical deoxidation

用还原性化学药品和水中溶解氧迅速完全反应的除氧方法。分有联氨除氧、亚硫酸钠去除氧等法。通常作为辅助措施，用以消除经物理法除氧后残留在水中的溶解氧。　　　　　　　（贾克欣）

化学泡沫灭火剂　chemical foam agent

利用酸性和碱性物质的水溶液经化学反应生成泡沫的灭火剂。常用酸性物质为粉状硫酸铝；碱性物质为粉状碳酸氢钠，为降低泡沫表面张力需加入少量发泡剂（如甘草粉）。生成泡沫中的气体为二氧化碳，其抗燃烧性强，在高温作用下泡沫破坏少。用于扑灭易燃、可燃液体火灾，不能用于扑灭可溶性液体火灾。　　　　　　　　　　　　（杨金华）

化学吸附　chemisorption

吸附剂与吸附质之间以化学键力互相吸引，有化学反应发生的吸附。吸附热较大，与化学反应热相近。为单分子层吸附。吸附质很难从固体表面脱出，即使脱出来，也不再具有原来的性状（吸附是不可逆过程）。选择性强，仅能吸附参与化学反应的某些气体。如活性氧化铝对氟化氢的吸附。

　　　　　　　　　　　　（党筱凤　于广荣）

化学吸收　chemical absorption

物质溶解于吸收剂后，并和其中的活泼组分发生化学反应的吸收过程。在过程中传质与反应同时进行。如用碱液吸收二氧化硫等。其吸收效果好，但吸收是不可逆的，不能从溶液中再释放出原来的物质。　　　　　　　　　　　　　（党筱凤）

化学消毒　chemical disinfetion

用化学药剂方法实现消毒目的的过程。主要影响因素有：消毒剂的种类和投加量，消毒剂与水、污水和污泥的混合程度及其接触时间，被消毒介质的温度、pH 值、悬浮物和有机物的含量，微生物的种类和含量等。水、污水和污泥的消毒常用氯和其化合物、臭氧等消毒剂。　　　　　（卢安坚）

化学阻垢　chemical scale control

利用化学药剂和水中成垢物质反应，减少或降低成垢物质沉淀的措施。是循环冷却水系统及锅炉内部阻垢的主要方法。　　　　　　（贾克欣）

化验龙头　laboratory tap

供化验洗涤用水的专用配水龙头。出水口多为锥形螺纹尖嘴状，以供套接胶管或形成束流。由两个水龙头组装成的称为双联化验龙头；另加鹅颈出水管组装成的称为三联化验龙头。　　（张连奎）

化验盆　laboratory sink

洗涤化验器皿、供给化验用水、倾倒化验污水用的卫生器具。与化验水龙头配套使用，盆体本身带有存水弯。材质多用陶瓷，也有玻璃钢、搪瓷制品。常设在化验台的端头或镶嵌在化验台台面上。

　　　　　　　　　　　　　　　　（朱文璆）

画监视系统　picture surveillance system

对触摸、损坏和偷盗画的行为发出报警信号，用来保护挂在展览馆或博物馆墙上的画的系统。

　　　　　　　　　　　　　　　　（王秩泉）

话路接线器　switch

电话交换机中话路交换接续用的设备。交换机制式常以接线器特点来命名。它分为两大类：①机电式金属接点接线器，常用的分有旋转式接线器，步进式接线器，纵横接线器，继电器式接线器，铁簧、笛簧和剩簧接线器等；②电子式无触点接线器，用二极管、晶闸管（可控硅）和集成电路组成，在时分脉码交换的话路网络中采用时分接线器。　　（袁玫）

话务负荷　traffic

见话务量。

话务量　traffic

又称话务负荷。指一定数量的电话用户，在某一段时间内所要进行的电话交换量。即电话站中交换机机键被占用程度的量。其值等于在某一段时间内电话呼叫的总次数乘每次呼叫的平均占用时间。表示每个电话用户的平均话务量称为每线话务量。表示电话站最繁忙 1h 所承担平均话务量称为忙时话务量。它是站内网络机键计算的基础。其单位以每次呼叫占用时间的单位不同可分为：①占用时间以小时为单位的称为小时呼，或称爱尔兰（erlang）；②占用时间以分为单位称为分钟呼（cm）；③占用时间以百秒为单位称为百秒呼（ccs）。其换算关系式为

$$1erlang＝60cm＝36ccs$$

（袁　玫）

huan

环泵式空气泡沫负压比例混合器　around-the-pump foam proportioner

喷射泵型的空气泡沫比例混合器。由喷嘴、真空室、扩散管、吸液管和调节阀组成。为维持真空室稳定的负压，使压力水与泡沫液成比例的混合，将混合液管与水泵吸水管相接，压力水引自水泵出水管，由此组成旁通环泵系统。混合液被水泵经吸水管吸入泵体，经进一步混合，绝大部分由出水管送往空气泡沫产生器，少部分作为压力水进入比例混合器。多用于泡沫消防站及泡沫消防车上。

（杨金华　陈耀宗）

环境控制实验室　controlled environment facility

见人工气候室（201页）。

环流器　core joint

又称芯形接头。连接排水立管与多向横管的上部特制配件。为圆柱与倒锥结合的几何形扩容筒体，内有自立管接口下伸入的一段内管。内管防止立管横管水流相互冲击干扰，并使立管水流散溅至锥体壁上混吸入空气。　　　　　　　（胡鹤钧）

环路电阻限额　limit of loop resistance

用直流信号传送时，用户线和中继线允许环路电阻的最大值。以 Ω 表示。它决定于交换机或调度电话总机允许的信号电阻值。如果部分用户环路电阻大于交换机规定的信号电阻值时，可在部分用户中加装长距离用户中继器。　　　（袁敦麟）

环路作用压力　effective head

用以克服热媒沿环路循环流动中各种阻力的压力差。单位为 Pa。　　　　　　　（王亦昭）

环式配电系统　ring distribution system

两条干线用一断路器联成一个环网形式的配电系统。一般两条干线用同一单母线或单母线两分段上引出，受电设备通过进出线断路器链串于干线上。正常运行时环路断路器开断，成为两个独立配电系统；事故时解开故障点设备，环路断路器闭合，可继续供电，减少事故停电率。其任何一个配电点均可双向取得电源。　　　　　　　　（晁祖慰）

环形多孔动压管测量法　measuring method with an annular velocity-pressure tube

用环形多孔动压管代替风速仪设在散流器出口平面上的测量风量的方法。多孔管开孔方向朝向气流，所测得的压力可近似认为接近于平均动压，然后根据风速与动压平方根成正比关系，算出送风口的平均风速，进而求得风口风量。该法需要对环形多孔动压管在实验室进行标定，求出修正系数后方可用于现场测量。

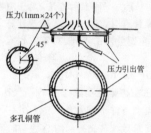

（王天富）

环形通气管　loop vent, circuit vent

自排水横支管上接出并呈一定上升管坡连向通气立管的通气横管。用于排水横支管上接纳的卫生器具数量较多和管道中气压有较大变化的情况。

（张　淼）

环旋器　whirl joint

使多向横管水流切旋接入立管的上部特制配件。为圆柱与倒锥结合的几何形扩容筒体，内有自立管接口下伸入的一段内管，使立管水流散溅至锥体壁上混吸入空气。横管水流旋入有利于空气芯的形成。　　　　　　　　　　　　（胡鹤钧）

环状管网　circle network

干管呈环状布置的给水系统。管道连接点均可双向或多向供水，比枝状管网供水安全。

（黄大江）

环状式接地系统　ring ground

又称网状式接地系统、多点接地系统。将电子设备中的信号接地、功率接地和外壳保护接地都接在一个公用的环状接地干线上的系统。此环状接地母线可设置在电源室、地下室或其他单独的房间内。频率在 10MHz 以上时，一般采用此种系统。

（瞿星志）

缓闭止回阀　slow-close check valve

管道内液体倒流时，阀瓣能缓慢关闭的止回阀。常用缓闭方法有液压阻尼与机械装置等。安装在水泵出水管上防止产生停泵水锤。　　　（张延灿）

缓垢

见管道防结垢（91页）。

缓蚀剂　corrosion inhibitor

又称腐蚀抑制剂。添加到腐蚀介质中能抑制或降低金属腐蚀速度的物质。其主要作用在于抑制金属腐蚀的电化学过程。按其所抑制的极反应来分有

阳极型、阴极型和混合型三类;按其在金属表面形成的保护膜的成膜机理可分为钝化膜型、沉淀膜型和吸附膜型三类。它具有用量少、效果好和使用方便等优点。 (贾克欣)

换气次数 air change

单位时间内全面通风系统送风或排风的体积和室内空间体积的比值。一般表示为每小时若干次换气,是全面通风量的一种表示方法,用于有害物质发生量难以精确计算时,对全面通风量计算的一种概算指标。根据空调要求的不同,对于它也有不同的要求。 (陈在康 戴庆山)

换气效率 air exchange efficiency

通风房间在实际流动状态下的换气次数 N_r 与理想的活塞流动条件下的换气次数(名义)N_n 之比,或房间的时间常数(名义)τ_n 与总驻留时间 $\overline{\tau_r}$ 之比。即

$$\varepsilon_a = \frac{N_r}{N_n} = \frac{\tau_n}{\overline{\tau_r}} = \frac{V}{2G\overline{\langle\tau\rangle}}$$

式中 V 为房间容积;G 为通风率;$\overline{\langle\tau\rangle}$ 为房间平均空气年龄。在活塞流动时,因为 $\overline{\langle\tau\rangle} = 0.5\frac{V}{G}$,故相应有最大值 $\varepsilon_a=1$;在典型的充分混合流动时,因为 $\overline{\langle\tau\rangle} = \frac{V}{G}$,故此时 $\varepsilon_a = 0.5$;若房间内有局部停滞区存在则可使 $\varepsilon_a<0.5$;一般工程的 ε_a 多在 $0.5\sim0.7$ 之间,也不小于 0.3。 (赵鸿佐)

换热器 heat exchanger, exchanger

又称热交换器。两种不同温度的流体进行热量交换的通用设备。按其换热方式的不同通常分为表面式换热器、混合式换热器和蓄热式换热器三大类。在供热工程中主要采用前两类。习惯上常依加热和被加热介质的形态不同分为汽-水换热器和水-水换热器。在燃气工程中则常用烟气及空气间换热的金属或陶瓷换热器。 (王重生 赵建华)

换热器传热系数 heat-transfer coefficient of exchanger

换热器单位散热表面积(m^2),在单位温差($1\℃$)下,单位时间所传给空气的热量。单位为 $W/(m^2 \cdot K)$。根据换热器结构及工作状况(指干、湿工况)的不同,传热系数值也是不同的。 (田胜元)

换热器效能 efficiency of heat utilization of exchanger

又称换热器有效度。换热器实际传热量 Q 与最大可能传热量 Q_{max} 之比值。以 ε 表示。其表达式为

$$\varepsilon = \frac{Q}{Q_{max}} = \frac{Q}{(MC_P)_{min}\ (t_1' - t_2')}$$

$(MC_P)_{min}$ 为换热器两流体热容量中较小的一个;t_1' 和 t_2' 分别为热、冷流体的进口温度。在同样进口温度条件下,逆流换热器 ε 值比顺流换热器大。 (岑幻霞)

换热器自动控制 automatic control of heat exchanger

自动控制换热器的散热(或冷)量,达到控温目的之系统。换热器控温方法分为质调节与量调节两类。利用三通调节阀,改变供回水混合比,自动调节供水温度,从而实现控温目的者属质调;利用两通调节阀或电磁阀,改变供水量,以控制温度属量调。冷/热水换热器属非线性环节,宜配用等百分比特性的调节阀。 (张瑞武)

换热阻 surface (film) resistance of heat transfer

表征阻抗物体表面进行换热的物理量。与换热系数互为倒数。以 R 表示。单位为 $m^2 \cdot K/W$。其值因流动和环境条件变化而异,工程上常按部位不同而分为内表面和外表面换热阻。 (岑幻霞)

huang

黄铜管 brass pipe

以铜基合金为原料经拉制或挤制成型的无缝有色金属管。按成型方法分有拉制黄铜管,生产原料为 H62、H68、H96、HSn62-1、HSn70-1,标准规格为公称外径 $3\sim200mm$、壁厚 $0.5\sim10.0mm$;挤制黄铜管,生产原料为 H62、H96、HP659-1、HFe59-1-1,标准规格为公称外径 $21\sim280mm$、壁厚 $1.5\sim42.5mm$。按材料状态分有软管、半硬管和硬管。由于在工业纯铜中添加了锌、铅等,使其机械强度、硬度和耐腐蚀性都有所提高,价格也有所降低。主要用途与紫铜管相同,还可用于海水和热水的输送。 (张延灿)

黄焰互换指标 yellow tip index

互换后某热负荷下的一次空气系数 a_s' 与互换后该热负荷下的黄焰极限一次空气系数 a_{sy}' 的比值。美国煤气协会用于判定高热值大于 $32000kJ/m^3$ 的燃气互换性的主要指标之一。以 I_y 表示。其表达式为

$$I_y = \frac{f_s a_a}{f_a a_s}\frac{a_{ay}'}{a_{sy}'}$$

f_a、f_s 为基准气和置换气的一次空气因素;a_a、a_s 为基准气和置换气完全燃烧每释放 $105kJ$ 热量所消耗的理论空气量;a_{ay}'、a_{sy}' 为基准气和置换气的黄焰极限一次空气系数。 (吴念劬)

晃抖度 wow-flutter

指重放时唱片线速度变化而产生的频率偏移。是电唱盘的一项重要指标。它主要由于唱盘不平整、偏心,摩擦力变化以及驱动机构不良等引起的。其表

达式为

$$晃抖度 = \frac{\Delta f}{f_0} \times 100\%$$

f_0 为中心频率 (Hz)；Δf 为偏移频率 (Hz)。

（袁敦麟）

hui

灰口铸铁管 grey cast iron pipe

又称普通铸铁管、灰口铁管。用含片状石墨的铸铁 (HT) 铸造成型的铸铁管。与球墨铸铁管相比，其机械强度较低，抗振动、冲击和弯曲性能较差。分有承压铸铁管和排水铸铁管。　　（张延灿）

辉光放电灯 glow discharge lamp

利用辉光放电过程中负辉区的光或正柱区的光工作的灯。前者如辉光指示灯（氖泡）；后者如霓虹灯。　　　　　　　　　　　　　（俞丽华）

回风口 return opening

设在空调房间下部、上部或地面上抽吸室内空气的风口。抽出的空气进入回风系统，或者将空气全部排至室外，或者部分排至室外，大部分返回空气处理装置中进行再处理。除了格栅、百叶型风口可作为它使用外，常见的还有网式、孔板、篦板、蘑菇型以及带滤效过滤器的矩形回风口等。　　（王天富）

回风量 return air requirement

集中式空调系统中，从空调房间抽回来的风量，其值为系统总风量中减去新风量。　　（代庆山）

回火 flashback

可燃混合物流出火孔的速度小于火焰传播速度，火焰缩进燃烧器内燃烧的现象。会损坏燃烧器，引起不完全燃烧，或因此熄火，可能形成爆炸性气体。它在工业和民用燃烧器中均不允许发生。

（吴念劬）

回火互换指数 flash back index

置换气的离焰极限常数、一次空气因素之积与基准气的离焰极限常数、一次空气因素之积的比值。美国煤气协会用于判定高热值大于 32000kJ/m^3 的燃气互换性的主要指标之一。以 I_F 表示。其表达式为

$$I_F = \frac{k_s f_s}{k_a f_a} \sqrt{\frac{H_s}{39940}}$$

k_a、k_s 为基准气和置换气的离焰极限常数；f_a、f_s 为基准气和置换气的一次空气因素，H_s 为置换气的高热值 (kJ/m^3)。根据多种试验气在各种典型燃具上的试验结果，确定为防止回火所必须的 I_F 极限值。

（吴念劬）

回火噪声 flashback noise

在燃气-空气预混式燃烧器中，火焰缩回火孔时而产生的噪声。　　　　　　　　（徐　斌）

回流 ①backflow, back siphonage；②return flow

①给水管道内因水压降低而使受水容器中使用过排出的废水、废液在负压吸入作用下，回吸入其内的现象。

②受限射流静压强沿程增加，在射流末端与前端存在压强差，致使在射流外部与边壁之间形成与射流流动反向的流动。　（胡鹤钧　陈郁文）

回流污染 backflow pollution

由于回流而造成的水质污染。此种污染会导致水致疾病的传播。　　　　　　　（胡鹤钧）

回热 regenerative heat

系统内部由一部分工质放出热量去加热另一部分工质的过程。　　　　　　　　（杨　磊）

回热器 regenerative heater

又称气液热交换器。在氟里昂制冷系统中利用从蒸发器出来的制冷剂蒸汽去冷却进入蒸发器前的高压液体，使制冷剂液体过冷和蒸汽过热的一种热交换设备。使用它的目的是：①使进入压缩机的气体成为过热蒸汽，减少有害过热；②使回气中夹带的液滴气化，防止压缩机产生液击；③使进入蒸发器的液体过冷，减少节流损失。　　（杨　磊）

回声 echo

在原来声音到达以后，可分辨出来的接着而来的一个反射声。实验证明，如果反射声延迟时间大于50ms，而且有足够的响度，人们就能明显区别出是分离的二个声。它对语言清晰度带来严重干扰。

（袁敦麟）

回水 return water

集中热水供应系统中自热水配水管道尽端返回至加热设备或贮热设备的热水。　　（姜文源）

回水泵

见热水循环泵（200页）。

回水干管 return main

热水供暖系统中，连接诸回水立管的管段。

（路　煜）

回水盒

见疏水阀（220页）。

回水立管 return riser

热水供暖系统中，连接上、下层散热器回水支管的竖向管段。　　　　　　　　（路　煜）

回水总管 general return main

热水供暖系统中，回至热源的总回水管段。如它是下降管段，则称为回水总立管。　（路　煜）

回压 back pressure

排水管系中立、横管泄流能力不平衡所引起的

超大气压现象。横干管在承接立管流入的大量排水时,因来不及排泄而在短时滞留充塞管断面并聚集水流所挟带的空气使气压上升。此压力能迅速传递波及所接水封装置中的水封,甚而破坏水封。它可采用管道将此超压引至横干管下游,予以消除。

(胡鹤钧)

回用给水系统 reclaimed water supply system

生活污水与工业废水经回收处理后再次供使用的给水系统。包括城市污废水经处理后回灌入水源。建筑小区范围内的污废水经处理后用作杂用水等。它是节约水资源、减少水源污染的重要途径之一。

(胡鹤钧 张延灿)

回用水 renovated water, reclaimed water

又称再生水。使用过的污废水经回收处理后,再次应用的水。包括中水。

(姜文源 胡鹤钧)

回转式燃气表 rotary gas meter

又称罗茨燃气表。由流入燃气的压力使其中两个8字形啮合转子相对旋转而计量的燃气表。主要由铸铁外壳、转子和计数器组成。体积小,流量大,能在较高的压力下计量。主要用于工业和大型公共建筑用户。

(童福康)

回转式压缩机 rotary compressor

通过滑片,一个或几个啮合零部件,或转子本身的运动来实现位移容积的容积式压缩机。其运动部件是在气缸中运动的一个或几个转子。按其结构形式不同分为螺杆式;滑片式,有单滑片(又称滚动转子式),多滑片之分;旋转活塞式;涡旋式等。它的效率高、能耗低、体积小,具有广泛的应用前景。

(杨磊)

汇编语言 assembly language

针对一类(或几类)计算机抽象出来的符号语言。是一种面向机器的语言。 (温伯银)

汇合通气管 vent header

连接若干根排水立管通气部分顶端,并呈一定上升坡末端伸出屋面的通气横干管。用于建筑物屋面作为人们休憩、停留活动,而每根排水立管通气部分顶端不宜直接伸出屋面的场所。(张森)

汇水面积分水线 divide line in catchment area

根据屋面或需泄水地面的情况所划分的泄水面积界线。对屋面它多为屋脊和伸缩缝或沉降缝处。

(王继明)

会议电话系统 conference telephone system

将不同地点的许多电话通路,按一定方式汇接起来,能举行电话会议的通信系统。所有与会者都能发言及听他人发言。主要设备有:电话汇接机(总机)、电话分机(终端机)、传声器和扬声器等。汇接机中最重要部件是汇接网络,该网络分有电阻式与混合线圈式以及桥分器式两种类型。后者性能稳定,串音防卫度高,且通路数量可不受限制,故应尽量选用装桥分器汇接网络的会议电话设备。汇接机的用户电路有二线和四线制两种。通过会议电话可以和开会一样进行布置工作、指挥生产和交流经验等,它不仅能节省人力、物力和时间,还能提高效率及时解决问题。它在大型厂矿和联合企业中得到广泛采用。

(袁玫)

会议电话性能 conference service

以连接三个以上电话用户,相互通话和进行会议的性能。会议电话召集,可由话务员组织、预约组织和自己组织三种方式。话务员组织是话务员根据会议主持人要求,进行人工汇接;预约组织是在预约时间由程控交换机进行自动汇接;自己组织是由会议主持者自己控制,通过拨调用码和参加会议者电话号码,将会议者一一送入会议。参加会议的人可以随时挂机退出会议。具有保持性能话机,在会议中途可把会议保持住,然后再返回会议。 (袁玫)

hun

混合层 air mixing zone

采用孔板送风时,送风气流与室内空气进行充分混合的区域。 (邹月琴)

混合风阀 mixing multiblade damper

在定风量空调系统中,用来将两种不同状态的空气,如新风与一次回风,经加热或冷却减湿处理的空气与旁通空气,按预先规定的比例进行混合,并保持混合后的总风量不变的联动式多叶风阀。常用于空调系统运动中调节风量。 (王天富)

混合管 mixing tube

又称喉管。引射器中截面积最小一般呈圆柱形的部件。直径尺寸直接影响引射能力的大小,由计算确定。长度影响燃气和空气混合的均匀程度,由实验资料确定。 (吴念劬)

混合龙头 mixing faucet

可随意调节冷、热水比例并混合供给使用的配水龙头。由冷热水进水口和一个(或两个)混合出水口组成。常用于向淋浴器、洗脸盆、浴盆等卫生器具供热水。按结构形式分有双阀门式和单阀门式;按温度调节方式分有手动式和自动式。(张连奎)

混合器 mixer

①又称气水混合器、混流器。使下落水流混入空气减轻比重,并防止发生水舌现象的上部特制配件。外形为半倒锥箱体,进口为乙字弯,内部有竖向隔板将立管横管水流分隔开形成两个水流区,尔后又汇

合下流。在前后上侧四个方向最多可接入 7 根横管。能有效地平衡排水管系统的压力。

②利用热媒与冷水直接混合制备热水的装置。按热媒分有汽-水混合器与冷热水混合器等。

③将多个频道信号混合汇成一路输出的装置。按输入端数目即被混合的信号数分有二、三、四路等混合器。各输入端之间要求有良好的隔离性能。

(郑大华 姜文源 刘振印 余尽知)

混合器的接入损失 mixer insertion loss

混合器输入功率与输出功率之比。通常用 dB 表示。即输入端电平分贝数与输出端电平分贝数之差。不同混合器的接入损失不同,由高低通滤波器构成的混合器一般有 1dB 左右,窄带通混合器通常有 3～4dB。 (余尽知)

混合式供暖系统 combined upward and downward flow heating system

下供上回(倒流)式与上供下回式单管顺序式系统串联组成的热水供暖系统。适用于高温水供暖系统。无需使用水喷射器或混合水泵来降低供水温度;但初调节较为困难。 (路 煜)

混合式换热器 mixing heat exchanger

又称直接接触式换热器。两种不同温度的流体,通过直接接触或混合进行换热的设备。主要类型分有淋水式换热器和喷管式换热器。 (王重生)

混合式接地系统 hybrid earth system

在每个电子设备内用辐射式接地线,然后把各个电子设备的总接地端子板上的汇接点用短、直、扁平线都接在环状接地母线上的系统。即把辐射式接地系统与环状式接地系统相结合。频率在 1～10MHz 之间时,一般采用此种系统。 (瞿星志)

混合式空调系统 mixing system of air conditioning

空调房间的送风,由一部分新风和一部分回风经混合后送入房间的空气调节系统。 (代庆山)

混合式配电系统 multiple distribution system

一个配电系统既有放射式特征的馈电线路,又有树干式特征的干线。 (晁祖慰)

混合式雨水排水系统 combined storm system

内排水与外排水方式相结合的雨水排水系统。适用于连跨厂房跨数过多及天沟过长的情况。

(王继明 张 淼)

混合室 mixing chamber

喷射器内接受室出口断面与扩压管入口断面之间的通道空间。其形状分有圆筒形(包括圆筒前接一段圆锥)和圆锥形两种。该室入口断面与喷嘴出口断面的轴线位置分有重合和离开一段距离两种情况。在该室内两股速度不同的流体进行速度均衡与能量交换。在出口断面上形成运动要素与热力状态均一的混合流体。对汽-水喷射器在设计工况下,蒸汽还将进行凝结放热。在该室出口断面上形成均匀的单相流体。 (田忠保)

混合室速度系数 velocity coefficient of mixing chamber

考虑在混合室内两股不同流速的流体混合时因相互碰撞及摩擦而引起的不可逆损失而引入的系数。 (田忠保)

混合水 mixed water

两种不同水温的水在贮水设备、贮水构筑物或配水附件中混合而成的热水。其温度取决于两者的水温和水量。 (姜文源)

混合水量 mixing water demand

冷热水按其各自水温和一定比例进行混合后,水温达到使用要求的冷热水总水量。 (姜文源)

混合照明 mixed lighting

在整个场所中具有一般照明与局部照明两种混合的照明方式。 (江予新)

混接 cross connection

生活饮用水经由管道或受水容器、设备与非饮用水或污废水串混而导致水质有被污染可能的物理现象。分有直接混接和间接混接两种。国内外由它引起的水致疾病事件屡见不鲜。防止其发生的唯一有效措施为空气隔断。 (胡鹤钧)

混流器

见混合器 (108 页)。

混凝土排水管 cement pipe, concrete pipe

又称水泥排水管。用素混凝土经悬辊、离心或挤压成型制成的非金属排水管。可就地取材加工,无需进行防腐处理,使用寿命长。但抗渗性能较差。管节较短,接头较多,自重大,搬运不便,施工麻烦,抗震性能差。一般采用承插式填塞水泥砂浆接口,也有采用水泥砂浆平接口或抹带接口。中国标准规格为公称内径 75～450mm。主要用于重力排水。

(张延灿)

混响 reverberation

当声源停止发声后,由于房间内存在边界面或障碍物,使声波在其间多次反射或散射,使声音产生延续的现象。 (袁敦麟)

混响器 reverberation unit

又称残响器、回响器。可增加节目混响效果的设备。利用它可获得连续延时无规则起伏的衰减信号,如用它来模拟空洞厅堂的声音效果,或山谷中声音回响效果。它分有钢板混响器、镀金箔混响器、磁性混响器和弹簧混响器等。它应与调音台等设备配合使用。 (袁敦麟)

混响声 reverberant sound

又称漫射声。当房间内声音达到稳态或声源连

续发声时，在同一时刻所有一次和多次反射声在某点相叠加的声音。 （袁敦麟）

混响时间 reverberation time

当声源在房间内停止发声后，声能密度下降为原有数值的1％所需的时间。单位为s。房间愈大，房间内吸声量愈小，该时间愈长；反之就愈短。在某一声学环境下，能够达到最佳听感效果时的该时间称为最佳混响时间。不同大小的房间或厅堂，作不同用途（演讲、歌唱、演奏等）时有不同的最佳混响时间。一般作歌唱、演奏用时，该时间要长一些；作演讲时应短一些。因该时间过长，演讲语言清晰度就要降低。 （袁敦麟 陈惠兴）

huo

活动算板式回风口 movable grate plate type air return opening

外算板固定，内算板活动，利用调节螺栓使内算板在左右方向略为移动，从而改变吸风面净面积的矩形回风口。 （王天富）

活动支座 movable support

支承管道（管道、热媒、保温材料）重量，并保证管道发生温度变形时能自由活动的管道支座。分有滑动支座、滚动支座、滚柱支座和悬吊支架。 （胡 泊）

活动支座允许间距 allowable spacing of movable support

按照管道的强度条件和刚度条件确定的，允许采用的活动支座的最大距离。其大小决定着管网中支座的数量，所以在确保管道安全运行的前提下，应尽可能扩大活动支座间距。 （胡 泊）

活接头 union

俗称由任。将两根不允许旋转的管子直线相连接的管接头。由两个一端为内螺纹或外螺纹另一端为外螺纹的零件与一个锁紧螺母组成，其间的密封面形式分有平面、球面和锥面。一般为等径连接。用于焊接钢管、塑料管等需经常拆卸部位的螺纹连接。 （路 煜 唐尊亮）

活塞式减压阀 piston pressure reducing valve

通过活塞位移改变阀瓣开启程度而进行减压的阀门。活塞感受经脉冲阀节流后的阀前蒸汽的压力脉冲，与下弹簧的弹力相平衡而上下移动。脉冲阀的节流程度由阀后蒸汽压力反馈通过薄膜片及上弹簧的作用来调节，从而能稳定阀后蒸汽的压力。此阀减压范围大，工作可靠。 （王亦昭）

活性炭 activated carbon

含炭的有机物质（如果壳、木材、骨头等）经高温炭化后，再经活化处理后得到的物质。主要成分为炭。按其型体可分为粉状、粒状、柱状、片状等。它是非极性吸附剂，多用于吸附非极性吸附质（如有机毒物）。 （党筱凤）

活性炭过滤

见活性炭吸附（110页）。

活性炭过滤器 activated carbon filter

又称活性炭净水器。以活性炭为过滤介质的水处理装置。利用活性炭的物理和化学吸附作用去除嗅、味、色等有机物质和某些重金属离子；经渗银处理的活性炭尚有消毒杀菌作用。常分有重力式和压力式。是水质深度处理的重要设备。 （孙玉林 胡 正）

活性炭吸附 activated carbon adsorption

又称活性炭过滤。利用活性炭的吸附作用去除水中杂质的处理过程。活性炭具有发达的孔隙结构和巨大的表面积，在与液相接触的界面上，在化学和物理性质的作用下，使溶质产生浓缩或积聚的效果。它分有通过粒状活性炭层过滤及定量投加粉状活性炭搅拌两种工艺。广泛用于给水处理中去除微量有害物质及嗅、味和工业给水的预处理。在废水的深度处理上用于去除难于生物降解或化学氧化的少量有害物质以及一些重金属离子。（袁世荃 胡 正）

活性氧化铝 activated alumina

将含水的氧化铝加热，驱出其中的水分后得到的物质。主要成分为 Al_2O_3。它是极性较强的吸附剂，适用于吸附极性吸附质（如氟化氢等）。也可作为催化剂载体。 （党筱凤）

火焰传播浓度极限 flammability limits

又称爆炸极限。指火焰在可燃混合气体中传播的燃气浓度界限。受可燃混合气体温度、压力和其中的氧气、灰尘、水蒸气及惰性气体含量等因素的影响，分为上限和下限。当燃气浓度在上、下限间时，火焰有可能传播，也有可能发生爆炸。（施惠邦）

火焰传播浓度上限 high limit of flammability

又称火焰传播浓度高限、爆炸上限。指可燃混合气体中火焰传播所必需的最高燃气浓度值。其大小因燃气种类而异。各单一燃气组成的混合燃气上限值 Z，可估算为

$$Z = \frac{100}{\sum \frac{X_i}{Z_i}}(\%)$$

X_i 为各单一燃气的体积百分数（％）；Z_i 为各单一燃气的上限值（％）。 （施惠邦）

火焰传播浓度下限 low limit of flammability

又称火焰传播浓度低限、爆炸下限。指可燃混合气体中火焰传播所必需的最低燃气浓度值。其大小因燃气种类而异。各单一燃气组成的混合燃气下限值 Z，可估算为

$$Z = \frac{100}{\sum \dfrac{X_i}{Z_i}} (\%)$$

X_i 为各单一燃气的体积百分数（%）；Z_i 为各单一燃气的下限值（%）。 （施惠邦）

火焰传播速度 speed of flame propagation

火焰在单位时间相对未燃混合气体的移动距离。单位为 m/s 或 cm/s。其大小与可燃混合气体的流动状态、组成、温度、压力及其中的燃气浓度有关，还受其中的惰性气体、水蒸气、灰尘的含量以及燃具火孔直径等因素的影响。它决定着燃气燃烧的稳定性。分有法向火焰传播速度和可见火焰传播速度。前者是火焰在单位时间内沿火焰面法向移动的距离。当火焰在静止或层流的可燃混合气体中传播时，焰面通常是一个曲面，与火焰面上任意一点的切线方向垂直，大小与通过该点的垂直于该切线的未燃混合气体速度分量相等、方向指向火焰中心的火焰传播称为法向火焰传播；后者是可见火焰面在单位时间内相对于未燃混合气体的移动距离。火焰在一管内处于静止或层流状态的可燃混合气体中沿轴向的传播称可见火焰传播。两者关系为

$$v_m F_0 = S_n F$$

v_m 为可见火焰传播速度；F_0 为管子截面积；S_n 为法向火焰传播速度；F 为火焰表面积。 （施惠邦）

火焰点火 pilot flame ignition

旧称手工点火。用点着后的小火置于可燃混合气体中引起燃烧的点火。引发点火的可能性取决于可燃混合物组成、点火火焰与可燃混合物间接触时间、火焰大小和温度及混合强烈程度等。 （施惠邦）

火焰感度 flame sensitivity

炸药在火焰能量激发下能引起爆炸反应的难易程度。是衡量爆炸过程稳定性大小的标记。通常以引起爆炸变化最小外界能量（称为爆冲量或能）表示。火焰激发冲量越小，炸药的敏感度越高；反之越低。是制定炸药在制造、储运、保管、使用中安全技术规程的主要依据。 （赵昭余）

火焰检测器 flame detector

燃气燃烧器熄火保护装置中用于检测燃气是否燃烧的检测元件。一般分有紫外线火焰检测器和热敏电阻式检测器等。 （顾 卫）

火焰拉伸理论 flame stretch theory

用以解释脱火现象的理论。1968 年英国科学家吕特（B·Reed）提出。火焰在具有速度梯度的运动气流中传播时，呈凸向气流的曲面，面向未燃气体的焰面面积大于面向已燃气体的焰面面积，即焰面被拉伸。焰面拉伸越多，所需加热的未燃气体体积就越大，火焰温度越是降低，甚至会导致火焰熄灭，发生脱火现象。 （吴念劬）

火焰蔓延速度 velocity of flame spreading

火焰沿前方法线方向的传播速度。首先与系统的初始状态有关（反应混合物的组成、温度和压力）；其次还受流动和几何尺寸变化的影响；此外，由于火焰是燃料与氧化剂之间的一种化学燃烧反应，故与可燃物质本性、气象（主要是风速）、堆砌状况和地势等有关。对于室外火灾，风速大，蔓延就快；逆风向，蔓延就慢；顺风向，蔓延就快；侧风向，蔓延为居中。 （赵昭余）

火灾保险 fire insurance huo

用于补偿因火灾事故造成经济损失的保险基金。一般以国家保险公司一方为保险人，以财产占有者的机关、团体、企业、事业单位或个人一方为被保险人（或称投保人）。双方签定财产保险合同书，规定被保险财物的价值、保险期限。投保人按合同书规定向保险公司支付一定的保险费。 （马 恒）

火灾报警控制器 fire alarm control unit

为火灾探测器传电、接收、显示和传递火灾报警信号，并能对自动消防设备发出控制信号的火灾报警设备。是火灾自动报警系统的重要组成部分。按容量分为单路和多路；按用途分为区域火灾报警控制器、集中火灾报警控制器和通用火灾报警控制器；按结构型式分为台式、柜式和壁挂式等。（徐宝林）

火灾报警设备 fire alarm installations

火灾报警系统中用以接收、显示和传递火灾报警信号，并能发出控制信号和具有其他辅助功能的控制和指示设备。如火灾报警控制器等。 （徐宝林）

火灾分类 fire classification

根据物质燃烧特性对火灾的分类。划分为四类：A 类火灾、B 类火灾、C 类火灾和 D 类火灾。电气火灾不作单独类型列入。它对防火和灭火，特别是对选用灭火器扑救火灾有指导意义。 （赵昭余）

火灾荷载 fire load

空间中所有可燃材料包括建筑结构、装修、陈设等的总潜热能，即建筑物内全部可燃物质完全燃烧的总燃烧热量。一般用平均火灾荷载表示，单位为 J/m^2。通常分为低火灾荷载建筑（小于 $114000J/m^2$）、中等火灾荷载建筑（大于 $114000J/m^2$，小于 $228000J/m^2$）和高火灾荷载建筑（大于 $228000J/m^2$，小于 $456000J/m^2$）。其值大，可燃物多，单位时间放热量多，火势蔓延快，火灾损失大。故对其进行控制，于建筑物的防火安全具有重要意义。 （杨渭根）

火灾荷载密度 fire load density

单位建筑面积上的火灾荷载，即单位建筑面积上的平均可燃物质的质量。单位以 kg/m^2 计。如典型建筑房间：卧室为 $21kg/m^2$；起居室为 $19kg/m^2$；

餐室为 17.6kg/m²;厨房为 15.6kg/m²;疗养院病房为 12.7kg/m²。与建筑物的消防安全关系十分密切。其值越大,火灾的危险性越大,火灾发生后燃烧强度大,燃烧时间长,发热量大,辐射热强,疏散人员和灭火困难,且容易形成大面积火灾;反之,火灾危险性小,火灾后燃烧强度和热量低,辐射热弱,疏散人员和灭火方便,不易造成大面积火灾。故对建筑结构、装修材料、家具陈设等采取非燃化或难燃化措施,控制和降低其值,对于保障建筑物和人民生命财产的安全极为重要。   (杨渭根)

火灾阶段 phase of fire

根据火灾发展过程中火势的大小、强弱、猛烈程度等而区分的阶段。一般分为初起阶段、发展阶段、猛烈燃烧阶段、火势下降阶段和熄灭阶段等。
(华瑞龙)

火灾警报装置 fire alarm device

火灾报警系统中用以发出区别于环境声光的火灾警报信号的装置。如火灾警报器。 (徐宝林)

火灾损失 fire loss

因火灾造成的损失。分有直接经济损失和火灾间接经济损失。前者为被火烧毁、烧损、烟熏,灭火中破拆、水渍,因火灾引起的污染等所造成的损失;后者为因火灾而停工、停产、停业所造成的损失,以及现场的施救、善后处理费用(包括清理火场、人身伤亡后所支出的医疗、丧葬、抚恤、补助救济、歇工工资等费用)。   (马 恒)

火灾探测器 fire detector

能对火灾参数响应并自动产生火灾报警信号的触发器件。是火灾自动报警系统的主要组成部分。含有至少一个能连续或以一定周期监视与火灾相应的物理或化学现象的传感器,并能同时向火灾报警控制器发送信号。   (徐宝林)

火灾统计 fire statistics

有关火灾发生时间、地点、单位、部件、起火原因、灭火力量、扑救情况和火灾损失等数据的收集整理,计算和分析等的统计。是研究火灾规律、特点和指导消防工作的科学依据之一。   (马 恒)

火灾危险性 fire risk

可燃性物质发生火灾的可能性及造成人员伤亡,经济损失等后果的综合评价及估计。根据可燃物质着火的难易程度,可燃物数量的多少,火源接触情况以及与此有关的建筑、结构和各种设备的布局等因素,消防部门对工矿企业、科研单位、物资仓库、重点建筑等的火灾危险性大小作全面衡量,并据此将这些单位列为重点保护、一般保护等不同的保护对象,制定相应的消防管理办法,规章制度和防火、灭火等有效措施。   (赵昭余)

火灾延续时间 duration of fire

一场火灾自发生至扑灭的全过程时间。按火灾统计资料,并考虑可燃物数量,建筑物性质、用途等因素而确定。用于计算消防用水量、消防水池容量等系指消防车到火场开始出水时至火灾基本被扑灭的时间。   (应爱珍)

火灾自动报警系统 automatic fire alarm system

用于尽早探测初期火灾并发出警报,且无需人参与的报警系统。由触发器件、火灾报警设备、火灾警报装置以及具有其他辅助功能的设备组成。按系统作用规模分有区域报警系统、集中报警系统和控制中心报警系统。   (徐宝林)

火灾自动报警系统设计规范 standard for the design of the automatic fire alarm systems

为合理设计自动报警系统,早期发现和通报火灾,保护人身和财产安全而制定的规范。主要内容包括:总则,报警区域和探测区域的划分,系统设计,消防控制室,设备的选择,火灾探测器和手动火灾报警按钮的设置,系统供电及布线等。 (马 恒)

霍尔效应压力变送器 Hall-effect pressure transducer

将被测压力值通过霍尔元件组变换为相应的直流电势输出的压力变送器。在介质压力的作用下,弹性元件(波登管、膜片、膜盒及波纹管等)带动霍尔元件在磁场中产生同样位移,这就在垂直于电流磁场的方向上产生一个与被测压力成正比的直流电动势,以此作为输出信号。   (刘幼荻)

J

ji

击穿电压　spark-over voltage

形成火花击穿的供电电压。在电除尘器正常工作时,其电晕电流维持在正常水平。当电压升高到某一值时,电极间将产生火花放电,出现很大的电流,而极间电压降到很低的现象称为火花击穿。这时电除尘器的工作遭到破坏。　　　　　　　（叶　龙）

机器露点　mechanical dew point

空气经喷水室或表冷器处理后接近饱和（相对湿度在90％左右）的终状态点的温度。通过调节水温来控制机器露点是保证空气处理终参数的有效手段。　　　　　　　　　　　　　　　（田胜元）

机械处理

见一级处理（276页）。

机械功有效利用系数　mechanical power effectiveness factor

人体外部机械功与新陈代谢热的比值。该系数反映了人体在不同活动形式下新陈代谢热中对外做功的比数。该值与空气流速有关。　　（齐永系）

机械回水　forced return of condensate

凝水先靠位能自流入凝水箱,然后用凝水泵加压,将凝水打入蒸汽锅炉的回水方式。（王亦昭）

机械进风　forced inlet air

利用通风机等机械动力向室内送入空气的方式。　　　　　　　　　　　　　　　　（陈在康）

机械连接　mechanical joint

用机械方法或机械装置构成的压紧密封连接方式。分有螺纹连接、法兰连接、镶嵌连接、扩口连接等。它便于拆卸。　　　　　　　　　　（张延灿）

机械排风　forced exhaust air

利用通风机等机械动力从室内排出空气的方式。　　　　　　　　　　　　　　　　（陈在康）

机械排烟　mechanical smoke exhaust

以通风机或风扇为动力所进行的强制性排烟。按排烟作用范围分有局部排烟和集中排烟。前者分别在各房间外墙上装风扇直接向室外排烟;后者在建筑防烟分区内设一风机,通过排烟竖井排烟。按送风动力分有机械排烟机械送风和机械排烟自然进风。前者利用装在屋顶上的排烟风机,经设在防烟楼梯（或消防电梯）前室上部的排烟口,通过排烟竖井

向屋顶上空排,同时用送风机经送风竖井与送风口向前室或走道下部送入室外空气;或用装在房间外墙上部的风扇直接向室外排烟,同时用装在走道外墙下部的风扇送入室外空气;后者靠排烟风机所造成的负压补入室外空气。　　　　　　　（邹孚泳）

机械通风　forced ventilation

依靠通风机等机械动力使室内空气流动而实现的通风方法。　　　　　　　　　　　（陈在康）

机械湍流　mechanical turbulence

由动力因素形成的湍流。主要决定于风速和地面粗糙度。如由近地面空气与静止地面的相对运动而形成的湍流;空气流经地面障碍物（如山丘、树林、建筑物等）引起风向和风速的突然改变而造成的湍流。　　　　　　　　　　　　　　　（利光裕）

机械型疏水阀　mechanical steam trap

利用凝结水液位的变化而引起浮子升降,从而控制阀孔启闭的疏水阀。依浮子的形状不同分为浮桶式、浮球式和倒吊桶式。　　　　（田忠保）

机械循环　mechanical circulation

水在闭式管路中借助动力机械循环流动的方式。按对热水使用要求、管道水容量大小及经济等因素分有全日制与定时制两种。用于高层、大型工业民用建筑的热水系统。　　　　　　　（陈钟潮）

机械循环热水供暖系统　forced circulating hot water heating system

又称强制循环热水供暖系统。以水泵为动力使热水在系统内循环的热水供暖系统。与自然循环热水供暖系统相比:作用半径大;水在水管内的流速高、管径小,初投资省;系统热容量小、升温快;受自然（重力）作用压头影响小;如使用对流器或辐射板等阻力大的散热设备,则只能使用该热水供暖系统。但需耗电,水泵需维修,有噪声。（路　煜）

机械噪声　mechanical noise

固体机械振动产生的噪声。如风机、水泵、压缩机等旋转时,其机体振动产生的噪声。它属于固体声。　　　　　　　　　　　　　　　（范存养）

机械振动清灰　vibration or shaking cleaning

利用机械装置振打或摇动悬吊滤袋的框架,使滤袋振动而导致积附于滤袋上的粉尘脱落。它的机械结构较简单、运行可靠,但清灰能力较弱,只允许较低的过滤风速,而且易于损伤滤袋。它清灰时需停止过滤,因此常将整个除尘器分隔成若干袋室,顺次

地逐室清灰,以保持除尘器的连续工作。(叶 龙)

积分时间常数 integral time constant

表示积分作用的速度和强弱的可调参数。是 PI 调节器的整定参数。若增大,则积分作用减弱;若减小,则积分作用增加。电子单元组合仪表的积分时间变化范围:PI 调节器一般为 3～300s;PID 调节器一般为 6～1200s。 (唐衍富)

积极隔振 active isolation

又称主动隔振。对于本身是振源的设备,为了减小对周围设备及建筑物的影响,与地基或基础隔离开来的措施。 (甘鸿仁)

基本绝缘 basic insulation

用于带电部分以防止电击的基本保护。即保证电气设备正常工作和避免触电的绝缘。如电动机转子的槽绝缘、定子线圈的绝缘衬垫等。(瞿星志)

基本状态参数 basic state parameter

可直接或间接地利用仪器测量出来的状态参数。如温度、压力和比容。 (岑幻霞)

基准电流 reference current

标么制中选定作为基准值的电流。(朱桐城)

基准电压 reference voltage

标么制中选定作为基准值的电压。(朱桐城)

基准风口调整法 adjusting method by means of reference air outlet

风量调整前,用风速仪将全部风口风量初测一遍,计算初测风量(L_c)与设计风量(L_s)比值的百分数的调节方法。在各分支干管中选择比值最小的风口作为基准风口。通过初调节使各风口的实测风量与设计风量比值接近相等。 (王天富)

基准气 adjustment gas

用于设计燃具,并对其进行初调整的燃气。通常把某一城市或地区的主气源或具有代表性的燃气定为基准气。 (杨庆泉)

基准容量 reference capacity

标么制中选定作为基准值的容量。(朱桐城)

激光测速仪 laser anemometer

利用激光照射到浮游在流体中的速度等于流体速度的微小粒子,产生的与微粒速度成正比的散射光多普勒频移信号,测量流体速度的仪表。 (刘耀浩)

激光唱机 compact disk player

用激光技术制成的电唱机。它将唱片上的音频数字信号还原成音频信号。这种激光技术通常为半导体激光($\lambda=780nm$)。发射期间为连续信号。它与普通电唱机相比,不与唱片直接接触,因此杂音小,唱片几乎不磨损。 (袁敦麟)

激光唱片 CD, compact disk

适用于激光唱机用的唱片。 (袁敦麟)

激光显示 laser display

连续激光束经调制器控制输出量、偏转器控制偏转,实现对屏幕扫描,形成的显示。(温伯银)

激光线型感烟火灾探测器 laser line-type smoke detector

应用烟雾粒子吸收或散射激光光束原理而工作的线型感烟火灾探测器。 (徐宝林)

极端最低温度 extremely low air temperature

一定时段内,逐日室外最低温度的最小值。就一地而言,有候、旬、月、年和累年极端最低温度。累年极端最低温度系指以往特定的连续年份(不少于3a)中,逐年逐月逐日最低温度的最小值。 (章崇清)

极化继电器 polarized relay, polar relay

由极化磁场与控制电流通过控制线圈产生的磁场的综合作用而动作的继电器。其极化磁场一般由磁钢或通直流的极化线圈产生;继电器衔铁的吸动方向取决于控制绕组中流过的电流方向。其灵敏度高和动作速度快。 (王秩泉)

极限变形量 ultimate deformation

在弹性范围内,杆件允许承受最大压缩力时的缩短值。如弹簧,以其自由高度为基准。 (邢弗桐 丁崇功)

极限荷载 ultimate load

杆件的内应力达到其在弹性范围内允许最大值时,施加在其上的总压缩力。单位为 N。此值与其材质和刚度有关。它随着刚度的增加而增加。 (邢弗桐 丁崇功)

极限流量比 limit flow ratio

排风罩把全部污染气流排走时所需的最小排风量中,从周围环境吸入的空气量与污染气流量的比值。排风罩只有在达到其值时才有可能排走全部污染气流。其值大小与污染气流发生量无关,只与有害物质发生源和罩的相对尺寸有关。 (茅清希)

即时负荷 instantaneous load

不受建筑蓄热效应影响,全部即时直接作用于空调系统的负荷。如新风及渗透负荷。(赵鸿佐)

急修 emergency repair

燃气管道和设备出现不安全供气状况所采取的紧急处理和修复。常用于严重漏气、爆炸、中毒、火警和中断供应等事故现场。 (蔡尔海)

集尘极 collection electrode

电除尘器中与电晕极极性相异,而使荷电尘粒在电场力作用下驱向并沉积在其表面的接地板状或管状电极。对它的基本要求是:①有良好的电气性能,即流向极板的电流和极板附近电场分布均匀;②有利于减少积尘层脱落时的二次扬尘;③当采用振打清除积尘时,板面振动加速度分布较均匀;④刚度较大、不易变形，金属耗量较少。实际运行中它能否具有良好的工作性能，除需有合适的极板外，悬吊方式与配件以及清灰振打装置（或刷除、冲清装置）也应合理，是直接影响除尘效率的重要条件。

（叶　龙）

集气法　collect method

用容器直接采集气体的采样方法。当空气中有害物质浓度较高或检测仪器较灵敏，或者有害物质不易被吸收、吸附时，用容器直接采集气体来测定，所测结果为瞬时浓度或短时间内平均浓度。相应的采样方法分有真空瓶法、置换法、采气袋法和注射器法等。

（徐文华）

集气罐　air collector，air bottle

热水供暖系统中用于积存和定期排除空气的设备。分有立式和卧式两种。一般安装在热水供暖系统的最高处。在机械循环系统中宜设在水平供水干管的末端，且水平干管沿水流方向应逐步抬高，使水中气泡的运动方向与水流方向一致；否则，水平干管中水流速度一定要小于气泡浮升速度，以免气泡被水流带走而无法排出。

（王义贞　方修睦）

集热板

见吸热板（253 页）。

集热-储热墙式太阳房　thermal collect thermal storage wall solar house

利用建筑物南墙收集并储存太阳能，通过自然对流、辐射和导热等方式向室内传热的被动式太阳房。分为特隆勃墙式和水墙式。　（岑幻霞）

集热管　heat collecting tube

通过管壁将吸取的太阳辐射热能传递给管内冷水的部件。常用管材有薄壁钢管、铝管、铜管和不锈钢管等。

（刘振印）

集热器　heat collector

太阳能热水器中吸收太阳辐射能并向冷水传递热量的装置。一般由透明罩、隔热材料、吸热板、集热管和外壳组成。按构造分有开放式集热器、半开放式集热器、管板式集热器和真空管式集热器。按水流方式分有循环式、直流式和闷晒式。　（刘振印）

集热器效率　solar collector efficiency

集热器工质获得的热量与投射到集热器采光表面上的太阳辐射量之比。其值大小与集热器结构、工质参数（温度、流量）以及气象因素（太阳辐射、环境温度及风速）有关。

（岑幻霞）

集散控制系统　distribution control system

根据分级控制的基本思想，实现功能上分离，位置上分散，以"分散控制为主，集中管理为辅"的控制系统。它是 4C 技术即计算机（computer）、控制器（controller）、通信（communication）和 CRT 显示技术相结合的产物。它以微处理机为核心，把微机、工业控制计算机、数据通信系统、显示操作装置、过程通道、模拟仪表等有机地结合起来，采用组合式结构组成系统。这种控制系统目前在国内外都得到迅速发展及较广泛的应用。　　　　　（陈惠兴）

集水器　return header

又称回水联箱。当供暖建筑物或供暖分区数目较多时，为便于集中控制和管理而在集中锅炉房内或热力点内设置的回水汇合装置。　　（路　煜）

集油器　oil receiver，oil trap

氨制冷系统中用来收集存放从油分离器、冷凝器、贮液器、蒸发器等分离出来的润滑油，并按一定的放油操作方法将油排放出系统的设备。（杨　磊）

集中报警系统　central alarm system

由集中火灾报警控制器与火灾探测器等组成的火灾自动报警系统。结构复杂、功能较多、规模较大，一般设有消防控制室。用于要求较高的保护对象。

（徐宝林）

集中供暖地区　central heating region

冬季室外温度较低，供暖期较长，必须设置供暖设备，且以设置集中供暖比较经济合理的地区。中国暖通风与空气调节设计规范规定累年室外日平均温度稳定低于或等于 5℃ 的日数大于或等于 90d 的地区。　　　　　　　　　　　　　　　（岑幻霞）

集中供暖系统　central heating system

由集中热源供给多个房间或多个建筑物热量的供暖系统。可集中管理，节省人力；卫生清洁，对环境污染小；热源热效率高，节省燃料；易于实现自动控制。　　　　　　　　　　　　（路　煜）

集中火灾报警控制器　central fire alarm control unit

接收区域火灾报警控制器或与其相当的其他装置所发出的报警信号的多路火灾报警控制器。

（徐宝林）

集中给水龙头

见给水栓（117 页）。

集中给水栓

见给水栓（117 页）。

集中加热设备　central heating equipment

为集中热水供应系统制备贮存大量热水的加热设备。主要有设置在集中锅炉房或水加热器间中以蒸汽为热媒间接加热的容积式水加热器、快速式水加热器、半即热式水加热器与热水贮水器以及热水锅炉等。由于设备集中，安全控制、维护管理均较有保证。它亦适用于区域热水供应系统。

（钱维生　刘振印）

集中热水供应系统　central hot water supply system

供给一幢或数幢建筑物所需热水的整个系统。

由集中加压设备与热水管系两主要部分组成。按释放管系内热水膨胀增压的方式分有开式热水供应系统与闭式热水供应系统两类。(陈钟潮 胡鹤钧)

集中式空气调节系统 central air conditioning system

使空气经过设置在一处的设备进行集中处理后再经风道和空气分布器输送和分配到空调房间的空气调节系统。集中式空调设备应设在空调房间之外,如地下室、天棚中或靠近冷热装置的地方。它具有设备集中布置,管理方便,不占室内空间,设备振动及噪声对房间的影响也小。一般适用于要求条件较高的空调建筑中。   (代庆山)

几何平均粒径 geometric mean diameter

又称对数算术平均粒径。对粒径分布符合对数正态分布的粉尘,表征其分布特性的平均粒径。以 d_g 表示,其表达式为

$$\log d_g = \int_0^\infty d\phi_i \log d_{ci}$$

$$d_g = d_{c1}^{d\phi_1}、d_{c2}^{d\phi_2}\cdots\cdots d_{ci}^{d\phi_i}\cdots\cdots d_{cn}^{d\phi_n}$$

d_{ci} 为粉尘粒径;$d\phi_i$ 为粒径;d_{ci} 的粉尘所占的质量百分数。符合对数正态分布的粉尘,它等于中位径。
                                           (孙一坚)

给排水自动控制 automatic control of water supply and sewerage

由控制设备来实现给水排水科学管理的自动控制。它可减轻劳动强度、保证水处理质量、节约能耗和药耗。这种控制包括泵房自动控制和水处理工艺自动控制等。   (唐衍富)

给水 water supply

旧称上水。经取集及作不同程度水质处理后的水。按用途分有生活给水、工业给水和消防给水。
                                           (姜文源)

给水方式 water supply scheme

城镇给水系统和建筑给水系统的供水总体方案。建筑给水系统依据室外给水管网能被保证供给的室外管网资用水头、建筑物高度与内部用水点分布情况及其室内所需总水头,和建筑物对用水安全保证程度的要求来确定。分有直接给水方式,水箱给水方式,加压给水方式,分区给水方式。
                                      (姜文源 胡鹤钧)

给水管系 water supply piping

输送供给建筑物内部用水的管道系统整体。由给水管、管件及管道附件组成。按供水使用性质分为生活给水管道、生产给水管道和消防给水管道;按所处位置和作用分有引入管、给水干管、给水立管、给水横管、给水支管等。   (胡鹤钧)

给水排水设计手册 water supply and sewerage design hand book

给水排水专业人员的常用主要工具书。在 1964 年设计革命运动中,各部委设计院为满足给水排水设计人员现场设计的需要,曾分别编写了一些设计参考资料和计算图表,为了集思广益,充分交流、取长补短,由原建筑工程部建筑标准设计研究所组织举行了一次交流展览会,会上原建筑工程部北京工业建筑设计院发起并会同有关设计单位共 13 个单位共同组成《给水排水设计手册材料设备》编辑组,由原建筑工程部标准设计管理所组织编写了《材料设备》,北京工业建筑设计院发行。《材料设备》问世后,受到广大给水排水专业人员欢迎。为了适应社会主义生产建设的需要,原建筑工程部标准设计研究所组织有关 11 个设计单位组成《给水排水设计手册》编写组编写修订了《工业企业水处理》、《室内给水排水及热水供应》、《室外给水排水》、《材料设备》,由中国建筑工业出版社出版,内部发行。《室内给水排水》因故未出。1972 年根据广大读者的需要,由中国建筑工业出版社在原手册基础上,组织全国有关部和省市设计及院校等 28 个单位组成《给水排水设计手册》编写组进行增编修订为《常用资料》、《管渠水力计算表》、《室内给水排水与热水供应》、《室外给水》、《水质处理与循环水冷却》、《室外排水与工业废水处理》、《排洪与渣料水力输送》、《材料器材》和《常用设备》等 9 册,并改为国内发行。80 年代初,随着国内外给水排水技术发展,工程实践积累了新的经验,为了适应国家经济建设发展的需要,城乡建设环境保护部设计局和中国建筑工业出版社领导下成立《给水排水设计手册》编写核心组,后改为领导小组,主持组织北京市市政设计院,上海市市政工程设计院,华东建筑设计院,核工业部第二研究设计院,中国市政工程西南、西北、华北、中南、东北设计院对原手册进行增编修订为《常用资料》、《室内给水排水》、《城市给水》、《工业给水处理》、《城市排水》、《工业排水》、《城市防洪》、《电气与自控》、《专用机械》、《器材与装置》和《常用设备》等 11 册,使内容更为丰富和完整。该手册 1986 年全部出版,公开发行。曾于 1988 年 10 月获得第四届全国优秀科技图书一等奖。   (姜文源 陈耀宗 魏秉华)

给水设计秒流量 design flow for distribution system

用作给水管系计算主要设计参数的设计秒流量。中国现行规范中的计算公式有两个:

$$q_g = 0.2a\sqrt{N_g} + kN_g$$

N_g 为计算管段的卫生器具给水当量数;a、k 为根据建筑物用途而定的系数。此式适用于住宅、集体宿舍、旅馆、医院、幼儿园、办公楼和学校等建筑。

$$q_g = \sum q_0 n_0 b$$

q_0 为同类型的一个卫生器具给水额定流量；n_0 为同类型卫生器具数；b 为卫生器具的同时给水百分数。此式适用于工业企业生活间、公共浴室、洗衣房、公共食堂、实验室、影剧院和体育场等建筑。

（姜文源）

给水深度处理　tertiary water treatrment

对常规自来水制取工艺的强化处理的过程。或城市自来水的深化处理的过程。一般用于在天然水源受污染后，常规凝聚沉淀、过滤、消毒等工艺仍不能达到生活饮用水水质指标或在贮存、输送过程中水质发生恶化的情况。其对象是异嗅、异味、色度、有机物、重金属离子等。主要工艺手段有氧化、吸附等。在新建或改建城市自来水厂中，它通常采用增设预氯化、活性炭吸附、臭氧等。在建筑给水系统中，它通常采用活性炭净水器与净化矿化器等。

（胡　正）

给水使用时间　water using time

人们日常生活与生产活动中用水的实际延续时间。有住宿的居住和公共建筑按 24 h 计；公共浴室、公共食堂按 12 h 计；无住宿的幼儿园、托儿所、中小学校、办公楼按 10 h 计；剧院和体育场所按 6 h 计；电影院按 3 h 计；工业企业建筑则按每班 8 h 计。是确定平均时流量的重要参数。　（姜文源）

给水栓　Street tap

又称集中给水栓、集中给水龙头、防冻给水栓。装于无室内给水排水设备的居民区内的适当位置（道路旁、庭院内等），供居民取用自来水的普通水龙头。为计量用水需在配水龙头前边的管道上安装水表。寒冷地区为防止冻坏，常将阀门设在地下并设有泄空、保温等措施，称为防冻给水栓。

（吴祯东　张连奎）

给水系统　water supply system

将经净化符合水质标准的水输送至工业与民用建筑各用水点的整个系统。一般由取水、净化、输配水等组成。按供水规模及范围分有市政给水系统与建筑给水系统两类。按供水对象及性质分为生活给水系统、生产给水系统、消防给水系统或组合的共用给水系统。　（胡鹤钧）

给水铸铁管

见承压铸铁管（22 页）。

计数浓度　particle number concentration

单位体积空气中所含的具有一定粒径范围的大气尘的数量。以粒/m^3 或粒/L 表示。在空气洁净技术领域除非特别指明者外，它一般是针对粒径 $\geqslant$ 0.5μm 的微粒而言。　（许钟麟）

计数效率　particle number efficiency

测定和计算效率时被过滤气体中的含尘浓度用计数浓度表示时的过滤效率。　（许钟麟）

计算负荷　calculation electrical load

指其热效应与同一时间内实际变动电力负荷所产生的最大热效应相等的一个持续不变的假想电力负荷。设有一电阻为 R 的导体，在某一时间内通过一变动负荷，其最高温升达到 τ 值，如果在同样时间内通以另一个不变负荷，其最高温升也达到 τ 值，则这个不变负荷就称为该变动负荷的计算负荷。在建筑供配电系统中，通常采用 30min 的最大平均负荷作为按发热条件选择电器或导体的计算负荷。

（朱桐城）

计算高度　calculated height

灯具出光口面距工作面的高度。其值与室空间高度 h_{rc} 相等。　（俞丽华）

计算管路　developed pipe-line from water main to highest fixture

又称最不利管路。自最不利点至供水水源点的管道线路。用以计算设计秒流量通过时所形成的水头损失，以确定整个给水管网所需水压。

（胡鹤钧）

计算机控制系统　computer control system

用计算机作为自动化工具实现自动控制的系统。由于电子计算机能完成快速运算与逻辑判断的功能，能对大量数据信息进行加工、运算、实时处理，所以计算机控制能达到一般电子装置所不能达到的控制效果，从而实现各种最优控制。它分有单机控制系统、分级控制系统；直接数字控制系统、监督控制系统与集散型控制系统等。　（温伯银）

计算温度　calculated temperature

热水供应系统中计算耗热量所采用的冷、热水温度。分为冷水计算温度与热水计算温度两类。

（姜文源）

计算温度差　differential temperature

计算表面式水加热器加热面所采用的热媒与被加热水的温度差。按水加热器类型分有算术平均温度差和平均对数温度差。　（陈钟潮　姜文源）

计重浓度　particle mass concentration

单位体积空气中所含大气尘的质量。以 mg/m^3 表示。　（许钟麟）

计重效率　weight efficiency

测定和计算效率时被过滤气体中的含尘浓度用计重浓度表示时的过滤效率。　（许钟麟）

记发器　register

集中控制方式的自动电话交换机中接收、记存和发送用户所拨被叫号码的公用设备。当交换机采用集中记发时，整个交换机只有一种记发器，称为用户记发器。当交换机采用分级记发时，除用户记发器外，还有接收与本级接续有关的一位或几位号码的各级记发器。

（袁　玫）

记时记分装置　scoreboard

在体育比赛中用来计量比赛时间或比赛成绩的显示装置。记时装置绝大部分采用石英电子钟按各种要求组成。记分装置目前主要有满天星、条块式（或称假满天星）及大屏幕显示三种类型。前两种类型以采用普通小型15W白炽灯泡作为发光体较多，亦有少数采用等离子发光体、场致发光体或用彩色磁反牌等按矩阵横块排列组成。根据比赛场所的不同，设置不同的记时记分设备。如在体育场中，一般在场南端设置一台大中型的记时记分设备；在有重大比赛的大型体育场中，亦有再配备一台大屏幕显示设备的。如体育馆中，在场地长方向两端各设一台大中型记时记分设备；如游泳馆等其它比赛场所，一般均设置一台，设置地点亦视具体情况而定。按其控制方式分有直接键盘打入式、光电输入式和通过微型计算机输入处理等。还有小比分和小记时装置。小比分装置：一些项目以得分高低决定胜负。如体操、乒乓球、击剑等，只需通过小型记分牌进行积分累计，将有专用的小型记分设备。小记时装置：一些项目用时间快慢决定胜负。如游泳、田径中的跑步、篮球30s违例等，将有专用的记时设备。　（李国宾）

记时摄影技术　chronophotography technique

配以人为频闪光摄取运动物体轨迹照片的技术。根据闪光频率和轨迹长度可求得运动物体的速度。用于气流显示的定量分析。　（李强民）

技术夹层　technical passage way

在高层建筑中，为设置各种设备系统的风道、水管、电缆以及其它附属设备而专门建造的建筑层或旁通走廊。　（马仁民）

继电保护装置　relay protection equipment

能反应电力系统电气设备发生的故障或不正常工作状态，而作用于断路器跳闸或发出信号的自动装置。通常由测量部分、逻辑部分和执行部分三部分组成。测量部分是测量反映被保护设备的工作状态（正常、非正常工作状态或故障状态）的一个或几个有关物理量；逻辑部分是根据测量元件输出量的大小或性质或出现次序，判断被保护设备工作状态，以决定保护是否应该动作；执行部分是根据逻辑部分所作出的决定执行保护的任务（给出信号、跳闸或不动作）。　（张世根）

继电保护装置可靠性　reliability of relay protection equipment

指在保护装置的保护范围内发生故障时，不应因其本身的缺陷而拒绝动作，而在其他任何不属于它动作的情况下，不应误动作。　（张世根）

继电保护装置灵敏性　sensitivity of relay protection equipment

保护装置对在它保护范围内发生故障和不正常工作状态的反应能力。　（张世根）

继电保护装置选择性　selectivity of relay protection equipment

当电力系统发生故障时，保护装置仅将故障部分切除，保证无故障部分继续运行的性能。　（张世根）

继电器　relay

当输入量（激励量）达到规定值时，在电气输出电路中，使被控量发生预定阶跃变化的自动器件。通常用感受元件、比较元件和执行元件主要部分组成。　（张世根）

继电器延时闭合动断触头　time delay closing actuation break contact of relay

继电器无激励时闭合，有预定激励时瞬时断开，激励后因某种原因又失去激励时需经预先整定的延时闭合的触头组件。　（张世根）

继电器延时闭合动合触头　time delay closing actuation make contact of relay

继电器无激励时断开，有预定激励时需经预先整定的延时闭合的触头组件。　（张世根）

继电器延时开启动断触头　time delay opening actuation break contact of relay

继电器无激励时闭合，有预定激励时经一定延时后断开，激励后因某种原因又失去激励时瞬时闭合的触头组件。　（张世根）

继电器延时开启动合触头　time delay opening actuation make contact of relay

继电器无激励时断开，有预定激励时瞬时闭合，此时如去掉激励，则需经预先整定的延时开启的触头组件。　（张世根）

继电器转换触头　change-over contact of relay

由三个触头片组成的两个触头电路的触头组件。其中一个触头片为两个触头电路共用。当继电器无激励时，一个触头电路断开，另一个触头闭合；当继电器有预定激励而动作时，断开的触头闭合，闭合的触头断开。　（张世根）

jia

加氯机　chlorinator

用以控制和计量加氯量的设备。通常由进口氯减压阀、氯流量指示器（常用转子流量计）、氯计量孔、手动氯流量调节阀、真空差压减压阀、真空压力安全阀及水射器组成。　（卢安坚）

加强绝缘　reinforced insulation

具有与双重绝缘相当的防触电的能力且机械强度和绝缘性能都有所加强的绝缘。一般在双重绝缘不能合理应用的地方才允许采用它。常见用于换向器与转轴之间、电枢绕组与转轴之间、定子绕组端部与外壳之间、刷握与刷盖之间等。　　　（瞿星志）

加热方式　methods of heating water

热媒与被加热水进行热交换的方式。按两者接触与否分有直接加热方式与间接加热方式。按热水供应范围分有集中加热方式与局部加热方式。
　　　　　　　　　　　　　　　　（胡鹤钧）

加热盘管　heating coil

利用金属管壁导热性能使冷热流体进行热交换的加热部件。常置于容积式水加热器和蒸汽盘管热水器等加热设备中用以加热热水或制备开水。分有直管式、U 形管式、蛇形管式、螺旋管式等。材质为钢管和铜管两种。后者传热效率高、不易腐蚀。
　　　　　　　　　　　　（钱维生　刘振印）

加热设备　heating equipment

将冷水制备成热水的设备。按加热方式分成直接加热方式（如开式热水箱）与间接加热方式（如各类水加热器）两类。按热水生产能力大小分为集中加热设备与局部加热设备。常用的有热水锅炉与以蒸汽、燃气、电力、太阳能为热媒的各种水加热器。
　　　　　　　　　　　　（钱维生　胡鹤钧）

加热水箱　heating tank

开式热水供应系统中兼作加热、贮存、调节用的高位水箱。其内装设有加热盘管。　　（姜文源）

加热消毒　thermal disinfection

利用提高介质温度的方法达到消毒目的的过程。系物理消毒法的一种。高温可以凝固微生物细胞的一切蛋白质和钝化其酶系统，造成微生物的死亡。对人体致病的大部分微生物的生长温度为 30～50℃，加热至 60℃以上可使大部分微生物死亡。由于加热费用较高、设备较复杂，故只适用于少量污水的消毒。　　　　　　　　　　　　（卢安坚）

加热贮热设备　equipment for heating and storage

热水制备与贮存的设备总称。按功能分为加热设备、贮热设备及兼有加热贮热作用的设备三类；按设备容器承受水压与否分为闭式承压式与开式非承压式两类。　　　　　　　　　（刘振印　钱维生）

加湿控制　humidification control

增加空调对象湿度的控制方法。通常加湿方式分为喷蒸汽与喷水雾两类。利用干蒸汽加湿器加湿时，系等温过程，对温度的扰动少，可控性好；利用电热式加湿器或超声波等方法加湿时，对温度的扰动大，应采取相应措施。　　　　　（张瑞武）

加湿蒸汽喷管　steam jet for humidification

具有一定压力的蒸汽由蒸汽喷管上的若干小孔喷出，混到从蒸汽喷管周围流过的空气中去加湿空气的办法。为了避免蒸汽喷管内产生凝结水和蒸汽管网内凝结水流入喷管，目前广泛采用干式蒸汽加湿器。　　　　　　　　　　　　（齐永系）

加速阻力　acceleration resistance

空气和物料由吸嘴或喉管进入输料管，从初速为零分别加速到最大速度所引起的静压降。在气力输送技术中，气流动压与所需静压相比很小，一般均不计。因此，任何静压降都作为阻力或压力损失计算。　　　　　　　　　　（于广荣　邹孚泳）

加压回水　pressurization return of condensate

靠凝水泵或加压疏水器的机械能或势能，使凝水升压，自用户入口处送回热源总凝水箱的回水方式。系高压凝水回收图式之一。室内系统的凝水先收集在凝水箱内，此凝水箱可以是开式或闭式，可以低置或高架。室外凝水管可架空或地下敷设，凝水回收系统的作用半径大。　　　　　（王亦昭）

加压给水方式　pressure water supply scheme

用提升设备加压和贮水设备贮水供给建筑给水系统的给水方式。适用于室外管网资用水头经常性不足或周期性长时不足供给建筑物上部用水的情况。按加压与贮水设备的组合分为水泵给水方式、水泵-水箱给水方式、水泵-水塔给水方式和气压给水方式。是多层和高层建筑上部常用的给水方式。
　　　　　　　　　　　　（姜文源　胡鹤钧）

加罩测量法　measuring method with a special hood

在紧贴送风口处设置一个特定形式和尺寸的罩子，以便获得稳定气流的风量测量法。可在罩子管段内或罩口平面上测量风量，该值即为送风口风量。实践表明，由于罩子增加阻力，致使风量减少，但在一般精度测量中可以忽略不计。
　　　　　　　　　　　　　　　　（王天富）

夹环固定支座　fixed support with grip ring

管道被 U 形金属环卡稳在支架上，后用固定角钢于支架两侧将环卡夹紧与管道焊牢而成的支座。适用于小管径，轴向推力小的室内外供热管道上。
　　　　　　　　　　　　　　　　（胡　泊）

家用净水器　household water filter

供家庭使用的小型给水深度净化的处理装置。用于进一步改善自来水的水质，以满足更高生活用水要求。按作用分有消毒型、过滤型、吸附型、磁化型、矿化型、软化型、脱盐型和综合型。一般是在塑料或金属外壳内装有净水介质，并设有进出水管和小型阀门等。　　　　　　　　　（张延灿）

架空敷设

见明露敷设（165 页）。

架空通信电缆 aerial cable of telephone

架设在水泥杆或木杆上的通信电缆。须通过电缆挂钩固定在电杆之间架空的吊线（钢绞线）上。一般采用铅护套、塑料绝缘和护套或综合护层通信电缆。易于适应用户变动，施工简单，工期短，不受地形限制；但不够美观，易受外界机械损伤，障碍机会多。一般用于电缆容量较小，对美观无要求的次要街道和地区。　　　　　　　　　（袁敦麟）

架空线路 overhead line

用来传输电能的设施。由导线、电杆、横担和绝缘子等组成。　　　　　　　　　　（朱桐城）

假定速度法 assumed velocity method

以风道内空气流速作为控制指标的风道计算方法。根据风量和选定的空气流速，计算出每段风道的尺寸和压力损失，再按各环路间的压力损失差进行调整。　　　　　　　　　　　　（殷　平）

jian

监督控制系统 SCC, supervisory computer control system

计算机根据原始生产过程信息（测量值）和其他信息（给定值等）按照描述生产过程的数学模型，去自动改变（重新设定）模拟调节器或 DDC 控制机的给定值，从而使生产工作处在最优化的工况下的控制系统。对象的控制仍由常规调节仪表来担任。
　　　　　　　　　　　　　　　　（温伯银）

监视磁触点 surveillance magnet contact

由永久磁铁控制的触点。可监视门、窗和抽屉等是否关紧。由永久磁铁和开关单元组成。这两部分面对面安装着，彼此相距 1～12mm，其中之一可安装在门框上，另一个安装在门上。永久磁铁的磁场使开关闭合。当这两部分之间的距离增大时，永久磁铁的作用减弱，开关打开，切断电路，发出报警信号。
　　　　　　　　　　　　　　　　（王秩泉）

监视开关 surveillance switch

用以监视被保护对象的门、窗、盖子和外壳等是否紧闭的开关。用于这种目的的开关分有微动开关和磁触点等。　　　　　　　　　（王秩泉）

检查井 inspection pit, inspection well, inspection shaft

排水管道上连接管渠或间隔一定距离供检查、清通和出入管道用的井状构筑物。设于管道交汇、转弯、变径、变坡及跌水等处。由井基础、井底、井身、井盖及井盖座组成。井底设有流槽；井身一般为圆形或矩形，用砖砌或混凝土、钢筋混凝土预制件；井盖

及井盖座一般为铸铁。按其功能分为检查和清通用的普通型、防爆等用的特殊型。　　（魏秉华）

检查口 checkhole, checkpipe

侧向带有盖板的用于检查清通的配件。根据建筑物层高与清通方式设置在：较长的排水横管上、水流转角小于 135°的横管上、偏置管的上部、排水立管 10m 间距以内和底层的立管上。　　（张　淼）

检漏 leak hunting

在净化工程中对送风过滤器本身和过滤器与框架之间以及框架本身和框架与围护结构之间有无漏泄进行测试的措施。　　　　　　（杜鹏久）

检漏管沟 leak checking ditch

为便于发现和排除敷设在湿陷性黄土地区建筑物防护范围内的给水排水埋地管道漏水，并对管道进行维护检修而设置的管沟。根据不同防水要求，可采用不同防水等级的管沟，但都不得渗漏、必须有一定的坡度、不得借用其他建筑物和设备基础、检漏井井壁等作为沟壁。宽度不得小于 600mm。当管道较多且集中敷设时，可采用半通行管沟或通行管沟。
　　　　　　　　　　　　　　　　（黄大江）

检漏井 leak checking well

用以观察检测及受纳排除管道设备漏水的特殊检查井。与检漏管沟配套使用。设置于湿陷性黄土和其他特殊地区的建筑给水排水工程中。（黄大江）

检漏套管 leak checking collar

为便于发现和排除敷设在湿陷性黄土地区防护范围内给水排水埋地管道的漏水，而套在管道外面的防护套管。仅限用于小管径，且设置检漏管沟有困难的情况。套管可采用金属管或钢筋混凝土管。
　　　　　　　　　　　　　　　　（黄大江）

减湿控制 dehumidification control

降低空调对象湿度的控制方法。除少数场合采用化学法吸湿外，大多数空调系统采用降温减湿方案。湿式淋水室与干式表冷器是常用的减湿设备。在湿度闭环负反馈控制系统中，若将温度传感器置于反映机器露点处，构成露点式湿度控制系统；若将湿度传感器置于空调对象中，则构成湿度直接控制系统。后者直接补偿湿扰动，调节品质好。设计降温减湿控制系统时，应考虑减湿过程对温度的扰动。
　　　　　　　　　　　　　　　　（张瑞武）

减视眩光 disability glare

见失能眩光（214 页）。

减压阀 pressure reducing valve

使阀前传递至阀后的流体动压力降低到给定值的阀门。作用原理为：利用减压后的流体能量反馈作用与阀的机械装置（弹簧、膜片、活塞等）共同控制阀座孔道的关闭程度，使流体阻力与阀前后给定压力差相等。按结构形式分有隔膜式、弹簧隔膜式、活

塞式、波纹管式、杠杆式等；按阀座数量分有单座式和双座式；按阀瓣位置分有正作用式和反作用式。
　　　　　　　　　（王亦昭　张连奎　张延灿）

减压给水方式　reduced pressure water supply scheme

　　向建筑物最上区高位水箱加压供水，再由其向下逐区串级供水的竖向分区给水方式。水泵台数少，管路简单，便于维修管理。但串级向下供水，安全可靠性差；最上区高位水箱容积过大，增加结构负荷并影响其稳定性。减压措施分有设置在各区的减压水箱和静压减压阀两种，后者可取消减压水箱，增加建筑面积利用率。　　　　　　　　　　（姜文源）

减压孔板　pressure reducing orifice plate

　　具有一定孔径用以消除通过流体能量的孔板。多为钢制，法兰连接。装设在需减小压能的管段起点处。流体通过小孔而增大阻力消耗动能。孔径按所取通过流速与所需消能值计算确定。常用在高层建筑的消防管系中。　　　　　　　　　　（胡鹤钧）

减压水箱　reduced pressure tank

　　高层建筑减压给水方式中除最上区外各分区的高位水箱。其有效容积较小，因仅起减压作用。贮水量由最上区屋顶水箱供给。　　　　　　（姜文源）

减振吊架　viberation isolating hanger，shock absorbing lifting rack

　　用橡胶、弹簧和橡胶串联形式构成的隔振降低噪声元件。按结构形式分有 VH 系列弹簧橡胶减振吊架；JH 系列橡胶减振吊架；DNSB 系列橡胶减振吊架（又名斜支撑）；WHS 系列弹簧橡胶减振吊架；JXD 型橡胶弹性吊架。如将它与减振软接头、减振器等并用于流体机械上，将达到更为良好的隔振、降低噪声的效果。广泛用于顶棚悬吊、隔离墙支撑和管道悬吊等建筑工程。（邢莆桐　丁崇功　丁再励）

减振器　snubber

　　以消耗振动系统的振动能量，达到消减振动，从而降低振动危害的装置。大体分为四类：①利用其阻尼，消减振动能量的阻尼减振器；②利用其上的辅助质量的动力作用，消耗振动能量的动力减振器；③利用其相对运动元件间的摩擦力，消耗振动能量的摩擦减振器；④利用其中的自由质量反复冲击振动体，消耗振动能量的冲击减振器。　　　　　（甘鸿仁）

减振软接头　shock absorbing soft joint

　　安装在流体机械（水泵、压缩机等）进出口管道上，起吸振作用的管道附件。它还能起到吸收噪声和多方向补偿的作用。由于它具有承受压缩、拉伸、扭转、剪切和弯曲等性能，因此，在设备和管道安装时，位置尺寸无需要求太严格，这也是其与刚性接头相比所独有的特性。　　　　　（邢莆桐　丁崇功）

剪板机　plate shears

　　按划线形状，利用上刀片和下刀片裁剪金属板材的下料设备。常见的分有龙门剪板机、双轮直线剪板机和振动式曲线剪板机。龙门剪板机只适用于将厚度 $\delta \leqslant 2.5$mm 的板材沿直线轮廓剪切成各种形状的板制零件；双轮直线剪板机，适用于将厚度 $\delta \leqslant 2.0$mm 的板材沿直线或曲率不大的曲线裁剪成各种形状的板制零件；振动式曲线剪板机，适用于将厚度 $\delta \leqslant 2$mm 的板材沿曲线裁剪成各种曲线状板制零件。　　　　　　　　　　　（邹孚泳）

简单给水方式

　　见直接给水方式（299 页）。

碱性蓄电池　alkaline storage battery

　　以氢氧化钠、氢氧化钾溶液作电介质的蓄电池。一般用于通信、电子计算机、小功率电子仪器作直流电源；也适用于变、配电所继电保护、断路器分合闸和信号回路的直流电源。　　　　　（施沪生）

间接辐射管燃烧器　indirect radiant piping burner

　　燃烧产物与被加热系统不直接接触的内燃直流式燃烧器。是燃气红外线辐射器的一种形式。燃气通过它而燃烧，辐射出大量的红外线。它有一个不锈钢或石英玻璃、陶瓷的回形管，燃气与空气混合物从回形管的一端进入并点火燃烧，燃烧产物则从另一端排出。　　　　　　　　　　　　（陆耀庆）

间接混接　indirect cross connection

　　输送饮用水的给水管配水口因安装不妥或使用不当低于受水容器最高溢水位，而潜藏着水质被污染可能的现象。配水出口与容器最高溢水位应有不小于出口有效直径 2.5 倍的空气间隙。（胡鹤钧）

间接加热方式　indirect method of heating water

　　热媒与被加热水不直接接触的加热方式。由于热交换是隔着管道和板片进行，热媒品质不会影响热水水质。最常用且热交换效率较高的热媒为蒸汽。　　　　　　　　　　　　（胡鹤钧）

间接接触　indirect contact

　　人或家畜与故障情况下已带电的外露可导电部分接触。　　　　　　　　　　　　（瞿星志）

间接接触保护　protection against indirect contact

　　又称故障情况下的电击保护、附加保护。防止人、家畜有危险地触及外露可导电部分或在故障情况下会变成带电的装置外露可导电部分的保护。它的方法可采取：防止故障电流流经任何人或家畜的身体；限制可能流经身体的故障电流，使之小于电击电流；在故障情况下触及外露可导电部分时，可能引起流经身体的电流等于或大于电击电流时自动切断电源。　　　　　　　　　　　（瞿星志）

间接连接高温水供暖系统 indirect connection of consumers to heat source for HTW heating system

又称隔绝式连接、表面热交换器连接。与热源隔绝的连接方式的高温水供暖系统。当用户静压很高,提高热源供水压力不合理时,或当用户承压能力低于热源回水压力时,或当供暖系统对水质或水温有特殊要求时采用该高温水供暖系统。 (盛昌源)

间接排水 indirect waste

用水设备排出管与排水管系非直接相连而有空气间隙的排水方式。用于生活饮用水贮水箱(池)的泄水、溢流和食品制备与贮存以及灭菌和空调设备等的排水,以确保不因间接混接现象而污染。

(张 淼 胡鹤钧)

间接照明 indirect lighting

通过照明器的配光,使10%以下发射光通量向下,并直接到达工作面上(假定工作面是无边界的)的正常照明。上述剩余的光通量90%~100%是向上的,只能间接地有助于工作面。 (俞丽华)

间接制冷系统 indirect feed refrigeration system

又称间接供液制冷系统。指对蒸发器的供液,当液体经过节流阀节流后,再经过其它设备进入蒸发器的系统。如重力供液系统和氨泵供液系统。前者是制冷剂液体经节流阀节流后进入气液分离器,分离掉气体,制冷剂液体再进入蒸发器;后者不仅经过气液分离器,还经过氨泵再向蒸发器供液。

(杨 磊)

间歇供暖 intermittent heating

只在使用时间内保持室内平均温度达到设计值,而在其它时间可以降低室内温度,即可间断向建筑物供暖的供暖制度。如一班或二班制工厂、办公建筑、商店、电影院、教堂以及一般居住建筑均属于间歇供暖建筑。这类建筑物的室内外平均温差低于连续供暖建筑物,所以可节省燃料。 (西亚庚)

间歇供水 intermittently supply system

用水允许间断的供水技术。水源的可靠性差,多采用单向供水。 (胡鹤钧 姜文源)

间歇式消毒 batch-flow disinfection

投加消毒剂与水或污水的混合、接触、反应和排放都间歇进行的消毒过程。一般设两个或多个消毒接触池交替使用。在进水之前或进水同时或进水之后投加消毒剂,在水与消毒剂充分混合,并停留一定时间后进行排放。 (卢安坚)

建筑电气工程 electrical engineering of building

建筑物内部所用的电气设备、电气装置及供配电线路的设计、施工安装和运行管理的总称。一般指电压为交流10kV及以下、直流1500V及以下,它包括建筑供配电、公共设施的自动控制、电气照明系统、火灾报警与自动消防系统、电缆电视系统、电声与电信系统、设备电脑管理系统和防闯入系统等。它是电学、光学、无线电技术、计算机技术、自控理论和防灾理论等多学科在建筑工程技术方面的综合运用。

(俞丽华)

建筑供暖面积热指标 area heat index of building heating

每平方米建筑面积的供暖设计热负荷。是一种经验统计指标。 (胡 泊)

建筑供暖体积热指标 volume heat index of building heating

在室内外温差1℃时,每立方米建筑物外围体积的供暖设计热负荷。它是对许多建筑物进行理论计算或实测后统计、归纳出来的。是一种比较准确的供暖设计热负荷概算法。 (胡 泊)

建筑供配电 power supply and distribution in buildings

建筑物内电压范围为交流10kV及以下、直流1500V及以下的供配电及其保安措施。其主要内容有:①负荷特性划分、负荷计算、导线选择及低压配电;②根据负荷分级及当地电网情况决定电源数量、电压等级及接线方案,确定配、变电所型式及室内布线方式;③为维护人身及设备安全,采取防电击、防雷及接地等措施,推荐合理用电及节电方法等。

(朱桐城)

建筑含油污水处理 oil contaminated wastewater treatment

去除建筑生活污水油类的处理过程。建筑生活污水中的油类主要有厨房粗加工洗涤废水中的动植物油和车库洗车废水中的轻油。常用沉淀和上浮法。处理构筑物和设备有隔油池、油脂阻集器、气浮池和各种油水分离设备。 (萧正辉)

建筑耗热概算 approximate estimate of heat consumption of building

在供暖初步设计或集中供热设计、规划时,按经验指标概算出的耗热量。通常概算方法分有体积热指标法和面积热指标法。 (胡 泊)

建筑给水 building water supply

为工业与民用建筑物内部和居住小区范围内生活设施和生产设备提供符合水质标准以及水量、水压和水温要求的生活、生产和消防用水的总称。包括对它的输送、净化等给水设施。 (魏秉华)

建筑给水排水工程 building water supply and drainage engineering

直接服务于工业与民用建筑物内部及居住小区（含厂区、校区等）范围内生活设施和生产设备的给水排水工程。是建筑设备工程重要内容之一。与城市公用事业和市政工程所属的给水排水工程及工业企业中大型生产给水排水管道和水处理工程相比，在服务规模及设计、施工与维护等方面均有不同的特点。其工程整体由建筑内部给水（含热水供应）、建筑内部排水（含雨水）、建筑消防给水（含气体消防）、居住小区给水排水、建筑水处理以及特种用途给水排水等部分组成。其功能的实现则凭借：各种材料和规格的管道，卫生器具与各类设备和构筑物的合理选用；管道系统的合理布置设计；精心的施工与认真的维护管理等。它是为适应中国城市建设现代化程度与人民生活福利设施水平不断提高而形成的一门内容充实更新的工程技术学科。　　（胡鹤钧）

建筑给水排水设计规范

建筑给水排水工程技术人员在设计建筑给水排水工程时应遵循的国家标准。根据国家基本建设委员会文件要求，由上海市建设委员会会同有关部门共同对原《室内给水排水和热水供应设计规范》进行修订而成。1988 年 8 月由中华人民共和国建设部批准，1989 年 4 月 1 日起施行。该规范具体解释工作由上海市建筑设计研究院负责。它共分 4 章 27 节 332 条，包括总则、给水、排水、热水及饮水供应等四部分。修订的主要内容有：用水定额、住宅和公共建筑生活给水管道设计秒流量计算公式、生活污水排水设计秒流量计算方法和雨水道设计方法；补充了高层建筑给水排水、排水管道通气系统和医院污水消毒处理的内容；增设了游泳池和喷泉两节；其他如防止水质污染、节水节能、安全供水、新型管材等方面也有较多的修改和补充。　　（姜文源）

《建筑给水排水设计规范》国家标准管理组

原名《室内给水排水和热水供应设计规范》管理组，1988 年 8 月 24 日《建筑给水排水设计规范》批准时改名。隶属于中华人民共和国建设部标准定额司，从事国家标准《建筑给水排水设计规范》管理的组织，行政挂靠在上海建筑设计研究院。主要工作包括规范意见的收集和管理、规范科研项目的组织、规范修订工作的准备和规范的宣传解释等。自 1986 年 6 月"全国建筑给水排水工程标准分技术委员会"成立和 1987 年 3 月"中国土木工程学会给水排水学会建筑给水排水委员会"成立后，两个委员会的秘书组都由该管理组兼任，委员会的日常工作由规范管理组负责处理。　　（姜文源）

建筑给水系统　building water supply system

供给居住小区范围内建筑物内外部生活、生产、消防用水的给水系统。包括建筑小区给水系统与建筑内部给水系统两类。其供水规模较市政给水系统小，且大多数情况下无需设自备水源，直接由市政给水系统引水。　　（胡鹤钧）

建筑灭火器配置设计规范　standard for the design of extinguisher disposition in buildings

为了合理地配置灭火器，有效地扑救工业与民用建筑所起的火灾，减少火灾损失，保护人身和财产的安全而制定的规范。主要内容包括：总则、灭火器配制场所的危险等级和灭火器的灭火级别、灭火器的选择、灭火器的配置、灭火器的设置及灭火器配置的设计计算等。　　（马　恒）

建筑内部给水排水工程　plumbing engineering

旧称房屋卫生设备、室内给水排水工程。供给建筑内部给水与热水、饮水以及收集排除使用过的污废水与屋面雨水的工程总体。由卫生器具、各种管和管道连接配件与管道附件、设备装置以及构筑物等组成。其设施完善程度与工程技术水平直接影响到生活质量与生产水平。　　（胡鹤钧）

建筑内部给水系统　interior water supply system

又称室内给水系统。自室外给水管网接水入建筑物内，并供至各配水附件的给水系统。由引入管、水表、配水干支管与阀件、配水龙头以及水泵、水池、水箱等组成。　　（张　森）

建筑内部排水系统　interior drainage system

又称室内排水系统。收集建筑物内生活排水、工业废水与屋面雨水，并排除到室外的排水系统。由受水器（或卫生器具）、排水管系、通气管系、清通设备以及污废水提升装置等组成。　　（张　森）

建筑内部中水道系统　interior reclaimed water system

又称个别中水道系统。设置于建筑物（如办公楼、宾馆、饭店、商业大厦）内的建筑中水道系统。属个别循环方式。特点是：①以建筑物内部或临近建筑物的排水为中水水源；②经适当处理后作为建筑物内部或临近建筑物的杂用水使用；③处理设施建在建筑内或附近；④设有专用管道系统。

（夏葆真）

建筑排水　building drainage

工业与民用建筑物内部和居住小区范围内生活设施和生产设备排出的生活排水和工业废水以及雨水的总称。包括对它的收集输送、处理与回用以及排放等排水设施。　　（魏秉华）

建筑排水系统　building sewerage system

接纳输送居住小区范围内建筑物内外部排除的污废水及屋面、地面雨雪水的排水系统。包括居住小区排水系统与建筑内部排水系统两类。与市政排水系统相比，不仅其规模较小，且大多数情况下无污水处理设施而直接接入市政排水系统。　　（胡鹤钧）

建筑燃气

为工业与民用建筑物内部和居住小区范围内生活设施和生产设备提供符合质量标准以及气量和气压要求的生活用气和生产用气的总称。包括其输配和净化等设施。 （姜正侯）

建筑设备电脑管理系统 BAS, building automation system

用电脑对现代化建筑物内各种机电设备进行监视、测量和自动控制，以掌握其运行状态、事故情况、负荷变化和能耗等的系统。对数量多且分散，需控制、监视、测量的对象多达上百上万点的电力、空调、制冷、给水、排水、热力等系统，用电脑管理既省人力，又可省能源。常用的分有直接数字控制系统（DDC）和监督控制系统（SCC）两种。前者控制功能由分散的直接数字控制站实现，而资料由中央电脑集中管理，可大大加强各子系统的独立性和可靠性，并减少中央电脑的工作量，因而提高了计算机的功能且降低成本。它是当代发展的趋向。 （温伯银）

建筑设备工程 building equipment, building service facilities

建筑中确保生活与生产环境质量、条件及功能需要的设施与系统。它既包括了给水排水、供暖通风、空气调节、燃气供应、电气照明、安全防火及交通输送等基本的传统建筑服务设施，也包括了如建筑管理系统、楼宇自动化、办公自动化及信息自动化设施等现代建筑服务系统。这些内容是随着经济及科学文明进步而不断充实发展起来的，过去称之为水卫工程、水暖工程、水电工程或卫生工程都曾代表过它在不同历史发展阶段的主要内容和特征。现在它不仅已经成为建筑物不可缺少的组成部分，而且它的完善程度往往成为衡量一个建筑物质量与水平的重要甚至是主要的标准，有时还赋予建筑物以全新的内容与涵义，如现代的节能建筑、智能大厦、生态住宅、超净车间、人工气候室等都是以装备功能特征来定名的。一个具有良好装备的建筑往往是成功地实现土建、机械、电气等学科综合成果的工程。由于它已经成为社会中的耗能大户，所以节能是它的一个基本又长期的目标，同时建筑服务系统的管理自动化正在成为它的一个重要发展方向。

（赵鸿佐　胡鹤钧）

建筑设计防火规范 fire protection standard for the design of building construction

为了在城镇规划和建筑设计中防止和减少火灾危害，保护人身和财产的安全而制定的规范。主要内容包括：总则，建筑物的耐火等级，厂房，库房，民用建筑，消防车道和进厂房的铁路线，建筑构造，消防给水和固定灭火装置，采暖、通风和空气调节及电气等。 （马　恒）

建筑水处理 building water treatment

为工业与民用建筑内部和居住小区范围内生活设施和生产设备提供符合水质标准的生活与生产用水，对市政管网来水进行深度处理以及对其排放的污废水进行局部处理的总称。给水深度处理分有活性炭过滤、离子交换、电渗析、超滤等；污水局部处理分有生活污水局部处理、建筑中水处理、医院污水处理、含油污水处理和污水消毒等。 （魏秉华）

建筑水处理工程 water and wastewater treatment engineering

应用于工业与民用建筑的小型、局部和特殊的水质改善与处理工程。包括给水水质稳定与冷却、污废水处理回用和含菌污水灭菌处理等。在水量规模大小、投资对象及管理体制上与城镇的水处理工程有异。 （胡鹤钧）

建筑物表面辐射强度 radiant intensity on building surface

建筑物表面所受到的太阳直射辐射强度、太阳散射辐射强度、地面反射辐射强度及地面长波辐射强度之和，扣除该表面有效辐射强度后所得的结果。其值因建筑物表面的朝向而异。 （单寄平）

建筑物防雷保护 lightning-protection of buildings

使一限定空间内的建筑物，因雷电所造成的损害可能性，有效地得到减小措施的总称。分有外部防雷和内部防雷。前者是所有处在需要保护空间的外面、上面和里面，用来收集雷电流并将其导入大地措施的总称；后者是对受保护空间内的金属装置和电气设备采取防止雷电流及其电场、磁场等效应的所有措施的总称。防雷均衡电位是使雷电流引起的电位差得到有效地减小的措施。 （沈旦五）

建筑物防雷分类 classification of lightning-protection of buildings

按建筑物的重要性、使用性质、发生雷电事故的可能性及后果进行的分类，以确定采取相应的防雷措施。防雷措施分有防直击雷、防雷电感应和防雷电波侵入三种。 （沈旦五）

建筑消防 building fire protection

为扑灭工业与民用建筑物内部和居住小区范围内火灾的消防设施。 （魏秉华）

建筑消防给水工程 building fire protection

以水为主用于扑灭建筑物内部及居住小区范围内火灾的消防工程。分有消火栓给水系统与自动喷水灭火系统两类。 （胡鹤钧）

建筑中水道系统 building reclaimed water system

建筑物内的生活排水经处理后作为居住小区或

建筑物杂用水回用供水的中水道系统。按处理规模及供水范围分为居住小区中水道系统和建筑内部中水道系统。   （胡鹤钧）

建筑中水设计规范 design standard for architectural reclaimed water system

建筑给水排水推荐性标准。为实现缺水地区污废水资源化,节约用水,保护环境使建筑中水工程做到安全适用、经济合理、技术先进,根据中国工程建设标准化委员会文件,由全国建筑给水排水工程标准技术委员会组织,中国人民解放军总后勤部建筑设计院会同有关设计科研单位编制而成。其内容共分7章7节,包括总则、中水水质、水质标准、中水系统、处理工艺及设施、中水处理站和安全防护及监测控制等部分。   （姜文源）

渐扩管 gradual expansion

截面面积沿流动方向逐渐增加的变径管。
                    （陈郁文）

渐扩喷嘴 divergent nozzle

通道断面沿流体流动方向有规律地由小变大的喷嘴。它可以使当地音速流动的流体在通道内绝热加速到高于当地的音速。   （田忠保）

渐缩管 reducer

直线连接不同管径管子且具有一定渐缩段长度的管接头。连接形式分有承插、插承与法兰等。用于铸铁给水管。   （陈郁文 胡鹤钧）

渐缩渐扩喷嘴 convergent-divergent nozzle

通道断面沿流体流动方向有规律地由大变小再由小变大的喷嘴。它可使流体从入口时的低速或滞止状态绝热加速到高于当地音速。   （田忠保）

渐缩喷嘴 convergent nozzle

通道断面沿流体流动方向有规律地缩小的喷嘴。流体在其中绝热加速流动,可从入口时的低速或滞止状态加速到低于或等于当地音速。（田忠保）

jiang

降低接地电阻方法 method of reducing earth resistance

将土壤电阻率高的地区超过规定要求的接地电阻值设法降低到规定数值的方法。常采用降低土壤电阻率的方法来实现。具体措施分有换土法、人工处理法、深埋接地极法、降阻剂法、污水引入法和外引接地装置法等。   （瞿星志）

降低室内温度法 method of reducing room temperature

以降低了的室内空气计算供暖温度为依据,仍按对流供暖热负荷计算方法进行计算的结果作为辐射供暖系统热负荷的近似计算方法。室内空气温度的降低幅度一般为2~6℃。低温辐射供暖系统宜取接近于下限的数值;高温辐射供暖系统宜取接近于上限的数值。   （陆耀庆）

降温 measure of lowering the temperature

为改善炎热季节、地区或高温作业点的热环境所采取的技术措施。如人身防护、热源隔热、通风和空气调节等。   （赵鸿佐）

降温池 cooling pool

降低高温废水温度的构筑物。常用降温方式有:与冷水混合式(在池中预先注入一定量的冷水,在排入一定量高温废水时,两者混合后排放)、常压二次蒸发式(先将过热废水在常压下蒸发,带走部分热量降至沸点,然后再与冷水混合排放)、间接冷却式(通过冷却盘管内的冷水间接冷却高温废水,降温后排放)。   （萧正辉）

降压脱附 decreasing pressure desorption

降低有负载的吸附剂床层周围气体的压力,使吸附质脱附出来的再生方法。多用于变压吸附操作。动力消耗大。   （党筱凤）

降雨历时 duration of rainfall

暴雨降落的持续时间。以min计。用以确定暴雨强度值。设计雨水排水系统时采用为5min。
                    （王继明）

降雨量 rainfall volume

降落到地球上雨雪的绝对量。以降雨深度(mm)或单位面积上的降雨体积表示。（胡鹤钧）

jiao

交叉调制 cross modulation

所需信号的载波受到非所需信号的调制。
                    （余尽知）

交叉制式 transposition scheme

在杆路上各点,按规定将各回路进行交叉或不交叉的一系列具体做法。中国音频架空明线采用N式交叉。近年来又推荐连续交叉。规定凡线对在2对以上,长度在3.2km以上应作交叉。长途12路载波系统,可采用8线担杆面型式的新8式交叉制式。
                    （袁敦麟）

交接箱 cross-connecting cabinet

又称交接架。安装在干线电缆和配线电缆连接处,用于终结电缆和交接电缆的分线设备。交接是将一条电缆(如干线)中的任一线对按照需要与另一条电缆(如配线)中的任一线对用跳线相连接,以提高电缆线对通融性,节约线路设备。交接箱内装接头排分为室内型和室外型两种。前者装在墙上或地上;后者用防水铁箱保护,一般落地式装于交接箱人孔上或装于通信杆上。常用的容量分有300、600、1200

对等。大容量时将分线端子装在墙铁架上,则称为交接架。 （袁敦麟）

交流操作电源 AC oprational power supply

由交流电流或交流电压所组成的操作电源。分别简称为电流源或电压源。电压源是由电力变压器二次侧 380/220V 或电压互感器二次侧 100V 经 100/220V 变压器得到的,主要用于断路器跳闸、自动装置和信号回路等。电流源是由电流互感器二次侧引来,主要供继电保护用。 （张世根）

交流电力拖动 AC electric drive

用交流电动机作为原动机拖动各类生产机械进行工作的统称。分有变频调速的电力拖动和串级调速的电力拖动。 （唐衍富 唐鸿儒）

浇灌用水 water for irrigation

又称绿化用水、灌溉用水。人工满足城镇、建筑小区绿地和其他植物、农作物生长所需的水。按浇灌方式分有喷灌、滴灌、漫灌和渗灌等。宜尽量采用杂用水。 （姜文源）

浇洒用水 water for cleaning street

对城镇、建筑小区道路进行保养、清洗、降温和消尘等所需的用水。宜尽量采用杂用水。 （胡鹤钧）

胶管 rubber pipe

又称橡胶管。以橡胶为主要原料加工制成的非金属管。容易弯曲,重量较轻,耐腐蚀,耐磨,隔热,每节长度较大,具有一定的承压能力。按工作压力分有压力胶管和吸引胶管;按增强材料分有纯胶管、棉线编织（缠绕）胶管、夹布胶管和钢丝编织（缠绕）胶管等;按用途分有输水胶管、输气胶管、输蒸汽胶管、输稀酸（碱）胶管、输油胶管、输氧胶管、输乙炔气胶管、喷雾胶管、医用胶管等。用于输送气态、液态和固态流体。 （张延灿）

焦炉气 coke oven gas

煤在炼焦炉中经过 $900 \sim 1100℃$ 高温干馏所制取的可燃气体。主要成分是甲烷和氢,热值在 $16750kJ/Nm^3$ 左右。是中国目前城市燃气主要的气源。 （刘惠娟）

角笛式弯头 horn type bend

钢制配件单立管排水系统的下部特制配件。形似角笛,排出管管径大于立管管径。具有底部为光滑旋槽面,使水流流畅;有宽敞的空间,能容纳滞流量,改善水气流工况;带有清通口便于维护;但当立管靠近外墙布置时影响到留洞过大。 （姜文源）

角阀 angle valve

旧称三角凡尔,又称直角阀。进出水方向成直角的截止阀。用于小管径,常装设于洗脸盆、冲洗水箱的进水管上。 （张连奎）

角钢固定支座 fixed support with welded angle

管道稳在支撑槽钢上,用两段角钢与管道、槽钢焊牢组成的固定支座。适用于小管径,轴向推力小的室内外管道上。 （胡泊）

角位移 angle displacement

杆件（如橡胶软接头）承受弯曲荷载时,两端面偏转,其两端面轴线之间夹角的补角。其允许值与产品的结构形式有关。 （邢菲桐 丁崇功）

角系数

见热湿比（198 页）。

角行程电动执行机构 angular travel electric actuator

接受电信号并转变机械转角出轴为角位移的电气动力装置。是一个用单相交流伺服电动机为原动机的位置伺服机构。在自动调节系统中与调节器配套使用,也可单独作为远距离操纵用。通常用来推动蝶阀、球阀、偏心旋转阀等角度改变使阀塞开启或关闭。 （刘幼荻）

脚踏阀 foot-operating tap

又称脚踏开关。用脚操纵开关的截止阀。常用于不便或不宜用手操作或需要节约用水量的场合。与洗脸盆、盥洗槽、淋浴器等卫生器具配套使用。 （张连奎）

脚踏开关

见脚踏阀。

叫醒服务 wake up service

又称闹钟服务。能利用电话机铃声,按用户预定时间,自动振铃,提醒你去办计划中事的性能。当用户听到叫醒振铃,拿起收发话器后,即可听到提醒语言,此次服务即自动结束。如果用户不应答,交换机将在 $60 \pm 1s$ 后停送铃流,过5min后再次响铃1min,经过三次响铃后,用户仍不应答者,就不再继续叫醒,交换机就向打印机送去信息,记录叫醒经过,以便分清责任。此性能可由用户登记或请话务员代为登记。此项服务可以登记多次和几个时间。特别适用于宾馆,叫醒需乘早车离店的旅客。 （袁玫）

轿厢顶照明装置 car top light

设置在轿厢顶上部,供检修人员照明的装置。 （唐衍富）

轿厢内指层灯 car position indicator

设置在轿厢内,显示其运行层站的指示装置。 （唐衍富）

jie

接触电压 touch voltage

绝缘损坏时能同时触及的部分之间出现的电压。习惯上,本术语只在间接接触保护上使用。 （瞿星志）

接触器 contactor

由电磁铁产生的力带动主触头闭合或断开电路的开关电器。分有交流、直流接触器，中频接触器等。主要用于频繁地接通或分断交直流电路及电动机等主电路，并作远距离控制。 （施沪生 张子慧）

接触时间 contact time

消毒剂与水混合后，在接触消毒池中的停留时间。对于连续式接触消毒池，其有效容积除以流量即为理论停留时间。由于接触消毒池中存在有短流，实际停留时间总是小于理论停留时间，故须采取措施减少短流并适当延长停留时间。 （卢安坚）

接触水池

见接触消毒池。

接触系数 coefficent of contaction

又称冷却效率，通用热交换效率。当喷水室或表冷器对空气进行减湿冷却处理时，把只考虑空气状态变化完善程度即实际过程可实现的空气初、终焓差与理想过程的空气初、终焓差之比。以 η_2 表示。其定义为 $\eta_2 = \dfrac{\overline{12}}{\overline{13}} = \dfrac{\Delta i}{\Delta i'} = 1 - \dfrac{t_2 - t_{s2}}{t_1 - t_{s1}}$

$\overline{12}$ 为实际过程线；$\overline{13}$ 为理想过程线，Δi 为焓差；t_1、t_2 为干球温度；t_{s1}、t_{s2} 为湿球温度。 （田胜元）

接触消毒池 contack tank

又称接触水池。为满足消毒剂和水有足够接触时间以保证消毒效益而设置的水池。 （姜文源）

接触阻留 interception

又称拦截作用、钩住作用。细小尘粒随含尘气流围绕前进方向上的障碍物流动时，在物体表面附近，当其间距小于或等于尘粒半径，因与表面接触从气流中分离的过程。此机理主要应用于湿式除尘器和过滤式除尘器。 （孙一坚 汤广发）

接地 earthing

将电气设备、杆塔、构架或过电压保护装置等用接地线与接地极连接的措施。根据其作用可分为功能性接地和保护性接地两类。 （瞿星志）

接地电阻 earthing resistance

人工接地极或自然接地极的对地电阻和接地线的电阻的总和。其数值等于接地装置对地电压与通过接地极流入地中电流的比值。接地极的对地电阻称为流散电阻，它取决于接地极的几何形状、尺寸和土壤电阻率；接地线的电阻一般很小，可忽略不计。 （瞿星志）

接地电阻计算 computation of earthing resistance

指工频接地电阻和冲击接地电阻计算的总称。在一般情况下，只需计算工频接地电阻，简称接地电阻；而对于防雷的接地装置，才需要计算冲击接地电阻。在计算接地电阻时，应对土壤干燥或冻结等季节性变化的影响加以考虑，以便使接地电阻值在不同季节中均能保证达到所规定的数值。但在计算冲击接地电阻时，可只考虑在雷雨季节中土壤干燥状态的影响。 （瞿星志）

接地干线 earthing main

在保护接地系统中，各个设备接地支线的汇总线。干线至少应有不同的两点与接地极相连接。 （瞿星志）

接地极 earth electrode

又称接地体。与大地紧密接触形成电气连接的一个或一组可导电部分。分为自然接地极和人工接地极。为了减少接地电阻和跨步电压，应敷设在土壤电阻率低的地方或采用闭合环状形式。 （瞿星志）

接地线 earthing conductor

从总接地端子或总接地母线接至接地极的保护线。如从避雷引下线的断接卡至接地极的连接导线，称为避雷接地线。 （瞿星志）

接地支线 earthing branch

在保护接地系统中，各个设备的金属外壳单独与接地干线的连接导线。不得在一个支线中串接几个需要接地的设备。 （瞿星志）

接地装置 earthing system

接地线与接地极的总称。 （瞿星志）

接箍

见快速接头（145 页）。

接近开关 proximity switch

当运动的物体靠近开关到一定位置时，开关动作（发出信号），以便行程控制及计数自动控制的开关。 （俞丽华）

接口 ①joint ends. ②interface

①管子或管件起连接作用的端头部位。按管材与不同连接要求，其形式分有内外螺纹、法兰盘、承口和插口及平口等。

②装置与装置之间交换信息的交接部分。 （胡鹤钧 温伯银 俞丽华）

接口程序 interface routine

在系统内向所有处理机提供一个简单的标准接口。最适用于程序设计语言语句的输入和二进制浮动码结果的输出。 （温伯银）

接口逻辑 interface logic

在数字信息处理系统中，对不同的系统或设备逻辑网络的接口。 （温伯银）

接零干线 connecting neutral main

在保护接零系统中，各个设备接零支线的汇总线。干线应与电源中性点相连接。 （瞿星志）

接零支线 connecting neutral branch

在保护接零系统中，各个设备的金属外壳单独与接零干线的连接导线。不得在一个支线中串接几个需要接零的设备。 （瞿星志）

接闪器 lightning

直接接受雷击的接地金属导体。按结构不同分为避雷针、避雷带、避雷网和避雷线等,还有可利用的金属屋面或金属构件。 (沈旦五)

接收点电场强度 electrical field strength

电视发射天线向四周空间发射的电磁波传输到接收点的电磁场的强弱。单位为 mV/m 或 μV/m。通常用 dBμV 表示,并规定:1μV/m=0dBμV。离电视发射台愈远,场强愈弱。它是共用天线电视系统设计的重要数据之一。 (余尽知)

接受式排风罩 receiving hood

接受由生产工艺过程本身造成或诱导出来的污染气流,并将它排走的排风罩。其作用原理与外部吸气罩不同,不需要依靠风机在罩口造成一定的抽风速度来控制有害物质,必须的排风量只决定于工艺过程本身造成和诱导出来的污染气流量。一般用于高温热源和会甩出粉粒状物料的工艺设备。 (茅清希)

接受室 suction chamber

又称吸引室。被引射流体汇集并进入混合室的通道。 (田忠保)

接通率 call completing rate

电话交换机接通的呼叫次数与用户呼叫总次数的百分比值。是衡量电话交换系统服务质量好坏的一个指标。 (袁玫)

接头

见管接头(92页)。

接线盒 junction box

用来做一个或几个接头的保护式或封闭式部件。分有铁制与塑料制两种。 (俞丽华)

接线系数 wiring coefficient

表示流经继电器的电流较流经电流互感器的电流大多少倍的系数。它决定于继电保护装置的接线方式。对于星形接线时为 1;对于两相电流差接线时为 $\sqrt{3}$。 (张世根)

节点流量 node flow

在管网设计中,管段节点处的计算输出流量。等于流向节点管段的 0.5 倍途泄流量,加上流出节点管段的 0.5 倍途泄流量,再加上该节点的集中流量。在管网计算中常代替途泄流量。 (张同)

节流阀 throttle valve

通过改变流通截面积调节通过的流量或压力的阀门。按结构形式分有截止式、旋塞式和蝶式等。常用截止式。特点是阀瓣形状与截止阀不同,阀瓣与阀座间构成的流通截面积和阀门开启度之间具有一定的线性关系,阀杆螺距较小便于精确调节,阀瓣升降有导向机构,阀瓣材质耐冲蚀和磨损。常用阀瓣形式有针形、窗形和沟形。不能用于代替截止阀和闸阀截断管道流体。 (张延灿 张连奎)

节流管

接装在管道中的一段用以消耗压能而达到节水目的的小管径管子。其管径及管长均应按需减压值计算而得。 (胡鹤钧)

节流过程 throttling process

流体在管道中流动,通过阀门、孔板等孔口时,由于截面突然缩小,使流体的压力降低现象的过程。节流时若流体与外界没有热交换,则称为绝热节流或简称节流。 (杨磊)

节流塞 orifice plug

为节制水流降低给水压力,达到节约用水目的而设置在水龙头或配水管内的带孔塞子。一般为金属、塑料或橡胶制品。 (胡鹤钧)

节流型变风量系统 throttling variable air volume system

使用节流型末端装置的变风量系统。即利用末端装置改变送风口的断面积,从而改变送入空调房间的风量。由于送入各空调房间的风量不断变化,使得总风道中的静压也产生变化,利用总管中压力的变化,来控制新风机的转速或者调节系统的总节流装置。 (代庆山)

节目选择器 program selector

当扩声系统同时播放几套节目时,用于选择节目的开关器件。 (袁敦麟)

节水龙头

见节水型水龙头。

节水型水龙头 saving faucet

又称节水龙头。可起节约用水作用的配水龙头。形式种类很多,按作用原理分有:①限制过流断面积的减压型,常用在给水压力经常较大的场合;②过流断面积可自动调节的调节型,常用在给水压力波动较大的场合;③减少一次用水量的限量型;④减少无效出水的即时型;⑤增大水流表观流量的充气型等。 (张延灿)

洁净室 cleanroom

控制空气中的尘埃粒子数、生物粒子数以及温度、湿度、压力、气流速度和气流流型等在所需范围的密闭房间。按控制对象分为工业洁净室和生物洁净室即无菌洁净室两大类。前者以控制尘埃粒子数为主;后者主要是控制生物粒子数。按气流流型又分为平行流洁净室和乱流洁净室。 (杜鹏久)

洁净室不均匀分布特性 characteristics of uneven distribution for cleanroom

反映洁净室不均匀系数 (Ψ) 与发尘比例系数 (β) 及引带风量比 (φ) 之间关系的特性。平行流洁净室 φ 越小,Ψ 越小于 1,说明引带风量越小平行流越稳定,含尘浓度越低;乱流洁净室 φ 越大,Ψ 越接近于 1,说明引带比大,室内气流混合较好,达到均匀稀释作用。通常 β 越大、Ψ 越小，说明将尘源设置在主流区内，洁净室的平均含尘浓度小。 （杜鹏久）

洁净室采样 sampling of cleanroom

由洁净室含尘气流中采集样品供测定空气中的微粒浓度。采样系统一般由采样器、流量计和真空泵三个主要部件组成。为了在有速度的气流中取出符合实际的样品，采样速度必须和气流速度相等，即等速采样。 （杜鹏久）

洁净室动态特性 dynamic characteristics of cleanroom

表示洁净室含尘浓度变化过程的规律。它包括上升曲线代表的室内发尘的污染过程和下降曲线所代表的自净过程。 （杜鹏久）

洁净室检测 measurement of cleanroom

对洁净室空气洁净度进行测定，以便检查洁净室洁净度是否达到要求。它分为空态、静态和动态三种。空态是指洁净室完工，空气净化系统正常运行，室内无设备、无人时进行的测试；静态是指系统正常运行，设备已安装，但室内无人活动时进行的测试；动态是指洁净室处于正常生产状态时进行的测试。 （杜鹏久）

洁净室静态特性 static characteristics of cleanroom

在中效及高效净化系统的洁净室空气含尘浓度稳定后，表示大气尘浓度、室内单位容积发尘量和换气次数对室内含尘浓度变化影响的规律。 （杜鹏久）

洁净室特性 characteristics of cleanroom

表示不同状态下各种因素对洁净室内空气含尘浓度变化影响的规律。主要包括洁净室静态特性、洁净室动态特性和洁净室不均匀分布特性等方面。 （杜鹏久）

结合通气管 yoke vent, yoke vent pipe

旧称共轭管。连接排水立管与通气立管的通气管。其下端与排水立管在低于排水横支管接入点处相连；其上端与通气立管在高出卫生器具上边缘处相连。 （张 淼）

截光角 cut-off angle

与保护角互为补角的角度。 （章海骢）

截门

见截止阀（129页）。

截止阀 stop valve, throttling valve, globe valve

旧称球形阀，又称截门。阀瓣（启闭件）由阀杆带动沿轴向作升降运动，而启闭孔道控制流体的阀门。阀体底部多呈半圆球形，并有直通式、直流式和角式三种；阀杆分有直杆式和斜杆式；孔道密封面分

有平面与锥面两种。其结构简单、维修简便、密封性能好、体积高度较闸阀小，但启闭力矩较大、流体阻力大，并且流动方向有限制。接口分有内外丝两种。 （张连奎 董锋）

解调 demodulation

从调制波中检出被调信号的过程。对调幅波解调称为检波；对调频波解调称为鉴频；对调相波解调称为鉴相。 （余尽知 陈惠兴）

解调器 demodulator

是调制的逆过程，将被调信号从载波中检出并却余载波的一个器件。按其解调方式相应地分有检波器、鉴频器和鉴相器。 （余尽知 陈惠兴）

解吸 desorption

又称脱吸。与吸收相反，使吸收剂中溶解的气体组分放出的过程。它可使吸收剂循环使用，并回收有用物质。 （党筱凤）

jin

金属换热器 metallic heat exchanger

用金属材料制成的换热器。气密性较好，不仅可预热空气，也可预热燃气。受金属材料性能的限制，不能将空气预热到较高的温度。主要形式分有管式换热器、针状换热器、整体换热器和套管换热器等。 （赵建华）

金属卤化物灯 metal halide lamp

放电管中充入金属卤化物，放电过程中使金属原子受激发发光的高强气体放电灯。常按其充入金属卤化物的不同来命名为钠铊铟灯、镝灯和钪钠灯等。它是高强气体放电灯中光色最好的一种，发光效率较荧光高压汞灯为高。广泛用于对显色性要求较高的体育馆、商场、游泳池和体育场等场所。 （何鸣皋）

金属网格过滤器 metal screen filter

网眼由大到小（从迎风面至出风面）的多层金属丝网叠起来作为滤材的过滤器。分有浸油和不浸油两种。 （许钟麟）

金属网燃烧器 metal gauze burner

由数层不同直径、不同目数和能耐高温的金属网构成的燃烧器。是燃气红外线辐射器的头部型式之一。分有内外层。外层网的直径较粗、目数较少；内层网的直径较细、目数较多。内层网之后，尚有起支撑作用的托网和防止回火的细密网层。 （陆耀庆）

紧凑型荧光灯 compact fluorescent lamp

灯管直径较细，可被弯曲成各种紧凑型结构的荧光灯。由于采用能抵抗强紫外辐照的三基色荧光粉和玻璃管，灯管直径被减小到 12mm 左右。常见

的分有 H 形、U 形、双 U 形、双 D 形和环形等，有的使镇流器与灯管组成一体，用以取代 100W 以下的白炽灯。三基色荧光粉使光源显色性好，且发光效率也大大提高，9W 灯管辐射的总光通量相当于 60W 白炽灯。故有利于照明节能，已广泛应用于室内照明。　　　　　　　　　　　　　　（何鸣皋）

紧急广播　emergency broadcast

在发生紧急事故时（如火灾）用的广播系统。用来指挥救灾和人员的疏散。它可用自己专用的功率放大器，线路和扬声器来播放，也可利用已有公共扩声系统，在紧急情况下，通过控制转换，强行断开正在播放的背景音乐，改播此广播。　　（袁敦麟）

紧急切断阀　emergecy stop valve

紧急时能自动切断所输送的介质的阀门。由传感器、指挥器与切断阀组成。城市燃气用该阀，对燃气出现漏气、地震、火灾、压力等事故时能发出信号并传至指挥器，迅速起动切断阀自动切断。

（陈文桂）

紧急泄氨器　emergency discharge device

用于火警或其它意外事故时将整个系统的氨液溶于清水后泄入下水道的器件。　　（杨　磊）

进气室　air inlet chamber

进风系统的通风室。一般装设有空气加热器和空气过滤器。如室内设有空气干燥和加湿、空气降温等空气处理设备的进气室称为空气调节室。

（陈郁文）

进气效率系数　coefficient of inlet air efficiency

通过自然通气进风窗口直接进入车间工作区的风量所占整个进风量的比值。　　（陈在康）

进水管

见引入管（278 页）。

进水止回阀

见止回阀（301 页）。

浸没燃烧器　immersion burner

燃烧室的下端浸没在液体中的燃烧器。燃气与空气在燃烧室进行完全燃烧，高温烟气由浸没管喷

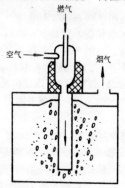

入需被加热的液体。其气液两相直接接触，搅动十分强烈，从而强化了传热过程。通常排烟比液体温度高 1～5℃，且无传热面上的结晶、结垢和腐蚀等问题。目前用于液体加热和蒸发工艺。

（蔡承媄）

浸油过滤器　oiled filter

为增加滤材表面粘附微粒的能力而在其上浸粘着过滤器油的过滤器。因出风气流中带油而不允许在空气净化工程上使用。　　　　　（许钟麟）

jing

经济传热阻　economical heat transfer resistance

使建筑物的建造费用和使用费用之和为最小的外围结构的传热阻。其倒数为经济传热系数。

（西亚庚）

经济电流密度　economic current density

根据年运行费用最小的方法确定的导线的电流密度。6～35kV 架空电力线路最大负荷利用小时在 3000h 及以上时，导线截面宜采用接近它的计算方法确定。设计时应根据导线材料和最大负荷利用小时数按现行规定选用。　　　　（朱桐城）

晶体管通断仪　on-off switching transistor instrument

利用单结晶体管形成的脉冲去触发一双稳态触发器的开关电器。由于线路中有两个电控位置，因而接通和断开的时间是可调的。在双位调节系统中加入它可改善调节品质。　　　　　（刘幼获）

晶体管位式调节器　transistor positioning regulator

由晶体管和其它电子元器件组成的、具有开关特性的调节器。根据外界条件的变化，按照需要接通或断开某些电路，以达自动控制。其控制规律分有两位式和三位式。与执行器配合使用可组成位式比例积分控制规律。　　　　　　　　（张子慧）

晶体管自动平衡式仪表　transistor self—balancing instrument

接收电阻变化的敏感元件或变送器的信号，通过比较电路经放大器，显示输入信号差值的仪表。比较电路是平衡电桥，信号输入，电桥失去平衡，其差值经晶体管放大器放大后，驱动可逆电动机使电桥达到平衡，平衡机构与指示记录部件相连，即能指示和记录被测参数的值。若附加带定值电接点和带 PID 电动调节装置的仪表，还可对被测变量进行位式调节、报警和比例、积分、微分作用连续调节。

（刘幼获）

晶闸管直流励磁拖动

见整流器供电电力拖动（298 页）。

精细过滤

见微孔过滤（245 页）。

警卫照明　guard lighting

用于警卫地区周界附近的照明。可根据警戒任务的需要，在厂区或仓库区等警卫范围内装设。

（俞丽华）

径向叶片离心式通风机　radial blades type centrifugal fan

叶轮上叶片出口方向呈径向的离心式通风机。按照叶片结构分为径向直叶片和径向出口叶片。此类通风机的性能介于前向叶片式离心式通风机和后向叶片式离心式通风机之间。径向直叶片结构简单，便于更换。主要用于输送含尘空气。

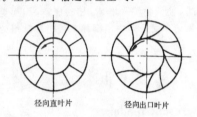

径向直叶片　　　径向出口叶片

（孙一坚）

净化槽　purification tank

小规模生活污水或类似污水的综合处理装置。一般由一次沉淀、生物处理（好氧、厌氧或两者兼有）、二次沉淀和消毒等处理单元组成。处理合流生活污水的称为合并处理净化槽，单独处理粪便污水的称为单独处理净化槽。多采用玻璃钢、碳钢防腐或钢筋混凝土外壳。常直接埋设在地下，前两种也可设在地下设备室内。出水水质根据当地污水排放要求可选择不同的处理深度。　　　（张延灿）

净化工作台　clean bench

在台面上形成洁净空间的操作台。分有垂直平行流工作台和水平平行流工作台。　（杜鹏久）

净化空气幕　air curtain with HEPA filter

设置高效或中效过滤器的空气幕。它使送出空气达到所需的洁净度。该空气幕内不设置加热或冷却器。适用于各类无菌、无尘的超净病房或超净车间。　　　（李强民）

净化系统　clean system

为了保证室内要求的洁净度，对送入室内的空气进行净化处理的系统装置。一般由空气过滤器（粗、中、高效过滤器）、通风机、风道和送、回风口等整套设备构成。　　　（杜鹏久）

净热量系数　net heat coefficient

换热器中冷流体吸收的热量与热流体放出的热量之比值。该系数愈接近于1，表明换热器热绝缘结

构设计愈完善。　　　（岑幻霞）

净身盆　bidet

又称妇女卫生盆。供使用者冲洗下身用的特殊洗浴用卫生器具。由坐式便器、喷头、冷热水混合阀等组成。高档产品还带有喷头自动伸缩、热风吹干装置和电热坐圈等。常设在设备完善的旅馆客房和住宅卫生间内及女职工较多的工业企业、医院等建筑的卫生间内，作为妇女保健设备之一。

（金烈安　倪建华）

净水器　water purifier

设置在用户饮水点对自来水作进一步改善水质的小型水处理装置。可解决因自来水在输送、贮存过程中被再度污染而不符合生活饮用水质标准的问题，净化内容包括除微粒杂质、消毒（灭菌）、除臭、除味、脱色、除盐与去除某些重金属等，有些还具有矿化、磁化作用。常用处理方法有精密过滤、活性炭吸附、紫外线消毒、反渗透、电渗析等；并分有家用和公用两类。　　　（孙玉林　张延灿）

静电尘源控制　electrostatic control of dust source

利用高压静电在局部扬尘点控制粉尘飞扬的方法。适用于皮带转运点、破碎机等产尘点。密闭罩中心设电晕线，密闭罩接地作集尘极，供给80～180kV的高压直流电，形成高压电场。粉尘在电场作用下沉积在罩壳上。采用此方法可简化通风系统，减少车间热损失，降低通风系统的能耗。　（孙一坚）

静电沉降　electrostatic deposition

利用尘粒荷电特性，尘粒在静电力作用下从气流中分离的过程。为增大粉尘荷电量，提高捕集效果，应用它时必须设置外加电场。该机理主要应用于静电除尘器。　　　（孙一坚）

静电防垢器　staticelectrical scale preventer

用施加高压直流电在正负电极间形成静电场原理制成的防垢器。水流通过电场时，水分子和溶解盐类离子极性发生变化，可阻止水垢形成，并对防腐、杀菌、灭藻等有一定的作用。结构简单、耗电少、效果明显。用于工业和民用建筑给水的防垢处理。

（张延灿）

静电过滤器　electrostatic filter

用以净化空调进气采用正电量的双区电除尘器。可作中效或亚高效过滤器。采用正电晕可避免过多的臭氧进入室内。　　　（叶 龙）

静活性　static activity

又称静吸附量。在一定温度和压力下，床层中吸附剂全部饱和时，对吸附质的平均吸附量。亦即与床层入口气流中吸附质浓度成平衡的平衡吸附量。常以被吸附物质的质量对吸附剂的质量百分数，或以单位质量吸附剂吸附的物质质量表示。它是表示吸

附剂吸附能力和进行固定床吸附器设计的重要参数。 (党筱凤)

静力法 static method

又称火焰移动法。指通过火焰在静止可燃混合气体中传播来测定其传播速度的方法。常用的分有管子法和皂泡法。 (施惠邦)

静平衡 static balance

风机叶轮在静止状态下保持的平衡。将叶轮轴两端置于水平、光滑的平行导轨上,叶轮重心在转轴轴线上时可停留在任意位置且保持稳定。若叶轮在某一位置附近来回摆动,则需配置加重块使其达到静平衡。 (徐文华)

静态负荷 statical load

建筑物在不变的典型室内、外气象扰量作用下所计算出的小时最大负荷或有代表性的负荷。 (田胜元)

静态精度 static accuracy

又称稳态精度。指系统处在平衡状态时输出量(被调量)与给定值的偏差。也即为静态偏差。 (温伯银)

静态偏差 steady-state error

又称残差、静差。控制系统过渡响应终了时的偏差。是描述自动控制系统过度响应的静态特性参数。 (张子慧)

静态吸湿 static dehumidification by solid absorbent

让潮湿空气呈自然状态与固体吸湿剂接触达到对空气吸湿的目的。常用硅胶和氯化钙为吸湿剂。该方法简单,吸湿速度慢,多用于局部小空间吸湿,每立方米空间放 1~1.5kg 硅胶可使密闭箱内空气的相对湿度由 60% 降到 20% 左右。 (齐永系)

静态压缩量 static compressive strain

材料在静载荷作用下的压缩变形量。在隔振设计中,要通过确定隔振元件的尺寸或组合方式把它限制在允许范围内,以保证使用寿命和隔振效果。 (甘鸿仁)

静压 static pressure

流体在静止时所施加的压力,流动时在垂直于流体流线方向上测得的压力值。通常是以周围环境压力为基准。它为负值时表示该处的这一压力低于被比较的环境压力的程度。 (殷 平)

静压复得法 static pressure regain method

利用空气经过每一分支风道时静压的增加(静压复得)来克服下一段风道的阻力,使每一分支风道前的静压均相等的风道计算方法。该法特别适合于在多个分支风道上均安有风口的长风道。由于每一分支入口处静压均相等,简化了风口的选择计算。 (殷 平)

静压减压阀 static pressure reducing valve

使阀前传递至阀后的流体静水压力降低到给定值的阀门。流体流动时可减低动水压力。流动停止时,内部构造具有密封作用,在瞬时脉冲状态下维持阀后的给定压力值。应用在高层建筑的生活给水与消防给水系统中以防止下层水压过高导致使用不便、水量过大及管道附件易损坏等。

(张延灿 胡鹤钧)

静压箱 plenum box

又称稳压室。连接送风口的大空间箱体。气流在此空间中流速降低趋近於零,动压转化为静压,且各点静压近似相同,使送风口达到均匀送风的效果。 (陈郁文)

镜池 mirror pool

具有开阔而平静水面的池水形态,可以分隔或延续空间,使景物临水增色,相映成趣,因而更加清新秀美生动多变。是中国园林工程中最常用的形式之一。 (张延灿)

jiu

救助车 rescue tender

用于火灾与灾难现场救助人命和为灭火创造条件的一种特种消防车。通常装备有各种救助器材与工具,如电动或液压的破拆工具、顶升、牵引、起吊设备,耐热腿、呼吸器、绳索等消防人员防护装备及照明器材、火源探测器等。其车体与装备是安装在全轮驱动的底盘上,可在未铺平的道路上行走。

(杨渭根)

ju

居民气化率 gas popularity rate

城镇居民使用燃气的人口数占城镇总人口数的百分数。 (张明)

居住区生活用水定额 water consumption norm for residential area

城市和建筑小区中,人们日常生活所需的每人每日用水量规定值。分为最高日和平均日。按住宅、集体宿舍和小型公共建筑的用水制定,全国按气候条件、生活习惯及经济状况分为 8 大区;按卫生设施完善程度分为 5 类。 (姜文源)

居住区最高容许浓度 residential area maximum allowable concentration

为了居民长期居住不致于引起病变和不良反应的有害物质最高浓度限制值。单位为 mg/m³。它分为一次最高容许浓度和日平均最高容许浓度。

(利光裕)

居住小区给水排水工程　residential district watersupply and drainage engineering

供给居住小区内生活、生产和消防所需水质、水量和水压的用水以及收集输送与处理（或回用、复用）其污废水、污泥与雨水的工程总体。包括管道、构筑物与设备的全部设计施工管理内容。它是市政给水排水工程与建筑内部给水排水工程的纽带。
（朱学林　魏秉华）

居住小区给水系统　residential district water supply system

供给居住小区内消防、冲洒道路、浇灌绿地、水景设备等用水以及向建筑物内部输配水的给水系统。一般系直接由市政给水系统引水，并采用生活与消防合用的系统。当遇有局部水量水压不足时，需设增压泵站与水池、水塔等构筑物。
（耿学栋　胡鹤钧）

居住小区排水系统　residential district sewerage system

排除居住小区范围内的地面雨雪水及接纳建筑物排出的污废水、屋面雨雪水，并输送至市政排水系统或附近水体或小区污水处理厂（站）的排水系统。由雨水口，管渠，检查井、跌水井、溢流井等连接调节构筑物，排水泵站，以及化粪池等局部处理设备组成。
（魏秉华）

居住小区中水道系统　residential district reclaimed water system

以一个集中的居住小区、商业区、学校、机关、行政办公区等为单位设置的建筑中水道系统。属小区循环方式。特点是①以小区内生活污水或生活废水为中水水源；②集中处理后供小区内建筑生活杂用用水；③设小区专用中水道；④处理设施建在建筑小区排水系统下游。
（夏葆真）

局部辐射供暖系统　local radiant heating system

应用钢制辐射板、电气红外线辐射器或燃气红外线辐射器等依靠辐射传热方式对一个有限空间内的某个部位进行供暖的系统。
（陆耀庆）

局部供暖系统　local heating system

热源与散热设备组合在一起，共同设在供暖房间内的供暖系统。包括火炉供暖、火墙供暖、火炕供暖、燃气供暖、电热供暖等。可按用户自己要求进行供暖；但热效率低，不清洁卫生，管理麻烦。适用于农村建筑或远离集中供暖系统的单个房间的供暖或临时简易供暖。
（路　煜）

局部加热设备　local heating eguipment

利用各种热源在用水点就近制备供应热水或沸水的加热设备。适用于局部热水供应系统与饮水系统，均为小型设备，如电热水器、燃气热水器、混合器、蒸汽盘管热水器、开水炉、蒸汽沸水器等。
（钱维生　胡鹤钧）

局部洁净装置　local purifying device

使特定的局部空间的空气含尘浓度达到每升空气中，不小于 $0.5\mu m$ 的粒子数不超过 3.5 个（100级）的空气洁净度等级的设备。由高效空气过滤器等组成的净化机组，如净化工作台，洁净层流罩，洁净自净器等。
（杜鹏久）

局部孔板送风　air distribution from partial perforated ceiling

在顶棚上设置一块或多块有孔眼的或条缝的孔板送风。局部孔板的排列分有带形、梅花形和棋盘形。
（邹月琴）

局部排风　local exhaust

在有害物产生的地方，用排风罩直接将含有害物的空气或气体收集并排走的局部通风方式。在排风中所含的有害物浓度超过国家规定的排放标准，或者有害物质具有回收的经济价值，或者对通风机具有损坏作用时，则应进行净化或回收处理。它能有效控制有害物扩散污染的范围，在操作条件许可而能将有害物散发源局部密闭时更为明显；并能够取得较好的通风效果，而且节省所需的通风量。
（茅清希）

局部排风罩　local exhaust hood

通过控制污染气流的运动，把有害物质捕集起来的罩形装置。是局部排风系统的重要组成部分。要尽可能把有害物质产生的地点与周围空气环境隔开，同时还要保证排风罩口上造成一定的吸气速度。按照不同的作用原理分为密闭罩、柜式排风罩、外部吸气罩、接受式排风罩和吹吸式排风罩等。
（茅清希）

局部区域空调　local air conditioning

又称局部空调。在一般车间或空调车间内控制局部区域空间的空气参数，以满足工艺生产要求和舒适条件而采取的空调方式。不仅节能，对减少温湿度波动，满足净化要求和改善劳动条件其效果也往往胜于全室性空调。其型式分有罩体式和气流式两种。
（马仁民）

局部热水供应系统　local hot water supply system

无需或仅需较短管道将局部加热设备制得的热水供给单个或几个配水点使用的小型热水供应系统。投资小，系统简单，使用管理方便；但总的热效率较低。适用于热水点少或分散的工业与民用建筑。
（陈钟潮　胡鹤钧）

局部水头损失　local head loss

水流外形由于管渠边界的改变而变化产生局部

阻力所形成的能量损失。发生在管子的进口、出口、弯头、突然扩大、突然缩小、闸门等处,其值与流速平方成正比。它在工程中可实测取得。建筑给水管道计算时常以沿程水头损失的百分数计。

（高珍 朱学林）

局部通风 local ventilation

在建筑物内产生有害物质的局部地点把污染空气直接排至室外,把新鲜空气或经过净化符合卫生要求的空气送入室内局部区域的通风方法。它与全面通风相比能用较少的风量达到消除有害物质对生活或生产的影响。 （李强民）

局部压力损失 local pressure loss

发生在管段上某些部件处的集中能量损失。当流体流过像阀门、弯头等类配件时,由于流速或流向急剧变化,会出现涡旋或流速的重新分布,使阻力大增,造成局部范围内的能量损失。以 Δp_i 表示。单位为 Pa。其表达式为

$$\Delta p_i = \Sigma \zeta \frac{v^2}{2} \rho (\text{Pa})$$

$\Sigma \zeta$ 为管段上所有局部阻力系数之和;$(v^2/2)\rho$ 为动压。 （王亦昭）

局部应用系统 local application extinguishing systems

在规定的喷射时间内,直接向燃烧着的可燃物体区域喷射一定数量的灭火剂,以扑灭局部区域内可燃物体所形成的火灾的灭火系统。其防护区域不需要完全封闭,可以是大型封闭空间内的一个局部区域,也可是室外可燃物体所处的一个区域。但该被灭火剂封闭的局部区域内应满足灭火所需的浓度。

（熊湘伟）

局部照明 localized lighting

满足场地某一局部部位特殊需要而设置的照明方式。常用于:局部需要有较高的照度;由于遮挡而使一般照明照射不到的某些范围;需要减小工作区内的反射眩光;视功能降低的人需要有较高的照度;为加强某一方向光照以增强质感时。但在一个工作场所内,不应单独使用它。 （江予新）

局部阻力 local resistance

当流体流经管道中的附件及设备时,在边界急剧改变的区域,因涡流和流速重新分布产生的流动阻力和摩擦阻力之和。 （殷平）

局部阻力系数 local resistance coefficient

计算流体流动的局部阻力与指定断面流体流动动压之比。一般由实验确定。实验时先测出管道附件前后的全压差,再除以与速度 v 相对应的动压 $\frac{v^2\rho}{2}$,便可确定其值。 （殷平）

局用通信电缆 central office cable of telephone

电话站内配线架至交换机或交换机机柜之间的通信电缆。目前一般采用塑料绝缘和护套通信电缆。 （袁敦麟）

矩形网式回风口 rectangular meshed air return opening

在吸风面上带有金属网的矩形回风口。其网孔形状通常分有矩形和菱形两种型式。按吸风面数目分有单面网和三面网两类。 （王天富）

矩形斜弯头 rectangular miter elbow

由两节带 45°斜口的矩形管制成的直角弯头。 （陈郁文）

矩阵控制 matrix control

利用矩阵开关群组成的控制。用户仅需切换各开关的位置,即可变换各执行器的顺序。广泛用于各种场合的自控系统。 （唐衍富）

矩阵显示板 matrix display panel

把显示单元排成方阵的显示装置。显示单元的一端按行连在一起（横线）;另一端按列连在一起（竖线）。如果在某一时刻只有一条竖线和一条横线加上电压,这时只有这两条线的交点上的显示单元才能发光。根据所需的信息随机地变换竖线和横线,就可实现所需的显示。 （温伯银）

举高喷射泡沫消防车 foam tower fire truck

装备举高和喷射泡沫或水灭火装置,可进行登高灭火或在地面遥控进行空中灭火,用载重汽车底盘改装而成的消防车辆。三节臂架为折叠伸缩复合结构,展开时升高 22m 以上,顶端装有泡沫-水两用炮,并配置了增压水泵。流量大、射程远、泡沫质量好、利用率高。支腿起落、臂架的俯仰、伸缩、回转以及泡沫炮的俯仰,均采用液压传动、电气控制,并配置了互锁保护及自动报警装置,各工作机构操作集中、灵活方便。用于扑救石油化工、油罐群以及高层建筑等火灾,并能在比较接近火源的情况下居高临下进行灭火。 （陈耀宗）

聚丙烯（PP）管 polypropylene pipe

由丙烯-乙烯共聚物加入适量的稳定剂,经挤出成型的热塑性塑料管。密度为 0.90~0.91g/cm³,可燃。标准规格为外径 16~400mm,分有轻型和重型两种。轻型管最大工作压力:在外径≤90mm 时为 0.4MPa;大于 90mm 时为 0.25MPa;重型管最大工作压力为 0.6MPa。使用温度 0~80℃。承插粘合连接。用于工业及民用建筑输送自来水、腐蚀性介质、农田排灌及作电缆套管等。 （张延灿）

聚光型集热器 solar concentrating collector

集光器采光面积大于接收器接受太阳辐射的表面面积的集热器。按其工作原理分为反射式和透射式;按运行方式分为固定式和跟踪式。（岑幻霞）

聚四氟乙烯（PTFE）管　polytetraf luoroethy-lenepipe

以聚四氟乙烯树脂为原料，用模压等法成型的热塑性塑料管。特点是具有优良的耐腐蚀性、耐热性和电气绝缘性，机械强度较高，密度为 2.1～2.3g/cm³。可在−180～+250℃条件下输送强腐蚀性流体；也可作金属管材的衬里材料，用于输送各种较高温度和压力的腐蚀性介质；还可用作电缆绝缘套管。
（张延灿）

聚乙烯（PE）管　polyethylene pipe

由聚乙烯树脂及一定量的助剂，经挤出成型的热塑性塑料管。无毒、无味，但可燃。原料密度分为低密度聚乙烯（密度为 0.91～0.925g/cm³，也称高压聚乙烯）和高密度聚乙烯（密度为 0.941～0.965g/cm³，也称低压聚乙烯）。前者质地较软、机械强度及熔点较低，最大工作压力为 0.4MPa，使用温度为−40～45℃；后者刚性较大、机械强度及熔点较高，最大工作压力为 0.6MPa，使用温度为−40～60℃。标准规格为外径 5～160mm。小口径的为卷盘包装，颜色一般为本色和黑色。常用连接方法为活接管件、钢管套、承插热熔、热熔对接、承插电熔等。用于生活饮用水、其它饮食液体及燃气的输送。
（徐可中　张延灿）

juan

卷管机　plate bending rolls

又称卷圆机。通过旋转辊轴，在外力作用下使金属平板产生弯曲变形，卷制圆形风管的机械设备。
（邹孚泳）

jue

绝热节流　isenthalpic throttle

简称节流。气体或蒸汽通过断面突然变窄而后又恢复原断面的流道时，因强烈摩擦使压力降低的现象。由于流速很快，来不及与外界进行热交换，故为绝热。气体或蒸汽经节流后压力降低，比容增大，虽焓值不变，但因流体自身摩擦功转化成热，故熵增加，是典型的不可逆过程。
（王亦昭）

绝热膨胀过程　isenthalpic expansion process

系统与外界无热交换，工质比容增加的热力过程。理想气体绝热膨胀时，过程可逆定熵，气体压力和温度降低，比容增加，气体所作膨胀功等于气体内能的减小。过热蒸汽绝热膨胀时，过热度减小，随继续膨胀逐渐变为干饱和蒸汽或湿蒸汽，干度减小。
（王亦昭）

绝热指数　adiabatic exponent

又称比热比。定压比热 C_p 与定容比热 C_v 的比。以 k 表示。即 $k = \dfrac{C_p}{C_v}$。理想气体可逆绝热膨胀（或压缩）时，压力 p 与比容 v 间的关系指数。即为 $p_v^k =$ 常数，称为绝热过程方程式。
（杨　磊）

绝缘安全用具　insulating appliance for safety

对带电部分绝缘并保证作业安全的用具。按可靠程度可分为基本安全用具和辅助安全用具两类。前者的绝缘强度能长期承受被操作装置的工作电压，可直接用于额定电压下的基本操作，包括绝缘杆、绝缘夹钳、低压用绝缘手套及绝缘靴等用具。后者的绝缘强度不能单独承受被操作装置的工作电压，是用来配合基本安全用具使用，加强保护作用，以及用来避免接触电压和跨步电压引起的触电或电弧灼伤，包括绝缘垫、绝缘毯、绝缘站台、护目眼镜、高压用绝缘手套及绝缘靴、低压用绝缘套鞋等用具。
（瞿星志）

绝缘导线　insulated conductor

将绝缘材料绕包于金属芯线。即导体的外层，作为电气绝缘和机械防护之用的组合体。（晁祖慰）

绝缘配合　insulation co-ordination

电气设备的绝缘强度与预期过电压、过电压保护器特性相互配合的过程。建筑物中的设备常用避雷器作过电压保护，则要求设备的绝缘伏秒特性应高于避雷器的伏秒特性，为了避免接近或相交应使两者相差在 15%～20% 以上，即使避雷器的额定残余电压值始终低于设备的绝缘强度。还应使避雷器在预期过电压作用下，流过的雷电流不超过其额定值，以保证相互配合。
（沈旦五）

绝缘子　insulator

用来绝缘和固定导体的绝缘体。对它要求绝缘性能优良、能承受机械应力、能承受气候温度变化和承受震动的能力。按用途分为线路绝缘子、支柱绝缘子和穿墙套管绝缘子等。常用线路绝缘子的形式分有针式绝缘子、蝴蝶式绝缘子、悬式绝缘子和瓷横担绝缘子等。
（朱桐城）

绝缘子布线　insulator wiring

利用绝缘子将导线固定并与金属支架等绝缘，沿墙、顶棚或屋架的布线。简便、费用较低；但易受机械损伤，不够美观。
（俞丽华）

jun

均衡供水　equalizing water supply

向建筑内部给水系统中各配水点供给相同或相近水压的供水技术。常用的措施有调整管径和设置减压孔板、节流塞、减压阀、调节阀等。是节约用水、改善使用条件的重要技术之一。
（姜文源）

均衡管网系统 balanced piping system

为使灭火剂在封闭空间中能均匀喷射，空间内各点均能尽快达到灭火所需的灭火剂浓度而设计的管路系统。应符合两个条件：①从贮存容器到每个喷嘴的管道长度和管道当量长度大于最长管道长度和最大管道当量长度的90%，②每个喷嘴的平均设计质量流量均应相等。凡不符上述任一条件者即为不均衡管网系统。它可简化水力计算和减少灭火剂在管网内的剩余量。

(熊湘伟 华瑞龙)

均衡器 equalizer

①补偿校正馈线、变换器等设备的幅频特性与相频特性的器件。常做成可调式，以适合各种具体的要求。

②又称音调补偿器。能使某一频率或多个不同频率信号的振幅根据需要进行提升或减弱的电子器件。可分为单频率和多频率均衡器两种。它除了设置在调音台中作为一种调音单元外，还可做成独立设备使用，用在节目录制或高质量扩声系统中。

(李景谦 袁敦麟)

均压环 equalizing ring

设在建筑物上，电气上可靠联接并接地的环状导体。在雷击时起均衡电位的作用。高度大于20m的建筑物必须在地面上方每隔20m敷设一圈与所有引下线焊接的水平环状导体。也可利用建筑结构圈梁内水平环形主钢筋在电气上贯通后与引下线焊接而成。使该层区内不致出现有危害的电位差。

(沈旦五)

均匀漫射照明 general diffused lighting

又称一般漫射照明。通过照明器的配光，使40%～60%的发射光通量向下，并直接到达工作面上(假定工作面是无边界的)的正常照明。

(俞丽华)

均匀送风管 air duct with unifonm delivery openings

又称等量送风管。沿风管长度方向上开设的各侧孔能送出相等风量的风管。通常可改变风管截面大小或侧孔面积大小来达到均匀送风。它集风管与送风口为一体。 (陈郁文)

均匀吸风管 air duct with uniform exhaust openings

又称等量吸风管。与均匀送风管流动相反，通过各侧孔能吸入相同风量的风管。

(陈郁文)

K

ka

卡洛维兹拉伸系数 karlovitz stretch factor

由于速度梯度引起熄火影响的无因次数值。以K表示。其表达式为

$$K = \frac{\delta_{ph}}{v}\frac{d_u}{d_r}$$

δ_{ph}为预热区厚度；$\frac{d_u}{d_r}$为速度梯度；v为某段火焰本身的气流速度。K值越大，速度梯度的熄火作用越明显，脱火是由于火焰稳定区的K值达到极限，导致火焰熄灭而发生的。 (吴念劬)

卡它温度计 katathermometer

根据物体散热率与其周围空气温度和流速有关的原理测定所在环境对物体综合冷却力的测微风速。其温度刻度为35～38℃。测速前先将温度计置于热水中加热，使酒精柱上升超过38℃，然后将其擦干于被测气流中，记录酒精柱由38℃下降至35℃所需的时间就可换算出冷却力。当周围空气温度为已知时，即可通过冷却力求出空气的流速。

(徐文华 陈在康)

kai

开敞式厂房 opening workshop

外墙上有大面积无窗扇窗口的厂房。多用于炎热地区的热车间，充分利用穿堂风的作用消除余热，达到车间降温的效果。根据开敞窗口的面积和位置分为全开敞式、上开敞式和下开敞式等类型。

(陈在康)

开放式集热器 open heat collector

最原始的靠水体直接接触大气吸收太阳能制备热水的集热器。构造简易、热损失大、水质易污染。

(刘振印)

开关电器 switching device

用来隔离电源或按规定能在正常或非正常电路条件下，接通、分断电流或改变电路接法的电器。

(施沪生)

开花直流水枪 spray stream nozzle

使水流形成开花状以保护消防人员接近火源的消防水枪。水枪开关装置分有直流调节阀控制直流射流和开花调节阀控制开花射流。

（郑必贵　陈耀宗）

开环控制系统　open-loop control system

指控制装置与对象之间只存在单向作用而没有反馈联系的自动控制系统。这种控制信号与被控制量之间没有闭合回路的情况，被控制量 x 不与给定量 x_0 比较。通常，这种控制精度较闭环控制要低，被控制量要求精度不高时才采用它。　　（唐衍富）

开式喷头　open sprinkler head

喷水口敞开，用于开式喷水灭火系统的喷头。由喷水口和溅水盘组成。喷头本身不带感温元件。按照溅水盘的构造形式和安装方式分为下垂式、直立式和边墙式。通常安装在某些易燃、易爆品加工厂及其贮存仓库、剧院舞台上部葡萄棚等严重危险建筑物和场所。　　　　　　　　（张英才　陈耀宗）

开式热水供应系统　open system for hot water supply

热水管系内因热水升温体积膨胀增高的压力，通过膨胀管与大气相通而释放的热水供应系统。通常膨胀管泄水至高位水箱或直接与膨胀水箱连通。系统工作安全可靠，管理简便，但因与大气相通而水质可能受污染。多用于上行下给式系统中。

（陈钟潮　胡鹤钧）

开式热水箱

见热水贮水箱（200页）。

开式系统　open return system

凝水在回收途中与大气相接触的高压凝水回收方式。接触地点一般在开式凝水箱。重力式、余压式、加压式和复合式凝水回收图式均可能采用此系统。

（王亦昭）

开式自动喷水灭火系统　open sprinkler system

装设开式喷头的自动喷水灭火系统。火灾时依赖探测装置报警而人工或自动输送压力水灭火。按作用和构造分为雨淋系统、水幕系统和水喷雾灭火系统等。　　　　　　　　　　（胡鹤钧）

开水　boiled water

又称沸水。经加热煮沸的饮水。按饮用时水温分有热开水和凉开水。　　　　　（夏葆真　姜文源）

开水炉　drinking water boiler

以固体、液体或气体燃料燃烧煮沸饮水的设备。由贮水容器、燃烧室及烟囱等组成。按煮沸和供应是否同时进行分为连续式（进水由浮球阀控制）、间歇式（一次进水煮沸后供应）。以煤气为燃料的分有容积式煤气开水炉和分段式煤气开水炉等；还有蒸汽开水炉、电热开水炉等。　　（孙玉林　张延灿）

开水器　boild water tank

以蒸汽、电等热媒将饮水加热达到沸点的设备。按水加热与供应是否同时进行分为连续式和间歇式两种；按是否贮水分为容积式、即热式（快速式）、半即热式等。常用的有电开水器、蒸汽开水器等。

（孙玉林　张延灿）

铠装通信电缆　armored telecommunication cable

在电缆护套外面加铠装外护层的通信电缆。为保护电缆在敷设和使用期间免受机械损伤，使之具有一定抗压和抗拉能力，需在电缆护套外面加铠装外护层。铠装分有钢带铠装和钢丝铠装两种。前者用于承受压力处，可用于直埋敷设；后者用于承受拉力处，用于水下、垂直和坡度大于30°等地区。

（袁敦麟）

kang

抗溶性泡沫灭火剂　alcohol-resistant foam agent

添加辛酸胺（氨）配合盐的普通蛋白泡沫灭火剂。与水混合后能析出辛酸锌，泡沫形成后在泡沫壁上形成一层连续的辛酸锌薄膜可阻止水溶性有机溶剂吸收泡沫水分，使泡沫能够有效地覆盖在有机溶剂的表面上，起到灭火的作用。用于醇类、酮类和脂类火灾，但对沸点低的有机溶剂如醛类、乙醚等的火灾扑救较为困难。　　　　　　（杨金华）

抗性消声器　impedance silencer

利用管道截面突变或管壁上设共振腔的方法来达到声波向声源方向反射或空腔共振消耗声能的效果所构成的消声器。它对于消除低频噪声或某一特定频率的噪声具有较好的效果。　　（范存养）

钪钠灯　scandium-sodium lamp

放电管中充入钪、钠的卤化物的金属卤化物灯。在整个可见光范围内具有近似连续的光谱。色温为3800～4200K，发光效率为75～90lm/W，一般显色指数为65～70。适用于对显色性要求较高的室内外大面积照明场所。　　　　　　（何鸣皋）

kao

考克

见旋塞（266页）。

ke

颗粒层除尘器　grain-layer filter

采用硅砂等颗粒状材料作为过滤层的除尘器。其机理为内部过滤。大多采用反吹风清灰，分有沸腾颗粒层除尘器、耙式颗粒层除尘器等型式。其滤料可耐高温、耐磨、耐腐蚀，但除尘器体积大，反吹风清灰机构复杂。可用于净化粉尘比电阻较高的高温烟气。 （叶 龙）

可编程控制器 programmable controller

简称 PC 机。由执行逻辑、实时、连续和工业控制等多种计算功能的固体组件构成的控制器。它以通用为目的，可在工业环境中代替继电器，利用梯形语言编程，带有 CRT 编程器进行编程输入。可靠性能好、适应环境能力强，无需空调和电源滤波。 （俞丽华）

可编程只读存储器 PROM programmable ROM

用户可根据自己编程的需要来编写的只读存储器。具有很大的灵活性它只能进行一次。程序编存错误即不能使用，需重新固化一块。 （温伯银 陈惠兴）

可擦去可编程序只读存储器 EPROM, erasable PROM

可以把写入的信息通过紫外线照射擦去后再写入，能改写多次的可编程序只读存储器。 （温伯银 陈惠兴）

可调喷嘴 adjustable orifice

孔口面积可以调节的喷嘴。由一个固定不变的喷孔和内设一个可移动的针形阀组成，或由一个固定的针形阀和外设一个可通过旋转而移动的喷嘴组成。通常取喷孔的喷射能力较所需负荷大 $30\%\sim50\%$。适用于热值和压力变化大的燃气。 （蔡 雷 吴念劬）

可见度 visibility

又称能见度。看清对象的难易程度、速度和准确度的一种指标。它主要和视角、对比、亮度及时间有关。在室内应用时，以标准观察条件下恰可感知的标准视标的对比或大小定义；在室外应用时，以人眼恰可看到标准目标的距离定义。 （江予新）

可靠系数 reliability coefficient

为防御由于继电器整定值、互感器和各参数量计算误差使继电保护装置误动作而引入的系数。 （张世根）

可控硅电压调整器 silicon-controlled voltage regulator

又称晶闸管电压调整器。利用变化的输入信号控制来晶闸管导通角，以改变输出电压值的调整器。它分有两种触发范畴：①属于零电压（或零电流）触发，当电源电压过零（或电流滞后一个相角）时，送来触发脉冲使晶闸管导通、负载上得到连续光滑的正弦波电压；触发脉冲不来时，晶闸管不导通，则负载上没有电压（或电流），由输入的 $0\sim10\text{mA}$ 信号改变周期开关的通断比，与 XCT 型动圈式温度调节仪配套来控制温度。②属于移相触发，输入信号大小的改变，使可控硅导通角随之改变，负载上的电压亦相应改变，从而可改变电加热器的功率，控制调节温度。 （刘幼荻 俞丽华）

可逆过程 reversible process

过程完成之后，在令其沿原路线反向进行时，系统和外界均能回复到各自的初始状态的热力过程。 （王亦昭）

可逆循环 reversible cycle

全部由可逆过程组成的理想的热力循环。即系统完成一封闭过程后，如果系统沿原路线反向进行，系统和外界都能够回复到它们各自初态的循环。它可以是一正向循环，也可是一逆向循环。 （杨 磊）

可曲挠合成橡胶接头 flexible synthetic rubber joint

又称避震喉（shock protected throat）。用极性橡胶经硫化成型，中间带有一个球状体，起吸收振动和噪声以及补偿作用的管道柔性附件。具有较好的偏转和位移性能，允许伸长量可达 14mm；允许压缩量可达 25mm；两端面轴线之间位移允许量 22mm；两端面轴线偏转角允许值 15°等。因此，吸收振动和噪声以及补偿作用的效果好。适用于空气、压缩空气、水、海水、热水和弱酸等介质。可承受 $0.8\sim20\text{MPa}$ 的工作压力。连接方式采用法兰接口，适用于公称通径 $DN32\sim300\text{mm}$。产品分有单球体、双球体和弯接头三种。主体材料为极性橡胶，内衬尼龙帘布，用硬钢丝作骨架，软钢作法兰。 （邢莘桐 丁崇功 丁再励）

可曲挠双球体合成橡胶接头 flexible double-spherical synthetic rubber joint

用极性橡胶经硫化成型，中间带有两个球状体，起到吸收振动和吸收噪声以及补偿作用的管道附件。具有较大的自由偏转与位移性能，允许伸长量可达 35mm；允许压缩量可达 60mm；两端面轴线之间位移允许量 45mm；两端面轴线偏转角允许值 40°等。因此，吸收振动和噪声以及补偿作用的效果很好。适用于空气、压缩空气、水、海水、热水和弱酸等介质。可承受 $0.8\sim1.2\text{MPa}$ 的工作压力。连接方式分有法兰接口，适用于公称通径 $DN50\sim300\text{mm}$；螺丝接口，适用于公称通径 $DN20\sim65\text{mm}$。 （邢莘桐 丁崇功）

可燃固体 combustible solid

与火源与高温热源接触能发生燃烧反应的固体物质。绝大多数为有机物质，具有晶状结构。评定它的火灾危险性指标有：燃点、燃烧速度及其自燃点。 （赵昭余）

可燃固体表面火灾 solid surface fire

由于可燃固体表面受热、分解或氧化而引起的有焰燃烧或无焰阴燃所形成的火灾。一般用较低浓度的灭火剂和较短的灭火剂浸渍时间就能将其扑灭。　　　　　　　　　　　　　　（熊湘伟）

可燃固体深位火灾 solid deep-seated fire

由于可燃固体内部氧化而产生的深部位的无焰阴燃所形成的火灾。它需要较高浓度的灭火剂和较长时间的灭火剂浸渍时间才能被扑灭。（熊湘伟）

可燃气体 combustible gas

与火源、高温热源接触时能发生燃烧或爆炸的气体物质。包括有氢气、一氧化碳、乙炔气、石油气等。各种气体的爆炸浓度范围是不同的，如氢气的爆炸范围为 4%～75%（体积百分比）；一氧化碳为 12.5%～74%；甲烷为 5%～15%。评定其火灾危险性的指标有：爆炸下限在 10% 以下的最危险，10% 以上的为一般，爆炸范围（极限）越大越危险；此外其密度和扩散性，也是一项指标。　　（赵昭余）

可燃物质 combustible substance

燃点较高，遇火源与高温热源能发生燃烧，但燃烧速度较慢的物质。其品种繁多、结构复杂，主要指可燃气体、闪点高于 60℃ 的液体、一般性的有机固体物质。从发生火灾的可能性和发生火灾可能造成的后果分析，这些物质比易燃物质的火灾危险性要小。一般不列为重点防火对象。　　　　（赵昭余）

可燃液体 combustible liquid

闪点在 45℃ 以上的液体可燃物质。它的蒸气与空气可形成爆炸混合物。评定它的火灾危险性的指标有：①闪点；②爆炸浓度（或温度）范围；③自燃点。中国以燃点高低为主要依据，参考上列三项指标进行综合评定。根据生产、使用、储运等不同情况分别对待。其指标有主有次，各有侧重。（赵昭余）

客房音响 music of guest room

在高级宾馆客房中，可接收由宾馆广播中心播送的三至五套音响节目的音响。在客房中扬声器一般装在床头柜内，也有装在房内吊平顶中的，节目选择开关和音量调节器一般装在床头柜控制面板上。它的节目信号输送分有两种方法：①用音频功率输送，技术上比较简单，在客房内只要一只扬声器，但需专用线路接至每个客房；②用调频信号输送，音质好，可利用电视电缆传送信号，不需要专线，但每个客房内需设调频接收机。　　　　　　（袁敦麟）

kong

空调测量系统 measurement systems for air conditioning

通过测量装置获取管理和控制空调过程所必需的各种信息，并予以显示与记录的测量系统。实时、准确检测包括被调量在内的各种状况参数与过程参数，有助于掌握空调系统的运行状况，便利于系统的控制、维护与管理。电测方法具有精度高、响应快、便于运算与远传等优点，在集中检测系统中得到广泛应用。　　　　　　　　　　　　（张瑞武）

空调的计算机控制系统 computerized control systems for air conditioning

利用计算机控制装置，实现空调设备或系统自动化的控制系统。由计算机构成的直接数字控制器，精度高，可靠性与适应性强，并可赋予智能功能。其技术性能远高于常规模拟仪表，在空调中已获得日益广泛应用，并促进了空调机组与制冷机组的机电仪一体化。以最佳节能和科学管理为目标的分级分布式数字自动控制与能量管理系统已得到实际应用。　　　　　　　　　　　　　　（张瑞武）

空调用水 water for air conditioning

满足空气调节工艺要求所需用的生活用水。包括使空气温度达到要求值的冷却用水、保持一定空气湿度的增湿用水以及补充空调系统冷却设备因蒸发、风力吹散而损失的空调补充水。　（姜文源）

空调自动控制系统 automatic control systems for air conditioning

利用自动控制装置，保证某一特定空间内的空气环境状态参数达到期望值的控制系统。其主要被调参数是温度和湿度，还有清洁度、压力和成分等。空调设备耗能多，在满足使用要求前提下，最大限度节能是所有空调控制系统的中心任务。节能优化指标是鉴别空调系统先进性的主要标志。主要内容包括状态参数与过程参数的检测、电力拖动与顺序控制及程序控制、自动保护、使被调参数达到期望值的自动调节和实现全年自动化运行所必需的空调工况判断与自动转换。电子计算机技术和现代控制理论的发展，使直接数字控制器和具有智能的空调计算机控制系统日益广泛应用。以费用函数为评价标准，以环境控制品质指标为主要约束条件的最优化控制系统将得到进一步开发与应用。　　（张瑞武）

空分制电话交换机 space division switching system

话路接续设备按空间位置排列，并且一条话路在一定通话时间内只能为 1 对用户服务的电话交换机。纵横制及半电子交换机均属于这一类。其话路接续部分由金属接点的接线矩阵组成。每个用户在这矩阵中占有一定的空间位置，话路一经接通，在正常通话过程中始终只能被 1 对用户占用。话路接续设备利用率低，且体积庞大。适用于模拟通信的市内电话和长途电话网。　　　　　　　（袁玫）

空间等照度曲线 isolux line of cavity

按平方反比定律,以计算高度 h(m) 为纵坐标,以计算点至光源(灯具)发光中心在计算点所在的水平面上投影的距离 d(m) 为横坐标的等照度曲线。适用于旋转对称配光的灯具计算水平面照度。通常给出的是光源光通量为 1000lm 时的照度值,在求计算点实际照度值时应按光源实际发射的光通量换算。 (俞丽华)

空间监视 space surveillance

对整个房间或它的某几部分进行的监视。用于这种防护的典型探测器分有红外线墙、被动式红外线探测器和超声波探测器等。 (王秩泉)

空间照度 cavity illuminance

空间某一点的一个假想小球外表面或假想小圆柱体外侧表面上的平均照度。前者称为平均球面照度;后者称为平均柱面照度。用于没有固定作业面的场所,如通道、休息大厅、会议室等公共场所。 (江予新 章海骢)

空气比容 specific volume

单位质量的空气所占有的容积。它是空气密度的倒数。单位为 m^3/kg。 (田胜元)

空气除臭 air deodorization

除去空气中能引起人们嗅觉器官多种多样异嗅感的物质对环境的污染所采取的物理或化学的处理措施。以消除恶臭对人体神经、呼吸、循环、消化及内分泌等系统的危害。它在空调中常采用活性炭过滤器。 (杜鹏久)

空气除臭装置 air deodorization device

除去空气中臭味的净化处理设备。如各种形式的活性炭过滤器。活性炭主要是采用木材、果核等有机物质,通过专门加工而成。 (杜鹏久)

空气等湿冷却过程 constant-humidity cooling process of air

又称干冷却。空气经过表面冷却器时若仅被冷却降温而无水分凝结析出,保持含湿量不变的过程。当表面冷却器的表面温度低于空气温度但高于空气露点温度时,可获得此过程。在焓湿图上空气的状态参数沿等含湿量线变化。 (田胜元)

空气电离 air ionization

电除尘器中电晕极附近空气中原有的自由电子从高压电场获得足够的能量和速度,它们撞击空气中的中性分子或原子,将这些分子或原子外围的电子撞出来而形成正离子和自由电子的现象。它使空气具有导电性,是电除尘机理的重要基础。 (叶 龙)

空气调节 air conditioning

简称空调。为满足人、生产和科学实验的要求,在特定的建筑空间内建立一定的空气环境,使空气的温度、湿度、清洁度、流动速度和压力以及成分等保持在某一规定范围的技术。由于现代空调对环境具有全年控制的功能,而又称为环境控制。它分有:用于人员舒适要求的称为舒适性空调、为生产过程和科学实验要求而设置的称为工艺性空调;按使用目的分有对它的建筑空间或房间,一般指整个房间要求的称为全室性空调、只调节局部空间要求的称为局部空调、对于高大空间只要求控制其下部地区空气参数,上部空间无要求的称为分层空调。其空间所建立的空气环境应控制温、湿度。对温、湿度的规定有两组数值:①温、湿度的设定值,亦称空调基数,如温度为 22℃,相对湿度为 50%;②允许波动值即空调精度,如温度精度 $\Delta t = \pm 0.1$℃,相对湿度精度为 $\Delta \varphi = \pm 5\%$。无论哪种空调,其空调基数、空调精度都因空调空间使用目的和性质不同而异。实现它要求的方法,一般是向被调空间送入一定质量和数量的经预先处理的空气,使其与空间内空气进行热质交换而达到。并要靠空气调节系统、空气处理设备、空气分布装置以及自动控制等来实现。 (马仁民)

空气调节系统 air conditioning system

为实现房间空气调节的要求,对送风进行处理,输送分配,以及控制其参数的所有设备(包括冷热源)、管道及附件、仪器仪表的总和。按设备负担范围划分有集中式空调系统、局部空调系统。按所用介质区分有全空气系统、全水系统及空气-水系统。按处理空气来源的不同分为封闭式空调系统、直流式空调系统、混合式空调系统。它的主要设备有:送风机、回风机、风管、空气处理室等。空气处理室内包括喷水室(加湿、冷却)或表冷器、加热器、过滤器、消声器等。此外尚有冷源及水系统(包括冷冻机、水泵、水管)热源及供热管道等。自动控制系统是空调系统中不可缺少的装置。其中有室温控制、露点控制以及水温水量控制等。 (代庆山)

空气动力系数 aerodynamic coefficient

在风力作用下建筑物外表面所受到的风压和室外空气流动的动压的比值。常用来表示建筑物外表面的风压分布。其值主要决定于建筑物的几何形状及相关的风向。 (陈在康)

空气动力阴影 areodynamic shadow

风力作用下在建筑物背风面所形成的风压为负值的区域。 (陈在康)

空气断路器 air circuit breaker

又称空气自动开关。触头在大气压下的空气中开断和闭合的断路器。用于交直流配电电路,电动机或其它用电设备作不频繁通断操作,并起保护作用的断路器。当电路内出现过载、短路或欠电压等情况时,能自动带负载分断电路的开关电器。按用途分为配电用、电动机保护用及特殊用途等。按全部断开时间又分为一般型空气断路器和快速型空气断路器。按结构型式可分为框架式空气断路器、塑壳式空气断路器和积木式空气断路器。　　　　　　　（施沪生）

空气阀

见排气阀（171 页）。

空气分布器　air distributor

设置在工作地带，使送风气流降低速度、并能均匀扩散的送风口。分有楔形、矩形和圆形。

（陈郁文）

空气分布特性指标　ADPI，air distribution performance index

评价空调房间气流组织舒适效果的一种特性指标。它表示在工作区测点总数中有效温度差 θ 值在 $-1.7 \sim +1.1℃$ 范围内（即舒适范围）的测点数占测点总数的百分数。θ 表示（温度综合作用的舒适指标），$\theta = (t_x - t_n) - 7.66(v_x - 0.15)$，$t_x$、$v_x$ 为工作区某测点的温度和空气流速；t_n 为给定的室内温度。　　　　　　　　　　　　　　　（马仁民）

空气负离子发生器　air anion generator

用人工方法电离空气，使之产生负离子（使空气离子化）的设备。产生负离子较有效的方法是电晕放电法。它利用针状电极与平板电极间在高压作用下产生不均匀电场，使流过的空气离子化。正离子被针极吸收，排出负离子。有时为了增加负离子发送量，可在离子源上游安装风机。　　　　　（杜鹏久）

空气干球温度　DB，dry−bulb temperature

旧称空气温度。用干球温度计所测得表征空气冷、热程度（排除辐射热影响）的度量值。目前国际上常用摄氏温标，符号为 t，单位以 ℃ 表示。有时也用开氏温标（或绝对温标），符号为 T，单位为 K。摄氏温称 1℃ 和开氏温标 1K 的间隔是相等的，两者关系为 $T = t + 273.15$。　　　　　　（田胜元）

空气隔断　air break

防止混接现象发生的技术措施。包括空气间隙、防污隔断阀及其他设施。　　　　　　（胡鹤钧）

空气隔断器

见真空破坏器（295 页）。

空气过滤器　air filter

依靠有阻隔性质的过滤分离手段把气流中的微粒清除下来的设备。它不同于靠机械分离、电力分离和洗涤分离除尘的各种除尘器。是空气洁净技术中最关键的设备。按微粒在过滤器上被捕集的位置可以分为表面过滤器和深层过滤器。前者有金属网、多孔板、微孔滤膜等形式，微粒在表面被捕集；后者有颗粒填充层、多孔质滤材、纤维填充层、发泡性滤材、滤纸等形式，微粒的捕集发生在表面和层内。按滤材性质分为干式和湿式（粘式）两大类。按滤材形式分为平板式、折叠式、袋式等。还可按更换方式来分类。过滤器最重要的分类是按过滤效率来划分，可分为粗效过滤器、中效过滤器、亚高效过滤器、高效过滤器和超高效过滤器。各国的划分界限虽不完全一致，但大体上相仿。　　　　　　　　　　　（许钟麟）

空气含湿量　moisture content

在湿空气中每公斤干空气所伴有的水蒸气量。以 d 表示。单位为 g/kg 干空气。它与大气压力 B 和水蒸气分压力 p_q 的关系式为

$$d = 622 \frac{p_q}{B - p_q}$$

它可确切地表示空气的实际水蒸气量，故常用于空气加、减湿量的计算，但不能直接表示空气的干、湿程度或接近饱和程度。　　　　　　（田胜元）

空气焓　specific enthalpy

具有 1kg 干空气的湿空气所含有的热量。以 i 表示。它等于 1kg 干空气的热量与 $d/1000$kg 水蒸汽含热量之和。即为

$$i = 1.01t + (2500 + 1.84t) \frac{d}{1000}$$

t 为空气温度（℃）；d 为空气含湿量（g/kg 干空气）；i 为焓（kJ/kg 干空气）。　　　（田胜元）

空气混合状态点　mixture state of air

当两种状态和重量均不相同的空气（状态 1——参数为 i_1、d_1，重量为 G_1；状态 2—— i_2、d_2、G_2）相混合时，其混合后的状态点 3。在焓湿图上应

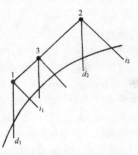

位于状态点 1 和 2 所联接的直线上；且点 3 将 1、2 两点所联直线按与重量成反比关系分割成两段。即为

$$\frac{\overline{1-3}}{\overline{3-2}} = \frac{G_2}{G_1}$$

（田胜元）

空气加热过程　air warming process

空气经过表面式加热器或电加热器时由于发生显热交换而被升温的过程。这一热交换过程其空气含湿量不变，为等湿加热过程，在焓湿图上其状态参数沿等含湿量线变化。　　　　　　　（田胜元）

空气减焓加湿过程　enthalpy dropping and humidifying process of air

使空气的温度降低、焓值减少、含湿量增加的状态变化过程。实现该过程的条件是在喷水室内喷水温度高于空气的露点温度，低于空气的湿球温度。

（齐永系）

空气减湿处理 air dehumidification

使空气中含湿量降低的空气处理方法。按处理的方法主要分有加热通风(即升温)减湿、冷冻减湿、液体吸湿剂减湿和固体吸湿剂减湿。 (齐永系)

空气减湿冷却过程 dehumidification and cooling process of air

又称湿冷却。空气不仅被冷却且同时有水分凝结析出的过程。当表面冷却器的表面温度或喷水室的喷水温度低于被处理空气的露点温度时产生此过程。在焓湿图上其状态参数沿含湿量减少的斜线变化。 (田胜元)

空气间层 air space

围护结构两层材料之间以空气作为介质的保温层。这是因为空气的导热系数低,比较经济。空心砖中的孔洞也是起这种作用。它的传热复杂,包括传导、对流和辐射。其中对流和辐射所占比例较大,所以其热阻与间层所在位置、热流方向和温度等因素有关。特别是两表面的材料,如采用辐射系数低的铝箔时,可大大提高其热阻。 (西亚庚)

空气间隙 air gap

给水管配水口距受水容器最高溢水位或间接排水设备的排出口距受水器溢水位的垂直距离。一般为配水口或排出口有效管孔径的2～3倍。

(张 淼)

空气洁净技术 air cleaning technique

旧称超净技术。又称空气净化技术。简称净化。国外现称微污染控制技术。通过对空气过滤、合理组织气流、人身和物件净化以及围护结构密封等措施,来控制环境空间内微粒(包括非生物的和生物的,固态的和液态的)的发生、分布、排除和外部微粒向该空间的渗漏,从而使该空间能保持一定的微粒浓度的技术。中国习惯专指能达到某一空气洁净度级别要求的技术。空气净化所用的设备统称为空气净化设备,其中能创造局部空间洁净空气环境的设备称为局部净化设备;达到洁净级别要求的建筑空间称为洁净室。空气净化设备、管道、洁净室及附属装置的系统组成统称为空气净化工程或微污染控制工程。空气净化系统可以兼有调节空气温湿度的功能,但最大特点是:有多级(一般为三级)过滤装置和换气次数比一般空调系统大几倍至上百倍。

(许钟麟)

空气绝对湿度 absolute humidity

单位体积(1m³)湿空气中含有的水蒸气质量(kg)。以Z(kg/m³)表示。因体积随温度而变,故Z也随温度而变。 (田胜元)

空气绝热加湿过程 adiabatic humidifying process of air

又称等焓加湿过程、等湿球温度过程。空气通过喷水室后,焓值近似不变,含湿量增加的过程。常用喷循环水来实现这一过程。在稳定条件下,由于空气与水之间的湿热交换,喷水温度实际等于空气的湿球温度。 (齐永系)

空气离子化 air ionization

使空气中的氮分子(N_2)和氧分子(O_2)形成带电荷的阴、阳离子的过程。空气中的离子可以作为空气清洁度的参考指标。空气离子化与人体健康有重要关系。 (杜鹏久)

空气两段供给型低 NOx 燃烧器 two stage air-supplied low NOx burner

将燃烧所需的空气分两段供给的燃烧器。一般先供给的空气量为理论空气量的60%～70%,使大部分燃气燃烧,然后再供给剩余的空气量,使尚未燃尽的燃气达到完全燃烧。以降低燃烧区的温度水平,抑制 NOx 的生成。 (郑文晓)

空气淋浴 air shower

又称岗位送风。将新鲜空气直接送到人体上部的送风方式。常用在高温车间或产生有害物质的车间以造成一个对人体有利的局部环境。(李强民)

空气幕 air curtain

用气流隔断两个空间空气流动的装置。可用贯流风机、离心风机或轴流风机装配而成。它吹出的片状气流形成分隔空间的帷幕。装于建筑物的门口时可阻止室外冷空气或热空气侵入室内,也可以阻隔粉尘,有害气体及昆虫的侵入。它产生的平面气流不妨碍视线和交通。按其送出空气的处理状态分为非加热空气幕、热空气幕和净化空气幕;按安装位置的不同分为下送、上送及侧送式空气幕。(李强民)

空气幕效率 tain

空气幕正常运行时通过门洞侵入热量的减少值与空气幕停止运行时通过门洞侵入室内的热量之比。是表示空气幕隔断效果的物理量。(李强民)

空气年龄 air age

房间进气由入口到达某一位置所需的时间。是用以表示房间空气质量的一个尺度。常使用房间内某一区域的平均值,较小的值意味着空气更新较快,因而品质较好。气流流态不同时其值亦不同,可用气体示踪法根据通风条件下示踪剂浓度变化与换气次数及时间的关系而确定。 (赵鸿佐)

空气泡沫比例混合器 foam proportioner

将空气泡沫液与水按一定比例混合成泡沫混合液供给泡沫产生设备和喷射设备的器械。分有负压比例混合器(如环泵式空气泡沫负压比例混合器等)和压力比例混合器(如空气泡沫压力比例混合器等)。 (杨金华 华瑞龙)

空气泡沫产生器 foam maker

将空气吸入空气泡沫混合液经过滤网或击散片

的分散作用形成空气泡沫的器械。分有液上喷射空气泡沫产生器和液下喷射高背压空气泡沫产生器两类。　　　　　　　　　　　（杨金华　华瑞龙）

空气泡沫灭火剂　mechanical foam agent

以动物或植物蛋白为主要成分,在水和空气的机械搅拌作用下能产生泡沫的灭火剂。按其添加的药剂分为普通蛋白泡沫灭火剂、氟蛋白泡沫灭火剂、水成膜泡沫灭火剂和抗溶性泡沫灭火剂等;按其发泡倍数分为在 20 倍以下的低倍数泡沫灭火剂、在20～200 倍间的中倍数泡沫灭火剂和大于 200 倍的高倍数泡沫灭火剂。　　　　　　　　（杨金华）

空气泡沫压力比例混合器　pressure foam pro-portioner

孔板型的空气泡沫比例混合器。由孔板、缓冲管、出液管、出液管节流孔板、环阀和手柄等组成。常固定在泡沫液贮罐上,利用压力水通过孔板形成的压差而工作。部分板前压力水经缓冲管进入泡沫液贮罐,将泡沫液经出液管压入板后低压区,由于泡沫液管孔板的调节作用,使泡沫液与孔板压力水成比例混合后送往泡沫产生器。多用于固定或半固定空气泡沫灭火系统。　　　　　（杨金华　陈耀宗）

空气膨胀制冷　air-expantion refrigeration

利用压缩空气在绝热膨胀时产生的冷效应来实现制冷。　　　　　　　　　　　　　（杨　磊）

空气绕行管　air vent cross-over pipe

干式低压凝水管过门装置中特有的上凸管段。因凝水靠位能流动,遇门障碍时,需向下翻入过门地沟再返回地面,则过门地沟内的凝水管段形成了水封,封住空气的通路,为了通过干式凝水管进出空气,需设此管。　　　　　　　　　　（王亦昭）

空气热湿处理　psychrometric air hamdling

为得到空调房间要求的送风参数,人为地对送入房间空气进行加热或冷却、加湿或减湿的统称。按处理的状态变化过程分有冷却减湿过程、等湿加热(或冷却)过程、加湿加热(或冷却)过程、等焓加湿过程、增焓加湿过程和增焓增温过程等。

（齐永系）

空气射流　air jet

气流从孔口流入房间时卷吸周围空气而形成的流动。它的轴心速度逐渐衰减,而流量及断面随离开孔口的距离加大而渐增。按其在不同的界面限制和空气环境条件可分为自由射流、受限射流、等温射流和非等温射流等。　　　　　　　　（赵鸿佐）

空气渗入　infiltration

空气经过门窗缝隙无组织地进入室内的行为。

（陈在康）

空气湿球温度　WB, wet-bulb temperature

表征空气中水分接近饱和程度的一种度量。它是用裹有湿纱布的温度计,在流速＞2.5m/s 的空气中所测得的湿纱布表面温度。周围空气中的饱和差愈大,湿球温度表上发生的蒸发愈强,而其示度也愈低.根据干、湿球温度的差值可以确定空气的相对湿度。　　　　　　　　　　　　　　（田胜元）

空气-水系统　air-water system

空气调节房间的热湿负荷,一部分由空气负担,一部分由水负担的空气调节系统。如带有单独新风系统的风机盘管系统和空气-水诱导器系统等。

（代庆山）

空气水蒸气分压力　partial vapour pressure of air

湿空气中的水蒸气,当其与湿空气同温度并单独占据湿空气的总容积时所具有的压力。以 p_q 表示。它与干空气分压力 p_g 之和即为大气压力 B。在湿空气中水蒸气始终处在本部分压力作用之下,其分压力越大,表明水蒸气含量越高,且在某温度下都对应有一个饱和分压力。　　　　　（田胜元）

空气相对湿度　R.H., relative humidity

空气的绝对湿度与同温度下饱和绝对湿度之比。又称饱和度。表示空气干、湿程度的指标。常用 $\varphi(\%)$ 表示。即指在一定温度下空气中水蒸气量接近饱和的程度。亦可用空气中实际水蒸气分压力与同温度下饱和水蒸气分压力的百分比表示。

（田胜元）

空气芯　air core

排水立管管断面中心空气占据的部分。立管中下降水流因与管壁所形成的界面力大于自身内聚力而贴附于管壁形成中空水柱,此中空部分具有通气平衡气体压力波动的作用,不能过小,至少应保持有2/3 的管断面面积。　　　　　　　　（胡鹤钧）

空气与水的热交换系数　heat exchange coefficient of air and water

喷水室中,空气和水表面之间温差为 1℃,单位水滴表面和空气之间显热交换量的瓦数。单位为 $W/(m^2 \cdot K)$。实质上是空气与水之间的显热交换系数。　　　　　　　　　　　　（齐永系）

空气增焓加湿过程　enthalpy rising and humidifying process of air

空气通过喷水室后,焓值增加,含湿量增加的过程.根据喷水温度不同又分为增焓加湿降温过程、增焓加湿等温过程及增焓加湿升温过程。（齐永系）

空气纸绝缘通信电缆　paper insulated cable

在导线上重叠缠绕电缆纸带或用纸浆直接涂于导线上,构成纸和空气组合绝缘的通信电缆。多用于市内电话和长途电话网。　　　　　　（袁敦麟）

空气自动开关

见空气断路器（140 页）。

空塔速度 empty tower velocity

按空塔截面积计的气流速度。是通过塔的气体体积流量与塔截面积的比值。单位为 m/s。它是确定塔径的重要参数。 （党筱凤）

空隙率 voidage

单位体积填料层所具有的空隙体积。单位为 m³/m³。随填料种类不同而异。它是衡量填料性能优劣的重要参数之一。 （党筱凤）

孔板回风口 perforated plate air return opening

吸风面为圆孔孔板的矩形回风口。分有不带和带调节阀两种型式。通常安装在墙上，与回风支风道末端相连接。 （王天富）

孔板流量计 orifice plate flowmeter

流体经过孔口时截面收缩，流速上升，动压增加，故孔板后流体静压小于孔板前静压，以测定静压差确定相应流量的仪器。标准孔板为具有与圆形管道同心圆孔的薄板。孔口的流体入口侧为锐直角边缘。除标准孔板外，还有偏心孔板、圆缺孔板和锥形入口孔板等。 （徐文华）

孔板送风 air distribution from perforated ceiling

利用房间顶棚上的空间作为送风静压箱或另设静压箱，通过带均匀分布的密集小孔的顶棚板（孔板）向室内送风。具有射流的扩散和混合较好，室内温度和速度分布均匀的特点。根据孔板布置方式可分为全面孔板和局部孔板。 （邹月琴）

孔口流量系数 coefficient of flow at orifice

流体由于孔口两侧的压差形成经由孔口的流动时，其实际流量和静压差完全转变为动压时的理论流量之比。以 μ 表示，其表达式为

$$\mu = L/F \sqrt{2\Delta P/\rho}$$

L 为实际流量；F 为孔口面积；ΔP 为孔口两侧静压差；ρ 为流体密度。 （陈在康）

孔流 hole stream

自孔口或管嘴中重力流出的跌水形态。因水柱一般较纤细且透明，观看不明显，照明效果也较差，但水流柔媚活泼，在水景工程中较常采用。 （张延灿）

控制变量 manipulated variable

又称控制量、调节量。指调节器的输出量。它通过执行机构改变输入于被控制对象的能量，如空调系统进出的冷量或热量等。从而对被控对象进行控制。 （温伯银）

控制点 control point

外部吸气罩控制含有有害物质的污染气流运动的最不利点。它是外部吸气罩设计计算原理中的一个重要概念，实际计算中简化为离罩口最远的有害物质发生源外侧。 （茅清希）

控制电缆 control cable

供给交流 500V 或直流 1000V 及以下配电装置中仪表、电器控制电路连接用的电缆。也可供给连接信号电路之用。常用的分有 KVV、KYV、KYVD 系列塑料绝缘控制电缆和 KXV、KXF、KXVD 系列橡皮绝缘控制电缆。 （朱桐城）

控制电器 control apparatus

主要用于控制受电设备、使其达到预期要求的工作状态的电器。包括各种控制器、接触器、继电器、按钮、行程开关、变阻器和调压器等。 （俞丽华）

控制风速 control velocity

又称吸捕速度。外部吸气罩依靠风机造成的抽吸作用，在控制点上所产生的气流速度。对于工程实际可以简化为在离罩口最远的有害物质发生源处造成的气流速度。 （茅清希）

控制偏差 system deviation

简称偏差。给定值与被控量之差。在研究自动控制系统时，它规定为给定值减去被控量的实测值。它是调节器的输入信号，即反馈控制系统用来进行控制的信号。 （张子慧）

控制台 control console

指广播控制台选择和收转广播节目信号源，并将信号予以放大和调整后输送给扩音机的设备。它还附有输入和输出监听装置，以及与播音室联系的信号装置，有些还有遥控和自动化装置。 （袁敦麟）

控制信号 control signal

外来的控制控制系统的信号。在建筑设备自动控制中常用的分有温度、流量、压力、液位、物位、湿度等信号。 （温伯银）

控制信号阀

见报警阀（5页）。

控制中心报警系统 control center alarm system

由设置在消防控制室的各种消防控制设备组成的火灾自动报警系统。结构复杂、功能多样。用于规模大、要求高的保护对象。 （徐宝林）

ku

库尔特法 Coultku method

两侧设有电极小孔，测定粉尘粒径分布的方法。当悬浮于电解液中的尘粒依次通过两侧设有电极的小孔时，小孔处电阻值变化引起的电压波动值与尘粒体积成正比。根据电压波动值可获得粒径分布。此法取样少、测定快、重现性好，测得粒径为等体积球

径。　　　　　　　　　　　　　（徐文华）

库尔辛公式　Кулзин formula

应用于计算居住建筑给水管系的秒变化系数与平均日用水量函数关系式。系前苏联工程师库尔辛（С•А•Куизин）30 年代在敖德萨市对 1500 幢居住建筑用水实测分析整理而得，并导出设计秒流量计算式为

$$K_s = \frac{30}{\sqrt{Q_d}} \qquad q = 0.347\sqrt{Q_d}$$

K_s 为秒变化系数；Q_d 为平均日用水量；q 为居住建筑设计秒流量。此式对建筑内部给水管系的计算极不方便，仅作为基础资料。　　（姜文源　胡鹤钧）

kua

跨步电压　walking voltage

人体站在接地故障电气设备附近（一般以接地点为圆心半径 20m 以内）的地面上两脚之间承受的电位差。其大小与接地电流、接地电阻、土壤电阻率及人体位置有关。当防雷接地极中有雷电流流散大地时，也会形成雷电跨步电压。　　（瞿星志）

跨越管

见旁通管（173 页）。

kuai

块状辐射板　block heating radiant panels

主要由加热管和钢板构成的一种形式。钢制辐射板的加热管的 $\frac{1}{4}\sim\frac{1}{2}$ 外圆嵌在预先冲压成型的钢板槽内，板宽一般为 300～1400mm，板长为 1800mm 左右。它可安装成与水平面呈 0°～90°夹角，常用安装方式为 60°。　　　　　（陆耀庆）

快速接头　quick-operation joint

又称速接、接箍。非螺纹、承插、法兰连接而能快速拆装的管接头。常用牙扣胶圈式机械连接法。用于消火栓龙带、洒水胶管、临时管道等连接。
　　　　　　　　　　　　　　　　　（张延灿）

快速热水器　gas instantaneous water heater

又称瞬时热水器。是将冷水迅速加热成热水的非容积式加热设备。由燃烧器、热交换器、水-气联动阀和安全装置组成。以热水出口阀为控制器的属后制式热水器；以冷水进口阀为控制器的属前制式热水器。烟气排除的方式可分为直接排放室内的直排式；由烟道排至室外的烟道式；助燃空气由室外吸入、烟气排向室外的平衡式和由排送机排出的强制排气式。　　　　　　（梁宣哲　吴念劬）

快速熔断器　fast acting fuse

在规定的条件下，能快速切断故障电流，主要为用于保护硅元件过载及短路的有填料熔断器。
　　　　　　　　　　　　　　　　　（施沪生）

快速式热交换器

见快速式水加热器（145 页）。

快速式水加热器　instantaneous heat exchanger, instenteneous water heater

又称快速式热交换器。热媒与被加热水隔管、板快速相对流动进行热交换而无贮水功能的加热设备。按结构形式分有列管式快速加热器、板式快速加热器、螺旋板式快速加热器等。按其使用热媒分有蒸汽-水快速加热器和水-水快速加热器。具有传热效率高、热水单位生产率大、设备占地面积小，但不能贮热、水头损失较大。用于需热水量大而使用时间集中的对象。　　　　　　　　　　（钱维生）

快速型空气断路器　high speed air circuit breaker

又称快速型空气自动开关。能迅速分断电路的开关电器。如直流快速开关和交流限流式自动开关。前者能在短路电流达到其最大值前分断；后者能在短路电流达到其预期峰值前分断。　　（施沪生）

kuang

矿化水　minerolized water

矿化度高的水。通常按照 1L 水在 105～110℃温度下蒸发残留物的干重量分类：1～3g/L 者称为弱矿化水（微咸水）；3～10g/L 者称为中等矿化水（咸水）；10～50g/L 者称为强矿化水（盐水）。
　　　　　　　　　　（姜文源　夏葆真）

矿泉水　mineral water

又称矿水、天然矿泉水。含有一定数量特殊矿物质、微量元素、气体、放射性元素或具有较高温度，对人体有一定医疗、保健作用的地下水。据中国规定的医疗矿泉水定义和分类，可分为十二类：氡矿泉水（氡含量大于 3mμc/L）、碳酸矿泉水（游离二氧化碳大于 1g/L）、硫化氢矿泉水（总硫化氢大于 2mg/L）、铁矿泉水（总铁大于 10mg/L）、碘矿泉水（碘离子大于 5mg/L）、溴矿泉水（溴离子大于 25mg/L）、砷矿泉水（总砷大于 0.7mg/L）、硅酸矿泉水（硅酸大于 50mg/L）、重碳酸矿泉水（矿化度大于 1g/L，且主要成分为重碳酸钠、钙、镁者）、硫酸盐矿泉水（矿化度大于 1g/L，且主要成分为硫酸钠、钙、镁者）、氯化物矿泉水（矿化度大于 1g/L，且主要成分为氯化钠、钙、镁者）、淡矿泉水（矿化度小于 1g/L，其它化学成分也未达到医疗矿泉水最低限值，但温度在 34℃ 以上者）。按医疗方法不同，可分为浴疗矿泉水和饮疗矿泉水（除氡、砷、硫酸盐和淡

矿泉水外)。后者的水质必须符合生活饮用水水质标准。　　　　　　　　　　　(姜文源　夏葆真)

矿用电话机　mine telephone set

在矿井中使用的电话机。根据不同矿井可分为防潮式和防爆式两种,它具有严密的或较严密的封闭外壳。　　　　　　　　　　　(袁玫)

框架式空气断路器　frame-type air circuit breaker

又称框架式空气自动开关。具有绝缘材料的框架结构底座,并将所有构件组装成一整体的空气断路器。　　　　　　　　　　　(施沪生)

kui

馈电线路　feeder line

将电能由一个配电装置输送到另一个配电装置或用电设备、沿线并不再支接其他用电负荷的线路。　　　　　　　　　　　(晁祖慰)

馈线　feeder

连接接收天线与电视机输入端或发射天线与发射机输出端的导线。它应能有效地以最小的损耗传输信号,且本身又不拾取杂散信号,故在结构上必须有良好的屏蔽和平衡并做到阻抗匹配。电视系统中常用的是同轴电缆和平行馈线。　　　　(余尽知)

kuo

扩散参数　dispersion parameter

大气扩散模式中沿风向水平和铅直方向污染物浓度分布的标准差。是大气扩散稀释能力的标志。其数值随离污染源距离的增加而增大。　　(利光裕)

扩散沉降　diffusive deposition

小于 $1\mu m$ 的尘粒在气流中受气体分子撞击作类似分子扩散的不规则运动时,与物体表面接触,造成固相尘粒从气流中分离的过程。对于惯性较小的细微粉尘它是一个重要的除尘机理。　　　(汤广发)

扩散式燃烧器　diffusion-flame burner

靠扩散作用使空气与燃气混合燃烧的燃烧器。可分为自然引风式扩散燃烧器和强制鼓风式扩散燃烧器两种。　　　　　　　　　　　(周佳宽)

扩散速率　diffusion rate

单位时间内,通过单位传质面积扩散的物质量。它与物质在扩散方向上的浓度梯度成正比。单位为

$kmol/(m^2 \cdot s)$ 或 $kg/(m^2 \cdot s)$。常用来衡量物质扩散的快慢程度。　　　　　　　(党筱凤)

扩散系数　diffusivity, dispersion coeffient

①扩散过程中,物质的扩散速率与浓度梯度的比例系数。它表示沿扩散方向,在单位时间内,物质在单位浓度梯度时,通过单位传质面积扩散的数量。单位为 m^2/s 或 cm^2/s。它是衡量物质扩散能力大小的物理量。其值与物质的种类、温度、浓度及压力有关。一般通过实验测定。

②又称普遍化扩散系数。萨顿扩散模式中的系数 c_y 和 c_z 值。它与扩散参数 σ_y 和 σ_z 的关系为

$$\sigma_y^2 = \frac{1}{2}c_y^2 x^{2-n}$$

$$\sigma_z^2 = \frac{1}{2}c_z^2 x^{2-n}$$

x 为距污染源的距离;n 为大气稳定度系数。

(党筱凤　利光裕)

扩压管　diffuser, divergent tube

①沿流体流动方向断面按一定规律变化的通道,流体在其中流动时速度不断减小而压力不断升高的管段。按入口速度与当地音速的大小关系分为渐扩型、渐缩型和渐缩渐扩型。它的出口压力即为喷射器的出口压力。

②引射器中截面积沿气流方向呈逐渐增大的部件。燃气和空气混合物的部分动压转变为静压。为减少阻力损失,扩张角取 $6° \sim 8°$。

(田忠保　蔡雷　吴念劬)

扩压管效率　diffuser efficiency

又称扩压管等熵效率。流体在扩压管内等熵流动过程(理想过程)的焓差与绝热流动过程(实际过程)的焓差之比。　　　　　　　　(田忠保)

扩音机　amplifier

又称扩大机。用于放大来自收音机、电唱机、录音机和传声器的微弱的音频信号,产生足够的输出功率,以驱动扬声器正常发声的设备。它是播放节目的主要设备,主要技术性能有:①额定输出功率;②输出电压或阻抗;③输入电平和阻抗;④频率响应要求比较平坦;⑤谐波、互调等失真要小;⑥信号噪声比要良好;⑦动态特性要优良。它的输出可分为定电压输出和定阻抗输出两种。定电压输出扩音机中加有深度负反馈,输出电压很稳定,对输出阻抗匹配要求较低,故配接扬声器时使用比较方便。

(袁敦麟)

L

La

拉风扇 punkah

由一系列悬挂在顶棚或梁上可往复摆动的矩形扇叶所组成的通风装置。该扇叶之间通过垂直于扇面的连杆互相连接,当电动机驱动曲柄传动机构使扇叶产生往复运动而造成周期间歇变化的风速。可用于民用建筑和发热不大车间的防暑降温。

(李强民)

lang

浪池 waving pool

具有开阔而波动水面的池水形态。根据功能或艺术要求,可利用不同机械设备造成不同波动形式,如鳞纹细浪、惊涛骇浪等。常与儿童戏水池配合,以增加游乐性和趣味性。 (张延灿)

lei

雷电波侵入 lightning wave impingement, incoming surge

由于雷电对架空线路或金属管道的作用,使冲击过电压波沿着这些管线侵入建筑物内,从而危及人身安全或损坏设备。 (沈旦五)

雷电电磁感应 lightning electre-magnetic induction

雷电放电时,在附近长导体上感应出的高电动势。当向其近旁物体放电时,形成冲击过电压。

(沈旦五)

雷电反击 lightning back kick, back flashover

雷电流在接闪器和引下线上所产生的电压降对地形成冲击过电压,向近旁接地物体放电时形成的反击。 (沈旦五)

雷电感应 lightning induction

雷电放电时,在附近导体上产生的静电感应和电磁感应。它所形成的过电压可能使金属部件之间产生火花放电。 (沈旦五)

雷电静电感应 lightning static induction

由于雷云先导放电的作用,在附近导体上感应出与先导通道异号的电荷。雷云在他处主放电时,先导通道中的电荷迅速中和,在导体上感应的大量电荷顿时失去束缚,如不就近泄入地中即会形成对地很高的电位形成向近旁物体放电。 (沈旦五)

雷电危害 lightning disturbance

带电的雷云对地面目标冲击放电,造成建筑物或电力、电讯和电子等设备的破坏,或发生人身伤亡等危害。分为直击雷、雷电静电感应、雷电电磁感应、雷电波侵入、雷电反击和雷电跨步电压等。

(沈旦五)

雷诺数 Reynolds number

反映流体在流动时惯性力和粘性力对比关系的准则数。用 Re 表示。其表达式为 $Re = vd/\nu$。用 Re 数可判别流态。当 Re 数小时,流动中粘性起主导作用,可稳定扰动,流态容易呈层流;当 Re 数增大到某一(临界)值时,惯性起主导作用,粘性无法使扰动衰减下来,流动便由层流转变为紊流,因流体质点相互掺混和碰撞,使流动阻力增大。对任何牛顿质流体和管径,临界雷诺数相等。

(王亦昭)

雷云先导放电 lightning cloud's anticipated discharge

由于雷云中电荷堆集,电场强度达到 $25 \sim 30 kV/cm$ 时,使在电场中的空气被电离击穿而放电的现象。它可能在一片雷云的正、负电荷中心之间或在雷云的正(或负)电荷中心与其在地面感应出异号电荷之间产生。 (沈旦五)

雷云主放电 lightning cloud's main striking

继雷云先导放电后出现的大电流放电。它伴随着闪光和雷鸣,在云内产生时为云内闪电,对地面产生时造成雷击。 (沈旦五)

肋表面全效率 all efficiency of rib surface

肋片热阻对单位长度肋片管传热的折减比率。以 ϕ_0 表示,其定义式为

$$\phi_0 = \frac{F_l \phi + F_b}{F_w}$$

F_w 为单位长度肋片管的外表面积;F_b 为肋基空隙裸露出的管壁面积;F_l 为肋片的外表面积,显然 $F_w = F_b + F_l$;ϕ 为肋片效率,其定义式为 $\phi = \dfrac{t - t_{bp}}{t - t_b}$ (t_b 为肋基空隙裸露出管壁的壁面温度;t_{bp} 为肋片管平均温度;t 为空气温度)故传热量为 $Q = \phi_0 \alpha_w (t -$

$t_b)F_w$（α_w 为肋片管放热系数）。　（田胜元）

肋化系数　rib effect coeffcient

　　光管外侧加肋片后，外表面积相对于管内面积的增加倍数。其定义式为 $\tau=F_w/F_n$，F_w 和 F_n 分别为单位长度肋片管的外表面积和管内面积。

（田胜元）

肋片　rib, fin

　　为增加换热管空气侧传热面积和提高传热系数而在光管外表面上所增加的翅片。按其形式分有条缝形、花瓣形和波纹形等。正在取代常用的平板形肋片。

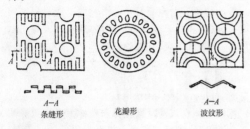

A—A	A—A
条缝形	花瓣形

A—A
波纹形

（田胜元）

肋片管　ribbed pipe

　　表面换热器中，外侧带有肋片的换热管。分有四种基本类型：①绕片肋管如（a）、（b），是将薄金属带缠绕到光管上再经搪锡而制成，绕片分有皱折和无皱折两种；②串片肋管如图（c），在光管束上强行套上整体肋片；③轧片肋管如图（d），在铜管或铝管外表面上直接挤轧出肋片；④镶片肋管（e），先将管壁外表面刻出螺旋槽，再将金属带缠绕镶嵌于槽中而制成。

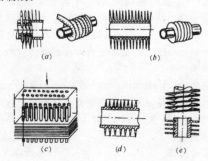

（田胜元）

肋通系数　coil surface ratio of heat transfer to air face for each row of tubes

　　每排肋管之传热表面积 F/N（F 为换热器总传热面积；N 为其排数）与迎风面积 F_y 之比。其定义式为 $a=F/N\cdot F_y$。　（田胜元）

累积冷热负荷　cumulative cooling or heating load

　　将通过动态负荷计算所求得的时间序列冷、热负荷，按月、季或年累积求和便可获得逐月、逐季或全年的累积冷热负荷。　（田胜元）

累年值　secular value

　　又称多年值。多个连续年份（不少于 3a）的某一时段的气象要素观测值、累计平均值或极值。

（章崇清）

累年最冷月　secular coldest month

　　多年逐月平均气温最低的月份。在中国，绝大部分地区为一月，仅个别地区为二月或十二月。

（岑幻霞）

leng

冷拔精密无缝钢管　precision cold-rolled seamless steel pipe

　　轧制尺寸精度和表面光洁度均要求较高的冷拔无缝钢管。常用材质有优质碳素结构钢、低合金结构钢和合金结构钢等。主要用于制作机械结构和液压设备等。　（张延灿）

冷拔无缝异型钢管　cold-rolled seamless special steel pipe

　　优质碳素结构钢或低合金结构钢，经冷拔成型的异型断面无缝钢管。常用断面形状有正方形、矩形、椭圆形、平椭圆形、正六角形、直角梯形等。主要用于制作结构构件和机械零件。　（张延灿）

冷冻管　freezing pipe

　　输送致冷剂的管道。用于制冷系统和冷饮水给水系统中。　（姜文源）

冷冻减湿　dehumidification by refrigeration

　　空气通过表面温度低于本身露点温度的制冷系统的蒸发器，使其被冷却减湿的方法。此原理可用于制冷系统和风机等组成冷冻除湿机。　（齐永系）

冷冻水

　　见冰水（13 页）。

冷吨　ton of refrigerating

　　24h 内将 1t0℃ 的水冻结成 0℃ 的冰所需要的制冷量。

　　1 公制 RT＝3300kcal/h＝3837.9W

　　1 美国 RT＝3024kcal/h＝3516.85W

　　1 日本 RT＝3320kcal/h＝3861.16W

（杨 磊）

冷风机　air cooling unit

　　又称空气冷却器。直接用来冷却空气（也有部分降湿作用）的设备。由空气冷却器、通风机和壳体组成。空气冷却器是其中冷却空气的部件，在直接供液式制冷系统中也是蒸发器。通风机的作用是使空气在其中和管道及房间中作受迫流动。它具有设备紧凑、传热效率较高、空气不受污染等优点，故得到了

广泛应用。　　　　　　　　　　（杨　磊）

冷风机组　air conditioning (cooling) unit

空气调节机组中的一种类型,主要用于夏季房间的降温或一般舒适性空调。根据型式的不同分有立柜式和窗式;根据制冷设备冷凝器的冷却方式不同分有水冷式和风冷式。风冷式冷风机组分有将风冷冷凝器与机组装在一起的;也有将风冷冷凝器单独设置在室外,成为分离式冷风机组。

（王天富）

冷负荷　cooling load

为保持空气调节空间内设定的温湿度值,用以平衡温差传导、太阳、灯光、设备和人体等散热及散湿所需的冷量。传统概念认为它在数值上等于以潜热及显热方式进入空调空间的全部得热量;现代分析则认为,由于建筑物等蓄热效应的影响,它不等于得热量。　　　　　　　　　　（赵鸿佐）

冷负荷计算温度　calculated cooling load temperature

由单位面积的某一类型围护结构在室温为 $0℃$ 时的冷负荷值除以该围护结构的传热系数而得。为用以计算围护结构瞬变传热形成冷负荷所使用的当量温度形式的计算参数。系按不同围护结构类型分别给出各个朝向在标准天内的逐时值。围护结构等室内蓄热体的蓄热特性体现于其值中。（单寄平）

冷负荷系数　cooling load factors

日射热、照明、人体显热散热及设备散热等房间得热因素,由于它们的对流与辐射热的比例不同,并经蓄热延缓等作用,在不同时刻转变成为冷负荷的比例系数。不同的得热因素的值是不同的,并且大多数是按开始工作时刻起逐时给出的。如日射冷负荷系数是通过单位面积的 3mm 厚标准玻璃进入室内的日射得热所形成的冷负荷除以日射得热因数的最大值所得的无量纲负荷值。　（单寄平　田胜元）

冷负荷系数法　cooling load factor method

以传递函数法为基础,为便于在工程设计中用手算法而建立的简化计算法。对日射热、照明、人体和设备散热等具有辐射换热成分的得热所形成冷负荷的计算,利用传递函数法的基本方程和相应的房间的传递函数产生出冷负荷系数;对计算围护结构瞬变传热所形成的冷负荷则利用相应的传递函数产生出冷负荷计算温度。那些冷负荷系数值和冷负荷计算温度值均以表格形式给出,使设计人员可用手算方法简便地得出逐时得热量和冷负荷的计算结果。　　　　　　　　　　（单寄平）

冷剂系统　refrigerant system

空气调节房间的热湿负荷由冷剂(氟里昂等)来负担的空气调节系统。如局部空调机组系统等。

（代庆山）

冷空气幕　cool air curtain

设有冷却装置的空气幕。它使送出空气冷却到所需的温度。冷却装置的冷媒是冷水或氟里昂。适用于炎热地区。　　　　　　　　　　（李强民）

冷凝法　condensation method

通过降低废气的温度,使其中呈蒸气态的有毒物质冷凝成液体,从废气中分离出来的净化方法。操作方便,可回收纯净的有毒物质,不引起二次污染。适用于净化含蒸气态毒物的废气。对毒物的去除程度同冷却温度有关。用以净化低浓度的蒸气态毒物不经济,一般用作吸附、燃烧等治理技术的前处理。

（党筱凤）

冷凝结水　cooled condensate

在凝水回收途中不再二次汽化的凝水。它的回收初始温度低于凝水系统末端压力下饱和凝水的温度。　　　　　　　　　　（王亦昭）

冷凝判断　condensing discrimination

判断围护结构是否产生水蒸气内部冷凝现象的方法。一般用图解法进行。先画出围护结构内部的温度坡降线(θ 线);再画出相应的饱和水蒸气压力坡降线(P_s 线);然后根据室内外计算温度和相对湿度画出水蒸气压力坡降线(P 线)。如果 P 线与 P_s 线不相交,表示内部无冷凝。如果 P 线与 P_s 线相交,则内部将产生冷凝。　　　　　（西亚庚）

冷凝器　condenser

使蒸汽在其中放出热量而液化的热交换器。在制冷系统中,它是将压缩机排出的高温高压制冷剂蒸汽的热量传递给冷却介质并使其凝结成液体的设备。它的性能好坏直接影响制冷系统运行的经济性和安全可靠性。按冷却介质不同分为水冷式、空冷式(也称风冷式)、水-空气冷却式(如蒸发式和淋激式)、制冷剂蒸发或其它介质冷却式。　（杨　磊）

冷凝强度　condensing intensity

当围护结构内部产生冷凝现象时,从水蒸气压力较高一侧渗透到冷凝界面(冷凝区)的水蒸气渗透强度,与从冷凝界面渗透到水蒸气压力较低一侧的水蒸气渗透强度的差值。以 W 表示。单位为 g/(m^2·h)。　　　　　　　　　　（西亚庚）

冷凝水排除器

见疏水阀（220 页）。

冷凝温度　condensing temperature

制冷剂蒸气在冷凝器中凝结时的温度。

（杨　磊）

冷却法灭火　fire extinguishing by cooling method

将灭火剂直接喷射到燃烧物质上,经气化或氧化吸热反应,使燃烧温度降低到燃点以下,从而使火势熄灭的方法。常用水和二氧化碳等灭火剂,由于水取用方便故至今仍被国内外广泛采用。其常用方法有：①将灭火剂直接喷（洒）于燃烧物质上进行灭火；②将灭火剂喷（洒）于燃烧物质相邻的可燃物质上，降低辐射热，避免火势扩大。(杨金华　陈耀宗)

冷却水　colling water

为保证工业生产过程中，生产设备在正常温度下工作，而用以吸收或转移其多余热量的水。分有水与被冷却介质的热交换系隔着换热设备的器壁进行的间接冷却水和水与之直接接触的直接冷却水。
(姜文源　胡鹤钧)

冷却水池　cooling water reservoir

对循环水进行冷却处理的水池。　(姜文源)

冷热风混合箱　mixing box

混合冷热空气同时起降压作用的双风道空调系统的末端装置。混合箱包括有冷热风联动阀和定风量调节器。　(马仁民)

冷热风联动阀　linked hot and cold valves

在空调房间恒温器的指令下双风道系统混合箱中对冷热空气比例进行控制的装置。当室温低于或高于给定值时，与恒温器相连接的执行机构带动联动阀门将冷风阀关小或开大、热风阀开大或关小。
(马仁民)

冷热水混合器　cold-hot water mixer

将冷水与热水混合成温水的装置。温水的温度可通过设在其冷热水进水管的阀门进行人工或自动调节。一般用于供淋浴的单管热水供应系统中。
(钱维生)

冷水　cold water

未经加热的用水。其计算温度与水源种类和气候因素有关，以当地最冷月平均水温资料确定。
(姜文源)

冷水计算温度　cold water calculated temperature

热水供应系统中被加热水的计算温度。按当地最冷月平均水温（地面水和地下水不同情况）而确定。
(姜文源)

冷水水表　cold-water watermeter

适合 0～40℃ 冷水使用的水表。多用于工业与民用给水管道上。　(唐尊亮　董锋)

Ii

离散模拟信号　discrete analog signal

在时间上离散而幅值上连续的信号。
(温伯银)

离散信号　discrete signal

在控制系统内在时间上是离散的信息。如电信号的幅度、频率、相位等在时间上的改变属这种信号。　(温伯银)

离心泵　centrifugal pump

固定在旋转轴上的径向流叶轮高速旋转产生的离心力在泵壳内使液体具有压能的叶片式水泵。一般由叶轮、吸入室、压出室、密封机构和泵轴等组成。按结构型式分有卧式和立式；按叶轮级数分有单级和多级；按吸入方式分有单吸和双吸。转速高、体积小、重量轻；结构简单、性能平衡，便于操作维修，但需灌水或抽真空启动。　(姜文源)

离心沉降法　centrifugal sedimentation method

根据不同粒径的尘粒高速旋转时所受的不同的惯性离心力使尘粒分级，以确定其粒径分布的方法。常用测定仪器为离心分级机，它可提供不同的向心气流使作离心运动的不同粒径尘粒得以分级，与某一向心气流速度相应的标准尘径即为所测尘样的某一级粒径。　(徐文华)

离心分离　centrifugal separation

利用含尘气流作圆周运动时，尘粒的惯性造成固相尘粒从气流中分离的过程。它的分离效果取决于粉尘粒径、真密度和旋转半径等因素。旋风除尘器运用此机理进行工作。　(汤广发)

离心式通风机　centrifugal fan

利用离心力使气体增压的通风机。按照叶轮上叶片的形状分为前向叶片离心式通风机、径向叶片离心式通风机和后向叶片离心式通风机。叶片的结构分有平板直叶片、圆弧形叶片和机翼形叶片。该机由叶轮、机壳、进风口及出风口组成。叶轮旋转时，在离心力作用下气体经叶片间流道流入机壳，再从出口排出。中心处形成低压区，使气体不断吸入。该类通风机的风压大都在 3000Pa 以下。在通风空调工程中得到广泛应用。

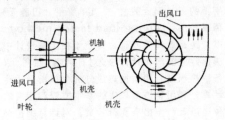

(孙一坚)

离心式压缩机　centrifugal compressor

又称径流透平压缩机。靠离心力的作用来吸入、压缩和输送介质的透平压缩机。按压缩和输送介质的不同分为氟里昂（主要用于空调）压缩机、氨压缩机、乙烯压缩机与丙烯压缩机（主要用于石油、化工等工程）；按封闭方式不同分为开启式、半封闭式和全封闭式；按叶轮的级数分为单级和多级；按驱动装置不同分为：电动机驱动、蒸汽透平或燃气透平驱动。它与往复式压缩机相比，具有体积小、便于实现多蒸发温度运行等特点。　　　　（杨　磊）

离焰　flame lifting

火焰离开火孔，在一定距离以外燃烧的现象。是由于可燃混合物流出火孔的速度与火焰传播速度相平衡的点离开火孔出口周边所致。它会导可燃气体外逸，产生不完全燃烧。在工业和民用燃烧器中均应避免发生。　　　　（吴念劬）

离焰互换指数　lifting index

置换前火孔热强度下的一次空气系数与置换后火孔热强度下发生离焰的一次空气系数的比值。美国煤气协会用于判定高热值大于 $32000kJ/m^3$ 的燃气互换性的主要指标之一。以 I_L 表示。其表达式为

$$I_L = \frac{K_a}{\frac{f_a a_a}{f_s a_s}\left(K_s - \lg\frac{f_a}{f_s}\right)}$$

K_a、K_s 为基准气和置换气的离焰极限常数；a_a、a_s 为基准气和置换气完全燃烧每释放 105kJ 热量所消耗的理论空气量；f_a、f_s 为基准气和置换气的一次空气因素。当一种燃气置换另一种燃气时，燃气华白数、理论空气需要量和离焰极限常数决定了互换前后的一次空气系数、火孔热强度和离焰极限位置的变化，它是表示离焰互换特性的指数。（杨庆泉）

离子防垢器　ion scale preventer

由两种电极电位不同的材料组成的防垢器。一般阳极采用石墨或贵金属材料，阴极采用镁、锌、铝等金属材料。水从两极之间通过，在极间电流作用下达到稳定处理的目的。不需电力、药剂和其它动力，安装维护简单，价格便宜，效果明显。用于工业和家庭给水的防垢处理。　　　　（张延灿）

离子感烟火灾探测器　ionization smoke dectator

应用烟雾粒子改变电离室电离电流原理而工作的感烟火灾探测器。　　　　（徐宝林）

离子交换剂　ino exchanger

具有多孔隙结构带有活性可交换基团，能进行液相和固相不同离子间交换的物质。按交换剂本体材质分为无机和有机两种，无机质为天然—海绿砂，人造—泡沸石；有机质为碳质—磺花煤和有机合成离子交换树脂。离子交换树脂按交换基团性质分为阳离子交换剂和阴离子交换剂，并分有弱酸性、强酸性、弱碱性、强碱性。按形态分有离子交换树脂、离子交换膜、离子交换纤维、离子交换粉末等。常用于浓缩、抽提、脱色等化工过程及水处理。

（胡　正　陈耀宗）

离子交换软化　ion exchange softening

离子交换剂所带的阳离子与水中钙镁离子相互置换，而降低钙镁含量的软化方法。分有氢离子交换和钠离子交换。　　　　（胡　正）

理论燃烧温度　theoretical temperature of combustion

燃气的燃烧过程在绝热条件下进行，考虑燃气的化学不完全燃烧损失和高温下 CO_2、H_2O 的分解吸热而损失的热量时烟气所能达到的温度。通常低于热量计算温度。　　　　（全惠君）

理论输气量　theoretical swept volume flow rate

指制冷压缩机工作时，无能量损失与容积损失的输气量。以 V_h 表示。即不考虑余隙容积影响、气阀节流损失、制冷剂与气缸壁热交换损失、气缸内部漏气损失。它的大小与气缸直径 D、活塞行程 S、气缸个数 Z 和每分钟的转数 n 有关，可由下式求得

$$V_h = \frac{\pi D^2}{4}SZn \times 60 \quad (m^3/h)$$

（杨　磊）

理论烟气量　theoretical flue gas volume

只供给理论空气量，燃气完全燃烧后产生的烟气量。1 标准立方米的 CH_4 完全燃烧后产生的理论烟气量为 $10.52m^3/m^3$；H_2 为 $2.88m^3/m^3$；C_3H_8 为 $25.80m^3/m^3$。　　　　（全惠君）

理想过程　ideal process

喷水室处理空气时，若水量有限，而空气和水接触时间无限长，称为理想过程。该过程空气的终状态达到饱和。　　　　（齐永系）

力矩电机式指示调节仪　torque motor indicating controller

采用力矩电机带动仪表指针的调节仪表。仪表与检测元件配合使用，可对温度、压力、流量和真空度等参数进行检测。检测部分有两种方式：配用热电偶或其他产生电压和电流信号的变送器时，采用电位差计；配用热电阻及其他电阻信号的变送器时，采用平衡电桥。其指示指针除带有测量电路的滑线电阻触点外，还带有触发用滑线电阻，用以触发一组或二组由双稳态电路组成的简单位或调节或报警电路。能在震动和倾斜15°（水平与垂直）的场合下正常工作，且可靠性高。指示值与调节设定指针位置无关，可进行全刻度指示。按功能分有单针指示、指示带调节；按调节规律分有二位式、三位式、二位 PID、二位 PID 加二位式、二位 PD、PI。仪表正面具有横式及竖式两类。竖式仪表又分有单针指示和色带指示等。　　　　（刘幼狄）

历年极端最高温度　yearly extremely high air temperature

在以往一段连续年份中，各年逐日最高温度的最大值。逐日最高温度可由气象台站最高温度表查

得。　　　　　　　　　　　　　　（单寄平）

历年值　yearly value

又称逐年值。数个连续年份中每一年的某一时段的气象要素观测值、平均值或极值。（章崇清）

历年最冷月　yearly coldest month

每年逐月平均气温最低的月份。在中国,绝大部分地区为一月,少数地区为二月或十二月。

（岑幻霞）

历年最冷月平均温度　mean monthly air temperature of yearly coldest month

在以往一段连续年份中,各年逐月平均气温最低月份的逐日平均温度的平均值。　（单寄平）

历年最冷月中最低的日平均温度　lowest mean daily temperature in yearly coldest month

在以往一段连续年份中,各年逐月平均气温最低月份中气温最低的1d逐时空气温度观测值的平均值。　　　　　　　　　　　　　（单寄平）

历年最热月平均温度　mean monthly air temperature of yearly hottest month

在以往一段连续年份中,各年逐月平均气温最高月份的逐日平均温度的平均值。　（单寄平）

历年最热月平均相对湿度的湿球温度　wet-bulb temperature corresponding to the mean relative humidity in yearly hottest month

在以往一段连续年份中,各年逐月平均气温最高月份的逐日空气相对湿度平均值所对应的湿球温度。　　　　　　　　　　　　　　（单寄平）

立管　riser, vertical pipe, stack

又称竖管呈垂直方向或与垂线夹角小于45°的管。按管道系统分有给水立管、热水立管、雨水立管、排水立管和通气立管等。用于消防时习称消防竖管。

（姜文源）

立柜式风机盘管　cabinet fan-coil

外形与立柜相似的风机盘管。内部设备有冷却（加热）盘管和风机。　　　　　　（代庆山）

立柜式空调器　cabinet air conditioner

将容量较大（冷量在70kW、风量在20000m³/h以下）的空气处理设备（包括蒸发器、加热器、加湿器、过滤器、风机）、制冷机组和自动控制屏组合在一个立柜内的空调器。其容量大者多为水冷式,容量小者为风冷式。供热方式分有电热式和热泵式。

（田胜元）

立式泵　vertical pump

泵轴处于竖直位置的叶片式水泵。水泵机组安装占面积小,噪声较卧式泵低。　　（姜文源）

立式风机盘管　fan-coil

出流方向系垂直向上,安装在侧墙下部或窗台

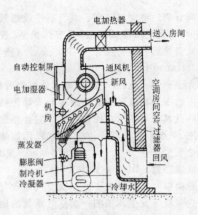

立柜式空调器

下的风机盘管。采用明装,必须考虑外表的美观。

（代庆山）

立式喷水室　vertical air washer

空气自下而上流动,水自上而下喷淋的喷水室。在该喷水室内,空气和水之间的热湿交换接近逆流交换过程,因而效果较好,占地面积较小;但要求较高的空间高度,一般较少采用。

（齐永系）

立式水表　vertical type water meter

又称旋翼立式水表。垂直安装用的旋翼式水表。结构紧凑,占地面积小。用于家庭和小型工业给水的计量。　　　　　　　　　　　　　（董锋）

立式小便器　full height urinal, pedestal

又称落地式小便器。落地靠墙竖立安装的小便器。多为陶瓷制品。与冲洗装置和排水存水弯配套使用。常设在卫生与美观要求较高的公共建筑男厕所内。　　　　　　　　（金烈安　倪建华）

立体声　stereo

在音响重放系统中,应用两个或两个以上的通道,使听者所感到的声源相对空间位置,能接近实际声源的相对空间位置的重放声音。是利用人的双耳定位效应。它与单声道相比:①具有各声源的方位感和分布感;②提高了信息的清晰度和可懂度;③提高节目的临场感、层次感和透明度。它又可分为双声道立体声和四声道立体声。双声道两套独立扬声器分别放在听众的左（L）前方和右（R）前方,使观众能听到左右分明的、并有移动感觉的立体声节目。四声道四套独立扬声器分别放在听众的"左前"、"右前"、"左后"、"右后"四个位置,从而使听众有更大的空间感与临场感。　　　　　　　　（袁敦麟）

立体声唱片　stereophonic record

载有左、右两个声音通道信息的唱片。声道取向规定为离唱片中心较远的纹壁是右声道,离中心较近的纹壁是左声道。其外形、转速和录音特性均与单声道密纹唱片相同。它重放时须用两个放声系统,能

图中标注：电加热器、送入房间、自动控制屏、通风机、新风、电加湿器、机房、空调房间空气过滤器、蒸发器、回风、膨胀阀、制冷机、冷凝器、冷却水

使听者感受到声音立体感和临场感。　（袁敦麟）

立体声广播 stereo broadcast

采用立体声技术进行的无线电广播。可分为双声道立体声广播和四声道立体声广播。使用时前者可以和单声道兼容；后者可和双声道、单声道兼容。

（袁敦麟）

立体显示 stereo display

又称三维显示。图像或图形给人有立体感，便于直接观察的显示。如全息立体显示，是带一付不同偏振镜片的眼镜而产生立体感。　（温伯银）

利息系数 interest factor

平均每年偿还本息占平均每年贷款的百分数。

（西亚庚）

利用度 availability

在一交换网络的线群中，一条入线能选接全部出线中出线数量多少的程度。如一条入线能选接全部出线中任一条出线，即为全利用度线群；如果任意一条入线只能选接全部出线中的一部分，则称为部分利用度线群。　（袁 玫）

利用系数法 method of utilization coefficient

采用利用系数求出最大负荷班的平均负荷，再考虑设备台数和功率差异的影响，乘以与有效台数有关的最大系数而求出计算负荷的方法。该法的理论根据是概率论和数理统计，因而计算结果比较接近实际。适用于各种范围的负荷计算；但计算过程较繁复，工程设计中采用得不普遍。　（朱桐城）

粒径的相对频率 relative freguency of particle size

在某一粒径范围 $\left(d_c \pm \frac{1}{2}\Delta d_c\right)$ 内，单位粒径间隔内的粉尘所占的质量百分数。以 y 表示。其表达式为

$$y = \frac{\Delta\phi}{\Delta d_c}$$

$\Delta\phi$ 为在 $d_c \pm \frac{1}{2}\Delta d_c$ 的粒径范围内粉尘所占的质量百分数；Δd_c 为计算的粒径间隔。在横坐标为粒径、纵坐标为相对频率的坐标系中，画出的粒径分布曲线称为相对频率分布曲线。　（孙一坚）

粒径分布 particle size distribution

又称分散度。不同粒径尘粒在全体粉尘中所占百分数。按计量方法不同，分为计数分布和计重分布。在通风技术中均采用后者。表示粉尘粒径分布的方法有列表法、图形法和数学函数法。在图形法中，如横坐标为粒径，纵坐标为粒径的相对频率，该曲线称为相对频率分布曲线；如横坐标为粒径，纵坐标为小于和等于该粒径的全部尘粒的相对频率，则该曲线称为累计频率分布曲线。相对频率分布曲线可用数学函数表示，常用的有对数正态分布函数和罗辛-拉姆拉分布函数。　（孙一坚）

粒子计数法 particle counting method

通过纤维过滤器或滤材上下风侧气流中的微粒数目的计量来检验其计数效率的方法。常用的分有化学微孔滤膜显微镜法和光散射式粒子计数器法。前者为人肉眼计数；后者为仪器根据微粒的散射光来计数。　（许钟麟）

粒子计数器 airborne particle counter

利用尘埃粒子对光线的散射现象，将运动着的单颗尘粒的光脉冲转换成相应的电脉冲，以数码管显示其数量，并利用尘粒的光散射强度与尘粒的表面积成正比的关系来测量尘粒大小的仪器。

（杜鹏久）

lian

连续工作制 continuous duty

又称长期工作制。长时间以比较稳定的负荷连续运行的制式。如泵、通风机、压缩机、机械化运输设备、照明装置以及机床等的工作。　（朱桐城）

连续供暖 continuous heating

每天 24h 均为使用时间，要求室内平均温度全天都保持为设计值，在供暖室外计算温度条件下，所选用的供热设备和系统按设计供水温度昼夜连续运行的供暖制度。如三班制工厂、医院病房等均属于连续供暖建筑。当室外温度高于供暖室外计算温度时，可采用不同调节方式，以保持室内设计温度。

（西亚庚）

连续供水 continuously supply system

具有多水源、多管路及贮备充足水量的安全供水技术。用于不允许间断供水的建筑或用水设备。

（姜文源）

连续式消毒 continuons-flow disinfection

投加消毒剂与水或污水混合、接触、反应和排放都连续进行的消毒过程。常用于大流量水或污水的消毒。　（卢安坚）

连续信号 continuous signal

又称模拟信号。在控制系统内在时间上是连续的，而幅值也连续的信号。　（温伯银）

莲蓬头 shower head

旧称喷头、花洒，又称淋浴喷头。淋浴器的洒水部件。按洒水方式分有孔式、撞击式、泡沫式、按摩式等；按安装方式分有固定式、软管式、万向式等。

（张延灿）

联氨除氧 ammoniacal deoxidation

利用 N_2H_4 在碱性条件下，具有强还原性去除水中溶解氧的方法。其操作条件为温度 200℃左右、pH 为 9～11、保持适当的联氨过剩量。它是常用的

化学除氧方法之一,一般用于高压锅炉给水的除氧。

(贾克欣)

联合接地 combined earth

指通信接地、工频交流接地和建筑防雷接地等合用一个接地装置接地。一般电信站通信接地不宜与工频交流接地和建筑防雷接地互通,并应保持 10m 或 20m 间距。当无法分开时,也可三者合用一个接地装置,其接地电阻值不应大于 1Ω,并且三者应在总接地排处连接在一起。

(袁敦麟)

liang

凉开水 cooling boiled water

经自然冷却或人工冷却的开水。水温因人们生活工作的性质、环境与气候条件而异,一般为 7～10℃,高温环境或重体力劳动为 10～18℃,饭店、旅馆、冷饮店为 4.5～7℃。

(夏葆真 姜文源)

凉水 un-boiled drinking water

未经煮沸的饮水。

(姜文源 胡鹤钧)

两级减压 two-stage pressure reducing

两只减压阀串联安装的减压方式。用于所需减压阀前后压力比超过了某种减压阀的允许使用的最大阀前后压力比时。它可使减压设备的工作稳定,噪声小, 振动小,流量足。

(王亦昭)

两相触电 two-phase shock

人体或动物体同时触及带电的电气装置的两相。不管电网中性点是否接地,此时,承受的是线电压。

(瞿星志)

两相短路 two-phase short-circuit

供配电系统中,任意两相导线直接金属性连接或经过小阻抗连接在一起。

(朱桐城)

两相短路电流 two-phase short-circuit current

两相短路时,流经短路电路的电流。

(朱桐城)

亮度 luminance

表面上的给定点在给定方向上发射或反射出的光强密度。它等于该方向上的发光强度与该点微小表面（面元）在该方向上的投影面积之商。以 L 表示。其表达式为

$$L = \mathrm{d}I / \mathrm{d}A\cos\theta \quad (\mathrm{cd/m^2})$$

$\mathrm{d}I$ 为面元给定方向的发光强度（cd）；$\mathrm{d}A$ 为面元的面积（$\mathrm{m^2}$）；θ 为给定方向与面元法线间的夹角。它能反映发光体或受照物体表面的明暗差异,但与人对明暗的直观视觉感受还有一定的区别。

(江予新)

亮度对比 luminance contrast

在视野中,同时或连续看到的两部分在表面亮度上差别的主观评价。

在视野中,目标和背景的亮度差与背景亮度之比。以 C 表示,即为

$$C = \frac{|L_t - L_b|}{L_b}$$

L_t 为目标亮度（$\mathrm{cd/m^2}$）；L_b 为背景亮度（$\mathrm{cd/m^2}$）。一般情况下,以面积较大的部分为背景,以面积较小的部分为目标。对于均匀照明的无光泽的背景和目标,亮度对比可用反射系数表示为

$$C = \frac{|\rho_t - \rho_b|}{\rho_b}$$

ρ_t 为目标的反射系数；ρ_b 为背景的反射系数。

(江予新)

亮度曲线法 LCM. luminance curve method

从一与照明器的亮度以及现场的位置有关的亮度曲线中找出一眩光程度值,以此来定量评价不舒适眩光的方法。1966 年由联邦德国 Bodmann 等人提出。使用时将照明器的亮度分布与标准条件下的亮度限制曲线比较,得出初始眩光程度值,然后根据实际条件对眩光程度值作修正,得出最终眩光程度值。此法可直接看出所采用的照明器的亮度分布是否符合亮度限制曲线的要求,也可为灯具制造厂制造出能防直接眩光要求的照明器提供依据。但此法没有考虑眩光源大小的影响及背景亮度的变化。1972 年 Fischer 对此法作了改进,即将亮度限制曲线由极坐标变为直角坐标,并提出一个眩光质量等级。使用时,依灯具的类型、照度和眩光质量等级,从灯具亮度限制曲线中查出照明器的亮度极限值。该法为德国、奥地利、法国、荷兰、意大利、以色列等国家所采用,也为中国所采用。但只是各国在确定照度等级和眩光质量等级方面有所不同。

(江予新)

亮度系数 luminance factor

又称亮度因数。在规定的照明和观察条件下,二次发光面(非自发光面)上某点在给定方向的亮度与同一条件下理想漫射面（全反射 $\rho=1$ 或全透射 $\tau=1$）的亮度之比。对于漫反射面其值等于反射比（ρ）,漫透射面其值等于透射比（τ）。由于理想漫射面的亮度与照度成正比。在工程上往往通过它来求二次发光面的亮度。

(俞丽华)

量化 quantization

又称分层。采用一组数码（如二进制）来逼近离散模拟信号的幅值,将其转换成数字信号。

(温伯银)

liao

料气比 ratio of material handling capacity

to air volume

又称混合比、料气浓度。单位时间内通过输料管截面的物料输送量与空气流量的比值。单位为 kg（物料）/kg（空气）。它反映单位空气量物料输送量的大小，也是评价吸嘴工作效率的一个重要指标。

（邹孚泳）

料气速比　velocity ratio of material to air

输料管中物料速度与输送风速之比的比值。物料速度是指在输料管中，作用于物料颗粒群的气流推力与各种阻力相平衡时颗粒群运动的最大速度。由于在两相流中颗粒群的悬浮和运动是靠气流供给能量，故物料速度小于输送风速。它是物料和空气两相流阻力计算中的一个参数。　　（邹孚泳）

lie

列管式快速加热器　shell-and-tube exchanger

又称管壳式快速加热器。冷热流体分别在密闭管壳体中的单管或一组换热管内外作同向或逆向流动而进行热交换的快速式水加热器。随所需传热面积的增加，由可插接一组换热管的管板将外管壳与 180° 弯管作之字形连接。它是传统的结构形式。

（钱维生）

lin

邻频道干扰　adjacent channel interference

由于相邻频道的信号频率太靠近而引起的干扰和失真。　　　　　　　　　　　（余尽知）

临界流量　critical rate of flow

可不设通气立管的排水立管允许通过上限值的流量。其值为排水立管通水能力之半。

单斗雨水排水系统中，天沟水位达临界水深时雨水立管中的满流流量。

气体通过喷管作绝热流动时，在临界压力比下的流量。　　　　　　　　（王亦昭　胡鹤钧）

临界压力比　critical pressure ratio

气体通过喷管作绝热流动时，临界状态下的压力与进口滞止压力之比。常用 β_c 表示。临界状态即气体速度恰等于当地音速时的状态。根据理想气体绝热流动基本方程推知，β_c 只与气体的绝热指数 k 有关。即为 $\beta_c = (2/(k+1))^{k/(k-1)}$。对于水蒸汽，利用上式计算 β_c 时，k 是一个纯经验数值。过热蒸汽时，$k = 1.3$，故 $\beta_c = 0.546$；干饱和蒸汽时，$k = 1.135$，故 $\beta_c = 0.577$。　　　　　（王亦昭）

临时高压消防给水系统　temporary high-pressure fire water system

发生火灾时由设置在水泵站内的消防水泵临时加压供水满足扑救火灾所需水压、水量要求的消防给水系统。为最广泛使用的系统。

（陈耀宗　华瑞龙）

淋水密度

见设计喷水强度（210 页）。

淋水式换热器　spray-type heater

竖筒壳体内分层装设圆盘或填料，水自上向下淋洒，蒸汽自下而上满流，汽水相互接触进行换热的设备。具有脱气除氧的作用。适用于工业废汽利用。

（王重生）

淋浴盘　shower pan

收集淋浴排水用的底盘。常用于盒子卫生间内，有时家庭卫生间和公共浴室中也有采用。它有玻璃钢制品，也有现场混凝土浇筑制成。　（倪建华）

淋浴喷头

见莲蓬头（153 页）。

淋浴器　shower

喷洒细束水流供人体沐浴用的配水附件。由莲蓬头、出水管和控制阀组成。常设在住宅、旅馆、工业企业生活间、医院、学校等建筑的卫生间或公共浴室内。按供水方式分有单管式和双管式；按出水管分有固定式和软管式；按控制阀分有手动式、脚踏式和自动式；按莲蓬头形式分有散流式、充气式、按摩式等；按清洗范围分有普通淋浴器和半身淋浴器。

（朱文璆　倪建华）

ling

灵敏系数　coefficient of sensitivity

衡量继电保护装置灵敏性高低的标准。按其表示方法可分两类：①反应故障时参数量增加的保护装置；②反应故障时参数量降低的保护装置。前者其值为保护区末端金属性短路时故障参数的最小计算值与保护装置的一次侧动作值之比；后者其值为保护装置的一次侧动作值与保护区内末端金属性短路时故障参数的最大计算值之比。　　（张世根）

菱形风阀　rhomboid damper

以改变菱形叶片对角距长短比而实现开闭的自张式风量调节阀。分为手动和电动两类。叶片呈菱形状，由四个小叶片按铰接方式组合而成，推拉操纵机构的支撑、轴和套管均设在每组叶片的内部。当用手摇（或电动机）驱动推拉装置作往复移动时，分别固定在轴和套管上的两组支撑杆被撑开或收拢，使每组叶片张开或关闭，从而达到调节风量的目的。此种风阀开启到任何位置可自行锁住，无需固定。该阀的开度与风量的变化成正比线性关系。　（王天富）

零序电流保护装置　zero-sequence current

protection equipment

利用被保护线路接地和其他线路接地时，测得的零序电流大小和方向不同（被保护线路接地时测得的零序电流大并由线路流向母线）的特点构成的有选择性的电流保护装置。 　　（张世根）

liu

刘伊斯数 Lewis number

在空气减湿冷却过程中，热（显热）、湿（质）交换同时发生，把揭示对流换热系数与湿交换系数之关系式。其定义为

$$\sigma = \frac{\alpha}{c_p}$$

σ 为空气与水表面之间按含湿量差计算湿交换量的湿交换系数〔$kg/(m^2 \cdot s)$〕；α 为对流换热系数；c_p 为空气的定压比热。 　　（田胜元）

留言等待 message waiting

当用户外出，有访客留言或来电留言时，可使用户话机上留言灯闪亮，告知有留言待取的性能。当用户回来后看到留言灯闪亮，就可利用话机取出留言。它主要用于宾馆，可提高服务水平。 　（袁玫）

流出水头 static pressure for outflow

为保证配水附件出流满足额定流量值而在其前所需的最小静水压。用以克服配水附件构造中因水流所形成的摩阻、冲击及流速变化等阻力。它一般为 $15 \sim 20$ kPa。 　　（胡鹤钧 姜文源）

流函数-涡度法 stream function-vorticity method

又称 φ-ω 法。在气流数值解法中，流体运动方程式中的参变量选择为流体流动的流函数及涡度的求解方法。主要用于二维气流流动过程的数值解，有利于边界条件的设定，从而获得较为精确的近似解。 　　（陈在康）

流量 flow rate, flow, rate of flow

单位时间内通过管道或容器断面的流体量。在给水排水工程范围内按输送水性质分有给水流量、排水流量、热水流量和消防流量等。按时间计量单位分有小时流量和秒流量。是设计管道断面尺寸的主要参数。 　　（姜文源 胡鹤钧）

流量比 flow ratio

排风罩工作时从周围吸入的空气量与污染气流发生量之比。某一有害物质发生源产生的污染气流量是一定的，排风罩排风量大，实质是吸入的周围空气量大，即其值大。它分有极限值流量比和设计值流量比两种。 　　（茅清希）

流量比法 flow ratio method

以实验研究为基础而提出的排风罩设计计算的方法。它综合考虑了污染气流、周围吸入的气流和排风罩吸入气流量之间的作用与关系，排风罩和有害物质发生源形状、尺寸及其相互关系，对于吹吸式排风罩还考虑了吹吸风口之间的相互关系。 　　（茅清希）

流量测量 flow measurement

测定单位时间内通过某流动截面的流体体积或质量。分有使用流量计直接测定流量的直接测量法和测定与流量有关的其他物理量的间接测量法两种。 　　（徐文华）

流量导压管 flowrate impulse tube

测量单位时间内流过的介质数量的导压管。一般测量蒸汽和水流量，采用镀锌水煤气管。 　　（唐衍富）

流量等比分配法 adjusting method of air volume distribution in equal proportion

从系统的最远支路开始，按分支节点，利用两套仪器同时测量两管段的风量，并通过三通风阀的调节，使两根管段的实测风量之比值与设计风量之比值近似相等的分配方法。即为 $\frac{L_{2测}}{L_{1测}} = \frac{L_{2设}}{L_{1设}}$。用同样的方法一直调到风机出口处，并使 $\frac{L_{4测}}{L_{3测}} = \frac{L_{4设}}{L_{3设}}$，$\frac{L_{7测}}{L_{6测}} =$ $\frac{L_{7设}}{L_{6设}}$，$\frac{L_{8测}}{L_{5测}} = \frac{L_{8设}}{L_{5设}}$。只要将风机出口总管的风量调到设计风量，则各干管、支管的风量就会按各自的设计风量比值进行等比分配，从而达到设计风量。

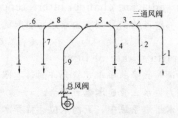

　　（王天富）

流量调整系数 water flow rate reset coefficient

在不等温降法计算中，用以等比调整系统总流量及各立管（或水平单管式各枝管，或双管式各散热器支管）流量的比例系数。定义此系数等于设计要求总水流量与计算所得总流量之比。 　（王亦昭）

流量积算仪 flow integrator

通过频率计数方法测流量的仪表。与流量变送器和前置放大器配套使用。流量变送器输出的电频率信号经前置放大器放大后，送入仪表输入端，甄别整形成为方波，送到指示部分显示频率信号的瞬时值。同时送至仪表常数 K 部分进行除法运算。仪表常数 K 按变送器的流量系数 ξ（即变送器每流过 1L

流量所发出的频率信号次数)来选取,使仪表计数单位 V_0 为 L。其表示式为

$$V_0 = K/\xi$$

经过单稳电路去推动机械计数器工作,将流量 Q 换成数字形式显示出来和积算之。故可由积算结果读取流体的容积总量为 $V = \Sigma V_0$。 (刘幼荻)

流量计 flow meter, flowmeter

用于指示、记录、积算管道或渠道内流体流量的仪表。按其种类有测量瞬时流量(单位时间内通过的重量流量或体积流量)和累计流量(一段时间内所通过的体积流量)两种;另还有一种用流体质量表示的质量流量计。属于瞬时式流量计的有:变压式(浮子式、环秤式、钟罩式、膜片式、波纹管式)、绕流式(转子式、活塞式、流体动力式)、感受件作连续运动式(转速计式、动管件式)、电测式(电磁式、电离式)、量热式(热风速式、热量计式)、超声波式(相位式、频率式)等。但是,若将这些流量计加积算器,则也可测累计流量。属于累计式流量计的有:速度式(轴向流式、切向流式)、容积式(椭圆齿轮式、圆筒活塞式、圆盘活塞式、环形活塞式、旋转式、阀式、转筒式)等。按显示地点有就地式和远传式。 (刘幼荻 唐尊亮)

流量系数 coefficient of discharge

反映送风口或孔口流出流量大小特性的系数。与孔口雷诺数有关。 (邹月琴)

流量自动控制系统 automatic control systems for the rate of water flow

利用自动装置,使流体网络中某一特定位置的流量稳定在规定范围之内的控制系统。流量控制不仅是设备与系统正常工作的需要,也是节能运行的重要组成部分。在能量管理系统中,利用直接作用式流量控制器,可简单而有效地限制高峰负荷,并稳定水力系统的运行工况。 (张瑞武)

流明法 lumen method

又称利用系数法。确定达到预计照度时所需灯具数量的计算方法。其计算公式为

$$N = \frac{EA}{\phi u K}$$

N 为灯具数;E 为工作面上预计的平均照度 (lx);u 为所采用的灯具的照明利用系数;A 为工作面面积 (m^2);ϕ 为灯具内光源的光通量 (lm);K 为维护系数。 (俞丽华)

流水形态 running water

大致沿水平方向流动的水流形态。按流动方式不同可分为溪流、渠流、漫流、旋流等形态。 (张延灿)

流速式水表 vilocity flow meter

利用管道中通过水流的流速与流量成正比的原理制成的水表。按结构形式分为旋翼式水表、螺翼式水表、复式水表和文丘里分流式水表等。 (唐尊亮)

流体传热噪声 fluid heat transmitting noise

流体加热或冷却过程中,除燃烧外因传热(或兼有传质)的流体流动状态发生振动性变化而产生的噪声。如浸没燃烧中,离开燃烧器后的烟气在被加热液相介质中鼓泡上升时产生的噪声。 (徐斌)

流体动力性噪声 fluid-kinetic noise

燃烧时,气体中有涡流或发生压力突变等引起气体扰动而产生的噪声。如鼓风机翼片所产生紊流和涡流流动的噪声、燃气喷嘴射流所产生的噪声、燃烧器烟气出口或炉子烟囱出口压力变化所产生的噪声等。 (徐斌)

流线型散流器 streamlined diffuser

导流叶片呈流线形并可上下调节的散流器。 (邹月琴)

六氟化硫断路器 sulphur hexafluoride circuit breaker

利用六氟化硫 SF_6 气体来灭弧的断路器。 (朱桐城)

六角卡子

见锁紧螺母 (233 页)。

六角内接头

见内接头 (168 页)。

lou

漏电保护器 leakage protector

又称漏电开关。电路中残余电流超过预定值时能自动分断的开关,以保护人身安全或设备漏电的装置。按极数分有 4 极、3 极和 2 极;按组成型式分为电磁式和电子式;按控制原理分为电压动作型、电流动作型、交流脉冲型和直流动作型;按灵敏度分为高灵敏度、中灵敏度、低灵敏度;按动作时间分为快速型、延时型和反时限型。 (瞿星志)

漏电保护器不动作电流 unstarting current of leakage protector

不允许保护器动作的最大电流值。一般规定为额定漏电动作电流的 1/2 及以上。 (瞿星志)

漏电保护器动作电流 starting current of leakage protector

能使保护器起动的最小残余电流值。对于直接接触保护,该值取为安全电流值;对于间接接触保护,该值取为允许无限期保持接触电压的最大值除以接地电阻所得的电流值。为了防止误动作,该值应大于被保护设备正常工作情况下的最大对地泄漏电

流。　　　　　　　　　　　　　　　　　（瞿星志）

漏电保护器动作时间　starting time of leakage protector

从漏电开始到装置动作切断电源为止所需的时间。　　　　　　　　　　　　　　　　　（瞿星志）

漏电开关　residual current circuit breaker

见漏电保护器（157页）。

漏（失）水量　leakage

给水（热水）系统在输配水过程中，因管材、配件、附件和器材设备的质量，以及施工安装、维护管理等原因而渗漏的水量。　　　　　　（姜文源）

lu

炉排速度调节　speed regulating of boiler grate

改变锅炉炉排传动电动机的转速，从而改变炉排移动速度，以调节燃煤量的过程。　（唐衍富）

炉膛负压调节　negative pressure regulating of boiler furnace

使炉膛负压保持在预定范围内的调节。炉膛负压太小，炉膛容易向外喷火，危及设备与操作人员的安全；负压太大，炉膛漏风量增大，增加引风机的电耗和烟气管带走的热损失。　　　　　（唐衍富）

卤代烷灭火剂　Halon fire extinguishing agent

以卤素原子取代烷、烃类化合物分子中部分或全部氢原子后所生成的卤代化合物中具有灭火能力的灭火剂。常用的分有 1211 灭火剂、1301 灭火剂、2402 灭火剂和 7150 灭火剂等。用于扑救可燃气体、可燃液体、可燃固体表面和电气引起的火灾；不能用于扑救含有氧原子的强氧化剂和化学性质活泼的金属及其氢化物所形成的火灾。　　　　（熊湘伟）

卤代烷灭火剂充装比　fill ratio of Halon fire extinguishing agent

在 20℃ 时，卤代烷灭火剂贮存容器内液态灭火剂的体积与容器容积之比。等于灭火剂的充装密度除以灭火剂的密度。　　　　　　　（熊湘伟）

卤代烷灭火剂充装密度　filling density of Halon fire extinguishing agent

贮存容器内卤代烷灭火剂的质量与容器容积之比（kg/m^3）。是卤代烷灭火系统管网水力计算的主要参数之一。它对 1211 灭火剂系统，灭火剂贮存压力为 1.05MPa 时不宜大于 $1100kg/m^3$，灭火剂贮存压力为 2.50MPa 时不宜大于 $1470kg/m^3$；它对 1301 灭火剂系统不宜大于 $1125kg/m^3$。　　　（熊湘伟）

卤代烷灭火剂的喷射时间　discharge time of Halon fire extinguishing agent

卤代烷灭火系统的全部喷嘴开始喷射液态灭火剂到其中任何一个喷嘴开始喷射气体的时间。为了保证迅速而有效地扑灭火灾，它宜尽量缩短对 1211 灭火剂或 1301 灭火剂全淹没灭火系统应符合下列规定：①可燃气体火灾和可燃液体火灾不应大于 10s；②国家级、省级文物资料库、档案库和图书馆的珍藏室等不宜大于 10s；③其他防护区不宜大于 15s。　　　　　　　　　　　　　　　（熊湘伟）

卤代烷灭火剂惰化浓度　inerting concentration

在一个大气压和规定的温度条件下，可燃气体或蒸汽与空气混合达到任何浓度均能被抑制燃烧或爆炸时所需灭火剂在空气中的最小体积百分比。在全淹没灭火系统设计中，它是确定设计灭火用量的基础数据之一，应通过试验测定。用于在有爆炸危险的防护区。　　　　　　　　（熊湘伟）

卤代烷灭火剂浸渍时间　soaking time of Halon fire extinguishing agent

在卤代烷全淹没灭火系统防护区内，被保护物完全浸没在保持着灭火剂设计浓度的混合气体中的时间。对可燃固体表面火灾，不应小于 10min；可燃气体火灾和可燃液体火灾，必须大于 1min。　　　　　　　　　　　　　　　（熊湘伟）

卤代烷灭火剂流失补偿量　compensation quantity of Halon for leakage

全淹没系统卤代烷灭火剂设计用量计算中，补偿防护区内不能关闭开口和机械通风流失的灭火剂量。开口流失的灭火剂量补偿应根据防护区内分界面下降到设计高度的时间和需要的灭火剂浸渍时间来确定。机械通风流失的灭火剂量应根据防护区的容积、通风量、灭火剂的喷射时间、灭火剂的浸渍时间和灭火剂的浓度等因素来确定。它可采用过量喷射法和延续喷射法来实现。　　　（熊湘伟）

卤代烷灭火剂灭火浓度　flame extinguishing concentration

在一个大气压力和规定的温度条件下，扑灭某种可燃物质火灾所需灭火剂在空气中的最小体积百分比。在全淹没灭火系统设计中，它是确定设计灭火用量的基础数据，需通过试验测定。用于在无爆炸危险的防护区。　　　　　　　（熊湘伟）

卤代烷灭火剂设计灭火用量　design quantity of Halon for fire extinguishing

用于扑灭防护对象火灾所需的灭火剂基本用量。在全淹没系统中，按防护区内最低环境温度、最大净容积条件下可燃物质所需灭火剂的最小设计浓度确定，并应据防护区所在地海拔高度进行修正。

（熊湘伟）

卤代烷灭火剂设计浓度　design concentration

卤代烷灭火剂的灭火浓度或惰化浓度乘以安全系数所得的浓度。不应小于上述两种浓度的1.2倍，并应大于5％。　　　　　　　　　（熊湘伟）

卤代烷灭火剂设计用量　design quantity of Halon fire extinguishing agent

设计卤代烷灭火系统时计算所得的扑灭防护对象火灾所需的灭火剂量。包括卤代烷灭火剂设计的灭火用量、卤代烷灭火剂在管网内的汽化量、管网和贮存容器内的剩余量。　　　　　　　（熊湘伟）

卤代烷灭火剂剩余量　residual quantity of Halon in system

不能在规定的灭火剂喷射时间内施放到防护区，而存留在管网和贮存在容器内的液态卤代烷灭火剂量。管网内的剩余量应按灭火剂喷射时间结束时管网中还存留有液态灭火剂管段的容积和灭火剂的密度来确定。贮存容器内的剩余量应按容器阀液管下端口以下的容器容积乘以灭火剂的密度来确定，当容器阀设置在贮存容器底部时，其值可视为零。　　　　　　　　　　　（熊湘伟　华瑞龙）

卤代烷灭火剂在管网内的气化量　quantity of Halon agent vaporized in the pipe system

在局部应用灭火系统中，灭火剂流经管道时由于吸热而产生的气化量。其值可根据灭火剂的贮存温度、喷射时间、气化热和管道体积、导热系数和温度等计算得出。　　　　　　　　　（熊湘伟）

卤代烷灭火剂贮存压力　storage pressure of Halon fire extinguishing agent

在20℃时，卤代烷灭火剂贮存容器内灭火剂的饱和蒸气压与增压用的氮气分压之和。是保证灭火剂能在规定时间内施放到防护区去的驱动力。　　　　　　　　　　　　　　　（熊湘伟）

卤代烷灭火系统　Halon fire extinguishing system

采用能抑制燃烧化学反应过程使燃烧中断的卤代烷灭火剂的灭火系统。由卤代烷灭火剂贮存装置及与其固定连接的输送管网和喷嘴等组成。按采用灭火介质分有卤代烷1211灭火系统、卤代烷1301灭火系统和卤代烷2402灭火系统等；按防护区的特征和灭火方式分为全淹没系统和局部应用系统；按系统的启动方式分为自动灭火系统和手动灭火系统；按灭火介质的增压方式分为贮压式灭火系统和贮气瓶式灭火系统；按系统的结构特点分为有管网灭火系统和无管网灭火系统。与火灾自动报警系统配合用于扑救可燃气体、可燃液体与可燃固体表面火灾和电气火灾，但不能用以扑救含有氧原子的强氧化剂和化学性质活泼的金属及其氢化物所形成的

火灾。　　　　　　　　　　　　　　（熊湘伟）

卤代烷1211灭火系统设计规范　standard for the design of Halon 1211 systems

为合理地设计卤代烷1211灭火系统，保护人身和财产的安全而制定的规范。主要内容包括：总则、防护区设置、灭火剂用量计算、设计计算、系统的组件、操作和控制及安全要求等。　　　　（马　恒）

卤钨灯　tungsten halogen lamp

根据卤钨再生循环原理制成的白炽灯。由于灯内存在卤钨循环，可提高灯丝的工作温度，发光效率也较普通白炽灯为高，一般为20lm/W左右。一般分为管形灯、单端灯和带反光镜的灯三大类。广泛用于室内及室外照明、摄影、仪器、汽车、复印机等。灯玻壳一般采用耐高温的石英玻璃，灯体积仅为同功率普通白炽灯的0.5％～3％。　　　（何鸣皋）

录音电话机　recording telephone set

装有录音设备的自动电话机。当用户外出来话时，它能自动应答，放出事先录好的语音，并把对方的话记录下来。用户回来后可以重放录音，知道来话内容。　　　　　　　　　　　　　　（袁　玫）

露点温度　dew-point temperature

当空气的水蒸气分压力或含湿量不变，空气因冷却达到饱和时的温度。　　　　　　（田胜元）

露点温度控制　dewpoint control

调节量按使空气相对湿度100％时的介质被调量与给定值之间偏差信号形成一定规律变化的控制。由检测加热器的热水或淋水室的冷水感温元件、调节器及执行机构组成。根据需要可配用双位、比例、比例积分或比例积分微分等多种调节规律的调节器，以满足不同的精度要求。　　　（刘幼获）

露天变电所

见户外变电所（103页）。

lü

旅馆呼应信号　hotel calling signal

在不设程控电话交换机的旅馆，根据服务需要设置的声光显示信号。呼应信号的系统组成及功能有：①呼应信号应按服务区设置，总服务台应能随时了解各服务区呼叫及呼叫处理情况；②自动接受旅客呼叫，准确显示呼叫房号并给出声光显示；③允许多路同时呼叫，并能记忆、显示；④声光解除装置一般设在客房门口，由服务员处理后方可解除；⑤呼应信号一般可以双向呼叫、跟踪呼叫和睡眠唤醒等。　　　　　　　　　　　　　　　（温伯银）

铝管　aluminium pipe

用工业纯铝轧制成的无缝有色金属管。具有塑性大、重量轻、低温下机械性能不降低、在空气中会

自然形成一层坚韧的氧化铝薄膜、起保护作用、较好的耐酸腐蚀作用、良好的导电性和导热性，但机械强度和硬度较低。中国标准规格为外径18～110mm，分有薄壁管、厚壁管、软管、硬管。允许工作压力为0.25～1.0MPa。常用连接方法有焊接（气焊和电弧焊）、铝法兰连接、对焊松套钢法兰连接、卷边松套钢法兰连接等。适用于某些酸液的输送或替代紫铜管，也可用于工业纯水的输送等。　（张延灿）

铝合金管　aluminium alloy pipe

用防锈合金铝轧制成的无缝有色金属管。由于在纯铝中加入了少量的镁、锰、硅等元素，所以除保持铝管优点外，还大大提高了机械强度和硬度，但塑性有所降低。中国标准规格为外径18～110mm，分有软管、半硬管。连接方法和用途与铝管相同。
　（张延灿）

绿化用水

见浇灌用水（126页）。

氯化钙吸湿　dehumidification by CaCl₂ absorbent

用氯化钙（CaCl₂）水溶液作为液体吸湿剂，对空气进行减湿处理。它是工业上制纯碱的副产品，对金属有较强的腐蚀作用，在使用时要有防腐设施。因价格便宜，仍有时采用。　（齐永系）

氯化锂湿度计　lithium chloride hygrometer

利用涂附在彼此绝缘的两排电极上的氯化锂溶液的电阻值随空气中相对湿度变化而变化的特性，通过测量两电极间电阻值间接测量空气相对湿度的仪表。根据测量线路的不同可分为氯化锂电阻湿度计和氯化锂露点湿度计。　（安大伟）

氯化锂湿敏元件　lithium chloride humidity sensing element

采用氯化锂作为湿度传感的敏感元件。当湿度变化时，它的电阻值将随之变化。相对湿度愈高，则氯化锂吸收的潮气愈多，它的电阻也愈低。利用这种特性做成对周围空气相对湿度可直接度量。
　（刘幼荻）

氯化锂吸湿　dehumidification by LiCl absorbent

以氯化锂（LiCl）水溶液作为吸湿剂吸收减湿处理。氯化锂是无色立方晶体，由锂矿石和氯化物作用或由碳酸锂或氢氧化锂与盐酸作用而制得。其水溶液吸湿性能很好，对金属有一定腐蚀作用。
　（齐永系）

氯片消毒　disifectien with chlorine tablet

以片状漂粉精为消毒剂进行消毒的过程。氯片的主要成分是次氯酸钙，有效氯含量约为65％。当水或污水流过时，使氯片溶于其中达到消毒目的。由于氯片价格较贵，且投氯量不易准确控制。它主要用于少量水或污水的消毒。　（卢安坚）

滤膜　filter film

采样系统所用的集尘材料。以带电荷的高分子聚合物纤维制成膜状，其质量在一定范围内不受温湿度变化的影响。平面滤膜容尘量较小，用平面滤膜折叠成圆锥形滤膜容尘量较大，可分别适用于不同含尘浓度的测定。　（徐文华）

滤膜采样器　filter film sampler

采样系统的集尘装置。圆形滤膜固定于滤膜夹上，当含尘气流通过滤膜时，尘粒被捕集于膜上。在工作区直接采样时，滤膜夹后用圆锥形渐缩管与采样管相连。在通风管道内采样时，滤膜夹前增设同样装置与采样头相连。　（徐文华）

滤水阀

见底阀（42页）。

滤水器　water filter

铜丝网作成的圆筒，用作底池水流入循环水管之前必经的网状过滤构件。不同网孔材料对各种直径喷嘴的滤水能力有实测数据可查。为简化加工，也可将滤水网作成隔板状插入水中。　（齐永系）

滤筒　filter cylinder

采样系统的圆筒形集尘装置。以超细玻璃纤维或刚玉制成，一端开口一端封闭，含尘气流通过时，尘粒被捕集于筒内。它在较小直径时也可具有较大集尘面积，阻力小、容尘量大、捕集效率高。可用于风管内采样。　（徐文华）

luan

乱流洁净室　turbulent flow cleanroom

送入房间的洁净气流通过送风口迅速向四周扩散、混合，稀释原来含尘浓度高的室内空气，使含尘浓度达到所需级别的洁净室。洁净室内有涡流，气流流速不均匀，某些尘埃粒子在室内循环，不易被排出。
　（杜鹏久）

乱流洁净室发尘自净时间　self clean up time (after dusting) of TFCR

在空气净化系统运行中，因室内突然发尘，室内含尘浓度由较高的数值下降到稳定数值所需的时间。　（杜鹏久）

乱流洁净室发生污染时间　clean down time (after dusting) of TFCR

在空气净化系统运行中，因突然发尘，室内含尘浓度由较低的稳定值回升到较高的稳定值所需的时间。　（杜鹏久）

乱流洁净室开机自净时间　self clean up time (aftersystem started) of TFCR

在空气净化系统运行之后，室内含尘浓度从较高的数值下降到稳定的数值所需的时间。

（杜鹏久）

乱流洁净室停机污染时间　clean down time (after system stopped) of TFCR

在空气净化系统停止运行后，因室外空气的渗入，室内含尘浓度由较低的稳定值回升到较高的稳定值所需的时间。

（杜鹏久）

luo

罗辛-拉姆拉分布　Rosin-Rammler distribution

以指数 n 为特征量表示粉尘粒径的分布函数。其表达式为

$$R=\exp\left[-\beta d_c^n\right]$$

R 为大于粒径 d_c 的全部尘粒所占的质量百分数；d_c 为粒径；β 为表征粒径范围的常数，β 值越大，粉尘越细；n 为表征被测粉尘特性的常数。它适用于机械粉碎的较粗的粉尘（如煤粉）。　（孙一坚）

逻辑接地　logical earthing

将电子设备的金属底板作为逻辑信号的参考点而进行的接地。它使逻辑电路有一个统一的基准电位。此基准电位并不一定就是大地的零电位，而只要有一个等电位面。　　　　　　（瞿星志）

螺杆式压缩机　screw compressor

利用一个阳螺杆（阳转子）与一个阴螺杆（阴转子）相互啮合所组成的一对转子，在机壳内回转时完成吸气、压缩与排出的回转式压缩机。（杨　磊）

螺纹连接　thread joint

又称丝扣连接。用螺纹压紧密封的机械连接方式。螺纹分有圆柱形和圆锥形。按螺纹在管壁内外位置分有内接头、外接头、内外接头等。用于小口径（一般 $DN\leqslant150$mm）焊接钢管、塑料管和铜管等的连接。　　　　　　　（王可仁　唐尊亮）

螺旋板式换热器　spiral-plate exchanger

具有一定间距的两平行板，卷成螺旋状，构成相间的两个流道，冷、热两种流体各沿彼此隔开的流道流动而进行换热的设备。按冷、热流体的流动方式不同分为两种流体均呈螺旋流动、两种流体分别呈螺旋流动和轴向流动以及一种流体呈螺旋流动、另一流体呈轴向和螺旋流动的组合。　（王重生）

螺旋缝焊接钢管　spiral seam welding steel pipe

将带钢螺旋形卷管成型后，内外双面用高频电弧焊或自动埋弧电焊制成的焊接钢管。因不受带钢宽度的限制，可生产大直径管，中国标准规格为公称直径 150～1800mm、壁厚 3～16mm。按工作压力分为甲类管和乙类管两种。前者一般用普通碳素钢 A2、A3、A3F、A4 或普通低合金结构钢 16Mn 焊制，主要用于石油、天然气等的输送；后者一般采用普通碳素钢 A3、A3F、B3、B3F 焊制，适用于工作压力小于 2.0MPa，温度小于 200℃ 的流体输送和结构用材。　　　　　　　　　　（张延灿）

螺旋卷管机　spiral plate bending rolls

通过整形机构和成形工作头把一定宽度的成卷薄钢带卷制成螺旋咬口或螺旋焊口的圆形直管筒的机械设备。常用的分有螺旋咬口卷管机和螺旋焊口卷管机。　　　　　　　　　　（邹孚泳）

螺旋流　spiral flow

排水立管中通过水量沿管壁作不规则螺旋线流动状态的水流。它由于水量甚小不能覆盖整个管壁，只能依附在管壁上，其流动受管壁粗糙度影响。此时管内空气芯完整，气流正常流通，压力稳定。

（胡鹤钧）

螺旋式熔断器　screw-type fuse

充有石英砂填料的熔断体，借瓷帽螺纹旋入底座，而固定于底座的熔断器。

（施沪生）

螺翼式水表　helix type watermeter

又称涡轮式水表。壳体内装有螺旋式叶轮，且叶轮的转轴平行水流方向，借水流推动叶轮旋转带动计数器动作的流速式水表。由螺旋叶轮、减速机构和计数器组成。按允许的水流方向分为单向流和正逆流两类。其流通能力大、水头损失较小、重量较轻、体积较小、结构简单、便于使用和维修。用于用水量较大的给水系统。　　　　　（唐尊亮　董锋）

落地式小便器

见立式小便器（152 页）。

落地式坐便器　stalled toilet

固定安装在地面上的坐式大便器。排水有下出口和后出口两种。可采用冲洗水箱和冲洗阀冲洗。安装容易而牢固，但占用面积较大，影响地面清扫。它是最常用的型式。　　　　　　　（张延灿）

M

ma

马鞍形管接头 saddle joint

又称鞍形接头。外形呈马鞍形、不停水可接出支管的管接头。鞍形顶部留有欲接支管的管孔，固定后即可由此钻通主管接出支管。适用于钢管、铸铁给水管、混凝土管、塑料管等。   （张延灿）

马赫数 Mach number

气流速度 w 与当地音速 a 之比值，常以 M 表示。即为 $M = \dfrac{w}{a}$。它是喷射器设计及运行的重要参数。$M<1$，则为亚音速；$M>1$，为超音速；$M=1$，即气流速度等于音速。该数不同，喷射器内部形式也就不同。   （杨 磊）

mai

埋地敷设 burial mounting

简称埋设。将管道直接埋于地下土壤中的暗藏敷设。根据土壤性质、管材种类及其连接方式、地面荷载、工程重要程度等确定是否需要设置管道基础。常用于市政、工业厂区管道的敷设方式。
        （黄大江   蒋彦胤）

埋管墙板 embedded piping panels

低温热水在墙体、楼板、地面或平顶内埋设的钢管、铜管或塑料管内循环流动，对所在构件进行加热而作为供暖表面的低温辐射供暖方式。分为墙面式、顶面式和地（楼）面式等。   （陆耀庆）

埋式通信电缆 buried cable of telephone

直接敷设于地下电缆沟中的通信电缆。这种电缆应有较大承压能力，一般采用钢带铠装通信电缆。线路较安全隐蔽，初次工程投资比管道通信电缆省，不受地形限制；但发展和维修不方便。用于用户比较固定和电缆容量和条数不多地区。   （袁敦麟）

脉冲点火装置 electric pulse igniter

以干电池或交流电为电源，通过点火变压器产生脉冲高压，并在电极间释放脉冲火花来点燃燃气的装置。民用燃气设备大多采用干电池，电火花频率为 $6\sim8$ 次/s，点火命中率高。   （梁宣哲）

脉冲调制 impules modulation

用调制后的脉冲信号去调制高频正弦波（载波）。   （余尽知）

脉冲喷吹清灰 reverse pulse-jet cleaning

利用喷吹压缩空气形成的脉冲气流进行滤袋清灰。也属逆气流清灰。由自动控制装置定时顺次启闭脉冲阀，经喷吹管将压缩空气高速喷入滤袋，同时诱导数倍于喷射气量的空气形成脉冲气流进入滤袋，使滤袋由上而下产生急剧的膨胀和振动，导致附积在滤袋上的粉尘层脱落。其喷吹时间（一个脉冲）通常为 $0.1\sim0.2$s，完成一个清灰循环的时间（脉冲周期）通常为 60s 左右。由于喷吹时间很短，而且对滤袋是顺次逐排清灰，虽然被清灰滤袋不起过滤作用，但大部分滤袋仍在正常过滤，可认为除尘器是在连续工作的，因此可不采取分室结构，它的清灰能力强，且其强度和频率均可调节，清灰效果好，允许采用较高的过滤风速。   （叶 龙）

脉冲燃烧器 pulse combustion burner

周期性地进行燃烧和热量释放，并利用燃烧室内周期性变化的压力波能量引射助燃空气和排除燃烧产物的燃烧器。由燃气和空气进气系统、燃烧室及尾管等组成。频率达 70 次/s。结构简单，燃烧强度高，传热系数高，热效率高，排烟中污染物浓度低；但噪声大，调节比受限制。用于产生推力、流体输送、液体加热和空气加热等。   （李家骏   吴念劬）

脉冲式送风口 pulse outlet

又称交替型送风口。不改变送风量，只是控制送风时间的长短，送风时间长，即表示送风量大，停止送风时，空气送往回风管，形成脉冲式的交替送风口。属于旁通型变风量风口。

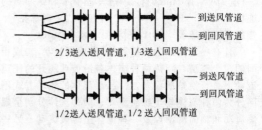

2/3送入送风管道，1/3送入回风管道

1/2送入送风管道，1/2送入回风管道

        （代庆山）

脉冲系统 pulse system

见采样控制系统（17页）。

man

漫流 free stream

在开阔平坦的地坪上四处漫溢的流水形态。水层较浅,方向无定,常与叠流、溪流、涌流等水流形态配合应用。游人可涉水嬉戏,增添游览的乐趣,常用于儿童公园内。 (张延灿)

漫射照明 diffused lighting

投射到被照明场所或被照明物体上的光无特定的主导方向的一种照明方式。如采用间接型灯具,利用顶棚的漫反射照亮整个房间,使室内光线扩散性好,无阴影,可消除光幕反射,不会产生直接眩光。此种照明适合于具有阅读和绘图等作业的空间。 (江予新)

mao

毛发聚集器 hair catcher

为截留捕捉游泳池水中的毛发、纤维、树叶等杂物,保护循环水泵和过滤设备,而设置的筛网装置。是游泳池池水的预净化装置。一般由可拆卸外壳和便于清洗更换的过滤筒或编织滤网组成。 (杨世兴)

毛发湿度计 hair hygrometer

用经过脱脂处理后的人发的长度随周围空气相对湿度而变化的原理制成的湿度仪表。结构简单、使用方便,但准确性及稳定性都比较差,并需经常校验。 (安大伟)

毛细管 capillary tube

在小冷量和负荷变化不大的制冷装置中的节流机构。是一根直径很细(一般在 0.6~0.25mm)、一定长度(约 1~2m 之间)的紫铜管。它的尺寸是根据某一工况来确定的,只能适应一个工况,而不能适应工况变化的需要,它仅适用于工况较稳定和采用泄漏量小的全封闭或半封闭式制冷压缩机的制冷装置。 (杨 磊)

毛细换热风机 capilary heatexchanging ventilator

由透气性微孔材料做成转轮而外壳具有两个出风口的换热离心风机。转轮内筒被固定隔板沿轴向分成左、右两个断面为半圆形的空间。当转轮旋转时,内筒里产生负压,右半部引入低温的室外新风,而左半部引入要排出的暖风。在排风穿过转轮的微孔从排风送出口排出时,转轮在左半部受热而排风得到冷却;当受热的转轮部分转至右半部时,由于低温新风穿过转轮经新风送出口流出,又使转轮在右半部受到冷却而使新风受热升温。如此往复进行。

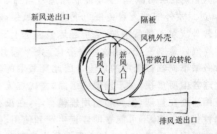

(马九贤)

mei

煤粉两用燃烧器 pulverized coal-gas burner

可单独使用煤粉或燃气,也可煤粉和燃气混合使用的燃烧器。混合燃烧时,燃气可以帮助煤粉着火和燃烧,使火焰稳定。 (郑文晓)

men

门开关 door interlock switch

又称门锁开关。安装在门或窗上的开关。当门或窗打开时,切断电路,起动报警装置。(王秩泉)

门形膨胀管 Ω type compensating pipe

煨弯或布置成门形的钢管。以补偿因管道中热流体产生的膨胀量。用于室外较大管径的架空热力管道。 (胡鹤钧)

闷头

见管帽(93页)。

meng

蒙特利尔会议

为保护大气臭氧层于 1987 年 9 月在加拿大蒙特利尔市召开的国际会议。会议有 31 个国家参加,共同签署了减少和限制氯氟烃使用的国际条约,条约要求到 1998 年氯氟烃的使用量减少一半。在此之前,1985 年 20 多个国家在奥地利维也纳市共同签署了《保护臭氧层国际公约》,是该会议的前奏。臭氧层遭破坏的主要原因是由于人类大量使用氯氟烃化学制品而造成,氯氟烃则广泛用于气溶胶生产、制冷工业、泡沫塑料工业和卤代烷灭火剂。臭氧层指大气平流层中臭氧集中的层次,距地面 20~25km,能吸收 99% 以上对人类有害的紫外线,使地球上的人类和动植物免遭紫外线的伤害,是地球的"保护伞"。据国外统计,自 1979~1986 年间,大气层中的臭氧减少了 5%,南极上空最为严重减少了 40%。据科学家认为，臭氧层每减少1％，皮肤癌患者增加5％～7％，过量紫外线使人身免疫力下降。臭氧层破坏，太阳紫外线射入量就增加，会引起地表温度上升，造成世界气候急剧变化，导致冰层溶化，海平面升高，使沿海城市面临被淹没的危险，因此臭氧层的保护为全球各国所重视。对于发展中国家，卤代烷灭火剂的应用还处在初期，生产和使用规模很小，在没有合适的替代物之前，不可能立即停止生产和使用。根据发展中国家的建议，1990年3月在日内瓦召开了包括中国在内的46个国家7个国际组织参加的蒙特利尔议定书缔约国工作组第三次会议，对发展中国家受控物质的使用时限延长了10a，即年人均0.3kg的发展中国家，受控物质的时限要求，延长至2010年。因此中国在近期内还可继续使用卤代烷灭火剂，但不能盲目发展，重蹈发达国家的覆辙。

（姜文源）

mi

密闭地漏 closed floor drain

具有密封盖板的地漏。用于装设在不经常用水的房间及场所以防止下水道气体窜入室内。

（胡鹤钧）

密闭防烟 sealing smoke control

在火灾发生时，房间无人或人员撤离房间后，将着火房间密闭起来，造成缺氧而熄灭火灾的防烟方式。多用于装有防火门、耐火性和密闭性较好的小面积房间。

（邹孚泳）

密闭小室 closed chamber

又称大密闭。对于产生的粉尘量大又要求频繁操作或检修的设备，全部密闭起来而形成的独立小室。是密闭罩的一种形式。其室容大，人员可直接在其中操作或检修。该室内有时还单独另设排风罩。

（茅清希）

密闭罩 exhausted enclosure

能将有害物质发生源密闭，使它和周围空气环境隔开，有效地防止有害物扩散传播的排风罩。由于该罩上只有和外界空气相通的孔口或缝隙，还要从罩内排出一定量的空气使罩内形成负压，避免罩内的有害物从孔口或缝隙扩散到室内。与其他排风罩相比，它可用较小的排风量就能达到较好的效果，在操作条件许可时就当尽可能采用它。按照结构形式不同大致可分为局部密闭罩、整体密闭罩和密闭小室等。

（茅清希 陈在康）

密纹唱片 LP, long play microgroove record

纹槽细而密、纹宽最小为0.051mm，每厘米有60～120条纹的唱片。由粗纹唱片发展而来，转速有45、$33\frac{1}{3}$、$16\frac{2}{3}$r/min。频率范围宽、失真小、动态范围大、表面噪声低和放唱时间长。它有单声道或立体声。

（袁敦麟）

mian

面发光度 luminous exitance

又称出光度。离开包含这点的面元（微小的面积）的光通量，与该面元面积之比值。以M表示。单位为lm/m^2（rlx）。对均匀漫射体，其亮度（Lv）在各个方向是均匀的，若立体角以sr为单位时，$M=\pi L_v$。在照明工程中研究墙、顶棚等二次发光面的亮度时常运用此光度量。

（俞丽华）

面积热强度 surface thermal intensity

燃烧室（或火道）单位面积上在单位时间内所发出的热量。与可燃气体混合物的初速度成正比，表示可燃混合物进行燃烧反应的速度，是燃烧设备运行强度表示方法之一。

（庄永茂）

miao

秒变化系数 secondly variation coefficient

最大秒流量与平均秒流量的比值。是反映1h内逐秒用水量变化情况的系数。在生活给水系统中由于使用要求的满足允许有一定弹性，同时也受到测试手段的限制，一般以最大5min内的平均流量与平均秒流量的比值表示。

（姜文源）

mie

灭火剂贮存容器 storage container

用于贮存灭火剂的压力容器。由承压的壳体、虹吸管、密封圈、容器阀及压力表等组成。分有圆柱形和球形两种。大容量容器可充装若干吨灭火剂；为了使用和运输方便，多采用充装若干公斤灭火剂的小容量容器即钢瓶。

（张英才 陈耀宗）

灭火淋水环 water spray ring

用于开式喷水灭火系统的环形管喷水器。一般在直径为50mm的环形钢管上对置钻孔（孔径为3mm、孔距为50mm）制作而成。

（张英才 陈耀宗）

灭火淋水器 spray nozzle

用于开式喷水灭火系统的一种喷水器。根据不同灭火对象可选用不同的形式和淋水强度，以达到最佳的灭火效果。

（张英才 陈耀宗）

灭火器 fire extinguisher

由人力移动，在内部所蓄压力或借压缩气储筒的作用下将所充装的灭火剂喷出用以扑救火灾的轻便灭火器具。由器头、筒体、喷嘴等组成。筒体内充装灭火剂,分有水型、泡沫型、干粉型、卤代烷型和二氧化碳型等。　　　　　　　　　　　　　(吴以仁)

灭火水幕管　water curtain pipe

将压力水喷洒成水帘、水幕状,用以阻火、隔断火源或冷却防火隔绝物的管式喷水器。根据水力计算,采用在直径 50~100mm 钢管上钻孔或开缝制作而成。　　　　　　　　　(张英才　陈耀宗)

灭火噪声　noise of fire-extinguishing

在突然关闭燃气阀门,随着火焰熄灭而产生的噪声。它系在火孔上还存在残余火焰,使将燃烧器内部余气点燃而引起,焦炉煤气比天然气和液化石油气更容易产生。　　　　　　　　　　　(徐　斌)

灭火蒸汽浓度　steam density for fire extinguishing

将饱和或过热蒸汽喷射到燃烧区,使空气中氧的含量迅速降低到燃烧不能维持而熄灭时的蒸汽浓度。它对于汽油、煤油、柴油和原油的灭火不宜小于 35%(体积浓度),即每 m³ 燃烧空间应喷射不少于 0.35m³ 的水蒸气;对于厂房、库房、泵房和舱室等的灭火所需量应按计算确定。此外,除要求满足计算的蒸汽量外,还应保持一定的供给强度才能达到灭火效果。一般要求以灭火延续时间不超过 3min 为宜,即在 3min 内使燃烧区空间的蒸汽量达到灭火要求。灭火蒸汽压力不应小于 0.6MPa。(张英才)

灭火作战计划　pre-fire planning

对消防重点保卫单位可能发生的火灾,根据灭火战斗的指导思想和战术原则,针对重点单位的实际情况而制定的灭火作战行动的预想方案。
　　　　　　　　　　　　　　　(马　恒)

灭菌

见消毒(259页)。

min

敏感元件　sensor

又称传感器、检测器。能把直接被响应或检测的变量之值转换成适于测量形式的元件。被检测变量之值可是物理量,也可是化学量,但其检测变量一般是以电信号形式输出,故它成为实现自动检测与控制的主要环节。按用途分有测试温度(热敏电阻、测温电阻、热电偶、双金属式、热辐射式、微波式、激光式等)、测试流量(差压式、电磁式、涡轮式、超声式、激光式等)、测试湿度(电阻式、光电式、毛发式、氯化锂式等)和测试物位(浮子式、差压式、电容式、超声式、射线式等垂直式)。
　　　　　　　　　　　　(刘幼荻　温伯银)

ming

名义直径

见公称直径(85页)。

明度　lightness

表示物体表面相对明暗的特性。表示在同样照明条件下,以白色表面作为基准,人眼对有色物体表面的整体反映的程度。它是颜色的三属性之一。物体的亮度愈亮,它就愈高;彩色光愈强,它亦愈高。只有在背景存在其他颜色时,观看某个面或某个物体的颜色才会呈现出它。　　　　　　(俞丽华)

明度对比　lightness (brightness) contrast

视野中的目标和背景的亮度差别的主观评价。对于彩色物体则指明度差别。　　　　(俞丽华)

明杆闸阀　rising-stem gate valve

又称升杆闸阀。开启时阀杆明露在阀体外部的闸阀。启闭时阀杆做升降运动,但阀杆本身不转动,视其外露长度可知闸阀的开启度。螺纹位于阀杆的上部,不易受介质的腐蚀。用于安装高度不受限制的地方。　　　　　　　　(张连奎　董　锋)

明管　exposed pipe

明露敷设的管道。一般沿墙、柱用管道支-吊架固定。管外壁因防冻、防腐蚀或指示管内流体性质而需包扎隔热材料及涂刷各种颜色油漆。
　　　　　　　　　　　　(姜文源　胡鹤钧)

明露敷设　exposed installation

也称架空敷设、明设、明装。管道明露的敷设方式。按敷设方式分有沿墙敷设、沿柱敷设、悬吊敷设、支架敷设、拱形敷设等。安装、拆卸简单,便于维护检修,但有碍美观,在寒冷地区输送介质易受冻结危害,输送热介质时热损失量大。用于工业建筑和美观要求不高的民用建筑。　　(蒋彦胤　黄大江)

明设

见明露敷设。

明线交叉　open wire transposition

为了减少回路间的相互干扰,经过一定距离将一对明线回路中二根导线交换一下位置的做法。分有滚式和点式交叉两种。在弯钩隔子杆路上做的交叉称为滚式交叉;在线担杆路上做的交叉称为点式交叉。在两电杆间空中利用交叉隔板上隔电子进行的交叉称为浮空交叉。　　　　(袁敦麟)

明装

见明露敷设。

mo

模拟式显示仪表　analog display instrument

利用指针、记录笔或色带来连续表示被测量数值及变化的仪表。观测者可根据指针、色带或记录笔在标尺或记录纸上所处的位置读取变量的数值。它具有读数方式较直观，便于判断和对比，但容易产生视差。　　　　　　　　　　　　　　　　（张子慧）

模拟通信　analog communication

传送的通信信号采用模拟信号的通信。模拟信号表示连续的一个量，因此其数值在一定范围内可取无穷多个值。当非电的信号（如声、光等）输入到变换器，使其输出产生连续的电信号，它的频率或振幅随着输入的非电的信号按一定关系而变化，因而是个模拟量，其数值可在一定范围内取任何值。电话话音、广播声音和电视图像信号均为模拟信号。
　　　　　　　　　　　　　　　　（袁敦麟）

模拟信号　analog signal

见连续信号（153页）。

模/数转换　analog-to-digital conversion

将模拟量转换成数字量的过程。即为 A/D 转换。在实际系统中，原始数据往往是模拟量，如温度、湿度、流量、压力、电流和电压等都是在时间上连续变化的量。这种模拟量要用脉冲码形式传送，就必须采样、编码变换成数字量。是计算机与外部世界联系的重要接口。　　　　　　　　　　（温伯银）

膜过滤　membrane filtration

又称精滤、超滤。借助于膜以截留水中胶体大小颗粒的过滤。是水和低分子量溶质允许透过的一种膜分离技术。超滤膜材料有醋酸纤维素膜、聚砜膜以及聚酰胺膜等，膜孔径在 $50\text{Å}\sim0.1\mu m$ 之间。它虽无脱盐性能，但对去除水中细菌、病毒、胶体等微粒相当有效，由于其操作压力低、设备较简单。是纯水及超纯水终端处理的理想方法。
　　　　　　　　　　　　（胡　正　袁世荃）

膜盒差压变送器　bellows differential pressure transducer

把流量液位等物理量变换为标准压力信号的变送器。当被测介质的压差导入正、负容器时，推动膜盒上的膜片向负压侧方向移动，通过非磁性不锈钢连杆使铁芯在差动变压器线圈内移动，并使差动线圈发出相应的电信号，再经放大和转换，输出一个标准电信号，按配用的二次仪表的不同要求，输出信号有 0～30mA、0～10mA、4～20mA 三种。
　　　　　　　　　　　　　　　　（刘幼荻）

膜盒式微压计　capsule type micromanometer

用金属膜盒作为压力弹性元件，被测压力迫使膜盒发生位移变化，经传动放大机构放大，在度盘上显示被测压力值的压力计。常用于生产过程微压的测量。　　　　　　　　　　　　　（刘耀浩）

膜式阀

见隔膜阀（83页）。

摩擦感度　friction sensitivity

炸药受到外界机械摩擦作用时引起爆炸反应的敏感程度。是确定炸药危险性的重要指标之一。摩擦产生于生产搅拌或运输震动中，炸药颗粒之间、炸药与包装之间以及炸药与地面之间等均可导致炸药的引爆。可用摩擦测定仪（通常用摩擦摆法）来测定，以受外力摩擦所得的爆炸百分数来表示。如雷汞的摩擦感度为 100%、黑索金为 90% 等。
　　　　　　　　　　　　（赵昭余　杨渭根）

摩擦损失

见沿程水头损失（272页）。

摩擦压力损失　frictional pressure loss

又称沿程压力损失。流体沿直管段流动时，为克服沿流动方向整个长度上的摩擦阻力而产生的能量损失。包括流体内部的粘性阻力和惯性阻力；管壁的粗糙作为扰动源在一定条件下是产生惯性阻力的外因。工程上常用达西-维斯巴赫公式计算。即摩擦压力损失 Δp_m 与管段长度 l 和动压 $\dfrac{v^2}{2}\rho$ 成正比；与管径 d 成反比；比例系数 λ 称摩擦阻力系数。即为

$$\Delta p_m = \lambda\frac{l}{d}\frac{v^2}{2}\rho\ (\text{Pa})。$$

　　　　　　　　　　　　　　　　（王亦昭）

摩擦阻力　frictional resistance

又称沿程阻力。当流体沿等截面直线管道流动时，所产生的阻力。　　　　　　（殷　平）

摩擦阻力系数　frictional resistance coefficient

又称管段摩擦系数、沿程阻力系数。表示流体沿直管流动时，流体内部分子间及其与管壁间因摩擦而产生的阻力的无因次系数。用 λ 表示。它概括了计算摩擦压力损失时，达西公式没有直接给出的影响因素。其值主要取决于流体在管内的流动状态和管壁的粗糙度。当流态为层流时，它与雷诺数成反比；当流态为紊流时，它是雷诺数与管道相对粗糙度的函数。　　　　　　　　　　　　（王亦昭）

摩尔浓度　molarity

旧称克分子浓度。单位体积溶液中所含某溶质的摩尔数。单位为 mol/dm^3 或 $kmol/m^3$。表示溶液组成的方式。　　　　　　　　　　（党筱风）

蘑菇型回风口　mushroom type air return opening

外形呈蘑菇状，分散安装在影剧院、会议大厅、礼堂座椅下面与地下回风道相连接的回风口。由圆盘、丝杠和带有菱形铝板网的吸入口组成。风口主体用铸铁制作。圆盘高度可调，从而改变吸风口的面积，调节和平衡系统的风量。　　　（王天富）

mu

母线桥　bridge arrangement

又称桥式接线。用跨接断路器 BCB 把两条电源引入线与两台变压器联系起来的主接线。较分段单母线接线简化，减少了断路器的数量。根据跨接桥断路器的位置不同，分为内桥接线和外桥接线（如图）。前者适用于线路较长、负荷曲线较平稳的变电所；后者适用于线路较短、负荷曲线变化大的变电所。

内桥接线　　　　　　外桥接线

（朱桐城）

母钟　primary clock

走时比较准确，并能向子钟发出控制脉冲带动子钟动作的时钟。它是子母钟系统的心脏，工作电源电压为直流 24V±10%，输出脉冲为 24V 变极矩形波，脉冲持续时间 2s，正负脉冲间隔时间为 30s。它分有两种：①机械母钟，利用摆锤工作原理，在温度 20±5℃ 的条件下，24h 内误差不超过 ±4s；②石英母钟，利用石英振荡器提供稳定的标准频率原理，走时精度较高，在 0～40℃ 时，误差不大于每月 2s。

（袁敦麟）

母钟控制台　primary clock control panel

又称钟站。用于控制和带动子钟的装置。由两个母钟和一个控制箱组成。主要功能为：①两只母钟分别作为主用和备用，当主用母钟发生故障时，备用母钟能自动接替工作（也可手动转换）；②将来自母钟的控制脉冲通过继电器组，分成几路输出；③每路装有指示子钟、熔断器和子钟调整键；④装有直流电压和电流表用于测量电源电压，总路和分路电流，以判断故障；⑤当某一路熔丝熔断时，有电铃自动告警。常用的有三回路和六回路两种，每个分路可带动 50 只单面子钟。　　　　　　　　　（袁敦麟）

沐浴用水　water for bath

供人们清洁身体使用的洗浴用水。热水水温不大于 40℃。　　　　　　　　　　　　（胡鹤钧）

沐浴用卫生器具　bathing fixtures

供清洗身体用的洗浴用卫生器具。常设在家庭和旅馆客房卫生间，公共浴室、工业企业卫生间、医院、学校、机关等社会团体浴室内，与给水和排水装置配套使用。按沐浴方式分有浴盆、淋浴器和浴池。

（倪建华）

N

na

钠铊铟灯　sodium-thallium-indium iodide lamp

放电管中充入钠、铊、铟的卤化物的金属卤化物灯。相关色温为 4000～6000K，发光效率为 85lm/W 左右，一般显色指数为 65。大多用于室内外大面积场所照明。　　　　　　　　　　　（何鸣皋）

nai

耐腐蚀不锈钢软管　corrosion-resisting stainless steel flexible tube

用薄壁不锈钢波纹管，外包不锈钢薄片编织的网，两端焊以接头制成，并具有良好的稳定性能和抗侵蚀性能的蛇皮状柔性金属管。具有极其良好的拉伸、压缩、剪切、扭转和弯曲等性能。按接头形式分有螺纹连接，球头锥度密封接头（两端公或一公一母），适用于公称直径 DN15～32mm；螺纹连接，榫槽垫圈密封接头（两端公或一公一母），适用于公称直径 DN18～40mm；爪形快速接头，适用于公称直径 DN40～175mm；法兰连接（两端平焊或一端平焊，一端松套），适用于公称直径 DN32～400mm。按承压能力分有高压 16～35MPa；中压 4～10MPa；低压 ≤2.5MPa。　　　　　　（丁崇功　邢萧桐）

耐火绝缘线　fire-resistant wire

又称防火绝缘线。火灾时仍能保持绝缘性能继续通过电流的绝缘导线。一般用云母玻璃丝带、乙丙橡皮（符合要求的塑料）绝缘、无卤复合物作衬垫、以玻璃丝纤维编织带，构成阻燃低烟护套。用于在事故时，需保证继续运行的动力、照明、报警、信号、

控制系统等线路。 （俞丽华）

耐热绝缘线 heat-resistant insulated wire

导体长期允许工作温度较高的绝缘导线。常用的绝缘材料有交联聚乙烯、聚四氟乙烯和硅橡胶等。为防止铜导体氧化常采用镀银或镀镍等措施。 （晁祖慰）

耐酸陶土管

见陶瓷管（234 页）。

nan

难燃物质 difficult flammable substance

在空气中受到火烧或高温热源作用时，难起火、难燃烧、难炭化，当火源撤离后，燃烧或微燃立即停止的物质。如沥青混凝土，阻燃木材及其制品，阻燃塑料及其制品，阻燃纤维及其制品，阻燃橡胶及其制品，以及阻燃金属复合材料，阻燃纺织品，阻燃玩具，建筑构件中常见的木骨架两面加铜丝网抹灰或板条抹灰墙等。评定它的指标在中国有：氧指数法、平面跟踪燃烧法、45°斜面燃烧法等。并对上述评定方法，中国国家技术监督局已制定了具体测试的方法和要求。 （赵昭余）

nei

内部过滤 interior filtering

粉尘在滤料层内部被捕集的过程。含尘气流通过以纤维、硅砂等为滤料的过滤层，依靠筛滤、惯性碰撞、接触阻留、护散沉降等除尘机理的综合作用进行除尘。 （叶 龙）

内部冷凝 concealed condensation

在水蒸气渗透过程中，围护结构内部的温度低于该断面的露点温度时所产生的水蒸气凝结现象。有时围护结构内表面并未产生冷凝，但其内部却产生冷凝现象。 （西亚庚）

内存储器 internal storage

在计算机中，用以存放指令（程序）和数据（信息），并在中央处理机的直接控制下进行读、写操作的存储器。如主存储器和各种缓冲存储器。它是计算机的一个重要组成部分。 （温伯银）

内接头 nipple, outside thread joint

又称外丝、六角内接头。连接外接头或其他端部具有内螺纹的管件、阀门等用的管接头。两端具有正反外螺纹。 （唐尊亮）

内排水雨水系统 interior storm system

雨水管系设置在建筑物内部的雨水排水系统。由雨水斗、雨水悬吊管、立管、排出管、检查井及雨水埋地管等组成。按管道设置情况分为雨水敞开系

统和雨水密闭系统。按雨水架空管系上设置的雨水斗数量，可分为单斗雨水排水系统、双斗雨水排水系统和多斗雨水排水系统。 （王继明 张淼）

内丝

见外接头（244 页）。

内外接头 bushing

旧称管子衬，又称补心、内外螺丝。内外均有螺纹的管接头。其外螺纹一端与较大管径的管件、阀门等的内螺纹相连，内螺纹一端与管子、管件、阀门等的外螺纹相连。其特点是长度较小、管径变化突出，并有同心与偏心两种。用于焊接钢管与管件、阀门的螺纹连接。 （唐尊亮）

内外螺丝

见内外接头（168 页）。

内座式泵浦消防车 seating fire pumper

装备有消防水泵和其他消防器材，并设有乘员室，用载重汽车底盘改装而成的消防车辆。一般由分动箱、消防水泵、传动系统、操纵装置、连接管路、照明装置、警报器等组成。用于中小城镇公安消防队和大中型工矿企业专职消防队扑救房屋建筑和一般物资的火灾。车上还可配有推车式干粉灭火器，可用以扑救小面积油类等可燃、易燃液体、可燃气体或一般带电设备的火灾。 （陈耀宗）

内座式泡沫消防车 seating foam fire truck

装备有消防水泵、水罐、泡沫液罐、泡沫混合设备及喷射装置和其他消防器材，且有乘员室，用载重汽车底盘改装而成的消防车辆。除具有水罐泵浦消防车的功能外，还具有容量较大的喷射泡沫灭火系统。用于城市公安和工矿企业消防队扑救石油、石油化工产品等可燃、易燃液体火灾和一般物资火灾。是石油化工企业、输油码头、机场以及城市专业消防队必备的消防车辆。 （陈耀宗）

内座式水罐消防车 seating fire tanker

装备有较大容积的贮水罐，并有消防水泵及其他消防器材，且有乘员室，用载重汽车底盘改装而成的消防车辆。由乘员室、消防水泵、传动装置、操纵机构、连接管路、水罐等组成。用于大中城镇及工矿企业专职消防队扑救房屋建筑和一般物资的火灾。是公安消防队和企事业单位消防部门常备的一种消防车辆。 （陈耀宗）

neng

能耗分析用气象数学模型 meteorological mathematic model for energy expense analysis

根据当地气温、湿度和太阳辐射等气象参数随机变化的统计规律所建立的多维回归时间序列方程

组。用以预报未来逐日、逐时气象数据供能耗分析和计算使用。视能耗分析的要求不同分有逐日或逐时气象数学模型两种。　（田胜元）

能见度　visibility

见可见度（138 页）。

能量管理系统　energy management system

建筑物管理系统（BMS）主站和子站拥有的对机电设备进行高效节能运行和管理功能的控制系统。一般包括能量管理程度、能量记录程序和能量报告程序。　（廖传善）

能量年　WYEC, weather year for energy calculation

用统计方法从长周期的原始气象资料中逐月选出典型月，然后由此构成的年份。在选择过程中对气象参数分布与其长周期的平均值的相关性及逼近程度都做了检验。对所选出的典型月中的个别天为了与长周期的平均值逼近得更好，作了置换，对反常数据作了更正。它是美国 ASHRAE 于 1980 年提出来的。　（田胜元）

能效比　EER, energy efficiency ratio

制冷量与电机输入功率之比。通常用它来衡量半封闭或全封闭式制冷压缩机效率的指标。　（杨　磊）

ni

霓虹灯　neon tube

管形辉光放电灯。灯玻管直径约 10mm，长度 1m 以上，可弯成各种复杂图案或文字。是广告和装饰照明常用的发光器件，使用时需用能产生高压的变压器来点燃。　（何鸣皋）

逆变器　inverter

将直流电源变换成固定频率或频率可调的交流电源装置。其种类很多。分有：串联式或并联式、有源或无源以及单相或三相逆变器等。用于工业自动化控制中心、现代化通信设备、小型计算机等电子设备的电源或应急电源。　（施沪生）

逆流　contra flow

在热质交换过程中，如表面式换热器及气体洗涤器，两种参与热质交换的流体，在其流通路径上，彼此呈反向平行的流动。　（王重生　赵鸿佐）

逆流回水式热水供暖系统　direct return hot water heating system

又称异程式系统。供、回水干管内热媒流向相逆，各立管环路的长度不相等的热水供暖系统。这种系统虽能节省供、回水干管；但各立管环路的阻力较难平衡，近端立管的循环水量有可能大于远端立管，从而导致严重的水力失调。　（路　煜）

逆喷　encounter spray, upstream spray

在喷水室中，喷水方向与空气流动方向相反的喷水方式。逆喷时空气和水进行热湿交换的效果优于顺喷。　（齐永系）

逆坡　upward slope

管道敷设坡度的坡向与管内流体的流向相逆时的习称。　（王义贞　方修睦）

逆气流清灰　reverse flow cleaning

利用与正常过滤气流方向相反的气流对滤袋清灰。其形式分有反吹风和反吸风两种。反相气流穿过滤布造成滤袋表面粉尘脱落只是其清灰作用之一，而逆气流导致滤袋变形过程（如圆形袋变成星形）的振动，是更主要的清灰作用。反吹（吸）气流由专设的反吹（吸）风机供给，有时也可利用除尘系统的主风机供给。通常它在整个滤袋上的气流分布较均匀，振动不剧烈，对滤袋的损伤较小，但清灰作用较弱，因而允许采取的过滤风速较低。常采用分室工作制度，利用阀门自动调节，逐室清灰。　（叶　龙）

逆温　inversion

与标准大气相反的气温垂直分布。即气温随高度增加而增加。该现象阻碍着气流的垂直运动，污染物不易扩散而造成严重的空气污染。它可发生在近地层，也可发生在较高气层中。根据它生成的过程可分为辐射逆温、下沉逆温、平流逆温、锋面逆温及乱流逆温等。　（利光裕）

逆向旋转式燃烧器　counter-rotation burner

见对旋式燃烧器（60 页）。

逆止阀

见止回阀（301 页）。

nian

年电能损耗　annual electrical energy loss

见电能损耗（49 页）。

年电能需用量　annual consumption of electrical energy

又称年电能消耗量。指一年之内生产、生活等消耗的电能量。其计算方法为：①年平均负荷和年实际工作小时数相乘；②计算负荷和年最大负荷利用小时数相乘；③单位产品耗电量和产品的年产量相乘。　（朱桐城）

年经营费　annual operating cost

供暖系统每年经营运行费用。包括水电费、维修费、人工费及折旧费等。单位为￥/a。（西亚庚）

年平均雷暴日　annual mean thunderstorm days

多年观测所得的年雷暴日数的平均值。一天之内只要听到一次雷声就记一个雷暴日。它是衡量该地区雷电活动频繁程度的依据，不同地区其值不相同。其值不超过 15 的地区为少雷区；超过 40 的地区为多雷区；超过 90 的地区和雷害特别严重的地区为雷电活动特殊强烈地区。　　　　　(沈旦五)

年平均温度 mean annual air temperature

按年的逐日室外平均气温的平均值。在地面气象观测中，以一日内各次定时室外气温观测值的平均为日平均气温。　　　　　　　　(章崇清)

年预计雷击次数 the number of yearly calculate lightning strike

表示建筑物在一年内可能截取雷击的次数。以 N 表示。单位为次/a。根据建筑物所在地区的年平均雷暴日数 T_d；并按其长、宽、高和周围环境的不同情况算出等效面积 A_e，可由下式求得

$$N=0.024KT_d^{1.3}A_e$$

T_d 为该地区的年平均雷暴日数；A_e 为与建筑物截取相同雷击次数的等效面积（km^2）；K 为校正系数，一般情况下取 1。　　　　　　(沈旦五)

粘附性 adhesion character

尘粒之间凝聚或尘粒在器壁表面粘附堆积的特性。与粒径、形状、摩擦角、水分、静电特性等因素有关。尘粒间的凝聚使粒径增大，有利于粉尘的捕集。尘粒在器壁表面的粘附会使除尘设备和管道发生堵塞和故障。　　　　　　(孙一坚)

ning

凝华 deposition

气态物质不经过液态阶段而直接转变为固态的状态变化。　　　　　　　　(岑幻霞)

凝结水背压力 back pressure of steam

蒸汽供暖系统或装置的疏水阀出口处凝结水的压力。其值大小取决于疏水阀出口段凝结水管的阻力、凝结水管抬升高度和闭式水箱的压力等。它是蒸汽供暖凝水系统设计的重要参数。主要用于凝水管径及疏水阀等的选择计算。　　　(岑幻霞)

凝结水提升高度 the rise of condensate

靠疏水阀背压使凝结水提升的高度。

(田忠保)

凝水管 condensate return pipe

输送由散热设备流出的蒸汽凝结水的管道。低压蒸汽供暖系统中的凝水管分为干式凝水管和湿式凝水管两类；高压蒸汽供暖系统中的凝水管分有余压、自流和加压凝水管三类。在凝水管道水力计算时，它分为满管流式和非满管流式两类。

(王亦昭)

凝水回收系统 condensate return system

高压蒸汽供暖系统中，从散热设备出口到热源处的总凝水箱之间的凝水管路和设备的总称。对其要求是回收率高，无益热耗失低，凝水水质好，渗入空气少，设备简单，管理方便。按其是否直接与大气相通分为开式和闭式两类。凝水流动动力分有凝水的余压力、重力和机械力。主要设备有疏水器、凝水箱、凝水泵、扩容箱和安全水封等。常用的凝水回收图式分有余压回水、闭式满管回水和加压回水。

(王亦昭)

凝水井 drainage pot

又称聚水井。输送湿煤气的管网系统中，收集冷凝水的设施。分为高压井、中压井和低压井。排放方式分有半自动排水和人工排水。

(李伯珍)

niu

扭矩仪 torquemeter

测定风机转矩的仪器。通过转矩的测定确定风机的轴功率。常用的设有一架空的电动机，其定子外壳设有杠杆，转子轴与被测风机叶轮轴相连。当风机工作时，电动机的定子因产生与风机叶轮大小相同方向相反的力矩而发生旋转，带动杠杆一端上升。在杠杆上加砝码可使其恢复到原来位置，根据所加砝码可求出风机转矩。风机转矩和风机旋转角速度的乘积即为风机的轴功率。　　(徐文华　陈在康)

nong

浓缩测定法 concentrate method

测定空气中有害物质浓度的采样方法。空气中有害物质浓度较低时，将大量空气样品通过吸收剂、吸附剂或将其冷却，其中所含有害物质因被吸收、吸附或冷凝而得以浓缩。此法测定结果为采样时间内的平均浓度。　　　　　　(徐文华)

nuan

暖风机 unit heater

由空气加热器和风机组成的供暖机组。直接安装在车间内，不设风道，因而投资省。常使用的一次热媒为蒸汽或热水（最好是高温水）。分有大型落地式和小型悬挂式等类型。适用于高大厂房的供暖。

(路　煜)

P

pa

帕斯奎尔扩散模式 Pasquill dispersion model

根据统计理论导出的连续点源扩散模式。以高斯扩散模式的扩散公式为基本公式，垂直风的平面上水平与铅直方向污染物浓度分布的标准差 σ_y 和 σ_z 则利用泰勒公式求取。用比较容易观测和计算的湍流统计性质来表达质点位移的标准方差 σ_y^2 和 σ_z^2。利用相关函数与湍流能谱的关系，用对观测资料进行谱分析的方法计算扩散系数 σ。通过假设用欧拉变数代替拉格朗日变数，便于应用。该模式为 $\sigma_p = (\sigma_A)\tau$，$x/\bar{u}\beta$、$\sigma_p$ 为用角度表示的横向风扩散参数；σ_A 为水平风向脉动标准差；τ 为采样时间；$x/\bar{u}\beta = s$ 为平均时间；β 为系数，由实验确定。将气象条件划分为 6 种稳定度等级，然后用经验曲线给出每一个等级的 σ_y 和 σ_z 随距离的变化。由这些曲线求得某时某地的扩散参数后，利用高斯扩散模式计算连续点源的浓度分布。　　　　　　　　　　（利光裕）

pai

排尘通风机 fan for dust air

适用于输送含有一定量固体微粒的气体的通风机。为防止磨损，叶片须采用耐磨材料制作。常在叶片的钢板表面渗碳、喷镀或堆焊硬质合金。也可在叶片易磨损表面用螺钉固定铸铁块或硬质合金护板以利更换。有的在机壳的蜗形线壁上设有可换护板、检修孔和冲洗水孔。　　　　　　　　　　　（孙一坚）

排出管 building drain，outlet pipe

旧称出户管。自建筑内部排水横干管与最末一根排水立管连接处至室外第一个检查井的排水横管段。

地下建筑内连接提升设备压水管与室外检查井的管段。

内排水雨水系统中，自雨水立管至地下检查井的连接管。　　　　　　　　（张　森　胡鹤钧）

排放标准 emission standard

为了保护人群健康和生存环境，根据各有害物质的危害性程度而制定的容许排放值。中国于1973年颁布了《工业"三废"排放试行标准》（GBT₄—73），对十三类有害物质的排放量或排放浓度作了规定。1983 年又颁布了《锅炉烟尘排放标准》（GB 3841—83），该标准按地区功能不同分为三类：①自然保护区、风景游览区、疗养区、名胜古迹区、重要建筑物周围为 200mg/m³；②市区、郊区、工业区、县以上城镇为 400mg/m³；③其它地区为 600mg/m³。　　　　　　　　　　　　（利光裕）

排放强度 emission intensity

排放速率单位时间有害物质的排放量。单位为 kg/h 或 g/s。　　　　　　　　　　（利光裕）

排放速率 emission rate

见排放强度（171 页）。

排风量 exhausted air rate

排风装置或系统在单位时间内所排走的被污染空气量。分有局部和全面排风量。全面排风与有害物的性质和数量、工业卫生标准有关。局部排风量是排风罩罩面控制风速和面积的乘积。

（茅清希　陈在康）

排流法 electric drainage method

用导线将地下金属管道与接地或土壤漏电的电气设备的阴极母线相连接，使由于接地或漏电而造成的管道上的杂散电流经导线单向"排"回电源负极，以保护管道不受破坏的方法。

（朱韵维）

排气阀 air relief valve，exhaust valve

又称空气阀、跑风门。安装在管道或密闭容器最高点自动排除积气的阀门。主要由阀体及其内置的浮球或浮筒构成。当管道或容器中积存一定量气体时，浮球因浮力降低而下落，开启阀孔排出气体。防止产生气塞现象及水气流的噪声，并可在系统泄空时自动进气消除负压。　　　　　　（张连奎）

排气室 exhaust chamber

配置、安装排风风机、排风设备的通风室。

（陈郁文）

排气温度 discharge temperature

压缩机出口处制冷剂气体的温度。

（杨　磊）

排气压力 discharge pressure

压缩机出口处制冷剂气体的压力。

（杨　磊）

排水 sewerage

旧称下水。人类在日常生活活动和生产过程中排出的水及径流雨水的总称。按来源分有生活排水、工业废水和雨水；按水质污染程度分有污水和废水。

（姜文源）

排水定额　wastewater flow norm

旧称排水量标准。用水对象在单位时间内所排放的水量规定值。作为规范必须遵循。是计算排水量的主要依据之一。按排水性质分有生活排水定额和工业废水排水定额。

（胡鹤钧）

排水管道清洗剂　drain pipeline cleaner

可以溶解堵塞在排水管道内的尿碱、油脂等污垢，但对管道材料、接头填料和防腐涂层无不利影响的化学药剂。由溶解药剂和缓蚀剂等添加剂组成。一般为液态或粉状药剂。它的开发应用可大大减轻排水管道维护的工作量，减少堵塞事故率和臭气的产生。

（张延灿）

排水管系　drainage piping

排除建筑物内部污废水的管道系统整体。由排水横支管、排水立管、排水横干管、排出管、各种管道连接配件及清通设备等组成。按所接纳排除的污废水性质分为生活排水管道、工业废水管道。

（张　森　胡鹤钧）

排水立管通水能力　capacity of stacks

排水立管中水膜流状态下允许通过的最大流量。表示式为

$$Q = 0.37\left(\frac{1}{K}\right)^{1/6}\frac{\left[e_t(d-e_t)\right]^{5/3}}{d^{2/3}}$$

Q 为通水能力（L/s）；K 为管壁粗糙度（m）；d 为立管内径（cm）；e_t 为终限流速时的水膜厚度（cm）。一般取水流充满管断面 7/24 时的 $\dfrac{e_t}{d}=0.079$ 计算。

（胡鹤钧）

排水设计秒流量　design flow for drainage system

用作排水管系计算主要设计参数的设计秒流量。中国现行规范中的计算公式有两个：

$$q_u = 0.12\alpha\sqrt{N_p} + q_{max}$$

N_p 为计算管段的卫生器具排水当量总数；α 为根据建筑物用途而定的系数；q_{max} 为计算管段上最大的一个卫生器具排水流量。此式适用于住宅、集体宿舍、旅馆、医院、幼儿园、办公楼和学校等建筑。

$$q_u = \Sigma q_p n_0 b$$

q_p 为同类型的一个卫生器具排水流量；n_0 为同类卫生器具数；b 为卫生器具的同时排水百分数。此式适用于工业企业生活间、公共浴室、洗衣房、公共食堂、实验室、影剧院和体育场等建筑。　　（姜文源）

排水栓　drainage plug

设备、管道泄水的阀门。装设在设备和管道系统的最低处。

（张　森）

排水特制配件　sepical fittings

保持排水立管内气流畅通及减少其底部过大正压的连接配件。连接排水横支管与立管的上部配件分有混合器、环流器、环旋器、旋流器和侧旋器等；连接排水立管与横干管的下部配件分有角笛式弯头、导向弯头和跑气器等。

（胡鹤钧）

排水体制　sewer system

为"排水系统的体制"之简称。生活污水、工业废水和雨水采取合用或独立管渠排除方式所形成的排水系统。有合流制排水系统与分流制排水系统两大类。是排水系统规划设计的关键，影响环境保护、投资、维护管理等方面。其在建筑内外的分类并无绝对相应的关系，应视具体技术经济情况而定。如建筑内部的分流生活污水系统可直接与市政分流的污水排水系统相连，或经由局部处理设备后与市政合流制排水系统相连。

（胡鹤钧）

排水系统　sewerage system

接纳输送工业与民用建筑各用水点排出的污废水及屋面、地面雨雪水，经处理后排入水体的整个系统。一般由输送与处理两大部分组成。按排水规模及范围分为市政排水系统与建筑排水系统两类。按排水对象及其污染程度可分为生活排水系统、工业废水系统与雨水排水系统。按排水体制分有分流制排水系统与合流制排水系统。

（胡鹤钧）

排水系统的烟气试验　drainage system smoke test

室内排水管道及卫生器具安装完成后，在排水系统内用充烟气的方法进行的密封性检查试验。先将排水系统内所有存水弯充满水，自排水系统室外第一个检查井内的排出口向排水系统充入烟气，待确认最顶部、最低处和最末端排气口均有烟气排出后，用封闭夹具将各排气口封闭，然后提高烟气压力至 $25\sim32\text{mmH}_2\text{O}$，检查管道系统有无漏气。若能保持压力 15min 不降低即为合格。其方法简便可靠，不会造成跑水危害，可发现水封高度不足的存水弯以及整个排水系统一次检查完成。是排水系统的最终试验方法。

（张延灿）

排水铸铁管　cast-iron soil pipe

又称重力排水铸铁管。专用于重力排水的铸铁管。按接头形式分为承插式、双承式和压力垫圈式。常用规格为公称直径 $50\sim200\text{mm}$，管壁较承压铸铁管为薄。一般均采用灰口铸铁铸造。耐蚀性能较钢管好、重量又较混凝土管轻，多用于建筑内部排水系统。

（张延灿）

排污管　drain pipe

用水力排除贮水设备、贮水构筑物或工业设备内沉积水垢等污物的排水管。用于贮水池、游泳池、

锅炉等。　　　（王义贞　方修睦　姜文源）

排烟阀　smoke discharge damper

在某些有防火要求建筑物的自然或机械排烟系统风管内,设置平常呈关闭状态,遇火灾产生大量烟气时,阀内感烟器能使阀板自动开启,将烟气排出的风阀。　　　　　　　　　（王天富）

排烟口　smoke vent

设置在建筑物上供火灾发生时排烟用的孔口。平时处于关闭状态,火灾发生时则由感烟器联动开启排烟阀,使烟气排至室外。　　　（陈郁文）

排烟消防车　exhaust fire truck

装备机械排烟系统用来排除地下建筑、封闭建筑等火场的浓烟,以利火灾扑救,用载重汽车底盘改装而成的消防车辆。由乘员室、离心风机、排烟管、传动系统等组成。还可配有小型轴流风机、小型汽油发电机组,配合主风机在通风系统的另一端帮助空气流通,或由消防队员带入烟区,对空气不流通的死角进行局部通风排烟。　　　　（华瑞龙）

pan

盘管式换热器　spiral tube exchanger

单层或多层螺旋形盘管置入筒形容器中,冷、热流体分别在管内外流动而进行换热的设备。从传热效果和流动阻力考虑,仅适用于小型换热器。为提高换热效果,可在容器内装设电动叶轮搅拌器。
　　　　　　　　　　　　（王重生）

盘式散流器　disk diffuser

由圆形风口和一个圆盘组成的送风口。在室内形成散流器平送流型。　　　　（邹月琴）

pang

旁路母线　main and transfer busbar arrangement

为了引出线的断路器检修时,该引出线仍能继续供电而加设的母线。即主母线加旁路母线后,当引出线的断路器需检修,可用旁路母线断路器代替该引出线的断路器,继续给用户供电。但此种接线投资增大,仅在引出线数目很多、检修其断路器时须保证用户供电时采用。带旁路母线的单母线如图。
　　　　　　　　　　　　（朱桐城）

旁路式旋风除尘器　by-pass cyclone

在外壁面上设有旁路粉尘分离室(直形或螺旋形),进气口低于顶盖一段距离的旋风除尘器。该除尘器中具有明显的上涡旋及由此而形成的上灰环。上灰环中的细尘和部分气流经旁路上部的分离口进入旁路分离室,从其下部出口流出,沿锥体内壁面落

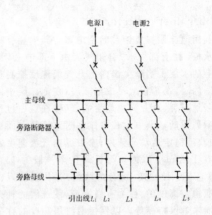

旁路母线

入灰斗。如旁路被堵塞,它的除尘效率会明显降低。
　　　　　　　　　　　　（叶　龙）

旁通管　bypass pipe

又称跨越管。绕过主管道上的计量仪表、阀件、设备、构筑物,并与其连通并列设置的水管。用于检修设备、拆换仪表等情况下不致断水以及在引入管上装有水泵的情况,可在室外给水管网水压具有足够高时,直接向建筑内部供水。
　　　　　　　　　　　　（姜文源）

旁通型变风量系统　by-pass variable air volume system

采用旁通型末端装置的变风量系统。末端装置上有两个风口,一个通入空调房间;另一个通往回风管,用室内温度的敏感元件控制两个风口的开度,使其风量分配发生变化来改变送入空调房间的风量。其总风量是不发生变化的,节能的作用不是太显著。其流程如图。

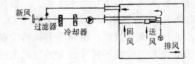

　　　　　　　　　　　　（代庆山）

pao

跑气器　deaerator

又称气水分离器。使立管水流所挟带的空气释放的下部特制配件。倒三角形的分离室内直壁段设有凸块使水流飞溅;倒锥筒体上部有专用以接出释出空气的跑气口。与混合器配合使用。能有效地保证立管底部不致产生过大压力,造成正压喷溅现象。
　　　　　　　　　　（郑大华　姜文源）

泡沫除尘器　foam dust separator, sieve plate

scrubber dust collector

利用泡沫层捕集尘粒的除尘器。其中装有筛板和挡水板，在上部供水。含尘气流由下部进入，穿过筛板上的水层。当除尘器内上升气流速度控制在适当范围内时，在筛板上形成泡沫层，在泡沫层中的气泡不断地破裂、合并又重新生成。气体在这一过程中发生激烈搅动，其中尘粒碰撞粘附到液膜上而被捕集。为获得稳定运动泡沫层，除尘器内气流速度通常控制在 1～3m/s 以内，筛板开孔率一般为 15％～25％。它有多种型式，可分为两类：采用溢流以保持泡沫层稳定高度的，称为有溢流型；使连续的补充水与漏泄水量保持相等，以保持泡沫层高度的称为无溢流型。它的压力损失较小（300～1000Pa），但体积较大。为提高净化效率，除尘器内可设多层筛板，但应防止筛孔被粉尘堵塞。一般用于含尘浓度不高的气体净化，尤其是用于同时吸收净化有害气体。

（叶 龙）

泡沫钩管 foam applicator

呈钩状的移动式空气泡沫产生及喷射设备。由供水分叉、空气泡沫产生器和钩枪等组成。灭火时泡沫混合液需由消防车供给。常用于扑救油罐爆炸燃时的敞口火灾。 （杨金华 陈耀宗）

泡沫灭火剂 foam agent

与水作用能够生成体积较小且表面被液体围成的泡沫群体的灭火剂。按泡沫生成的方式分为空气泡沫灭火剂和化学泡沫灭火剂两大类。（杨金华）

泡沫灭火系统 foam system

由机械或化学作用将泡沫灭火剂、水和空气混合形成能够在燃烧液体或固体表面流动的稳定而密集的微小气泡覆盖层，以隔绝燃烧物质蒸气与空气的接触而窒息扑灭火灾的消防给水系统。一般由消防水泵、泡沫液贮罐、比例混合器、混合液管道、泡沫发生器或泡沫喷头等组成。随制备泡沫的设备和喷射设备安装使用方式的不同可分为固定式泡沫灭火设施，其制备设备和供应管线、喷射设备等均为固定安装的；半固定式泡沫灭火设施，其制备设备为移动式泡沫消防车载，而供应管线和喷射设备等均为固定安装的；移动式泡沫灭火设施，其制备设备及供应系统均不是固定安装的，由泡沫消防车辆和临时敷设的供应管线及泡沫管枪或钩管等组成。

（华瑞龙）

泡沫水龙头 foam faucet

又称泡沫水嘴、充气水嘴。水流通过装有专门配件的出水口吸入或卷入大量空气，使气水充分混合的节水型水龙头。流出水呈乳白色，有增大体积感，手感柔和去污力强。用于洗脸盆、洗手盆和淋浴器。

（张延灿）

pei

配电电器 distributing apparatus

主要用于配电电路中，对电路和设备进行保护以及通断、转换电源或负载的电器。包括各种开关电器、熔断器等。 （俞丽华）

配电系统 distribution system

将电能自电源分配至用户的组成整体。按其组成形式分为放射式配电系统、树干式配电系统和环式配电系统；按其电压分为高压配电系统和低压配电系统。 （俞丽华）

配电箱 distribution box

装有由各种低压配电电器、控制电器、测量仪表等组成的电气装置的封闭小箱。用于配电系统中。按其箱体内设备的适用条件可分为动力配电箱和照明配电箱两大类。 （施沪生 俞丽华）

配光曲线 luminous intensity distribution curve

见光强分布曲线（95页）。

配件

见管道连接配件（91页）。

配水龙头 faucet, water tap

又称水嘴、水栓。向卫生器具或其他用水设备配水的管道附件。按内部结构分为截止阀式和旋塞式两类；按开启方式分有手开式、肘开式、膝开式、脚踏式、自闭式、自动式等；按用途分有普通（水）龙头、盥洗龙头、化验龙头、混合龙头、淋浴器、消防龙头、旋塞及节水型龙头等。其材质有铜、铁和塑料等。 （张延灿 张连奎）

配线通信电缆 distribution cable of telephone

从干线电缆引到用户分线设备的通信电缆。用于电缆配线采用交接制时，交接箱至用户分线设备的一段电缆等。 （袁敦麟）

pen

喷管式换热器 Jet-mixing heater

又称汽水加热器。被加热的水通过拉伐尔形喷管时，蒸汽由管壁斜孔喷入，汽水在管内完成热交换的设备。属于喷射混合加热的类型。设备简单、体形小。适合于供热范围不大，又无凝结水回收的供热系统。 （王重生）

喷淋密度 sprinkle density

吸收器中每平方米管束投影面积的喷淋量。

（杨 磊）

喷淋塔 spray tower

又称喷雾塔。塔内无填料或塔板,但却设置有喷嘴的吸收塔。液体由塔顶进入,经过喷嘴被喷成雾状或雨滴状;气体由塔下部进入,与雾状或雨滴状的液体密切接触进行传质,使气体中易溶组分被吸收。结构简单,不易被堵塞,阻力小,操作维修方便。

(党筱凤)

喷泉

见喷水形态(226页)。

喷泉工程

见水景工程。

喷泉喷头 fountain sprinkler-head

约束喷射水流造成各种水流形态的喷水装置。是喷泉设备中的关键部件。由喷嘴、喷管、喷头整流器、喷头连接件等组成。按喷出水流姿态分有射流喷头、气水射流喷头、水膜喷头、水雾喷头等;按结构形式分有直流喷头、折射喷头、缝隙喷头等;按动作特征分有旋转喷头、摇摆喷头、吸气喷头等。对其基本要求是:喷出完美的水姿造型,并以最小的能量消耗,达到最完美的观赏效果。 (张延灿)

喷射虹吸式坐便器 siphon jet bowl

形成强制虹吸作用的虹吸式坐便器。便器底部正对存水弯处设有喷射孔,冲水时由此孔强力喷射使存水弯迅速充满,故虹吸和排污能力强,积水面积大,不易附着污物和散发臭气,冲洗水量较小,冲洗噪声较低,冲洗性能较好。 (金烈安 倪建华)

喷射器 ejector

一种流体混合和加压(或加压加热)的装置。由喷嘴、接受室、混合室和扩压管组成。高压(或高压高温)的工作流体在喷嘴内绝热流动,势能转变为动能而获得高速,从而将低压的被引射流体从接受室入口引入。在混合室内两股流体混合,进行能量交换和速度均衡。混合均匀的流体进入扩压管升压,在扩压管出口处混合流体的压力一般低于工作流体的压力而高于被引射流体的压力。按工作流体与被引射流体的集态的类型分有水-水、汽-汽、汽-水和气-气等。 (田忠保)

喷射器效率 efficiency of ejector

被引射流体㶲值的增量与工作流体的㶲损失量之比。是衡量喷射器热力性能完善程度的指标。 (田忠保)

喷射器引水量 suction water flow rate

喷射器被引射水的质量流率。对于蒸汽喷射热水供暖系统,它等于供暖系统的回水量。

(田忠保)

喷射系数 ejection coefficient

又称混合比。喷射器被引射流体的质量流量与工作流体的质量流量之比。是评价喷射器引射和输送低压流体能力大小的一个重要指标。(田忠保)

喷射扬升器 jet pump

又称喷射泵、水射式水泵。利用有压液体在喷口以高速形成的射流提升液体的装置。一般由吸水室、混合室和分流器组成。 (姜文源)

喷水池 spray fountain basin

以美化和改善小气候环境或使水温降低为目的而设置的水池。池深较浅,池面较大。池内布置有布水管和各种型式的喷嘴。 (姜文源 胡鹤均)

喷水室 air washer

由均匀分布的喷嘴喷水系统和喷嘴前后设置的挡水板所构成的用水处理空气的小室。根据喷水温度不同,用其处理空气可能实现的空气状态变化过程有冷却减湿、等湿冷却、减焓加湿、绝热加湿、增焓加湿、等温加湿和升温加湿等过程。其型式分有卧式与立式;单级与双级;吸入式与压出式等。由外壳、喷水排管及喷嘴、挡水板、底池、溢水器、滤水器、补水浮球阀、冷水管、供水管、溢水管、循环水管、补水管、泄水管、密闭门和防水灯等组成。

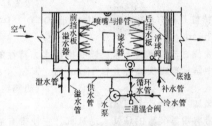

(齐永系)

喷水室处理空气过程 air handling processes in spray washer

空气经过喷水室处理时,其状态变化的轨迹。除绝热加湿过程外,实际上空气在喷水室中其状态变化过程在焓湿图上是一条曲线。用喷水室处理空气,按喷水温度的高低与水量的大小,在焓湿图上可以实现由空气初状态点出发与饱和线相切形成的三角范围内的任何过程。 (齐永系)

喷水室中空气与水热交换 heat exchange of air and water in air washer

喷水室中,空气和飞溅的水滴表面之间进行显热、潜热交换的总称。根据水温不同,可能仅发生显热交换;也可能既有显热交换,又有湿交换(质交换),而与湿交换同时发生潜热交换。 (齐永系)

喷水系数 water-air ratio

又称水气比。喷水室中处理每千克空气所用喷水量的大小。以 μ 表示。若通过喷水室的风量为 G (kg/h),总喷水量为 W (kg/h),则 $\mu = \dfrac{W}{G}$ (kg/ kg)。 (齐永系)

喷水形态 fountain

又称喷泉。在水压作用下,自各种特制喷泉喷头中喷出的水流形态。因喷泉喷头形式不同,水流形态也多种多样,可分为射流、气水射流、水膜、水雾等。它是构成水景造型最常用的水流形态。 (张延灿)

喷头出水量 discharge of springkler head

自动喷水灭火系统中所使用喷头在一定水压下的喷水量。计算式为:

$$q = K \sqrt{\frac{P}{9.8 \times 10^4}}$$

q 为喷头出水量(L/min);P 为喷头工作压力(Pa);K 为喷头特性系数,当喷头公称直径为 15mm 时,其值为 80。一般规定最小 P 值为 4.9×10^4Pa,此时的 q 为 56.6L/min。 (应爱珍)

喷头的保护面积 area coverage per sprinkler head

自动喷水灭火系统的一个喷头所提供的规定设计喷水强度能覆盖的地面面积。可根据火灾危险等级及相应的设计喷水强度,按标准的喷头出水量求得。 (应爱珍)

喷头特性系数 characteristic factor of sprinkler head

表征自动喷水灭火系统喷头构造水力特性的参数。中国标准喷头公称直径 15mm 时,其值为 80。 (胡鹤钧)

喷雾风扇 spraying fan

带有喷雾装置的轴流式通风机。它使带有液滴的气流以较高的速度吹向人体上部或室内空间,以降低空气温度,增加空气湿度。分有喷嘴式喷雾风扇及转盘式喷雾风扇。前者使高速水流经喷嘴喷出并撞击到钝式针头上而雾化;后者使水喷到转盘上在离心力作用下雾化。常用于工业企业的防暑降温。 (李强民)

喷雾水枪 spray nozzle

使水流形成雾状用以提高冷却和窒息效果的消防水枪。一般由直流水枪口上安装一只双级离心喷雾头组成。也可喷射直流水柱的水枪,称为喷雾直流水枪。 (郑必贵 陈耀宗)

喷液系数 liquid-air ratio

又称液气比。用液体吸湿剂对空气进行减湿的过程中,通过喷液室的喷液量与空气量之比。 (齐永系)

喷嘴 nozzle, spray nozzle

①用以使流体获得高速的通道。其断面沿流体流动方向有规律的变化,流体可以在其中进行绝热加速流动。按其断面变化特征分有渐缩喷嘴、渐缩渐扩喷嘴和渐扩喷嘴。

②将来自排管的有压水喷射成小水滴或水雾到空气中去的构件。常用的分有离心式喷嘴和双螺旋离心式喷嘴。后者具有喷水量大、雾化效果好、不易堵塞等优点。一般采用黄铜、塑料、陶瓷等材料制成。 (田忠保 齐永系)

喷嘴的临界速度 critical velocity of nozzle

喷嘴内流动流体在临界断面上的流动速度。其值等于当地音速。 (田忠保)

喷嘴的临界直径 critical diameter of nozzle

喷嘴内流体流动速度等于当地音速的断面(临界断面)处的直径。一般以 d_c 表示。对于出口速度等于当地音速的渐缩喷嘴,该直径等于出口直径。对于渐缩渐扩喷嘴该直径位于喉部断面处。对于入口速度等于当地音速的渐扩喷嘴,该直径等于入口直径。 (田忠保)

喷嘴流量计 nozzle flowmeter

由按照一定的曲线制成的喇叭口形收缩段与圆筒形喉部构成,流体进入收缩段后由于截面变小而流速上升,动压增加,形成喷嘴后流体的静压比喷嘴前静压小,以测定静压差来确定流量的仪器。 (徐文华)

喷嘴流量系数 discharge coeffecient of an orifice

流径喷嘴的实际流量与理论流量的比值。用以修正由于喷嘴结构形式、几何尺寸等因素形成的阻力损失而导致的流量误差。其值用实验方法测得。 (蔡 雷 吴念劬)

喷嘴紊流系数 turbulent coefficient of nozzle

又称风口紊流系数。反映喷嘴出口截面上紊流强度及速度分布均匀程度的实验系数。 (陈郁文)

喷嘴效率 officiency of nozzle

又称喷嘴的等熵效率。流体在喷嘴内绝热膨胀过程中所获得的动能与等熵膨胀过程中可能达到的最大动能之比。 (田忠保)

盆式扬声器 box speaker

将单个扬声器装在矩形或方形箱盆中的放音装置。由纸盆扬声器、变压器和助音木箱(也有用铁箱和塑料箱)构成。用于一般扩声工程或有线广播中,装于办公室、走廊和机房墙上。 (袁敦麟)

peng

膨胀比 expansion ratio

又称压力降低率。喷射器中工作流体在喷嘴前的初压力 P_1 与喷嘴后终压力 P_0 之比。常用 E 表示,即为 $E = \dfrac{P_1}{P_0}$。它是喷射器设计的重要参数,对喷射器的性能有着重要影响。 (杨 磊)

膨胀管 expansion pipe

开式热水供应系统或热水供暖系统中排除因热水升温所致的膨胀水量的管子。装设在加热设备、贮热设备顶部或上行下给式系统中热水配水管道干管的最高处，并接入高位水箱或膨胀木箱。在自然循环热水供暖系统中，与供水总立管相连；在机械循环热水供暖系统中，接至系统的定压点，一般接至循环水泵入口前。　　　　　　　（王义贞　方修睦　陈钟潮）

膨胀式温度计　expansion thermometer

利用某些气体（氮、氦等惰性气体）、液体（无机液体水银，有机液体酒精、甲烷、乙醚、丙酮等）和固体（金属等）随温度升高体积膨胀的原理制成的接触式温度计。常用的有玻璃温度计和双金属温度计等。　　　　　　　　　　　　　（张延灿）

膨胀水箱　expansion tank

热水供暖系统中，用以容纳被加热水的膨胀体积的金属容器。它在供暖系统内的连接位置，对系统内水的压力分布有影响。按是否与大气连通分为开式膨胀水箱和闭式膨胀水箱；按加压介质与热水是否接触分为直接膨胀式膨胀水箱和隔绝式膨胀水箱。　　　　　　　　　　（王义贞　方修睦）

膨胀水箱循环管　circulating pipe of expansion tank

为防止膨胀水箱冻结而设置的管段。与膨胀水箱的膨胀管组成水的循环回路。在机械循环热水供暖系统中，它一般接在系统的定压点前的水平回水干管上，并与定压点保持 1.5～3m 的距离。　　　　　　　　　　（王义贞　方修睦）

膨胀水箱有效容积　effective volume of expansion tank

开式膨胀水箱的信号管到溢流管之间的水箱容积。　　　　　　　　　　　（王义贞　方修睦）

pi

皮肤湿润度　skin wetness rate

人体实际蒸发散热量与皮肤完全湿润时的蒸发散热量（即蒸发散热量最大值）的比值。即人体被汗水覆盖的表面积与周身皮肤面积之比。湿润度反映了汗液能够蒸发的难易程度，实际上它与热强度指标的基本概念相同。如皮肤湿润度为 0.5，蒸发热散失就等于人体表面为半湿半干状态时的散热值。环境的湿度增加，它也增高。　　　　　（马仁民）

皮肤蒸发散热系数　coefficient of evaporative heat exchange from bady surface

人体表面汗液蒸发散热过程中，当皮肤表面饱和空气层中水蒸气分压力与周围空气中水蒸气分压力差为 100Pa 时，每平米人体表面积每秒钟蒸发散热量的 W 数。蒸发散热（亦称蒸发换热）系数和对流放热系数是密切相关的；通过皮肤附近空气的热质传递的物理过程是相似的。　　（马仁民）

皮膜式燃气表　bellows-type gas flowmeter

由流入燃气推动和传动机构的惯性作用，使皮膜往返运动而计量的低压燃气表。由表壳、皮膜、滑阀和计数器等组成。重量轻，造价低。多用于居民使用量不大的公共建筑和工业用户。　　（童福康）

pian

偏差信号　deviation signal

自动控制系统中被控对象的输出信号与给定值进行比较后的差值。调节器对偏差信号进行运算，根据运行结果发出信号去控制被控对象的输出量，使输出量与给定值的偏差保持在容许的范围之内。　　　　　　　　　　　　　（唐衍富）

片光　light sheet

可忽略厚度的二维光。当使用激光光源时，可将激光束通过圆柱形玻璃棒后扩展而成。在它的照明下摄取的流场照片可作为二维流场的图谱。它是剖析三维流场的有力手段之一。　　　　（李强民）

piao

漂白粉消毒　disinfection with bleaching powder

以漂白粉为消毒剂对水、污水或污泥进行消毒的过程。漂白粉是氯与石灰的化合物，含有活性消毒剂次氯酸钙。漂白粉的有效氯含量约为 25%，并且不太稳定。它由于操作条件差，已逐渐被淘汰。　　　　　　　　　　　　　（卢安坚）

漂子门

见浮球阀（74 页）。

pin

频道放大器　channel amplifier

用以放大电视频道或频段信号的各种专用的和宽频带放大器以及调频波放大器。　（李景谦）

频率表　frequency meter

又称周率表。用于测量交流频率的仪表。　　　　　　　　　　　　　（张世根）

频率响应　frequency response

简称频响。又称频率特性。当输入信号恒定时，某一元件、设备或系统的输出与输入信号频率的依赖关系的响应。如扩音机表示它的放大倍数与恒定输入信号频率的关系；扬声器表示由它产生的声压与恒定输入电压频率的关系；传声器表示由它产生的输出电压与恒定输入声压频率的关系。它是元件、设备或系统在电、声转换或放大过程中对频率失真程度的一个重要指标。常可用频响曲线图来表示，x 轴为输入信号频率（Hz），常用对数坐标；y 轴为输出响应分贝（dB）值。　　　　　　　　（袁敦麟）

频谱 spectrum

以倍频程（或 $\frac{1}{3}$ 倍频程）各中心频率为横坐标，以声压级（或声功率级）为纵坐标，作出的噪声测量图形。　　　　　　　　　　　　　　　（钱以明）

频闪效应 stroboscopic effect

运动物体表面的照度以一定频率变化时，该物体显现出不同于实际表面的运动或显现出物体停止运动的现象，以致降低视觉分辨能力并会引起错觉的效应。　　　　　　　　　　　（江予新）

品质指标 index of quality, criterion control quality

指自动调节系统调节品质的指标。即为自动控制系统质量的指标。它是系统设计和实际运行中要求能满足的性能指标。也是系统分析与综合的重要依据。首先要求系统必须稳定和具有一定的稳定裕量。其次，对系统的静态与动态性能，要满足一系列品质要求：静态要保证对象到达给定的工作状态；动态通常要求过渡过程的形态满足一定要求。一般要求在单位阶跃输入作用下系统过渡过程的此指标分有超调量、衰减度、过渡过程时间和静态精度。
　　　　　　　　　　　　　　　　（温伯银）

ping

平板型集热器 solar flat-plate collector

吸收太阳辐射的面积与采光窗口面积相等的集热器。结构简单、造价低，可固定安装；但工作温度一般限于 100℃ 以下。按吸收板与流体通道结合方式分为管板式、扁盒式及管翼式。　（岑幻霞）

平差计算 adjustment calculation of network

在环状管网水力计算中，使所有环网的压力闭合差经反复修正逐步降到允许误差范围的计算过程。计算方法分有回路法和节点法。　（任炽明）

平顶辐射供暖 ceiling panel heating

以室内平顶（顶棚）作为供暖表面的低温辐射供暖方式。根据平顶形式的不同通常分有金属平顶辐射供暖、混凝土平顶辐射供暖和金属网粉刷平顶辐射供暖。它的表面温度不宜高于 50℃，一般采用 30～35℃。　　　　　　　　　　　　　（陆耀庆）

平方反比定律 inverse-square law

表示点光源在被照面上产生的照度与其光强及光源与被照面之间距离的关系的定律。它表示被照面上某点法线方向（与入射光线方向相垂直的平面的法线）的照度与光源在照射方向的光强成正比，与光源与计算点之间的距离平方成反比。它是照度计算的基本定律。　　　　　　　　　（俞丽华）

平衡保持量 equilibrium hold—up

用同温度的清洁干空气连续 6h 通入已吸附饱和的吸附剂床层后，在吸附剂内仍保留的吸附质的量。常以吸附质对吸附剂的质量百分数来表示。固定床吸附器设计的重要参数。　　　（党筱凤）

平衡分压力 equilibrium partial pressure

吸收过程中，当气、液两相达到平衡时，被吸收物质在气相中的分压力。只有当被吸收物质在气相中的分压力大于它时才能被吸收。　（党筱凤）

平衡浓度 equilibrium concentration

在吸收过程中，当气、液两相达到平衡时，被吸收物质在液相中的浓度。是溶液对气体吸收量的极限。其值可由实验测得。　　　　　（党筱凤）

平衡吸附量 quilibrium adsorbance

在一定温度和压力下，吸附达到平衡时，吸附剂所吸附吸附质的量。它是该条件下吸附的极限量。常以单位质量的吸附剂吸附的物质质量或以被吸附物质的质量对吸附剂的质量百分数表示。可通过实验测得。用于吸附过程的计算。　（党筱凤）

平衡线 equilibrium line

在一定条件下，当气、液两相溶解达平衡时，被吸收物质在气相中的浓度与它在液相中的浓度的关系曲线。在浓度较低，平衡关系服从亨利定律时，近似为直线。为实际应用上方便，气、液相浓度常以比摩尔分数（Y、X）表示，则为 Y-X 曲线。常用它来对吸收塔的理论塔板数、最小液气比和吸收推动力等进行计算。　　　　　　　　（党筱凤）

平滑滤波器 smoothing filter

滤掉整流后的交流成分，取得平滑的直流电压的器件。由电阻、电容和电感（阻流线圈）组成。常用的分有倒 L 形和 π 形滤波器、LC 和 RC 滤波器等。它接在整流线路输出和电信装置之间；也有的它已装在整流器产品中。　　　　（袁敦麟）

平均比摩阻 average specific friction resistance

环路各管段的比摩阻按管段长度的加权平均值。其估计值是环路总摩擦压力损失与总长度之比。
　　　　　　　　　　　　　　　　（王亦昭）

平均电力负荷 average electrical load

为某一时间内用电设备所消耗的电能与该时间之比。常选用有代表性的一昼夜内电能消耗最多的一个班（即最大负荷班）的平均负荷，有时也计算年平均负荷。　　　　　　　　　　（朱桐城）

平均功率因数 average power factor

平均有功功率 P_{av} 和平均视在功率 S_{av} 之比。以 $\cos\phi_{av}$ 表示。其表达式为

$$\cos\phi_{av}=\frac{P_{av}}{S_{av}}$$

或用一段时间（如一个月）的有功电能消耗量 W_P 和无功电能消耗量 W_Q 表示为

$$\cos\phi_{av}=\frac{W_P}{\sqrt{W_P{}^2+W_Q{}^2}}=\frac{1}{\sqrt{1+\left(\dfrac{W_Q}{W_P}\right)^2}}$$

(朱桐城)

平均秒流量 average secondly flow rate

最大时流量在 1h 内以秒为单位的平均值。
(姜文源)

平均球面照度 average spherical illuminance

又称标量照度。空间某一点的一个假想小球体外表面上的平均照度。与光源的光强成正比；与光源至该点的距离平方成反比。它只表示该点的受照量，与入射光的方向无关。 (江予新)

平均日用水量 average daily water consumption

一年 365 日内，日用水量的平均值。
(姜文源)

平均时流量 average hourly flow rate

在给水使用时间内均衡输送最高日用水量的流量。 (姜文源)

平均时用水量 average hourly water consumption

最高日用水量在给水使用时间内以小时计的平均值。若以昼夜计，为最高日用水量的 4.17%（100/24）。 (姜文源)

平均使用照度 average service illuminance

整个维护周期内平均照度的中值。 (江予新)

平均维持照度 average maintenance illuminance

照明装置在使用一段时期以后，到灯泡必须更换或灯具必须清洗或房间必须进行打扫或同时进行上述维护工作的时刻，工作面上达到的平均照度。其值一般不低于推荐的平均使用照度的 0.8。 (江予新)

平均照度 average illuminance

给定平面范围内的照度平均值。 (江予新)

平均柱面照度 average cylindrical illuminance

空间某一点的一个假想小垂直圆柱体外侧面上的平均照度。与光源的光强、圆柱体轴线与光源方向间的夹角的正弦成正比；与光源至该点的距离平方成反比。在前苏联的照明规范中，它列入剧院、商店、会议室等公共建筑的照度标准。 (江予新)

平均最低温度 mean minimum air temperature

一定时段内，逐日室外最低温度的平均值。
(章崇清)

平口式槽边排风罩 rim hood with plane opening

罩口不加法兰边，并面朝各种工业槽液面的槽边排风罩。由于其吸气范围较大，为控制槽面散发的有害气体排风量也较大。按其布置形式分为单侧、双侧和周边形；按结构形式分为整体式和分组式两种。
(茅清希)

平流式燃烧器 nozzle-mixing burner with parallel jets

燃气与空气具有平行流动特点的燃烧器。由鼓风机供给空气。燃气呈多股细流与空气平行流出，两种平行气流具有一定的速度差，混合均匀，燃烧完全。 (周佳霖)

平面分区给水方式 plane zoning scheme

建筑内部给水系统在水平方向分成两个以上各自独立的系统供水的分区给水方式。用于对水压、水量和水质有不同要求的大型建筑。

(姜文源 胡鹤钧)

平面火焰法 flat flame method

层流可燃混合气体从平面火焰燃烧器喷口喷出燃烧来测定火焰传播速度的方法。测定时调节可燃混合气体流量，使火焰内锥高度为零，测出其总面积，再计算法向火焰传播速度 S_n 为

$$S_n=\frac{L_g(H\alpha'V_0)}{F_f}$$

L_g 为燃气流量；α' 为一次空气系数；V_0 为理论空气需要量；F_f 为内锥火焰总面积（近似计算时可用平面燃烧器喷口面积 F_t 代替）。适用于测定火焰传播速度较低的燃气。 (施惠邦)

平面相对等照度曲线

按平方反比定律，在灯下 1m 处水平面上，用极坐标表示的等照度曲线。矢量长为计算点距灯具发光中心在水平面上投影的距离 d 与灯具计算高度 h 之比（d/h），方向角为计算点相对于灯具在水平面上的方位角（通过计算点所作的垂直面与通过灯具对称中心的垂直面之间的夹角）。所给出的照度值为光源光通量为 1000lm 时的数值，故在确定所求水平面上计算点实际照度时应注意换算至光源实际发出的光通量；同时注意照度与距离平方成反比。适用于不对称灯具（光源长度 l 与光源计算高度 h 之比小于 0.6 时）计算水平面照度。 (俞丽华)

平行馈线 parallel feed line

由两根线径相等平行导线构成的馈线。要求其导线间距离不超过所传输的电磁波波长的 1/10。市

售有 300Ω 的带状高频塑料绝缘馈线。 （余尽知）

平行流洁净室 laminar flow cleanroom

又称层流洁净室。送入气流在整个房间都具有平行的流线、均匀的流速、没有涡流的洁净室。与有垂直平行流洁净室和水平平行流洁净室。这种气流流型在洁净室内象空气活塞一样，沿房间的高度和长度方向，向前推进，将室内被污染的空气挤压至室外，使室内空气达到较高的洁净度。 （杜鹏久）

平行射流 parallel jet

轴心线相互平行的诸射流。达一定射程后外射流动形成叠加。 （陈郁文）

平焰燃烧器 flat flame burner

具有放射状平面火焰的燃烧器。由旋流器和火道组成。空气和燃气经旋流器呈旋流向前流动，两者强烈混合后，进入喇叭形火道开始燃烧，火道出口处旋转流在离心力和回流烟气的作用下，向四周扩散形成圆盘形的平面火焰，沿着炉墙扩展。具有均匀的温度场。物料加热均匀，可防止局部过热。

（周佳霓）

屏蔽泵 shield pump

电机的转子和定子利用不锈钢制成的套屏蔽起来的泵。为了使吸收制冷系统保持稳定的真空度，输送溶液与冷剂水的泵要求密闭性好，并与电机构成一个密封的整体。为了利用溶液对电机的冷却和防止溶液对导线腐蚀。 （杨 磊）

屏蔽接地 shield earthing

将电子设备屏蔽体上的电磁感应干扰信号直接引入地中的接地。 （瞿星志）

屏蔽线 shielded wire

在绝缘芯线外加屏蔽层的导线。屏蔽层内芯线有 1 芯、2 芯或多芯的。最常用的屏蔽层是铜线编织，也有绕包或纵包金属箔或金属-塑料复合薄膜。在电声系统中，极微弱信号线路（如接传声器、拾音器等）均需采用它。 （袁敦麟）

瓶式存水弯 bottle trap

将进、出水管伸入封闭筒体内形成的存水弯。进水管口低于出水管口，靠筒体中的存水形成水封，结构紧凑。多用于安装尺寸较小的场合。 （唐尊亮）

po

坡向 direction of slope

用箭头表示的管道的降低方向。顺坡时，它与管内流体的流动方向相同；逆坡时则相反。

（路 煜）

珀尔帖效应 Peltier effect

当直流电通过热电偶回路时，在一个接头处产生吸热（通常伴随发生接头处温度下降）而致冷，同时在另一个接头处放热（通常伴随发生接头处温度升高）而供热的现象。是一种热电效应。这种热量称为珀尔帖热 Q_p，其大小同回路中的电流 I 成正比，即为 $Q_P = PI$，比例常数 P 称为珀尔帖系数，其大小是热电偶的塞贝克系数 S 和接头处的绝对温度 T 的乘积，即为 $P = ST$。它应是塞贝克效应的逆效应，珀尔帖热的方向将随着电流方向的改变而发生变更。这个现象在 1834 年为法国人珀尔帖所发现。

（杨 磊）

pu

普通蛋白泡沫灭火剂 protein foam agent

以动物蛋白类蹄角、猪毛或植物蛋白类豆饼经水解、中和和浓缩等工艺过程而制成的泡沫灭火剂。按泡沫液生成 6 倍泡沫所需药剂与水的比例可分为 6％型和 3％型两种，但植物蛋白性泡沫液仅有 6％型。用于一般烃类火灾，但不得与干粉灭火剂联用。 （杨金华）

普通焊接钢管 non-galvanized steel pipe

旧称水煤气钢管、黑铁管。又称低压流体输送用焊接钢管。用扁平钢坯卷管、炉焊或电焊制成的焊接钢管。常用钢材有 A2、A3 的乙类普通碳素结构钢。按管壁厚度分有普通、薄壁和加厚三种，试验压力前两者为 2.0MPa，后者为 3.0MPa，工作压力分别为 1.0 和 1.6MPa。管端有不带螺纹的（光管）和带有锥形管螺纹的两种。中国标准规格为公称直径 6～150mm。主要用于输送水、煤气、压缩空气、油类、采暖蒸汽等较低压力的流体。 （张延灿）

普通冷轧（冷拔）无缝钢管 cold-rolled seamless steel pipe

简称冷拔无缝钢管。用钢锭或钢坯经穿轧、冷轧（冷拔），精整制成的无缝钢管。常用普通碳素钢、优质碳素结构钢、低合金结构钢和合金结构钢冷轧（冷拔）成型。中国标准规格为外径 5～200mm、壁厚 0.2～12mm。其性能、质量、表面光洁度、尺寸精度均较热轧无缝钢管好。常用于高压或高温流体输送、制作结构构件和机械零件。 （张延灿）

普通热轧无缝钢管 hot-rolled seamless steel pipe

简称热轧无缝钢管。用钢锭或钢坯经穿轧、热轧、精整制成的无缝钢管。在无缝钢管中应用最广、品种规格最多的一种。常用普通碳素钢、优质碳素结构钢、低合金结构钢和合金结构钢热轧成型。中国标准规格为外径 32～630mm、壁厚 4～25mm。常用于高压或高温流体输送、制作结构构件和机械零件。

（张延灿）

普通（水）龙头 faucet, water tap

采用截止阀式等结构，供给洗涤用水的配水龙头。包括有进水端较长用于洗菜盆(池)的长脖水嘴及出水口具有锥形螺口或快速接头、便于迅速插接胶管的皮带水嘴。其材质有塑料、铸铁、铜。进水端多具有外丝，用外接头与给水管相连接。常用规格为公称直径 10～25mm。应用最为广泛。(张连奎)

普通铸铁管

见灰口铸铁管(107页)。

瀑布　water fall

自落差较大的悬崖绝壁上飞流而下的跌水形态。幅面阔、落差大、水流急、水层厚的大型瀑布，显得气势磅礴雄伟壮观；而凌空飞落的小型瀑布，中途折来弯去，雪花四溅，则可达到秀丽壮美、野趣横生的效果。常在公园、广场等较开阔场地的水景工程中采用。　　　　　　　　　　　(张延灿)

曝烤火灾　exposure fire

可燃物质在受到火焰、高温热源、阳光直射等烘烤或辐射而发生燃烧或爆炸的现象。如硝化棉受热和高压钢瓶气体被阳光照射等突然发生的燃烧或爆炸事故。　　　　　　　　　　　(赵昭余)

Q

qi

启动阀　starting damper

设在离心式通风机吸入口或压出口处，专为启动通风机时作关闭用的阀门。该阀的作用是减少电动机的启动电流，防止对电动机或供电产生不良影响。常见的分有插板式、百叶式和圆形瓣式。当通风机配用电动机功率小于或等于 75kW 时，除排送高温气体时例外，可不装设仅为启动用的阀门。

(王天富)

启动器　starter

用以启动气体放电光源的器件。既可以是一个独立的器件或电路，也可以是灯结构部件或是电源、镇流器中的一个元件或电路。其主要作用是将灯点亮。常用的荧光灯启动器系由带有双金属片的氖放电管组成；而高强气体放电灯则需要专用的高频触发电路来启动点燃。　　　　　　　(何鸣皋)

起点检查井　initial check well

内排水雨水系统中雨水埋地管道起端第一个雨水立管接入的检查井。。　　　　　　(王继明)

起动器　starter

控制电动机起动、停止或反转，并装有过载、断相、失压等保护装置的组合式开关电器。由于起动方式和用途不同，品种繁多，常用的分有磁力起动器、自耦减压起动器、星-三角起动器和延边三角起动器。　　　　　　　　　　　　　(施沪生)

起晕电压　critical initial voltage

又称临界电压。产生电晕所必需的最低电压。随着电极的几何形状及两种电极之间距大小而变化，芒刺状电极的它较低，圆形极线的它则随其直径的减小而降低。　　　　　　　　　(叶　龙)

气布比　air-cloth ratio

见过滤风速(98页)。

气-电转换器　pneumo electrical convertor

在工业仪表与控制系统中，将气动仪表的气压信号转换成电动仪表的电流信号的设备。它便于与各种电动仪表如调节器、显示记录仪、执行器和运算器等连接。　　　　　　　　　(温伯银)

气动比例调节系统　pneumatic-proportional regulating system

调节量按被调量与给定值的偏差大小成比例的连续线性气动调节的自动控制系统。当被调量发生变化，敏感元件输出信号，气动比例调节器将输入信号与给定值比较后的偏差信号，经放大器放大后，在喷嘴挡板机构中转变为压缩空气压力信号，操纵气动执行机构向减小偏差的方向工作。该系统简单、工作可靠、维护方便，并具有防爆的特点；但由于设备制造精度的限制，故只能用于精度要求不高的调节系统。　　　　　　　　　　　(刘幼荻)

气动调节器　pneumatic controller

由气动元器件组成、以压缩空气为能源的调节仪表。它的输入来自传感器或标准气压信号。输出分为断续气压信号和连续气压信号两种。后者的调节规律分为比例、比例积分和比例积分微分等种类。

(张子慧)

气动阀　pneumatie valve

用压缩气体驱动的阀门。按结构形式分有活塞式和隔膜式等。常用于截止阀、蝶阀、隔膜阀和节流阀等。　　　　　　　　　　　　(张延灿)

气环反吹清灰　reverse annular nozzles cleaning

在滤袋外侧，设置一个与高压风道相接的空心带狭缝的气环，气环贴近滤袋表面作上下往复运动，由气环上正对滤布表面的狭缝喷出高速气流冲击滤袋,清除附积于滤袋内侧的粉尘层。它与脉冲喷吹清灰相同,可不采取分室结构而保持除尘器连续工作。它的清灰能力较强,允许采用较高的过滤风速。但其清灰装置较复杂,且易损伤滤袋。 (叶 龙)

气力输送 pneumatic conveying

又称风力输送。在管道内,利用具有一定速度的气流来输送物料的运输装置。分有吸送式、压送式、混合式和循环式气力输送。混合式气力输送的风机安装在受料器(或集料分离器)与配料分离器之间,兼具有吸送式和压送式气力输送的特点,系统结构和运行调节比较复杂,适用于既要集料又要配料的场合;循环式气力输送,即在吸入式的风机出口与受料器入口之间接一连通管,使输送空气在管道内密闭循环。广泛用于水泥、化肥、金属粉末、粮食、煤、型砂、棉花和烟叶等粉粒状、纤维状和叶片状物料的输送。 (邹孚泳)

气流二次噪声 regenerated noise of air flow

气流的再生噪声。在通风管道内它是由气流速度过大或经过风道中结构不合理的局部构件所造成的。它的强度随风速的提高而增加,其声功率级与管道内风速的5~6次方成正比,即风速提高一倍,噪声增加15~18dB。风道内一般风速的再生噪声为低频噪声,随风速的提高,高频成分的噪声逐步增长。 (范存养)

气流可视化 air flow visualization

将存在于透明空气介质中的流动现象显示出来使其可用肉眼观察。气流可视化的方法分有示踪物质法及光学法两类。 (李强民)

气流显示技术 technique of air flow visualization

借助特殊方法使气流的某些运动特性可由肉眼进行观察的技术。一般将通风、空调过程中气流流动时所产生的各种流态通过可见的示踪物的运动或其他光学方法以直观的形式显示出来,并可摄影记录,进而对所得到的图谱进行定性或定量的分析。 (李强民)

气流组织 air distribution

又称空气分布。为满足通风空调房间对空气温度、湿度、流动速度、清洁度以及舒适感等要求,对室内空气的流态与分布所进行的合理安排。它的效果与送、排(回)风口的布置与型式、送入和排出的空气量、送排风的温度与速度以及室内热源特性等因素有关。 (马仁民)

气流组织型式 model of room air distribution

组织房间空气流动所采取的送回风口的型式及布置方式的总称。按型式分有上送下回、上送上回、中送上下回、下送上回、侧送侧下回和侧送顶回。根据送风口型式分有孔板送风、散流器送风、条缝送风、百叶送风和喷口送风等。 (邹月琴)

气流组织性能合格比例数 qualified percentage of air distribution performance

在空调房间工作区内,符合给定的温度和速度条件的测点数 Σnf 与测点总数 n 的比值。即为 $F = \Sigma nf/n$。 (马仁民)

气膜吸收系数 gas-film absorption cofficient

在气相一侧,通过气膜的吸收速率与气膜吸收推动力的比例系数。在浓度不高时可表示为物质通过气膜的扩散系数与气膜厚度之比。单位为 kmol/(m² • kPa • s)等。其值一般由实验测定,亦可通过经验公式及准数关联式进行计算。

(于广荣 党筱凤)

气泡吸收管 bubble absorption tube

吸收气体样品中被测物质的装置。垂直的吸收管内装有一定量的吸收液,气体由玻璃细管导入液面以下经管端小孔形成小气泡进入吸收液。主要用于吸收空气中所含的气态或蒸汽态物质。

(徐文华)

气溶胶 aerosol

含有微小固体粒子或液体微粒的气态悬浮体。即由气体介质和固体或液体分散相组成的分散体系(胶体系)。按其类型分有固体粒子分散性的称为粉尘;固态粒子凝集性的称为烟(如熔炼过程形成的铅烟);含液态微粒的称为雾;既含有分散性粒子,又含有凝集性微粒的(如工业区内被污染的大气中大都含有尘、烟、雾等)称为烟雾。 (叶 龙)

气水分离器

见跑气器(173 页)。

气水混合器

见混合器(108 页)。

气水射流 spouting stream with micro air bubbles

在水压作用下,自特制喷泉喷头中喷出的夹有大量气泡的雪白水柱。一般是利用高速射流形成的负压吸入或卷入大量空气并与水流急速混合,在水柱中形成大量微小气泡,大大增强了对投射光的漫反射作用,使水柱成为雪白色,同时增大了水柱的表观体积,构成粗壮的水柱。常见形态有雪松、冰柱等。

(张延灿)

气体爆炸 gaseous explosion

可燃气体或蒸汽与空气的混合物遇火源发生的爆炸。实质上是一种快速燃烧反应。发生的条件为:①点火能量要大于临界值;②气体及蒸汽的浓度范围在其爆炸极限之内。不同气体或蒸汽有各自的最小点火能量及爆炸极限(体积百分比)范围。

(赵昭余)

气体放电光源　gas discharge light source

利用气体、金属蒸汽或两者的混合物在电场作用下放电而发光的光源。按气体放电种类不同可制成弧光放电灯与辉光放电灯。　　　（俞丽华）

气体分析仪　gas analyser

应用物理或化学的原理对气体成分进行测定的仪器。当配以各种电子仪器设备时，就可将结果显示出来，或者接入自动调节系统或计算机，对生产过程加以控制。当前常用的分有红外式、热导式、热磁式和气相色谱等多种。测量结果用待测气体的体积在混合气体中所占百分数表示。　　　（刘幼荻）

气体火灾探测器　gas fire dectator

响应燃烧或热解产生的气体的火灾探测器。
　　　　　　　　　　　　　　　　　　（徐宝林）

气体继电器　gas relay

根据油浸式变压器壳内气体和油流的冲击或油面降低而动作的继电器。变压器内部发生故障而使油分解产生气体或变压器漏油而油面下降时，继电器触头闭合，发出信号；而当故障后引起油流冲动时，则另一触头闭合，自动切除控制变压器的断路器。　　　　　　　　　　　　　　　（张世根）

气体加压　gas pressurization

以顶部储有一定压力的气体的密闭水箱(气罐)代替高位水箱，对高温水供暖系统进行加压和补水的方法。可将气罐移至锅炉房内、便于维护管理。分为变压式和定压式两种。前者根据罐内水位变化所引起的气压变化，使系统内压力限定在要求的范围之内，所需气罐容积较大；后者当水位升高时排气，当水位降低时补气，所需气罐容积较小，但需增设低压储气罐和气体压缩机。当供暖系统存在漏水现象时，变压式气罐容积可缩小，但需设高低水位控制并配合水泵一起工作。常用气体为氮气。为了减少气体在水中的溶解量，可用膜体将气体与系统内的水隔绝开。　　　　　　　　　　　　　　　（盛昌源）

气体绝缘变压器　gas-insulated transformer

采用六氟化硫气体作为绝缘和冷却介质的变压器。　　　　　　　　　　　　　　　（朱桐城）

气体扩散　gas diffusion

气体物质从浓度较高的区域向浓度较低的区域迁移的现象。包括分子扩散和涡流扩散。前者主要由分子热运动引起，发生在静止或滞流流体中；后者主要由气体质点的湍动和旋涡引起，发生在湍流流体中。扩散可在气相中进行，也可通过气、液相界面在液相中进行。正是由于气体扩散作用，才形成气体质量传递。　　　　　　　　　　　　　　　（党筱凤）

气体灭火系统　gaseous agent system

利用通常在室温和大气压力下为气体状的灭火剂进行扑灭火灾的消防灭火系统。一般由灭火剂贮瓶、控制启动阀门组、输送管道、喷嘴和火灾探测控制系统等组成，有的还有加压驱动用的惰性气体贮瓶。通常按使用的气体灭火剂分有卤代烷灭火系统、二氧化碳灭火系统和蒸汽灭火系统等。（华瑞龙）

气温垂直递减率　vertical lapse rate of atmospheric temperature

在大气圈的对流层内垂直高度每升高100m时气温下降的摄氏度数。一般以 γ 表示。对于标准大气，在对流下层的 γ 值为 $0.3\sim0.4℃/100m$；中层为 $0.5\sim0.6℃/100m$；上层为 $0.65\sim0.75℃/100m$。γ 的平均值为 $0.65℃/100m$。　（利光裕）

气温干绝热递减率　dry adiabatic lapse rate of atmospheric temperature

干空气在绝热升降过程中的气温垂直递减率。一般以 γ_d 表示。其表达式为 $\gamma_d = \dfrac{dT}{dz}$ 式中负号表示气团在干绝热上升过程中气温 T 随高度 z 的增加而降低。对于一个干燥的或未饱和的气团，在大气中每绝热上升100m，温度降低 $0.98℃$；如果气团下降100m，温度升高 $0.98℃$，通常近似取 $\gamma_d = 1℃/100m$。　　　　　　　　　　　　　（利光裕）

气温模比系数　air temperature modelling coefficient

以室外气温峰值为基准，模化夏季空调室外计算日逐时气温 t_i 时，对夏季室外平均日温差 Δt 的折减系数，以 α_i 表示。即为

$$t_i = t_{max} - \alpha_i \Delta t$$

　　　　　　　　　　　　　　　（单寄平）

气压给水方式　pneumatic tank scheme

水泵将水压送入气压水罐并由后者保证最不利配水点所需水压及短时供水的加压给水方式。其给水系统密闭性能好，便于自控和集中管理，投资较小施工周期短；但水泵平均效率较低、起动频繁、能量消耗大、运行费用较高，调节水量容积小，安全供水性能差。用于不宜设置高位水箱或水塔而又需保证消防给水系统上部所需水压的场合。（姜文源）

气压给水设备　pneumatic water supply installation

利用贮存于密闭压力容器内气体的可压缩膨胀性能供水的给水设备。由水泵机组、气压水罐、电气控制设备及其他附属设备组成。水泵在向给水管系输供水的同时，亦向气压水罐内进水，根据波义耳气体定律，罐内气压增大至气压水罐最大工作压力时联动控制水泵关闭；水泵停止运行期间，由气压水罐向管系送水，至罐内气压下降至气压水罐最小工作压力时又联动启动水泵；如是周而复始完成供水过程。按供水压力稳定与否分有定压式气压给水设备与变压式气压给水设备两种。由于气压水罐有效容

积较小，故主要用于保证室内所需总水头或消防给水系统所需水压以及联动控制水泵的启闭。

(吴以仁 姜文源)

气压水罐 pneumatic tank

贮存气体和水，进出水口共在一体的圆柱形密闭式金属压力容器。与水泵机组和控制装置等配套构成气压给水设备。罐内的过量气体由装设在罐顶的排气阀手动排除或靠在与罐中最低设计水位同一水平面的自动排气阀或电磁阀自动排除。为防止罐内气体大量沿出水管逃逸，在出水口处装止气阀或止气压盖，跑气时自动封闭。按安装形式分有立式罐和卧式罐两种；按内部结构分有补气式气压水罐、隔膜式气压水罐和浮板式气压水罐；按是否设有补气罐分有单罐式和双罐式。 (姜文源 张延灿)

气压水罐补气装置

向气压水罐补充气量，以补偿由于气体溶于水或罐体密封性能差而泄漏的气体量，保证工况按设计指标进行的装置。 (胡鹤钧)

气压水罐的容积附加系数 additional volume coefficient of pneumatic tank

气压水罐内最小工作压力（以绝对压强计）与无水时罐内大气绝对压强的比值。与死容积成正比。中国规范规定对补气式气压水罐，卧式取为 1.25，立式取为 1.10；对隔膜式气压水罐取为 1.05。

(姜文源)

气压水罐工作压力比 pnessure ratio in pneumatic tank

气压水罐内最小工作压力与最大工作压力（均以绝对压强计）的比值。也是气压水罐中的气体部分容积与总容积之比值。应按技术经济指标综合考虑取值，中国规范推荐取为 0.65~0.85，对囊形隔膜式气压水罐可取为 0.50。 (姜文源)

气压水罐排气装置

排除气压水罐内超过设计压力值的多余空气量的装置。常用的有浮球式排气阀等。 (胡鹤钧)

气压水罐止气装置

为防止气压水罐内水位降至设计最低水位下，而使罐内气体自由逸出的装置。其构造在罐体的出水口，分设有浮球、浮板和浮膜等形式。

(胡鹤钧)

气压水罐总容积 total volume of pneumatic tank

密闭罐内气体部分的容积与包括死容积在内的水部分容积的总和。总容积 (V_z) 与水的调节容积 (V_x)、气压水罐工作压力比 (α) 的关系式为 $V_z = \dfrac{V_x}{1-\alpha}$。

(姜文源)

气压水罐最大工作压力 maximum pressure in pneumatic tank

变压式气压给水设备中气压水罐内控制水泵停止工作的气压值。由气压水罐最小工作压力与气压水罐工作压力比确定。 (胡鹤钧)

气压水罐最小工作压力 minimum pressure in pneumatic tank

气压水罐内控制水泵启动的气压值。按满足给水系统中最不利点所需水压（或室内所需总水头）来确定。 (胡鹤钧)

气液分离器 vapour and liquid separator

装在节流阀和蒸发器之间，用来排去制冷剂液体从冷凝压力节流到蒸发压力时闪发产生的气体不进入蒸发器以提高蒸发器的效果，并分离掉进入压缩机气体中的液滴，防止湿冲程的容器。

(杨磊)

气液平衡 gas-liquid equilibrium

在一定的温度和压力下，当气、液两相经足够长的时间接触后，被吸收物质的吸收速度与解吸速度相等，即在气、液两相中的浓度不再随时间变化的现象。它是该条件下吸收过程的极限状况。

(于广荣 党筱凤)

汽车冲洗用水 car washer water

洗刷各类交通工具的冲洗用水。其用水定额依据汽车类别、道路路面等级和沾污程度而定。

(胡鹤钧)

汽车冲洗用水定额 car washer water consumption norm

冲洗汽车外部沾污的污泥需用的每辆车在冲洗时间内的规定水量。根据汽车种类、用途、沾污程度和道路路面等级确定。单位以日计，实际冲洗时间规定为 5min。 (姜文源)

汽车库设计防火规范 fire protection standard for the design of garages

为防止和减少火灾对汽车库的危害，保护人身和财产的安全而制定的规范。主要内容包括：总则，防火分类和耐火等级，总平面布局和平面布置，防火分隔和建筑构造，安全疏散，消防给水和报警、灭火设备，采暖和通风及电气等。 (马恒)

汽化热 vaporization heat

在一定温度下，1kg 液体转变为同温度的蒸汽所吸收的热量。以 r 表示。单位为 kJ/kg。同一种液体，其汽化热的数值随温度的升高而降低。

(郭慧琴)

汽水 aerated water

通入适量二氧化碳并加入各种果味原汁或香精的无色或有色素的饮水。仅加食盐的为盐汽水，常供热环境条件下工作的人们饮用。 (胡鹤钧)

汽水分离器

见疏水阀（220页）。

汽-水混合器　steam-collwater mixer

蒸汽与冷水直接混合制备热水的装置。分有多孔管汽-水混合加热器与消声加热器两类。前者制作加工简单，但加热时噪声较大。　　　（钱维生）

汽水混合物　steam-water mixture

蒸汽供暖系统凝结水管中呈汽和水两相流动的乳状混合物。　　　　　　　　　　（岑幻霞）

汽-水式换热器　steam-water type heat exchanger

进行热量交换的两种流体中，冷流体为水，热流体为蒸汽的换热器。它可属于表面式换热器，也可属于混合式换热器。　　　　　　（岑幻霞）

器具单位数　fixture unit

计算管段上各种类型卫生器具数量及其权值乘积之和。为查用亨特曲线的必要参数，相当于卫生器具当量总数；其中权值相当于卫生器具当量，但区别在于已考虑卫生器具同时使用频率及概率，并且同类型卫生器具在不同建筑与使用对象中其值各异。

（姜文源　胡鹤钧）

器具通气管　fixture vent

旧称小透气。卫生器具存水弯出口管顶部接出的通气管段。用于环境卫生或安静要求较高的情况。

（张淼）

qian

牵引机动消防泵　trailed fire pump

配备有四冲程汽油机为动力，可用人力或机动车辆牵引的消防泵。供油、冷却、电器仪表等全部机件及操纵机构均装置在二轮车架上，用金属壳车厢封闭。机动灵活，使用方便，常用中型越野汽车牵引。主要用来扑救一般物质火灾，也可附加泡沫混合、喷射装置喷射空气泡沫液，扑救油类、苯类等易燃液体的火灾。用于中小城镇、工矿企业、码头、农村等处的消防设备。　　　　　　　　　（华瑞龙）

铅管　lead pipe

又称软铅管。以工业纯铅为原料拉或挤制成型的无缝有色金属管。具有质地柔软、容易自由弯曲和延伸，易于辗压、锻制和焊接，耐腐蚀性良好，但机械强度较差、重量较大、导热较差。中国标准规格为内径16～200mm。在给水排水工程中，主要用于转弯较多、形状特殊不易定型的仪表、器具、设备的连接管等。还用于温度低于140℃的硫酸和稀盐酸的输送。　　　　　　　　　　　（张延灿）

铅合金管　lead-alloy pipe

又称硬铅管。以铅锑合金为原料拉或挤制成型的无缝有色金属管。中国标准规格为内径16～200mm。　　　　　　　　　　　（张延灿）

铅护套通信电缆　lead-sheathed telecommunication cable

采用铅合金作护套的通信电缆。密闭性能好，耐腐蚀性较铝好，接续容易；但价贵，资源少，电磁屏蔽性能较差，机械强度不够，只能敷设在管道内或吊挂在钢绞线下。在受到外力较大和腐蚀性较强的环境中，需加设铠装外护层。将逐渐被综合护层所代替。　　　　　　　　　　　（袁敦麟）

前端设备　front equipment

电缆电视系统中介于信号源与传输分配网络之间的各种设备。一般包括频道放大器、变换器、调制器和混合器等。它把接收到的各种信号加以处理，并以一定的电平汇集到一点而又互不影响，再经传输分配网络到各干线和支线上去，供用户选择收看。

（余尽知）

前端设备输出电平　output level of front equipment

各种信号经前端设备混合后集中点的电平。即为分配网络的输入电平。常以 S_t 表示。其计算式为
$$S_t = S_a + G_T + G_F - L_x - L_H \quad (dB)$$
S_a 为天线馈线输出电平(dB)；G_T 为天线放大器增益(dB)；G_F 为宽带放大器增益(dB)；L_x 为馈线损耗(dB)；L_H 为混合器接入损耗(dB)。　　（余尽知）

前级增音机　preamplifier

又称前级放大器、前置放大器、线路放大器。把传声器、电唱机、录音机或收音机等送来的微弱信号加以放大，并输送给功率放大器的设备。它除了放大外，还集中放音系统调整和控制机构，如节目选择、均衡选择，音量控制等。它的输出阻抗，通常是600Ω，常用输出电平为0、＋6、＋17dB三档，以适应录音、扩音和线路传输等不同需要。（袁敦麟）

前向叶片离心式通风机　forward curved blades type centrifugal fan

风机叶轮上叶片的弯曲方向和叶轮旋转方向相同的离心式通风机。按照叶片结构分为一般前向叶片和多叶式前向叶片。前者叶轮相对宽度小，用于高压通风机。后者叶轮相对宽度大，用于小型风机。与后向叶片、经向叶片的通风机相比，效率低、噪声大。

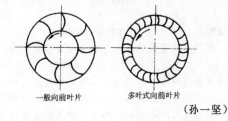

一般向前叶片　　　　多叶式向前叶片

（孙一坚）

前置放大器

见天线放大器（236 页）。

潜热储热 latent heat storage

物质由固态转变为液态，由液态转变为气态，或由固态直接转变为气态（升华）时，吸收相变热而进行热能的储存。 （岑幻霞）

潜热交换 latent heat exchange

喷水室中，伴随空气中的水蒸气凝结或水表面蒸发过程所进行的水与空气的热交换。它的大小取决于空气和水滴表面之间水蒸气分压力差的大小。 （齐永系）

潜水泵 submersible pump

绝缘电动机与泵体组合成整体浸没于水中工作的叶片式水泵。不需建造地面泵站；机泵合一无需传动轴，重量轻；安装使用简便；但对潜水电动机有较高的密封绝缘要求。 （姜文源）

潜水灯具 submersible luminaire

经常用于水下一定深度的灯具。用 IPX8 表示。IP 是代表灯具外壳防护等级的英文字母；X 表示防固体物能力的等级；8 表示潜水。 （章海骢）

潜污泵 submersible pump for wastewater

泵与电动机组合成整体浸没于污水中工作的叶片式水泵。设有机械与橡胶圈密封、电器保护装置或带有搅拌叶轮。用于排除含有悬浮颗粒杂质的城市污水和汛涝排水等。 （姜文源）

嵌入式灯具 recessed luminaire

完全或部分嵌入顶棚、墙壁或其它面内的照明灯具。 （章海骢）

嵌装电话分线箱 concealed telephone distributing box

又称室内嵌装电话分线盒、层内壁龛式分线盒、电话组线箱、电话壁龛。在房屋电缆暗配线工程中，用于暗敷电缆与暗敷电话用户线相连接的分线设备。它是嵌装在墙内的木质或铁质箱子，内装端子板和分线条。箱子的作用是：①用于安装端子板并连接用户线；②供上升管路及楼层管路内电缆分歧和接续，并便于抽放电缆。 （袁敦麟）

qiang

强化燃烧 intensive combustion

利用提高温度和加强气流混合等措施，使燃气燃烧速度加快的过程。在工程上采用的主要途径有：①着火前预热燃气和空气，以增加反应区内的化学反应速度和提高燃烧温度；②将一部分燃烧所产生的高温烟气引向燃烧器，与尚未着火的或正在燃烧的燃气-空气混合物相混合，以提高反应区的温度；③加大湍流强度，以增大火焰传播速度；④采用旋转气流，以增大火焰混合过程。 （庄永茂）

强制鼓风式扩散燃烧器 diffusion-flame burner with positive blast

由鼓风机供入空气与燃气混合燃烧的燃烧器。一般分有套管式燃烧器、对旋式燃烧器、大气式燃烧器、平流式燃烧器和旋流式燃烧器等。 （周佳霓）

强制性淋浴 forced shower

又称通过式淋浴。必须经过淋浴才允许通过的强制性沐浴方式。常用于某些生物制品、放射性物质或其它有害物质的生产、试验建筑的进出口，有时也用于传染性病房、公共游泳池的进出口，以免有害物质带出或带入。淋浴通道一般由淋浴间、前后更衣室和检查室等组成。 （张延灿）

墙壁通信电缆 block cable of telephone

沿着建筑物外墙架设的通信电缆。用挂钩固定在墙上架设的钢绞线上，也可用卡钩直接固定在墙上。一般采用铅护套、塑料绝缘护套或综合护层通信电缆。线路建筑费用较低，施工和维护方便，较架空通信电缆隐蔽美观；但易受外界机械损伤，障碍机会多，对房屋立面美观有些影响。一般用于电缆容量较小，房屋建筑比较坚固整齐且紧密相连地区。 （袁敦麟）

墙管

见穿墙管（25 页）。

墙面方位角 wall azimuth

墙面法线与正南线的夹角。墙面法线在正南线以西时，从正南线开始往西计算其值；墙面法线在正南线以东时，则从正南线开始往东计算其值。 （单寄平）

墙面辐射供暖 wall panel heating

以室内墙面作为供暖表面的低温辐射供暖方式。通常是在墙体粉刷层内埋置盘管而使墙面形成散热面。当散热面高度距室内地面在 1m 以内时，表面温度不宜超过 35℃；在 1m 以上时，不宜超过 45℃。 （陆耀庆）

墙式电话机 wall telephone set

安装在垂直墙面上的电话机。其收发话器位置适宜于话机垂直安置，底板上一般有墙上固定孔。 （袁玫）

抢劫保护/紧急报警 hold-up protection/emergency alarm

在抢劫事件发生时，发出报警信号，并进行图像记录的技术。包括有报警按钮、抢劫脚踏杆和图像空间监视设备等。 （王秩泉）

抢劫脚踏杆 hold-up foot rail

用于紧急报警或触发监视照相机或其他保安设

备的脚动开关。通常安装在银行或商店的柜台、桌子和类似家具的下面。当发生抢劫或有人用假钞票时,工作人员用脚踩它的踏板来操纵开关,发出报警信号。

(王秩泉)

qiao

桥式接线 bridge arrangement

见母线桥(167页)。

壳程数 number of shell side flow

流体流经换热管外面的通道及其相贯通处,沿壳体轴向往返的次数。

(王重生)

qin

侵入冷空气耗热量 heat consumption owing to cold air entering

加热由门、孔洞及相邻房间侵入室内的冷空气的耗热量。它与外门开启的频率、每次开启的时间长短以及室外温度和相邻房间空气温度有关。

(胡 泊)

qing

青铅接口 lead-sealed connector

承插式铸铁管以青铅为主要填料的接口。为当前中国低压燃气管道的连接方法之一。

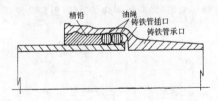

(王可仁)

轻便泵浦消防车 light fire pumper

主要装备有消防泵、消防水枪,并用轮型越野汽车底盘改装而成的消防车辆。由消防操纵机构、监测仪表、传动机构、消防水泵、连接管道、排气引水装置、强制冷却装置、电器装置和配套器材等组成。用于城镇、工矿企业等有水源、消火栓的地方扑救房屋建筑和一般物资的火灾,也可兼作火场指挥车用。

(陈耀宗)

轻危险级 extra light hazard

火灾危险性较小的建筑物、构筑物中所设置的自动喷水灭火系统的设计标准级别。由于其可燃物质量少、发热量较小,故设计喷水强度要求为3.0L/(min·m²),设计作用面积为180m²。

(胡鹤钧)

清扫口 cleanout

排水管道中作疏通工具入口用的配件。由带有外螺纹的管堵和一段有内螺纹的短管组成。一般装设在排水横管的始端。

(张 森)

清扫用水 water for cleaning floor

清洗建筑物墙面、地面等部位的冲洗用水。其用水定额依地面种类、沾污程度、冲洗制度而定。如菜市场为每次2~3 L/m²。

(胡鹤钧)

清通设备 sewer-cleaning equipment

排水管系中为疏通管道而设置的配件和构筑物。分有检查口、清扫口和检查井。装设在易堵且便于清通的部位或在较长管道的一定距离内。

(张 森)

qiu

球顶形扬声器 dome loudspeaker

利用球顶形振膜直接向空间辐射声波的电动扬声器。振膜常用的有金属、塑料及纸等材料制成。它高频指向性宽,同时还具有瞬态特性较好、高频响应较宽、失真较小等;但效率较低。一般用于与效率相当的橡皮折环低频扬声器配成组合扬声器。

(袁敦麟)

球阀 ball valve

又称球心旋塞、球心阀。阀芯(启闭件)呈球形,属改进进形式的旋塞阀。阀芯有与阀杆垂直的孔道,转动阀芯当孔道与管道平行时,流道接通;垂直时,流道截断。按球体在阀体内的固定方式分有浮动球式和固定球式;按阀体通道分有直通式、三通式、四通式等。其结构简单、体形小、重量轻、水流阻力小、流向不限、开关迅速,但易引起水锤、球体加工维修较困难。常用于低压、较小口径管道上,但与旋塞阀相比,适用的介质压力、温度较高,管径可较大。用于截断管道内的流体和流体分配。

(张延灿 张连奎)

球墨铸铁管 nodular cast iron pipe

又称高强度铸铁管。用含球形石墨的铸铁(QT)铸造成型的铸铁管。与灰口铸铁管相比机械强度高(接近钢管),耐振动和冲击性能较好,可进行焊接和热处理。其用途和连接方式与铸铁管相同。

(张延灿)

球心阀

见球阀。

球心旋塞

见球阀。

球形补偿器 ball shaped compensator

由球形铰、壳体和密封圈构成,使用时成对地连在供热管道上,利用其角折屈补偿管段热伸长的专门设备。补偿能力大。适用于架空敷设管道。

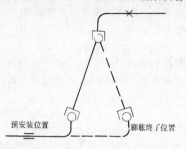

预安装位置　膨胀终了位置

（胡　泊）

球形阀

见截止阀（129页）。

球形接头 ball joint

外观呈球形、可在一定角度范围内扭转、曲挠的管接头。常用铸铁、铸钢、锻钢、铸铜、塑料等材料加工制造。用于热力管道的胀缩补偿、浮船与岸上管道连接以及其它需轴向挠曲管段的连接。

（张延灿）

球形伸缩接头 ball type expasion joint

补偿管道因温差等因素在一定范围内引起伸缩、折转或位移的管接头。 （胡鹤钧）

球形转动风口 adjustable globe nozzle outlet

出口呈圆柱形、可转动并能调节气流方向和风量的球形喷射式送风口。通常安装在通风空调房间侧墙上部,或数个并列安装在顶棚上,向工人操作岗位送风。也可安装在飞

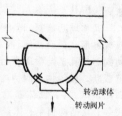

转动球体
转动阀片

机、轮船、大型客车、汽车的机舱、船舱和车厢上部。

（王天富）

qu

区域报警系统 zone alarm system

用于系统中一个区域部分的火灾自动报警系统。由区域火灾报警控制器与火灾探测器等组成。

（徐宝林）

区域调压器 district requlator

为供应区域内用气调至规定压力,而设置的燃气调压器。相互间的距离,应经技术经济比较后确定。低压管宜互相连通,以提高供气可靠性。

（吴雯琼）

区域分配阀 selector valve

又称选择阀。用一套固定式自动灭火设备保护两个或两个以上区域时,控制灭火剂流向指定保护区域的专用阀。安装在对应于保护区域的输送灭火剂主管上。由阀体、操作开阀机构、开关手柄、管接头等组成。按启动方式分为电动、气动和机械。

（张英才　陈耀宗）

区域火灾报警控制器 zone fire alarm control unit

直接接收火灾探测器或中继器发出的报警信号的多路火灾报警控制器。

（徐宝林）

区域热水供应系统 regional hot water supply system

供给部分城区、居住小区、工业企业区生活和工业用热水的整个系统。热源多为城市热电厂、区域性锅炉房或区域性热交换站。其热能利用与改善环境污染程度均较集中热水供应系统为优。

（陈钟潮　胡鹤钧）

曲老浦

见疏水阀（220页）。

曲面槽固定支座 curved notch fixed support

将曲面槽板与底部支承板焊牢,使之不能自由移动的固定支座。它能承受的轴向推力通常不超过50kN（5t）。 （胡　泊）

曲面槽滑动支座 movable support with curved surface notch

由弧形板、曲面槽、肋板构成支座部分的滑动支座。因管道被曲面槽托起,滑动面在保温层下方,当管道受热移动时,保温层不会受损坏,但安装位置较高。

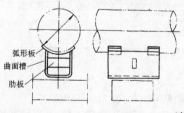

弧形板
曲面槽
肋板

（胡　泊）

曲线型天窗 curve-type skylight

挡风板为弧线形的避风天窗。

（陈在康）

驱进速度 migration velocity

电除尘器中荷电悬浮尘粒在电场力作用下,沿垂直于收尘极板方向运动的速度。它的大小取决于电场强度、空间荷电密度、电风、反电晕、尘粒的粒径、气流的速度、湍流度、气体粘度和含尘浓度等因素。除此之外,电除尘器的结构特点、振打系统也会对它产生影响。因此,不同尘粒以及在不同条件下,

将具有不同的该速度。较难通过理论计算准确确定，工程中通常是采用现场实测总结出的有效驱进速度。　　　　　　　　　　　　　　（叶　龙）

渠流　channel flow

在基本规则的渠道内均匀或渐变流动的流水形态。水流平稳、轻盈、透明，适合在下游与水幕衔接。　　　　　　　　　　　　　　（张延灿）

取代脱附　displacing desorption

用另一种可被吸附的流体（称为取代剂）通入有负载的吸附剂床层，取代吸附剂上的吸附质，使其脱附出来的再生方法。取代剂多为水蒸气。脱附效果好，但还需要将取代剂再次从吸附剂上脱出。　　　　　　　　　　　　　　（党筱风）

去离子水

见纯水（29页）。

quan

权系数　weighting factors

常指构成事物的各因素、组分在总体（量）中所占的份额比例。在空调动态负荷分析中，特指构件或房间的动态特性值的时间序列。理论上它可由系统传递函数的逆拉普拉斯变换即权函数作离散处理而得到，在数值上它就等于系统在单位脉冲扰量激励下作出的反（响）应，因此该系数就等于脉冲反应系数。经过某种近似简化处理，它亦可表示成本质上与改进型反应系数相似的形式。　　　（赵鸿佐）

全电子电话交换机　full electronic switching system

控制部分和话路接续部分都实现电子化的自动电话交换设备。话路部分采用电子接点，因而比半电子电话交换机接续速度快，体积更小，耗电更省，且无噪声，维护工作量小，其话路分有用空间分割和时间分割两种制式。控制部分分有布线逻辑控制和存储程序控制两种方式。　　　　　　（袁　玫）

全国建筑给水排水工程标准分技术委员会

全国给水排水工程标准技术委员会建筑给水排水分技术委员会的简称，隶属于中国工程建设标准化委员会给水排水工程标准技术委员会组织开展建筑给水排水工程建设标准化工作的群众性学术团体，是中国第一个建筑给水排水学术组织。1986年6月在山东省泰安市成立共有委员30名，大部分为《室内给水排水和热水供应设计规范》原联络员。它挂靠在上海市建筑设计研究院，主要任务是团结全国建筑给水排水工程建设标准化工作者，开展建筑给水排水工程建设标准化活动。曾组织审查《建筑给水排水设计规范》、组织制定《医院污水处理设计规范》、《游泳池给水排水设计规范》、《建筑中水设计规范》、《建筑小区给水排水设计规范》和《公共浴室给水排水设计规范》等推荐性标准。　（姜文源）

全空气系统　all-air system

空气调节房间的热湿负荷，全部由送风来负担的空气调节系统。如集中式空调系统（包括定风量及变风量系统）以及全空气诱导器系统等。
　　　　　　　　　　　　　　（代庆山）

全空气诱导器系统　all-air induction unit system

只由一次风诱引二次风（室内空气），不带有冷却或加热盘管的诱导器系统。是由一次风静压小室、喷嘴和混合箱等组成。它是将集中处理过的一次空气（冷却和去湿）送至诱导器，在一次风的高压引射作用下，将室内空气（即二次风）诱入空气混合箱中，经混合均压后，送入室内。混合后的空气温度、湿度等参数应满足室内热湿负荷的要求，运行时根据季节及负荷的不同调节一次风的送风量及空气参数。
　　　　　　　　　　　　　　（代庆山）

全面辐射供暖系统　overall radiant heating system

应用辐射供暖方式对一有限的大空间全面进行供暖的系统。对于建筑层高高、面积大、外窗多或换气量大的高大建筑，应用该系统进行供暖时，可提高建筑物围护结构的内表面温度，减少低温表面对人体产生的冷辐射，提高舒适感；且由于室内空气的垂直温度梯度很小，无效热损失少；同时室内空气温度允许采用比对流供暖系统低若干度，还可降低能源消耗。　　　　　　　　　　（陆耀庆）

全面孔板不稳定流　unsteady air flow from full perforated ceiling

在全面孔板送风条件下，使得室内工作区域内空气流动形成方向不定的脉动状态，而温度和速度分布均匀。　　　　　　　　　　（邹月琴）

全面孔板送风　air distribution from full perforated ceiling

在房间的整个顶棚板上，按一定间距均匀地布置孔眼的孔板送风。　　　　　　（邹月琴）

全面孔板下送直流　downward air displacement from full perforated ceiling

采用全面孔板送风，在单位送风量超过60m³/(h·m²)条件下，使整个房间形成流线平行垂直向下的空气流动。　　　　　　　　（邹月琴）

全面通风　general ventilation, allround ventilation

又称通风换气、稀释通风。向室内整个空间送入清洁空气，同时从室内排出被污染空气的通风方法。通过送入清洁空气对室内空气中有害物的稀释作

用，使其浓度不超过卫生标准所规定的最高允许浓度。 （陈在康）

全面通风量 air flow rate for allround ventilation

进行全面通风时，在房间气流组织合理的情况下，将连续均匀散发到室内的有害物稀释至卫生标准规定的最高允许浓度以内所需的通风换气量。通常以单位时间内送入空气或排出空气的体积或质量来表示。单位为 m^3/h、kg/s 等。 （陈在康）

全频道天线 all channel antenna

接收甚高频（VHF）（1～12）频道电视信号的天线。常见的分有七单元和九单元两种。当今电视频道扩展特高频（UHF）的（13～18）频道，其频率范围太宽。实际上，也难做到一副天线有效地接收全部频道的电视信号。 （李景谦）

全启式安全阀 fully open safety valve

排汽（水）阀孔的关闭瓣升启高度大的安全阀。排汽（水）阀孔直径与阀瓣升启高度之比小于或等于4。泄放量大，热损失多。 （王亦昭）

全热交换系数 total heat exchange coefficient

空气与水表面进行热湿交换时，周围空气和水表面饱和空气层的焓差为 $1kJ/kg$ 时，单位水表面与空气之间的总热交换量。若存在刘伊斯关系式 $\sigma=\dfrac{\alpha}{c_p}$，$\sigma$ 为空气与水表面之间按含湿量差计算的质交换系数 $[kg/(m^2 \cdot s)]$；α 为空气与水表面的显热交换系数 $[W/(m^2 \cdot K)]$；c_p 为流体的定压比热 $[J/(kg \cdot K)]$ 时，它即为质交换系数。 （齐永系）

全水系统 all-water system

空调房间冷热负荷全部由水负担，不向房间人工送风的空气调节系统。即不带有单独新风系统的风机盘管系统。 （代庆山）

全填充通信电缆 full-filled telecommunication cable

在电缆芯线束空隙内填充不透水介质（通常采用石油膏混合物）的通信电缆。是一种防水电缆，可阻止潮气纵向扩散，从而可简化外护层，降低费用。 （袁敦麟）

全息显示 holographical display

利用全息原理实现的真实的立体显示。可看到立体显示的全部特征，并有视差效应。在不同的位置上进行观察时，物体有显著的位移。 （温伯银）

全循环管道系统 whole-circulation system

热水在配水与回水的干管、立管，甚或支管间的环路中循环流动的系统。适用于对热水水温使用要求较高，并多为全日供应热水的工业与民用建筑。 （陈钟潮）

全压 total pressure

静压与动压之和。它是管道内某一断面流体所具有的能量的标度。 （殷 平）

全淹没系统 total flooding extinguishing systems

在规定的喷射时间内，向防护区喷射一定量的灭火剂并使其均匀地充满整个防护空间，以扑灭空间内可燃物质所形成的火灾的灭火系统。其所防护的区域应是一个封闭性良好的空间，在此空间内能形成有效扑灭火灾的灭火剂浓度，并能在所需的浸渍时间内保持必要的灭火剂浓度。 （熊湘伟）

全预混燃烧 full premixed combustion

又称无焰燃烧。在燃烧反应前燃气和空气预先混合均匀，一次空气系数 $\alpha' \geqslant 1$ 的燃烧。燃烧区内，燃气-空气混合物于瞬间燃烧完毕，燃烧强度大，温度高，火焰极短，甚至肉眼难以分辨，火焰稳定性较差。 （吴念劬）

que

缺氧保护装置 oxygen depression control

防止由于空气中含氧量低于正常值而引起不完全燃烧和人体缺氧造成事故的安全装置。通常在熄火保护装置中设一个与熄火保护装置热电偶（A）极性相反的热电偶（B）。当出现缺氧时，火焰发生拉伸现象，热电偶 A 处温度下降，所产生的电压 U_A 减少，热电偶 B 处温度上升，所产生的电压 U_A 增加，U_A 与 U_B 之差值缩小，磁力衰减，使安全阀从正常的开启位置回复到关闭位置，切断燃气供应。具有熄灭保护和缺氧保护的功能。 （梁宣哲 吴念劬）

qun

群集系数 factor related to percentage of men、women and children

在计算空调房间人体散热散湿量时，考虑到人员的年龄构成、性别差异及密集程度等而引入的修正系数。在人员群集的场所，由于房间使用功能不同，遂有不同比例的成年男子、女子和儿童数量。如以成年男子的散热散湿量为依据，乘以该系数而得出该房间内群体的散热散湿量，从而简化了计算。 （单寄平）

R

ran

燃具适应性　feasibility of gas appliance

燃具不加任何调整,对燃气性质变化的适应能力。按一种燃气设计调整的燃具,当燃气热负荷、一次空气系数、火焰结构、燃烧稳定性及烟气中一氧化碳含量等性质发生变化时,燃具不能正常工作的,则为适应性差;仍能正常工作的,则为适应性强。由于不同燃具的燃烧器性能不同,二次空气供给有差别,对燃气性质的适应性是不同的。　　　（吴念劬）

燃气　gas

燃烧后能产生高温热能的气体燃料。由多种气体组成,其中可燃成分为碳氢化合物、氢和一氧化碳等。用于城市的燃气分为天然气、人工燃气和液化石油气等。　　　　　　　　　　　　（黄一苓）

燃气安全报警器　gas-safety monitor

燃气的浓度达到危险警界时,自动发出报警信号的安全装置。按气敏元件的材料和结构分为半导体式、接触燃烧式、热传导式、磁式、光学式和电化学式;按使用方式分为单点固定、多点固定、便携式和车载式;按报警形式分为音响、闪光、数字显示、声光联动排风和消防等系统。　　　（孙张岐）

燃气冰箱　gas refrigerator

以燃气火焰作为热源的一种吸收式制冷设备。一般由燃烧器、加热器、气液分离器、冷凝器、蒸发器和吸收器组成。不需消耗电力,没有易磨损的转动部分,使用寿命长。　　　　　　　（吴念劬）

燃气低热值　net calorific value

1 标准立方米燃气完全燃烧,烟气被冷却后,水蒸气仍为蒸汽状态时,所放出的热量。单位为 kJ/Nm^3。在实际使用中,由于排烟温度较高,燃烧生成的水蒸气不会冷凝,故在工业与民用燃气设备中,常用燃气的低热值进行计算。　　　（章成骏）

燃气点火　ignition

热源周围的一层可燃混合气体被加热至着火温度而引起火焰传播和燃烧的瞬间。可分为热球点火、火焰点火、电火花点火、电热丝点火等。

　　　　　　　　　　　　　　　　　　（施惠邦）

燃气调压器　gas regulator

使燃气压力降低并稳定在某一设定值的自动压力调节装置。按结构分为直接作用式和间接作用式;按进、出口压力等级分为高-中压、高-低压、中-低压和低-低压调压器。常用的分有雷诺式调压器、曲流式调压器和自动式调压器等。　　　（吴雯琼）

燃气锻压加热炉　gas forge furnace

在锻造、轧制前将物料加热到一定温度的燃气工业炉。通过热加工,增大金属在轧制、锻造、冲压前的可塑性,降低变形抗力。　　　　（朱贤芬）

燃气沸水器　water boiler

提供沸水的燃气成套加热设备。主要由燃烧器、传热片、储水筒和调温器、安全装置等组成。分单层和双层两种。前者只有一个储水筒,受火焰直接加热并储存沸水;后者有两个储水筒,下层受火焰直接加热,沸水上升至上层储存并保温。　　（梁宣哲）

燃气干燥炉　gas drying oven

以燃气为能源,去除物件中水分的加热设备。用于铸型、粘土、砂子和烟煤的干燥等。（朱贤芬）

燃气高热值　gross calorific value

1 标准立方米燃气完全燃烧,烟气被冷却后,其中的水蒸气以凝结水状态排出时,所放出的热量。单位为 kJ/Nm^3。在数值上大于其低热值。高、低热值之差为水蒸气的气化潜热。只有当烟气冷却至露点温度以下时,水蒸气的凝结潜热才能被利用。

　　　　　　　　　　　　　　　　　　（章成骏）

燃气工业炉　gas industrial furnace

以燃气为能源,对物料进行热加工,并使其发生物理和化学变化的工业加热设备。由炉膛、燃烧器、烟气排出装置和余热利用装置等组成。一般分有燃气锻压加热炉、燃气热处理炉和燃气干燥炉等。

　　　　　　　　　　　　　　　　　　（顾　卫）

燃气工业炉化学不完全燃烧损失　heat loss of incomplete combustion in gas industrial furnace

排出烟气中含有 CO、H_2 等可燃物所带走的化学热。以 $Q'_{ch}=V_f(H_{co}r_{co}+H_{H_2}r_{H_2}+\cdots\cdots)$ 表示。V_f 为过剩空气系数 α 时的烟气量;H_{co}、$H_{H_2}\cdots\cdots$ 为 CO、$H_2\cdots\cdots$ 的热值;r_{co}、$r_{H_2}\cdots\cdots$ 为 CO、$H_2\cdots\cdots$ 在烟气中的容积成分。　　　　　　　　（吴念劬）

燃气工业炉排烟损失　heat loss of flue gas in gas industrial furnace

从工业炉出口排出烟气及从炉门、孔口等处泄漏烟气所带走的热量。以 $Q'_f=V_fC_tt_t$ 表示。V_f 为过

剩空气系数 α 时的烟气量；C_f 为 $0\sim t_f°C$ 之间烟气的平均定压容积比热；t_f 为排出烟气温度。t_f 越高，α 越大，Q'_f 就越大。 (吴念劬)

燃气工业炉热效率 heat efficiency of gas industrial furnace

衡量燃气工业炉热量有效利用程度的技术经济指标。根据有效热量与总输入热量求得的为正平衡热效率，以 $\eta = \dfrac{Q_e}{Q_c}100\%$ 表示；（Q_e 为有效利用热；Q_c 为燃气燃烧热）。根据损失热量与总输入热量求得的为反平衡效率，以 $\eta = \left(1 - \dfrac{Q_l}{Q_c}\right)100\%$ 表示，（Q_l 为损失热量）。 (吴念劬)

燃气供应对象 gas supply client

居民与工业、企业、事业、团体等单位燃气用户。它应根据使用燃气后取得的经济效益、环境效益和社会效益综合考虑后选定。 (刘惠娟)

燃气管道 gas pipeline

用于输送燃气的管道。是城市燃气管网系统的主要部分。按输气压力分为低压管道、中压管道和高压管道；按采用的材料分为钢管、铸铁管、镀锌钢管和聚乙烯管。 (刘惠娟)

燃气管道水力计算 hydrodynamic calculation of gas pipeline

应用燃气管道的水力计算公式，对管道管径、压力降和计算流量三者，求其中一未知量所进行的计算。确定新建管网管径或校核原有管网流量和压力等。 (任炽明)

燃气管网系统 gas network system

由燃气管道及其附属设备构成的管网系统。按管网压力级制分为一级管网系统、二级管网系统、三级管网系统和多级管网系统；按输压力分为低压、中压和高压管网系统等。 (徐可中)

燃气烘模炉 gas mould-drying oven

以燃气为能源的砂型烘干炉。用于去除砂型中水分，增加强度和降低发气性，从而提高铸件质量。 (朱贤芬)

燃气红外线辐射器 gas-fired infrared radiator

利用天然气、煤气和液化石油气等可燃气体，通过特殊的燃烧装置进行燃烧，应用燃烧过程中产生的红外线供暖的设备。由于燃烧过程中不断产生二氧化碳有害气体，所以，室内必须保持良好的通风。适用于房屋高、空间大、外窗多和换气量大的建筑的全面辐射供暖。 (陆耀庆)

燃气互换性 interchangeability of gases

某一燃具以 a 燃气为基准进行设计和调整，由于某种原因要以 S 燃气置换 a 燃气，燃烧器此时不加任何调整而能保证燃具正常工作的互换。即 S 燃气可以置换 a 燃气，或称 S 燃气对 a 燃气具有互换性；反之，两种燃气为无互换性。而限制了燃气生产单位对燃气性质的任意改变。但互换性并不总是可逆的。"互换"两字实际上意义不很确切，但在燃气领域内已使用习惯，仍予沿用。 (章成骏)

燃气计算流量 hourly calculating flow rate

设计燃气管道和设备时所采用的小时流量。常用的确定方法分有不均匀系数法、最大负荷利用小时数法和同时工作系数法等。其数值的大小关系着燃气输配工程的经济性和可靠性。 (黄一苓)

燃气接触法 gas-contact treatment

又称热接触法。靠气力输送使物料经燃烧器直接与高温火焰接触的快速加热法。应用时对物料粉碎程度和均匀性的要求不如流化床严格。 (徐 斌)

燃气两段供给型低 NOₓ 燃烧器 two stage gas-supplied low NOₓ burner

将燃烧所需的燃气分两段供给的燃烧器。向一次燃气供给全部燃气燃烧所需的空气量，得到低温快速燃烧。二次燃气用一次燃气燃烧后残存的氧气进行边混合边缓慢地燃烧，以有效地抑制 NOₓ 的生成。 (郑文晓)

燃气燃烧产物 combustion products of gas

又称烟气。燃气与燃烧所需的空气进行燃烧反应后所生成的物质。生成物中不含水蒸气的称为干烟气；含有水蒸气的则为湿烟气。按供给的空气量或燃烧设备运行工况的优劣，燃烧反应所生成的物质可分为完全燃烧产物和不完全燃烧产物两种。烟气成分可用化学吸收法或气相色谱仪分析。 (全惠君)

燃气燃烧反应 combustion reaction of gas

燃气中的可燃成分（H_2、CO、C_mH_n 和 H_2S 等）在一定条件下与氧发生激烈的氧化作用，并产生大量热和光的物理化学反应过程。必须具备条件：①燃气中的可燃成分与空气中的氧按一定比例呈分子状态混合；②参与反应的分子在碰撞时具有破坏旧分子和生成新分子所需的能量；③具有完成反应所必需的时间。依据燃烧反应计量方程确定反应前后物质的变化。 (全惠君)

燃气燃烧火焰传播 flame propagation of gas combustion

点燃部为燃气空气混合物，着火处形成极薄的燃烧焰面不断向未燃气体方向移动，每层气体都相继经历加热、着火和燃烧的过程。工业和民用燃烧设备的燃烧过程均属正常火焰传播的燃烧。 (全惠君)

燃气燃烧温度 combustion temperature of gas

按一定比例混合的燃气和空气，在燃烧装置中进行燃烧反应后，形成的热量用于加热烟气所能达到的温度。与燃气的热值、燃气-空气混合比、燃烧工况以及燃烧产物的数量等因素有关。（全惠君）

燃气热泵 gas heat pump

以燃气作能源补偿一定的驱动功，将热能从低温介质转移到高温介质的装置。根据驱动功的型式分为压缩式和吸收式两种。具有制冷、供热和同时进行制冷与供热的功能。（吴念劬）

燃气热处理炉 gas heat treatment furnace

为改变金属结晶组织的燃气工业炉。一般分有淬火、退火、回火和渗碳等热处理炉。（朱贤芬）

燃气热定型机 gas thermal formalization machine

织物上浆后，以燃气为能源的热定型处理设备。用于处理织物，使其形状稳定、挺括美观。（朱贤芬）

燃气热水器水阀 water valve for gas water heater

又称水-气联动阀。以水流控制燃气供应启闭的机械装置。分上、下（或左、右）两部分组成，中间以橡胶薄膜分隔。当水流经阀体下部时，一部分水流过置于其间的文丘里管，将在喉部产生的低压传递至阀体上部，使上、下两部分存在压差，导致橡胶薄膜运动，并带动顶杆打开燃气阀门。当水流停止时，压差消失，薄膜联动顶杆回复原位，燃气阀门关闭。（吴念劬）

燃气热值 calorific value

1 标准立方米的燃气完全燃烧时所放出的热量。单位为 kJ/Nm³。按燃烧烟气中水蒸气排出状态可分为燃气高热值和燃气低热值两种。实际使用的燃气为混合气体，热值可直接用热量计测定，也可由各单一气体的热值根据混合法则进行计算。（章成骏）

燃气烧毛机 gas singeing machine

以燃气为能源通过火焰烧去织物上绒毛的设备。用于处理织物，使其表面光洁。其燃烧器一般为窄缝式。（朱贤芬）

燃气式干粉消防车 powder fire truck with gas generator

用燃气取代传统的氮作为动力喷射干粉，用轻型载重汽车底盘改装而成的消防车辆。由汽车底盘、干粉罐、燃气发生器、干粉炮和配套器材等组成。由于去掉了高压钢瓶，减轻了装载量，提高了消防车的效率，更为重要的是解决了过去干粉消防车不能连续发射及没有充装氮气设施的小城镇就无法恢复干粉消防车的战斗功能等问题。它轻便灵活、自动化程度高、操作简便。用于大中小城镇和工矿企业专职消防队扑救可燃、易燃液体、可燃气体和带电设备的火灾。（陈耀宗）

燃气引入管 gas entrance pipe

又称进户管。将室外燃气管引入建筑物内部的燃气管段。根据建筑物外墙入户位置和形式分为低立管、高立管和直接由地下穿入建筑物内部等形式。（郑克敏）

燃气用气量 gas consumption

又称供应量。供给居民生活、公共建筑设施、工业企业生产和建筑物空调用气的数量。取决于用户的类型、数量和用气定额，是确定燃气供应系统设计能力的主要依据。（黄一苓）

燃气着火 inflammation of gas

可燃混合气体从稳定氧化反应转变为不稳定氧化反应引起燃烧的瞬间。着火时可燃混合气体温度与燃气种类和着火形式有关，同时还受系统压力、散热条件及燃气在混合气体中含量等因素的影响。通常在摄氏几十度到几百度范围内。分为支链着火和热力着火。（施惠邦）

燃烧法 combustion method

将工业废气中的有毒物质氧化燃烧或高温分解，使之转化为无害物质的净化方法。适用于净化废气中可燃的有机毒物，燃烧产物为二氧化碳和水。简便易行，可回收热量，但不能回收有用物质。根据燃烧方式不同，分为直接燃烧、热力燃烧和催化燃烧。（党筱凤）

燃烧器头部 burner head

分配可燃混合物气流并使之进行稳定燃烧的部件。容积尺寸以维持内部各点压力基本相等为度，二次空气须能均匀通畅地送到每个火孔。按用途不同可制成单火孔头部和多火孔头部。（蔡雷 吴念劬）

燃烧强度 combustion intensity

可燃物质燃烧时单位时间内所释放出来的总潜热能。不同材料的单位重量或体积在燃烧中单位时间内所放出的总热能不等；同一材料阻燃处理与否其值也不同，未经阻燃处理的可燃材料制品其值就大。在防火实践中，要减少建筑物的火灾危险性；在设计施工中，应选用非燃或耐燃材料、低热量或经阻燃处理的材料；在使用中应减少可燃物质的储量或采用防火分隔物分隔，以减少火灾蔓延。（赵昭余）

燃烧热量温度 thermal temperature of combustion

燃气的燃烧过程在绝热条件下进行，且过剩空气系数 $\alpha=1$ 时，不计及参加燃烧反应的燃气和空气所带入的物理热量，烟气所能达到的温度。是仅代表燃气本身特性的温度。（全惠君）

燃烧三要素 three elemente of combustion

又称燃烧三原则。发生燃烧需要具备可燃物质、着火源、助燃物质三个必要要素。三个要素必须同时具备，充分接触，燃烧才能发生。若可燃物数量太少或助燃物质中含氧量低于临界值（一般低于16%～14%的空气含氧量），虽与着火源充分接触，也不可能发生燃烧。掌握物质燃烧条件即可了解预防和扑灭火灾的基本原理。一切防火措施，均为防止燃烧的三个要素同时出现、相互结合。 （赵昭余）

燃烧势 combustion potential

指燃气相对密度 S 和反映燃烧速度的燃气化学成分的函数。德尔布法判定燃气互换性的一个主要参数。以 C_p 表示。其表达式为

$$C_p = u \frac{H_2 + 0.7CO + 0.3CH_4 + v\Sigma k C_m H_n}{\sqrt{S}}$$

H_2、CO、CH_4、$C_m H_n$ 为燃气中 H_2、CO、CH_4 和除 CH_4 外的 $C_m H_n$ 的体积成分；u 为燃气中含氧量和含氢量不同而引入的系数；U 为燃气中含氢量不同而引入的系数；k 为各种 $C_m H_n$ 的待定系数。

（杨庆泉）

燃烧室容积热强度 volume heat intensity of combustion chamber

在燃烧室单位容积、单位时间内燃气完全燃烧所放出的热量。常用 q_v 表示。单位为 kW/m^3。其值与燃烧方法有关。可根据燃气在燃烧室的停留时间应大于燃气从着火到燃尽的时间来确定。

（吴念劬）

燃烧速度 burning velocity

单位时间单位体积（或单位面积）所消耗的可燃物的量。表示式为

$$v = -\frac{dC_A}{dt}$$

式中 dC_A 为可燃物的减少量。故其表示方法随可燃物集聚状态而异。可燃气体的扩散燃烧通常用通过单位面积上的气体流量表示：即为 $[m^3/(m^2 \cdot s)]$ 或 $[cm^3/(cm^2 \cdot s)]$；而动力燃烧通常以火焰传播速度来表示，即为 (m/s) 或 (cm/s)。液体的表示法有两种：燃烧重量速度和燃烧线速度，前者单位为 $[kg/(m^2 \cdot h)]$ 或 $[g/(cm^2 \cdot min)]$；后者用单位时间内烧掉的液层高度表示，即 (mm/min) 或 (cm/h)。固体的表示法与液体相同，其值并非物质固有常数，与压力、温度、流动状态、容器大小等因素有关。一般气体最快，液体其次，固体较慢。

（赵昭余）

燃烧特性 burning behavior

当材料、产品和构件等燃烧或遇火时，所发生的一切物理和化学变化。随可燃物质聚集状态（包括气态、液态和固态）而异。燃烧包括氧化和燃烧两个阶段。可燃气体为均相燃烧，可燃液体或可燃固体为非均相燃烧。在分界表面上进行的物质阴燃也属于非均相燃烧。可燃物质经过受热、分解（或蒸发、升华）、氧化最后导致燃烧。放热、发光而有火焰是物质燃烧的共性。 （赵昭余）

燃烧物质 combustible substance

在空气、氧气或其它氧化剂中，能发生燃烧反应的物质。按其集聚状态可分为固体、液体和气体三大类。燃烧性随状态而异，气体容易燃烧，随后为液体、固体；按其成分可分为无机和有机两大类。无机成分主要包括化学元素表上 I～III 主族的部分金属单质，IV～VI 主族部分非金属单质，以及一氧化碳、氢气和非金属氢化物等，占燃烧物质总量的小部分。无机物完全燃烧后变成相应的不燃氧化物。有机成分的种类繁多，但大部分都含有 C、H、O 元素，有的还含有少量的 N、S、P 等，占燃烧物质总量的绝大多数。

（赵昭余）

燃烧系统机械噪声 mechanical noise of gas combustion system

燃烧时，由装置、设备和管道的零部件因撞击、摩擦、交变应力作用下发生的固体振动而产生的噪声。如燃烧系统中风机装配精度不高、机组运行时不平衡所产生的冲击噪声和摩擦噪声。 （徐斌）

燃烧系统噪声 noise of gas combustion system

燃烧时，从燃烧装置、辅助设备和管道发出的噪声。用声能或声压度量。按噪声发生的机理可分为燃烧系统机械噪声、流体动力性噪声、流体传热噪声和燃烧噪声。 （徐斌）

燃烧噪声 combustion noise

燃烧过程中，除流体动力性噪声外所产生的附加噪声。是气体进行热量交换时温度和压力发生变化而引起的包括燃烧器点火后正常燃烧的噪声及其不正常燃烧的噪声。可分为点火噪声、回火噪声及灭火噪声。 （徐斌）

燃烧装置消声器 muffler of combustion installation

在燃烧装置的吸气入口或排氧出口处，装有多孔吸音材料构成的刚性消声器。具有减少噪声的功能。 （徐斌）

燃烧装置消声箱 noise eliminated box of combustion installation

由多孔吸音材料构成的消声箱。将燃烧装置置于其中。具有减少噪声的功能。 （徐斌）

燃烧自动装置 automatic burning equipment

指燃料燃烧所产生的热量，适应蒸汽负荷的需要，还要保证经济燃烧的装置。根据锅炉燃料的不同

（通常分为燃煤、燃油和燃气），燃料量的调节手段有所区别。燃油、燃气锅炉的油量和气量的调节均采用调节阀；而燃煤锅炉的煤量调节是通过改变炉排的移动速度或给煤机的转动速度进行的。（唐衍富）

rao

扰动频率　disturbing frequency

受迫振动状态中的激振频率。是研究隔振系统激振力（又称扰动力）的重要参数。　（甘鸿仁）

re

热泵　heat pump

消耗一定能量作为补偿将低温热源的热量提升至高温热源供热的装置。　　　　　　　（杨　磊）

热泵式空调器　heat pump air conditioner

冬季能改变制冷机工作流程，从低温热源（指室外冷空气）吸收热量将其输送至原蒸发器以加热空气的空调器。由于冬季供暖的热量靠热泵输送而得，故较电加热供暖省电约 2/3 左右。　　（田胜元）

热潮实验室　temperature/humidity chamber

见湿热实验室（214 页）。

热电堆　thermo-electric pile

又称温差热堆。由若干对热电偶构成，是热电致冷器的主要组成部分。通常这些热电偶在电路上是串联的，而在传热方面则是并列的。即在结构布置中使它的冷端在热电堆的一侧，而它的热端在另一侧，这两侧分别被称为它的"冷端"与"热端"。

（杨　磊）

热电偶　thermocouple

又称温差电偶。两种导体闭合回路的两端随温差的变化产生相应电压变化的测温元件。这种特性为热电效应。由热电效应所产生电压的大小取决于两种导体金属材料和两端之间的温度差值。应用中使一端（冷端）温度恒定；则另一端（工作端）温度变化即被测介质温度值。它与磁电系统的仪表组合，便可对温度进行测量与调节。

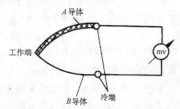

（刘幼获）

热电偶温度计　thermocouple thermometer

利用热电偶的热电效应，将温度信号转换为电

信号，然后进行显示和记录的温度计。反应灵敏，读值迅速，并可实现远距离测量与观测。适用于流体和固体表面温度测量，测量范围为 $-200\sim1800℃$。

（安大伟　唐尊亮　董　锋）

热-电制冷　thermo-electric refrigeration

又称热-电致冷、半导体致冷、温差电致冷。用两种不同导体（或半导体）联成的闭合环路。在此环路中接入一直流电源时，其中一接点的温度就降低成为吸热端，另一接点的温度就升高成为放热端，这种现象称珀尔帖（Peltier）效应（热电效应）。按此原理实现制冷。　　　　　　　　　（杨　磊）

热电阻　thermometric resistance

又称测量电阻。随外界温度变化时导体电阻值相应变化的感温元件。其电阻与温度呈线性关系，如将变化的电阻作为信号输入显示仪表或调节器，即能对被测介质的温度进行测量或调节。（刘幼获）

热惰性指标　heat inertia index

表示温度波在围护结构内部衰减快慢程度的指标。以 D 表示。一般 $D=\Sigma(R\cdot S)$。R 为材料层的导热阻（$m^2\cdot K/W$）；S 为材料层的蓄热系数〔$W/(m^2\cdot K)$〕。一定围护结构的 D 值不是一个常数，因为材料的 S 值与波动周期有关。D 值愈大，温度波衰减得愈快、愈剧烈，其热稳定性愈好。

（西亚庚）

热分布系数　percentage of heat quantity distributed in occupied zone

又称负荷系数。为送入室内的空气在工作地区吸收热量占房间内总余热量的比例数。与投入能量利用系数成倒数关系。与送风方式、送排风口型式与分布、热源特性等因素有关。以 α 表示。其定义式为

$$\alpha=\frac{T_n-T_0}{T_p-T_0}$$

T_n 为工作区平均温度；T_0 为送风温度；T_p 为排风温度。　　　　　　　　　　　　　　　　（马仁民）

热分配系数　coefficient of heat distribution

又称有效热量系数。直接散入车间工作区的那部分热量与整个车间余热量的比值。它的大小主要取决于热源的集中程度和热源的布置和建筑物的某些几何因素。　　　　　　　　　　　　（陈在康）

热风供暖系统　warm-air heating system, hot-blast heating system

以热空气为热媒的供暖系统。造价低、升温快和可与送风相结合；与辐射供暖系统相比，室内空气的垂直温度梯度大、无效热损失多、循环次数高、风机电机耗电多、噪声高。由于造价低，仍广泛用于大空间的工业和公共建筑。按有无风道分为有风道的系统和无风道的暖风机或热风炉系统；按加热空气的来源分为再循环系统、与送风相结合的系统和全新

风系统（用于有防爆要求或有特殊要求的工业建筑）；按热源的种类分为蒸汽或高温水的暖风机系统和燃油或燃气的热风机系统。在工业厂房中，常使用蒸汽或高温水的暖风机系统。 　　　（路　煜）

热风炉 air furnace

　　又称热风机。用煤、燃油或燃气作为燃料，通过加热面直接加热空气，并将热空气送入房间对房间进行供暖的设备。主要用于没有供热热源的工业厂房。分有落地式和悬挂式两种类型。适用于简易供暖，大容量机组尤为经济；运行操作简单，移动方便；不需另外的供热热源，容易适应车间的改造；一台机组发生故障，不影响其它机组的正常工作。但大容量机组需设风道，不经济；当用大容量机组负担较大车间面积的供暖时，机组附近地点的温度不均匀；落地式机组占用车间的有效面积；对于高大车间，排烟困难，且易产生上热下冷的空气分层现象；机组发生故障时，维修困难。 　　　　　（路　煜）

热辐射光源 thermal-radiation light source

　　利用电能使物体加热到白炽状态而发光的光源。常用的有白炽灯、卤钨灯等。 　（俞丽华）

热感度 hot sensitivity

　　炸药在热能的激发下能引起爆炸反应的敏感程度。是确定不同炸药的爆炸危险性的重要指标之一。 　　　　　　　　（赵昭余）

热感觉 thermal sensation

　　又称温热感。人体对于由热环境得到的热冷刺激所产生的主观感觉。影响它的因素除热环境四个变量外，还包括人体活动量与衣着的保温程度。人体热感觉不能简单地用热刺激的程度来预测，它与刺激的面积、姿态、刺激的延续时间和人体原来的热状态等因素有关。 　　　　（马仁民）

热感觉标度 scale of thermal sensation

　　为了描述和区分人体对热环境的主观热感觉所采用的等级标度。一般取七点标度：热3、暖2、稍暖1、正常0、稍凉—1、凉—2、冷—3。所规定的等级与数字是源于ASHRAE（美国供暖制冷空调工程师协会）并经范格（P.O.Fanger）进一步确定的。已在1984年为国际标准化组织确认。其中标度为0级时热感觉为正常，即舒适状况。 　（马仁民）

热工测量项目 measurement of thermal parameter

　　用仪表显示在仪表屏上的热工参数。锅炉温度测量项目分有省煤器进出口水温、炉膛出口烟气温度、省煤器前烟气温度、省煤器后或空气预热器前烟气温度、空气预热器前后温度、离子交换进口水温度、给水泵进口水温度、除氧器的进水温度、除氧水箱水温、水箱水温和热交换器进、出口温度。压力测量项目分有锅炉汽包蒸汽压力、分汽缸及其各支路

压力、省煤器进出口压力、炉膛负压、省煤器前烟气压力、省煤器后或空气预热器前烟气压力、空气预热器后烟气压力、除尘器后烟气压力、空气预热器前空气压力、一次鼓风总管空气压力、一次鼓风送风管空气压力、二次鼓风总管压力、生水压力、离子交换器进出口水压、水泵出口水压力、汽动给水泵进汽压力和蒸汽压力调节器后的蒸汽压力。流量测量项目分有蒸汽流量、给水流量、软化水流量和生水总耗量。烟气分析测量项目分有CO_2和O_2。水位测量项目分有锅炉汽包水位、除氧器水箱水位和水箱水位。 　（唐衍富）

热管 heat pipe

　　借助装于封闭管内易挥发的液体的反复蒸发和凝结过程，将热量从封闭管的一端传递到另一端的换热元件。 　　　　　　（马仁民）

热管换热器 heat pipe exchanger

　　靠工质在受热时蒸发吸热，而受冷时又凝结放热的热管传热原理做成的换热器。它由多根平行的带翅片管组成，以叉排形式布置，并用隔板将整个管簇分成两部分。一部分在管外通过热风，使管内工质蒸发吸热而流向另一部分。在另一部分的管外流过要预热的冷风，使管内工质蒸汽凝结放热而使冷风受热。工质凝结放热后再靠管子内壁上贴附材料的毛细作用返回到另一端，如此循环工作。

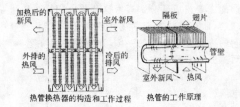

　热管换热器的构造和工作过程　　　热管的工作原理

　　　　　　　　　　　　　　　　　　（马九贤）

热过载继电器

　　见热继电器（197页）。

热过载脱扣器 thermal over-load release

　　利用流过脱扣器热元件的电流所产生的热效应按长延时反时限动作的脱扣器。其型式分有热双金属片式和热继电器式等。主要用于电动机的过载或断相保护。 　　　　　　（施沪生）

热环境 thermal environment

　　又称室内热微气候、室内气候。影响人体舒适和健康的室内空气的温度、湿度、空气流速和室内平均辐射温度四个因素（变量）所形成的给人综合热感觉的室内气候条件。 　　　　（马仁民）

热回收装置 recuperation device, heat reclaimer

回收空调、制冷系统所排出的热量或冷量的换热设备。它可使热量从不能直接利用的㶲值较高的工质传入另一种可利用的㶲值较低的工质中，用来进行新风的预热或房间的采暖等，借以提高空调、制冷系统的热利用效率。　　　（马九贤　张军工）

热继电器　thermal over-load relay

又称热过载继电器。利用电流通过热元件所产生的热效应（包括延时）而动作的继电器。为反时限特性。常用作电动机及配电线路的过载保护。
　　　　　　　　　　　　　　（俞丽华）

热交换效率　heat exchange effectiveness

用以描述喷水室里空气和水进行热、湿交换的实际过程与理想过程接近的程度（即喷水室热工性能）的系数。喷水室的热工性能用 η_1、及 η_2 两个热交换效率来表示。　　　　　　（齐永系）

热交换效率系数　efficiency coefficent of heat transfer

又称第一换热效率。喷水室或直接蒸发式表冷器处理空气时实际可实现的结果与理想的处理结果之比。以 η_1 表示。它同时考虑空气和水（冷媒）两者状态变化的完善程度。对喷水室冷却干燥过程的定义式为

$$\eta_1 = \frac{\overline{1'2'} - \overline{zc}}{\overline{1'c}} = 1 - \frac{t_{s2} - t_z}{t_{s1} - t_c}$$

对直接蒸发式表冷器的定义式为

$$\eta_1 = \frac{i_1 - i_2}{i_1 - i_z}$$

t_c、t_z 为干球温度；i_1、i_2、i_z 为焓；t_{s1}、t_{s2} 为湿球温度。图中 φ 为相对湿度。

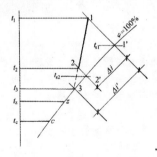

　　　　　　　　　　　　　　（田胜元）

热空气幕　heated air curtain

设置加热装置的空气幕。它使送出气流加热到所需的温度。加热装置常用的热媒是热水或蒸汽，在某些场合也可用电或煤气。适用于寒冷地区。
　　　　　　　　　　　　　　（李强民）

热力除氧　heating power deoxidation

利用沸腾，使水中所含的溶解氧解吸出的除氧

方法。同时还能去除水中其他溶解气体。它是水中除氧的主要方法。并已制成热力除氧器。（贾克欣）

热力过程　thermo dynamic process

系统与外界相互作用的结果而引起热力系统连续变化的过程。　　　　　　　　　（杨磊）

热力膨胀阀　thermostatic expansion valve

根据蒸发器压力变化和蒸发器出口处过热度变化而动作，自动调节进入蒸发器中制冷剂液体流量的节流机构。分有内平衡式与外平衡式。
　　　　　　　　　　　　　　（杨　磊）

热力燃烧　thermal combustion

利用燃烧辅助燃料产生的热力，提高废气温度，使其中的可燃有毒物质氧化分解的燃烧过程。燃烧温度为 $760 \sim 820℃$。适用于净化可燃有毒物质浓度较低的废气。废气含氧量足够时可作为助燃气使用；不足时只作为燃烧对象。　　　　　（党筱凤）

热力湍流　thermodynamic turbulence

由热力因素形成的湍流。主要是由地球表面受热不均，或者由于大气层结不稳定，使大气的垂直运动发生和发展而造成的。　　　　　（利光裕）

热力完善度　perfection of thermodynamics

指实际制冷循环的制冷系数与相同温度下逆卡诺循环制冷系数的比值。即 $\eta = \dfrac{\varepsilon}{\varepsilon_c}$。它是表示制冷机实际循环接近逆卡诺循环的程度。其数值越大就说明循环的不可逆损失越小。对于工作温度不同的制冷机循环就无法按其制冷系数的大小来判断循环经济性的好坏，在这种情况下则可根据循环的热力完善度的大小来判断，它也是制冷循环的一个技术经济指标。　　　　　　　　　　（杨　磊）

热力系数　heat ratio

吸收式制冷机所获得的制冷量与输入热量之比。用以衡量吸收式制冷机的热效率。（杨　磊）

热力型疏水阀　thermal type steam trap

利用蒸汽与凝结水在流动过程热力性质变化不同（主要是比容变化）的特性驱动关闭元件自动启闭的疏水阀。热动力式、脉冲式和孔板式疏水器均属此型。　　　　　　　　　　　　　（田忠保）

热力循环　thermo dynamic cycle

封闭的热力过程。热力系统从某一初态出发经历一系列状态变化又回到初态的过程。（杨　磊）

热力着火　thermal inflammation

可燃混合气体系统中燃气的氧化反应生成热大于散热时，系统内温度剧升，引起氧化反应加速而产生燃烧的着火。着火时可燃混合气体温度与其中的燃气性质、含量、组成、散热条件、系统压力等因素有关。即使同一种燃气，也不是一个物理常数。标准状态时，常用燃气的最低着火温度为 $260 \sim 605℃$。

　　　　　　　　　　　　　　（施惠邦）

热量计温度 calorimetric temperature

燃气的燃烧过程在绝热条件下进行，且完全利用燃气、空气所带入的物理热量和燃气燃烧的化学热量时烟气所能达到的温度。 （全惠君）

热流测量仪 heat-flow meter

直接测定热流量的仪表。可用来测定经过建筑围护结构及各种保温材料的传热量。与热电偶相配合还可以用来测定建筑材料和保温材料的热物性参数，如导热系数 λ、导温系数 a、传热系数 K 等。 （安大伟）

热媒 heat medium, transmisson medium

又称带热体、载热体。用以把热量从热发生器转送到用热器的液态或气态物质。常用热水、蒸汽、烟气、空气等。水的热容大、温度易于调节；但是系统静压大。蒸汽凝结时可放出数量很大的潜热，且表观密度小，所以输送耗能及静压都不大，但随着压力升高输送中的无效热耗也会有所增加。空气和烟气的热容小，输送耗能比较大。 （赵鸿佐）

热媒参数 heat medium parameter

表征热媒所处状态的宏观物理量。如供水温度、回水温度、供回水温差、热媒平均温度、供汽压力和凝结水背压力等。 （岑幻霞）

热媒平均温度 average temperature of heat medium

供暖系统或装置进口和出口处热媒温度的平均值。主要用于供暖系统换热装置及散热器面积计算。 （岑幻霞）

热媒循环系统 heat carrier circulation system

又称第一循环系统。集中热水供应系统中蒸汽锅炉与水加热器或热水锅炉与热水贮水器之间连接管道所组成的环路系统。它节约热能，并能保持加热设备应有的发热量。 （陈钟潮 胡鹤钧）

热敏电阻 thermistor

也称半导体热敏电阻。电阻值随电阻体温度变化而产生显著变化的半导体敏感元件。被广泛用于检测仪表及控制系统中，但因其电阻-温度特性曲线是非线性的，用于温度测量时只能用在温度变化小的范围，这样可近似的将特性曲线视为线性关系。 （刘幼荻）

热敏电阻温度计 resistance thermometer

利用热敏电阻随温度变化其阻值也发生变化的特性制成，并通过测量热敏电阻的电阻值间接得到温度值的温度计。单位温度变化引起的电阻值变化大、便于检测，但电阻值与温度值之间呈非线性关系。按感温元件材料分为金属导体与半导体两类。 （安大伟 唐尊亮 董锋）

热平衡 heat equilibrium

进行通风时，单位时间进入室内热量和从室内排出热量的平衡。是基于能量守恒原理所必须遵循的一条基本准则。 （陈在康）

热强度指标 HSI, heat stress index

又称热应力指数。人体因热平衡的需要，通过皮肤湿表面向环境的蒸发散热量 E 与人体在同一环境下最大可能的蒸发散热量 E_{max} 的百分比。以 HSI 表示。即为 HSI＝$E/E_{max}×100\%$。该指标可用来评定工作区热环境的发热强度，其比值愈高，表明工作环境热状况越严重。当该值为 40～60 时，开始危及人体健康。 （马仁民）

热球点火 hot ball ignition

高于点火温度的球体置于可燃混合气体中引起燃烧的点火。球体可用灼热石英、铂球等。其临界温度与球体尺寸、球体催化特性、射入速度、可燃混合物的热力和化学动力特性等有关。实际使用时，可用热棒代替热球进行点火。 （施惠邦）

热球式热电风速仪 ball-type thermal anemometer

又称热球风速仪。测速测头的电加热线圈和测温热电偶不相接触而用玻璃球固定在一起的热电风速仪表。 （刘耀浩）

热熔焊接 hot melt welding joint

又称热熔合焊接。不需外加粘合剂和焊料，仅对结合面加热熔融并施加外力使其熔合的焊接连接方式。适用于各种热塑性塑料管的连接。加热方式分有电热板加热、嵌入电热丝加热等；连接形式分有对接热熔合、承插热熔合、套管热熔合等。它连接牢固、密封好、操作简便，但不能拆卸。用于永久性连接。 （张延灿）

热熔合焊接

见热熔焊接（198 页）。

热射流 heat jet

由热源表面对流散热造成，或者由生产工艺过程本身散发的热气流的总称。它在上升过程中不断诱入周围空气而使本身断面逐渐增大，但是在上升高度不大于 $1.5\sqrt{A}$ （A 是热源的水平投影面积）范围内，可认为热射流断面积不变。 （茅清希）

热湿比 enthalpy humidity difference ratio

又称角系数。当空气吸热（放热）、吸湿（去湿）时，其状态变化过程的热与湿的比率 ε。在焓湿图上 ε 为变化过程直线的斜率。其表达式为

$$\varepsilon = \frac{Q}{W} = \frac{G(i_2 - i_1)}{G}\left(\frac{d_2 - d_1}{1000}\right)$$

Q 为全热交换量（kJ）；W 为湿交换量（kg）；G 为干空气量（kg）；i_1, i_2 为空气初、终状态焓（kJ/kg 干空气）；d_1, d_2 为空气初、终状态含湿量（kg/kg 干空气）。 （田胜元）

热舒适感　thermal comfort sensation

又称热舒适、舒适感。在综合作用的影响下，人体对周围热环境自我感到满意的热感觉状态。达到热舒适的条件有三：①必须使人体处于热平衡状态，保持体温恒定；②皮肤温度应具有与舒适感相适应的水平；③人体应具有最佳排汗率。舒适的热环境并不意味着室内气候条件必须固定在某一适当水平，体温调节系统有能力使人在一定的条件范围使自身感到满意。　　　　　　　　　　（马仁民）

热水　hot water

冷水加热至使用温度的用水。按系统和用途分有生活热水和生产热水；按水温分有低温热水、中温热水和高温热水等。　　　　　　　（姜文源）

热水供暖系统　hot water hcating system

以热水为热媒的供暖系统。热水在热源处被加热，沿供水管流至散热设备，放出热量后温度下降，再沿回水管流回热源，如此不断循环。设备简单，运行管理方便，安全可靠；可随室外气温变化改变供水温度，使供热量与供暖负荷保持一致，实现连续供暖，室温波动小；无效热损失小，节能；管道及设备的内腐蚀小。但水静压大，在高层建筑中使用时，应考虑散热器的承压能力，可在竖向上划分几个系统，实行分层供暖；在寒冷地区如管理不当，散热器和水管有冻坏的危险。按热水温度分为低温水（水温低于100℃）和高温水（水温高于100℃）供暖系统；按水的循环动力分为自然循环和机械循环热水供暖系统；按配管方式分为单管和双管热水供暖系统、垂直和水平热水供暖系统以及同程和异程热水供暖系统等。广泛用于居住、公共和工业建筑。（路　煜）

热水供暖系统热力失调　thermal disorder of hot water heating system

又称热力失均。供暖系统的总供热量满足总负荷的要求，但个别散热器的散热量却与房间热负荷不一致而导致室温不符合要求的现象。分有热水供暖系统的竖向热力失调和热水供暖系统的水平热力失调。　　　　　　　　　（郭　骏　董重成）

热水供暖系统竖向热力失调　vertical thermal disorder of hot water heating system

又称竖向热力失均。由于散热器在系统内所处的高度不同而导致的室温不均现象。原因在于：①热负荷计算存在误差；②散热器的安装数量与热负荷不相符，如未扣除管道散热和片数与长度的取整；③初调节时的水力失调；④质调节时由于水温变化而引起的热压变化和水力失调。（郭　骏　董重成）

热水供暖系统水平热力失调　horizontal thermal disorder of hot water heating system

又称水平热力失均。位于同一水平高度上的散热器之间的热力失调。　　　（郭　骏　董重成）

热水供应系统　hot water supply system

将生活用水和工业用水加热到规定水温并输送至民用与工业建筑各用水点的整个系统。由加热设备和热水管系组成。按供应热水范围分为区域热水供应系统、集中热水供应系统和局部热水供应系统。
　　　　　　　　　（陈钟潮　胡鹤钧）

热水管系　hot water pipe system

输送热水供给建筑物内部使用的管道系统整体。由热水管、管件及管道附件组成。热水需循环加热供应时，由热水配水管道和热水回水管道组成。
　　　　　　　　　　　　　（胡鹤钧）

热水罐

见热水贮水器（200页）。

热水回水管道　hot water return pipe

自热水配水管道尽端（支管或立管或干管）接出，将温度降低了的热水送回加热设备或贮热设备再度加热的管道。其干管应有与水流同向的坡度。
　　　　　　　　　（陈钟潮　胡鹤钧）

热水计算单位数

计算设计小时耗热量与小时热水量所采用的热水用水单位。按建筑物性质及用途分为按人数计（住宅、集体宿舍等）、按床位数计（旅馆、医院等）、按顾客数计（浴室、食堂等）和按产品数计（工业企业）。　　　　　　　　　　　　（姜文源）

热水计算温度　hot water calculated temperature

热水供应系统中，热水锅炉或水加热器出口的最高水温和配水点的最低水温。按热水供应方式、热媒条件、水质和水质处理方式及配水点用水水温要求等确定。　　　　　　　　　（姜文源）

热水配水管道　hot water distribution pipe

自加热设备或贮热设备接出，通过热水干管、立管和支管等将热水输送、分配至各配水点的管道。为排除管中因水加热而析出的气体，干管应有坡度，并在其最高点设置排气设施。　（陈钟潮　胡鹤钧）

热水膨胀量　hot water expansion flow

热水供应系统中的水因加热，水温升高、密度下降，致使体积膨胀的量。其值与热水供应系统总容积成正比，与水在加热前后的温度差成反比。在开式热水供应系统中通过膨胀管和膨胀水箱吸收；在闭式热水供应系统中则通过安全阀释放或由压力式膨胀水罐吸收。　　　　　　　　　（姜文源）

热水水表　hot-water watermeter

适合40～90℃热水使用的水表。与冷水水表主要区别在于采用某些耐温结构材料。
　　　　　　　　　　（唐尊亮　董　锋）

热水箱　hot water tank

开式热水供应系统中设置的贮存热水的高位水

箱。常与冷水箱同标高设置供水,使双管热水供应系统各配水点冷热水水压平衡,热水出水水温稳定。用于公共浴室等建筑。 (姜文源)

热水循环泵 hot water circulating pump

又称回水泵。直接安装在管道上用于封闭循环送水的立式单级离心泵。机泵合一外形较小,便于安装与使用。用于热水与空调循环管系上。 (胡鹤钧)

热水循环流量 hot water circulating flow

热水循环系统中为保证任一用水点随时得到规定水温的热水,而在管路内循环流动着的水量。其值系按所携带之热量能补偿热水配水管道的热损失计算确定。 (陈钟潮)

热水循环系统 hot water circulation system

又称第二循环系统。热水配水管道与热水回水管道所组成的环路系统。环路中的热水依靠自然循环压力值或热水循环系的机械动力不断循环流动,自加热设备携带热量补偿沿管路的热损失,以保证各配水点或管段的水温不低于规定温度。根据使用要求与经济条件,按循环范围分为全循环管道系统与半循环管道系统。 (陈钟潮 胡鹤钧)

热水用水定额 hot water consumption norm

集中热水供应系统的居住、公用和公共建筑中,人们日常生活需用的用水单位最高日热水量(65℃)规定值。它包含在住宅生活用水定额和公用和公共建筑生活用水定额中。 (胡鹤钧)

热水用水量 hot water consumption

供人们日常生活与生产活动实际使用的累计热水量。随卫生设施完善程度、热水供应方式和气候条件而异。在工厂中取决于产品种类和生产工艺。 (陈钟潮)

热水贮水器 hot water storage tank

又称热水罐。闭式承压的加热贮热设备。为钢板制造的两端有封头的圆筒状。一般与热水锅炉或快速式水加热器配套使用,也可作为蒸汽直接引入混合加热的加热设备。 (钱维生)

热水贮水箱 hot water tank

又称开式热水箱。开式非承压的加热贮热设备。设在供水供应系统的最高处,重力供水。一般与热水锅炉或快速式水加热器配套使用,也可作为蒸汽直接引入混合加热的加热设备。 (钱维生)

热损失 heat loss

热水供应系统中,热媒与热水在静置与流动状态下向设备或管道外介质(空气、土壤)传热所造成的热量损失。其值主要取决于热水与介质之温度差、设备与管道的散热面积及传热性能。它一般为设计小时耗热量的5%～10%。 (姜文源 胡鹤钧)

热网输送效率 heat distributing efficiency of outside piping

供暖系统室外管网输送的总热量减去管网热损失后,除以总热量而得的百分数。与热负荷分布的密度、管道保温质量和安装方式等因素有关。一般为90%左右。 (西亚庚)

热稳定 thermostability

载流导体和电气设备在发生短路故障时,其最高温度不超过短时最高允许温度的性能。 (朱桐城)

热稳定性 thermal stability

在热扰量作用下,围护结构或房间抵抗温度波动的能力。热惰性大的物体,其热稳定性亦强。房间的热稳定性主要取决于围护结构和设备的热稳定性。 (岑幻霞)

热线服务 hot line service

又称免拨号接通。拿起话机,不用拨号,即可自动接通已登记的某一号码电话的性能。它已登记的电话,仍可照常拨叫和接通其他电话,但需在听到拨号音后立即拨号,超过一定时间后,会自动接通已登记的电话。一个电话用户所登记的对方只能是一个电话号码,但电话号码可根据用户需要随时改变。它犹如对讲电话,用于需经常联系的两个电话用户间,免去拨号的麻烦。 (袁玫)

热线热电风速仪 hot-wire thermal anemometer

又称热线风速仪。利用放置在流场中的具有加热电流的细金属丝(直径1～10μm)来测量的热电风速仪表。当不同的风速流经加热金属丝时,其两端就产生与风速一一对应的电信号,借以测得风速值。 (马九贤)

热压 thermal pressure

又称烟囱效应。由于室内外空气温度不同而造成的密度不同所形成的压差。室内空气温度高于室外空气温度时,室内空气的密度将小于室外空气的密度,设在房间不同高度上有两个窗孔,则高处的窗孔内空气压强将大于窗孔外,空气从此窗孔外流;低处的窗孔内空气压强将小于窗孔外,空气从此窗孔流入室内。上下窗孔内外压差绝对值之和与室内外空气密度差和两窗孔高度差的乘积成正比。上下窗孔内外压差的比例决定于窗孔面积的比例,窗孔面积小的压差大,面积大的压差小。 (陈在康)

热泳 thermophoresis

粒径大大小于气体分子自由行程的微粒处于温度分布不均匀的气流中时,气体分子以不同的平均速度从两端撞击,推动尘粒从高温一侧向低温一侧移动的过程。由于温度梯度存在所产生的力称为热泳力。 (孙一坚)

热源 source of heat

热水供应系统中用以制取热水的能源物质按物理状态分有固态（如木柴、煤炭等）、液态（如重油、过热水等）和气态（如蒸汽、废气、热气和燃气等）；此外还有日光、电力等。 　　　　　　　（胡鹤钧）

ren

人工电话 manual telephone system

在电话交换过程中，接线、拆线等有关动作均由话务员手工操作来完成的电话。按结构可分为磁石制和共电制两种。设备简单，制造、施工和维修容易，建设费用低，可通过话务员转接电话和召集会议；但接续慢，容量增大时工作人员剧增，且服务质量降低，不能适应电话通信大量发展的需要，一般用于小容量交换机。 　　　　　　　（袁 玫）

人工呼吸法 method of artificial respiration

用人工的力量促使人体肺部扩张和收缩，使触电者恢复呼吸的方法。对停止呼吸的触电者进行急救时使用。可分为口对口吹气法、仰卧压胸法和俯卧压背法。其中以口对口吹气法效果较好。 　　　　　　　（瞿星志）

人工接地极 artificial earth electrode

将金属导体埋入地下专门作为接地用的接地极。分为垂直接地极和水平接地极两种基本结构型式。常用的有接地棒（钢管、圆钢、角钢）和接地带（扁钢、圆钢）。实际使用时通常由垂直和水平两种型式组成复合接地极。 　　　　　　　（瞿星志）

人工冷水系统 artificial chilled water system

使用由制冷机制备的冷冻水作冷源来处理空气的水系统。根据使用要求分为闭式和开式。前者用于水冷式表冷器处理空气；后者主要用于喷水室处理空气。 　　　　　　　（齐永系）

人工煤气 manufactured gas

用人工方法制取的可燃气体。按生产方式分为焦炉气、油煤气、水煤气和发生炉煤气等。 　　　　　　　（黄一苓）

人工排水 manual water discharge

人工排除积聚于凝水井内冷凝水的方法。高、中压凝水井可利用管网内压力直接人工放水；低压凝水井需利用水泵抽升排水。 　　　　　　　（李伯珍）

人工气候室 controlled-climate room

又称环境控制实验室。具备气候环境控制能力以保证试验及研究工作条件的建筑或箱室。它能够根据科技、工业产品、军事、农牧、医学与生物学试验工作的不同需要，对温度、湿度、气压、雨况、光照、力场、电场、磁场、噪声、气流、空气成分和空气洁净度等进行某种程序调节或控制。（赵鸿佐）

人民防空工程设计防火规范 fire protection stendard for the design of civil shelters

为防止和减少火灾对平战结合的防空工程的危害，保护人身和财产的安全而制定的规范。主要内容包括：总则，总平面布局和平面布置，防火、防烟分区和建筑构造，安全疏散，防烟、排烟和通风、空气调节，消防给水、排水和灭火设备及电气等。 　　　　　　　（马 恒）

人体表面积 body surface area

人体皮肤的总外表面积，为人体与其所处热环境分隔的界面。以 A_b 表示。单位为 m²。可用传统的 Dubois 公式计算

$$A_b = 0.202W^{0.425}H^{0.725}$$

体重 W 以 kg 计；身高 H 以 m 计。人体不同部位表面积所占比例（C.E. Winslow J.P. Harrington 数据）等：头——7%；臂——21%；躯干——31%；腿——41%。 　　　　　　　（马仁民）

人体表面投影系数 projected area factor

人体的投影面积与人体有效辐射表面积之比。对各种姿势和衣着的人，可用垂直于法线方向的人体投影面积和人体辐射表面积之比来表示。 　　　　　　　（齐永系）

人体对流换热 heat transfer by convection from clothed body

人体以对流方式和周围空气之间的换热（散热或吸热）。其换热部分通过皮肤表面和部分通过衣服表面。 　　　　　　　（齐永系）

人体对流换热系数 coefficient of convective heat transfer

着衣者衣服外表面平均温度与周围空气温度相差 1℃时，单位面积的换热量。单位为 W/（m²·K）。 　　　　　　　（齐永系）

人体发尘量 personal dust generation rate

人体自身因新陈代谢作用而产生的各种废弃颗粒物的数量。如皮屑、毛发、油脂粒、唾液、食物残渣以及人所穿衣服上的纤维和粘附的尘土等，随着人体的活动而不断散发出来。通常以在某一粒径范围内为准，以粒/人·min 表示，并受活动强度和服装材质形式的影响。 　　　　　　　（许钟麟）

人体辐射换热 heat transfer by radiation from clothed body

人体以辐射方式和周围环境进行的换热。根据周围物体表面温度低于或高于人体（着衣）表面温度的不同可分为辐射散热或辐射得热。许多研究证实，人体辐射散热服从斯蒂芬-波尔兹曼定律。 　　　　　　　（齐永系）

人体辐射角系数 angle factors between human body and sorrounding surfaces

由人体发出并到达某一表面上的辐射能量的百分率。 (齐永系)

人体全热散热量 total heat gain from occupant

人体在不同室内环境条件和不同活动状态下所散发的显热量与潜热量的总和。 (单寄平)

人体热平衡 heat balance of human body

人体体内产热量和人体向环境的散热量相等，保持体温恒定的平衡状态。人体保持热平衡是达到热舒适感的必要条件。 (马仁民)

人体散热散湿量 heat gain and moisture gain from occupant

人体通过对流、辐射、蒸发和呼吸散发的热量和湿量。它与性别、年龄、衣着、人体活动状态（劳动强度）以及室内环境条件（空气温度、湿度、风速及围护结构内表面温度）等因素有关。成年女子的散热、散湿量约为成年男子散热、散湿量的85%；儿童的散热、散湿量约为成年男子散热、散湿量的75%。室内环境温、湿度提高，人体的散热散湿量将会减少；当室内气流速度增大时，由于提高了对流放热系数及传湿系数，人体的散热散湿量将会增加，反之亦然。在人体散发的热量中，辐射成分约占40%，对流成分约占20%，其余的40%为潜热成分。 (单寄平)

人体散湿量 moisture gain from occupant

人体通过蒸发和呼吸所散发的湿量。它受性别、年龄、衣着、人体活动状态及室内环境条件等因素的影响。如人体蒸发的湿量不仅与周围空气温度有关，且与相对湿度及空气流动速度有关。 (单寄平)

人体显热散热量 sensible heat gain from occupant

人体通过对流、传导和辐射所散发的热量。其中对流成分包括呼吸时的对流散热。在这一显热散热量中，占1/3的对流成分成为瞬时冷负荷；而约占2/3的辐射成分则首先为室内围护结构和家具等蓄热体所吸收，经过一段时间后再以对流方式给予室内空气，从而形成滞后冷负荷。 (单寄平)

人体需热量 heat demand of human body

人体在不同活动形式下劳动及与周围环境进行热交换需热量的总和。 (齐永系)

人体有效辐射面积系数 coefficient of effective radiation area of body

人体有效辐射面积 A_r 与人体表面积 A_b 之比。以 f_r 表示。即为 $f_r=A_r/A_b$。对坐着的人 $f_r=0.7$，立着的人 $f_r=0.725$，不论身高和体重如何，其变动范围均在±2%以内。该系数用于人体与周围环境辐射换热计算。 (马仁民)

人体蒸发散热 heat loss by evaporation from clothed body

人体通过皮肤湿表面的汗液蒸发、干表面的体内水分扩散以及经肺部呼出水汽所散失的汽化潜热的总和。水分的蒸发提供了一种控制体温的有效方法，即当空气温度高于血液温度时也能使身体散出热量。 (马仁民)

人造矿泉水 manual mineral water

又称人工矿泉水。将普通清洁水进一步净化去除有害物质，经矿化处理（增加必要的矿物质和微量元素）再经消毒处理而制得的矿泉水。有饮疗和浴疗矿泉水，常见的是饮疗矿泉水。 (夏葆真)

ri

日变化系数 daily variation coefficient

旧称日不均匀系数。最高日用水量与平均日用水量的比值。是反映一年365日内日用水量变化情况的参数。其数值随生活用水定额和用水单位数的增加而递减。 (姜文源)

日不均匀系数 daily uneven factor

①见日变化系数（202页）。

②用以表示一个月（或一周）中日用燃气不均匀性的数值指标。以 K_2 表示。其表达式为

$$K_2=\frac{月中某日用气量}{月平均日用气量}$$

与居民生活习惯、工业企业的工作和休息制度、室外气温变化等因素有关。其最大值称为日高峰系数，该日称为高峰日。 (张明)

日射得热因数 solar heat gain factor

夏季某一月份透过单位面积的3mm厚标准玻璃进入室内的逐时日射得热量。在冷负荷系数法中，通过相似性分析，按不同纬度和建筑物不同朝向给出其逐时值表，同时也给出一日之内的最大值，用于冷负荷计算。 (单寄平)

日用水量 daily water consumption

以一昼夜为计量单位的用水量。单位为 m^3/d。分有最高日用水量和平均日用水量。 (姜文源)

日照百分率 percentage of sunshine

一定时段内，日照时数占可照时数（日出到日落太阳的可能光照时数）的百分比。冬季日照率系指用累年最冷三个月各月平均日照率的平均值。 (章崇清)

rong

容积密度 volume density

自然堆积状态下测得的单位体积粉尘的质量。自然堆积着的粉尘（也称为粉体），在尘粒之间存在着空隙，尘粒本身的孔隙内也吸附着空气，在这种状态下测得的堆积体积大于粉尘自身的体积。因此粉尘的容积密度小于尘粒密度。用于计算灰斗或料仓体积。　　　　　　　　　　　　　　　（叶　龙）

容积热强度　volume thermal intensity

燃烧室（或火道）单位容积在单位时间内所发出的热量。与燃烧室的容积、热负荷有关，表示燃烧设备的紧凑程度。　　　　　　　　　（庄永茂）

容积式热水器　storage water heater

具有一定热水储存容积的燃气成套加热设备。主要由储水筒、燃烧器、受热面和调温器和安全装置等组成。储水筒分开放式和封闭式两种。前者热损失较大，易清除水垢；后者能承受一定蒸汽压力，热损失较小，不易清除水垢。　　（梁宣哲　吴含皛）

容积式水表　displacement watermeter

以转动元件与壳体间形成的一定容积为计量单位，借转动元件不断将充满其空间的水输送出来，并加以计数而计量水量的水表。　　　　（唐尊亮）

容积式水加热器　storage heat exchanger, storage water heater

又称大水容式热交换器。配置有加热盘管和较大贮水容积的密闭承压加热设备。按密闭罐体放置的方式分为立式与卧式两类。采用的热媒多为蒸汽或热力网过热水。可贮存大容量热水、供水温度较稳定；但与快速式相比则传热效率与容积利用率低、设备占地面积大、投资大等。　　　　　（刘振印）

容积式压缩机　displacement compressor

靠改变工作腔的容积周期性地吸入、压缩来输送制冷剂蒸汽的压缩机。按作用原理不同分为往复式压缩机和回转式压缩机两大类。它是应用最早、最广泛的制冷压缩机。　　　　　　　　　（杨　磊）

容积效率　volumentric efficiency

又称输气系数。制冷压缩机实际输气量 V_R 与理论输气量 V_h 之比。以 η_v 表示，即 $\eta_v = \dfrac{V_R}{V_h}$。在实际运行中，压缩机由于存在损失，使实际输气量小于理论输气量，它是一个小于 1 的系数，表示气缸工作容积的有效利用程度，并与余隙效率 η_c、预热效率 η_t、节流效率 η_p 和气密效率 η_m 有关，其关系式为

$$\eta_v = \eta_c \, \eta_t \, \eta_p \, \eta_m$$

（杨　磊）

容量标么值　per unit of capacity

有名单位表示的容量 S 与相应有名单位表示的基准容量 S_b 之比值。以 S_* 表示。其表达式为

$$S_* = \frac{S}{S_b}$$

（朱桐城）

容器阀　cylinder valve

又称瓶头阀。安装在灭火剂贮存容器上，用以封存和施放灭火剂的专用阀。由充装和安全泄压部件、施放部件、启动机构、压力表等组成。按启动方式分为电动、气动、电爆、机械和手动操作等类型。

（张英才　陈耀宗）

容许变形量　allowable deformation

杆件在正常工作状态下，允许承受最大压缩力时的缩短值。如弹簧，以其自由高度为基准。

（邢弗桐　丁崇功）

容许荷载　allowable load

杆件在长期、安全、稳定和连续工作时，所能承受的最大压力。单位为 N。此值与杆件的材质和刚度有关。它随着刚度的增加而增加。

（邢弗桐　丁崇功）

容许荷载下垂直方向振动频率　vertical vibration frequency under allowable load

受压弹簧在允许压缩力作用下，沿轴线方向每秒钟交替变化的次数。以 H 表示。其值与外加荷载的频率相同，而与弹簧的固有频率无关。但振幅不仅与外加荷载的振幅有关，且还与外加荷载的频率以及弹簧的固有频率密切相关。（邢弗桐　丁崇功）

溶解度　solubility

在一定温度和压力下，气体在液相中的饱和浓度。习惯上常以单位质量（或体积）液体中所溶解的气体质量数来表示。其值除与溶质和溶剂的性质有关外，还与温度、压力等条件有关。　（党筱凤）

溶解度系数　solubility coefficient

被吸收物质在液相中浓度用体积摩尔浓度 C（kmol/m³），在气相中浓度用平衡分压力 p^*（kPa）表示的亨利定律式 $C = Hp^*$ 或 $p^* = C/H$ 的比例系数 H。单位为 kmol/（m³·kPa）。它表示气体在液体中溶解的难易程度。其值随气体种类及温度而异，一般由实验测定。它与亨利常数 E 之间的关系可近似下式为

$$H = \rho/(EM_s)$$

ρ 为溶液的密度；（kg/m³）；M_s 为溶剂的摩尔质量。（kg/kmol）。　　　　　　（党筱凤　于广荣）

溶液浓度　solution concentration

盐溶液中含盐的质量百分比。当溶液温度一定时，溶液表面水蒸气分压力随浓度增加而降低。当溶液浓度增加到一定限度时即达饱和，超过此限，多余的盐分就会结晶出来。　　　　　（齐永系）

溶液 P-ξ 图　P-ξ chart of solution

盐水溶液的表面水蒸气压力 P 与其质量浓度 ξ 的关系图。用来表示盐水吸湿剂的性质。

（齐永系）

熔断器　fuse

当电流超过规定值一定时间后，通过熔化一个或几个特殊设计的、具有适当尺寸的熔体，断开它所接入的电路，并分断该电流的开关电器。按额定电压分为高压熔断器和低压熔断器。　　（朱桐城）

熔断器式刀开关　fuse-swith

又称刀熔开关。静触头是固定在底座或插头座上，而由熔断器组成动触头开关。　　（施沪生）

rou

柔性短管　flexible stub

用帆布、橡胶等柔软材料制成的一段短管。常用以减少设备振动的传播。　　（陈郁文）

柔性连接　flexibile connection

又称挠性连接、可曲挠连接。允许连接部位发生轴向伸缩、折转和垂直轴向产生一定位移量的连接方式。连接方式采用橡胶接头、波纹管等弹性接头、特殊结构的管件以及柔性填料等。它隔振、减噪声，并能防止位移损坏管道与调整安装误差等。

（张延灿）

ru

入口控制　access control

阻止闯人者进入和允许被批准的人员进入被保护的房间或地区的技术。其系统可以是相当简单的，如被允许进入的人可以用钥匙开关或代码开关关掉报警系统而入内；也可以是相当复杂的，它可能包括个人身份卡（识别卡）、卡片阅读机、门控和监视系统、中央处理机、输入/输出终端、主电源和应急电源等。其中身份卡是经过电磁编码的无源卡片。为了识别"敌我"，也可采用图像和语音识别技术。

（王秩泉）

ruan

软反馈　soft feedback

又称弹性反馈。只在调节过程中起作用，在过程终止时则停止的反馈。如积分调节器在调节过程中，当被调参数与给定值发生偏差时，调节器便动作，直到被调参数与给定值的偏差消失为止。（唐衍富）

软管连接　joint by flexible pipe

用柔性软管连接风管与部件的连接方法。软管两端套在被连接的管外，然后用特制的尼龙软卡把软管箍紧。便于安装。用于圆形风管的连接。

（陈郁文）

软化　softening

降低或去除水中钙镁离子的处理方法。分有物理法和化学法。实际工程中常用化学法，主要有药剂软化和离子交换软化。　　（胡　正）

软化水　softened water

钙、镁离子总含量（水的硬度）较低的水。制备方法主要有药剂软化法和离子交换法。用于防止结水垢的锅炉给水等。　　（姜文源　胡鹤钧）

软件　software

又称程序系统。为了方便用户和充分发挥计算机效能的各种程序、过程、规则以及有关的文件集的总称。建筑设备电脑管理系统的基本软件包括：监察状态、模拟、脉冲输入讯号；输出自锁式开关、瞬时式开关和模拟讯号；时间控制程序；事态引发控制程序；最佳启/停控制程序；最大电力用量控制程序；熔量控制程序；警报监察及汇报；模拟值高低限警报；运行时间记录；动态图表显示。　　（温伯银）

软聚氯乙烯（PPVC）管　plastic polyvinyl chloride pipe

在聚氯乙烯树脂中加入增塑剂、稳定剂和其他助剂，经挤出成型的软质热塑性塑料管。主要用作电缆套管和流体输送。电缆套管常用规格为内径 $1\sim40mm$，颜色有白、黄、红、蓝、黑和本色；流体输送常用规格为内径 $3\sim50mm$，颜色有本色、透明和半透明。最大工作压力：内径 $3\sim10mm$ 时为 $0.25MPa$；内径 $12\sim50mm$ 时为 $0.20MPa$。密度 $1.16\sim1.35g/cm^3$。具有自熄性。常用连接方法分有热熔对接和用内插其它管材连接。　　（张延灿）

软铅管

见铅管（185页）。

软镶　flexible connection

用气管与燃气用具之间的柔性连接方式。常用合成橡胶管作为连接管。燃具可适当移动，便于维护保养。　　（郑克敏）

S

sa

洒水龙头

见洒水栓（205页）。

洒水栓　watering tap, sill cock

又称洒水龙头、冲洗水龙头。在出水口处带有快速接头，便于与胶管连接的配水龙头。常装于车间、庭院、草坪、运动场等处，供冲洒地面、浇洒花草、冲洗车辆等。安装方式分有明装式、壁龛式和地下式。　　　　　　　　　　（张连奎　张延灿）

萨顿扩散模式　Sutton dispersion model

应用统计理论导出实用的污染物在大气中扩散的计算模式。实际上是高斯扩散模式和泰勒公式的结合。在泰勒公式和正态分布扩散模式基础上，找到泰勒公式中拉格朗日自相关系数的具体表达式。这式中的量都是可测量得到的，将其代入泰勒公式中，并对泰勒公式积分便得到萨顿扩散系数 c_y 和 c_z，c_y 和 c_z 与 σ_y 和 σ_z 间的关系为 $\sigma_y^2 = \frac{1}{2}c_y^2 x^{2-n}$；$\sigma_z^2 = \frac{1}{2}c_z^2 x^{2-n}$，$x$ 为下风距离；n 为萨顿的气象系数，也称为稳定度系数。高架连续点源的该模式为

$$c(x,y,z,H) = \frac{Q}{\pi \overline{u} c_y c_z x^{2-n}} \exp\left(\frac{-y^2}{c_y^2 \, x^{2-n}}\right)$$
$$\times \left\{ \exp - \left[\frac{-(z-H)^2}{c_z^2 x^{2-n}}\right] \right.$$
$$\left. + \exp\left[\frac{-(z+H)^2}{c_z^2 x^{2-n}}\right] \right\}$$

Q 为污染源的排放强度；$\overline{u}$ 为烟囱出口处大气的平均风速；H 为烟囱的有效高度。　　（利光裕）

sai

塞克斯蒂阿接头

见旋流器（268页）。

塞头

见管堵（92页）。

san

三层百叶送风口　supply register with opposed blade damper

又称送风调风器。由叶片可调的格栅送风口与对开式风量调节阀组装而成的送风口。其型式分有外层、内层叶片均可调节的，以及外层叶片可调、内层叶片固定的两种。

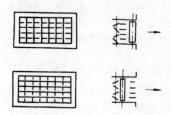

（王天富）

三冲量给水自动控制装置　automatic control of three impulse of water supply pump

取锅炉汽包水位、蒸汽流量和给水流量作为给水调节阀动作参数的控制装置。多数用在大型锅炉上。　　　　　　　　　　　　　　　（唐衍富）

三方通话　three party services

当甲、乙两个用户在通话时，甲方可保持乙方，并拨叫出第三个用户丙，进行三方通话的性能。利用这个性能，也可进行电话转接，甲拨叫出丙后挂机，使乙与丙通话。

　　　　　　　　　　　　　　　（袁 玫）

三甘醇吸湿　dehumidification by triglycol

用三甘醇水溶液对空气进行减湿处理。三甘醇 $[HO(CH_2)_2O \cdot (CH_2)_2O (CH_2)_2OH]$ 又称二缩乙二醇，是无色无臭有吸湿性的粘稠液体。是环氧乙烷水合制乙二醇时的副产品。其水溶液吸湿能力极强，且没有腐蚀性，是空调工程中很有发展前途的液体吸湿剂。　　　　　　　　　　　　　　　（齐永系）

三管式水系统　three-pipe water system

冬夏两季的送水系统管路分开，冬天送热水的管路，夏天不用，夏天送冷水的管路，冬天不用，回水采用同一管路的风机盘管水系统。对过渡季节长的风机盘管，调节起来比较方便，适应有些房间需要冷，而又有些房间需要热，但冷热水回到一个管路中会使冷热能量抵消，是不经济的。

　　　　　　　　　　　　　　　（代庆山）

三级处理　tertiary treatment

又称深度处理。经过一级处理和二级处理的污水，为进一步减少污染程度而进行的处理过程。包括

比二级处理更进一步的物理处理、化学处理和生物化学处理。 （张延灿）

三级电力负荷 class 3 electrical load

不属于一级电力负荷和二级电力负荷者。 （朱桐城）

三角凡尔

见角阀（126 页）。

三立管排水系统 DWV, drainage, waste and vent stach system

具有分别排除生活污水与生活废水的两根立管和共用通气立管的生活排水系统。两排水立管分别隔层与通气立管相连。三管并列占据空间较大。仅适用于高层建筑有足够管道井面积的情况。

（姜文源）

三通 single junction, tee

又称丁字管。从主管上接出支管的具有三个接口的连接件的统称。按连接形式不同分有主管与支管正交连接的正三通（T 形管, tee）；主管与支管斜交连接的斜三通（Y 形管）；主管与两根支管斜交连接的叉通（Y 形管, wye, Y-bran-ch）等类型。

（唐尊亮 潘家多）

三通调节阀 three way regulating valve

又称三通阀。具有三个通路，用以连接两个不同温度的水的分支水管和一个混合水管（总管）的水量调节阀。通过三通阀可调节两个分支水管的水量比例（一个减小则另一个增加），保持混合水量（总水量）不变以改变混合后的水温。在喷水室和风机盘管水路系统中都设此阀以调节所需要的供水温度。电动执行机构与三通阀组合成的执行器称为电动三通阀。

（马仁民）

三通风阀 diverging tee splitter damper

设在送风系统矩形三通分支点上、用来调节支风管风量的阀门。常分有手柄式和拉杆式两种。其阀板的一端用铰链固定，另一端可根据需要朝着三通直通管或分支管方向转动，并将手柄或拉杆固定在某个位置上。 （王天富）

三维显示 thee dimensional display

把立体图像用平面上的投影图或透视图等方式表示在平面上的显示。 （温伯银）

三相短路 three-phase short-circuit

供配电系统中，三相导线直接金属性的连接或经小阻抗连接在一起。 （朱桐城）

三相短路电流 three-phase short-circuit current

三相短路时，流经短路电路的电流。

（朱桐城）

三原色系统 trichromatic system

适当选择三种参照色刺激相加，使它与被试样品的色刺激达到颜色匹配，以这每种色刺激的相加量来表示物体的色刺激的表色系统。 （俞丽华）

散流器平送 horizontal supply air from diffuser

空气从散流器送出后，沿着顶棚水平贴附流动，在室内形成回旋流的送风方式。 （邹月琴）

散流器送风 supply air from diffuser

在顶棚上安装带有扩散片的送风口（散流器）向室内送风的一种送风方式。它具有能诱导室内空气与送入空气迅速混合的特性。按其结构分为散流器平送和散流器下送。 （邹月琴）

散热器 radiator, heating appliance, heat emitter

俗称暖气片。以自然对流和辐射方式向房间或空间放热、使室内或空间保持规定温度的供暖设备。按加工材质分为铸铁、钢制和非金属散热器；按构造形状分为管型、翼型、柱型和板式散热器；按换热方式分为普通型、对流型和辐射型散热器。最常使用的普通型散热器，辐射放热仅占 20% 左右，但由于历史的原因，国外习惯称为辐射器。对散热器的要求：热工性能好、经济耐久、承压能力高、安装使用方便、加工工艺简单、卫生、美观等。一般布置在房间内的窗下，以抵消窗面冷辐射和下降冷气流的影响。

（郭 骏 董重成）

散热器标准散热量 standard heat emission (output) of heating appliance

当热媒为热水时，在标准设计状态（进口水温为95℃、出口水温为70℃、室内空气温度为18℃）下，单位时间散热器的散热量（W）。通过标准测试台测试而得到。 （郭 骏 董重成）

散热器标准水流量 standard water flow rate of radiator

在按国家标准测定散热器的标准散热量时，每平方米散热器散热面积所对应的水流量。单位为 kg/（$m^2 \cdot h$）。 （郭 骏 董重成）

散热器承压能力 allowable pressure of heating appliance

又称工作压力。散热器在系统中工作时允许承受的最高压力。而产品在出厂检验和型式试验时的试验压力，则应为工作压力的 1.5 倍。散热器产品合格证和说明书均应标明散热器的试验压力和工作压力。 （郭 骏 董重成）

散热器传热系数 overall heat transmission coefficient of radiator

当散热器热媒平均温度与室内空气温度之差为1℃时，每平方米散热面积的标准散热量。单位为 W/（$m^2 \cdot K$）由实测的标准散热量除以热媒平均温

度与空气温度之差和散热器的散热面积而得出。在
计算散热器所需面积时,作为中间值使用。由于为优
化散热器性能而采用肋片的散热器的散热面积大而
表面温度低,故带肋片的散热器的传热系数必定小
于光面散热器的传热系数。　　　(郭　骏　董重成)

散热器金属热强度　metal heat intensity of radiator

散热器内热媒平均温度与室内空气温度的差为
1℃时,每千克重量散热器的标准散热量单位为 W/
(kg・℃)。它在一定程度上,反映了散热器的经济
性指标。　　　　　　　　　　　(郭　骏　董重成)

散热器进流系数　coefficient of water entrance to radiator

单管散水供暖系统中,流进一侧散热器的水量
与该散热器所在立管(或水平单管时的支管)中水流
量之比。　　　　　　　　　　　　　(王亦昭)

散热器连接支管　feeding branch to radiator

供暖系统中,供、回水立管与散热器之间的连接
管段。　　　　　　　　　　　　　　(路　煜)

散热器热水流量修正系数　water flow rate factor of radiator

散热器的实际水流量不等于标准水流量时,对
标准散热量的修正数。由于水流量不同,所以引起散
热器散热量变化,是因为散热器内水流分配和水流
速变化,将导致散热器温度分布和内表面对流放热
系数变化。水流量对串片散热器的影响较大;对于其
它类型散热器,当热水由下部流入时,其散热量的变
化大于热水由上部流入时的散热量变化。
　　　　　　　　　　　　　　　　(郭　骏　董重成)

散热器散热面积　heating surface area of radiator

散热器向房间散热的总面积。通常认为就是散
热器与空气接触的全部外表面积。由于制造时不可
避免存在误差,因此常按图纸确定这一数值。
　　　　　　　　　　　　　　　　(郭　骏　董重成)

散热器实际水流量　actual water flow rate of radiator

在实际使用时,每平方米散热器的散热面积所
对应的水流量。单位为 kg/ (m² · h)。
　　　　　　　　　　　　　　　　(郭　骏　董重成)

散热器相对水流量　ralative water flow rate of radiator

散热器的实际水流量与标准水流量之比。
　　　　　　　　　　　　　　　　(郭　骏　董重成)

散射辐射强度　diffuse solar radiant intensity

由于大气的散射作用,从半球天空的各个部分
到达地面的日射强度。它在云量增加,直射辐射强度

减弱时增强。　　　　　　　　　　　(单寄平)

sang

桑那浴　sanna bath

又称芬兰式蒸汽浴。清洁身体促进血液循环、新
陈代谢和减肥、健身的蒸汽 浴。"桑那"一词来源于
芬兰语。其浴室一般采用导热系数低的云杉木材制
作;简易设备也有用阻燃纤维织物制作的,充气后即
可支撑起来使用;现代设备均采用电加热,有的还采
用远红外线电加热方法。浴室内温度可调范围一般
为 40~90℃。按使用场所分有公用桑那浴,可供若
干人同时使用,常设在健身房内,与淋浴器、漩涡浴
盆、太阳浴床、健身机械、按摩设备和游泳池等配套
使用;家用桑那浴,供单人或双人使用,常设在卫生
间内与浴盆、漩涡浴盆和淋浴器等配套使用。按安装
方式分有固定式、装配式和移动式。　　(张延灿)

se

色刺激　colour stimulus

进入人眼能引起无彩色 (从白到黑的一系列中
性灰色)和有彩色 (除无彩色以外的各种颜色)感觉
的可见光辐射。前者称为无彩色刺激,后者称为有彩
色刺激。　　　　　　　　　　　　　(俞丽华)

色调　hue

又称色相。表示人眼对红、黄、绿、蓝、紫等不
同波长的颜色光的感受。它是颜色的三属性之一。
　　　　　　　　　　　　　　　　(俞丽华)

色度　chromaticity

又称色品。用色坐标或主波长 (或补色波长)和
纯度来表示的颜色的性质。它实际上表示了颜色的
色调和彩度的属性。　　　　　　　　(俞丽华)

色度图　chromaticity diagram

表示色度坐标的平面图。下图为 CIE1931 色度
图。是一种客观标定颜色的方法,一般采用直角坐

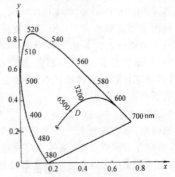

标，在 CIE 标准色度（表色）系统中用 x、y（1931年），或 x_{10}、y_{10}（1964年）直角坐标。图中马鞍形的曲线表示光谱色，称为光谱轨迹。连接光谱轨迹末端的直线称为紫色边界，它是光谱中所没有，但在自然界存在的颜色。通过 D 点的弧形曲线称为黑体轨迹，表示黑体温度和色度的关系。

（俞丽华）

色匹配函数

见光谱三刺激值（95 页）。

色温　colour temperature

所发光色与光源光色的色度一致时的完全辐射体（黑体）的绝对温度（K）。100W 钨丝白炽灯为 2740K，日光色荧光灯为 6500K。　　（何鸣皋）

色坐标　chromaticity coordinates

简称色度坐标。在三原色系统中，与待测光达到色匹配所需的三种原色刺激的各值与它们之和的比值。在 CIE 标准表色系统（XYZ 系统）中用 x、y、z（1931年）和 x_{10}、y_{10}、z_{10}（1964年）来表示，写成公式为

$$x = \frac{X}{X+Y+Z}$$

$$y = \frac{Y}{X+Y+Z}$$

$$z = \frac{Z}{X+Y+Z}$$

由于 $x+y+z=1$，一般用以 x、y 为轴的二维直角坐标表示色度的图形称为色度图。所有颜色光都可在色度图中找到其位置。　　（俞丽华）

sha

砂滤水　filered water

经过微孔砂芯过滤的饮水。可供直接饮用。

（胡鹤钧）

shai

筛板燃烧器　perforated panel burner

与金属网式燃烧器相类似，只是以筛板代替了内层网和托网的燃烧器。是燃气红外线辐射器的头部型式之一。设置筛板后，提高了燃烧过程中温度分布的均匀性、稳定性和设备的抗风性能，增强了辐射强度，提高了辐射效率。　　（陆耀庆）

筛板塔　sieve plate tower

又称泡沫塔。塔内放置若干层水平塔板，板上有许多小孔，形状如筛的吸收塔。液体由塔顶进入经溢流管（一部分经筛孔，无溢流管时则全部经筛孔）逐板下降，并在板上积存液层；气体由塔下部进入，经

筛孔上升，穿过液层鼓泡而出，并形成气泡及泡沫。气、液两相依次在塔板上形成的气泡及泡沫表面接触传质，使气体中易溶组分被吸收。气速较高，处理气量较大，但阻力也较大，对塔板安装要求较高。

（党筱凤）

筛分理论　sieving theory for cyclone

考虑旋风除尘器内同时存在着涡旋流和汇流而建立起来的一种分析旋风除尘器尘粒分离临界粒径的理论。假定内、外涡旋交界面近似圆柱面，其上下各点的向心径向速度相等，并具有相同的最大切向速度。在这里就必然会有某一粒径为 d_{c50} 的尘粒，其径向所受到的向外的离心力和径向气流向心飘移的作用力相平衡，既不能移动到器壁而被捕集，也不会向心流入内旋流而被带出去，按理只是在交界面上作旋转运动。但考虑到实际上存在的气流紊流等各种因素的影响，认为这粒径为 d_{c50} 的尘粒有 50% 会逸出除尘器，而有 50% 仍能被捕集。这种粒径 d_{c50}，是指除尘效率为 50% 的临界粒径，亦称为切割粒径。根据这一理论，人们按照不同的经验数据和方法推导出多种 d_{c50} 的计算公式。　　（叶　龙）

shan

闪点　flash point

易燃、可燃液体表面上挥发出来的蒸汽与空气形成混合物后遇火产生闪燃的最低温度。是判断可燃液体的蒸汽用外部点燃而发生燃烧难易程度的依据。液体的闪点越低，火灾或爆炸的危险性就越大。

（赵昭余）

闪燃　flash

在可燃液体表面上，液体蒸汽与空气组成的混合物遇火而产生一闪即灭的燃烧现象。（华瑞龙）

闪烁　flicker

当光刺激的频率在数赫至临界融合频率（高于此频率时不能再察觉亮度或颜色的差别）之间时，人的视觉器官所感受到的亮度或颜色的波动印象。

（俞丽华）

shang

熵　entropy

表征工质状态变化时，其热量传递的程度。它是一个导出状态参数。两个状态之间的熵差与两个状态之间的变化过程无关。因此不可逆过程中的熵差可按任何可逆过程计算。它为可逆过程热源加给工质的热量 δq 除以绝对温度 T 所得的商值。用 S 表示。它的定义式为 $d_s = \left(\dfrac{\delta q}{T}\right)_{rev}$。比熵的单位为 kJ/

(kg·K)。对孤立系统则它的变化表征过程的特征。对可逆过程，则它保持不变；对不可逆过程，则它增加。然而，在客观世界中，一切实际过程都是不可逆的。即孤立系统中的一切实际过程总是向着它增加的方向进行。综上两种情况可用式表达为

$$dS_{ieol} \geqslant O$$

式中等号适用于可逆过程，大于号适用于不可逆过程。上式说明孤立系统中，它可以增加（不可逆过程）或保持不变（可逆过程），但绝不能减少。

（杨 磊）

上分式供暖系统 down-feed heating system

又称上供下回式供暖系统、上行下给式供暖系统。供水干管设在上部、回水干管设在下部的供暖系统。

（路 煜）

上供上回式供暖系统 down-feed and up-return heating system

供回水干管均设在上部的热水供暖系统。适用于工业建筑以及无法将供回水干管敷设在地面上或地沟内的场合。但每根立管的最低点应设泄水装置，以便在必要时将系统内的水泄空。 （路 煜）

上水

见给水（116页）。

上吸式排风罩 updraft hood

在有害物质发生源上方装置的排风罩。是外部吸气罩的一种形式。 （茅清希）

上行下给式 upfeed system

给水或热水的横干管位于其管系的上部，通过连接的立管向下给水的管道布置方式。上行横干管常敷设在屋面上、技术层内或顶层的吊顶及顶棚下。用于设有高位水箱或底层设备与地下管道较多的建筑。 （黄大江 姜文源）

上止点 upper dead center

又称上死点、外止点。往复式压缩机其活塞在气缸内作往复运动时，活塞离曲柄旋转中心最远位置。

（杨 磊）

shao

少油断路器 live-tank oil circuit-breaker, small-oil-volume circuit-breaker, low oil content circuit breaker

又称贫油断路器。利用绝缘的矿物油来灭弧，但不利用它使带电部件与大地绝缘的断路器。此断路器的油箱对地是绝缘的，而且各相总是分开的。

（朱桐城）

she

舌簧继电器 reed relay

利用密封在管内、具有接触簧片和衔铁磁路双重作用的舌簧的动作来闭合、开断电路的继电器。一般分为干簧继电路、水银湿式舌簧继电器和铁簧继电器。它小型、快速、灵敏、结构简单。适合于生产自动化。 （王秩泉）

设备安全使用 safe operation of equipment

根据工作场所的环境条件和电击保护的要求，选用相应安全防护等级的电气设备，正确管理、使用、检查和维修，以确保电气安全，防止触电事故。

（瞿星志）

设备产尘量 equipment dust generation rate

室内任何一种机器设备在其运转过程中因任何一种原因而产生出的固态或液态微粒的数量。通常以某一粒径范围为准，以粒/台·min 表示。如一台电动机（300W 以下）1min 内可产生 0.5μm 以上微粒约 $2 \times 10^5 \sim 5 \times 10^5$ 粒；一台半导体工艺用的磷扩散炉的开炉，可使室内含尘浓度提高多倍以上。具体设备的产尘量应通过测定确定。 （许钟麟）

设备负荷 load from appliances

生产生活用设备、用具、装置在使用过程中散发的热量及湿量。它不仅与设备的体形及容量大小有关，而且也因环境条件及操作方式不同而改变。

（赵鸿佐）

设备容量 equipment capacity

电力负荷计算时，将不同工作制下用电设备的额定容量换算为可统一计算的容量。长期工作制时的电动机等于其铭牌上的额定容量。反复短时工作制的电动机为额定容量换算到统一负载持续率下的有功功率为：当采用需要系数法或二项式法计算时，统一换算到负载持续率为 25％；当采用利用系数法计算时，统一换算到负载持续率为 100％。电焊机及电焊变压器为额定容量统一换算到负载持续率为 100％时的有功功率。照明设备为：白炽灯为灯泡的额定容量；气体放电灯为灯泡（管）功率加镇流器消耗的功率。成组用电设备为不包括备用设备在内的各个单体用电设备之和。 （朱桐城）

设备重心 gravitational centre of equipment

被隔振设备（视隔振器的位置不同，还可包括设备安装台或基础）的重力总作用点。取其为坐标原点，则三个坐标轴即为中心主惯性轴，隔振器的布置相对中心主惯性轴或它的两个垂直坐标平面有一定的高度或对称要求。 （甘鸿仁）

设计负荷 design load

用于确定供暖、空调设备容量的最大小时负荷。分有房间设计负荷与系统设计负荷。过去它是根据静态负荷原理来计算的，现代设计负荷计算法已引进了动态概念。 （田胜元）

设计流量比 design flow ratio

考虑到横向气流干扰，为保证有效地全部排走污染气流，设计中所采用的比相应极限流量比略大的流量比值。它与污染气流和横向气流的速度比值有关。　　　　　　　　　　　　　（茅清希）

设计秒流量　design flow, design load

反映给水排水系统瞬时高峰用水规律的设计流量。以 L/s 计。用于确定给水管和排水管管径，计算给水管系的水头损失和排水管道的坡度、充满度，以及选用水泵等。按系统分有给水设计秒流量和排水设计秒流量。建筑给水排水系统按计算理论和方法分有经验法、平方根法和概率法。经验法系据水龙头数量确定管径，方法简便但不能计算管段的水头损失值；平方根法为用卫生器具当量总和的平方根与设计秒流量成正比的理论建立计算公式，公式形式简单也符合客观实际，但当卫生器具当量总和数值较大时，流量增值较少，公式反映的因素还不够全面，并对设有自闭式冲洗阀的系统不完全适用；概率法系将概率理论用于确定属于概率随机事件范畴的管段设计流量，理论先进、方法合理，在美和前苏联等国得到广泛采用。中国现行规范《建筑给水排水设计规范》GBJ15—88 中规定的公式限于测试条件与资料积累不足，仍属于平方根法范畴。
　　　　　　　　　　　　　（姜文源）

设计喷水强度　design density of discharge

又称淋水密度。扑灭火灾时单位时间内单位面积上需要的喷水量。根据试验和实践经验数据确定：对严重危险级的建筑物、构筑物为 $10\sim15$ L/min·m^2；中危险级为 6L/min·m^2；轻危险级为 3L/min·m^2。　　　　　　　　　　　　　（应爱珍）

设计小时耗热量　maximum hounly heat consumption

热水供应系统中用水设备最大小时的耗热量。可根据热水计算单位数、热水用水定额及其用水温度与时变化系数的乘积；或供应热水的卫生器具数及其小时用水量、所需水温，与同时使用百分数的乘积而计算得出。　　　　　　　　　　　　　（陈钟潮）

设计泄流量　disign sluice flowrate

雨水排水系统中雨水斗和雨水立管的最大允许宣泄能力。据实验得知雨水排水系统与雨水斗的结构、大小和斗前水深有关。
　　　　　　　　　　　　　（姜文源　胡鹤钧）

设计作用面积　assumed maximum area of operation

闭式自动喷水灭火系统中作为计算水量、水压基本依据的最大喷水保护面积。按作用面积法，对严重危险级的建筑和构筑物规定为 300m^2，中危险级为 200m^2，轻危险级为 180m^2。
　　　　　　　　　　　　　（应爱珍　胡鹤钧）

射程　throw

射流从出口截面上具有的最大速度值沿流程降至某一规定速度值所经过的距离。它一般以出口起算的轴心线长度表示。　　　　　　　　（陈郁文）

射流　spouting stream

在水压作用下自直流喷头中喷出的喷水形态。因水柱一般较纤细且透明，观看不明显，照明效果也较差。但其射高、射程和射流角度易于灵活调节，水流活泼欢快，且直流喷头结构简单，故为水景工程中最常用的水流形态之一。　　　　（张延灿）

射流长度　jet travel

又称冲入深度。射流从出口截面上具有最大速度，降到与周围空间空气速度相等时所经过的距离。是射流的最大射程。　　　　　　　（陈郁文）

射流出口速度　jet outlet velocity

孔口或喷嘴出口截面上射流气体的速度。这个速度的大小以及在截面上分布均匀程度，影响射流的外射流动。是射流流动的重要参数。（陈郁文）

射流轨迹　jet trajectory

又称轴心轨迹。射流出口·中心上，单位体积射流气体的运动轨迹。　　　　　　　　（陈郁文）

射流过渡区　jet transition zone

送风射流与四周空气进行充分混合的区域。
　　　　　　　　　　　　　（邹月琴）

射流速度衰减　jet velocity decay

随射流射程的增加，轴心速度、截面平均速度沿射程逐渐减小衰落。　　　　　　　（陈郁文）

射流温度衰减　jet temperature decay

非等温射流随射程的增加，轴心温度、平均温度沿射程逐渐减小。　　　　　　　　（陈郁文）

射流噪声　efflux noise

从燃烧器喷嘴喷出的燃气与周围静止空气之间的剪切力作用，形成高速的紊动而生产的噪声。其强度与 $v_1^8 F_j$ 成正比（v_1 为喷嘴出口速度；F_j 为喷嘴截面积），主要分布在其轴向的 20°～60°范围内，随着离开喷嘴距离的增加而显著减弱。　　（徐　斌）

射流自由度　degree of freedom of jet

反映射流受固体边壁限制影响的程度。用与单股射流轴心线相垂直的房间断面面积平方根 $\sqrt{F_n}$ 比喷嘴直径 d_0，即为 $\sqrt{F_n}/d_0$ 表示。（陈郁文）

shen

伸臂范围　arm's reach

从人经常站立或走动的面上任何一点算起，用手在任一方向可以直接达到的界限。
　　　　　　　　　　　　　（瞿星志）

伸顶通气管　stack vent

　　旧称透气管。排水立管在最上层排水横支管与之相连处以上延伸出屋面、顶楼或接出外墙通大气的管段.伸出屋面部分应高于积雪厚度,一般不小于0.3m。　　　　　　　　　　　　　　　　（张　淼）

伸缩节

　　见补偿器（15页）。

伸缩器

　　见补偿器（15页）。

深度处理

　　见三级处理（205页）。

深度脱盐水

　　见纯水（29页）。

深井泵　deep-well pump

　　用以抽升地下水的立式单吸分段式多级离心泵。由工作部分（包括滤网）、扬水管部分（包括泵座和传动轴）和带电动机的传动装置部分组成.工作时水泵浸于水中,电动机设于井台上部,一台水泵即设一个独立泵站。　　　　　　　（姜乃昌）

深井回灌　inject water back into deep well. deep well injection disposal

　　冬季将被大自然冷却后的水通过深井回灌于地层中,夏季再取出应用,以保持地下水的抽灌平衡,既防止城市地面的沉降,又达到利用地层蓄冷的技术措施。　　　　　　　　　　　（马九贤）

甚高频　VHF. very high frequency

　　频率30～300MHz的无线电频段。其传播特性与光波相似以直线视距传播.主要用作短距离通信,传送电视、调频广播.电视广播中的第Ⅰ波段的1～5频道和第Ⅲ波段的6～12频道均在其范围内。　　　　　　　　　　　　　　　　（李景谦）

甚高频/甚高频变换器　V/V convertor

　　将甚高频波段内的某一个频道变换成另一个甚高频道的装置。用于离电视发射台近,室内直射波较强容易造成重影的场合。　　　（李景谦）

渗入空气量　air volume of infiltration

　　通过每米长的门窗缝隙渗入的冷空气量。以L表示。单位为 m³/（m·h）。其计算式为

$$L = a\Delta P^{\frac{1}{b}}$$

ΔP 为门窗缝隙两侧空气的静压差（Pa）;a 为门窗缝隙空气渗透系数〔m³/（m·h·Pa）〕;b 为常数,一般取为 1.5～2。a、b 与门窗类型和缝隙的密封性能有关。　　　　　　　　　　　　　　（胡　泊）

渗水池　percolation pit. percolation basin

　　又称渗水坑。使污废水渗入地层而污物被截留的池状构筑物。较渗水井容量大。按构造分为人工砌筑和利用天然坑。　　　　　　　（魏秉华）

渗水井　cesspool. drainage well

　　又称污水渗井。使污废水渗入地层而污物被截留的井状构筑物。由井底、井壁、井盖及通风管组成.井底和井壁具有渗水孔;井壁外填砾石或卵石构筑的反滤层;井身一般为砖砌筑或钢筋混凝土构件呈圆形和矩形。由于它污染周围环境,现行规范禁止使用。　　　　　　　　　　　　　（魏秉华）

渗水渠　seepage channel

　　又称渗水道。由壁孔渗水的渠道.渠壁外填有卵石等人工渗水滤层。按结构形状分为圆形和矩形等.在渗渠取水工程中,经其取集地面水;在污水处理工程中,污废水经它截留污物渗入地层。　　　　　　　　　　　　　（魏秉华）

渗透朝向修正值　exposure factor of infiltration

　　考虑到冬季各向风速不同,在单纯风压作用下,各向门窗缝隙冷空气渗透量与主风向渗透量之比值。它是根据各地风速、风频等气象数据统计而得出,主风向的值取1;其余各风向均为小于1的值。　　　　　　　　　　　　　　　　（胡　泊）

渗透耗热量　heat consumption of infiltration

　　把经门窗缝隙渗入到室内的冷空气加热到室温的耗热量。它与门、窗的构造、朝向、冬季室外风速、风向、供暖室内外温差、建筑物高度以及内部通道状况等因素有关.通常按缝隙法计算,也可按换气次数法或百分数法估算。

　　　　　　　　　　　　　　　　（胡　泊）

sheng

升杆闸阀

　　见明杆闸阀（165页）。

升降式泡沫管架　foam pipe frame lift

　　利用水压自动升起弯形喷管的移动式空气或化学泡沫产生及喷射设备。一般由空气或化学泡沫产生器、伸缩管、弯形喷管、管架座、管架、支撑管和其制动装置等组成。扑救火灾时泡沫混合液或化学泡沫粉由消防车供给。一般用于罐体爆燃后的敞口燃烧火灾。　　　　　　（杨金华　陈耀宗）

升温降湿　dehumidification by rising air temperature

　　将相对湿度偏高的空气加热升温,降低相对湿度的方法。该法不能减少空气中的含湿量。

　　　　　　　　　　　　　　　　（齐永系）

升温脱附　increasing temperature desorption

　　加热有负载的吸附剂床层,使吸附质脱附出来的再生方法.可采用水蒸气间接加热;也可采用水蒸气（或热空气）吹过床层直接加热。多用于吸附量

随温度变化较大的吸附剂的脱附,热能消耗大,床层还需冷却处理。 (党筱凤)

生产废水 non-polluted industrial wastewater

生产过程中排出的未受污染或受轻度污染或水温稍有升高不经处理即可排放的工业废水。 (姜文源)

生产废水系统 non-polluted industrial wastewater

接纳生产过程中所排泄受轻度污染或水温稍有升高工业废水的排水系统。一般输送至城镇雨水管网或经简单处理后回用或直接排入水体。 (杨大聪)

生产给水系统 process water supply system

供给生产设备的冷却水、原料和产品的工艺用水、锅炉设备的锅炉用水以及其他生产用水的给水系统。按节约用水需求程度分为直流给水系统、循环给水系统、重复利用给水系统和回用给水系统。 (耿学栋 胡鹤钧)

生产事故备用水量 storage for process accident

在生产过程中,为防止因突然停水导致安全事故和造成重大经济损失,而必须贮存和确保供给的水量。 (姜文源)

生产污水 polluted industrial wastewater

生产过程中排出的污染较严重,含有大量悬浮物和沉淀物,以及水温过高排放后会造成热污染的废水。按行业分有炼油污水、轧钢污水、焦化污水、冶炼污水、石油化工污水、印染污水、漂染污水、毛纺污水、造纸污水、屠宰污水、制革污水和电镀污水等;按水质成分分有含油污水、含铬污水、含氰污水、酸碱污水、含硝酸污水、含镉污水和含酚污水等。 (姜文源)

生产污水系统 polluted industrial system

接纳生产过程中所排泄的受较严重污染工业废水的排水系统。污水必须经处理后才能排入市政排水系统或水体。 (杨大聪)

生产洗涤用水 water for wash in producing

生产过程中对原材料、物料、半成品进行洗涤的水。 (姜文源)

生产用水 process water, water for produce usage

直接用于工业生产的水。分有工艺用水、冷却水和锅炉用水等。 (姜文源)

生产用水定额 process water consumption norm

工业产品在生产过程中,每件产品在单位时间内需用水量的规定值。

生产设备在生产过程中,每台设备每日需用水量的规定值。 (朱学林)

生产用水量 process water consumption

工业产品、生产设备在生产过程中实际使用的总水量。为生产用水定额与合格产品数量或生产用水设备数的乘积。 (姜文源)

生活废水 household wastewater

又称杂排水,旧称洗涤废水。在人类日常生活活动中因盥洗、沐浴、清洗、洗涤、清扫等而产生并排出的水。水质污染较轻、有机物含量较少,可不经处理或略经处理与雨水直接排入水体。按水质成分可分为优质杂排水和厨房排水。 (姜文源)

生活废水系统 household wastewater system

接纳排除建筑物内杂排水的排水系统。 (胡鹤钧)

生活给水系统 domestic water supply system

供居住建筑、公共建筑与工业建筑饮用、烹调、盥洗、洗涤、沐浴、浇洒和冲洗等生活用水的给水系统。按供水不同水质要求分有生活饮用水给水系统和杂用水给水系统。 (耿学栋 张延灿)

生活排水 domestic sewage, sanitary sewage

在人类日常生活活动中产生并排出的水的总称。按水质成分分有生活污水、生活废水和医院污水等。 (姜文源)

生活排水定额 domastic wastewater norm

人们日常生活活动中,所需排出的水量规定值。以用水单位每日排出的水量表示。一般取用生活用水定额值。 (姜文源)

生活排水系统 domestic drainage system

旧称生活污水系统。接纳并排除建筑物内人们日常生活中排泄的生活污水与生活废水的排水系统。按排除的污废水性质,可分为生活污水系统、生活废水系统与优质生活废水系统。按接纳生活污、废水的排水立管数与通气立管数不同组合分有单立管排水系统、双立管排水系统、三立管排水系统。 (张森 杨大聪)

生活污水 domestic sewage, fecal sewage

又称粪便污水。从大便、小便等卫生器具排出的污水。有机物浓度较高,含有大量细菌和寄生虫卵,必须进行处理。 (姜文源)

生活污水系统 fecal sewage system, soil system

旧称粪便污水系统。接纳排除人粪排泄物的排水系统。由各种便溺用卫生器具及排水管道等组成。 (杨大聪)

生活饮用水 potable water water for living anddrink

又称饮用水。水质符合生活饮用水卫生标准的生活用水。按用途分有饮食用水和洗浴用水。

(姜文源)

生活用水 domestic water

供人类日常生活所需用的水。按水质分有生活饮用水和杂用水（非饮用水）；按水温分有冰水、冷水和热水、开水；按用途分有饮水、沐浴用水、冲洗用水等。

(姜文源 胡鹤钧)

生活用水定额 domastic water consumption norm

为满足人们日常生活需用所规定的水量值。以用水单位每日所耗用的水量表示。与卫生设施完善程度、地区及气候条件、生活习惯和水费支付方法等因素有关。分有住宅生活用水定额、公用和公共建筑生活用水定额、居住区生活用水定额、工业企业建筑用水定额、以及热水用水定额等。

(朱学林 姜文源)

生活用水量 domastic water consumption

在设计计算时段内累计供给人们日常生活需用的水量。为用水单位数与生活用水定额的乘积。包括日用水量、小时用水量与热水用水量、饮水量等。

(姜文源 胡鹤钧)

生活用水贮备量 storage for living

为防止室外给水管网供水能力不能满足人们日常生活高峰的需用，而贮备在水箱和水池中的水量。

(胡鹤钧)

生水

见原水（289 页）。

生铁管

见铸铁管（307 页）。

声功率 sound power

单位时间内声波通过垂直于传播方向某指定面积的声能量。在噪声监测中，它是指声源向空间辐射的总声能量。单位为 W。 (袁敦麟 陈惠兴)

声功率级 sound power level

表示声功率相对大小的指标。以 L_w 表示。声源在单位时间内辐射出来的总声能量为声功率 W。它是某声源的声功率 W 与基准声功率 W_0（$=10^{-12}$ W）之比值的常数对数，乘以 10 的积。其表达为

$$L_w = 10 \lg W/W_0 \quad (dB)$$

(范存养 袁敦麟 陈惠兴)

声级 sound level

又称计权声压级（weighted sound level）。经规定的频率和时间计权的声压级。单位为 dB。由于人耳对不同频率声音的响度感觉不同，为了模仿人耳的这一灵敏特性，在测量声压级的仪器中加入对各种频率具有计权性质的网络（一种特殊的滤波器）。常用计权网络分为 A、B、C 三种，其计权特性分别是 40、70、100phon 人耳等响曲线的反曲线。计权特性用读数后或该级前的字标表示，如 65dB（A）或 A 声级 65dB 等。所有计权特性必须说明，否则即指 A 声级。飞机噪声测量也可用 D 网络计权。

(袁敦麟)

声强 sound intensity

又称声波强度。单位时间内声波通过垂直于声波传播方向单位面积的声能量。单位为 W/m^2。

(袁敦麟 陈惠兴)

声强级 sound intensity level

被测声强 I 与基准声强 I_r 的比值取常用对数，再乘 10。单位为 dB。其数学式为

$$声强级 = 10 \log_{10} \frac{I}{I_r} \quad (dB)$$

I_r 为参考声强，$I_r = 10^{-12}$ W/m^2。 (袁敦麟)

声压 sound pressure

声传播时，空气各部分周期地产生压强增加（空气压缩）和压强减小（空气膨胀）的变化，从而形成了与原静止时空气中大气压强的差值。是随时间作用周期性变化的。一般用仪器测得的，通常是对时间的均方根值，即为有效声压。习惯上把有效声压简称为声压。它的单位为帕（Pa），过去也常用微巴（μb）作单位。1Pa$=10\mu$b，1μb$=1$dyn/cm^2。

(袁敦麟)

声压级 sound-pressure level

表示声音强弱的物理度量。声音在大气中传播时，大气压产生迅速的起伏，该起伏部分称为声压（N/m^2 或 μb），正常人耳刚刚能听到的声音的声压（称听阈声压）是 2×10^{-5} N/m^2，使人耳感到疼痛的声压是 2×10 N/m^2（称痛阈声压），从听阈到痛阈，声压相差一百万倍。为了方便起见，引进一个成倍比关系的对数量——级，来表示声音的强弱，其表达式为

$$L_p = 20 \lg P/P_0 \quad (dB)$$

P 为声压（N/m^2）；P_0 为基准声压，2×10^{-5} N/m^2。因此，它将声压的一百万倍的变化范围，改为 0～120dB 的变化范围。

(钱以明 袁敦麟 陈惠兴)

声柱 sound column, column speaker

由一定数量的扬声器，以直线排列安装在柱状外壳中的放音装置。外壳一般用木板或夹板制成矩形音箱，其正面（扬声器的幅面）一般为平面，也有做成双折形、凹曲面或凸曲面。它的中心轴线水平面辐射指向性比较宽，由于垂直线上多只扬声器辐射声波的干涉现象，使它垂直面上指向性很强，从而可将声音发送得更远，得到对远近距离较为均匀的声

场。它越长,指向性越强;频率越高,指向性也越强。利用这一特性可以减少会场、剧场声反射引起的啸叫,有利于提高扩声系统的增益。主要用于会场、剧场、大厅和广场的扩声。各扬声器连接必须相位一致,使用时应竖直安装。 （袁敦麟）

绳路 cord circuit

集中控制方式的自动电话交换机中,用于连接主被叫通话的电路。主要功能是向主被叫供电,向被叫振铃,并沟通话音通路,以及控制机件复原等。 （袁 玫）

剩余电流 residual current

见残余电流（17 页）。

剩余压力 residual pressure

在水力计算时,环路（或某并联管路）的作用压力与管路总压力损失之间的正差额。 （王亦昭）

shi

失能眩光 disability glare

又称减视眩光。降低视觉功效和可见度的眩光。它往往伴有不舒适。 （江予新）

湿饱和蒸汽 wet saturated steam

简称湿蒸汽。为处于饱和状态下的液体（水）和蒸汽两相混合物。已知其干度和饱和温度或饱和压力可确定其状态。其干度 x 在 0 和 1 之间变化。 （郭慧琴）

湿度测量 humidity measurement

空气或其他气体中水蒸气含量的量测。湿度常用绝对湿度、含湿量和相对湿度三种指标表示。在空调系统中,相对湿度过高会导致设备、仪器、仪表锈蚀;过低会导致静电损坏电子设备,并直接影响人体舒适感,故它常用相对湿度表示。毛发、干湿球与露点湿度计是目前常用的直读式测量仪表。湿度传感器常用高分子电容、半导体电阻、电解质与纯物理效应式四种类型,湿度的电测方法正得到广泛应用。 （张瑞武）

湿度测量仪表 moisture-measuring instrument

用来测量气体中存在水汽量的仪表。通常湿度是以绝对湿度、相对湿度、露点或露点温度来度量的。 （刘幼荻）

湿度指标 humidity index

衡量空气中所含水蒸气的度量单位。根据湿度的定义不同,分有绝对湿度指标为每立方米湿空气中所含水蒸气的重量,单位为 g/m^3;相对湿度指标 φ 为空气中水蒸气分压力 P_n 与同温度下饱和水蒸气压力 P_b 之比,即为 $\varphi = P_n/P_b \times 100\%$;含湿量指标为 1kg 干空气中水蒸气含量的克数。 （安大伟）

湿度自动控制系统 automatic control systems for humidity

利用自动装置,保证某一特定空间湿度达到期望值的控制系统。多数该系统的被调参数为相对湿度,它与温度间存在着相关关系。当室内空气含湿量不变时,若室温变化,则相对湿度亦相应变化。无论是加湿或降湿控制,都必须考虑这种耦合关系。目前湿度测量精度较低,致使其控制精度不高。 （张瑞武）

湿工况热工性能 thermal characteristics of moist condition, performance of dehumidifying coils

空气减湿冷却时,因湿交换（以析湿系数表示）所增大的换热器传热系数、热交换效率系数 η_1、接触系数 η_2、空气阻力及水流阻力等热工性能。 （田胜元）

湿交换效率 moisture exchange effectiveness

液体吸湿剂对空气进行减湿的过程中,空气处理前、后的含湿量差与空气处理前含湿量和液体表面饱和空气层的含湿量差之比值。表达式为 $\eta_d = \dfrac{d_1 - d_2}{d_1 - d_3}$ 用来表示空气和吸湿剂进行湿交换的完善程度。 （齐永系）

湿空气 moist air

干空气和水蒸气的混合物。在饱和状态下,其水蒸气的含量与温度及压力有关,并随空气温度的升高而增加。 （赵鸿佐）

湿空气参数 parameter of moist air

表征湿空气状态和性质的物理量之总称。它包括压力（大气压力的水蒸气分压力）、温度（干球温度、湿球温度、露点温度）、湿度（绝对湿度、相对湿度、含湿量）、焓、密度或比容等。其中干球温度、含湿量和大气压力为基本参数,它们决定了空气状态和上述其余参数值。 （田胜元）

湿球球温指数 WBGTI, Wet-Bulb globe temperature index

又称湿球黑球温度计指数。包含了低温辐射热、太阳辐射热和空气流速的综合效应指标。以 WBGTI 表示。它是干球温度、自然对流湿球温度和黑球温度的加权平均温度。可按下式确定。

$$WBGTI = 0.7T_{wb} + 0.2T_g + 0.1T_{db}$$

T_{wb} 为自然湿球温度;T_g 为黑球温度;T_{db} 为空气干球温度。 （马仁民）

湿热实验室 temperature/humidity chamber

又称热潮实验室。是模拟湿热地区气候环境的人工气候室。多用于工业产品试验。我国标准根据温、湿度及升、降温时间等调节参数不同而分为三类，它们的温度及相对湿度调节幅度分别为：Ⅰ类，20～60℃，50%～98%；Ⅱ类，20～60℃，80%～90%；Ⅲ类，20～75℃，50%～100%（$t=60℃$时$\varphi=100\%$）。　　　　　　　　　（赵鸿佐）

湿式报警阀　wet pipe alarm valve

又称充水式报警阀。安装在湿式自动喷水灭火系统总管上的报警阀。常用的形式分有导阀型和隔板座圈型。阀的阀芯处于关闭状态时，水通过导向杆中的小孔保持阀板前后水压平衡。发生火灾时，闭式喷头喷水，由于水压平衡小孔来不及补水，阀板后水压骤降，阀板前水压大于阀板后水压，将阀板顶开，向喷水管网供水；同时水沿着阀内环形槽进入延迟器、压力继电器和水力警铃信号设施，发出火警信号，并启动消防水泵。　　（张英才　陈耀宗）

湿式除尘器　wet separator, wet dust removal equipment

又称洗涤器。使含尘气体与液滴、液膜、气泡接触，借惯性碰撞、接触阻留、扩散沉降等作用，把尘粒从气流中分离出来的设备。它兼具吸收有害气体的作用。分有多种类型。结构简单，造价低，占地面积较小。一般除尘效率均较高，运行中可避免产生二次扬尘。但排出的灰浆较难处理，为了避免污染水系，有时要设置专门的废水处理设备，在寒冷地区使用时要防止结冰。适用于同时净化气体中的粉尘和有害气体，尤其是净化易燃、易爆气体。（叶　龙）

湿式凝水管　wet condensate return main

低压蒸汽供暖系统中，凝水充满管断面充满管有压流动的凝水管。当系统停汽间歇时，一般均不把它泄空，而使它在采暖季中始终充满凝水。它不起进出空气的作用，管径较细。　　　　（王亦昭）

湿式水表　wet-type water meter

计数器浸在被计量水中的旋翼式水表。结构较简单、计量精确、便于维修、价格较低。是使用最多的水表。　　　　　　　　　　　　（董　锋）

湿式自动喷水灭火系统　wet pipe sprinkler system

利用管网中经常充满的压力水，在闭式喷头动作喷出的同时报警而连续供水的闭式自动喷水灭火系统。由湿式报警阀、闭式喷头和供水管网等组成。用于室内温度不低于4℃，且不高于70℃的建筑物、构筑物内。　　　　　（张英才　胡鹤钧）

十字管

见四通（231）页。

石棉水泥管　asbestos-cement pipe

以水泥和石棉纤维为主要原料，经离心或挤压成型制成的非金属管。表面光滑，水力性能较好，耐腐蚀，不用进行防腐处理，质轻，价廉，导热系数小，易于加工。但性质较脆，不耐弯折、碰撞和磨损，承压能力较低，石棉对人体健康有害。（张延灿）

时变化系数

见小时变化系数（262页）。

时不均匀系数　hourly uneven factor

用以表示一日中小时用燃气不均匀性的数值指标。以K_3表示。其表达式为

$$K_3 = \frac{日某小时用气量}{日平均小时用气量}$$

与用户的性质和用气情况等因素有关。其最大值称为小时高峰系数，该小时称为高峰时。（张　明）

时分制电话交换机　time division switching system

话路接续设备除按一定的空间位置排列外，并利用时间分割方法进行多路复用的电话交换机。当一条话路接通后，不为1对用户所固定占用，而是按一定时间顺序轮流接续几对用户的通话。即在一条公共通道上进行多路接续。空分制电话交换机中话路传送的是连续信号，而时分制电话交换机中则为不连续的取样脉冲信号。按话路信号取样脉冲的调制方式可分为：①脉幅调制交换机，其话路传送为多路不等幅取样脉冲，容易产生串话和杂声，可用于小容量交换机或专用小交换机中。②脉码调制交换机，其话路传送为多路等幅编码信号，串话和杂声都较小，但需模拟—数字变换。它不易与模拟通信网配合。　　　　　　　　　　　　（袁　玫）

时间继电器　time relay

在规定条件下，从激励量变化至规定值的瞬间起至继电器输出信号的瞬间止，经历了预定的并符合准确度要求的时间间隔的继电器。常用于继电保护和自动装置中作为时限元件，用以建立必要的动作时限。　　　　　　　　　（张世根）

时间序列　time series

某一物理或气象因素A，仅在以Δt为步长的离散时间t_1, t_2, ……t_j, ……t_n上取值，则称A_1, A_2, ……A_j, ……A_n为A的时间序列。（赵鸿佐）

时钟　clock, timing programmer

又称时序发生器、程序装置、定时系统。用以产生作同步用的周期性信号部件。　　（温伯银）

实感温度　real feeling temperature

人或物体在辐射供暖环境中，受辐射和对流热交换双重作用时，以温度数值表示出来的实际感觉。以t_r表示。单位为℃，其值可用黑球温度计直接进

行测量，也可根据下列经验公式进行计算：

$$t_r = 0.52t + 0.48\text{MRT} - 2.2$$

$$\text{MRT} = \frac{A_1 t_1 + A_2 t_2 + \cdots\cdots + A_n t_n}{A_1 + A_2 + \cdots\cdots + A_n}$$

t 为室内空气温度（℃）；MRT 为平均辐射温度（℃）；A_1、A_2……A_n 为四周围护结构各自的面积（m²）；t_1、t_2……t_n 为对应于各部分围护结构面积的表面温度（℃）。　　　　　　　（陆耀庆）

实际过程　practical process

喷水室处理空气时，当水量有限，空气和水接触时间有限，空气终状态相对湿度达不到饱和。即其过程的完善程度低于理想过程。　　　（齐永系）

实际输气量　real swept volume flaw rate

指制冷压缩机工作时，有能量损失与容积损失的输气量。即考虑余隙容积影响、气阀节流损失、制冷剂与气缸壁热交换损失，气缸内部漏气损失。由于这些因素的影响，它总是小于理论输气量。它（V_R）等于理论输气量（V_h）乘以容积效率（η_v），即为

$$V_R = V_h \eta_v (\text{m}^3/\text{h})$$

它的大小不仅取决于压缩机的结构与尺寸大小，还取决于制冷剂的热力性质与运行时的工况。

（杨　磊）

实际烟气量　real flue gas volume

为使燃气完全燃烧，实际供给燃烧的空气量大于理论空气量，燃烧反应后产生的烟气量。烟气组分中尚含有过剩氧气。此时，过剩空气系数 $\alpha > 1$。　　（全惠君）

实时数据传输　real time data transmission

各遥测接收站将所接收到的要求实时处理的参数边接收边传输到指挥中心的工作方式。

（温伯银）

实时显示　real time display

遥测接收过程中，用于及时观察遥测参数的变化过程或监视系统工作状态的显示。　（温伯银）

拾音器　pick-up

能把沿着唱片声槽运动的唱针所做的机械振动变换成相应的电信号的器件。是重放唱片用的机电换能器。是电唱盘的重要组成部分。主要由拾音头和音臂以及唱针、前座、后座和输出连接线等附件组成。可分为速度型和幅度型两类。前者分有电磁式和动圈式两种；后者分有压电式、半导体式、电容式和光电子式四种。按重放唱片声道又可分为单声道和立体声拾音头。　　　　　　　（袁敦麟）

示踪物质　tracer

用以显示流体运动的不同于流体集态的微粒。它的光学性能和颜色与流体介质有明显的差别，其比重与流体介质相近，在光的照射下可显现它在流体中的运动。它在水中有颜色液、铝粉、镁粉、聚苯乙烯微粒和氢气泡等；在空气中有烟丝、氢气泡、DOP 气溶胶和烟等。　　　　　（李强民）

示踪物质法　tracer method

流场中加入若干能观察到的微粒物质，在适当的照明条件下，由于示踪物质的颜色或光学性能与流场介质的差别，从而显示流体流态的方法。它不仅可作定性分析也可进行定量测量。用它测速时的精度较差，但可瞬时测量流场内许多测点的流速，还可在高温或低温条件下测量流体的流速。

（李强民）

市内电话　local telephone system

在一个城市范围内使用的电话。其特点是用户多、密度大、通话距离较短。一个市内电话网可根据城市大小、地形以及用户分布等情况设一个电话局或几个电话分局，分局之间用中继线连接。

（袁　玫）

事故通风　accidental ventilation

在有可能由于事故或设备故障突然散发大量有害气体、有爆炸性气体或粉尘的场所设置的紧急备用的通风设施。使室内空气中急剧增加的有害物浓度能迅速降低到安全极限以内，以利于排除故障，保障人身和设备的安全。其系统的通风机开关应分别装在室内和室外便于操作的位置。　（陈在康）

事故信号　emergency signalling

断路器事故跳闸时自动发出音响信号和灯光信号的信号装置。音响信号（蜂鸣器响）是公用的，用以引起值班人员的注意；灯光信号（绿灯闪光）是独立的，用以指明事故跳闸的断路器。　（张世根）

事故照明　emergency lighting

见应急照明（279 页）。

视觉舒适概率法　VCPM，vision comfort probability method

对某一照明环境的不舒适眩光认为可以接受的人的百分率。以它来定量评价不舒适眩光的方法。使用步骤：①求单一光源下不舒适眩光的感觉指标 M 为

$$M = \frac{L_s Q}{P F^{0.44}}$$

L_s 为单一光源的亮度（fl）；Q 为光源立体角的函数；P 为光源的位置指数；F 为整个视场的平均亮度（fl）。②求多个光源下不舒适眩光的感觉指标 DGR 为

$$\text{DGR} = \left(\sum_{i=1}^{n} M\right)^a ; \quad a = n^{-0.0914}$$

n 为光源数。③采用图表或计算公式求 VCP：当 VCP ≥ 70，同时灯具亮度不超过某一最大值，就不会造成直接眩光。此法能较好地解决大片发光面的眩

光评价问题。为美国和加拿大所采用。

（江予新）

适应照明 adaptational lighting

又称过渡照明。由于环境明暗变化超过人眼明暗适应时间，为缓解引起过渡性视觉降低和不舒适感所设置的正常照明。它适当增加或降低照度水平以得到缓和的照度变化。如公路隧道出入口的照明，需根据汽车的标准行驶速度和眼睛的明暗适应曲线来确定设置距离范围。

（俞丽华）

室空间比 room cavity ratio

在确定照明利用系数时，用来表示房间几何特征的数码或代号。以 RCR 表示。一般没有特别说明的情况下，其值可由下式求得：

$$RCR = \frac{5h_{rc}(l+w)}{lw}$$

l 为房间长度（m）；w 为房间宽度；h_{rc} 为灯具的计算高度（m）。其数值为室形指数倒数的 5 倍。

（俞丽华）

室内变电所

见户内变电所（103 页）。

室内尘源 indoor dust source

室内能主动或被动产生固、液态微粒的任何来源。一般包括建筑表面、设备表面、工艺过程和人体等。工艺设备和人体活动导致主动产尘发生；各种表面的受磨损和气流吹动而被动产尘发生。对于洁净室，人往往是最重要的尘源。

（许钟麟）

室内工作区温度 indoor air temperature in the working zone

室内作业地带或人经常停留的地方距离地板面高度 2m 以内空间的空气温度。在通风设计计算中根据卫生标准及房间使用上的要求确定。

（陈在康）

室内给水排水工程

见建筑内部给水排水工程（123 页）。

室内给水排水和热水供应设计规范 design code of indoor water, hot water and drainage engineering

建筑给水排水领域第一本设计规范。根据国家计划委员会文件要求，由中华人民共和国建筑工程部会同有关部共同编制，经有关部会审通过，1964年6月由建筑工程部批准，作为全国通用的部颁试行标准于 1965 年 1 月起试行。该规范具体解释工作由原北京工业建筑设计院负责。它共分 4 篇 17 章 49 节 378 条，内容包括总则、给水设计、排水设计、热水及开水供应设计等四部分。1971 年根据国家基本建设委员会文件，对它进行第一次修订，修订工作由上海市城市建设局会同有关部门进行。1974 年 9月由国家基本建设委员会批准，作为全国通用设计

规范试行。1975 年 3 月 1 日起由上海市城市建设局负责管理。修订后的规范共 54 章 28 节 254 条，包括总则、给水、排水、热水及开水供应等四部分。修订的主要内容有：补充了高层建筑给水排水，增加医院污水消毒处理，补充利用余热废热的内容及规定，删除格栅、中和池、反应池、沉淀池和除油池等污水处理构筑物。该规范于 1981 年进行第二次修订，改名为《建筑给水排水设计规范》。原规范于 1989 年 4月 1 日起废止。

（姜文源）

室内给水系统

见建筑内部给水系统（123 页）。

室内监视设备 room surveillance unit

能在报警信号触发下开始自动连续地拍摄闯入事件过程的照相设备。

（王秩泉）

室内净化标准 indoor air clean standard

室内空气洁净程度的标准。通常以含尘浓度来衡量和划分。当含尘浓度低到一定程度（即达到洁净室的净化标准）时，用空气洁净度级别来划分。

（许钟麟）

室内空气计算参数 inside air design parameters

简称室内计算参数。又称室内设计条件、室内气象条件。在进行供暖、通风和空气调节设计时所采用的室内空气参数的计算值。主要包括室内计算干球温度、相对湿度（湿球温度）和空气流速等。应以考虑人体舒适和工艺要求以及技术经济合理等因素来确定。

（章崇清）

室内排水系统

见建筑内部排水系统（123 页）。

室内气候 indoor climate

见热环境（196 页）。

室内热微气候 thermal micro climate of room

见热环境（196 页）。

室内所需总水头 requirement of pressure for distribution system

满足最不利处配水点并按规定出流量的所需水压值。包括最不利点配水附件规定的流出水头、最不利点与供水水源点的标高差以及计算管路的水头损失值。它是确定建筑内部给水系统给水方式的主要技术参数。

（胡鹤钧）

室内通气帽 indoor air cap

不伸至室外的室内排水管道立管顶部的通气口。结构形式为单向阀式。一般为塑料或金属制品。在管道内为常压或正压时可自动将通气口封闭，产生负压时则打开通气口补入空气，以可保证管道内气压波动不大于规定值，又能保证管道内有害气体不溢出室内。与伸至室外的通气帽相比，造价较低、施工安装方便、不会发生冻结、不影响建筑屋顶美观

和防水。 （张延灿）

室内消防用水量 fire demand for standpipes

室内消防给水系统扑灭火灾需用的最低水量规定值。根据建筑物性质、用途、高度、层数、体积、面积、或座位数，生产和储存物品的火灾危险性，消防给水系统种类等因素确定。按建筑物高度分有一般建筑室内消防用水量、高层建筑室内消防用水量和超高层建筑室内消防用水量；按消防给水系统分有消火栓给水系统室内消防用水量和自动喷水灭火系统室内消防用水量。 （应爱珍 姜文源）

室内消火栓 indoor fire hydrant

安装在室内消防给水管道上用于连接消防水带的消火栓。主要由消火栓本体、手轮、扪盖、水枪及水带组成。一般安装在专用的消火栓箱内，有的还配有报警和远控的电器配套设备。分有单阀单出口消火栓和双阀双出口消火栓等型式。

（郑必贵 陈耀宗）

室外管网资用水头 available pressure in street main

室外给水管网与建筑内部给水管网引入管连接点处必须满足室内所需总水头的水压值。是确定建筑内部给水系统给水方式的主要技术参数。

（胡鹤钧）

室外给水管网 water supply network

设置在建筑物外部的给水管网。是市政与居住小区的给水管网通称。 （胡鹤钧）

室外假想压力 outdoor fictitious pressure

建筑物外表面的风压与该处相对于室内地面的标高、室外和室内空气的密度差以及重力加速度的连乘积的差值。用于同时有风压和热压作用下的自然通风计算。如果以室外假想压力代替建筑物外表面实际所受到的风压，则可利用仅有风压作用下的各种自然通风计算方法来进行同时有热压和风压作用下的自然通风的设计计算，达到简化计算。

（陈在康）

室外空气计算参数 outdoor design parameters, outdoor climatic conditions

简称室外计算参数。又称室外设计条件、室外气象条件。进行供暖、通风和空气调节系统的负荷计算以及建筑热工计算时，所采用的室外气象参数的计算值。主要包括室外计算干球温度、相对湿度（湿球温度）、平均温度、平均风速、最多风向与其频率、大气压力、日照率和太阳辐射值等。它是根据技术经济合理的原则，按照一定统计周期的平均值，或按照室外气象参数的规定不保证时间，对多年的气象资料进行统计而得到的。 （章崇清）

室外排水管网 sewerage network

设置在建筑物外部的排水管网。是市政与居住小区的排水管网通称。 （胡鹤钧）

室外消防用水量 fire demand for yard hydrants

室外消防灭火设备和消防车需用的最低水量规定值。根据居住人数，基地面积，建筑物性质、耐火等级，生产和储存物品的火灾危险性，建筑物体积、高度，堆场、储罐的储量和容量，消防给水系统种类等因素确定。按扑救火灾范围和对象分有城镇与居住区室外消防用水量、建筑物室外消防用水量和堆场与储罐室外消防用水量；按系统分有消火栓给水系统室外消防用水量、水喷雾灭火系统室外消防用水量等。 （应爱珍 姜文源）

室外消火栓 outdoor fire hydrant

安装在室外供水管道上供连接消防水带的消火栓。按安装型式分为室外地上式消火栓和室外地下式消火栓两种。 （郑必贵 陈耀宗）

室外综合温度 outdoor solar-air temperature

室外空气温度与当量温度之和。它有利于在计算外墙或屋顶传热时，把原气温下的传热和太阳辐射热量综合一起计算，比较方便。

（曹叔维 赵鸿佐）

室温控制系统 room temperature control system

为满足生产工艺要求，保持室温在允许范围内波动，而采取的克服各种外来干扰量使用的自动控制系统。通常采用的分有双位控制系统、比例调节系统、比例积分调节系统和比例积分微分调节系统。加温方法可采用电加热或蒸汽加热。 （刘幼荻）

室形指数 room index

在确定照明利用系数时，用来表示房间几何特征的数码或代号。以 R_i 表示。一般没有特别说明的情况下，可由下式求得：

$$R_i = \frac{lw}{h\ (l+w)}$$

l 为房间长度（m）；w 为房间宽度（m）；h 为灯具计算高度（m）。 （俞丽华）

shou

收录两用机 radio cassette tape recorder

能收听广播的录音机。具有收音、录音和放音等功能。一般多以录音机为主体，附设收音部分，在收听广播节目同时，可以把节目录下来。（袁敦麟）

收音机 broadcast receiver

收听无线电广播用的机器。根据接收广播制式的不同可分为调幅收音机、调频收音机、调频调幅收音机、双声道立体声收音机和四声道立体声收音机等。 （袁敦麟）

收音机灵敏度　sensitivity of receiver

表达收音机接收微弱信号的能力。当收音机的输出功率为规定的标准功率（通常为标称功率的1/10或其它规定值）时，在输入端所需要的信号强度（mV）或场强（mV/m）。这些数字越小，它的灵敏度就越高。当收音机各级增益都调到最大值时，为了在收音机输出端取得规定的标准功率，在输入端所需要的信号强度或场强称为最大灵敏度。当规定输出信噪比为某一定值时，为了在收音机输出端取的规定的标准功率，在输入端所需要的信号强度或场强称为信噪比灵敏度。　　　　（袁敦麟）

收音机选择性　selectivity of receiver

指收音机选出有用信号、抑制干扰信号的能力。在输出标准功率条件下，用偏调干扰输入电压与调谐信号输入电压之比的分贝数表示。分贝数越大，表示选择性越好。　　　　　　　（袁敦麟）

手车式高压开关柜　drawable high-voltage switchgear

由固定安装的柜体和装有滚轮可移动的手车组成的高压开关柜。分有半封闭和封闭两种。手车分为断路器手车、电压互感器手车、电压互感器避雷器手车、电容器避雷器手车、所用变压器手车、隔离手车和接地手车等。检修方便、安全、快速。　　（朱桐城）

手动采样　manual sampling

对不小于5μm的尘粒，用滤膜采样，湿微镜下人工计数的采样方法。适用于监测10000～100000级的空气洁净度。　　　　　　　　（杜鹏久）

手动调节　manual regulation

在生产过程中，由人工操作来保持某些物理量达到规定值的调节。　　　　　　　（唐衍富）

手动调节阀　hand expansion valve

又称手动节流阀。用人工对进入蒸发器的液体制冷剂进行节流减压和调节流量的节流阀。　　（杨磊）

手动阀　manual valve

借助手轮、手柄、杠杆、链轮等人力驱动的阀门。当阀门的启闭扭矩较大，直接启闭有困难时，可在手轮、链轮与阀杆之间设置齿轮、蜗轮等减速装置。根据操作需要，也可用传动轴、万向接头或链条等进行较远距离的人力驱动。　　　　　（张延灿）

手烘干器

见烘手机（102页）。

手抬机动消防泵　portable fire pump with engine

水泵与轻型发动机组装而成，可用人力搬运的消防泵。由四冲程或双缸二冲程小型汽油发动机、水泵、引水器、手抬架、进出水附件和蓄电池等组成。它轻便灵活、结构紧凑、不需外接电源、使用方便。用于中小城镇、工矿企业、码头、农村粮棉仓库等处的消防设备，对道路狭窄、山地陡坡等地方尤为适用。还可与空气泡沫混合、喷射装置配用、扑救小型油类火灾。　　　　　（陈耀宗　华瑞龙）

手提式灭火器　portable fire extinguisher

灭火器筒体内充装的灭火剂重量较轻，总重量不大于20kg，可用手提移动迅速到达失火现场进行扑救的灭火器。　　　　　　　　（吴以仁）

手摇泵　handling operated pump

人工操作往复摇动手柄提升液体的泵类机械。按构造分有皮碗式和活塞式。结构简单、使用方便可靠、价格低廉、无需电源及其他动力，但流量扬程均较小。　　　　　　　　　　（姜文源）

受料器　material receiving hopper

用来接受物料，调整料气比，使物料起动、加速，向输料管内供给物料的机械部件。气力输送系统中常用的有吸嘴和喉管。　　　　　（邹孚泳）

受限射流　confined jet

又称有限空间射流。气体经孔口与管嘴向有限大空间出流所形成受限的外射流动。固体边壁限制射流自由卷吸周围空间中空气，使射流达一定射程后，流量、横截面不再增大。射流中静压强沿程增加，射流末端与前端具有压强差，在射流外部与边壁间形成与射流运动反向的回流流动。受限射流各个横截面上动量和静压均不相等。　　　（陈郁文）

shu

书写电话机　telemail-telephone set

装有书写传真机的电话机。电话和传真可同时使用，只占一个话路的通频带。通话同时可相互传送手写文字和图形。　　　　　　　（袁玫）

舒适感指标　index of thermal comfort sensation

又称热环境指标。为描述人体对热环境的感觉所采用的室内热环境四个变量、人体活动量和衣着保温程度等六个因素所组成的各种综合指标。由于每一因素对人体都有影响，而一个因素的影响又取决于其它因素的水平，所以单一因素不足以表达舒适性，必须将环境诸因素所进行的各种不同组合，以单一参数（即综合指标）来表示才是完善的。诸如有效温度（ET）、合成温度和热强度指标（HSI）等。　　　　　　　　　　　　　　（马仁民）

疏散照明　escape lighting

在正常照明电源因故障中断时，为确保居住人在紧急情况下有效地辨认和使用疏散走道而设置的应急照明。大多数公共建筑物都需设置它，此时地面

的水平照度不宜低于 0.5lx,出口和通道方向还应设有标示照明灯。　　　　　　　　　　　(俞丽华)

疏水阀　trap, steam trap

　　旧称曲老浦。又称疏水器、阻汽排水阀、隔(阻)汽具、回水盒、回汽鬃、汽水分离器、冷凝水排除器。自动排除蒸汽管道和蒸汽设备内蒸汽冷凝水并阻止蒸汽逸出的自力式阀门。常用结构形式有杠杆浮子型(包括浮球式、钟形浮子式、浮桶式等)、热膨胀型(包括波纹管式、双金属片式等)、热动力型(包括热动力式、脉冲式等)。其性能对于蒸汽冷凝水的通畅排放和防止蒸汽的无谓损失具有重要作用,是用汽设备稳定运行和节约能源的重要环节之一。其安装在蒸汽加热设备之后及管路凝结水排放处。按关闭元、器件的特点及动作原理(驱动方式)分为机械型疏水阀、热力型疏水阀和恒温型疏水阀。常用公称直径为 15～50mm。 (张延灿　田忠保)

疏水阀排水量　discharge capacity for steam trap

　　当疏水阀进口压力为最高进口压力时,将饱和凝结水连续排往大气的情况下,每小时的排水量。它是疏水器的性能指标之一。　　　　(田忠保)

疏水阀最低工作压力　the lowest operating pressure for steam trap

　　疏水阀能正常动作时的最低入口压力。
　　　　　　　　　　　　　　　　　(田忠保)

疏水阀最高工作压力　the highest operating pressure for steam trap

　　疏水阀正常工作时的最高进口压力。
　　　　　　　　　　　　　　　　　(田忠保)

疏水加压器　drainlifter

　　利用蒸汽压力回送凝水的无泵加压装置。由水箱、加压室、控制室、控制阀和连接管路等组成。
　　　　　　　　　　　　　　　　　(王亦昭)

疏水器

　　见疏水阀(220 页)。

输出分路控制盘　output distributing panel

　　用于将有线广播站输出功率分路的装置。盘上装有各分路闸刀、指示灯和保安装置等。广播功率输出分路目的:①为了适应不同性质用户对广播内容和时间有不同的要求;②减少线路损耗,保证用户端有足够的电平;③减少故障时影响范围,并便于故障检查和维修;④减小扩音机的容量。 (袁敦麟)

输出信号　output signal

　　又称输出量。指确定被控元件、装置或系统状态而在元件或系统输出端出现的电量(电压、电流或频率)或非电量(温度、压力或位移等)。
　　　　　　　　　　　　　(唐衍富　温伯银)

输气量　displacement

　　单位时间内压缩机由吸气端输送到排气端的气体量。如该量用质量表示,则称为质量输气量;如用吸气状态的容积表示,则称为容积输气量。由于压缩机实际工作过程比较复杂,它受很多因素影响,又分有理论输气量(即理想工作过程下的值)与实际输气量。它是表征压缩机制冷能力的输气性能指标。
　　　　　　　　　　　　　　　　　(杨　磊)

输入/输出通道　input/output channel

　　是用于计算机外围设备与主存储器(内部设备)之间作信息和数据传输的通道。 (温伯银)

输入/输出通道控制器　input/output channel controller

　　根据通道的命令对各外围设备进行控制,并向通道汇报本身及设备在工作过程中的状态,本身受通道程序控制的控制器。　　　　(温伯银)

输入信号　input signal

　　又称输入量。指作用于一个元件、装置或系统输入端的物理量。它可以是电量,也可以是非电量。
　　　　　　　　　　　　　(唐衍富　温伯银)

输送风速　conveying velocity

　　气力输送系统输料管中用来保证物料正常输送最适宜的气流速度。是从生产实践中总结出来的一个经验数据。其大小与物料的性质(粒径、密度、湿度和粘度等)有关。在理论上,只要大于物料颗粒的悬浮速度,但因受物料颗粒群颗粒之间、物料与管壁之间的摩擦、碰撞、粘附以及输料管倾角的大小等因素的影响,实际上远比物料的悬浮速度大得多。因此,常以物料悬浮速度的若干倍来确定。
　　　　　　　　　　　　　　　　　(邹孚泳)

树干式配电系统　tree distribution system

　　以干线为主的配电系统。此系统配电装置设备数量较少、线路简化、系统灵活、有色金属的消耗和投资均较少,但供电可靠性较差。 (晁祖慰)

竖管

　　见立管(152 页)。

竖向分区给水方式　vertical zoning water supply scheme

　　多、高层建筑中建筑内部给水系统或消防给水系统沿建筑高度垂直方向分成若干系统供水的分区给水方式。确定分区范围的主要因素为使用要求与给水管、配水附件所能承受的水压以及室外给水管网水压利用情况。各区最低配水点的静水压控制值为 300～450kPa,最低消火栓处静水压不得超过 800kPa。按加压贮水的组合型式不同分为串联给水方式、并联给水方式、减压给水方式和综合给水方式。多层建筑中上部多采用加压给水方式,下部为直接给水方式。　　　　　　　　　(姜文源)

数据传输速率　data transmission speed

在传输线上每秒传输的二进制位的数目。以波特（baud）为单位。　　　　　　　　（温伯银）

数据电话机　data phone

装有一套按键，可用于传送数据的电话机。可用于一般通话，也可用于数据通信。它可附有卡片阅读装置，以读出记录在卡片上的信息；也可装有多位数字显示设备；还可附有小型打印设备。
　　　　　　　　　　　　　　　　（袁　玫）

数据通信　data communication

建筑物自动化系统的主站和各分站之间根据约定的通信协议进行数据、信息、指令的交换和传递。
　　　　　　　　　　　　　　　　（廖传善）

数据通信网　data communication network

用于传输数据的通信网。由分布在各点的数据终端、计算机及数据传输设备、数字交换设备和数字通信线路互相连接而构成。计算机通过数据终端和通信网收集、存储数据并加以处理，再根据需要，把处理过的数据向有关点发送出去。如许多点均有计算机，与该通信网结合就构成为计算机网络。
　　　　　　　　　　　　　　　　（袁敦麟）

数/模转换　digital-to-analog conversion

把数字量转换成模拟量的过程。即为 D/A 转换。在一个实际系统中，只有把计算输出的数字量转换成模拟量后，执行机构才能接受。　（温伯银）

数字电话网　digital telephone network

用数字信号进行传输与交换的电话网。它采用数字传输线路和时分制交换机。电话话音是模拟信号，在进入数字网前，要经过模/数转换才能进行传输与交换。　　　　　　　　　　　（袁敦麟）

数字电压表　digital voltmeter

用数字形式直接显示数值的测量直流电压的仪表。　　　　　　　　　　　　　　（刘耀浩）

数字通信　digital communication

传送的通信信号采用数字信号的通信。数字信号表示离散的一个量，因而只需要具有有限个值，可以代表离散取值的数字、文字及各种数据，也可以代表连续取值的话音、图像等模拟信号，但需在发送端经过模拟/数字变换，在接收端经过数字/模拟变换。由于传送的是一系列数字信号，因而具有很多优点：①不容易受到干扰，能避免噪声随干扰的积累，有利于远距离及弱信号条件下的传输；②可传输数据，使人们可以远距离使用电子计算机，并组建计算机网，大大有利社会生活和科技发展，也可组成综合业务网；③便于实现保密编码，进行保密通信；④由于大量采用的是数字逻辑电路，便于电路大规模集成化、固体化、小型化，从而降低成本。常用的电报信号就是数字信号的一种。　　　　　　（袁敦麟）

数字温度表　digital thermometer

应用自动平衡数字电桥来实现模数转换，以数字形式直接显示被测温度的显示仪表。（刘幼荻）

数字温度计　digital thermometer

将温度探头感受到的温度信号经过电子线路与数字显示器件转换成用数字表示的温度值，可直接观察与读出的温度仪表。　　　　（安大伟）

数字温度显示记录仪　temperature recorder with digital indication

接收感温元件的信号，经放大后，用数码管等显示被测参数值，同时将测量的数值打印记录的仪表。如仪表内增加采样开关、选点器，则可根据需要选择手动或自动巡检多点参数。　　　（刘幼荻）

数字显示　digital display

通过数字逻辑电路来控制数字或符号的显示。
　　　　　　　　　　　　　　　　（温伯银）

数字显示仪表　digital display instrument

以十进制数字形式显示、打印或远传测量值的仪表。分为机械式和电子式两类。具有读数准确、方便，特别是后者测量速度快，能提供数字信号输出等特点。　　　　　　　　　　　（张子慧）

数字信号　digital signal

在时间上离散而且在幅值上也离散（已经量化）的信号。它可用一序列来表示。　　（温伯银）

数字转速表　digital revolution counter

用数字形式直接显示数值来测量物体转速的仪表。　　　　　　　　　　　　（刘耀浩）

shuai

衰变池　decay pool

利用衰变法处理放射性污水的构筑物。污水在池中停留一定时间，待其放射性自然衰变降低到一定浓度后再行排放。其容积可根据污水原有放射性浓度、流量、所含放射性物质的半衰期和在露天水源中的限制浓度来计算确定。其排水方式分为间歇式和连续式。在连续式池中应设置隔板，以免短流，保证所有污水都能停留预定的时间。　（卢安坚）

衰减倍数　attenuation ratio

特指温度波通过围护结构的衰减倍数 ν_0，等于围护结构一侧的空气温度波幅 A_t 与围护结构另一侧表面温度波幅 A_τ 的比值。即为 $\nu_0=\dfrac{A_t}{A_\tau}$。它表明围护结构对温度波的阻尼作用。影响它的主要因素为围护结构材料的导温系数和温度波动周期。
　　　　　　　　　　　　　　　　（岑幻霞）

衰减度　degree of decay

表示过渡过程谐波分量波动的程度。即指谐波分量衰减振荡的程度。也即是第 $n+2$ 次波峰值 x_{n+2} 较第 n 次波峰值 x_n 减少的程度。它是调节系统过渡过程品质指标之一。以 ψ 表示。其表达式为

$$\psi = \frac{x_n - x_{n+2}}{x_n} \times 100\%$$

当 $\psi=0$ 时，则表示过渡过程是等幅振荡；当 $\psi=1$ 时，则表示过渡过程是非振荡单调过程；当 $0<\psi<1$ 时，则表示过渡过程是衰减振荡；如当 $\psi=0.75$ 时，则为第三波峰比第一波峰减少 25%。

（温伯银）

衰减器 attennator

不失真地衰减信号幅度的器件。用来限制输入电平,消除交叉调制干扰和相互调制干扰。一般做成插入式并具有多种不同的衰减值,供使用时选用。

（李景谦）

shuang

双层百叶送风口 single deflection supply grille with opposed-blade damper

由单层百叶送风口与对开式风量调节阀组装在一起的风口。除了具有单层百叶送风口的特性外,还可利用后者来调节风口的风量。

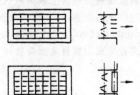

三层百叶送风口

（王天富）

双重绝缘 double insulation

由基本绝缘和附加绝缘两者组成的绝缘。

（瞿星志）

双档冲洗水箱 double switch wash tank, double stage flush tank

可供给两种冲洗水量分别用于冲洗粪便和尿液的冲洗水箱。冲洗小便时每次冲洗水量较少,可节约用水。其操作方式:低水箱常用杠杆式和按钮式;高水箱常用手拉式。   （金烈安　倪建华）

双斗雨水排水系统 dual strainers storm system

雨水架空管系上装设两个雨水斗的内排水雨水系统。水流状态较复杂。除雨水斗对称布置外,较少被推荐采用。   （胡鹤钧）

双风道空调系统 dual duct air conditioning system

又称双风道系统。由两条风道（管）将经过集中冷却和加热处理的冷热空气分别送至末端装置（混合物）,按各房间的参数要求进行混合后送入各房间的全空气系统。一般采用一次回风方式,它解决了单风道系统不能满足各房间对送风参数不同要求的矛盾。   （马仁民）

双管供暖系统 two-pipe heating system

每组散热器均并联在供水和回水立管上的供暖系统。在热水系统中由于每组散热器自成循环回路,所以散热器的平均水温均相等,其所需散热器总面积少于单管系统。缺点是:上层散热器的重力循环作用压力大于下层散热器的作用压力,容易导致竖向水力失调;立管施工比单管系统复杂。根据供回水干管的敷设位置不同分为上供下回、下供下回和中分式系统;按型式分有垂直和水平两种。主要适用于楼层数较少的建筑物。   （路　煜）

双管热水供应系统 dual-pipe hot water system

配水点所需热水水温可由用户自行调节,具有冷热水管的热水供应系统。水温可随意调节,使用方便;但管道较单管热水供应系统需多一倍,且对冷热水水压平衡要求较高。主要用于旅馆、宾馆、住宅和医院等民用建筑。   （钱维生）

双管式水系统 two-pipe water system

有一根送水管和一根回水管的风机盘管水系统。冬天送热水,夏天改送冷水,用同一个送回水系统管路。   （代庆山）

双级喷水室 double stage air washer

空气连续通过喷水温度不同的两个串联的喷水室。该喷水室按空气的通路依次称第 I 级和第 II 级喷水室。其水系统分有每级水系统独立,如第 I 级用天然冷源（深井水）,第 II 级用人工冷源（冷冻水）;两级水系统串联,冷水先进入第 II 级喷水室,第 I 级抽用第 II 级水池的水喷淋;以及其它种联接方式。其处理空气的焓降大,温降也大。图中 1、2、2′ 表示气流状态点。

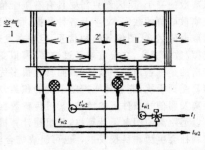

（齐永系）

双金属温度计 bimetallic thermometer

由两种不同膨胀系数,彼此牢固结合的金属作为感温元件的温度测量仪表。分有电接点双金属温

度计等。在受热或受冷时其材料膨胀率或收缩率各不相同，从而产生弯曲变形，这种弯曲量的大小与受热的程度成正比。常用的金属材料是黄铜和镍铁合金钢。 （刘幼荻）

双金属自记温度计 bimetallic self-recording thermometer

用两种线膨胀系数不同且牢固结合在一起的金属带在温度变化时自由端作相应位移的特性，通过杠杆带动记录笔在自记筒上记录出被测温度的变化曲线的温度计。 （安大伟 唐尊亮）

双立管排水系统 dual-stack system

具有排水立管与通气立管的生活排水系统。两根立管可并列设置，也可分设在排水横管的两端。由于排水管系可得到及时的空气补给并加强循环流动平衡压力波动，故可提高排水立管的通水能力。适用于多层与高层建筑。 （胡鹤钧）

双膜理论 two-film theory

解释气体吸收机理的理论。基本要点是：在吸收过程中，气、液两相间存在着一个稳定的相界面，界面两侧分别存在着呈滞流状态的气膜和液膜，气体以分子扩散的方式连续通过两层膜；在膜层以外的气、液相主体内，由于流体充分湍流而不存在浓度梯度，仅在两层膜内存在着浓度变化，即传质阻力都集中在两层膜内；在相界面上，气、液两相浓度总是互成平衡，即认为不存在阻力。根据上述理论，将吸收过程简化为气体通过气、液两膜的分子扩散，仅由两层膜组成的扩散阻力即为吸收过程的基本阻力。为计算吸收速率提供了基础。它简明易懂、数学处理方便。应用广泛，但存在着局限性。 （党筱凤）

双母线 double-busbar arrangement

用两段母线把电源引入线和引出线连接起来的主接线。任一电源引入线和引出线经各自的一个断路器后，再经两个母线隔离开关分别接到两段母线（B-1 和 B-2）。两段母线之间装设母线联络断路器 BC。正常运行时，一段母线工作，一段母线备用，

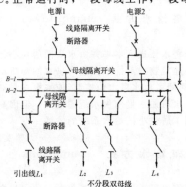

不分段双母线

母线联络断路器是断开的。 （朱桐城）

双瓶抽气装置 double bottle suction device

集气法采样装置。两容积相等带有刻度的玻璃瓶或下口瓶分置不同高度。高瓶的一端与采样管相连，低瓶的一端与大气相通，两瓶的另一端以胶皮管连通，胶皮管上设两螺旋夹分别用以启闭通路和调节流量。先将高瓶注满水，打开启闭螺旋夹，水即流向低瓶，气体样品被吸入高瓶内。 （徐文华）

双区电除尘器 two-stage electrostatic precipitator

粉尘的荷电和分离、沉积是分别在前后两个区域内完成的电除尘器。在前区内安装电晕极，造成非均匀电场，尘粒在此区域内荷电，该区称为电离区。在后区内安装间距较小的平行集尘极板，造成均匀电场，粉尘进入该区后被逐渐分离、捕集，该区称为集尘区。其供电装置的价格较低，运行也较安全。主要用于空气调节的进气净化，这时采用正电晕，使臭氧和氮氧化合物生成量减少到室内空气调节所允许的数值。近年来，在工业部门的除尘系统中也开始应用。 （叶 龙）

双水箱分层式热水供暖系统 multi-floor hot water heating system with supply and return tank

设置供、回两个水箱，而沿竖向将供暖系统分割为高区与低区两个独立单元的热水供暖系统。低区系统与外网直接连接；高区系统则通过用户加压水泵把网路中的热水提升至供水水箱，再利用供、回水水箱的位差进行高区系统的水循环。高区系统利用非满管流动的溢流管，与外网回水管压力隔绝。可简化引入口设备，降低系统造价；但空气易进入高区系统，加速系统的内腐蚀。适用于高层建筑施加于供暖系统的压力过大且超过散热器承压能力，而外网的供水温度又比较低的场合。 （路 煜）

双筒式吸嘴 dual-drum suction mouth

由两个直径不同的同心圆筒（内筒固定，外筒可上下移动）组成的吸嘴。物料和一次空气从底部吸口吸入内筒，上下移动外筒改变内、外筒底部端口间的高度，控制二次空气吸入量，调节料气比，以便能在最佳效率下输送各种物料。二次空气从底部吸口随同物料一起吸入内筒，有效地使物料加速，增大了输送能力。

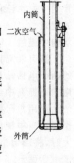

（邹孚泳）

双位调节器 two-position regulator

又称为双位控制器、继电型控制器。输入敏感元

件的信号与给定值的偏差，放大后输出继电接触信号的调节器。操纵执行机构处于两种状态（全开或全关）或两个位置（高位或低位）。　　　　（刘幼狄）

双位控制系统　two-position control system

调节量按被调量与给定值之间的偏差信号大小，通过放大实现断续二位式的自动控制系统。被调介质的敏感元件或变送器的信号输入双位调节器，经与整定值比较，其偏差经放大后输出为通、断两种工作状态的电信号，指挥执行机构处于全开或全闭位置，从而使控制点处于最高或最低两个极端之一，控制被调量在允许的范围内周期性的上、下波动。这种调节系统只适合对响应慢，纯时滞小的调节对象，否则双位调节能产生两极端间的过度振荡以致造成不稳定和低效运行。　　　　　　　　（刘幼狄）

双线式供暖系统　double-line heating system

每组散热器均由互不相通的两部分组成，热水先流经散热器的一部分，然后再反向流经散热器的另一部分的热水供暖系统。立管为单管，由上升立管和下降立管组成，呈门字形。各层散热器平均水温均相同。按型式分有垂直和水平两种。适用于高层建筑。　　　　　　　　　　　　　　　（路　煜）

双向电缆电视系统　two way cable television

具有双向传输业务的电缆电视系统。兼有下行信号（节目站至用户）和上行信号（用户至节目站），下行信号可传送多种节目给用户，上行信号有监测业务，如火警、盗警、医疗急救报警、用户水、电、气消耗量的遥测和付费等；还有情报业务，如用户可查询气象、商品价格、飞机航班等；还可送出用户账号和购物品种与数量，进行电视购物以及类似的业务。双向电缆电视的用途与业务范围正在不断扩大。　　　　　　　　　　　　　　（李景谦）

双向供水　multi-way service pipe systeme

自室外给水管网引接两条以上引入管，并在建筑内部连成环状管网或贯通管网的安全供水技术。管网中的水流可作双向流动。用于不允许间断供水的建筑。　　　　　　　　　　　　（姜文源）

双向中继线　two-way trunk

指市话局用户与小交换机用户间均可互相呼叫的两个电话站间的连接线。当中继线群很小时，采用它可提高中继线利用率，节省中继线对数；但占用市话局用户号码较多、双向中继设备比较复杂、费用也高和当中继线数量不足或小交换机呼出话务量增大时，将影响市话局的接通率。一般用于小容量或人工电话站。　　　　　　　　　　　　（袁　玫）

双眼灶　double burner gas cooker

具有两个燃烧器的燃气灶具。为目前中国家用燃气灶具的主要形式。每个燃烧器的热负荷为 2.9～3.5kW（2500～3000kcal/h）。由开关、框架、管路、盛液盘、燃烧器和进气接口等组成。按框架的选材又分为铸铁灶、搪瓷灶和不锈钢灶。

（梁宣哲　吴念劬）

双原理运动探测器　dual principle move detector

利用超声波探测原理和被动式红外线探测原理制成的运动探测器。只有在这两部分探测系统都确认闯入者出现时，才发出报警信号。它可提高报警的可靠性，降低误报率。　　　　　　　　（王秩泉）

shui

水泵　pump

将原动机的机械能转化使被压送液体具有能量而提升的机械。按作用原理分为叶片式水泵与容积式水泵。　　　　　　　　　　　　　　（姜文源）

水泵机组　pump unit

水泵和配套动力机械组成的成套机器设备。常见的为水泵与电动机直接耦合连接，并固定在一个共用底座上。分有调速水泵机组和恒速水泵机组。

（张延灿）

水泵给水方式　pumping scheme

用水泵直接向建筑给水系统加压供水的加压给水方式。一般需设贮水构筑物，避免水泵直接向室外给水管网抽水。适用于用水量较均匀的情况，以使水泵在最大效率下工作；若采用调速水泵机组，则可扩大应用范围，适应用水不均匀情况，减少电能消耗，并使供水压力保持稳定。　　　　　　（姜文源）

水泵加压　pump pressurization

利用压力调节器或电接点压力表控制补水泵连续或间歇补水，以保持漏水的供暖系统的所需压力。适用于大型供暖系统。　　　　　　　（盛昌源）

水泵接合器　siamese connection

设置在建筑物墙外，用以消防车向室内消防给水管系加压输水的装置。包括双口连接短管、安全阀和止回阀，分有地上式、地下式和墙壁式三种。

（胡鹤钧）

水泵-水塔给水方式　pump-tower supply scheme

水泵将水压送入水塔并由水塔向居住小区或工业企业各建筑物内部配水点重力供水的加压给水方式。水泵启闭系由水塔水位控制，使水泵在最高效率下工作。水塔贮水量与供水范围较大，但因高度固定，限制了居住小区给水系统的发展。

（姜文源）

水泵-水箱给水方式　pump-tank supply scheme

水泵将水压送入高位水箱并由高位水箱向建筑

物内部各配水点重力供水的加压给水方式。水泵启闭系由水箱水位控制,此联合工作制度不仅能使水泵在最高效率下工作,而还可减少水箱容积。常用于高层建筑的建筑内部给水系统,并在停电、停水时有延时可靠的供水能力。　　　　　（姜文源）

水泵特性曲线　characteristic curve of pump

表征水泵各基本性能参数相互间关系的一组曲线。如叶片式水泵的 6 个基本性能参数为转速、扬程、流量、轴功率、效率及允许吸上真空高度,而以转速为常量,运用理论推求或实验测定方式得到其他 4 项参数随流量而变化的函数关系曲线。用于选定水泵的最佳设计工况。　　　　　（姜乃昌）

水泵小时最多启动次数　pump starting times within an hour

受电气设备允许磨损率限制的水泵机组小时内自动启动的次数。启动频繁虽有损电动机,但可减小气压水罐容积。中国规范按技术经济合理性规定为 6～8 次。　　　　　（姜文源）

水表　water meter

计量承压管道中流过水量累计值的仪表。按测量原理分为流速式水表和容积式水表两大类。按用途分为冷水水表、热水水表、正逆流水表和定量水表等。其显示方式分有远传式和就地指示式两种。后者又有指针显示式、数码显示式和干式、湿式之分,限于计量不含机械杂质的清洁水。　　　　　（唐尊亮）

水表参数　water meter parameters

用以表征水表流量特性的技术参数。分有流通能力、公称流量、最大流量、最小流量、分界流量和始动流量等。　　　　　（姜文源）

水表分界流量　transitional flow-rate of water meter

水表误差限改变时的流量值。其数值为公称流量的函数。　　　　　（姜文源）

水表公称流量　nominal flow-rate of water meter

水表在规定误差限内允许长期工作的流量值。其数值为水表最大流量之半。　　　　　（姜文源）

水表井　water meter chamber

安置、保护和检修水表的地下井状构筑物。小型的为预制混凝土或玻璃钢、塑料盒;较大型的用砖砌筑成。　　　　　（吴祯东）

水表灵敏度

见水表始动流量（225 页）。

水表流通能力　capacity of helix type water meter

水流通过螺翼式水表产生 $1mH_2O$ 水头损失时的流量值。相当于使螺翼式水表的机件强度达到极

限时的通过流量。　　　　　（姜文源）

水表始动流量　starting flow-rate of water meter

又称水表灵敏度。水流通过水表使其指针从静止状态开始运转,并连续记录的最小起步流量值。此时水表不计示误差值。　　　　　（姜文源）

水表最大流量　maximum flow-rate of water meter

水表在短时间内(每昼夜不超过 1h),在规定误差限内允许使用的上限流量值。超过该时间限值和流量限值,将加速水表机件的损坏和导致计量的误差值超过规定。　　　　　（姜文源）

水表最小流量　minimum flow-rate of water meter

水表在规定误差限内使用的下限流量值。其数值为公称流量的函数。　　　　　（姜文源）

水槽表面散湿量　moisture gain from water sink surface

由敞开的水槽表面借助于蒸发作用向室内空气散发的湿量。影响它的因素有蒸发水槽的表面积、蒸发系数、水表面温度下的饱和空气和室内空气之间的水蒸气分压力差等。在具体计算它时,如当地实际大气压力不同于标准大气压力,还需对大气压力的影响作必要的修正。　　　　　（单寄平）

水掣

见闸阀（292 页）。

水成膜泡沫灭火剂　agueous film-forming foam agent

又称轻水泡沫灭火剂。加入氟碳表面活性剂、无氟表面活性剂等改进泡沫性能添加剂的普通蛋白泡沫灭火剂。氟碳表面活性剂比例为 1%～5%,由于氟碳表面活性剂等的联合作用,它具有比氟蛋白泡沫更低的临界应力,流动性更强。使用时能在泡沫和水膜双重作用下覆盖于油类的表层,由于水膜很薄漂浮于油类表面之上,使燃油与空气隔离,阻止燃油蒸发,加之泡沫的灭火作用,使其灭火效果优于普通蛋白泡沫和氟蛋白泡沫。　　　　　（杨金华）

水池　reservoir

设置于地面上或地下、与大气相通的敞开式贮水构筑物。由池体、阀门、进水管、出水管、溢流管与泄水管等组成。按用途分为用于贮水的贮水池、调节水池及具有专门功用的冷却水池、接触水池等;按形状分有方形水池、矩形水池、圆形水池和多边形水池;按水质分有清水池和污水池;按设置高度分有高位水池和低位水池;按水池与地面的相对位置分有地下水池、半地下式水池和地上式水池;按材料分有混凝土水池、钢筋混凝土水池和砖砌水池;按结构型

式分有整体式水池和装配式水池。　　(姜文源)

水池导流墙（板）　guide wall of reservior

贮水池内用以疏导水流而砌筑的隔墙（板）。防止水流短路使大部分贮水停滞而水质恶化。多用砖或混凝土板砌筑。其顶部标高高于水池最高水位。隔墙（板）底部设泄水孔以平衡两侧水压。

（姜文源）

水池通气装置　ventilation installation of reservior

贮水池池顶盖板上设置的整套通气通风装置。由通气孔、通气管与通风帽组成。其作用为使水池与大气相通，新鲜空气不断补充进入池内循环流动，以防止贮存水变质。　　　　　　　　(姜文源　胡鹤钧)

水冲式坐便器　wash-down closet bowl

利用水的冲力将堆积的粪便排入污水管道的坐式大便器。便器内存水面积较小，污物易附着在器壁上，易散发臭气，冲洗水量和冲洗噪声较大。多为旧式产品。　　　　　　　　　　　(金烈安　倪建华)

水锤消除器　water hammer arrester

消除压力管道中因流速急剧变化引起的高压水锤波的机械装置。按作用原理分有泄水式、气室式和弹性装置式等。在高压水锤波到来时，泄水式（如下开式）将高压水泄出一部分，气室式（如隔膜式、充气式）将气体压缩，弹性装置（如折叠式）将容积加大，从而把过高的压力消除。常安装在水泵出水口止回阀的下游侧、快开阀门的上游侧等处。是保证流体压力输送管道安全运行和减少振动噪声的重要装置之一。　　　　　　　　　　　　　　(张延灿)

水当量比　water equivalent ratio

代表空气温降1℃和水温升1℃时，空气所放出的热量与水所吸收热量之比。以 γ 表示。它在水冷式表冷器选择计算时，为求表冷器所能达到的热交换效率系数 η_1 而引出的中间变量。其表达式为

$$r = \frac{\xi G c_p}{W c}$$

ξ 为析湿系数；G、W 为通过表冷器的风量（kg/s）、水量（kg/s）；c_p、c 为空气定压比热、水的比热。

（田胜元）

水封　water seal

①利用充水的办法隔断管道、设备等内部腔体与大气连通的方法。是阻止内部气体溢入大气，防止昆虫通过。水封高度应大于腔体内最大可能正压或负压值。对于一般下水道，为隔断管道内有害气体与室内大气的连通，最小水封高度为50mm。

②利用液柱进行阻汽疏水的装置。在阻止蒸汽，排放凝水的同时，也阻止所有不溶性气体通过。按构造分有单级水封和多级串联水封。它的体积大，耗金

属多，占地大；但凝水流过的压降小，温降大。

（张延灿　王亦昭）

水封段数　stage number of multi-stage water-seal

多级串联水封所串联的单级水封的个数。

（王亦昭）

水封高度　①effective depth of water seal, trapseal；②height of water-seal

①又称水封深度。水封装置中形成水封的进出口水位差。能有效地阻止下水道气体进入室内，一般取值为50～100mm。

②用以阻汽的工作部分高度。多级串联水封时是内套管的总高度。　　　　　　　(张　淼　王亦昭)

水封盒

见筒式存水弯（242页）。

水封井　trap sump

构置于建筑物内外地面下的水封装置。井中有上部封顶下部留空的竖向隔断，其底端与出水管口形成水封高度。　　　　　　　　(张　淼　胡鹤钧)

水封破坏　noneffective of water seal, breaking of the seal

水封装置中的水封气密性在有效作用期内失效，致使下水道气体窜入室内的现象。形成破坏的原因有正压喷溅、诱导虹吸、自虹吸、惯性力、蒸发和毛细管作用。防止的方法是加强排水管系的通气，使之随时补气平衡压力减少波动。

（张　淼　胡鹤钧）

水封装置　water-seal installation

排水管系中用以隔绝下水道气体防止其流窜的设备。一般采用垂直隔断结构。常见的有存水弯和水封井等。　　　　　　　　　　(张　淼　胡鹤钧)

水垢　scale

水中微溶盐类析出沉积在器壁上的固形物质。主要成分为钙镁盐类。其导热系数比钢小数十倍至数百倍，严重影响受热面的热传导能力，并有减少管道断面积和增加摩阻系数等危害。　　　(贾克欣)

水喉

见小口径消火栓（262页）。

水景工程　waterscape engineering, fountain engineering

又称喷泉工程。人工建造的水流景观。由各种基本的水流形态单独或组合构成，既是一门古老的园林艺术，又是一门现代综合工程技术。常见水流形态可归纳成五类：池水形态、流水形态、跌水形态、喷水形态、涌水形态。现代典型工程由水景构筑物、循环水泵、配水管道、分水器、各种喷泉喷头、照明装置、控制装置和音响设备组成。　　　(张延灿)

水景工程控制 controling of waterscape engineering

水景工程中水流形态、照明装置和音响装置等的自动控制系统。是现代水景工程的重要组成部分之一。一般控制内容大致包括:喷水和照明设备的定时或按自然光照度自动启动和停止;水姿、照明的程序变换;水姿、照明、音乐的自动谐调运行;不同风速时喷水高度的调节等。常用控制方式有手动控制、自动程序控制及自动音响控制等。 (张延灿)

水景工程照明 lighting of waterscape engineering

夜间运行的水景工程所配备的专用照明系统。为增强观赏效果,对照明色彩与照度可自动变换和调节。常用照明方式,按光源种类分有散光照明、聚光照明、闪光照明、激光照明等;按光源安装位置分有水下照明和陆上照明;按灯光的变换方式分有手动、程序控制和声响控制。

(张延灿)

水景设备 waterscape equipment

水景工程中用以构成各水流景观的设备、装置和机械的总称。包括水力设备、照明设备和控制设备。按可否移动分有移动式水景设备、半移动式水景设备和固定式水景设备。 (张延灿)

水景用水 water for fountain

用水流造成各种景观的工程所需用水。多为循环使用,对喷射形的用水要求滤除杂质。以防堵塞喷头缝隙。 (胡鹤钧)

水-空气诱导器系统 air-water induction unit system

将处理过的一次高压空气,送入静压箱,经喷嘴引射与二次空气(经过冷却器冷却过的空内空气)混合后送入室内的诱导器系统。由一次静压室、喷嘴、盘管和混合箱组成。设备运行根据季节负荷不同调节水温,如冬季用热水,夏季用冷水。

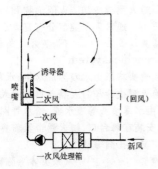

(代庆山)

水冷式空调器 water cooling air conditioner

凡是用水来冷却冷凝器的各类空调器。因水冷式较风冷式的制冷效率高,故较大容量的空调器应优先选用。 (田胜元)

水力半径 hydraulic radius

管道过流断面积和管道湿周(即管道断面周长)之比。反映过流断面大小、形状对摩擦阻力综合影响的物理量。以 R 表示。对直径为 D 的圆形管道可用式表达为

$$R = \frac{D}{4}$$

对边长为 a 和 b 的矩形断面管道可用式表达为

$$R = \frac{ab}{2(a+b)}$$

(殷 平)

水力报警器

见水力警铃。

水力除尘 dust control by liguid

用水(或其它液体)润湿物料或尘粒,使其增重、凝聚,减少粉尘飞扬的措施。通常是直接加湿物料或在局部扬尘点利用喷嘴将水喷成雾状,抑制粉尘的飞扬。为均匀加湿,喷水管前水压应不小于 200kPa。喷水管可用直径 20mm 的钢管钻孔制成,也可采用喷嘴。 (孙一坚)

水力警铃 water motor gong

又称水力报警器。借助给水管道内的水流推力打响警铃的火灾报警装置。与报警阀配套使用。

(张英才 陈耀宗)

水帘

见水幕 (228 页)。

水疗设备 hydrotherapy equipment

配给与容纳医疗用水的器具和设备。按医疗方式分有喷射水流按摩水疗设备和疗效水沐浴水疗设备等。常设在疗养院、休养院、康复医院内,为医疗、保健、康复的重要手段之一。 (张延灿)

水流指示器 flow switch

安装在湿式自动喷水灭火系统给水管道上,能报知建筑物某层或某区闭式喷头已开启喷水并发出火灾报警信号的装置。由本体、延时电路、桨片及底座等组成。一般安装在消防管网每层水平分支管,或某区域的分支管上。当闭式喷头动作时管道中的水流推动桨片,接通延时电路发出电信号报警,也可用于启动消防水泵或控制开、断某些特定触点。

(张英才 陈耀宗)

水流转角 angle of turning flow

排水管道非直线连接时检查井内上下游管段中心线在水平方向所交的角度。为满足良好的水力条件,一般不得小于 135°。 (胡鹤钧)

水路自动控制系统 automatic control systems for water circuit

实现空调、制冷与供热水路自动化的控制系统。其压力控制与流量控制是为保证水力工况正常；温度控制是为满足用户对冷/热量的要求。在高层建筑与楼群的冷/热水系统中，为节能常采用二级泵系统并要求实现节能优化控制。在城市热力系统中，复杂的网络控制，需要引入大系统理论并采用多种智能控制算法。　　　　　　　　　　　（张瑞武）

水落管

见雨落管（287 页）。

水煤气 water gas

固体燃料与水蒸气在高温条件下气化生成的可燃气体。主要成分为一氧化碳和氢，热值在 $10500kJ/Nm^3$ 左右。毒性大，不宜单独作为城市燃气气源，可与焦炉气、油煤气掺混后作为城市燃气气源。　　　　　　　　　　　　　　　（刘惠娟）

水煤气钢管

见普通焊接钢管（180 页）。

水门

见闸阀（292 页）。

水面覆盖球 surface cover ball

覆盖冷热水水面用的隔热空心小球。为隔离水与大气的接触，减少热对流、辐射和传导，防止蒸发与散发气味等。小球要能漂浮，但不因水面上下波动而旋转，覆盖严密，隔热性能好，不污染水质，耐水、不渗透。用于热水箱中以减少热损失，用于给水箱内以防冻结，还可用于污水池内以免臭气散发。
　　　　　　　　　　　　　　　　　　（张延灿）

水面取水装置 surface water intake

随开式容器内水位变化而始终取水面水的装置。常用于热水箱内以保证出水水温不受沿水深水温递减的影响，可充分利用热能，节省能源。按结构形式分有翻板式和浮筒式等。　　　（张延灿）

水膜 water membrane

利用缝隙、折射等成膜喷头喷出的各种膜状喷水形态。不同结构形式的成膜喷头，可喷出不同的形式，如伞形、钟罩形、喇叭形（牵牛花形）、扇形等。其特点是晶莹剔透、玲珑活泼，可组成各种形态新颖的水流造型。　　　　　　　　　（张延灿）

水膜除尘器 cyclone scrubber dust collector

利用壁面上流动水膜捕集粉尘的除尘器。各种型式的立式旋风水膜除尘器和管式水膜除尘器均属此类。形成水膜的供水方式主要分有喷嘴切向沿壁喷淋和水槽溢流两类。用于锅炉烟气除尘的麻石水膜除尘器，就是用花岗岩制造的一种立式旋风水膜除尘器，其上部设置水槽溢流供水，沿外壁形成自上而下流动的水膜，含尘气流由下部进口沿切线进入，在离心力作用下尘粒运动到壁面、被水膜捕集，它有效地防止二次扬尘，除尘效率一般为 85%～90%，同时还可吸收烟气中部分 SO_2。在壁面能否形成稳定、均匀水膜，是保证除尘效率的必要条件。为防止净化后排出气体带水，一般均设置气液分离装置。
　　　　　　　　　　　　　　　　　　（叶 龙）

水膜厚度 thickness of water sheet

排水立管中水膜流的水流厚度。在水膜形成后所作的加速运动中，其厚度与下降速度近似成反比而变化；直到水膜所受的重力与管壁摩擦力相平衡而作匀速运动时，厚度才固定不变。用于计算水膜流的排水立管通水能力。　　　　　　（胡鹤钧）

水膜流 flow of water sheet

排水立管中下落水量达到充满管断面 $1/4～1/3$ 时状态的水流。它由于水流与管壁所形成的界面力大于水流自身的内聚力，遂形成具有一定厚度的水膜贴附于管壁下落。水流在沿着具有足够长度的立管下落过程中，当其所受的重力与管壁摩擦力相平衡时不再作加速运动。此时管内的空气芯变小，气体流通能力稍弱，呈现压力波动状况。
　　　　　　　　　　　　　　　　　　（胡鹤钧）

水幕 water curtain

①俗称水帘。自高处垂落的宽阔膜状跌水形态。若过流界面平滑、水流平稳，则可使水膜晶莹透明；否则在水流中卷入空气泡就会形成白色屏幕。

②通过供水装置流出的一层流动的透明水膜，吸收热源的辐射热，遮挡热射线对人体辐射的隔热装置。当水温低于人体表面温度时，还能吸收人体的辐射热，有利人体散热。根据供水装置结构的不同分有压力式和溢流式。前者水从具有一定静水压力的水槽底部窄长的细缝中流出形成水膜；后者水沿水槽上缘舌状溢流板淌下形成水膜。
　　　　　　　　　　　　（张延灿　邹孚泳）

水幕喷头 drencher

按预定方向喷射出密集水束形成水帘、水幕状，用以阻火、隔断火源或冷却防火隔绝物和局部扑灭火灾的专用喷头。通常采用类型分有窗口水幕喷头和檐口水幕喷头。　　　　（张英才　陈耀宗）

水幕系统 drencher system

依靠开式喷头将压力水喷洒成水帘、水幕状，用以阻火、隔绝火源或冷却防火隔离物的开式自动喷水灭火系统。由水幕喷头等喷水器、给水管网和控制阀组成。一般安装在舞台口、防火卷帘及需要设置水幕保护的门、窗、孔洞等部位。
　　　　　　　　　　　　（张英才　陈耀宗）

水泥接口 cement sealed connector

承插式铸铁管以水泥为主要填料的接口。为当前中国低压燃气管道的连接方法之一。

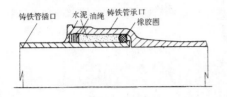

（王可仁）

水泥排水管

见混凝土排水管（109 页）。

水喷雾灭火系统　water spray system

通过各种形式的水雾喷头，利用高压水喷射成雾状水流，对燃烧物起冷却、窒息、乳化和稀释等作用而扑灭火灾的开式自动喷水灭火系统。按照设备形式分为固定式和移动式两种灭火系统。固定式系统的启动方式根据需要可采用自动控制与手动操作。自动控制的固定式系统一般由火灾探测自动控制系统、高压供水设备、控制阀和水雾喷头等组成。

（张英才　陈耀宗）

水平动刚度　horizontal dynamic stiffness

结构（隔振器）在动载荷作用下沿水平方向抵抗变形的能力。其值为

$$K_x = dK_{xs} \quad 或 \quad K_y = dK_{ys}(N/cm)$$

K_x、K_y 为在水平坐标平面上沿 x 或 y 方向的水平动刚度；d 为隔振材料（如橡胶）的动态系数，它等于材料动态弹性模量与静态弹性模量之比值；K_{xs}、K_{ys} 为在水平坐标平面上沿 x 或 y 方向的水平静刚度。

（甘鸿仁）

水平刚度　horizontal stiffness

结构（隔振器）在静载荷作用下沿水平方向抵抗变形的能力。单位为 N/cm。其值为使结构在水平方向产生单位变形所需之水平静态力的大小。

（甘鸿仁）

水平平行流工作台　horizontal laminar flow clean bench

气流均匀分布，流线平行的送入气流沿水平方向通过工作区，造成局部区域达到洁净度要求的净化工作台。

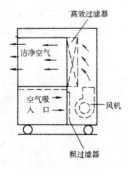

（杜鹏久）

水平平行流洁净室　horizontal laminar flow cleanroom

通过高效过滤器的洁净气流沿水平方向呈平行流状态流经工作区，携带工作区发散的尘埃粒子，经回风墙进入回风静压箱，实现空气循环的洁净室。

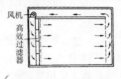

（杜鹏久）

水枪最小流量　minimum nozzle flow

保证扑救火灾时水枪射流达到充实水柱的流量。根据火场实际用水量统计和水力试验资料确定：高层民用建筑为 5L/s；一般建筑为 2.5L/s 或 5L/s。

（姜文源）

水墙式太阳房　water wall solar house

南墙为水箱或其他水容器，向阳面有深色吸热涂料，并设置采光玻璃及保温翻板的太阳房。夜间保温翻板盖住玻璃，白天作为反射板以增强采光。水墙壁面温度低于特隆勃墙，故热效率较高。

（岑幻霞）

水塞　water lock

蒸汽管路或含二次蒸汽的凝水管路中，凝水与蒸汽相互间隔的段塞状流动。（王亦昭）

水塞流　flow of water slug

排水立管中通过水量超过水膜流的排水能力而产生的有压冲击流状态的水流。由于水柱断续充满管断面，产生剧烈的气压波动，严重影响到沿程接入的各种存水弯水封层的稳定性能，并产生较大的噪声。（胡鹤钧）

水舌现象

排水横管涌放入立管的水流在瞬时遮断立管断面的状态。由于切断沿立管空气流动的结果，致使气压剧烈的变化。它与水量大小、横管立管管径比、配件的连接角度等有关。（胡鹤钧）

水栓　　见配水龙头（174 页）。

水-水式换热器　water-water type heat exchanger

进行热量交换的冷、热两种流体均为水的换热器。属于表面式换热器。（岑幻霞）

水塔　water tower

高耸于地面上的塔状重力供水贮水构筑物。供水范围及塔顶水箱（柜）容积均较大。由水泵机组、塔体和水柜等组成。用于居住小区给水系统或市政给水系统。但因它的高度固定，对系统的供水范围有一定的限制。（胡鹤钧）

水汀角

见旋塞（266 页）。

水头损失　head loss

　　水流在管道或渠道内流动时因摩擦和外形发生变化而形成的单位质量的能量损失。以压强单位表示。分有沿程水头损失和局部水头损失。

　　　　　　　　　　　　　　（高　珍　姜文源）

水位控制　water level control

　　对水位限制在一定位置的控制。依此调节水泵的运行，以达到供水量和需要量之间的平衡。其控制方式分有：220V 电极式水位控制、低电压电极式水位控制、浮标式水位控制、压力式水位控制和液位射流元件式水位控制。　　　　　　　（唐衍富）

水雾　water fog

　　利用撞击、旋流等成雾喷头喷出的雾状喷水形态。成雾喷头在较大水压作用下，能以较少的水量在较大的范围内造成水汽腾涌、云雾朦胧的景象，在日光和白色灯光照射下，由于水雾的折射作用，可形成彩虹映空景象。常与瀑布、水幕、叠流等水流形态配合应用，以烘托水景工程的气氛，增加观赏效果。

　　　　　　　　　　　　　　　　（张延灿）

水雾喷头　water spray nozzle

　　利用高压水喷射成雾状水流，对燃烧物起冷却、窒息、乳化和稀释等作用的喷头。水的雾化效果取决于供水压力、喷头性能和加工精度等因素。按型式分有双级切向孔式、双级离心式、单级涡流式和螺旋桨式等。按照喷头的出口水流速度分为中速水雾喷头和高速水雾喷头。　　　　（张英才　陈耀宗）

水箱　water tank

　　与大气相通的敞开式贮水设备。由箱体、阀门、进水管、出水管、溢流管、泄水管与通气管等组成。按设置位置分有高位水箱与一般非高位水箱；按用途分有重力供应冷水、热水与消防用水的高位水箱和具有专门功用的稳压水箱、吸水水箱、断流水箱、平衡水箱、加热水箱与膨胀水箱等；按材料分有钢板水箱、混凝土水箱、钢筋混凝土水箱、钢丝网水泥水箱、玻璃钢水箱、木质水箱与塑料水箱；按供水的系统分有给水水箱、消防水箱、冷水箱、热水箱与中水水箱；按结构型式分有整体式水箱和装配式水箱。它与贮水罐相比，具有调节容积大，水质易被污染，供水压力受设置高度限制。

　　　　　　　　　　　　　　　　（姜文源）

水箱给水方式　water tank supply scheme

　　用屋顶水箱贮水供给建筑内部给水系统的给水方式。其水压满足室内所需总水头及有贮备水量，供水安全可靠；当室外给水管网中水压较高时（如在夜间）水箱无需动力被充满，还可节约能源。但若管理不善水质有二次污染的可能。适用于室外管网资用水头周期性短时间不足时，供给建筑物上部用水与

要求供给稳定水压的情况。为一般低层或多层建筑所常采用。　　　　　　（姜文源　胡鹤钧）

水嘴

　　见配水龙头（174 页）。

shun

顺流　parallel flow

　　又称并流、同流。在热质交换过程中，如表面式换热器及气体洗涤器，两种参与热质交换的流体，在其流通路径上彼此呈同向平行的流动。

　　　　　　　　　　　　　（王重生　赵鸿佐）

顺流回水式热水供暖系统　reversed return hot water heating system

　　又称同程式系统。供、回水干管内热媒流向相同，各立管环路的长度相等的热水供暖系统。可使远、近环路的阻力易于平衡。　　　　（路　煜）

顺排　parallel arrangement

　　管束按矩形排列。这种排列时流道较平直，当流速及纵向管间距较小时，易在管尾部形成滞流区。

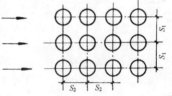

　　　　　　　　　　　　　　　　（岑幻霞）

顺喷　parallel spray, downstream spray

　　在喷水室中，喷水方向与空气流动方向一致的喷水方式。　　　　　　　　　　（齐永系）

顺坡　downward slope

　　管道敷设坡度的坡向与管内流体的流向相同时的习称。　　　　　　　　（王义贞　方修睦）

顺序控制器　sequence controller

　　实现开关量程序控制（动作顺序和时间顺序）的通用性自动装置。由输入输出通道和组合网络组成。开关量输入和输出，分为无触点、有触点和两者结合。组合网是二极管阵，可实现按输入信号条件的顺序控制，按时间先后的顺序控制以及按动作步骤的顺序控制。　　　　　　　　（刘幼荻）

瞬时高峰　consumption peak

　　建筑给水排水系统在最高日用水时段内出现的卫生器具最大使用频率用水状况。按 5min 观察时间为单位计取，不一定发生在最大时用水时段。

　　　　　　　　　　　　（姜文源　胡鹤钧）

瞬时速度　instantaneous velocity

　　在某一瞬间对随机紊动的流体流速，进行采样所得到的速度值。用 w_i 表示。　　　　（马九贤）

si

丝扣连接

见螺纹连接（161 页）。

斯培希诺夫公式　Спыщинов formula

应用于建筑内部给水管系的设计秒流量与卫生器具当量数函数关系式。前苏联工程师斯培希诺夫（И. А. Спыщинов）在库尔辛公式的基础上应用卫生器具当量数概念导出通用于不同卫生设施完善程度情况的设计秒流量公式为

$$q = 0.2 \sqrt[a]{N} + KN$$

a 为据不同生活用水定额而定的根指数；N 为卫生器具当量数；K 为按 N 值而定的系数。曾为中国《室内给水排水和热水供应设计规范》（BJG15－64）和（JJ15－74）所采用。　　　（姜文源　胡鹤钧）

斯托克斯粒径　Stokes diameter of particle

在静止空气中与某一非球形尘粒具有相同沉降速度的同密度球形尘粒的直径。以此作为非球形尘粒的当量粒径。以 d_s 表示。单位为 m。其表达式为

$$d_s = \left[\frac{18\mu v_s}{g \ (\rho_c - \rho)} \right]^{\frac{1}{2}}$$

v_s 为尘粒的沉降速度（m/s）；μ 为气体的动力粘度（Pa・s）；g 为重力加速度（m/s²）；ρ_c 为尘粒密度（kg/m³）；ρ 为空气密度（kg/m³）。它可用液体沉降法测出。　　　　　　　　　　　（孙一坚）

斯维什尼柯夫公式　Свещеников formula

适用于居住和公共建筑的设计秒流量公式。应用于给水管系和排水管系分别为

$$q_g = abC \sqrt{N} \qquad q_u = 0.12a \sqrt{N_\gamma} + q_{max}$$

a 为卫生设施完善程度系数；N、N_γ 分别为卫生器具的给水和排水当量；b 为人口密度；C 为建筑物性质系数；α 为建筑物性质系数；q_{max} 为计算管段上最大的一个卫生器具排水流量。　　　　（姜文源）

死容积　non-effective storage

气压水罐内不起调节作用，仅为防止罐内气体进入给水管系而预留在罐体底部的保护容积。当止气阀装设在气压水罐内时，为其浮球中心至罐内底垂直高度间的容积。　　　　　　（姜文源）

四管式系统　four-pipe water system

冬夏冷热水各有一个送回水系统的风机盘管水系统。可克服三管式水系统的缺点，但系统较复杂，运行调节较麻烦，开始投资也较大。　（代庆山）

四通　double junction

从主管上接出两根支管的具有四个接口的连接件的统称。按连接形式不同分有主管与两根支管正交连接的正四通（十字形管，cross）；主管与两根支管斜交连接的斜四通等类型。　　（潘家多）

伺服放大器　servo amplifier

放大调节器输入信号与电动执行机构位置反馈信号间的偏差值，并转换成继电信号输出的装置。与电动执行机构配套使用。它的输入信号是统一的标准直流信号（0～10mA、4～20mA 电流或 0～2.5V 的电压），并和位置反馈信号进行比较，如无输入信号时，系统位置反馈信号亦趋于零，放大器没有输出，系统处于零位自平衡状态；如输入端有一个输入信号，此输入信号与位置反馈信号之偏差放大并转换成继电信号，使电动执行机构按偏差信号的极性接通正转或反转电源。经减速器，使输出轴开始位移，直到与输出轴相连的位移发送器停止工作（即位置反馈信号输出的电流与输入信号相等）为止。此时输出轴就稳定在与该输入信号相对应的位移位置上。　　　　　　　　　　　　　　（刘幼获）

song

送风机风量调节　air volume regulation of blow fan

为保持炉膛风、煤燃烧的比例关系，对送风系统风量的调节。可采用安装在风管上的电动调节阀来实现。　　　　　　　　　　　　（唐衍富）

送风利用率　efficiency of air supply utilization

又称投入能量利用系数。对空调送风系统进行能量经济评价的指标。以 η 表示。其定义式为

$$\eta = \frac{T_p - T_0}{T_n - T_0}$$

T_n 为工作区平均温度；T_p 为排风温度；T_0 为送风温度。η 值与送风方式、送排风口型式与布局以及热源特性有关，η 值愈大愈节省能量。　（马仁民）

送吸式散流器　combination supply and return diffuser

由四周导流片之间送风，中间导流片之间回风的直片式散流器。　　　　　　　（邹月琴）

su

苏维脱接头　sovent joint

苏维脱排水系统中使用的特制配件。包括混合器和跑气器两种。材质分有铸铁、铜和塑料。
　　　　　　　　　　　　　　　　（郑大华）

苏维脱系统　sovent system

装设有混合器与跑气器的特制配件单立管排水系统。1959 年由瑞士人 Fritz Sommer 首创，并在伯尔尼市（Bern）首先应用。所装设的上下部特制管件

具有通气功能，可提高排水立管通水能力及改善排水管系内气压波动。 （姜文源　胡鹤钧）

速闭止回阀　quick-close check valve

管道内液体倒流前，阀瓣即能提前自行关闭的止回阀。当管道内压力下降至设计值时，装置在阀瓣上的弹簧机构，即迫使阀瓣在未出现流体倒流前迅速关闭。安装在水泵出水管上防止产生停泵水锤。 （张延灿）

速度不均匀系数　uneven factor of velocity distribution

为速度的均方根偏差 δ_v 与工作区平均速度 v_{pj} 的比值 k_v。即 $k_v = \delta_v/v_{pj}$。系评价空调房间气流组织速度分布特性的指标。当工作区有 n 个测点时，分别测出各点的速度 v_x，则工作区速度平均值为 $v_{pj} = \Sigma v_x/n$。工作区空气流速的均方根偏差则为

$$\delta_v = \sqrt{\frac{\Sigma(v_{pj} - v_x)}{n}}$$

（马仁民）

速度平均值　average velocity

对随机紊动的流体流速，在某一段时间内所采集的所有瞬时值的算术平均值。有些国家的标准规定：空调房间内某点空气的平均流速应是连续采样 200s 的所有 n 个瞬时值的平均值。用 $\overline{w}$ 表示。 （马九贤）

速度指标　velocity index

为单位时间内流体流动的距离。常用的分为 m/s、cm/s 等。对于定常流动，速度值不随时间和空间变化。对于非定常流动，速度值随时间和空间变化而变化，此时的流动状态常用时均流速和断面平均流速来表示。 （安大伟）

速接

见快速接头（145 页）。

速启式安全阀　quick open safety valve

排汽（水）阀孔的关闭件在安全阀与系统联接点处的热媒压力超过规定值时能迅速开启的安全阀。 （王亦昭）

塑胶管

见塑料管（232 页）。

塑料管　plastic pipe

又称塑胶管。以塑料为主要原材料加工成型的非金属管的总称。按原材料品种分有硬聚氯乙烯管、软聚氯乙烯管、聚乙烯管、聚丙烯管、工程塑料管、玻璃钢管等。耐化学腐蚀性能好，重量轻，表面光滑，流体阻力小，不易结垢、结露，容易加工，安装维修方便，外观好；但强度较低，不宜在阳光下暴晒，承压能力较低，耐热和传热性能差。适宜输送腐蚀性介质或用于给水、排水、农业灌溉和电缆套管等。

（肖睿书　张延灿）

塑料绝缘和护套通信电缆　plastic insulated and sheathed telecommunication cable

电缆芯线绝缘和护套均采用塑料的通信电缆。常用塑料分有聚氯乙烯和聚乙烯等。重量轻，施工方便；但防水密闭性不够，塑料在室外阳光下易老化开裂。主要用在建筑物内和电话站内。 （袁敦麟）

塑料通风机　plastic fan

采用硬质聚氯乙烯等塑料制作的通风机。适用于输送含有酸、碱和盐的腐蚀性气体。使用温度要求严格，一般在 $-5 \sim 50\,℃$ 范围内。因材料刚度差，叶轮的转速不宜超过 960r/min。 （孙一坚）

塑壳式空气断路器　moulded case air circuit breaker

又称塑壳式空气自动开关。除操作手柄及接线头外露，其余构件均组装于塑料压制壳体内的空气断路器。 （施沪生）

suan

酸性蓄电池　acid storage battery

以硫酸溶液作电介质的蓄电池。其主要品种为铅蓄电池。按用途分为起动用、动力牵引用和直流电源用铅蓄电池等。 （施沪生）

算法语言　algorithmic language

接近数学描述的程序设计语言。 （温伯银）

算术平均粒径　arithmetic mean diameter

粉尘粒径与该粒径下尘粒所占的质量百分数乘积的总和。以 d_p 表示，其表达式为

$$d_p = \int_0^{\infty} \mathrm{d}\phi_i d_{ci}$$

d_{ci} 为粉尘的粒径；$\mathrm{d}\phi_i$ 为粒径 d_{ci} 的粉尘所占的质量百分数。如果 $\mathrm{d}\phi_i$ 为颗粒百分数，则称为颗粒算术平均粒径。该粒径主要用于对称分布的粉尘，概略地反映粉尘的粒度。 （孙一坚）

算术平均温差　mean temperature difference

换热器进口处两流体温差 Δt_1 与出口处两流体温差 Δt_2 的算术平均值。以 Δt_p^s 表示。其表达式为

$$\Delta t_p^s = \frac{\Delta t_1 + \Delta t_2}{2}$$

但由于它未反映出温度变化的实际而存在误差，故只有当 $\Delta t_1/\Delta t_2 < 2$ 时采用。 （王重生　姜文源）

sui

随机干扰　random disturbance

自动控制系统中发生一个变化规律不能用某一函数关系描述的干扰信号。 （温伯银）

隧道通信电缆　tunnel cable of telephone

在专用或合用隧道内敷设的通信电缆。一般安装在电缆托架上。一般采用裸钢带铠装通信电缆或综合护层和铅护套通信电缆。线路安全、隐蔽,施工简单。如采用合用隧道,工程投资可以节省;但在施工和维护过程中易产生矛盾,建设隧道需要有一定场地。一般用于电缆容量较大,条数较多,且各种管线较多的地区。　　　　　　　　　　　(袁敦麟)

suo

梭式止回阀　shuttle check valve

利用压差梭动原理制成的止回阀。阀瓣为圆柱体,其与阀体间构成水流通道;靠阀瓣运动启闭水流通道起止回作用。可竖直或水平安装。(胡鹤钧)

缩位拨号　abbreviated dialling

只需拨1~2位代码,就能代替原来的多位电话号码的性能。采用缩位拨号后,可减少拨多位电话号码的麻烦,节省拨号时间,并便于用户记忆。它可用调用码在话机上进行登记,已登记的可注销和更改。
　　　　　　　　　　　(袁玫)

锁紧螺母　locknut

旧称根母、六角卡子。又称压紧螺母、防松螺母。锁紧通丝外接头或防止其它管件、阀件连接处松动漏水的管件。用于镀锌钢管、焊接钢管、铜管、塑料管等的螺纹连接。　　　　　(唐尊亮)

锁气器　dust exit damper, dust discharge device

又称排灰阀。能在不漏风的情况下进行自动排灰的除尘器部件。常用的有两种类型:①利用平衡锤和一定高度灰柱之间的质量平衡关系进行自动卸灰的,如双翻板式、重锤式等;②利用电动机带动刮板缓慢转动,进行连续卸灰的,如星形卸灰阀等。
　　　　　　　　　　　(叶龙)

T

tai

台数控制　multi-units sequencing control

对多台并列运行的采暖通风空调冷热源等动力设备,为了尽可能节约部分负荷下的运行费用,在不同负荷时投入不同的运行台数的控制方法。一般用于多台制冷机组、供热机组和多台水泵。
　　　　　　　　　　　(廖传善)

抬管泄水装置　the rising pipe for drain of condensate

水平敷设的蒸汽干管翻身向上改变标高时,为了排除沿途凝水,在蒸汽干管最低点所设置的装置。包括分水器、疏水器、放气阀、泄水阀和补偿器等。
　　　　　　　　　　　(王亦昭)

太阳常数　solar constant

当太阳和地球的距离等于平均距离即 1.495×10^{11} m 时,在大气层上界垂直于太阳射线的平面上,接受到的太阳辐射强度。由于地球轨道偏心度及观测条件等影响,不同季节的观测结果不同,一年中年初的值最大,年中的值最小。工程中采用:

$$S_0 = 1.96 \text{Cal}/(\text{cm}^2 \cdot \text{min}) = 1368 \text{W}/\text{m}^2$$
$$= 434 \text{Btu}/(\text{ft}^2 \cdot \text{h})　　　(赵鸿佐)$$

太阳赤纬　solar declination

又称太阳倾角。太阳光线与地球赤道平面间的夹角。其值全年在 $+23\frac{1}{2}° \sim -23\frac{1}{2}°$ 之间变化。
　　　　　　　　　　　(单寄平)

太阳方位角　solar azimuth

太阳光线的水平投影与正南向间的夹角。以南极为 0°,上午向东计算,下午向西计算。
　　　　　　　　　　　(单寄平)

太阳辐射强度　intensity of solar radiation

1m^2 黑体表面在太阳照射下所获得的能量。其到达地面的数值可用仪器直接测量。分有直射和散射辐射强度。单位为 W/m^2。其值与时间、地理纬度和大气透明度等因素有关。　　(单寄平)

太阳高度角　solar altitude

又称太阳高度。太阳光线与地平面的夹角。其值随地理纬度、太阳赤纬和时角的不同而变化。
　　　　　　　　　　　(单寄平)

太阳集热器　solar collector

吸收太阳辐射能并向热媒传递热量的装置。按集热方式分为平板型和聚光型。按热媒种类分为太阳能热水器及太阳能空气集热器。按构造分为真空管式、热管式及蜂窝式等。　(岑幻霞)

太阳能保证率　fraction of heating load supplied by solar energy

来自太阳辐射的有效得热与供暖系统所需热负荷之比。　　　　　　　　　(岑幻霞)

太阳能供暖　solar heating

以太阳能为主要热源的供暖系统。太阳能是清洁、安全的能源，但能流密度低且不稳定。其系统一般由集热和储热部件、散热器以及辅助热源组成。分为直接利用式和热泵式。前者又分为主动式太阳房和被动式太阳房。　　　　　　　　　（岑幻霞）

太阳能空气集热器　solar air collector

热媒为空气的太阳能集热器。多用于太阳能干燥系统。分为不透气吸热体型和多孔吸热体型。前者空气不穿过吸热体，在吸热体上方或下方流动或同时在吸热体的上、下方流动；后者则空气穿过吸热体，具有较高的热效率。　　　　（岑幻霞）

太阳能热泵系统　solar heat pump system

以太阳能为热源的热泵系统。在供暖期间，依靠热泵将集热器收集的低温热（10～20℃）提高到30～50℃，作为供暖和热水供应；在致冷期间，用热泵作为制冷机进行制冷，而与太阳能无关。它的形式很多。标准的水-水式太阳能热泵供暖（致冷）系统。

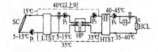

SC：集热器（夜间冷却器）；　H：辅助加热器；
LTST：低温侧蓄热槽；　　　P₁：集热器泵；
HTST：高温侧蓄热槽；　　　P₂：热源水泵；
HP：热泵（冷介质切换）；　P₃：一次热水泵；
HCL：供暖（致冷）负荷；　　P₄：二次热水泵
供暖运行

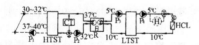

SC：夜间冷却器；　　　　CT：冷却塔；
HTST：排热水槽；　　　　P₁：排热泵；
LTST：冷水蓄热槽；　　　P₂：冷却水泵；
R：致冷机；　　　　　　　P₃：一次热水泵；
HCL：（致冷）供暖负荷；　P₄：二次热水泵
致冷运行
　　　　　　　　　（马九贤　张军工）

太阳能热水器　solar water heater

利用太阳能转化成热能制备热水的局部加热设备。由集热器、贮热水箱、循环管道、控制阀门及其他附属装置组成。具有无需燃料，不污染环境，管理维护简单等优点，但设备占地较大，初次投资较高，受季节、气候和地理位置影响较大。
　　　　　　　　　（岑幻霞　刘振印）

太阳时角　hour angle

太阳光线照到地表面的一点和地心的连线与当地时间 12 点时日、地中心连线分别在地球赤道平面上投影间的夹角。　　　　　　　（单寄平）

tan

弹簧管压力计　spring pressure gauge

弹性敏感元件的位移与外加压力成正比变化关系指示的压力仪表。被测介质的压力使管状弹性敏感元件产生相应的位移，通过指针将压力值显示在刻度盘上。　　　　　　　　　　（刘幼荻）

弹簧式安全阀　spring safety valve

靠弹簧的弹力常闭排汽（水）孔口的安全阀。分有单弹簧式和双弹簧式。根据阀杆驱动方式、阀壳体连接形式、密封面或衬里所用材料和弹簧工作压力等的不同可分为多种型式。结构简单，体积小，阀孔可微启或全启；但弹簧在高温作用下易蠕变。故宜用在压力和温度较低的系统上。　　　（王亦昭）

tao

陶瓷管　potter pipe

又称耐酸陶土管、耐酸陶瓷管。用耐酸塑性粘土和添加物料经制坯、烘干和焙烧成型的非金属管。基本性质与陶土管相似，但耐腐蚀性能更好。中国常用规格为公称直径 20～600mm。常用耐酸水泥接口。用于输送酸性、碱性和含有机溶剂的污水。
　　　　　　　　　　　　　　　（张延灿）

陶瓷换热器　ceramic heat exchanger

用异型耐火粘土砖或碳化硅砖砌成的换热器。耐火度高，预热空气温度可达 900～1000℃；但气密性差，不能用于预热压力较高的空气。（赵建华）

陶土管　clay pipe

旧称缸瓦管，又称普通陶土管。用塑性粘土添加耐火粘土与石英砂等经筛细、调和、制坯、烘干和焙烧而制成的非金属管。根据使用要求，表面可制成无釉、单面釉和双面釉。带釉的表面光滑、水流阻力小、耐磨、耐腐蚀；但性脆，抗拉、抗弯能力差，不耐冲击和振动，管节短（1000mm 以内），接口多，施工麻烦。接头形式分有承插式和套管式，采用水泥砂浆填塞连接。主要用于重力流排水。　　（张延灿）

套管　sleeve, casing pipe

套设在各种管道或电缆外的管段。用以保护管道等不受外界机械作用的破坏及便于维护修理。按用途分有防水套管和普通套管；按构造分有柔性套管和刚性套管。　　　　（蒋彦胤　姜文源）

套管式换热器　double-pipe heat exchanger

两种不同直径的管段套在一起，构成一组同心圆的套管单元，利用内管和管间两种不同温度的流体进行间接换热的设备。构造简单，加工方便，特别适用于流量小，所需传热面积不大的情况。为了提高传热效果，增大传热面积，可在内管外壁加装翅片。
（王重生）

套管式燃烧器　burner with two casing tubes

由大管和小管同轴相套而成的燃烧器。燃气从中心管流出，空气由鼓风机强制从管夹套中流出，两者在火道内边混合边燃烧。结构简单、燃烧完全、火焰较长。
（周佳霓）

套筒补偿器　sleeve compensator

是一种补偿供热管道热伸长的专用设备。由套管和伸入套管中的芯管、密封填料及前后压紧法兰组成。通常分有单向套筒补偿器和双向套筒补偿器两种。尺寸紧凑占地较小，补偿能力大；但轴向推力大，维修量大。管道变形有横向位移处不宜选用。
（胡泊）

te

特高频　UHF utra-high frequency

频率 300～3000MHz 的无线电频段。其传播特性与甚高频一样，是以直线视距传播为主。主要用作雷达、导航、电视广播中第Ⅳ波段的 13～24 频道和第Ⅴ波段的 25～68 频道均在其中。
（李景谦）

特高频/甚高频变换器　U/V convertor

将特高频波段的频道变换成甚高频波段频道的装置。利用它可使不能收看特高频频道的电视接收机能间接从甚高频频道进行收看。（李景谦）

特隆勃墙　Trombe wall

法国科学家 F.Trombe 发明的太阳能集热储热墙。重型材料南墙外表面涂有深色吸热涂料，墙上、下设有通风孔。日间阳光照射，夹层空气受热，由上通风孔进入室内，冷空气经下通风孔由室内进入夹层。夜间墙体释热以保持室温。夹层上方设有排气口。夏季开排气口，关闭上通风孔，室内空气由下通风口进入夹层经排气口排至室外，使房间通风降温。
（岑幻霞）

特殊建筑给水排水工程　building water and wastewater engineering for special uses

用于特殊用途建筑或特殊地区的建筑给水排水工程。前者包括体育建筑内的游泳池给水排水工程、作为景观建筑的喷泉工程以及地下工程建筑内的给水排水工程，医疗疗养建筑内的水疗工程等；后者包括湿陷性黄土地区、地震地区、永冻区等的给水排水工程。
（胡鹤钧）

特殊显色指数　Special colour rendering index

光源对某一选定标准色样品的显色指数。其表达式为 $R_i = 100 - 4.6\Delta E_i$。用以评价光源对特定颜色的显色性。除确定一般显色指数的八种色样外，还有七种常用色样为深红、深黄、深绿、深蓝、白种人肤色、叶绿色和中国女性肤色。
（俞丽华）

特性系数法　characteristic factor method

自动喷水灭火系统中，利用喷头特性系数与管系特性系数计算所需流量与水压的方法。自最不利喷头处开始，逐段地计算直至累计流量达到规定值后，仅计算水头损失值。其特点是系统中任一喷头的喷水量或任意四个相邻喷头的平均喷水量均不低于设计喷水强度。
（应爱珍）

特制配件单立管排水系统　single stack drainage system with special fittings

无通气立管，而排水立管装设有具备通气功能特制管件的生活排水系统。上部特制管件按侧向横管水流进入立管，型式有混流式、环流式、旋流式、侧流式与管流式等。下部特制管件有大曲率弯头与角笛式弯头等。具有通水能力约较传统的单立管排水系统增加 1/3、较双立管排水系统节约管材用量与占地面积。
（姜文源　胡鹤钧）

ti

梯度风　gradient wind

水平气压梯度力、科氏力和离心力三力平衡 F 的水平运动。在近地大气层中，它的风速廓线与地面粗糙度和大气稳定度关系很大。（利光裕）

梯群监控盘　group control supervisory panel, monitor panel

梯群控制系统中，能集中反映各轿厢运行状态，供管理人员监视和控制的监控盘。（唐衍富）

提升设备　lifting equipment

将液体从低处提升至高处，使其具有势能的设备。由水系机组、管道及各种计量仪表组成。
（姜文源　胡鹤均）

体积浓度　bulk concentration

气体混合物中某一组分的体积与气体总体积的比值。单位为 %、ppm、或 ppb。表示气体混合物组成的方式。
（党筱凤）

体育娱乐用水　water for athletics and entertainment

供人们锻炼身体、游乐与休憩使用的洗浴用水。如游泳池池水等。
（姜文源）

替代继电器　override relay

又称紧急广播继电器。在扩声系统中，在紧急情况下用于切断背景音乐，用紧急广播替代背景音乐的切换器件。一般采用 24V 直流密封小型继电器。
（袁敦麟）

tian

天窗 skylight

布置在屋顶上的窗。一般主要用于通风排气的称为通风天窗;还有一类没有开启窗扇、仅用于采光的称为采光天窗。 （陈在康）

天窗喉口 skylight throat

屋面通向天窗的开口处。 （陈在康）

天沟 gutter

设在屋面上聚集雨水用的排水沟。常设于厂房两跨间或女儿墙内侧的屋面上。多为钢筋混凝土预制成品。 （王继明）

天井式天窗 well-type skylight

将沿外墙若干块矩形屋面下降架设在屋架的下弦的天窗。利用上层屋面和下沉屋面部分错开高度所形成的孔口作为天窗的排风口，并能在不同风向自然风作用下保持排风口处的风压为负值。 （陈在康）

天然矿泉水

见矿泉水（145页）。

天然冷水系统 natural cold water system

使用天然冷水作冷源来处理空气的水系统。由于其水温较人工冷水温度高，故多用于喷水室。如用深井泵抽取地下水直接供喷水室使用，喷后水排入下水道或回灌入深井。 （齐永系）

天然能源 natural energy exploitation

太阳能、水力能、风力能、潮汐能、生物能和地热能等的统称。 （张军工）

天然气 natural gas

在一定的地质条件下自然生成的可燃气体。主要成分为甲烷，热值在 $4200kJ/Nm^3$ 左右。是优质的气体燃料，也是制取合成氨、炭黑、乙炔等化工产品原料。 （黄一苓）

天线 antenna

发送或接收无线电波的装置。为了有效地发射或接收电磁波，天线的尺寸必须与信号载波波长相当。 （李景谦）

天线方向系数 dirictivity factor

保持电场强度不变，将定向天线变为非定向天线时所需增加的发射功率倍数。常用字母 D 表示，以分贝（dB）计量。 （李景谦）

天线方向性 antenna directivity

天线的辐射能量在某些方向比其他方向强的特性。 （李景谦）

天线方向性图 directional pattern

表示天线辐射特性与空间坐标之间的关系，说明天线辐射能量在空间分布的图形。是用指定平面上天线振子的中心为原点，绘出许多射径方向的向量，取其长度正比于各射径方向上等距离各点处的场强，并将所有向量的末端连接成的曲线。通常以场强的最大值为1，其它各方向按最大值的百分数来标注。 （李景谦）

天线放大器 antenna amplifier

又称前置放大器。使电视系统的前端设备能得到符合要求的输入信号的装置。它紧接在天线后面，将天线接收到的不能满足主放大器输入信号电平及信噪比要求的信号加以放大。其技术要求是低噪声、高增益和工作稳定。 （余尽知）

天线频带宽度 bandwidth of anttena

接收天线传送到馈线的功率等于最大输出功率一半的二点之间的频率范围。为了保证电视接收机图像清晰，接收天线的频带宽度应大于电视频道的宽度 8MHz。 （李景谦）

天线效率 antenna efficiency

在某一特定频率上，天线辐射功率与馈给天线的功率之比。常用 η_A 表示。 （李景谦）

天线增益 gain of an antenna

天线效率 η_A 与其方向性系数 D 之乘积。即为 $G=\eta_A D$。它是天线的重要性能之一。 （李景谦）

天圆地方 fitting between square and circle ducts, transformation piece

连接圆形管道与矩形管道的变径管。 （陈郁文）

填料 packing

装填于填料塔内的具有化学不活泼性和一定形状的固体物。常用的构造材料分为陶瓷、金属、塑料、玻璃和石墨等。它可为进行传质的气、液两相提供充分的接触面积。分为实体填料与网体填料两类，前者包括环形填料（拉西环、鲍尔环和阶梯环等）、鞍形填料（矩鞍和弧鞍等）、栅板填料、波纹板填料等；后者包括由丝网体制成的鞍形网、θ网和波纹网等。 （党筱凤）

填料塔 packed tower

又称填充塔。塔内装填适当高度的填料，作为气、液两相的接触表面的吸收塔。液体由塔的上部进入，通过分布装置沿填料表面流下，并润湿填料表面；气体由塔的下部进入，通过填料空隙逆流而上，与液体在填料表面连续接触进行传质，使气体中易溶组分被吸收。结构简单，操作较方便，阻力较小；但易堵塞，处理气量能力较小。 （党筱凤）

填料因子 packing factor

填料在湿润状态下,比表面积与空隙率的比值。

单位为 1/m。填料的特性数据之一，是影响填料塔阻力和液泛条件的重要参数。　　　　　　（党筱凤）

tiao

条缝侧送　supply air from wall slots

由设置在侧墙上的条缝风口向室内送风的送风方式。按其送风方式分为单侧送和双侧送。

（邹月琴）

条缝式槽边排风罩　rim strip hood

开有面向工业槽液面水平条缝罩口的槽边排风罩。其罩面高度较大。按其布置形式不同分为单侧、双侧和周边形；按其条缝所在面高度分为高截面和低截面两种。条缝本身形状又分有等高和楔形。

（茅清希）

条缝送风　supply air from long slots

由单条或数条狭长缝组成的矩形送风口。一般条缝的宽长比大于等于 1：20，空气从这种风口送入室内，具有温度和速度衰减较快的特性。根据风口位置可分为条缝上送、条缝下送和条缝侧送。在变风量系统末端装置节流型的这种风口（如图），送风气流可形成贴附于顶棚的射流，具有较好的诱导室内气流的特性。

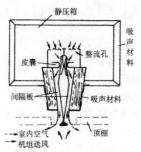

（邹月琴　代庆山）

条缝送风口均压装置　constant pressure device of slot outlet

保证条缝送风口各条缝口送风量均匀的压力均衡装置。　　　　　　　　　　　　（邹月琴）

条形地漏　rectangle floor drain

平面为长条形的地漏。由算子、外壳和水封装置等组成。长度由卫生间的宽度确定，一般为 600～1200mm；宽度由敷地瓷砖尺寸确定，一般为 150mm。常用不锈钢材料冲压而成。一般设在高档宾馆、公寓、住宅等卫生间内。特点是地面坡度简单、便于施工、美观整齐、排水效果好，但造价较贵。

（张延灿）

调幅广播　AM broadcast

调制方式为调幅（无线电波的载波振幅随信号大小而变化）的无线电广播。习惯上是指长、中、短波的声音广播。短波广播主要利用天波电离层反射，传输距离较远，可收听远地电台；但稳定性较差。中波广播同时利用地波和天波传播，收听稳定性较好。

（袁敦麟）

调节参数　regulating parameter

生产运行过程中进行调节的各种物理量。如温度、压力等。　　　　　　　　　　（唐衍富）

调节对象特性　regulate parametric characteristic

调节对象各输入及相应输出之间随时间变化的关系。　　　　　　　　　　　　　（唐衍富）

调节阀　governor valve, regulating valve

根据输入信号的大小调节流道截面积，达到调节流动介质的流量、压力的自动阀门。按照执行机构的动力分有气动式、液动式和电动式。输入信号一般由被调节参数的给定值与一次仪表的测定值之间的差值，经调节器处理后给出。　　（张延灿）

调节风阀　air volume control/regulating damper

专为控制、调节通风空调系统总风量、各分支风道的风量而设置的阀门。是通过改变风阀叶片开度大小来实现调节风量。分有蝶阀、插板阀、多叶风阀和三通风阀等，均为供一次性调节用的手动阀。

（王天富）

调节量　regulating variable

见控制变量（144 页）。

调节器　regulator

接受被调参数与给定值之间的偏差信号，进行按一定规律的运算，并发出信号去指挥执行机构向减小偏差的方向动作的仪表。按能源分类有气动、液压和电动；按调节规律分类有比例、比例积分、比例积分微分、两位调节、半比例和极值调节等。按结构分类有：基地式调节器（在指示记录仪表内附加一些电路或部件组成，如动圈式仪表附有调节功能）、单元组合式仪表（将不同的调节单元组合成复杂程度不同的调节系统，如电子单元组合仪表）和一些具有逻辑运算能力的非线性调节器。　　（刘幼荻）

调节器的特性　performance of regulator

指调节器的调节规律。主要分有位式、比例式、积分式、比例积分和比例积分微分式五种：①位式调节：当被调参数偏离给定值一定数值时，调节器输出控制信号达到最大值（或最小值），从而使调节机构（调节阀）全开或全闭。②比例式调节（简称为 P）：当被调参数与给定值有偏差时，调节器能按被调参数与给定值的偏差值大小和方向发出与偏差成比例的控制信号，不同的偏差值对应不同的调节机构的位置。③积分式调节（简称为 I）：当被调节参数与给定值有偏差时,调节机构便动作,一直到被调参数与给定值的偏差消失为止。④比例、积分、微分调节(简称PID):当被调参数与其给定值有偏差时,调节器的输出信号不仅与输入偏差及偏差存在的时间长短有关,且与偏差变化的速度有关。 (唐衍富)

调节容积 regulating volume

贮水设备或贮水构筑物中用于贮存调节水量的有效容积。应根据流出量和流入量的变化曲线确定,也可根据有关规范规定确定,如高位水箱一般为日用水量的5%～12%;夜间水箱按用水人数和用水定额确定;气压水罐可按公式计算

$$V_x = \beta C \frac{q_b}{4n}$$

β为气压水罐容积附加系数;C为安全系数;q_b为水泵出水量;n为水泵小时最多启动次数。

(姜文源)

调节水池 storage reservoir for regulating flow

仅用以贮存调节水量的贮水池。 (姜文源)

调节水量 regulating flow

连续用水时段内为满足给水管系不间断供水,贮水设备或贮水构筑物流入流出量的累计差值。

(胡鹤钧)

调频广播 FM broadcast

调制方式为调频(无线电波的载波频率随信号大小而变化)的无线电广播。目前都使用超短波波段。音质好,抗干扰能力强,因此立体声广播、电视伴音都采用调频制。 (袁敦麟)

调速水泵机组 governor water pump unit

水泵转速可自动调节的水泵机组。由水泵机组和调速机构组成。在加压供水系统中,为使水泵出水量适应用水量随时的变化,同时又保持恒定的供水压力,水泵转速也应随时相应调节变化,否则会造成压力波动和能量浪费。实用调速方法分有变速电机调速和中间耦合器调速。 (张延灿)

调温式疏水阀 temperature controlled steam trap

排水温度可在一定范围内进行调节的疏水阀。由于排水温度可以调节到比相应压力的蒸汽饱和温度更低,所以除蒸汽潜热外,还可利用凝结水的部分显热,同时还可减少蒸汽泄漏量和凝结水的热损失。是用汽设备和蒸汽管道减少用汽量、节省能耗的重要措施之一。 (张延灿)

调压板 restrict orifice

中央开孔,热媒通过孔口发生节流而降压的隔板。用不锈钢或铝合金制成。 (王亦昭)

调音台 mixer、mixing console

又称调音控制台。在播送和录制音响节目时,能

将各路输入信号进行放大、音质修饰、混合、分路以及进行特殊音响效果加工的专用设备。此台内设有多路传声器放大器、中间放大器、线路放大器、分配放大器、音量衰减器、高低音音调调节器、多频率音调调节器、电子滤波器、音量压缩器、人工混响器、音量表以及监听、对讲、信号和供电等附属设备。它是会场和专业演出单位扩声系统的重要设备。

(袁敦麟)

调制 modulation

按照被传输信号的变化规律去改变高频正弦波(载波)的振幅、频率、相位的技术。相应为调幅调制、调频调制和调相调制。经过它可将不能直接发射的低频信号运载在载波上发射出来。若要同时传输几个信号,可运载在不同频率的载波上,各自形成频道避免相互干扰。 (余尽知 陈惠兴)

调制器 modulator

将被调信号调制在载波上,而使其成为调制波的一个器件。按其调制方式相应地分有调幅器、调频器和调相器。 (李景谦 陈惠兴)

tie

贴附长度 wall attachment length

贴附射流从喷嘴出口截面至射流开始脱落截面间的距离。 (陈郁文)

贴附射流 wall attachment jet

孔口或管嘴贴近壁面或顶棚,形成沿壁面或顶棚的半面受限的射流运动。 (陈郁文)

铁纱水幕 wash wire-mesh curtain

用多孔水管沿竖放的铁纱上边缘淋水,形成顺着铁纱向下流动的一层水膜,吸收热源的辐射热,以防止热源热辐射对人体的危害的隔热装置。

(邹孚泳)

tong

通报速率 telegraph transmission speed

电报信号传输的速度。单位为波特(baud)。即电路中每秒传送的单位信号数。其速率在50～200波特以内称为低速电报,大于200波特称为快速电报。 (袁敦麟)

通风方式 ventilation patterns

全面通风时,送风口和排风口在室内不同布置所形成的室内通风气流的不同格局。根据送风口和排风口的相关位置,主要分:上送上排、下送上排、中送上排和中送下排等。 (陈在康)

通风干湿球湿度计 ventilated psychrometer

也称阿斯曼湿度计。在干湿球湿度计的基础上

增加了小风扇和隔热辐射套筒组成的仪表。它能在温包附近造成一恒定风速,克服了干湿球湿度计精度受风速影响的不足,有较高精度。 (安大伟)

通风管道 air duct

风管和风道的总称。风管指金属材料、硬聚氯乙烯等材料制成的管道;风道指砖、混凝土及木材等建筑材料制成的管道。 (陈郁文)

通风耗热量 heat consumption owing to ventilation

把通风系统送入室内的冷空气加热到室温的耗热量。一般房间设通风系统是为了排除房间内产生的有害物,或是为了向室内补充新鲜空气。 (胡 泊)

通风机 fan

又称风机。在气体输送过程中,使气体增压(在14700Pa 以下)的机械。从能量观点看,是将原动机的机械能转变成气体能量的一种机械。按作用原理分为离心式通风机、轴流式通风机和贯流式通风机。按风压的高低分为高压通风机(风压为 2940～14700Pa)、中压通风机(风压为 980～2940Pa)和低压通风机(风压在 980Pa 以下)。按照其用途分为通风换气用通风机、防爆通风机、防腐通风机、排尘通风机和屋顶通风机等。按照制作材料的不同分为钢制通风机、不锈钢通风机、塑料通风机和玻璃钢通风机。 (孙一坚)

通风机并联运行 fan performance in parallel

数台通风机并联在同一管网中的运行方式。此时管网中的流量是各台通风机的流量之和,各通风机的风压均应克服管网的阻力。并联通风机所得效果只有在阻力低的系统中才明显,在一般情况下应尽量避免采用两台通风机并联。在确需并联时,应采用相同的型号。 (孙一坚)

通风机串联运行 fan performance in series

数台通风机串联在同一管网中的运行方式。此时各台通风机的流量均等于管网中的流量,管网的压力损失是各台通风机的风压之和。两台相同的通风机串联运行时,其风压与流量均比单机运行时大,增加的程度与管网特性有关。一般当系统中风量小而阻力大的情况下,串联运行才是合理的,同时要尽可能串联型号相同的通风机。 (孙一坚)

通风机工作点 operating point of fan

通风机特性曲线和管网特性曲线的交点。该点所对应的风量、风压就是通风机运行的实际工况。 (孙一坚)

通风机联合运行 combined opreation of fan

数台通风机在同一管网中共同工作的运行方式。在于提高系统的流量和风压。按照安装方式的不同分为并联运行和串联运行。 (孙一坚)

通风机特性曲线 characteristic curve of fan

反映通风机基本性能参数(风量、风压、轴功率、效率、转速)间关系的曲线。由生产厂家在大气压力 $P = 101.3$kPa、空气温度 $t = 20$℃、空气密度 $\rho = 1.2$kg/m³ 的条件下试验求得。同一型号通风机在不同转速下具有不同的特性曲线。通风机的实际运行工况与试验工况不同时,特性曲线会相应改变。 (孙一坚)

通风机无因次特性曲线 dimensionless characteristic curve of fan

反映通风机无因次性能参数间关系的特性曲线。无因次量为

压力系数: $\overline{P} = P/\rho u_2^2$

流量系数: $\overline{Q} = Q/3600 u_2 \dfrac{\pi d_2^2}{4}$

功率系数: $\overline{N} = \dfrac{N \times 1000}{\dfrac{\pi}{4} D_2^2 \rho u_2^3}$

P、Q、N 为有因次的风压(Pa)、风量(m³/h)、轴功率(kW);ρ 为空气密度(kg/m³);D_2 为叶轮外径(m);u_2 为叶轮出口处切线速度(m/s)。该曲线可反映出某一系列通风机在任何工况下的特性。 (孙一坚)

通风机效率 fan efficiency

通风机的有效功率与轴功率之比。以 η 表示。其表达式为

$$\eta = N_e/N = \frac{QH}{N}$$

N_e 为通风机的有效功率(kW),指单位时间流过的流体在通风机内实际获得的能量;N 为通风机的轴功率(kW),指原动机供给通风机的能量。该值是通风机最重要的性能指标之一。 (孙一坚)

通风气流数值解 numerical solution to ventilating air flow

求解描述通风气流流动过程的基本微分方程及其定解条件的数值方法。其基本步骤为:将通风气流流动的空间分割为网格,基本微分方程在网格节点上近似地以代数方程替代,联立求解代数方程组可计算出各网格节点上表征通风气流流动过程基本参数,如速度、温度、浓度等的数值。根据代数方程组形成的理论依据的不同分有有限差分法和有限元法等。 (陈在康)

通风室外计算温度 outdoor air temperature for ventilation design

通风设计计算时采用的室外空气温度。根据《采暖通风与空气调节设计规范》(GBJ19—87)的规定,冬季采用历年最冷月平均温度,夏季采用历年最热月 14 h 的月平均温度的平均值。 (陈在康)

通风室外计算相对湿度 relative humidity of outdoor air for ventilation design

通风设计计算时采用的室外空气相对湿度。根据《采暖通风与空气调节设计规范》(GBJ19—87)的规定，夏季采用历年最热月14h的月平均相对湿度的平均值。　　　　　　　　　　　(陈在康)

通风网格 ventilating grille

在风口上或管道中所设置的金属网格的统称。
　　　　　　　　　　　　　　　　　(陈郁文)

通风网罩 wire basket

通气管道室外部分顶端所装置的网罩。保证空气进入并防止杂物落入。一般为网形和伞形，铅丝织成或铸铁整体铸成。　　　　　　　　(张　焱)

通风系统的测试 measurement of ventilation system

对通风系统或其中某些设备、部件的运行参数和运行效果以及通风系统内流动工质的工作参数的测定。据测试目的可分为验收测试和检查测试。前者在系统施工完毕并经试运转调试后，确定系统是否符合设计要求；后者在系统投入正式运行后定期检查其是否符合设计要求。据测试性质可分为技术测试和卫生测试。前者检测系统及各部分设备、装置的技术性能是否符合设计标准；后者检测系统运行后的环境效果是否符合国家制定的卫生标准与有害物质的排放标准。据测试的规模又可分为全面测试和局部测试。前者检测全系统；而后者仅检测系统中某些局部。它是系统设计、运行和检验的必要步骤。
　　　　　　　　　　　　　　　　　(徐文华)

通风系统构件 parts of the ventilating system

构成完整严密气流通路的构件。包括通风管道、各种部件(如风口、阀门等)、各种配件(如弯头、异径管等)及附件(螺栓、垫圈、铆钉等)。　(陈郁文)

通过式淋浴

见强制性淋浴(186页)

通量力及冷凝洗涤除尘 dust control by flux force/condensation (FF/C) scrubbering

利用被蒸汽加湿饱和的烟气在冷却过程中，存在的温度及浓度梯度以及蒸汽凝结和粒子增径这四个因素而从气流中分离出微粒的方法。其典型系统流程是令热烟气经过预调湿器加湿降温而达到饱和后进入冷凝区捕集。它可在烟气热焓高于400kJ/kg，且可以获得废汽又希望有高的微粒去除率的场合下使用。　　　　　　　　　　　(赵鸿佐)

通气管系 vent piping

与建筑物内部的排水管系相连通并具有加强流通空气作用的管道系统整体。按设置的位置和作用分为伸顶通气管、专用通气立管、主通气立管、副通气立管、环形通气管、器具通气管、结合通气管、汇合通气管。其功能为防止排水管系内存水弯产生水封破坏。　　　　　　　　(张　焱　胡鹤钧)

通气立管 vent stack

向排水管系补给空气并使其形成循环流动的竖向设置的管道。根据设置位置和与排水管系的连接要求，分为专用通气立管、主通气立管和副通气立管。　　　　　　　　　　　　　　(张　焱)

通信电缆 telecommunication cable

传输电话、电报、广播和电视等电信信息的电缆。按信号频率可分为音频电缆和高频电缆(又称载频电缆)。市话和工业企业用的一般均为音频电缆。电缆按用途可分为干线通信电缆、配线通信电缆和中继通信电缆等；按电缆结构可分为铅护套通信电缆和铠装通信电缆等；按电缆敷设方式可分为管道通信电缆、架空通信电缆和房屋通信电缆等。
　　　　　　　　　　　　　　　　　(袁敦麟)

通信电缆管道 cable conduit

指埋设在地下用于穿放通信电缆的管道。目前常用的分有混凝土管(又称水泥管)、石棉水泥管、钢管、铸铁管和塑料管等。中国邮电系统习惯使用的混凝土管分有单孔、二孔、三孔、四孔和六孔管五种。单管长度为600mm、管孔直径为90mm。近年也出现12孔、24孔和长度为2m的大型管块。混凝土管防水性和耐腐蚀性差，管子重施工不便；但可就地制造，价格便宜，故仍是目前用得最多的一种。石棉水泥管防水性能好，可用于地下水位较高处；有防电蚀效能；导热系数低，有隔热性能，适用于与暖气、热力等地下管线交叉或平行的地方；管子轻便于施工；但造价高，由于管子脆需加混凝土包封。常用的钢管为直径50、70、80、100mm的水、煤气输送钢管，耐压抗弯能力大，便于弯曲，宜用于埋深浅、压力大的地方，常用于引上和引入管道；但价格较贵，需采用防腐蚀措施。塑料管常用直径50～100mm单孔硬塑料管，防水、防蚀性能好，重量轻，施工方便；但易碎，需加混凝土包封，价格较贵。　(袁敦麟)

通信电缆建筑方式 type of cable installation

通信电缆固定和敷设的方式。分有管道通信电缆、埋式通信电缆、架空通信电缆、墙壁通信电缆、房屋通信电缆，在特殊环境下还有水底通信电缆、桥上通信电缆和隧道通信电缆等。　　(袁敦麟)

通信接地 telecommunication working earth

旧称通信工作接地。指电信站内电信设备的电信接地。包括站内直流电源接地、总配线架避雷器接地、电信设备机架或机壳和屏蔽接地、入站通信电缆的金属护套或屏蔽层的接地等，它们应汇接到全站共用的通信接地装置。在交流供电电信设备机柜中装有整流器时,当其正常不带电金属部分,与机柜不绝缘时,也应采用接地保护,接到此接地装置上。电话交换机直流电源应正极接地。它可以旁路通话中杂音和串话电流,并减少设备元件中导线电蚀损伤。

(袁敦麟)

通信网 communication network

有许多个通信点互相连接的通信组织网络。一个通信网由许多用户设备、传输设备和交换设备组成。能在网内任意二点间进行通信联络。根据不同业务内容可分为电话通信网、电报通信网、数据通信网、综合业务数字通信网、综合电话网和专用通信网等。

(袁敦麟)

通信线路 communication line

指用于传输通信信号的线路。它可是实体导线的线路,线路上复用的高频通路,也可是无线电通路。一般是指有实体导线的线路,包括架空明线,对称电缆和同轴电缆等。

(袁敦麟)

通行管沟 passable ditch

用于敷设管道,且检修者可在其中通行和操作的管沟。一般高度等于或大于 1.8m。用于管道数量较多,且检修较频繁的管道敷设。

(黄大江 蒋彦胤)

通讯指挥车 command and communication fire vehicle

一种本身带有各种通信联络设备和具有调度指挥系统功能的车辆。供火场指挥员在火灾现场进行指挥、调度各种消防车辆和人员进行扑救火灾和抢救人员、物资,并与总指挥部和各消防分指挥部进行联络、通报火情、接受各种指令,以利整个消防系统协同作战。

(陈耀宗)

通用火灾报警控制器 general fire alarm control unit

兼有接收火灾探测器与区域火灾报警控制器所发出信号功能的多路火灾报警控制器。

(徐宝林)

通用式喷头 conventional sprinkler head

可朝上也可朝下安装在给水支管上的闭式喷头。带有通用型(伞型)溅水盘,洒水形状为球型,可将水量的 40%～60% 向下喷洒,其余部分喷向顶棚。

(张英才 陈耀宗)

通用语言 all-purpose language

具备各种专用语言所要求的主要功能和特征的语言。应从设计汇集型语言和研究可扩充语言两方面去努力。

(温伯银)

同步 synchronization

在传真通信中,接收端内各单元的相对位置与发送端一致的工况。在传真过程中,整个图像是被分割为细小单元依次发送和接收的,为了满足同步的要求,收发两端扫描速度必须相等,否则将使图像失真。

(袁敦麟)

同程式系统 reversed return hot water heating system

见顺流回水式热水供暖系统(230 页)。

同时发生火灾次数 number of fires occured simultaneously

根据城镇居住区人数、工厂基地面积、高层民用建筑的体量和人数来确定的同一时间内发生火灾的次数。根据城镇火灾统计资料确定,如 50 万人口以下的城镇同时发生火灾的地方不超过 3 处,故其定为 3 次。它是计算室外消防用水量的主要数据。

(应爱珍)

同时工作系数 coincidence factor

表示燃气灶具同时使用程度的数值指标。与用户的生活规律、燃气灶具的种类和数量等因素密切相关。燃气灶具越多,该数值就越小。在设计庭院燃气和室内燃气管道时,用于确定燃气的计算流量。

(张 明)

同时给水百分数 operating simultaneously coefficient for water supply

又称同时使用率、同时使用系数。卫生器具同时给水的数量占卫生器具总数的百分比值。在工业企业生活间和公共浴室等建筑的生活给水设计秒流量计算公式中采用。

(姜文源)

同时排水百分数 operating simultaneously coefficient for drainage

卫生器具同时排水的数量占卫生器具总数的百分比值。用于工业企业生活间和公共浴室等建筑的生活排水设计秒流量的计算。

(姜文源)

同时使用率

见同时给水百分数。

同时使用系数 simultaneous usage factor

①见同时给水百分数。

②空调房间中电气设备同时使用的安装功率与总安装功率之比。当空调房间内存在多种电气设备时,这些电气设备经常使用的数量是变化的,全体都同时使用的时候很少,故同时使用的安装功率应小于或等于总安装功率。用于空调房间设备散热引起的冷负荷计算。

(单寄平)

同时使用消防水柱股数 number of hose stream used simutaneously

扑救建筑物内火灾同时使用的水枪数。根据火场统计资料:火场实际用水量是按水枪数递增的规律增加;扑救初期火灾的控制率在使用 1 支枪时为 40%,2 支枪时为 65% 并基本有效。故以 2 支枪的出水量 10L/s 为扑救火灾的基数。

(应爱珍)

同相 in phase

传真通信中收发端起始位置一致的工况。在传真通信中,除了要求收发双方同步外,还要求收发端起始位置一致,不同相就会出现图像畸变。

(袁敦麟)

同轴电缆 coaxial cable

由同轴排列的内外两导体构成的馈线。内导体为实心,外导体为金属编织网,其间用高频绝缘介质填充,表面附有塑料保护层,外导体作屏蔽用。

(余尽知)

铜管

见紫铜管(309页)。

筒式存水弯 drum trap, trap box

又称水封盒、存水盒。外形如筒,下部进水、上部出水形成水封的存水弯。存水量较大,水封不易破坏。筒内径一般为所接排水管管径的2.5倍左右。

(张 森 唐尊亮)

筒式集热器 cylindrical heat collector

涂有黑色吸热涂料圆筒置放在带有透明罩保护壳内构成的半开放式集热器。圆筒一般用金属或塑料制成。集热与贮热合为一体。具有构造简单、造价低、安装方便,但热效率低、热损失较大。

(刘振印)

tou

投币式公用电话机 payphone, coin-box paystation

装在公共场所带有自动收费装置的电话机。使用时需在槽孔内投入定值硬币,方能接通电路,供人们使用。

(袁 玫)

投光灯具 floodlight

又称泛光灯具。使指定的被照面上的照度高于周围环境的灯具。它能瞄准任何方向,并具备不受气候条件影响的结构。用于大面积作业场所、建筑物立面、纪念碑和体育场等大面积照明场所。从它出射的光束角度变化范围可从0°到180°,其中出射光束的半峰边角(在通过最大光强的一个平面上,最大光强与50%最大光强之间的夹角)小于2°的称为探照灯。根据灯具的光学系统的特点,其出射光束的分布可分为旋转对称、两个对称平面、一个对称平面和不对称4种。它的外壳防护等级是:敞开式IPX3、密闭式IP55。

(郑 非)

投光照明 flood lighting

见泛光照明(65页)。

透明罩 transparent cover

具有透光、吸收辐射能与保温性能的设置在集热器上面的部件。材质一般为普通窗玻璃、钢化玻璃、玻璃钢和透明塑料薄膜。

(刘振印)

透气管

见伸顶通气管(211页)。

tu

突然扩大 abrupt expansion

截面面积沿流动方向由小突然增大的变径管。

(陈郁文)

突缘

见法兰(64页)。

图像显示 pictorial display

是景象(或图像)的显示。有一定的灰度等级要求。

(温伯银)

图形显示 graphical display

由一些线条组成的图形或图表的显示。有时也附上一些数字或符号。

(温伯银)

途泄流量 flow discharged along the pipeline

沿管段长度途中向两侧用户输出的流量。是确定燃气管道计算流量的依据之一。在管网计算时,常按沿途均匀输出计算。

(张 同)

涂敷管 coating pipe

将液态、浆状或粉状材料被复在另一种材质管内壁上构成的复合管。常见的有聚乙烯涂敷钢管、尼龙涂敷钢管、环氧树脂涂敷钢管、搪玻璃钢管 、焦油环氧树脂涂敷钢管及水泥敷面铸铁管等。

(张延灿)

土壤电阻率 earth resistivity

又称土壤电阻系数。$1m^3$ 土壤的电阻值。单位为 $\Omega \cdot m$。其值与土壤的性质有关,是影响接地电阻大小的重要参数。

(瞿星志)

土壤热阻系数 ground thermal resistivity

表示土壤导热能力的系数。随构成土壤的物质成分而异。单位为 $\mathrm{℃ \cdot cm/W}$。当缺乏实测数据时,可参考以下数值:①潮湿土壤取 $60\sim80$,如沿海、湖、河畔及多雨的华东、华南等地区;②普通土壤取120,如华北、东北等平原地区;③干燥土壤取 $160\sim200$,如高原地区、雨量少的山区、丘陵、干燥地带等。

(朱桐城)

tuan

湍流扩散 turbulent dispersion, turbulent diffusion

由于大气的湍流作用而使污染物扩散稀释的现象。大气中始终存在着各种尺度的湍流运动,当污染物从排放源进入大气后,在流场中造成了污染物质分布的不均匀,形成浓度梯度。此时,它们除了随气流作整体的飘移以外,由于湍流混合作用,不断将周围的清洁空气卷入烟流之中,同时将烟流带到周围的空气中去,这种湍流混合和交换的结果,污染物质从高浓度区向低浓度区传递,使它们逐渐被分散、稀释,这种过程称为湍流扩散过程。   (利光裕)

湍球塔 turbulent ball tower

又称湍动塔,塔内放置一定量的轻质塑料小球的吸收塔。气体从塔下部通入,液体从塔上部喷淋。放置在塔内的小球在上升高速气流的冲力、液体的浮力和自身重力等相互作用下悬浮起来,形成湍动、旋转和相互碰撞,以增大气、液的接触面积。气、液两相在小球表面接触进行传质,使气体中易溶组分被吸收。气速高,处理气量大,结构简单,不易被堵塞,但易产生返混。   (党筱凤)

tui

推车式灭火器 wheeled fire extinguisher

充装的灭火剂重量较重,一般总重量大于40kg,灭火能力强,不便于手提,而将筒体装置安装在轮架推车上的灭火器具。使用时可迅速推至失火现场进行扑救。   (吴以仁)

推荐比摩阻 recommended specific friction resistance

对最不利环路进行水力计算时,工程上常用的比摩阻值。通常考虑两个因素:①系统各并联环路间的压力损失易于平衡;②在一定的补偿年限内系统的年总费用(初投资与运行费等)较小。(王亦昭)

tuo

脱附 desorption

在一定条件下,将吸附剂上吸附的吸附质逐出,使其恢复吸附能力的过程。它是吸附的逆过程。常以此回收纯净的吸附质,并使吸附剂循环使用。可分为升温脱附、降压脱附、吹扫脱附和取代脱附等。
    (党筱凤)

脱火 blow-off

当可燃混合物流出火孔的速度超过离焰时的速度,无法得到与火焰传播速度相平衡的点时,火焰被吹熄的现象。由此产生的外逸可燃气体,可能形成爆炸性气体。它在工业和民用燃烧器中均不允许发生。
    (吴念劬)

脱盐水

见除盐水(25页)。

W

wa

瓦斯保护装置 gas-pressure protection equipment

利用油浸变压器内部故障所产生的气体而动作的保护装置。主要利用安装在变压器油箱与油枕之间的联接管道中的瓦斯继电器构成。用于保护一定容量以上的油浸变压器油箱内的各种故障(如绕组匝间或层间绝缘破坏造成的短路,或高压绕组对地绝缘破坏引起的单相接地)。通常轻瓦斯动作于发出信号,重瓦斯动作于断开变压器各电源侧断路器。
    (张世根)

瓦斯继电器 gas relay

见气体继电器(183页)。

wai

外部机械功 external mechanical power

又称净能量需要量。人体处于不同活动形式时,对外所做的有效机械功。做功所需的能量一般根据氧气需要量来确定。做功时总的氧气需要量与静止状态氧气需要量之差表示这种活动(劳动)所必需的能量。   (齐永系)

外部吸气罩 exterior hood

通过罩口抽吸作用造成,气流控制有害物质扩散的吸气罩。需形成必要的空气流动,使离气罩口最远处的有害物质散发点(即控制点)的有害物质能吸入罩内。用于因工艺操作条件限制不能将有害物发生源密闭时的一种排风罩。按照其与污染源相对位置的不同分为上吸式排风罩、侧吸式排风罩和下吸式排风罩。它所需要的风量,与罩口和控制点的距离平方成正比,因此应当尽可能靠近有害物质发生源。
    (茅清希 陈在康)

外加电源阴极保防法 cathodic protection with impressed current

将金属管道与外加直流电源的负极相连接,使之成为阴极而得到防腐蚀保护的方法。直流电由埋

地阳极经土壤流向被保护的金属管道，阳极不断受到腐蚀，金属管道则得到保护。　（徐可中）

外接头　coupling，inside thread joint

又称管箍、直箍、内丝。连接内接头或接口为外螺纹的管子、管件、阀门等用的管接头。分有等径和异径两类。用于焊接钢管、铜管等的螺纹连接。
（唐尊亮）

外壳　enclousre

防止电气设备受某些外界影响并对任何方向起直接接触保护作用的部件。　（瞿星志）

外露可导电部分　exposed conductive part

电气设备的能被触及的可导电部分。它在正常时不带电，故障情况下可能带电。如设备的金属外壳或金属支架等。　（瞿星志）

外排水雨水系统　outside storm system

雨水管系设置在建筑物外部的雨水排水系统。以檐沟、天沟收集屋面雨雪水并直接用立管排除至建筑物外地下雨水管道。适用于一般低层民用与工业建筑的檐沟和大型厂房屋面的长天沟雨水排除。
（王继明）

外丝

见内接头（168页）。

外围监视　peripheral surveillanc

对建筑物外墙的监视。是保护或监视危险面（如门、窗和天窗等）。这种防护设施包括机械、结构和电子等保安措施。它常用的探测器有门/窗触点、表面保护装置或振动探测器、红外线墙以及玻璃破碎探测器。　（王秩泉）

wan

弯管　bend

用以连接两管成交角的圆弧形管节。按圆弧两端半径间夹角分为 90°、45°、22.5°弯管。
（潘家多）

弯曲模量　deflection modulus

表示空气幕抵抗侧压能力的无因次量。其值为空气幕出口动量与作用在空气幕上的侧压之比。
（李强民）

弯头　elbow

用以连接两管成交角的由两端均为坡口的管环拼装组成的圆弧状折线形管节。坡口管环一般按圆弧两端半径间夹角大小用 2 到 5 节。
（唐尊亮　潘家多）

弯头流量计　elbow flowmeter

弯管圆弧的外侧与内侧管壁均接有测压管，当流体通过弯管时，由于流动方向改变，造成弯管外侧压强大于内侧压强，以测定压差确定相应流量的仪器。　（徐文华）

完全燃烧产物　complete combustion products

供给的空气量等于或大于理论空气量时，燃气进行完全燃烧反应后所生成的烟气。前者成分为 CO_2、SO_2、N_2、H_2O；后者成分为 CO_2、SO_2、N_2、H_2O 和 O_2。　（全惠君）

碗式存水弯　bowl trap，bell trap

又称钟罩式存水弯。利用碗形部件罩在突起的出水管上形成水封的存水弯。其水封易破坏、易堵塞。常用于地漏及化验盆。　（唐尊亮）

万能数据记录装置　universal data inscriber

主要是指电子电位差计和电子平衡电桥，以热电偶、热电阻或各种变送器配套后可自动指示和记录介质的温度或其它参数的装置。由测量电桥、放大器、可逆电机、指示机构和调节机构等组成。
（安大伟）

wang

网体　network component

用薄壁不锈钢波纹管，外包不锈钢薄片编织的网，两端不带连接头，并具有良好的稳定性能和抗侵蚀性能的蛇皮状柔性金属管。用户可根据需要，在其两端焊上接头或与配管对接焊。按承压能力分有高压 16～35MPa，适用于公称直径 $DN1$～20mm；中压 4～16MPa，适用于公称直径 $DN1$～32mm；低压 ≤2.5MPa，适用于公称直径 $DN1$～400mm。
（丁崇功　邢莿桐）

往复式压缩机　reciprocating compressor

通过回转运动使连杆机构在气缸内作往复运动来实现气体的吸入、压缩和排出的容积式压缩机。按制冷剂的不同分为氨压缩机和氟里昂压缩机；按压缩的级数分为单级、双级或多级；按作用方式分为单作用和双作用；按气体在气缸内的流动特征分为顺流式和逆流式；按气缸的中心位置分为卧式、立式、V 型、W 型、S 型和扇型等；按压缩机的密闭方式分为开启式、半封闭式和全封闭式；按气缸的冷却方式分为水冷和风冷；按曲柄连杆机构的构造不同分为活塞式、斜盘式、滑管式和电磁振动式。
（杨　磊）

wei

微波墙　microwave barrier

利用微波发射天线和接收天线的特性，在发射机和接收机之间形成的监视区。主要用于机场、工业厂房、军事设施、油库以及配电中心等重要设施。它

与围墙、篱笆等一起组成周界监视区。（王秩泉）

微波通信　microwave communication

利用波长 30cm 以下（频率 1000MHz 以上）的电磁波传播信号的无线电通信。微波的传播特性类似于光，一般沿直线传播，绕射能力很弱，所以用于视距内通信。对于长距离通信，则可采取接力方式称为微波接力（中继）通信；也可利用对流层散射传播进行通信称为对流层散射通信；或利用人造卫星进行转发即为卫星通信。它的特点是：①频带范围宽，通信容量大，一般都是多路通信；②传播较稳定；③微波天线有很强的方向性。　　　　　　（袁敦麟）

微动开关　micro switch

又称灵敏开关、快动开关。施压促动的快速开关。用于防盗系统中的门开关等。　　　（王秩泉）

微分调节　derivative regulation

在调节系统中，执行机构的移动仅与被调参数的变化速度成比例而与偏差值的大小和存在的时间长短无关的调节。这种调节的效果是阻止被调参数的一切变化，而不论偏差的数值大小和方向正负，只要被调参数稳定后微分动作也就停止了，即使这时具有静差它也不再动作，所以它一般不能在调节系统中单独使用。　　　　　　　　（唐衍富）

微分时间常数　derivative time constant

是微分调节器或 PID 调节器中微分作用强弱的整定参数。电子单元组合仪表的 PID 调节器的微分时间一般在 0.6～300s 的范围内变化。微分作用能减少过渡过程动态偏差和缩短调节时间。

（唐衍富）

微孔过滤　micropore filtration

又称精细过滤。借助于微孔滤膜去除微米级颗粒的过滤。属筛滤性质。微孔滤膜由纤维素膜、工程塑料膜等制成，其孔径约为 0.01～10μm，能有效地去除比膜孔大的粒子和微生物。但不能去除无机溶质、热原和胶体。用于高纯水和高纯气体的过滤。

（袁世荃　胡　正）

微启式安全阀　slightly open safety valve

阀孔的关闭瓣开启高度小的安全阀。阀孔直径与阀瓣开启高度之比大于 4。泄放量小。常用在供暖系统上。　　　　　　　　　　　　（王亦昭）

微型计算机　micro computer

是由微处理器、存储数据的半导体读写存储器和存储程序的半导体只读存储器及输入、输出设备组成的电子计算机。　　　　　（温伯银）

围护结构表面产尘量　dust generation rate of envelope surfaces

室内的顶棚、墙壁隔断和地面的产尘数量。以某一粒径范围为准，以粒/m² · min 表示，其中地面产尘量最大，墙壁次之。为了减少这一产尘量，要求房间平面图形尽量简单，表面及构配件应尽量减少凹凸面和缝隙，踢脚板及墙裙不应做成突线；并应选择在温湿度变化和振动等作用下，变形小和气密性能好以及耐磨、表面光滑、易清洗和不产生静电的内装修材料。　　　　　　　　　（许钟麟）

围护结构附加耗热量　additional heat consumption of enclosure

又称围护结构修正耗热量。考虑到气象条件和建筑物的具体情况等因素的影响，房间各围护结构需增加（或减少）的热量。一般按其占围护结构的基本耗热量的百分率确定。它包括朝向附加耗热量、风力附加耗热量和高度附加耗热量等。　（胡　泊）

围护结构耗热量　heat consumption of enclosure

根据室内外供暖计算温度，计算出的通过房间各部分外围护结构传向室外的热量。包括围护结构基本耗热量和附加耗热量两部分。　　（胡　泊）

围护结构基本耗热量　basic heat consumption of enclosure

在不考虑太阳辐射、室外风速为正常值和房间高度不超过 4m 条件下，通过房间各部分外围护结构从室内传向室外的热量。以 Q 表示。单位为 W。其计算式为

$$Q = aKF(t_n - t_{wn})$$

a 为围护结构的温差修正系数；K 为围护结构的传热系数〔W/（m² · K）〕；F 为围护结构的面积（m²）；t_n 为冬季室内计算温度（℃）；t_{wn} 为供暖室外计算温度（℃），整个房间的基本耗热量等于各部分外围护结构基本耗热量之和。　　（胡　泊）

维护系数　maintenance factor

又称减光系数。照明设备使用一定时期后，在工作面上产生的平均照度，与该设备新装时，在同样条件下产生的平均照度之比。以 MF 表示。其值小于 1。　　　　　　　　　　　　（俞丽华）

伪装敷设　falsity mounting

为满足建筑艺术或美观要求，在已安装管道外用各种装饰材料通过覆盖、包裹、遮挡、装饰等手段进行伪装的敷设方式。一般用于装修要求较高的公共建筑的局部管段。　　（黄大江　蒋彦胤）

尾巴通信电缆　tail cable of telephone

在通信线路中，带在线路设备上的一段短通信电缆。用它使线路设备和外线电缆相接通，如分线盒、加感线圈所带的一段电缆。　　（袁敦麟）

卫生标准　hygienic standard

由国家颁布的规定室内空气品质及居民区大气中有害物质最高允许浓度的法规。　（陈在康）

卫生洁具

见卫生器具（246页）。

卫生排水管

见硬聚氯乙烯排水管（280页）。

卫生器具 sanitary ware, plumbing fixtures

又称卫生设备、卫生洁具。供人体和物品清洗用并收集和排除生活生产中产生的污废水的设备。按用途分有洗浴用卫生器具、洗涤用卫生器具、便溺用卫生器具和其它专用卫生器具。常用陶瓷、搪瓷、玻璃钢、塑料、不锈钢、混凝土等材料制作。
                                                    （朱文璆）

卫生器具当量 load factor, weight in fixture unit

各种卫生器具的给水额定流量和排水流量与某一指定卫生器具相应流量值的比值。中国现行设计规范中规定以污水盆的给水额定流量 0.2L/s 作为一个给水当量，以其排水流量 0.33L/s 作为一个排水当量。主要用于计算设计秒流量。 （姜文源）

卫生器具给水额定流量 rate of flow, fixture flow rate

各类卫生器具的配水附件单位时间内规定的出水量。以 L/s 计。根据各种配水附件的规格及其所要求的流出水头值而确定。   （姜文源）

卫生器具排水流量 fixture discharge rate

各类卫生器具出水口单位时间内规定排放的水量。以 L/s 计。根据卫生器具容器型式及构造而确定。用于计算排水管道的流量。   （姜文源）

卫生器具小时热水用水定额 fixture hourly hot water demand

不同使用对象建筑物内的各种洗浴用卫生器具在要求使用水温下，规定的小时内累计热水量。以 L 计。用于计算耗热量。   （陈钟潮 姜文源）

卫生器具一次热水用水定额 fixtnre hot water demand once an hour

不同使用对象建筑物内的各种洗浴用卫生器具在要求使用水温下，规定的一次使用的热水量。以 L 计。用于计算耗热量。   （陈钟潮 姜文源）

卫星通信 satelite communication

利用人造地球卫星作为中继站转发或发射无线电信号，在两个或多个地面站之间进行的微波通信。其特点是：①通信距离远，能进行洲际通信，如利用几个卫星转接，则可实现全球通信；②使用微波波段，频带宽，通信容量大，可传输多路电视或几千路电话；③不受大气层骚动的影响，通信可靠。
                                                    （袁敦麟）

未饱和蒸汽 unsaturated steam

未达到饱和状态的蒸汽。   （岑幻霞）

未预见水量 unforseen demand

设计给水工程统计其总用水量时，考虑到难以预测的各项因素而增加的水量。一般以总用水量的百分数表示。   （姜文源）

位置信号 position signalling

指示断路器、隔离开关和其他开关电器合上或断开位置的信号装置。   （张世根）

wen

温差修正系数 correction factor for temperature difference

当围护结构的外侧不直接与室外空气相通，而是隔有不供暖的房间或空间（如闷顶或非供暖地下室）时，围护结构内外侧的实际温差与围护结构的外侧直接与室外空气相通时的室内外计算温差之比。常以 a 表示，$a \leqslant 1.0$。对于外墙、平屋顶及地面等，a 为 1.0；对于闷顶和室外空气相通的非供暖地下室上面的楼板等，a 为 0.9。   （西亚庚）

温度变化初相角 primary phase angle of temperature wariation

当用余（正）弦函数描述温度变化时，在函数值中计算初始时刻的角度。   （单寄平）

温度变化频率 temperature variation frequency

以余（正）弦函数描述的温度谐波波动变化的速度。如温度变化按 24h 为一周期，基频 ω 为 $\frac{\pi}{12}$，则 n 阶频率为 $\omega_n = \frac{\pi}{12} n$。   （单寄平）

温度波幅 temperature amplitude

又称温度振幅。当温度呈周期性简谐波动时，其最高值或最低值与平均值之差。   （岑幻霞）

温度不均匀系数 uneven factor of temperature distribution

为温度的均方根偏差 δ_t 与工作区平均温度 t_{pj} 的比值 k_t。即为 $k_t = \delta_t / t_{pj}$。系评价空调房间温度分布效果的指标。当工作区有 n 个测点时，分别测出各点的温度 t_x 值，则工作区温度平均值为 $t_{pj} = \Sigma t_x / n$。工作区内空气温度的均方根偏差则为

$$\delta_t = \sqrt{\frac{\Sigma (t_{pj} - t_x)}{n}}$$

                                                    （马仁民）

温度测量 temperature measurement

对表征分子运动平均动能和度量物体冷热程度的物理量测。温度是供暖、锅炉、通风与空调系统的主要被调量。温度测量方法很多，常采用热膨胀式直读仪表和由热电阻或热电势式温度传感器构成的电测方法。一般热电阻温度计比热电偶的灵敏度高、精

度高，更适用于中、低温测量的空调系统。热电阻分为金属与半导体热电阻两类，半导体热电阻具有灵敏度高、响应快、体积小和价格低等优点，近年来又提高了稳定性与一致性，将更广泛地用于空调温度测量。　　　　　　　　　　　　　（张瑞武）

温度测量仪表　temperature instrument

检测物体冷热程度的仪表。常用的测量温度变化的物理性质主要分有体积或压力的变化（气体、液体、固体的热膨胀）、电阻的变化、两种金属（或非金属）接点处的热电势变化和热辐射效应等；按测量方式分为接触式和非接触式两大类。前者又分有双金属温度计、温包式温度计，热电阻和热电偶；后者又分有光学高温计、辐射温度计和比色温度计等。

（刘幼荻）

温度层结　temperature administrative structure

地球表面上方的温度随高度的变化情况，或者说是大气在垂直方向上的温度梯度。当温度梯度不稳定时，湍流活动加强，有利扩散稀释；当温度梯度稳定时，湍流受到抑制，扩散稀释减缓。温度层结是与大气污染有着密切联系的气象因素。

（利光裕）

温度调节器　thermoregulator

接收一次温度敏感元件送来的电阻信号，与电桥参比臂比较，其差值经放大后，输出位式电信号的仪表。与执行机构配套可带动电磁阀、接触器等实现进行加热，或停止加热的双位或三位温度调节。

（刘幼荻）

温度计　thermo-meter

用于测量物质温度的仪表。按测温方式分为接触式温度计和非接触式温度计；按用途分为标准温度计、范型温度计和实用温度计；按读数方式分为指示温度计、记录温度计和远传温度计；按作用原理分为膨胀式温度计、压力式温度计、热电阻温度计、热电偶温度计和辐射温度计等；按测温范围分为高温计（600℃以上）、普通温度计（600℃以下）和体温计（42℃以下）。　　　　　　　　　（唐尊亮）

温度继电器　temperature relay

利用周围介质温度的变化而工作的继电器。在油浸式电力变压器保护中，用于防御变压器上层油温过高的温度信号装置中。通常采用具有电接点的温度表经控制电缆接至变压器保护的信号回路，动作时发出信号。　　　　　　　　　（张世根）

温度日较差　daily range of temperature

室外空气温度日变化的极差。即一日之内最高气温与最低气温的差值（Δt）。　　　（单寄平）

温度梯度　gradient of temperature

温度沿指定方向相隔单位距离的增量。在供暖通风工程中，特指室内空气温度在距离地板面 2m 以上每增高 1m 所增高的温度值。　（陈在康）

温度指标　temperature index

又称温标。衡量物体冷热程度的量度单位。常用的分有摄氏温标、华氏温标、热力学温标和国际实用温标。它是指将一个一定的冷热程度作为固定点，并将一定间隔的冷热程度分为若干以度表示的单位。摄氏温标与华氏温标之间的关系为：$m=(1.8t+32)$F，t 为摄氏温度数；m 为华氏温度数。热力学温标与摄氏温标的关系为：$T=t+273.15$K，T 为热力学温度数。　　　　　　　　　　　　　（安大伟）

温度自动控制系统　automatic control systems for temperature

利用自动装置，保证某一特定空间温度达到期望值的控制系统。温度控制对象具有惯性和自平衡特性，可控性好，易于实现高精度控制。升温常用热水或蒸汽加热器，在不具备热源等条件下，采用电加热器。降温多采用喷水室与表冷器，其控制方法与水加热器相同。由负反馈构成的闭环调节系统是空调自控的基本形式，附加前馈环节达到新风等补偿调节目的，可进一步提高调节品质。串级调节、适应控制等方法已用于计算机控制的空调系统。在保证控温精度的前提下，最大限度节能是控制系统的首要任务。　　　　　　　　　　　　（张瑞武）

温热感　sensation of warmth

见热感觉（196 页）。

温-熵图　temperature-entropy diagram

以绝对温度 T（K）为纵坐标，以比熵 S [kJ/(kg·K)] 为横坐标，其中包括等比焓线、等压力线、等比容线、等干度线、等内能线的线算图（T-S 图）。在图上任一过程线和两端纵坐标所包括的面积的大小，即表示过程中热量变化的多少。　　（杨磊）

温室效应　greenhouse effect

集热器玻璃盖板对太阳辐射（短波辐射）有很高的透过率，吸热板吸热后发射的热射线（长波辐射）很少透过玻璃传出，这种入射阳光所造成的增温得以保存的效应。　　　　　　　　　（岑幻霞）

文件传真机　document facsimile equipment

又称真迹电报。用于传送文件或报表的传真机。其体制是：16 开幅面，滚筒扫描，扫描线密度为每毫米 4 线左右，频带宽度占用一个话路，采用烧灼纸记录。使用时只要与电话机并接，利用原电话机号码拨通对方（国际或国内）后，即可通报，不需要增设线路。　　　　　　　　　　　　（袁敦麟）

文丘里除尘器　venturi dust collector

又称文丘里洗涤器。由文丘里管、喷水装置和液滴分离器组成的除尘器。文丘里管包括渐缩管、喉管和渐扩管。在喉管前设有喷嘴向气流喷水。含尘气流经渐缩管逐渐加速，以高速（60～120m/s）通过喉管，高速气流把水滴冲击粉碎成无数极细小的液滴，液滴冲破附着于尘粒表面的气膜，使尘粒被润湿。因此，在文丘里管内尘粒与液滴及尘粒之间产生着激烈的碰撞、凝聚、最后形成粒径较大的含尘液滴，在液滴分离器内被捕集。它有多种型式。高效文丘里管对 $0.3\mu m$ 的微粒除尘效率也可达 99.9%，但阻力很大，一般多用于高温烟气除尘。低阻文氏管除尘器，其喉管速度和水气比均较低，可净化较粗的粉尘和用于烟气调质。

（叶 龙）

文丘里分流管式水表 venturi-branch tube watermeter

由文丘里管和较小口径的旋翼式水表或螺翼式水表并联构成的流速式水表。文丘里管直接串联在给水管路中，旁通管上安装旋翼式水表或螺翼式水表，由于通过文丘里管和旁通管的水量成一定比例，故由旋翼式水表或螺翼式水表的读数便可推知整个管路通过的水量。其流通能力大、阻力小、不易堵塞、便于更换。用于大口径管路水量的计量。

（唐尊亮　董　锋）

文氏管型送风口 venturi outlet

典型的节流型变风量风口。其构造阀体圆型，中间为收缩的文式管的形状，内部有弹簧的锥体构件，即是风量调节机构。

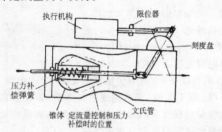

（代庆山）

紊动度 turbulivity，turbulence intensity

标准差 S_w 和平均速度 $\overline{w}$ 的比值。用来表示流体速度的不稳定程度。一般为 30%～70%。

（马九贤）

紊流 turbulent flow

又称湍流。当流动的雷诺数 Re 大于某个临界值后，如管流 Re 为 2×10^3；边界层流 Re 为 10^5，流体的惯性力将大于起稳定作用的粘性力，这时流层间不能保持稳定平行地前进，流体微团在流层间相互掺混，导致流速的大小和方向都随时间不停地变化，并在时均值附近作不规则的脉动的流型。它必定是有旋的。无数的涡旋不停地碰撞与作用，大旋涡被破碎为小旋涡，小旋涡也可能重新组成大旋涡，构成大小尺寸连续分布的不规则三维旋涡运动。可认为正是这一不规则的旋涡运动引起了速度、温度及压

强等物理量的脉动；并大为加剧了紊流场中流体质量、动量及能量的交换混合与扩散。其强度比层流相应的 Re 值大 10～100 倍。一切粘性流动都有耗散性，但它的耗散更大。因它流动中存在的小尺寸旋涡具有特大的速度梯度及粘性阻力，迫使这些小旋涡停止旋转并将动能转化为热能。紊流平均速度场中存在的速度梯度及剪切应力将不断地产生旋涡，为维持它不停地脉动及能量耗损提供能源。尽管紊流场中各物理量均做不规则脉动，但仍遵守质量、动量及能量等基本守恒原理，属连续介质范畴。

（许渝生）

紊流混合长度 mixing length of turbulent flow

质点在横向的脉动过程中，动量保持不变，直到经过混合长度抵达新的位置时，才与周围流体质点相混合，动量突然改变，并与新位置上原有流体质点所具有的动量一致的假想概念。流体根据这一理论可得到以时均流速表示的紊流惯性切应力 $\overline{\tau}_2$ 的表达式为

$$\overline{\tau}_2 = \rho l^2 \left(\frac{\mathrm{d}\overline{u}}{\mathrm{d}y}\right)^2$$

ρ 为流体密度；$\left(\frac{\mathrm{d}\overline{u}}{\mathrm{d}y}\right)$ 为时均流速 $\overline{w}$ 在横向（y 方向）的梯度；l 为紊流混合长度。这一理论是德国工程师 Ludwig Prandtv（1875～1953）在 1925 年提出的。

（陈在康）

紊流火焰传播 turbulent flame propagation

可燃混合物的流动处于紊流状态，火焰依靠分子微团的脉动而进行传播。由于脉动加速了热量的传递，火焰传播加快。工程上常属此种传播方式。

（全惠君）

紊流扩散火焰 turbulent diffusion flame

燃气与空气分别送入炉膛，当燃气或燃气和空气的混合气流速度使气流处于紊流状态时所形成的火焰。操作简便，又没有回火的危险性。在工业上广泛采用。

（庄永茂）

紊流能量 turbulent energy

流体紊流流动中单位质量流体脉动速度的平均动能。对紊流流体的研究中，将流体速度 u_i 分解为时均速度 $\overline{u_i}$ 和脉动速度 u_i' 之和，即为 $u_i=\overline{u_i}+u_i'$，该能量 k 的定义为 $k=\frac{1}{2}u_i'u_i'$。用 x、y、z 方向速度分量 u，v，w 表达时，$k=\frac{1}{2}(\overline{u'^2}+\overline{v'^2}+\overline{w'^2})$。

（陈在康）

紊流能量耗散率 dissipation of turbulent energy

流体紊流流动单位质量脉动速度平均动能的耗散率。该耗散率 ϵ 的定义式为

$$\varepsilon = \nu \overline{\frac{\partial u_i{}'}{\partial x_j} \frac{\partial u_i{}'}{\partial x_j}}$$

ν 为流体动力粘度；u' 为流体脉动速度，（即流体速度 u 和时均值 $\bar{u}$ 之差），上加横线表示时间平均值。用流体在 x,y,z 方向上速度分量 u,v,w 表达时，定义式为

$$\varepsilon = \nu \left(\overline{\frac{\partial u'}{\partial x} \frac{\partial u'}{\partial x}} + \overline{\frac{\partial v'}{\partial x} \frac{\partial v'}{\partial x}} + \overline{\frac{\partial w'}{\partial x} \frac{\partial w'}{\partial x}} + \overline{\frac{\partial u'}{\partial y} \frac{\partial u'}{\partial y}} + \overline{\frac{\partial v'}{\partial y} \frac{\partial v'}{\partial y}} \right.$$
$$\left. + \overline{\frac{\partial w'}{\partial y} \frac{\partial w'}{\partial y}} + \overline{\frac{\partial u'}{\partial z} \frac{\partial u'}{\partial z}} + \overline{\frac{\partial v'}{\partial z} \frac{\partial v'}{\partial z}} + \overline{\frac{\partial w'}{\partial z} \frac{\partial w'}{\partial z}} \right)$$

（陈在康）

紊流气流 k-ε 模型　k-ε model for turbulent air flow

对紊流气流流动过程的分析中，将气流速度分解为时均速度和脉动速度，并以单位质量气流脉动速度的动能 k（紊流能量）及其耗散率 ε（紊流能量耗散率）和时均速度同时考虑为气流流动的基本参数以描述紊流气流流动过程的数学模型。

（陈在康）

稳定状态　stable condition

由于某种气象因素使大气作力图恢复到原来位置的上下垂直运动状态。　　　（利光裕）

稳压泵　jockey pump

为保持和补充消防给水系统所需水压高扬程低流量的水泵。　　　（陈耀宗　胡鹤钧）

稳压层　constant pressure zone

孔板送风静压箱内造成静压均布的部分。以保持孔板各个孔眼出口速度相同。　　（邹月琴）

稳压器　voltage regulator

能自动保持供电电压不变的装置。按所稳定的电压种类分为交流稳压器和直流稳压器两种。前者接在市电和负载之间，提供负载一个稳定的交流电源电压；后者接在整流器输出和负载之间，用于稳定负载所需的直流电压。根据稳压原理可分为参数式和补偿式两种。根据使用的基本元件可分为充气管稳压器、硅稳压管稳压器、磁饱和稳压器、电子管稳压器、晶体管稳压器和磁放大器稳压器等。

（袁敦麟）

稳压水箱　constant pressure tank

给水管系中供给恒定水压的专用水箱。水箱内水位始终保持在溢流水位。用于要求水压稳定的水力试验和生产工艺情况。　　　（姜文源）

稳焰孔　flame-stabilizing port

又称辅助孔。燃烧器主火孔边缘设置的小孔或条缝。用以解决燃气燃烧速度较低或高负荷燃烧时所产生的离焰或脱火现象，保持火焰稳定燃烧。

（蔡雷）

WO

涡轮流量变送器　turbine flow transverter

具有将转动的涡轮转速经电磁感应装置转换成频率变化的感应脉动电压输出信号功能的变送器。涡轮的旋转是由于管道中流体的流动，因此信号的脉动频率与流体流量的大小有关，如经前置放大后传送至电子频率计或频率—电流转换器，与二次仪表配合，可显示瞬时流量值及总量值。（刘幼荻）

涡轮流量计　turbine meter, turbine flow meter

借叶轮旋转周期性地改变磁路中的磁阻并感生出一定频率的脉冲信号，从而对管道内流体的流量进行计量的流量计。主要由变送器和显示仪表组成。可实现对流量的指示、积算、调节和控制。适用于计量大、中型管道中清洁液体。

（刘耀浩　唐尊亮　董锋）

涡轮式水表

见螺翼式水表（161页）。

卧式泵　horizontal pump

泵轴处于水平位置的叶片式水泵或活塞、柱塞沿水平方向运动的往复式水泵。　　（姜文源）

卧式风机盘管　horizontal fan-coil

水平装设、水平出流的风机盘管。大部分布置在侧墙上部空间，多数为暗装形式。　　（代庆山）

卧式喷水室　horizontal air washer

流经喷水室的空气和喷淋水均呈水平方向流动的喷水室。喷水方向相对于空气分有顺喷、逆喷和对喷。排管数分有单排、双排和三排。供水方向分有下分、上分、中分和环式。在工程上一般常采用，但占地较多。　　　（齐永系）

卧式旋风水膜除尘器　horizontal wet cyclone

又称旋筒水膜除尘器。由外筒、内筒、螺旋形导流片、排灰浆阀和集尘水箱所组成的除尘器内、外筒间装设的螺旋形导流片，使除尘器内形成螺旋形气流通道。含尘气流沿切线进入，沿螺旋形通道作旋转运动，在较高速度的气流作用下，激起大量泡沫、水

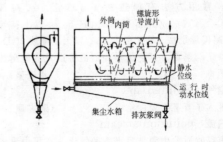

滴,并在外筒内壁面形成一层水膜。一部分大粒径尘粒在气流冲击水面时沉降于水中,细小尘粒则被水泡、水滴润湿、凝聚,在离心力作用下达到壁面被水膜捕集。气流经螺旋形通道旋转多圈,得到多次净化。它综合了旋风除尘器、自激式除尘器、水膜除尘器的除尘机理,除尘效率较高。外筒壁面上能否稳定地形成完整而强度适当的水膜,对除尘器性能影响很大,故需保持稳定的供水。

(叶 龙)

WU

污垢 dirt

水中结垢物质的微粒、微生物粘泥、腐蚀产物和悬浮物的混合沉积物。常出现在冷却水系统的传热面上,粗糙的器壁上及缝隙处和滞流区。致使明显降低传热面的传热效率,造成输水困难,并引起间接腐蚀和滋生微生物。

(贾克欣)

污泥处理 sludge treatment

改善污泥性质的过程。主要是减少污泥的水分和有机物含量,使污泥便于运输和处置,减轻对环境的污染。它常由污泥调理、污泥浓缩、污泥稳定、污泥脱水、污泥消毒和污泥焚烧等。处理单元作单一或几个组成。

(萧正辉)

污泥处置 sludge disposal

通常是将已经过适当处理的污泥置于环境中去的过程。常用处置方式有填埋、海洋倾弃、池蓄、作农肥或用于改良土壤。

(卢安坚)

污泥石灰法消毒 sludge disinfection with lime

在污泥中投加石灰,达到杀灭致病微生物的过程。pH 值高的环境不适于微生物存活,只要 pH 值高于 12,污泥就不会腐败、发臭和危害公共卫生。用石灰处理至 pH 值高于 12 并维持 24h,污泥中的大肠菌将降低 99.9999% 以上。但由于石灰消毒不能破坏细菌生长所需的有机物,污泥应在 pH 值降低之前处置完毕,以免腐败发臭。

(卢安坚)

污泥消毒 sludge disinfection

用物理或化学方法杀灭污泥中的致病微生物的过程。常用方法有加热法(加热至 70℃持续 30min)、石灰法(用石灰提高 pH 至 12 以上持续 3h)、高温堆肥法(堆肥温度 55℃ 以上,堆放 30d)、加氯稳定与消毒、其它化学药剂消毒以及高能射线辐照消毒。

(卢安坚)

污染空气 polluted air

混入了有害物质的空气。 (陈在康)

污染气流 pollution stream

有害物质发生源散发出来的气流。它可由设备运动、工艺过程、气体热运动等原因引起。污染气流中含有粉尘、蒸汽或气体中的一种或数种。局部排风罩应当排走和控制它。

(茅清希)

污水 sewage

在人类日常生活活动和生产过程中产生并排出的受到一定污染或含有大量悬浮物和沉淀物的水。按性质分有生产污水和生活污水。 (姜文源)

污水局部处理 on-site wastewater treatment

少量污水在产生地就近设置处理设施进行的必要处理。为了满足排至市政下水、其它下水道或水体的水质要求。分有化粪池、净化槽、降温池、隔油池、医院污水消毒装置、医院放射性污水处理装置、酸性污水中和处理装置等。 (萧正辉)

污水盆 slop sink

又称污水池。洗涤清扫工具、倾倒污废水用的洗涤用卫生器具。常将陶瓷、不锈钢、玻璃钢制品称为污水盆;将钢筋混凝土、水磨石制品称为污水池。与给水龙头和排水装置配套使用。它分有挂墙式和落地式。常设在公共建筑和工业企业的厕所、卫生间或盥洗室内。 (朱文瓁 倪建华)

污水消毒 wastewater disinfection

杀灭污水中致病微生物或使之失活的处理过程。污水经物理、化学或生物处理后,致病微生物数量已大大减少,但仍不符合排放标准要求,排入水体仍会造成环境污染、传播疾病,因此必须进行消毒处理。对于医院污水由于致病微生物更多,在排入水体或城市下水道之前必须严格进行消毒处理。

(卢安坚)

屋顶淋水 drenching roof

用装在屋顶上的多孔管或喷嘴向屋面淋水,在屋面上形成一水层,利用水的汽化来带走屋面所吸收的太阳辐射热,减少经屋面进入室内的热量的降温方法。其效果取决于淋水量、室外风速和当地空气湿球温度。 (邹孚泳)

屋顶式空调器 roof air conditioner

针对安装在屋顶上的特殊要求而专门生产的各类空调器。与一般空调器比较:其重量不宜过分集中,故容量一般在 100kW 以下,并作成卧式;机组振动小、防振好;装于露天,其外壳要防日晒雨淋,保温性能好;出、回风口设置应便于同下面房间联接。多为风冷式,供热方式也有电加热和热泵式两种类型。它相当于将分体式空调器中的空气处理箱放倒布置。 (田胜元)

屋顶水箱 roof tank

设置在建筑物最高标高处(通常在屋面层)的高位水箱。适用于以水箱给水方式和水泵-水箱给水方式供水的建筑内部给水系统。(姜文源 胡鹤钧)

屋顶通风机 roof fan

直接安装在建筑物屋顶上进行全面排风或进风的通风机。它不需装设通风管道。常采用钢板或玻璃钢制作。该机风压低，流量大，风压一般在200Pa左右。 （孙一坚）

屋面汇水面积 roof catchment area

雨水排水系统汇集雨水的屋面水平投影面积。高出屋面或窗井的侧墙面积以其一半折算。 （王继明 胡鹤钧）

无触点控制 contactless control

在接通和分断主要控制回路环节中，由无触点电子元件组成的控制。 （唐衍富）

无纺布过滤器 nonwoven fabric filter

用无纺布（也称不织布）工艺制做的纤维层作为填充滤料的过滤器。无纺布工艺常用的有针刺喷粘法和热熔法。无纺布是目前国内外在粗、中效过滤器方面用得最多的一种滤料。 （许钟麟）

无缝钢管 seamless steel pipe

用碳钢或合金钢钢锭或钢坯经穿轧、热轧或冷轧（冷拔）成型、精整制成或用铸造方法生产的不带焊缝的钢管。按照用途、轧制状态或化学成分分为普通热轧无缝钢管、普通冷轧（冷拔）无缝钢管、冷拔无缝异型钢管、冷拔精密无缝钢管、低中压锅炉用无缝钢管、高压锅炉用无缝钢管、不锈无缝钢管、不锈耐酸薄壁无缝钢管等。中国标准规格为外径4～630mm、壁厚0.25～75mm。常用于各种高温或高压流体的输送、各种结构用材和机械零部件的制造。并应根据被输送流体的化学性质、工作温度、压力和环境条件选择材质。 （张延灿 肖睿书）

无感蒸发散热 invisible heat loss by evaporation

又称隐汗蒸发。通过肺部呼出水汽和经由无汗皮肤表面扩散体内水分所形成的汽化潜热散失过程。是一种不易察觉到的蒸发散热过程。在不需要排汗的凉快环境中，仍有水分从人体散出，其中一部分直接以排尿、唾液和眼泪之类的液体排出。因为它是在正常体温情况下作为液体排出的，故这种液体散失并不具有冷却效应。 （马仁民）

无功电度表 reactive-energy meter

用于测量交流回路中无功功率和时间乘积累计值（即无功电能）的仪表。 （张世根）

无功功率表 reactive power meter

用于直接或间接测量无功功率的仪表。按量程的不同分为兆乏表、千乏表和乏尔表。（张世根）

无功功率补偿 reactive power compensation

电力系统中感性电力负荷所需的无功功率，不是直接由发电设备供给，而是由并联电力电容器或同步补偿器等就地或就近补偿的方式。（朱桐城）

无功功率自动补偿装置 automatic compensation equipment of reactive power

电力负荷的无功功率变化时，按整定的无功功率、功率因数、电压等而自动投入或切除无功功率的装置。 （朱桐城）

无孔毕托管 non-porous pressure meter

它由一根弯曲成直角形的细金属杆及粘贴在其上的压敏元件组成的毕托管。金属杆的顶端粘有测全压的压敏元件，正对流动方向；金属杆的侧壁上粘贴若干压敏元件，与流动方向平行，用以测量静压，压敏元件经电桥电路将压力信号转换为电信号显示。它是新型的测量管内流体静压、全压和动压的一次仪表。 （刘耀浩）

无时限电流速断保护装置 non time delay current quick disconnecting protection equipment

起动电流按躲过被保护元件外部短路的最大短路电流整定的瞬时动作的有选择性保护装置。其保护范围只能是被保护元件的一部分，存在保护死区，保护区和死区的大小随系统运行方式的变化而变化。保护装置既可由感应型过电流继电器组成；也可由电磁式电流继电器、中间继电器和信号继电器等组成。 （张世根）

无填料管式熔断器 no powder-filled cartridge fuse

熔体被封闭在不充填料的熔管内的熔断器。 （施沪生）

无限容量系统 unlimited capacity system

当系统某处发生短路时，电源母线电压维持不变的系统。在此系统中，短路电流周期分量在整个短路过程中不衰减。在工程计算中，一般认为，如果电源部分的阻抗不超过短路电路总阻抗的5%甚至10%，或者以供电电源总容量为基准的短路电路总阻抗标么值等于或大于3时，则此系统即可按无限容量系统考虑。 （朱桐城）

无线传声器 wireless microphone

利用无线电波传送产生的电信号的传声器。是一种声能变换器。由装有微型传声器和小型发射机两部分组成。传声器把声音变成电信号，经发射机调制成高频信号，由天线辐射出去。由外部接收机接收并还原成音频信号。最大优点是不用电缆，小型发射机放在演员胸前，可自由地作各种表演，不影响扩声音量大小和效果，在舞台和电视广播演出中得到广泛使用。对其主要要求是尺寸小、重量轻、发射频率稳定和抗振能力强等。 （袁敦麟）

无线电波 radio wave

波长由30000m～0.3mm（相当于频率从10^4至10^{12}Hz）的电磁波。波长10000～1000m为长波，波

长 1000～100m 为中波，波长 100～10m 为短波，波长 10～1m 为超短波，波长从 1m～1mm 为微波等，统称为频段。不同波长的无线电波的传播途径不同，接收天线的构造形式也不相同。短波经由大气层顶部的电离层反射或折射传播称为天波；超短波和微波是从发射点向接收点作直线视距传播称为空间波或直射波，故受沿途山峦、建筑物等障碍影响大。
（李景谦）

无线电通信 radio communication，wireless communication

利用无线电波在空间传播以传送电信号（代表声音、文字、图像等）的电信。它也可以传输电报、电话、传真和数据等各种信息。按电波波长来分有超长波通信、长波通信、中波通信、短波通信、超短波通信、微波通信和毫米波通信等。与有线电通信相比，不需架设线路，灵活性大，机动性强，施工快，投资小；但保密性差，易受各种干扰。（袁敦麟）

无线电寻呼系统 radio calling system

利用发送无线电信号，来寻找离开办公室或工作岗位人员及流动人员的简易无线电通信系统。主要由接收机、控制台、耦合器、发射机、发射天线和接收机存放架等组成。接收机又称袖珍铃，体积很小。当接收机被呼叫时，就会发出声光或可感受的振动信号，通知携机者，并能用字母、数字显示通知的内容，有的还能回话。（袁敦麟）

无效容积 non-effective volume

贮水设备或贮水构筑物中不能起贮存和调节作用的容积，为总容积减去有效容积后的容积。对水箱、水塔和水池系指最高水位或溢流水位以上保护高度所占用的容积和在出水管管内底标高以下积污区的容积；贮水池内指吸水坑容积；对气压水罐系指死容积。虽不能直接用于水量的调节和贮存，但仍然是总容积中不可缺少的组成部分。（姜文源）

无形周界防护系统 invisible perimeter protection system

由电磁场作监视区而形成的不可见系统。当闯入者进入监视区时将引起场强的变化，经处理后发出报警信号。主要用于发电厂、石化工业、防御设施、机场和政府大厦等的防护。（王秩泉）

无组织排风 non-organized exhaust air

经由门窗缝隙无组织地将室内空气排至室外的方式。（陈在康）

炁 anergy

一切不能转换为㶲的那部分能量。（杨磊）

物理吸附 physisorption

吸附剂与吸附质之间靠分子间引力（范德华力）互相吸引，无化学反应发生的吸附。吸附热较小，与液化热相近。为单分子层或多分子层吸附。吸附质很容易从固体表面逐出，并不改变原来的性状（吸附是可逆过程）。易于回收吸附质，并使吸附剂再生。如活性炭对有机毒物的吸附。
（党筱凤 于广荣）

物理吸收 physical absorption

仅靠物质在吸收剂中单纯的物理溶解，而无化学反应发生的吸收过程。如用水吸收有毒物质。其吸收是可逆的，随着温度升高，被吸收物质将从溶液中释放出来。（党筱凤）

物理消毒 physical disinfection

用物理方法达到消毒目的过程。包括加热消毒、辐射消毒（如紫外线、x 射线、γ 射线辐射消毒）等。（卢安坚）

物位仪表 level instrumentation

测量液体及固体位置高度（厚度）的仪表。单位为 mm、cm、m。（刘幼荻）

误码率 error rate，probability error

指错误接收码元数在传输码元总数中所占的比例。即为码元被错误接收的概率值。（温伯银）

误字率 word error probability

指错误接收字数在总传输字数中所占的比例。即为传输每字发生错误接收的概率值。（温伯银）

X

xi

吸附 adsorption

当多孔性的固体物质与混合气体接触时，气体中某一组分或某些组分在固体表面上浓集的现象。是由于固体表面存在着剩余的吸引力而引起的。它在工业防毒中起重要作用。根据固体物质与气体（或蒸汽）分子之间发生吸附作用力的性质分为物理吸附和化学吸附。   （党筱凤 于广荣）

吸附催化 adsorption catalysis

吸附剂具有催化剂的作用，能加快所吸附的两种或两种以上的吸附质进行化学反应速度的作用。可增大吸附剂对有毒气体吸附净化的能力。如用活性炭吸附含二氧化硫的气体。   （党筱凤）

吸附法 adsorption method

利用多孔性固体物质的吸附能力吸附废气中有毒物质的净化方法。采用不同的固体物质可净化含不同毒物的废气。适用于净化低浓度的有毒气体，特别是有机废气。其净化效果好，所吸附的有毒物质可回收利用。由于吸附剂的吸附容量有限，吸附饱和后，需再生处理才能继续使用，投资及运转费用高，一般作为第二级处理技术。   （党筱凤）

吸附剂 adsorbent

能对混合气体中某一组分或某些组分发生吸附的多孔性固体物质。一般要求它具有巨大的比表面积，良好的选择性和足够的机械强度，并为成型体。其种类较多，应用于防毒的分有活性炭、硅胶、活性氧化铝和分子筛等。   （党筱凤）

吸附浸渍 adsorb impregnation

将吸附剂浸入含有某种选定物质（浸渍物）的液体、溶液或气体中，以使浸渍物吸附到其表面上的处理过程。通过浸渍物与被吸附物质发生化学反应，以增加吸附剂的吸附能力。有毒气体种类不同，浸渍物亦不同。   （党筱凤）

吸附平衡 adsorption quilibrium

在一定温度和压力下，当气、固两相经足够长的时间接触后，被吸附物质的吸附速度与脱附速度相等，即在气相及固体表面上的浓度不再发生变化的现象。它是该条件下吸附过程的极限状况。   （党筱凤）

吸附器 adsorber, rotating adsorber

吸附剂固定放置在器内具有若干隔室的转筒内的吸附器。工作时，转筒转动，隔室内放置的吸附剂也随之转动，使有的处于吸附状态；有的则处于脱附再生状态，不断的交替变化。根据吸附剂在器内的放置，及与气体的接触状况可分为固定床吸附器、沸腾床吸附器、移动床吸附器和回转式吸附器。它可实现连续吸附，但结构复杂，动力消耗大。（党筱凤）

吸附质 adsorbate

能被固体吸附剂吸附的混合气体中某一组分或某些组分。如有毒气体中的有毒物质。（党筱凤）

吸气喷头 air-absorbing sprinkler-head

又称泡沫喷头。利用高速射流形成负压，在喷出的水流中吸入空气，并与水流急速混合形成微小气泡的喷泉喷头。由于在水流中形成大量微小气泡，则可达到：使水流表观直径加大；使水柱高度相应降低；由于气泡的漫反射和折射作用，使水柱呈现雪白色，大大改善了照明效果；改善了对空气的除尘与加湿作用。它是喷出雪松、冰柱等水流形态常用的喷头。   （张延灿）

吸气温度 suction temperature

压缩机进口处制冷剂气体的温度。（杨 磊）

吸气压力 suction pressure

压缩机进口处制冷剂气体的压力。（杨 磊）

吸热板 heat collecting plate

又称集热板。利用金属板吸收太阳辐射能的集热主要部件。表面涂有吸热率高的黑色涂料。常用板材经防腐处理后厚度为 $0.3\sim0.5mm$ 的钢板、铝合金板、铝板与不锈钢板。   （郑大华）

吸热涂料 heat aborsobing coating

涂刷在吸热板、集热管外表面的吸热性能良好的涂料。一般为黑色。按其选择性可分为选择性涂料和非选择性涂料。前者如硫化铅、黑铬、黑镍等；后者如无光黑板漆、丙烯酸黑漆和沥青漆等。

（刘振印）

吸入式喷水室 air washer in suction line

被处理的空气先经喷水室后进风机，即喷水室处于风机吸入段（负压段）的喷水室。该喷水室易从箱体不严密处吸入未被处理的空气，影响喷水室后空气的状态参数，但喷水室内的水滴不易溅出。

（齐永系）

吸湿剂再生 regeneration of sorbent materials for dehumidification

为了重复使用因已吸收空气中水分而失去吸湿能力的固体或液体吸湿剂,对其进行加热以除去其中部分水分恢复其吸湿能力的操作过程。

(齐永系)

吸收 absorption

用适当的液体(溶液或溶剂)与混合气体接触,利用气体混合物中各组分在该液体中溶解度不同,使易溶组分有选择地溶于液体中,而与剩余气体分离的过程。根据是否与液体发生化学反应分为物理吸收和化学吸收。 (党筱凤)

吸收操作线 absorption operating line

在吸收过程中,根据物料平衡得出的吸收塔内任一截面上被吸收物质在气相和液相中的浓度关系,在 Y、X 坐标图上标绘出的直线。常用它来计算吸收塔的理论塔板数及最小液气比等。

(于广荣 党筱凤)

吸收法 absorption method

用适当的溶液或溶剂洗涤净化废气中有毒物质的净化方法。有毒物质可在溶液或溶剂中溶解;也可与溶液或溶剂中某些组分发生化学反应。采用不同的溶液或溶剂可净化含有不同毒物的废气。其操作简便,可回收有用物质,净化效果良好,但易造成废液二次污染。在工业防毒中应用广泛。 (党筱凤)

吸收剂 absorbent

对气体混合物的各组分具有不同的溶解度,而能选择地吸收其中一种组分或几种组分的液体。种类随被吸收的物质而异,可为水、碱液,也可为其它溶液或有机溶剂。 (党筱凤)

吸收率 absorptance

物体吸收的入射辐射量与入射辐射总量之比。与物体物性、表面状态和入射光角度等有关。

(岑幻霞)

吸收速率 rate of absorption

单位时间内,通过单位气、液接触面积所能吸收的物质量。单位为 $kmol/(m^2 \cdot s)$ 或 $kg/(m^2 \cdot s)$。它是反映吸收快慢程度的物理量,是进行吸收塔计算的重要参数。根据双膜理论,它可用分子扩散速率式表示。具有"速率=推动力/阻力"的形式。但通常表示为吸收速率=吸收系数×吸收推动力。

(党筱凤 于广荣)

吸收塔 absorption tower

进行气体吸收的设备。塔内能为进行传质的气、液两相提供较大的接触面积和增强湍动程度,以使吸收剂充分吸收气体中易被吸收的物质。根据气、液接触方式不同分为喷淋塔、填料塔、湍球塔和筛板塔等。 (党筱凤)

吸收推动力 absorption driving force

在吸收过程中,推动吸收质分子从气相通过气、液两层膜向液相传递的动力。通过气膜传递时,为气相中的分压(或浓度)与界面上分压(或浓度)的差值;通过液膜传递时,为界面上浓度与液相浓度的差值。以跨过双膜计时,为气、液两相的实际浓度(或分压)与其相应的平衡浓度(或分压)的差值。它是强化吸收操作的重要因素。 (于广荣 党筱凤)

吸收系数 absorption coefficient

吸收速率与吸收推动力的比例系数。它表示单位时间内,在单位吸收推动力下,通过单位气、液接触面积所吸收的物质量。单位因吸收推动力单位不同而异。可为 $kmol/(m^2 \cdot kPa \cdot s)$ 或 $kmol/[m^2 \cdot (kmol/m^3) \cdot s]$ 等。由于吸收推动力不同,分有气膜吸收系数、液膜吸收系数和总吸收系数。其倒数值反映吸收过程阻力的大小。其值可由实验测定,或由经验公式及准数关联式计算。(于广荣 党筱凤)

吸收阻力 absorption resistance

在吸收过程中,表示气、液两膜对吸收质分子从气相向液相传递的阻碍作用的大小。常以吸收系数的倒数表示。吸收过程总阻力是气膜阻力和液膜阻力之和。是强化吸收操作的重要因素。

(于广荣 党筱凤)

吸水阀

见底阀(42页)。

吸水井 section well

专供水系吸水用的贮水构筑物。尺寸应满足水泵吸水管的布置、安装和检修的要求,最小有效容积不应小于最大一台(组)水泵 3min 的出水量。适用于无贮水池而又不允许水泵直接自室外给水管网抽水的情况。 (姜文源)

吸水坑 suction pit

贮水池池底标高局部降低用以安装水泵吸水管的坑。其作用为提高有效容积,便于将池水放空进行清洗和检修。一般位于池壁内侧,平面尺寸应满足吸水管布置、安装和检修的要求,深度约为 1m,坑底设有泄水管。 (姜文源)

吸水水箱 suction water tank

专供水泵吸水用的水箱。其尺寸应能满足水泵吸水管的布置、安装、检修和水泵正常工作的要求,最小有效容积不应小于最大一台(组)水泵 3min 的出水量。当水泵采用自灌式充水时,其最低水位应高于泵顶标高。 (姜文源)

吸送式气力输送 suction pneumatic conveying

把受料器、分离器和除尘器接在风机的吸口前的吸气管段上,在低于大气压力(负压)的条件下输送物料的运输装置。其整个系统在负压下工作,环境条件较好。适用于将分散的堆料集中向一处输送。

(邹孚泳)

吸引测量法　suction measuring method with aforced draught hood

在加罩测量法的基础上，在罩子出口处安装一个可调速的轴流风机，靠风机的抽力补偿罩子引起阻力的一种风量测量法。该法可通过调节风机的转速，使罩内静压与室内压力相等，所测风口的风量值精度较高。
（王天富）

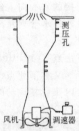

吸嘴　suction month

利用管内负压吸入空气和物料的受料器。一般用于吸送式气力输送系统，常用的有单筒式吸嘴和双筒式吸嘴。用于吸送火车货箱、汽车货箱、船舶货仓内散装或场地上料堆的粉粒状物料。（邹孚泳）

析湿系数　moisture separation coefficent

又称换热扩大系数、热增系数。表冷器在减湿冷却中，由于湿交换比等湿冷却时传热能力增强的比率。以 ξ 表示。其定义式为

$$\xi = \frac{i_1 - i_2}{1.01(t_1 - t_2)}$$

$i_1 - i_2$ 为空气处理前后所失去的总热量；$1.01(t_1 - t_2)$ 为空气处理前后所失去的显热量，故 $\xi \geqslant 1.0$；而干工况时，$\xi = 1.0$。　　　（田胜元）

牺牲阳极法　protection by the sacrificial anode

将金属管道与电极电位较负的金属相连，以免受腐蚀的方法。两者在电解质溶液（如土壤）中形成原电池，电极电位较负的金属成为阳极，在输出电流过程中遭受破坏而"牺牲"，而金属管道则成为阴极得到保护。　　　（徐可中）

稀释原理　principle of dilution

将清洁空气送入室内使其与被有害物污染的室内空气混合，通过稀释作用达到降低被污染空气中有害物质浓度的原理。是全面通风所依据的基本原理。　　　（陈在康）

溪流　brook

蜿蜒曲折，串绕石间、草丛中的潺潺流水形态。根据环境功能和艺术要求，可设计成时分时合、时隐时现、时急时缓的流水。可以分割空间，联系景物，诱导浏览，引人入胜。它是园林水景中最常用的形态之一。　　　（张延灿）

熄灭保护装置　flame failure control

燃气火焰因意外原因熄灭时，能自动感受火焰熄灭讯号，切断燃气供应的安全装置。由热电偶等和安全阀组成。　　　（梁宜哲　吴念劬）

洗涤废水

见生活废水（212页）。

洗涤盆　wash sink

洗涤餐具、器皿和食物用的卫生器具。一般设在家庭、公共和营业性厨房内，与配水龙头、下水口等配套使用。多为陶瓷、搪瓷、不锈钢和玻璃钢制品，低档产品也有用水泥等材料制品。有单格、双格和三格之分，有些产品还带有搁板和靠背。
（朱文璆　倪建华）

洗涤器　scrubber

见湿式除尘器（215页）。

洗涤用水　washing water

洗刷衣物、餐具等日用品的洗浴用水。热水水温规定为 60℃。　　　（胡鹤钧）

洗涤用卫生器具　washing fixtures, cleaners ware

洗涤器皿、衣物、食品等用的卫生器具。常设在厨房、餐厅、化验室、厕所、卫生间、洗衣房和工业企业卫生间内。按用途分有洗涤盆（池）、化验盆、污水盆（池）、洗衣机、洗碗机等。
（朱文璆　倪建华）

洗脚池　foot bath pool

洗脚用的浅水池。一般设在公共浴室、温泉浴池内。有时配置有混合水龙头或手持式莲蓬头供冲洗时使用。池体一般采用混凝土结构，表面贴瓷砖或马赛克等饰面材料。　　　（倪建华）

洗脸盆　lavatory bosin, washbasin, washbowl

又称洗面器。供人们洗手、洗脸用的盥洗用卫生器具。按外形分有长方形、马蹄形、椭圆形、三角形等。按安装方式分有挂墙式、立柱式、台面式、化妆台式等。多为陶瓷制品，也有搪瓷、玻璃钢、人造大理石等制品。大多带有溢流口和靠背。与普通水龙头、盥洗水龙头和排水存水弯配套使用。
（倪建华　朱文璆）

洗面器

见洗脸盆。

洗手盆　basin

又称洗手器。供人们洗手用的盥洗用卫生器具。形状和材质与洗脸盆相同，也有尺寸更小一些的，但排水口不带塞封。常设在卫生间、厕所间、手术室等处与混合龙头和排水装置配套使用。多为陶瓷制品。　　　（朱文璆）

洗手器

见洗手盆。

洗浴用水　water for wash and bath

使用中直接接触人体的生活饮用水。按用途分有沐浴用水、盥洗用水、洗涤用水及体育娱乐用水。
（胡鹤钧）

洗浴用卫生器具　wash-bath fixtures

供人们清洗身体用的卫生器具。包括盥洗用卫生器具、沐浴用卫生器具和其他特殊功用的洗浴用卫生器具。常设在卫生间、公共浴室、医疗室或生产车间内,与普通水龙头、混合水龙头、下水口等配套使用。 （张延灿）

系统风量调整 adjusting of air volume for air conditioning system

又称风量平衡。指对空调送（回）风系统进行风量测量的同时,利用调节风阀将总管、干管、各分支管以及送（回）风口的风量调整到设计要求的风量。其中也包括按设计要求调整进入空调机内的新风和一次回风或一、二次回风等风量。 （王天富）

细丝法 tuft method

用纤维显示气流运动的方法。常将轻而柔软的纤维如羊毛、丝线、尼龙丝或羽绒丝的一端固定在气流中或粘贴在物体表面上,另一端可自由活动。在流场中根据细丝的漂动可观察到气流的方向、流线的大致形状、旋涡的位置和气流扰动的程度。 （李强民）

xia

下垂式喷头 pendant sprinkler head

悬吊安装在给水支管上的一种喷头。分有带伞形溅水盘的喷头可将 40%～60% 的水量向下喷洒;带平板形溅水盘的喷头可将 60%～80% 的水量向下喷洒,其余水量向上喷向顶板。 （张英才 陈耀宗）

下分式供暖系统 up-feed heating system

又称下供下回式供暖系统、下行上给式供暖系统。供回水干管均设在下部的供暖系统。水力稳定性好,垂直热力失调小,可分层投入使用;但应解决好系统的排气问题。适用于在上层布置供水干管困难的场合。 （路 煜）

下水

见排水（171 页）。

下水道气体 sewer air

排水管道中污废水及其沉淀物所散发的气体。其化学成分复杂,常见的有甲烷、硫化氢、乙烷、氨、氮、一氧化碳等。除具有不愉快的恶臭外,尚有易燃、易爆和中毒的危险。在室内所有受水容器和卫生器具、地漏等排出口上需装设存水弯,以防其进入室内污染环境。 （胡鹤钧）

下吸式排风罩 downdraft hood

在有害物质发生源下方装置的排风罩。是外部吸气罩的一种形式。它不占据操作空间。在沿地面装设时成为带有边板的外部吸气罩。 （茅清希）

下行上给式 downfeed system

给水或热水的横干管位于其管系的下部,通过连接的立管向上给水的管道布置方式。常用于利用室外给水管网水压的直接给水方式。 （黄大江 姜文源）

下止点 end dead center

又称下死点、内止点。往复式压缩机其活塞在气缸内作往复运动时,活塞离曲柄旋转中心的最近位置。 （杨 磊）

夏季空调室外计算干球温度 outdoor air dry-bulb temperature for air conditioning design in summer

与夏季空调室外计算湿球温度相配合以确定室外空气状态点,或作为围护结构传热计算用的日最高温度的设计计算温度。按历年平均不保证 50h 的干球温度通过统计气象资料确定。 （单寄平）

夏季空调室外计算日平均温度 outdoor air mean daily temperature for air conditioning design in summer

用以计算夏季围护结构不稳定传热的设计计算温度参数。按历年平均不保证 5 d 的日平均温度通过统计气象资料确定。 （单寄平）

夏季空调室外计算湿球温度 outdoor air wet-bulb temperature for air conditioning design in summer

与夏季空调室外计算干球温度相配合以确定室外空气状态点和作为计算新风负荷用的湿球温度。按历年平均不保证 50h 的湿球温度通过统计气象资料确定。 （单寄平）

夏季空调室外计算逐时气温 outdoor air hourly temperature for air conditioning design in summer

用以计算空调建筑物围护结构逐时传热量的设计计算温度参数。根据夏季空调室外计算日平均温度、室外温度逐时变化系数和平均日较差通过计算确定。 （单寄平）

夏季空调外围护结构传热最高计算温度 highest air temperature for heat transfer calculating of external enclosure of air conditioned building in summer

空调建筑物围护结构传热计算用的最高设计计算温度。采用历年平均不保证 50h 的干球温度,通过统计气象资料确定。 （单寄平）

夏季空调新风计算温度 outdoor air temperature for air conditioning design in summer

用以计算夏季空调新风冷负荷的设计计算温度

参数。以夏季空调室外计算干、湿球温度为依据。
（单寄平）

夏季室外平均风速 mean wind speed in summer

累年最热三个月各月室外平均风速的平均值。用于夏季通风和空调计算。 （田胜元）

xian

先导阀 pilot port valve

安装在固定式自动灭火设备上，作为容器阀、区域分配阀和气源钢瓶容器阀等主阀的先导控制部件。接受来自电动、气动和手动等指令先期开启，继而启动主阀向保护区域施放灭火剂。由阀体、阀芯、弹簧和挡圈等组成。 （张英才 陈耀宗）

氙灯 xenon lamp

极高气压氙气放电发光组成的高强气体放电灯。光谱接近日光，显色性好，能瞬时点燃，发光效率为 $20\sim50lm/W$。按电弧的长度分为短弧（几个毫米）氙灯与长弧氙灯两种。前者广泛应用于电影放映、灯塔照明；后者可作体育场和城市中心照明。由充有一定量高纯度氙气的石英玻壳（管）和两端封有钍钨或钡钨材料组成的电极等组成。常在直流下工作，也有设计成交流工作的。按冷却方式分为通风冷却和电极水冷却两种。 （何鸣皋）

显汗蒸发散热 heat loss by evaporation of visible wetness

人体被汗水全部湿润或部分被湿润的皮肤表面，经汗液蒸发而形成的汽化潜热散失过程。汗的产生和蒸发是人体最有效的温度控制机能。出汗现象是由控制汗液产生的生理调节系统和汗液蒸发的物理过程两部分组成的。当汗液在皮肤表面蒸发时，所必须的潜热是从人体取得的，故产生冷却效应。
（马仁民）

显热储热 sensible heat storage

当对储热物质加热时，其温度升高，内能增加而进行热能的储存。 （岑幻霞）

显色指数 colour rendering index

光源的显色性的度量指标。以被测光源下物体的颜色和参照光源（标准光源）下物体的颜色相符合的程度测量两者的色差。以 ΔE_i 表示。两者完全符合时定义为 100（$R_i=100-4.6\Delta E_i$）。它分为特殊显色指数（R_i）和一般显色指数（R_a）两种。
（俞丽华）

显示技术 display technique

给人提供视觉感受（即人通过眼睛看出来）、表达和处理信息的技术。 （温伯银）

显示系统 display system

提供人-机通信，使人能够通过显示的情况对系统和机器进行及时的干预和控制的系统。系统工程中往往都有这个分系统。 （温伯银）

显示仪表 indicating instrument

具有显示功能的仪表。按所显示信息的类别可分为模拟式和数字式；按显示方式可分为指示仪表、记录仪表、报警装置和图示显示器等。（刘幼荻）

显示装置 display device

用来显示数字、文字、图表的装置。一般采用CRT 显示器、灯光显示牌、场致发光显示板、液晶显示等。 （温伯银）

显微镜法 microscopic method

用显微镜观察尘样测定其粒径分布的方法。在显微镜下计数区分不同大小的尘粒，测得计数粒径分布。大于 $0.5\mu m$ 的尘粒可用光学显微境，小于 $0.5\mu m$ 的尘粒需用电子显微镜。电视扫描可取代人工目测以提高测定效率。所测粒径通常为定向粒径或投影面积直径。 （徐文华）

限量补气 make-up air with fixed quantity

又称定量补气。气压水罐中气体的补充量与损耗量相等的自动补气方式。一般通过补气器自动平衡补气量不需设置气压水罐排气装置，可使气压水罐运行较稳定和设备简单化。 （姜文源）

线槽布线 raceway wiring, wireway wiring

绝缘导线自由敷设在用金属板或塑料板制成的槽形保护或封闭外壳内、整体安装于建筑物中的布线。一般分明装及地面暗敷。明装线槽的导线可利用配线管道出入引接电源，主要用于民用建筑的照明及部分弱电线路。地面暗敷线槽需利用配套的进、出线盒，插座盒引接电源，主要用于试验室、展览厅、商场、大型办公室等地面电源及部分弱电设备需要经常变动的场所。 （施沪生）

线光源 line source of light

宽度与长度相比小得多的光源。通常发光体宽度不大于距离的 0.2 倍，且长度不小于距离的 0.5 倍时可视为此类。 （俞丽华）

线光源等照度曲线 isolux line of line source

按方位系数法在灯下 $1m$ 水平面上的等照度曲线。它以光带长度 L 与计算高度 h 之比（L/h）为纵坐标，以计算点至光带纵轴在水平面上投影的距离与计算高度之比（d/h）为横坐标。适用于线光源水平面照度计算。一般按光源光通量为 $1000lm$ 给出。在求计算点实际照度时注意照度与距离一次方成反比。 （俞丽华）

线间变压器 line transformer

又称线路变压器、输送变压器。指在有线广播网线路中用的变压器。包括接在主干馈电线与配线馈电线之间的馈线变压器，接在馈电线与用户线之间的用户变压器,以及由于广播线路输送电压较高,而扬声器音圈阻抗较低,一般需在每只扬声器处装降压用扬声器变压器。变压器规格用额定输出功率(W)和初次级电压比或阻抗比表示。　(袁敦麟)

线路电压损失　line voltage loss

线路始端与线路末端电压数值之差。

(朱桐城)

线路放大器　①line-feeding amplifier. ②line amplifier

①串接在分配系统内的放大器。用以提高信号电平,补偿电缆、分配器、分支器等的损耗,保证用户端电平,从而扩大系统的服务范围。

②见前级增音机(185页)。　(余尽知)

线路平均额定电压　average rated voltage of line

线路始端最高电压和线路末端最低电压的平均值。各级线路电压的额定电压和平均额定电压的对照值设计时应按规定选用。　(朱桐城)

线路损耗　line loss

简称线损。电能由变电所送至用电设备时,在供配电系统的变压器和高低压线路中产生的电能损耗之和。线路年有功电能损耗 ΔW_l 为

$$\Delta W_l = \Delta P_l \tau \quad (\text{kWh})$$

ΔP_l 为三相线路的最大有功功率损耗(kW);τ 为最大负荷年损耗小时数。变压器年有功电能损耗 ΔW_t 为

$$\Delta W_t = \Delta P_0 t + \Delta P_{sc}\left(\frac{S_c}{S_n}\right)^2 \tau \quad (\text{kWh})$$

ΔP_0 为变压器空载有功损耗(kW);ΔP_{sc} 为变压器短路有功损耗(kW);t 为变压器全年投入运行小时数;S_c 为变压器计算负荷(kVA);S_n 为变压器额定容量(kVA)。　(朱桐城)

线损率　ratio of line loss

又称线路损失率。指线路损耗占总供电量的百分数。　(朱桐城)

线型火灾探测器　line-type fire dectator

响应某一连续线路周围的火灾参数的火灾探测器。其传感器为线型结构。分有红外光束感烟火灾探测器、缆式线型定温火灾探测器和空气管线型差温火灾探测器等。　(徐宝林)

xiang

相对流量比　ralative flow rate

简称流量比。供暖系统调节时所采用的水流量 G 与设计水流量 G' 之比。以 $\overline{G}$ 表示。即为 $\overline{G}=G/G'$。

(郭　骏　董重成)

相对热量比　relative heat rate

在供暖系统调节时,任意室外温度下的热负荷 Q 与设计热负荷 Q' 之比。以 $\overline{Q}$ 表示。即为 $\overline{Q}=Q/Q'$。

(郭　骏　董重成)

相 对 射 程　relative throw, dimensionless throw

又称无因次射程。射流射程 x 与喷嘴直径 d_0 之比,即 x/d_0。　(陈郁文)

相对湿度指示仪　relative humidity indicator

接收干湿球温差电阻信号,显示被测对象相对湿度值的仪表。与干湿球信号发送器装置配套使用。

(刘幼狄)

相关色温　correlated colour temperature

所发光色与气体放电光源光色的色度最接近的完全辐射体(黑体)的绝对温度(K)。日光色荧光灯为 6500K,荧光高压汞灯为 5500K,高压钠灯为 2100K,钪钠类金属卤化物灯为 3800~4200K。

(俞丽华)

相互调制　intermodulation

多个频道信号通过非线性系统产生新的频率信号所造成的干扰调制。　(余尽知)

镶嵌敷设　embedded mounting

将预制好的管道按设计要求的位置、高程和坡度固定好,在砌筑和浇筑建筑物或构筑物结构体的同时,将管道镶嵌在结构体内的敷设方式。由于不便维护和检修,仅在特殊情况下用于局部管段,故也称镶嵌管段、镶入管段或嵌入管段。为留有检修的可能性,应每隔一定距离和在转弯的地方等留有检查口或清扫口。其所用的管材和连接方式均较普通明露敷设和暗藏敷设要求高些。　(蒋彦胤　黄大江)

镶嵌连接　mounting joint

又称压力嵌件连接。用外力将镶嵌件与管子表面压合,形成压力密封的机械连接方式。施加外力可用专用夹具、压紧螺母等。一般镶嵌件只能使用一次。用于塑料管、铜管的连接,也用于不同材料管道的过渡连接。　(张延灿)

镶入件　enbedded parts

为了安装管道、设备等的需要,在建筑物或构筑物的结构体上预先埋设的构件。常用的有钉钉钩用的木砖,焊接管道支架用的钢板,固定设备基座用的地脚螺栓,悬吊大型灯具用的钢筋钩等。其形状、尺寸和位置必须满足与结构体镶接牢固、耐久,并便于准确安装。　(黄大江　张延灿)

响度　loudness

人耳对声音强度等级的感觉。不仅取决于声音的强度(如声压级),还与声音的频率和波形有关。声强相同的声音,在 1000~4000Hz 之间听起来最响,$\leqslant$ 1000Hz 或 $\geqslant$ 4000Hz 渐弱,至 $\leqslant$ 20Hz 或 $\geqslant$

20000Hz 人耳听不见。单位为 sone（宋）。频率为 1000Hz、声压级为 40dB 且来自听者正前方的平面行波的强度，其响度为 1sone。　（袁敦麟）

响度级　loudness level

表示声音强度的主观量。声压是声音的基本物理量，但人耳对声音的感觉不仅与声压大小，而且还与频率的高低有关。声压级相等，但声频率不同的声音听起来就不一样。根据人耳这一特性，人们仿照声压级的概念，引出一个与频率有关的它，单位为 phon，其含义是：选取 1000Hz 的纯音作为基准声，当某噪声听起来与该纯音一样响时，则这一噪声的它就等于该纯音的声压级。

（钱以明　袁敦麟　陈惠兴）

响应　response

随着控制系统或环节的输入之变化，其输出随时间的变化过程。　（张子慧）

相零回路阻抗　phase-zero loop impedance

三相四线制低压系统中，相线、零线、配电变压器（或发电机）绕组、开关设备等电气元件组成的回路总阻抗。其数值大小与网路结构（如架空线、电缆线、穿管线）、线间距离、材料性质、导体长度和截面以及接地装置的结构等因素有关。为使保护装置在电气设备一相绝缘损坏外壳带电时能迅速自动切除故障，就必须有足够大的单相接地故障电流，故保护装置与回路导线、元件的选择配合必须恰当，以使故障时回路阻抗不超过单相对地电压与保护设备可靠动作电流的比值。　（瞿星志）

相平衡常数　phase equilibrium constant

被吸收物质在气、液相中浓度用摩尔分数（y、x）或比摩尔分数（y、x）表示时，亨利定律式 $y=mx$ 或 $y=mx$（对低浓度气体）的比例系数 m。无因次。其值随气体种类及温度而异，一般由实验测定。它与亨利常数 E 之间的关系为

$$m=E/P$$

P 为混合气体的总压。　（党筱凤　于广荣）

相位表　phase meter

见功率因数表（86 页）。

橡胶管

见胶管（126 页）。

橡皮折环扬声器　rabber corrugated rim loudspeaker

又称橡皮边扬声器。纸盆折环由丁腈橡胶制成的扬声器。目前也有采用尼龙等其它材料做折环的。橡皮折环富有弹性和内阻尼，振动系统具有高顺性，可使扬声器的谐振频率很低，同时显著削弱边缘共振的危害所引起的中频响应的峰和谷。失真较小，瞬态特性较好，共振频率较一般扬声器低得多，常用作组合扬声器低频单元；但它的效率比一般纸盆扬声器还低。　（袁敦麟）

xiao

消毒　disinfection

又称灭菌。以消灭水或污泥中的病原体或使之失活而进行的处理过程。分有给水消毒、污水消毒和污泥消毒。　（张延灿）

消毒剂　disinfectant

具有实现消毒目的性能的化学药剂。分有氯及其化合物；溴；碘；臭氧；酚及其化合物；醇类；重金属及有关化合物；染料；肥皂和合成洗涤剂；季胺类化合物；过氧化氢以及各种酸和碱等。其中氯是最常用于水和污水的消毒剂。　（卢安坚）

消防按钮　fire button

与警铃或其他报警装置直接接通的紧急按钮。火警时按下按钮后即可向有关方位发出相应的报警信号。　（郑必贵）

消防车　fire vehicle

供消防人员乘用，装载各种消防器材和灭火剂，用于灭火、辅助灭火或消防救援的车辆。按其功能分为通讯指挥车、内座式泵浦消防车、内座式水罐消防车、供水消防车、内座式泡沫消防车、载炮泡沫消防车、举高喷射泡沫消防车、干粉消防车、二氧化碳消防车、干粉-泡沫联用消防车、云梯消防车、照明消防车、消防后勤车、救护车以及干粉消防摩托车、泵浦消防摩托车、消防检查摩托车等。　（陈耀宗）

消防储备水恢复时间　time for replenishing fire water storage

消防储备水在发生火灾被动用后需要恢复储备水量的最长时间。为保安全并考虑经济，不宜超过 48h，但缺水地区或独立的油库区可延长到 96h。

（应爱珍）

消防法规　fire code

指消防法律、消防行政法规和消防技术标准与规范的总称。消防法律是规定国家消防行政机关的工作宗旨、方针政策、组织机构、职责权限、活动原则和管理程序等，用以调整国家各级消防行政机关同国家其他机关、企业事业单位、社会团体和个人之间消防关系的总的法律规范，通常由国家最高立法机关批准，由国家最高行政机关颁发实施，如《中华人民共和国消防条例》；消防行政法规通常由各级人民政府或主管部门根据消防法律制定颁发，规定某一特定对象的消防活动组织原则、管理办法、工作程序，主要用以调整单位与单位之间的、人与人之间的消防行为，有的还涉及到消防技术领域中的一些问题；消防技术标准、规范，通常由国家标准化主管部门批准颁发，用以调整消防技术领域中人与自然、科

学、技术的关系准则或标准。　　　（马　恒）

消防分水器　fire wye

将水带干线分成若干支线，也即单股水流分成为二股或三股水流进行灭火的一个接头部件。是消防车的附件之一。由本体阀和接口等组成。如将单股水流分成二股水流的有 FF65 型分水器，各进水、出水口径均为 $DN65mm$；将单股水流分成三股水流的有 FFS65 型分水器，进水口径 $DN65mm$，出水口径有二个 $DN50mm$ 和一个 $DN65mm$；还有 FFS80 型分水器进水口径为 $DN80mm$，三个出水口径均为 $DN65mm$。各类型分水器在每股水流出口处都装有球阀或截止阀，可单独开关，控制水流或增减和调换支线水带。　　　（郑必贵　陈耀宗）

消防管理　fire management

为达到预期的消防安全目标，而进行的各种消防活动的总称。分为对消防监督机关自身的管理和对社会依法实施消防监督两个方面。前者包括对各级公安机关消防监督机构的设置、职权范围和工作活动以及对消防队伍、装备经费的管理等；后者包括对企业事业单位、街道、居民的消防监督管理以及对消防器材、设备的监督管理等。　　　（马　恒）

消防后勤车　auxiliary fire vehicle

向火场运送消防人员，补给各类灭火剂或消防器材，用载重汽车底盘改装而成的车辆。由可装卸式顶、活动座椅、电子警报器、回转警灯及简易通信联络设备等组成。用于城市公安消防队和大型工矿企业消防队运送消防队员和消防器材及有关物资。　　　（陈耀宗）

消防机构　fire organization

为加强消防工作，保护人身和财产安全，负责对全国消防工作（除人民解放军各单位、国有森林、矿井地下部分外）实行监督的、隶属于公安机关的机构。中国公安部设有消防局，局内设有办公室、政治处、防火处、战训处、警务处、科技处、宣传处、后勤装备处。各省、自治区、直辖市公安厅（局）内设有消防局（处），局（处）内设有政治、秘书、防火、战训、警务、装备、宣传等处（科）；省辖市、计划单列市公安局内设有消防处，处内设有上述局（处）职能相同的科室。地、州、盟公安局（处）内设有消防科，科内设有政治、秘书、战训、后勤等股。县（市）、旗公安局内设有消防股（科）。　（马　恒）

消防集水器　fire wye connection

将二股水流汇集成一股水流的接头部件。是消防车上的配套附件之一。由本体、止回阀、接口和密封圈等组成。如 FJ100 型集水器是由二股进水口径 $DN65mm$ 和一股出水口径 $DN100mm$ 组成的接头部件。不装开关阀。用于吸水或接力输水时使用。　　　（郑必贵　陈耀宗）

消防给水系统　fire water supply system

以水作灭火剂供消防扑救建筑物内部、居住小区、工矿企业或城镇火灾时用水的设施。由消防给水水源、消防给水管网、消防水蓄水池、消防水泵、自动喷水灭火设备和消火栓等组成。可为专供消防用水的独立系统，也可为生产或生活用水合并供给的联合给水系统。按系统中水压高低分有高压消防给水系统、临时高压消防给水系统和低压消防给水系统；按作用类别分有消火栓给水系统、自动喷水灭火系统和泡沫消防灭火系统等；按设施固定与否分有固定式消防设施、半固定式消防设施和移动式消防设备。　　　（陈耀宗　华瑞龙）

消防接口　fire coupling

消防水带与水带、水带与水枪、水带与管道或消火栓之间起连接作用的管道配件。分有水带接口、吸水管接口、内扣式管牙接口、异径接口、异形接口、内螺纹固定接口、外螺纹固定接口、肘接口等。它是消防给水系统中各类部件之间连接的重要配件。　　　（郑必贵　陈耀宗）

消防控制室　fire protection control room

设有专门装置以接收、显示、处理火灾报警信号，控制消防设施的房间。是火灾时灭火作战指挥和信息的中心。　　　（徐宝林）

消防滤水器　fire water filter

装在消防水泵的吸水管底部，用以阻止河塘水中杂物、杂草等吸入泵内的滤水头部。由本体、阀门、滤网体、雌螺环、套圈、挺杆、挺杆座、滤板、压板、弹簧、密封圈和垫圈等组成。如 FLF100 型为带阀滤水器。　　　（郑必贵　陈耀宗）

消防摩托车　fire motor cycle

装载简便的消防器材，用三轮摩托车改装而成的消防车辆。分有车上装载干粉灭火器，可方便卸下抬到火场灭火的干粉消防摩托车和车上装载手抬机动消防水泵和直流水枪等消防器材的泵浦消防摩托车等。分别适用于中小城镇公安消防队和工矿企业消防队扑救一般小规模的可燃、易燃液体和带电设备火灾或扑救一般物质火灾。它机动灵活，特别适用于道路狭窄、消防车无法进入的地方。还可作为防火检查、火场指挥和勘察工作车。　　　（陈耀宗）

消防射流　hose stream

又称消火射流。通过消防水枪将高压消防用水喷射到火场的高速水流。分有分散射流和密集射流两类。前者系由喷雾水枪或开花水枪通过离心、机械撞击或机械强化作用形成，水滴平均粒径小于 0.1mm 者称为喷雾射流，水滴平均粒径大于 0.1mm 者称为开花射流；后者系通过直流水枪喷射而出的充实柱状水流。　　　（应爱珍　华瑞龙）

消防竖管最小流量 minimum standpipe flow

为及时控制和扑灭火灾，按建筑物性质、高度、规模等情况而确定的消防竖管必须保证的流量值。一般为水枪最小流量与消防竖管上同时使用的水枪数的乘积。 （姜文源）

消防水池 storage reservoir for fire demand

用以贮存火灾延续时间内消防用水量的贮水池。 （姜文源）

消防水带 hose

水泵或消火栓与水枪等喷射装置之间连接，用于输水（或泡沫混合液）的管线。按材料分为麻质消防水带、棉质涂胶消防水带、尼龙涂胶消防水带和涂塑消防水带等。按口径分有 $DN50$、70、80、90mm。每条水带长度一般为 20、25、50m 三种。按承受压力分为甲级能承受水压为 1MPa 以上；乙级能承受水压为 $0.8\sim0.9$MPa；丙级能承受水压为 $0.6\sim0.7$MPa；丁级能承受水压为 0.6MPa 以下。丁级水带只能作为操练用，不可用于灭火。 （郑必贵）

消防水枪 fire nozzle

增加水流速度、射程和改变水流形状达到消防要求射水的消防工具。按水流形状分为直流水枪、开花直流水枪和喷雾水枪等；按功能分为多用水枪和多头水枪等。 （郑必贵 陈耀宗）

消防水箱 tank for fire demand

临时高压消防给水系统中贮存扑救初期火灾室内消防用水量的高位水箱。出水管上装设有止回阀以防消防水泵工作时系统泄压。 （姜文源）

消防条例 fire service act

为加强消防工作，防止和减少火灾的危害，保护人身和财产的安全而制定的条例。主要内容包括：总则、火灾预防、消防组织、火灾扑救、消防监督和奖励与惩罚等。 （马 恒）

消防条例实施细则 detailed rules of fire service act

以消防条例为依据，为便于贯彻执行火灾预防、消防组织和消防监督管理等方面内容所作的具体明确的法规条款。是消防条例的具体化。 （马 恒）

消防用水 fire demand

扑灭火灾和冷却防火对象以防止火灾复燃和蔓延所需的水。按系统分有消火栓消防用水和自动喷水灭火消防用水；按用水场所分有室外消防用水和室内消防用水；按建筑物性质分有工业建筑消防用水和民用建筑消防用水。 （姜文源）

消防用水量 fire demand

消防给水系统扑灭火灾需用的最低水量规定值。按城镇与居住区居住人数、建筑物性质、体积、高度、规模、耐火等级，生产和储存物品的火灾危险性，可燃物储量，消防给水系统种类等因素确定。按用水场合分有室外消防用水量和室内消防用水量；按系统分有消火栓给水系统消防用水量和自动喷水灭火系统消防用水量等。 （应爱珍 姜文源）

消防站 fire station

公安、专职消防队及其技术装备集结待命的专用建筑物。包括公共生活建筑、练习塔和训练场。它的布局应符合下列要求：①根据本地区的工业、商业、消防重点单位、人口密集、建筑物现状以及道路、水源、地形等情况，以消防队接到火警报告 5min 内能到达本责任区最远点，一般一个消防队的责任区面积为 $4\sim7km^2$。②站址要位于责任区内便于消防车迅速出动的适中地点，在生产、贮存易燃、易爆和有毒气体的地区，并要布置在常年主导风向的上风或侧风位。③距人口密集的公共建筑和场所，距液化石油气贮罐区，距甲、乙、丙类液体和可燃气体贮罐区均应有一定安全距离。 （马 恒）

消防指示灯 fire indicating lamp

在消防报警系统上，以光亮为信号的指示灯具。通常安装在温感、烟感报警器或水流、水压指示器等报警系统上。设置在控制中心、消防值班室、消火栓箱和消防车上等。 （郑必贵 陈耀宗）

消防贮备水量 fire demand storage

为扑救火灾在水箱和水池内必须贮存的水量。水箱应贮备 10min 室内消防用水量。水池应贮水量为消防用水量与火灾延续时间的乘积。（姜文源）

消火射流

见消防射流（260 页）。

消火栓 hydrant

安装在供水管道上用于连接消防水带供给扑救火灾用水的半固定式消防设施。根据设置场所与形式不同分为室外消火栓、室内消火栓两种。 （郑必贵 陈耀宗）

消火栓给水系统 hydrant water system, standpipe system

利用可移动的消防水枪和水带从固定安装的给水管道上的消火栓接出，将有压力的水喷射成紧密水流、开花水流或雾状水流，用于扑救火灾的一种半固定式消防设施。消火栓一般分有供消防队员和受过操纵大口径消火栓灭火训练人员使用的直径为 65mm 的大口径和直径为 50mm 的普通口径，以及供一般居民、职工使用的直径为 25mm～40mm 的小口径三种。 （华瑞龙）

消火栓栓口处所需水压 pressure required at hydrant outlet

为保证消火栓灭火时消防水枪喷射出的充实水柱达到规定长度，消火栓栓口处应具有的最小出口水压。 （应爱珍）

消火栓箱 hose cabinet

安置室内消火栓、水枪、水带及其他有关设备的箱体。根据箱体材料分为木质消火栓箱、铁质消火栓箱和铝合金消火栓箱。　　　（郑必贵　陈耀宗）

消极隔振　passive isolation

又称被动隔振。对于需要防振的设备，为了降低周围振源的影响，采用与地基或基础隔离开来的措施。　　　　　　　　　　　　　　　　（甘鸿仁）

消能池　energy dissipation basin

接纳和扩散上游高速跌落水流，并消除或削弱其能量，防止冲刷磨损下游构筑物的水池。由具有足够强度抵抗水流冲击的底板、跌水壁和侧墙组成。　　　　　　　　　　　　　　　　（魏秉华）

消声加热器　noise reduction mixer

在以蒸汽为热媒的直接加热设备中，用以降低蒸汽喷射噪声的装置。采用过汽断面突变消能，并促使水汽迅速混合避免水中形成汽团骤然凝缩的原理而制成。分有设置在单管热水供应系统管道上的外置式与浸放在闭式热水箱中的浸淹式两种。
　　　　　　　　　　　　　（刘振印　钱维生）

消声量　amount of sound attenuation

气流通过消声器后对各频率噪声的衰减量。即消声器的消声性能。衰减量的大小取决于消声器的结构、材料和尺寸。而空调系统中要求的消声量是根据房间的噪声容许标准、风机声功率的大小、管路的噪声自然衰减、风口的反射损失和房间噪声的衰减等因素计算确定的。消声器的实际衰减能力应考虑一定的安全裕量。　　　　　　　（范存养）

消声器　silencer

又称消音器。允许气流通过又能降低气流噪声的装置。其内一般装有吸声材料或吸声结构，或者改变管道截面积等，使噪声能量损耗或反射，以限制噪声的传播。一般分为阻性消声器和抗性消声器两类。
　　　　　　　　　　　　　　　　（范存养）

消声器特性　performanc of silencer

消声器的消声性能及空气动力性能的总称。消声器对各种不同频率噪声的衰减能力，一般应与通风系统的噪声源相适应。空气动力特性是指气流流经消声器的阻力，一般不超过通风机全压的 8%。消声器自身不宜产生再生噪声。　　　　　（范存养）

消音　erasure

又称抹音。指将载音体上已录制的信号消除的过程。其方法分有永磁法、直流法和交流法等。按磁带上磁性状态又可分为饱和消音法和去磁消音法。
　　　　　　　　　　　　　　　　（袁敦麟）

小便槽　trough urinal

可供多人同时小便用的槽形构筑物。由长条形水池、冲洗水管、排水地漏或存水弯等组成。冲洗方式可采用冲洗水箱、普通阀门。条形水池常采用混凝土结构，表面贴瓷砖等。常设在卫生和美观要求不高的公共建筑男厕所内。　　　（金烈安　倪建华）

小便斗

见挂式小便器（90 页）。

小便器　urinal

收集和排除小便用的便溺用卫生器具。常设在公共建筑的男厕所内。分有挂式和立式两种。多为陶瓷制品。与冲洗装置和排水存水弯配套使用。
　　　　　　　　　　　　　（金烈安　倪建华）

小交换机经话务台呼入　BID, board inward dialling

市话网用户呼叫小交换机用户时，先经拨号接至小交换机话务台，应答后再转接至小交换机用户的中继方式。小交换机相当于用户交换机，入中继线编入市话局的用户号码，并采用引示号码进行连选，分机号码不纳入市话网，是目前普遍采用的方式。
　　　　　　　　　　　　　　　　（袁玫）

小交换机直接呼出　DOD, direct outward dialing

小交换机用户呼叫市话网用户时，可由小交换机用户直接拨号来完成的中继方式。又可分为听一次拨号音（DOD1）和听二次拨号音（DOD2）两种。前者中继线接至市话局交换机的选组级，小交换机相当于市话局分局或支局，用于大容量或与市内联系密切的小交换机；后者接至市话局交换机用户级，小交换机相当于一般市话用户，为目前大多数小交换机所采用。　　　　　　　　（袁玫）

小交换机直接呼入　DID, direct inward dialling

市话网用户呼叫小交换机用户时，可采用直接拨号，不必经人工转接的中继方式。小交换机相当于市话局的分局或支局，要占用市话局大量号码资源，不易为市话局所接受。仅用于大容量小交换机中。
　　　　　　　　　　　　　　　　（袁玫）

小口径消火栓　hose reel

又称水喉、自救式消火栓。用以及时扑救初期火灾、使用轻便灵活的室内消火栓。由本体 $DN25\sim40mm$ 的胶管与水枪及卷盘组成。卷盘除可绕自身中心旋转外，还可在小于 180° 的范围内作水平自由转动，操作灵活。一般与室内消火栓同设在一个箱内。　　　　　　　　　　（郑必贵　陈耀宗）

小时变化系数　hourly variation coefficient

旧称小时不均匀系数、时变化系数。最大时用水量与平均时用水量的比值。是反映一昼夜 24 小时内小时用水量变化情况的系数。其数值随生活用水定额和用水单位数的增加而递减。
　　　　　　　　　　　　　（姜文源　朱学林）

小时不均匀系数

见小时变化系数（262页）。

小时降雨厚度　rainfall rate

单位时间内的降雨量。以 mm/h 计。与暴雨强度在所取相同降雨历时下的换算关系为

$$h_5 = 0.36q_5$$

q_5 为 5min 降雨历时的暴雨强度（L/s·10^4m²）。

（胡鹤钧）

小时用水量　hourly water consumption

以小时为计量单位的用水量。单位为 m³/h、L/h。分有最大时用水量和平均时用水量。

（姜文源）

效数　number of effective

蒸汽喷射式制冷蒸发器的空间分隔成的不同蒸发温度的间效。它的多少是根据空调回水冷却时的蒸发温度而定。如蒸发器只有一个蒸发温度时（即一个蒸发空间）就称为单效；如将蒸发器分隔成两个不同的蒸发温度，则叫做两效；以此类推，还有三效、四效等。从热力学的角度分析，它越多，越能减小回水（被冷却水）和蒸发温度间的传热温差，就可降低过程的不可逆程度。以减少损失；同时减少主喷射器蒸汽的消耗量。但一般不宜超过三效，因效数过多非但经济效果不显著，而且增加了制造维修上的麻烦，因为主喷射器的个数和冷凝器的冷却冷凝空间数是与其效数相对应的。一般建议：回水温降为5～7℃时采用单效；温降7～12℃时采用两效；温降为10～20℃时则采用三效。

（杨磊）

xie

斜管式微压计　tilting micromanometer

基于液体静力平衡原理，利用充满工作液体的大容器及与之相连接的倾斜放置的、其上有刻度的玻璃管来测量压力或压差的仪表。可与毕托管配套使用，测量管道内流体的全压、静压和动压以及流体的速度和流量。

（刘耀浩）

谐波反应法　harmonic response method

以单位谐波作用下的负荷波对得热波的衰减 N，延迟 ϕ 表示房间热动态特性的空调设计负荷计算方法。它是以谱分解，即以不同频率、振幅的简谐波的线性叠加基础上研究热物理过程的一个应用。当空调设计负荷计算采用标准天气气象资料，即以 24h 为周期的数据时，它较采用时间序列法来表示扰量的 z 传递函数系数法等在计算上有其方便之处。它是由中国孙延勋工程师 1980 年提出的。

（赵鸿佐）

携带式临时接地线　portable earthing conductor

用来防止已断电设备的导电部分意外地出现电压而保护工作人员安全的临时性接地线。包括用来短接各相的导线、接地用的导线、连接接地导线到接地装置的夹头和连接接短导线到导电部分的夹头。对于可能送电至停电设备的各个方面，或停电设备可能产生感应电压的部分，都要装设这种接地线。

（瞿星志）

泄空补气　make-up air with emptying

无专用补气装置仅靠泄空气压水罐存水而重新充水的补气方式。放空存水后关闭进气口，自罐底部进水迫使罐内空气受压缩，从而完成全部补气过程。是最简单的补气方式。用于允许短时停水、对水压值及其稳定性均要求不高的情况。　（姜文源）

泄空管

见泄水管（263页）。

泄漏电流　leakage current

在没有故障情况下，回路流入大地或流至装置外可导电部分的电流。该电流可能有容性分量，包括使用电容器所产生的容性分量在内。　（瞿星志）

泄水管　emptying pipe

又称泄空管、放空管。贮水设备与贮水构筑物或管系中放空所贮水量的排水管。根据贮水容积及维护、检修时所需放空时间来确定管径。

（路煜　姜文源　胡鹤钧）

泄水装置　sluice equipment

重力泄空水箱（池）、容器和管道内存水的控制装置。一般分有排水栓、泄水闸板及泄水管口装的截止阀等。

（张淼）

xin

心形传声器　cardioid microphone

利用移相原理形成"心脏形"指向性灵敏度的传声器。正前方灵敏度最大、两侧面稍小，背面响应比正面小 15～20dB。　（袁敦麟）

心脏挤压法　method of cardiac extrusion

用人工的力量在胸外挤压心脏，使触电者恢复心脏跳动的方法。对心脏停止跳动的触电者进行急救时使用。当触电者心跳和呼吸都已停止时，则应同时进行此法和人工呼吸法。　（瞿星志）

芯形接头

见环流器（105页）。

新陈代谢热　metabolic heat

人体通过新陈代谢释放出的能量。从其发生在人体内的氧化过程，分为外部机械功和体内需热量两部分。并可根据氧气需要量来确定。（齐永系）

新风比　fresh air ratio

混合式集中空调系统中，新风量与总风量之比。随着室外气象条件变化，由冬季它的最小值到过渡

季节变为全部新风。即100％新风,到夏季又回到了它的最小值。　　　　　　　　　　　　(代庆山)

新有效温度　ET*, new effective temperature

将实际环境空气的温、湿度综合为一个对人体产生相同热感(相同的皮肤蒸发总散热量)的相对湿度为50％的单一温度所表达的热感(人体热状态)指标。其适用条件是低空气流速、空气温度与室内平均辐射温度相等,身着薄服,静坐。该温度指标与皮肤湿润度相联系,并用50％相对湿度线标定,因而比原有效温度合理。图示为在温湿图上描绘出的新舒适图,图中一组倾斜虚线即新等效温度线,它的数值即标注在50％相对湿度线上。图中菱形框区为ASHRAE-ksu所规定的舒适区,它适用于静坐活动,穿0.6～0.8clo服装的人;平行四边形阴影面积是ASHRAE标准55—74所推荐的舒适区,适用于比静坐略高的活动水平,身着0.8～1.0clo服装。图中25℃ET*线对应的皮肤湿润度$w=0$;41℃ET*线对应$w=1$。25℃ET*线位于两块舒适区的中间,属于最舒适的热状态,此时人体出汗率为零。对于一给定的ET*线,皮肤湿润度和服装透湿性是被规定的常数。实际上一个给定的温、湿度的等效温度,决定于人的服装和活动量。

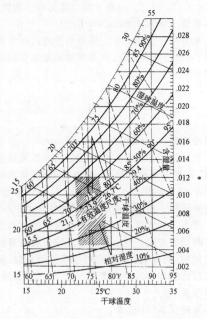

(马仁民)

信号　signal

指由温度、流量、压力、液位、物位和湿度敏感元件等转接后在传输线内传输的物理量。在电信系统里它可由电流、电压或电波等来体现。分有离散信号、数字信号、连续信号、离散模拟信号和控制信号等。　　　　　　　　　　　　(温伯银)

信号分配箱　signal distributing box

又称电视配电箱。安装有信号放大器、分配器、分支器、稳压电源、自动空气开关、电源插座等的箱子。一般装在室内,分有明装、暗装、半明半暗三种方式,视施工现场而定。　　　　　　　(李景谦)

信号隔离　isolation of signal

防止多路信号在传送、分配过程中产生相互干扰的措施。常用隔离量以分贝数表示。共用天线电视系统中,为了防止电视接收机调谐时对系统内其它电视机产生辐射干扰,对分配器、分支器等的输出端间的相互隔离量,以及输出端与输入端间的反向隔离量均有一定要求。　　　　　　　　(余尽知)

信号管　signal pipe

又称检查管。用于监督水箱水位的管段。一般引至便于观察的地点,且应设置阀门。

(王义贞　方修睦)

信号继电器　signal relay

在继电保护和自动装置中用来作为整个装置或个别部分动作后信号指示的继电器。该继电器动作后本身有掉牌指示,便于进行事故分析;同时触头闭合,接通灯光信号回路或事故音响回路,引起值班人员注意。　　　　　　　　　　　　(张世根)

信号接地　signal earthing

将电子设备的信号电路进行的接地。它保证电路工作时有一个统一的基准电位,不致浮动而引起信号量的误差。　　　　　　　　　　(瞿星志)

信号损耗　loss of signal

又称信号衰耗。指信号通过某一网络或传输媒介质如馈线、电离层等后,其幅度减小的程度。具体为输出信号功率、电压或电流与输入信号功率、电压或电流之比值。工程上多用分贝(dB)表示。

(李景谦)

信号音　tone

系电话交换机在接续过程中发送给用户的、代表一定接续状态的可闻信号。由一定的音频频率和断续间隔组合而成。中国规定电话交换信号有拨号音、振铃音、回铃音、忙音、通知音(长话呼叫)、等待音、空号音和改号音等8种。它由音流信号发生器产生。　　　　　　　　　　　　(袁玫)

信号装置　signalling device

用于指示一次电气设备事故跳闸和不正常工作状态的灯光和音响信号设备。按用途可分为位置信号、事故信号、预告信号和指挥信号。(张世根)

信噪比　SNR, signal-to-noise ratio

有用信号功率与使信号受到干扰甚至被淹没的噪声功率之比。一般用分贝(dB)表示。

(李景谦)

xing

星绞通信电缆 star-quad cable

主要结构单元为星绞四线组的通信电缆。由排列成正方形的四根绝缘芯线扭绞而成。工作回路由配置在对角线上的两芯组成。它可分成单四线组和多四线组两种。用于长途通信。 （袁敦麟）

星-三角起动器 star-delta starter

采用改变三相感应电动机定子绕组的接法，在起动时接成星形，运转时改接为三角形，以减小起动电流的起动器。 （施沪生）

行程 stroke

气缸内活塞由上止点至下止点的移动距离。常用 S 表示。 （杨 磊）

xiu

修正系数法 method of correction coefficient

以对流供暖系统的供暖热负荷为基础，乘以小于 1 的修正系数而作为辐射供暖系统热负荷的近似计算方法。对于低温辐射供暖系统，修正系数一般取 0.90～0.95；对于中温辐射供暖系统和高温辐射供暖系统，修正系数一般取 0.80～0.90。 （陆耀庆）

溴化锂-水吸收式制冷 lithium bromide-water absorption refrigeration

以水为制冷剂，溴化锂溶液为吸收剂的吸收式制冷机。主要由发生器、冷凝器、蒸发器、吸收器、溶液热交换器和溶液泵等组成。 （杨 磊）

溴化锂吸湿 dehumidification by LiBr absorbent

用溴化锂（LiBr）水溶液对空气进行减湿处理。溴化锂是无色粒状结晶物，具有极强的吸水性，沸点高达 1265℃，其水溶液被加热时只有水发生汽化，故为吸收式制冷中较好的吸收剂，其水溶液对一般金属有腐蚀性。 （齐永系）

xu

需氯量 chlorine demand, chlorine requirement

又称耗氯量。加入被消毒介质中的有效氯总量与规定的接触时间终止时剩余有效氯量之间的差值。 （卢安坚）

需热量

见耗热量（100 页）。

需要系数法 method of demand factor

用设备容量乘以需要系数和同时系数求计算负荷的方法。此法比较简便，使用广泛。当用电设备台数少而功率相差悬殊时，该法的计算结果往往偏小，故不适用于低压配电线路的负荷计算，而用于计算变配电所的负荷。 （朱桐城）

蓄电池 storage battery

又称二次电池。指直接把化学能转变成低压直流电能的装置。它放电后，可以用充电的方法使活性物质复原而获得再放电的能力，且能反复充放电循环多次。按其电介液的化学性质分为酸性蓄电池和碱性蓄电池两大类。前者最常见的是铅蓄电池；后者有镉镍、铁镍、锌银、镉银、锌镍等系列品种。 （施沪生）

蓄电池充放电供电方式 charge and discharge of storage battery

又称蓄电池充放制。电信设备所需的直流电功率全部由蓄电池组供给的方式。整流器仅作蓄电池充电机使用。一般均需配备两组蓄电池轮流充放电。配电设备比较简单，整流设备也不需要滤波和稳压。在交流电源可靠性不高时，能可靠地保证直流电源供电。但有了蓄电池，增加电池室和维护工作量，而且用这种方式工作的蓄电池效率低，寿命短，容量也较大。仅适用于交流电源可靠性不高和容量较小的电话站或耗电较少的电信站。 （袁敦麟）

蓄电池浮充电供电方式 floating charge of storage battery

又称蓄池浮充制。电信设备直流电源由整流设备输出端并联一组或两组蓄电池组后供给的方式。蓄电池组随负载变化和电源线路电压上下波动而进行充放电，蓄电池起到稳压、滤波和备用作用。采用两组蓄电池时直流电源更可靠，常用于大容量或不能停电的电信站房。根据浮充时间不同又可分为对蓄电池半浮充和全浮充两种。前者又称定期浮充，即在白天（或负荷较大的时间）用浮充供电，晚上（或负荷较轻的时间）则由蓄电池直接放电，负担全部的负荷；后者又称连续浮充，即在全部时间内将整流设备与蓄电池并联工作，其优点是对直流电源保证程度高于直供制。如果用两组蓄电池浮充，其电源保证程度与充放制相等；但其蓄电池容量却比充放制小，寿命较长，效率较高，维护工作较简单。如用一组蓄电池浮充，与充放制相比，要求整流设备质量较高，而且应具有自动稳压和滤波性能。此方式使用时要求有较可靠的交流电源。是目前电信设备中普遍采用的方式。 （袁敦麟）

蓄水池

见贮水池（306 页）。

xuan

悬吊敷设　hanging

以建筑的梁、板、桁架等为支承结构，借助悬吊支架固定管道的明露敷设。由于一般悬吊支架只能在一个方向固定管道，允许管道前后和左右有一定的伸缩和位移，而构成活动支承。

（蒋彦胤　黄大江）

悬吊支座　suspended support

由环卡、拉杆将管道悬吊于支承结构的活动支座。支承结构应尽量生根在土建结构的梁、柱、钢架或砖墙上。结构简单、摩擦力小；但管道移动时，其偏移幅度不一致，会引起管道的扭斜或弯曲。

（胡　泊）

悬浮速度　suspension velocity

在上升气流中，使尘粒处于悬浮状态的气流上升速度。在数值上等于尘粒的沉降速度。主要用于除尘管道的设计计算。　　　　　（孙一坚）

悬挂式坐便器　wall hung closet bowl

固定安装在墙壁上的坐式大便器。使用功能与普通落地式坐便器相同，排水为后出口方式，多采用自闭式冲洗阀冲洗，占地面积小，地面容易清扫。

（金烈安　倪建华）

旋塞　cock

俗称考克、水汀角。阀体内具有直通孔洞锥形阀芯，适用于需快速启闭水流的配水龙头。结构简单但制造精度要求高。使用方便，但由于迅速启闭易形成水锤。　　　　　　　　　　（胡鹤钧）

旋塞阀　cock valve

又称旋塞转心门。阀体内有一可绕其轴线转动的带孔锥形阀芯（启闭件），旋转阀芯改变芯孔方向即可将流道接通或关闭的阀门。按阀体孔道数量分有直通式、三通式、四通式等；按塞子压紧方式分有紧定式、填料式、自密封式和油封式。结构简单、体形较小、重量轻、流动阻力小、开关迅速、不受流向限制，但启闭力矩较大、加工研磨较困难、不易维修，且易造成水锤现象。用于截断低压、小口径管道中的流体和流体分配以及含有固体颗粒的流体。

（张连奎　董　锋）

旋涡

见旋流（268页）。

旋翼立式水表

见立式水表（152页）。

旋翼式水表　vane wheel water meter

又称翼轮式水表。壳体内装有叶轮，且叶轮的转轴垂直水流方向，借水流推动叶轮旋转带动计数器动作的流速式水表。主要由叶轮，减速机构和计数器

组成。按计数器是否浸于水中，可分为干式和湿式；按叶轮外壳的形式分为单箱式和复箱式；按安装方式分有卧式和立式。多用于供水量及流量变化幅度较小的给水系统，并必须水平安装。

（唐尊亮　董　锋）

旋转对称反射器　rotationally symmetrical reflector

反射面由子午面内的一条曲线绕轴旋转产生的对称反射器。除了发光体特别细长的光源（如管形卤钨灯）外，大多数光源，不管其形状和功率，都能使用这种反射器，得到近乎旋转对称的配光和不同扩散角度的光束。有狭到只有几分扩散角的探照灯，宽到近百度的宽光束投光灯；也有功率小到几十毫瓦的手电筒和大到3.5kW的体育场照明灯。光束扩散角不大的反射器，均采用光滑曲面的镀银或真空涂铝的玻璃镜以及铝抛光的反射器。对光束扩散角较大的特别是大功率的照明灯具，为了减少光源自身在反射器中的挡光，提高灯具光输出比（约5%～8%），大多采用条状曲面或块板面反射器。

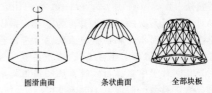

圆滑曲面　　条状曲面　　全部块板

（章海璁）

旋转喷头　rotatory sprinkler-head

利用喷出水流的反作用力或其他动力，推动喷头旋转，带动水柱产生旋扭以改善观赏效果的喷泉喷头。按喷嘴数量分为单嘴、多嘴；按旋转方向分为水平旋转、垂直旋转和组合旋转等类型。

（张延灿）

旋转气流　swirl air flow

气流在圆筒内绕轴线作圆形旋转运动时所形成的螺旋运动的气流。旋转气流中空气质点的速度矢量是一空间矢量，可表示为三个分速度：与轴线平行的轴向速度，与圆筒半径方向一致的径向速度以及与轴线垂直的平面上并与圆半径相垂直的切向速度。　　　　　　　　　　（马仁民）

旋转射流　swirl jet

进入旋流风口的气流经起旋器形成旋转气流后喷入相对静止的空间中构成边旋转边向前推进的外射扩散流动。此种射流亦属轴对称射流。但与轴对称射流不同处在于速度矢量可分解为切向、轴向及径向三个分速度，且速度分布极为复杂。其扩散角度大，射程短，对周围空气有很好的引射抽吸及混合能力。　　　　　　　　　　（马仁民）

旋转式喷头　rotable nozzle

送风系统末端的可调节气流方向的送风装置。该喷头送出气流方向可绕其纵轴旋转，射流的喷射角也可调节。用于工作岗位稍有移动的空气淋浴。

(李强民)

漩涡虹吸式坐便器　siphon-vortex toilet

冲洗时大股水流自便器下部进入形成漩涡的虹吸式坐便器。冲洗水箱与便器联成一体，冲洗水头低，排水噪声小，使用舒适，属高档坐式大便器。结构较复杂，价格较贵。常用于高档卫生间。

(倪建华)

漩涡浴盆　whirlpool bathtub

又称按摩浴盆、沸腾浴盆。兼有沐浴和水力按摩功能的浴盆。由喷头、循环水泵和过滤器等组成。其循环喷射水流可对入浴者各个部位起按摩作用。喷射水流的方向、强弱和混入空气量一般可以人为调节，有的还可自动调节水温、发射一定强度的超声波。它有单人用、双人用和多人用之分。单人用的外形与普通浴盆相似，双人和多人用的造型各异。多由玻璃钢、陶瓷、人造大理石等材料制成。常设在家庭、旅馆、医疗、休养等建筑的卫生间、健身房内。属高档卫生器具。

(朱文琭　倪建华)

选层器　floor selector，selector

模拟轿厢运行状态，根据控制系统需要发出相应信号的装置。

(唐衍富)

选择倍率　choice rate of drainage

考虑到疏水阀背压变化及热负荷变化和运行中的安全因素，使设计排水量比理论排水量所增大的倍数。

(田忠保)

选择阀

见区域分配阀（188页）。

选择性控制　selective control

又称大偏差控制。两个被控参数要求同时控制一个对象（或执行器）时，控制器选择两个参数中偏离设定值较大的一个参数来控制对象的系统。设计选择性控制时，要按获得较好的总体控制效果的原则，合理确定两个参数量程范围及其偏差量比值。

(廖传善)

眩光　glare

视野内由于亮度分布不适当或亮度的变化幅度太大或由于空间或时间上存在极端的对比，以致引起不舒适或降低观察物体的能力或同时产生这两种现象。前者称为不舒适眩光；后者称为失能眩光。

(江予新)

眩光指数　glare index

与光源亮度、表观面积、位置和周围环境亮度等因素有关的一个眩光感觉指标，用来评价不舒适眩光。1961年由英国照明学会提出，用BGI表示。1978年由南非的Einhorn提出，1979年在CIE19届大会上通过，用CGI表示，计算式为

$$CGI=8\log2\left(\sum \frac{L^2\omega}{P^2}\frac{1+E_d/500}{E_d+E_i}\right)$$

E_d为全部照明装置在观察者眼睛垂直面上的直射照度（lx）；E_i为全部照明装置在观察者眼睛垂直面上的间接照度（lx）；ω为观察者眼睛与一个灯具构成的立体角（sr）；L为该灯具在观察者眼睛方向上的亮度（cd/m²）；P为位置指数。该指数分有七个等级，即10、13、16、19、22、25、28，分别代表的主观感觉是：没有感觉、刚刚感觉到眩光、刚刚能接受的眩光、眩光临界值、刚刚不舒适的眩光、不舒适的眩光、刚刚不能忍受的眩光。

(江予新)

眩光指数法　glare index method

简称GI法。以眩光指数为定量评价不舒适眩光的方法。1961年由英国照明学会提出，使用时，首先求得初始标准条件下的眩光指数，其次根据实际的向下光通量、发光面积和安装高度，由给出的图表得出最后的眩光指数，以此值说明不舒适眩光的主观效果。根据不同用途，眩光指数的限制值为：办公室、学校的教室及制图室为16；研究室、实验室为19；机加工车间为25；炼钢车间为28等。该方法为英国、比利时、丹麦、芬兰等国所采用。

(江予新)

眩光质量等级　glare control mark

说明限制眩光程度的级别。在评价不舒适眩光的各种方法中应用。亮度曲线法（LC法）中分为A、B、C、D、E五级，而各个国家在使用中有的采用Ⅰ、Ⅱ、Ⅲ三级或Ⅰ、Ⅱ二级。其他评价方法中也有采用Ⅰ、Ⅱ、Ⅲ三级。不同的工作场所其等级也不同。

(江予新)

旋风除尘器　cyclone

利用旋转气流中尘粒惯性产生的离心力，从气体中除去粉尘的除尘装置。由进口部分，圆筒、锥体、排气管和集尘斗组成。结构简单、体积小、本身不带活动部件。能耐较高温度，使用中不受粉尘物理性质的限制，而且可以适应于各种含尘浓度（从每立方米几毫克到数百克）。它用于工业生产，已有百余年历史，从开始时仅用以分离粗颗粒物料，至今已发展为类型繁多、性能各异的该类除尘器，分有主要用于高效除尘器前预净化的低阻力、大流量旋风除尘器；也有对于捕集数微米的细尘具有较高效率的高效旋风除尘器；按其型式还分有多管旋风除尘器、旁路式旋风除尘器和锥体弯曲水平式旋风除尘器。广泛应用于各工业部门，也是中国当前锅炉烟气除尘的主要除尘设备之一。

(叶　龙)

旋风径向速度　radial gas velocity in cyclone

影响旋风除尘器分离性能的重要参数。一般认为在外涡旋中它是向心的，对尘粒的分离不利。比切

线速度小得多,难以准确测定,至今对它的分布规律了解尚不充分。 (叶 龙)

旋风内涡旋 inner vortex in cyclone

沿旋风除尘器轴心向上旋转运动的气流。是由到达底部的外涡旋返转向上流动而形成,其中还包括上部沿径向流入的部分气流,经排气管排出。它的旋转方向与外涡旋相同,类似于刚体转动而被看作强制涡。它的直径大小与排气管管径有密切关系。 (叶 龙)

旋风切向速度 tangential gas velocity in cyclone

旋风除尘器内旋转气流的切向速度,使尘粒获得离心力而向外壁运动,对其分离起主导作用的参数。以 v_t 表示。沿径向的分布规律可用式表示为

$$v_t r^n = C$$

r 为旋转半径;n 为速度分布指数(涡旋指数);C 为常数。在内涡旋中,其 n 值为 -1,即 v_t 是随 r 增大而增大;在外涡旋中,不同条件下所得的 n 值一般为 $0.5 \sim 0.9$,其 v_t 是随 r 的增大而减小。其最大值在内、外旋流的交界面上。 (叶 龙)

旋风上涡旋 upward vortex in cyclone

在旋风除尘器上部筒体内壁面和排气管外壁面之间的局部涡流。当含尘气体从除尘器上部切向进入,以较高速度旋转向下流动时,顶部压力下降,引起一部分气流带着细小尘粒沿筒体壁面旋转向上,达到顶盖,再沿排气管外壁旋转向下,随后部分气流混入内旋流而从排气管排出。在除尘器进口和顶盖间有一定距离的旋风器内,此上涡旋表现得较明显。由此而形成的上灰环和短路流会导致除尘效率的下降。 (叶 龙)

旋风外涡旋 outer vortex in cyclone

沿旋风除尘器外壁由上向下作螺旋形旋转运动的气流。实测切向速度分布表明,它是准自由涡;而其径向速度的矢量方向通常被认为是向心的。对粉尘的分离起主导作用。 (叶 龙)

旋风下涡旋 downward vortex in cyclone

在旋风除尘器排气管以下,主要是在锥体内,在轴心和外壁之间的纵向涡流。它沿锥体内壁面下降,推动已分离到达锥体壁面的粉尘向下移动,进入灰斗。它对除尘是一个有利因素。 (叶 龙)

旋流 whirlstream

俗称旋涡。绕同心圆周流动的流水形态。根据水景工程的环境功能或艺术要求,表现激流险滩的真实感。它可用各种制旋装置人为造成。常用于儿童公园中。 (张延灿)

旋流风口 swirl flow diffuser

内部设有引导气流起旋的构件(起旋器),使送出的空气形成旋转射流的风口。具有旋转射流扩散角度大、卷吸周围空气能力强、射流速度衰减与温度衰减迅速。可用于直接向工作区送风以提高送风利用率。还可用于大风量、大温差送风系统,以减少风口数量和简化系统结构。 (马仁民)

旋流器 sextia joint

又称塞克斯蒂阿接头、侧流器。将横管以竖直方向与立管相连接的上部特制配件。由盖板与底座构成,平面呈双接圆状。大圆部分为主室,圆心在立管中轴线上,周边有若干生活废水接入口;小圆为生活污水接入口。盖板体上连有导向叶片位于主室中。水流经导旋沿管壁而下,立管中始终有不小于占管断面 80% 的空气芯。其构造复杂、价格较高、难以维护。 (胡鹤钧)

旋流式燃烧器 swirling flow burner

具有蜗壳或导叶片等旋流器的燃烧器。空气由鼓风机引入,经旋流器形成旋流,燃气从中心管或周边套筒流出,两者混合,进入火道燃烧,火焰直径大而短。 (周佳霓)

旋流数 swirling number

表示旋转射流旋转强度的无因次数。等于气流的角动量的轴向通量 G_4 与轴向推力 G_x 乘燃烧器喷管出口半径 r 之比。以 S 表示,亦可定义为

$$S = \frac{G_4}{G_x r}$$
$$= \int_0^r (\omega r) \rho u 2\pi r dr / r \left[\int_0^r \rho u^2 2\pi r dr + \int_0^r p 2\pi r dr \right]$$

u、ω、p、ρ 分别为射流任意一个截面上的轴向和切向速度、静压力以及气流的密度。数值增大时,靠近燃烧器的热流强度增加,即燃烧得到强化,火焰的长度将缩短。 (庄永茂)

xue

雪松 ice tree, snow pine

又称冰塔、冰树。白色塔松形气水射流。是水景工程中常用的水流形态。 (张延灿)

雪柱

见冰柱(13 页)。

xun

寻叫呼应信号 searching calling signal

指在大型的公共场所以寻人为目的的声光显示信号。一般可用矩阵或数码管显示被寻人员的代号。该信号显示装置一般设在公共场所显要处,控制台宜设在电话站内,便于统一管理。 (温伯银)

巡回报警器 logging alarm

对二点及以上须报警的点,按程序(或时间)轮

转巡回报警的仪器。其巡回指示部分由同步电机带动转换接触片,完成多路干簧继电器的电流换接。手动检测由揿钮开关选点。报警部分由干簧继电器导通和自锁完成报警记忆。　　　　　　　(刘幼荻)

巡回检测装置

又称数字集中检测装置。能连续自动集中进行多点数据检测的装置。它与测量元件配合,经 A/D(模/数)和 D/A(数/模)转换后显示。还能通过制表控制器进行自动制表,定时地自动记录。当生产过程中的参数超越给定的上、下波动范围时,该装置即可发出上、下限报警信号,同时打开控制器自动启动打字机,将越限的时间、测点号、参数值自动记录下来。　　　　　　　　　　　　　　　(刘幼荻)

循环倍率　circulation factor

吸收式制冷机的发生器中每产生 1kg 制冷剂水蒸气,需向其中输入浓度为 ζ_a 的稀溶液重量。用 a 表示。　　　　　　　　　　　　　　(杨磊)

循环磁带录音机　endless tape recorder

使用头尾相接成环状录音磁带的磁带录音机。它放音时可连续多次重放同一内容而无须倒带。用在需要多次连续重复同一内容的场合,如播放宾馆背景音乐、电话局天气预报、电视节目预告以及展览会的自动讲解和生产中的程序控制等。(袁敦麟)

循环附加流量　additional circulating flow

机械循环时,为确保热水循环系统中不因部分配水点用水使循环中断,而对热水配水管道部分所附加的循环流量。　　　　　(钱维生　胡鹤钧)

循环环路　circulation circuit

由若干管段串联形成的闭合回路,热媒在其中可循环流动。环路内各管段的流量不一定相等,各管段的压力损失可以相加,得到的是环路总压力损失值。　　　　　　　　　　　　　(王亦昭)

循环给水系统　recirculation system

生产废水经冷却或适当处理后循环供作原生产工艺用水的给水系统。多用于用水量大且水质无严重污染的生产给水系统。对循环过程中因蒸发、漏失等原因损失的水量设有补充的措施;对游泳池与水景等用水经净化或增压后再次使用的给水系统。

(耿学栋　胡鹤钧)

循环流量　circulating flow

循环系统中周而复始流动着的介质量。其值根据使用对象与用水要求等确定。按用途和性质分有冷却水循环流量、游泳池水循环流量、喷泉水循环流量和热水循环流量等。　　　　　(姜文源)

循环水　circulating water

对工艺设备排出的污废水经冷却或适当处理后循环使用的水。　　　　　　(姜文源　胡鹤钧)

殉爆距离　distance of sympathetic detonation

一定量炸药爆炸时可使相隔一定距离外的没有联系的另一定量炸药也发生爆炸的最大距离。是炸药的一种特殊性质。它是设计炸药厂、危险工房、库房安全距离的重要依据。　　　　　(杨渭根)

Y

ya

压差测量仪　pressure differential meter

测量流体中两点之间的压力差或两空间压力差值的仪表。常利用测得的压差值来换算出其他的物理量。如利用压差值换算流量、液位等。常用的分有 U 形管压差计、斜管式压差计、波纹管压差计以及霍尔片式压差计等。　　　　　　(安大伟)

压差调节器　pressure difference controller

变风量系统中,用来控制风机总风量的装置。当使用节流型末端装置时,由于节流减小送风口风量,使总风道内静压力增大,会产生一系列问题,为此在风道内应设置此装置。　　　　　(代庆山)

压出式喷水室　air washer in discharge line

被处理的空气先经风机后进喷水室,即喷水室处于风机压出段(正压段)的喷水室。该喷水室箱体严密,室外未被处理的空气不能进入喷水室影响处理后空气的状态。　　　　　(齐永系)

压电陶瓷点火装置　piezo-electric igniter

利用陶瓷材料为压电体,受外力打击挤压时,产生高压电场释放电火花来点燃燃气的装置。由压电体、击锤、弹簧、导线、放电针和外壳组成。可单独设置,也可与燃气设备的开关联组装。

(梁宣哲　吴念劬)

压-焓图　$(\lg P\text{-}h)$ pressure-enthalpy diagram

以压力 P(bar)为纵坐标以比焓 h(kJ/kg)为横坐标,其中包括等熵线、等温线、等容线、等干度线的线图。它是表示制冷工质状态变化的热力状态图。为了缩小图的尺寸和使线条的交点清晰,纵坐标的压力取常用对数值,但使用时与所取对数无关。利用此图可进行制冷循环的热力分析与计算,特别是它能用线段的长短来表示比冷量(或比热量)的多少。　　　　　　　　　　　　　　　　　(杨　磊)

压紧螺母

见锁紧螺母 (233 页)。

压力闭合差　close difference of pressure

环状管网各管段压力降的代数和。设计计算中该值应接近于零。　　　　　　　　(任炽明)

压力变送器　pressure transducer

将被测介质压力信号转换成供远距离传电信号的变送器。其主要类别有电位器式、应变式、霍尔式、电感式、电容式、振频式、压阻式以及压电式等。信号输出有电阻、电流、电压、频率等形式。
　　　　　　　　　　　　　　　　(刘幼荻)

压力表　pressure gauge, manometer

又称压力计、压强计。用于测量密闭容器或管道中流体相对压强的仪表。按测量原理分为液柱式和弹性式两类。前者以在压力作用下产生的液柱高差;后者以某种弹性元件(如弹簧管、膜片等)的位移为依据测量待测流体的相对压强。　　(唐尊亮)

压力波动控制值　controlled-value for pneumatic pressure

排水管系中任意点气体压力变化的最大限制值。它为设置各类通气管及控制排水管管径的依据。
　　　　　　　　　　　　　　　　(胡鹤钧)

压力差　pressure difference

气体压缩前后的绝对压力之差。常以冷凝压力与蒸发压力之差代替。中国部颁标准对单级活塞式制冷压缩机的使用条件规定:氨、R22 不大于 13.7×10^5Pa, R12 不大于 11.8×10^5Pa;全封闭式 R22、R502 不大于 15.7×10^5Pa。如超过上述规定值时,压缩机运转可靠性降低,效率和寿命都要减少,甚至发生危险。　　　　　　　　　　　　(杨　磊)

压力调节器　pressure regulator

将弹性敏感元件感受的被测介质压力变化,通过机械组件,转变为位式电信号输出的仪表。当被测压力升高或降低于调整值时,气箱内波纹管压缩或伸长,通过杠杆和拨臂,拨动开关,使触头动作,断开或接通电源,控制阀门使压力恢复到给定值,是一种对气体、液体或蒸汽的压力进行二位式控制或保护的调节装置。　　　　　　　(刘幼荻)

压力及真空导压管　pressure and vacuum impulse tube

指测量压力及真空的导压管。一般测量空气、煤气、烟气、水的压力,采用镀锌水煤气管。
　　　　　　　　　　　　　　　　(唐衍富)

压力计

见压力表 (270 页)。

压力-流速法　pressure-velocity method

又称 P-V 法。流体运动方程式中的参变量选择为流体流动的压强及速度的气流数值解法。
　　　　　　　　　　　　　　　　(陈在康)

压力嵌件连接

见镶嵌连接 (258 页)。

压力式水位控制　pressure type water level control

应用电接点压力表作水位发送器的水位控制。水池内的最高及最低水位的水头压力,由输水管反应至泵房的压力表,从而自动开停水泵。
　　　　　　　　　　　　　　　　(唐衍富)

压力式温度计　pressure type thermometer

导热金属体内气体压力与外界温度呈线性变化的温度量测仪表。分有电接点压力温度计等导热金属体称谓温包,当温包感受到温度变化时,内部的气体随之膨胀或收缩,即压力增大或减小,压力的变化经毛细管传给多圈螺旋弹簧管,使指针或记录笔移动,从而指示或记录被测介质的温度值。
　　　　　　　　　　　　　　　　(刘幼荻)

压力式下水道　pressure sewer

靠污水泵加压输送污废水的室外排水管道系统。按排水方式分有在化粪池后用污水泵加压输送至处理设施或重力式干管和用带有破碎机的污水泵加压输送至处理设施或重力式干管两类。与重力排水管道相比,具有管道可浅埋和减小管径、不受地形和坡度限制、对环境破坏小、不受地下水渗入,但能源消耗大,运行费用高。用于:远离市区、人口较少、居住分散的地区;城市低洼地区;丘陵、岩石露头、地下水位高,软弱地基地区等。　　(张延灿)

压力损失不平衡率　unbalancedness of pressure loss

并联管路在设计流量下压力损失与其自身资用压力的相对差额。它应满足压力损失允许差额的要求。　　　　　　　　　　　　　　(王亦昭)

压力损失允许差额　allowable unbalance of pressure loss

某环路与最不利环路并联,在它们的两根并联管路上,在各自的设计流量下所产生的压力损失的相对差额的允许值范围。　　　　　(王亦昭)

压力仪表　pressure instrument

是测量单位面积上所受力的数值的仪表。若增设附加装置或利用测量元件本身的固有的物理特性,则可将被测压力值进行记录或转换成供远距离传输的电信号输出。按工作原理可分为:液柱式压力计、活塞式压力计及弹性式压力计等。(刘幼荻)

压力自动控制系统 automatic control systems for pressure

利用自动装置，使流体网络中某一特定位置的压力或特定两点间的压差稳定在规定范围内的控制系统。恒压控制多采用节流与旁通方法，亦可采取变水泵或风机转速方案。其目的是提供负载正常工作所需压力，并克服不同用户间因负荷变化而引起的相互扰动。　　　　　　　　　（张瑞武）

压敏避雷器 voltage-sensitive lightning arrester

又称金属氧化物避雷器。具有对过电压敏感的金属氧化物阀片且无放电间隙的避雷器。在正常工作电压下阀片的电流是微安级，电压一旦高于正常值时，阀片立即泄放过电压电荷，从而抑制了过电压的发展。过电压之后阀片电阻急剧上升恢复正常状态。又由于无放电间隙，避免了工频放电电压的不稳定性和冲击放电电压的分散性。具有优越的保护性能、体积小、重量轻、耐污秽、阀片性能稳定和寿命长等。　　　　　　　　　（沈旦五）

压送式气力输送 pressure pneumatic conveying

把受料器、分离器和除尘器接在风机出口后的压出管段上，在高于大气压力（正压）的条件下输送物料的运输装置。其整个系统在正压下工作，管路的气密性要求较高。适用于由一处向几处输送与分配的物料。　　　　　　　　　（邹孚泳）

压缩机的效率 efficiency of compressor

压缩机工作时，有效功率在总功率中所占的百分比。是反映其功率消耗的动力特性指标。对制冷压缩机分有指示效率 η_i（为理论功率 N_t 与指示功率 N_i 之比，即 $\eta_i=N_t/N_i$）、机械效率 η_m、总效率 η_s（或称绝热效率）、传动效率 η_d、电动机效率 η_0、有效效率 η_e（为理论功率与轴功率之比，即 $N_e=N_t/N_b=\eta_i\eta_m$）。η_d 为传动效率，它表示压缩机与电动机之间的传动损失，直联时为1，三角皮带传动为0.9～0.95　　　　　　　　　（杨磊）

压缩机功率 compressor power

压缩机在单位时间内所消耗的功。单位为 W 或 kW，常用 N 表示。对制冷压缩机分有：理论功率 N_t，为在理论情况下即没有任何损失，压缩机所消耗功率；指示功率 N_i，为实际过程中压缩机所消耗的功率，即由示功器记录的压力-容积图上所对应的值；摩擦功率 N_m，为克服压缩机各运动部件摩擦力所消耗的功率；轴功率 N_b，为驱动压缩机所需的功率，等于指示功率加上摩擦功率，即 $N_b=N_i+N_m$；电机输入功率 N_{in}，为压缩机配用电动机的输入功率，即 $N_{in}=\dfrac{N_b}{\eta_d\eta_0}$。　　　　　　　　　（杨磊）

压缩空气断路器 compressed air circuit breaker

利用压缩空气来吹灭电弧的断路器。　　　　　　　　　（朱桐城）

压缩空气排水坐便器 compressive air discharge closet seat

借助压缩空气的气压排出污物的坐式大便器。在坐便器斗的出口处设有活板，冲洗时污物一落下便关闭，随即送入压缩空气将污物压送至排水管道。由于气压的作用，可大幅度节约冲洗用水量和减小排水支管的管径，但动力消耗增加，不利于节约能源。　　　　　　　　　（张延灿）

压缩冷凝机组 compression condensing unit

由压缩机、电动机、冷凝器、油分离器和干燥过滤器等构成的组合体。用户可根据不同用途选定机组后配置适当的节流阀、蒸发器及其附件和控制器件即可组成完整的制冷系统或装配式整体制冷装置。它具有结构紧凑、使用灵活、管理方便、安装简单和占地面积小等优点。　　　　　　　　　（杨磊）

亚高效过滤器 sub-high-efficiency filter

略次于高效过滤器的过滤器。它与高效过滤器之不同，在于其实际过滤面积与迎风面积之比较低（为20～40倍，高效过滤器则为50～60倍），对 $0.3\mu m$ 尘粒的过滤效率也略低，为90%～99.9%。　　　　　　　　　（叶龙）

亚硫酸钠除氧 sodium sulfite deoxidation

利用 Na_2SO_3 在水中溶解氧化生成硫酸钠去除水中溶解氧的方法。其操作条件为必须有一定温度、足够的反应时间（温度愈高，反应愈快）和保持适当的过剩量。通常用于中压发电厂给水的除氧。　　　　　　　　　（贾克欣）

yan

烟囱效应 stack effect

见热压（200页）。

烟流抬升高度 plume rise height

从烟囱口排放的烟流继续上升的高度。它的主要原因是：烟囱出口处烟流具有一定的初始动量和由于烟流温度高于周围大气温度而产生的净浮力。　　　　　　　　　（利光裕）

烟气 flue gas

燃料在炉内燃烧过程中产生的气体。是火墙火地等辐射供暖系统的主要热媒。在集中供热系统中，利用其加热供暖系统循环水、锅炉给水等。　　　　　　　　　（郭慧琴）

烟气分析导压管 smoke analysis impulse

tube

测量分析烟气的导压管。一般采用镀锌水煤气管。
(唐衍富)

烟气焓温表 flue gas enthalpy-temperature table

又称烟气焓温图。为计算烟气温度与烟气的焓两者关系而编制的焓温表（图）。含有 $1Nm^3$ 干燃气的湿燃气燃烧后所生成的烟气在不同温度下的焓等于理论烟气的焓与过剩空气的焓之和。工业炉和锅炉机组各部分的过剩空气系数不同，烟气的焓就需分别计算。用此表（图）即可查出烟气的焓。但必须在进行热力计算时预先编好此表（图）。
(章成骏)

烟丝法 smoke wire method

用烟丝显现气流运动的方法。常用 1mm 左右的不锈钢丝或钨丝置于流场的上游，用交流电或直流电加热涂以矿物油挥发并形成烟丝。当配以适当的照明，烟丝可清晰地显示出流场。
(李强民)

延迟器 retarding chamber

防止供水水源压力瞬间突变可能引起水力警铃误动作的装置。它是一个罐式容器，安装在报警阀和水力警铃之间的信号管道上。当供水压力瞬间突变，报警阀发生短暂启动或局部渗漏，能将这部分水贮存在该容器内，从而避免了报警阀误动作引起水力警铃的误报警。只有在发生火灾时，报警阀开启，水流迅速充满容器，继而冲向水力警铃，才准确地发出火警信号。当水压为 $0.05\sim0.3MPa$ 时，延迟时间一般采用 $25\sim30s$。
(张英才 陈耀宗)

延迟时间 detention period

围护结构一侧空气温度出现最高值（最低值）的时间与围护结构另一侧表面温度出现最高值（最低值）的时间延迟。该时间长，表明围护结构热稳定性好。
(岑幻霞)

延时器 time delay unit

可把节目信号延迟一个短时间（几 ms 到几百 ms）的音响加工设备。把经过延时器的节目信号与原素材信号按一定比例混合，可起到把声音加厚的效果，也可借以得到回声的效果，它还可用于校正几个不同位置的声柱发声的固有延时。它分有超声电导式、机械延迟式和电子桶队电路式等。往往与混响器配合使用，可得到较好的音响效果。(袁敦麟)

延时自闭式冲洗阀 time delay self-closing flush valve

具有延时关闭停止冲洗机构的自闭式冲洗阀。由阀体、按钮（或手柄）、延时机构、阀芯等组成。冲洗时间和流量可调节。用水较冲洗水箱省，但要求有一定水压、流量较大、配水管径也较大。
(张延灿 倪建华)

严寒地区 severe cold region

中国采暖通风与空气调节设计规范规定累年最冷月室外平均温度低于或等于 $-10℃$ 的地区。
(岑幻霞)

严重危险级 extra high hazard

火灾危险性大的建筑物、构筑物中所设置的自动喷水灭火系统的设计标准级别。由于其可燃物质多、发热量大、燃烧猛烈和蔓延迅速，故生产建筑物设计喷水强度要求为 $10.0L/min\cdot m^2$ 和储存建筑物为 $15.0L/min\cdot m^2$，设计作用面积为 $300m^2$。
(胡鹤钧)

沿程水头损失 friction head loss

又称摩擦损失。水流与管渠边界的接触以及水的质点间摩擦造成扰动而产生的沿程阻力所形成的能量损失。在圆管层流流态中近似与流速一次方成正比；紊流流态中与流速平方成正比。实用上以单位长度损失值计，单位为 mmH_2O/m。
(高珍 朱学林)

沿墙敷设 along wall mounting

以墙体为支承结构，借助沿墙设置的支架、吊架、钩钉、管卡等固定管道的明露敷设。用于工业建筑内部和要求不高的民用建筑内部。
(蒋彦胤 黄大江)

沿途凝水 line condensata

蒸汽管道中因管壁向周围环境散热而形成的蒸汽凝结水。它的存在使蒸汽管内形成汽水两相流动的复杂流型，极易促成蒸汽管道内的水击现象。在一定的蒸汽管道长度上应设疏水装置，及时将它排往凝水管道，并应加强蒸汽管道的保温，减少它的产生量。
(王亦昭)

沿柱敷设 along column mounting

以建筑的柱子为支承结构，借助设在柱子上的支架、吊架、钩钉、管卡等固定管道的明露敷设。用于多跨工业建筑内部。
(蒋彦胤 黄大江)

颜色 colour

与光的光谱组成有关的人眼的视觉特性。光的颜色（光色）是指从光谱分布之差异来认识光的特性，如白光、红光等。物体的颜色（物体色）是指从光谱分布之差异来认识物体的整体性质，如红纸、黑布等。人眼对不同波长的光的颜色感觉大致划分为：红为 $630\sim780nm$；橙为 $600\sim630nm$；黄为 $565\sim600nm$；绿为 $500\sim565nm$；蓝为 $435\sim500nm$；紫为 $380\sim435nm$。不同的波长只表示其色调，还应同时采用彩度和亮度（或明度）共三个量才能完整的描述它的特性。
(俞丽华)

颜色纯度 purity of colour

⌀

在特定的白光照射条件下的无彩色刺激与某单一波长光的色刺激相加后，与某试验色刺激达到颜色匹配时，无彩色刺激和单色光刺激的混合比率。在CIExy色坐标图上离无彩色刺激（白光）点的距离越远，纯度越高。　　　　　　　　　　（俞丽华）

檐沟　rain gutter, roof gutter

吊装在屋檐下聚集排除屋面雨水的沟槽。呈半圆形或矩形断面。常用白铁皮和玻璃钢等制成。
　　　　　　　　　　　　　　　　（王继明）

檐口水幕喷头　cornice sprinkler

用于防护建筑物的屋檐和吊顶等顶面的专用水幕喷头。常用的口径为12.7、16、19mm。
　　　　　　　　　（张英才　陈耀宗）

验电器　electroscope

又称电压指示器。用来检查电气设备或线路是否带电的安全用具。分为高压和低压两种类型。通常靠氖灯发光给予显示，也有用音响做显示的。使用前必须选用电压等级与被检查设备相符的，而且需经检查合格后才能进行验电。　　（瞿星志）

yang

扬声电话机　loudspeaking telephone set

在话机中加装有扬声器的自动电话机。用户可利用机中扬声器（不用手持送受话器）收听回铃音和对方来话。多数话机还装有话筒，可用于发话，这样用户听讲均可不必手持送受话器，便于通话时进行记录和查阅文件。一般还装有摘机与挂机控制按钮，方便使用。它同时备有手持送受话器，可按需选择使用。　　　　　　　　　　　　　（袁玫）

扬声器　loudspeaker

旧称喇叭。将电信号转换为声音，并辐射到空气中去的电声换能器件。其主要性能参数有灵敏度、频率响应、额定功率、额定阻抗、指向性和失真等。它和声箱的性能对声音重放系统音质的好坏有很大影响。按换能原理分为电动式（动圈式）、电磁式（舌簧式）、压电式（晶体和陶瓷）、静电式（电容器式）、热离子式和气动式等。其中电磁式和压电式扬声器电声性能差，只在农村有线广播中使用，已渐趋淘汰。目前广泛使用的是电动扬声器，它具有电声性能好、价格适中和结构牢靠等；按放音频率范围又可分为低音、中音和高音三种。　　　　（袁敦麟）

扬声器额定阻抗　rated impedence of loudspeaker

扬声器可以获得最大的功率，是制造厂在产品上标注的阻抗值。实际上扬声器阻抗随频率而变化，纸盆扬声器的额定阻抗规定为在阻抗曲线上由低频到高频第一个共振峰后的最小值，此时的阻抗接近于一个纯电阻，其值为音圈直流电阻1.2~1.5倍，频率在400Hz附近。　　　　（袁敦麟）

扬声器灵敏度　sensitivity of loudspeaker

当扬声器输入电功率为1W时，于扬声器正面0°主轴上1m距离处所测得的声压大小。它随频率而变化，通常是取有效频率范围内各点的平均值。一般说明书中给出的都是它的轴向平均灵敏度，用平均声压（10^{-1}Pa）或平均声压极（dB）表示。　　　　　　　　　　　（袁敦麟）

扬声器箱　loudspeaker enclosure

又称音箱。用来安装扬声器的助音箱。一般用木板或胶合板制成。当扬声器的纸盆振动发声时，纸盆前后的声波有180°相位差，为了减小前后低频声波的干涉或抵消现象，需将扬声器装在箱内。常用的形式分有密闭式、倒相式（面板开有倒相孔）、曲径式（又叫迷路式）、号筒式、声阻式和敞开式等。利用箱壁阻挡纸盆背面声波向外辐射或利用声波经过木箱中特殊设计路径的传播，以改善低频特性，增强低频辐射，使声音更加优美动听。　（袁敦麟）

样洞　sample hole

为勘察地下设施和土质状况而开掘的观察洞。洞距一般采用约200m，对地下管网密集或土质资料不详的地区，需酌情缩短。　　（王可仁）

yao

摇摆喷头　swaying sprinkler-head

在喷水过程中可作摇摆动作的喷泉喷头。摇摆动作的动力多采用机械或水力作用。由于喷出水柱的摇摆动作，可大大改善观赏效果，增加趣味性。　　　　　　　　　　　　　（张延灿）

遥测　telemetry

对被测对象的某些参数进行远距离测量。其过程是：首先由传感器测出被测对象的某些参数并转换成电信号，然后应用多路通信和数据传输技术，将这些电信号传递到远处的终端，进行记录、处理及显示等。　　　　　　　　　　（温伯银）

遥测参数　telemetry parameter

指通过遥测系统进行测量和传送的被测对象的参数。一般可分为：①开关量参数（表示某个事件是否发生）；②模拟参数（其大小随时间连续变化的物理量，如温度、流量、压力和湿度等）和数字参数（以数字形式为其特征的参数）。　（温伯银）

遥测系统　telemetry system

用来对远距离被测对象的某些参数进行测量、分析处理和显示记录的一整套设备组成的系统。一般由输入设备、数据传输设备和终端设备三部分组成。　　　　　　　　　　　　　（温伯银）

遥测液位计 remote measuring fluid-level gauge

由液位变送器和二次仪表配合进行远距离测量液位的仪表。分有浮标式、防爆浮球式、浮球式、浮筒式等。　　　　　　　　　　（刘幼荻）

遥测终端设备 telemetering terminal equipment

指接在遥测数据传输设备之后，用以收集和处理数据的设备。是遥测系统的最后一个环节。它的配置与具体的测量任务有关。它通常由数据记录设备、数据显示设备、数据处理设备等三部分组成。
　　　　　　　　　　（温伯银）

遥信 remote signalling

对被测对象的工作极限状态进行远距离测定。被测对象的工作极限状态是指被测对象是否工作或者工作是否正常，如机器的启停状态、调节阀门的开关状态和超过额定范围的工作状态等，而不是表示工作状态的参数的数量。　　　（温伯银）

咬口机 groove joint machine

利用成形凸轮或轧辊，将要相互拼接的板材进行折边，折曲成钩状，相互钩合，咬合压紧轧制各种型式咬口的机械设备。常用的分有直线多轮咬口机、曲线咬口机和弯头咬口机。直线多轮咬口机用来轧制单平咬口；曲线咬口机用来轧制曲线咬口（如矩形弯头的侧板）；弯头咬口机用来轧制圆形弯头、来回弯的单立咬口和圆形风管的加强凸棱。（邹孚泳）

咬口连接 welted joint

金属板材折边、咬合的连接方法。将欲相互连接的两个板边折成能互相咬合的各种钩形，钩接后压紧折边便连接为一体。　　　　　（陈郁文）

药剂软化 chemical agent softening

投加化学药剂，使水中钙镁离子生成结晶析出，或生成氢氧化物沉淀，而降低其含量的软化方法。对锅炉给水分为炉外药剂处理法和炉内加药法。
　　　　　　　　　　（胡　正）

ye

叶轮风速仪 vane anemometer

又称翼形风速仪。利用流动气体的动压推动翼形叶轮产生旋转运动并由计数机构显示风速的仪表。　　　　　　　　　　（刘耀浩）

叶轮切削 impeller cutting

改变离心泵性能参数的一种简便措施。它的限量系根据不同比转数而定，且切削前后水泵效率可视为未变。是解决离心泵类型、规格有限，扩大使用范围的较好方法。　　（姜乃昌　胡鹤钧）

叶片式水泵 impeller pump

在与动力机械联动的高速旋转叶轮作用下，液体自一端吸入由另端排出而具有压能提升的水泵。按叶轮出水的水流方向分为：离心泵、轴流泵、混流泵。广泛用于工业、农业、水利与民用企事业工程建设中。　　　　　　　　　（胡鹤钧）

液动阀 hydraulic control valve

以具有一定压力的液体为动力，推动液压缸内活塞和活塞杆动作而驱动的阀门。驱动装置有往复型和回转型。前者用于驱动闸阀、截止阀和隔膜阀等，后者用于驱动球阀、旋塞阀和蝶阀等。
　　　　　　　　　　（张延灿）

液泛 flooding

填料塔内，上升气流对液体所产生的曳力阻止液体下流，以致填料层空隙内大量积液，气体只能鼓泡上升，并将液体带出塔外的现象。此时塔的压降随气速急剧上升，填料塔不能正常工作。（党筱凤）

液泛速度 flooding velocity

使填料塔内出现液泛现象的气流速度。它是填料塔能正常操作的极限气速。常根据它来确定塔的实际操作气速。　　　　　　　（党筱凤）

液化石油气 liquified petroleum gas

在开采和炼制石油过程中获得的碳氢化合物。主要成分是丙烷、丙烯、丁烷和丁烯。常温、常压下呈气态。当压力升高和温度降低时，很容易变为液态。可供居民、公共建筑和工业用户燃用。常用管道、瓶装及小区气化等方式供气。　　（张　同）

液化石油气灌装 filling liquified petroleum gas

将液化石油气按规定的重量或容积灌注到钢瓶、汽车槽车和铁路槽车等密闭容器中的操作。按灌装原理分为重量灌装和容积灌装；按机械化与自动化程度分为手工灌装、半机械化与半自动化灌装及机械化与自动化灌装；按工艺流程分为烃泵灌装、压缩机灌装及泵与压缩机联合运行灌装。（张　同）

液晶显示 LCD, liquid crystalline display

利用半导体晶体从固态变为液态的中间过渡相态作器件的显示。依靠反射和透射环境光，以形成与背景不同的具有一定对比度的数字与符号。显示激励功率甚微、制造工艺简单、价格低廉；但响应时间长、低温性能差（合适的温度为 $-20\sim60℃$）、对比度小、工作寿命不长。　　　　　（温伯银）

液氯消毒 liquid chlorine disinfection

以液氯为消毒剂对水、污水或污泥进行消毒的过程。通常由供氯系统（包括氯瓶、液氯膨胀罐、氯气蒸发器、过滤器和自动切换装置等）、计量和水射器系统及混合接触系统（包括扩散器）、接触池）组成。　　　　　　　　　　（卢安坚）

液膜吸收系数 liquid-film absorption coefficient

在液相一侧,通过液膜的吸收速率与液膜吸收推动力的比例系数。在浓度不高时可表示为物质通过液膜的扩散系数与液膜厚度之比。单位为 kmol/〔$m^2 \cdot (kmol/m^3) \cdot s$〕等。其值一般由实验测定,亦可通过经验公式及准数关联式进行计算。

(于广荣 党筱凤)

液气比 liquid-gas ratio

进入吸收塔的液量与气量之比。其值为吸收操作线的斜率,是影响吸收塔大小及操作费用的重要参数。

(党筱凤)

液体爆炸 liquid explosion

可爆液体的蒸汽与空气混合物遇火源发生的爆炸。

(赵昭余)

液体分离器 liquid separator

装在蒸发器与压缩机之间的吸入管路上,用以防止分离从蒸发器带出来的液体进入压缩机的容器。

(杨磊)

液位导压管 liguid level impulse tube

测量介质液位的导压管。测量水位,一般采用水煤气管。

(唐衍富)

液下立式泵 vertical submerged pump

浸没在液面下的泵体和叶轮与安装在液面上部的立式电动机通过弹性联轴器连接的立式叶片泵。吸入口在液下,出液管自液下引出至地面。

(姜文源)

液下喷射泡沫灭火系统 base injection foam extinguishing systems

从油层底部喷射空气泡沫混合液进行灭火的系统。由消防水泵、比例混合器、高背压泡沫产生器、供水管线和供空气泡沫液管线等组成。其空气泡沫液应为氟蛋白泡沫液,该泡沫液由消防泵站或泡沫消防车送往比例混合器,产生混合液后经高背压泡沫产生器形成泡沫进入油罐底部通过油层覆盖油面使火焰熄灭。

(杨金华 陈耀宗)

液压式水位控制阀 liguid pressure water level control valve

随水位升降的浮球或浮桶通过杠杆机构控制阀体内活塞的运动,而自动启闭的浮球阀。与浮球阀相比进水零件不易磨损减水并可减小浮球直径。

(胡鹤钧)

液柱式压力表 liquid column manometer

系玻璃管内灌注液体(液体种类视被测介质压力范围而异),供测量正压或负压的压力仪表。一端与被测介质连接,另一端开口,当两端压力有差时,则管内液柱变化,其变化值由柱旁标尺数读出。常用来计量较小的压力或真空度。

(刘幼荻)

yi

一般净化 ordinary air clean

通常为用粗效过滤器处理室内或装置内送风所达到的室内洁净程度。这一洁净程度所代表的含尘浓度一般适用计重浓度来表示。

(许钟麟)

一般显色指数 general colour rendering index

光源对规定的八种验色样品(带浅灰的红、带暗灰的黄、深黄绿、适中黄的绿、带浅蓝的绿、浅蓝、浅紫罗兰、带浅红的紫)的特殊显色指数的平均值,其表达式为 $R_a = \frac{1}{8} \sum_{i=1}^{8} R_i$。用以作为一般人工照明光源的评价指标。其值越高,光源的显色性越好,分为 $R_a = 100 \sim 80$,显色性优良;$R_a = 79 \sim 50$,显色性一般;$R_a < 50$,显色性较差。

(俞丽华)

一般照明 general lighting

不考虑特殊局部的需要,为照亮整个场地(假定工作面)而设置的照明方式。用于无特殊需要的一般场所或没有固定工作面的场所或固定工作面密度较大的会议室、阅览室、车站的候车厅等场所。

(江予新)

一次回风系统 primary return air system

将室内的回风集中在空气处理设备之前与新风相混合的空气调节系统。混合回风量愈大,节能效果也愈大。新风混合比根据房间负荷特性以及季节不同,可由 $10\% \sim 100\%$。混合型式分有定比混合及变化混合。

(代庆山)

一次回路

见主接线 (306 页)。

一次接线 primary system

见主接线 (306 页)。

一次空气 primary air

燃烧反应前预先混入燃气中的助燃空气。其值常用一次空气系数 α' 表示,即预混空气量与理论空气量之比。

(吴念劬)

一次灭火用水量 water demand for one fire

为扑救一次火灾需用的室外消防最低水量规定值。根据建筑物性质、用途、耐火等级、类别、体积,生产和储存物品的火灾危险性等因素确定。

(应爱珍 姜文源)

一次射流区 primary jet zone

对称等速核心区。指与孔口送风速度相等的区域。其长度一般为孔板孔眼直径的 8 倍。

(邹月琴)

一次最高容许浓度 maximum allowable concentration for any fime

对于大气任何一次采样测定不容许超过的最大浓度值。是指居住区,主要根据不引起粘膜刺激和恶臭而制定的,同时考虑国家的经济和技术水平。如对于一级标准,二氧化硫的该浓度为 $0.15mg/m^3$;对于二极标准该浓度为 $0.5mg/m^3$;对于三级标准该浓度为 $0.7mg/m^3$。 　　(利光裕)

一级处理 primary treatment

又称机械处理。由格栅、格网、沉砂池、调节池、一次沉淀池和生污泥处理设施等组成的污水处理过程。它是采用机械方法对污水进行的初级处理。主要去除污水中的漂浮物和悬浮物,可作为其它处理(如消毒、生物化学处理等)的预处理。 　(萧正辉)

一级电力负荷 class 1 electrical load

中断供电将造成人身伤亡,中断供电将在政治、经济上造成重大损失,影响有重大政治、经济意义的用电单位的正常工作的电力负荷。如重要交通、通信枢纽、重要宾馆、大型体育场、常用于国际活动大量人员集中的公共场所等用电单位的重要电力负荷。 　　　(朱桐城)

医疗用水 water for medical treatment

用于医疗和试剂制备的生活饮用水。如水疗、化验、制备蒸馏水等。水质的细菌指标要求严格。 　　　(姜文源)

医院放射性污水处理 radioactive wastewater treatment

消除或降低医院放射医疗中产生的污水中放射性物质浓度过程的处理。常用衰变法和稀释法,或两者结合的方法。 　　(卢安坚)

医院呼应信号 hospital calling signal

指病房与护理台之间的专用呼叫联系的信号。较大医院一般按病房区、护理区和医护责任体系划分为若干个护理呼应信号单元。护理呼应信号装置一般都设在护理值班室。它的主要功能:①自动接受病员的呼叫,能准确地显示呼叫病区及床号;②病员呼叫时,有明显的声光提示标志;③允许多路同时呼叫,并对呼叫信号逐一记忆、显示;④有优先呼叫权;⑤可进行双向呼叫和跟踪呼叫。 　(温伯银)

医院污水 hospital waste

医院和医疗卫生机构排出的含有大量病原体的生活污水。按医院性质分有传染病医院污水和综合医院污水;按污水成分分有放射性医院污水、废弃药物医院污水、含重金属离子医院污水。它必须进行消毒处理,经消毒后的水质应符合《医院污水排放标准》。 　(姜文源)

医院污水处理 hospital wastewater treatment

改变医院污水水质过程的处理。主要是杀灭污水中的致病微生物。为了提高消毒效果,在消毒前可对污水进行预处理,包括一级处理和二级处理。当医院污水直接排入水体时,其各项水质指标均应进行相应处理,达到国家排放标准时才能排放。 　(卢安坚)

医院污水处理设计规范 design code of hospital wastewater treatment

建筑给水排水领域第一本推荐性标准。为贯彻"预防为主"的卫生方针,更加完善中国城市污水处理体系,更好地保护环境,防止疾病蔓延,保障人民健康而制订。根据国家计委文件,由中国工程建设标准化委员会负责组织、全国建筑给水排水工程标准分技术委员会具体组织、北京市建筑设计院会同有关部门编制而成。1988 年 12 月 26 日由中国工程建设标准化委员会批准并推荐使用。它共分 7 章 59 条,内容包括总则、一般规定、处理流程及构筑物、消毒剂及投加设备、放射性污水处理、污泥处理和处理站等部分。 　(姜文源)

移动床吸附器 traveling bed adsorber

器内吸附剂处于流动状态,在流动中与气流接触,完成对气流中吸附质的吸附过程的吸附器。根据吸附剂与气流流向的异同分为逆流式和并流式两种。前者吸附剂的脱附再生可在同一器内完成,结构复杂;后者吸附剂不需脱附再生,结构简单。它可实现连续吸附,但动力消耗大,且吸附剂磨损严重。 　(党筱凤)

移动式灭火器 mobile fire extinguisher

当火灾发生时,可将其从放置处移动到起火地点及时扑灭初起火灾的轻便灭火器。常用的有手提式灭火器和推车式灭火器。 　(吴以仁)

移动式水景设备 moving water scape equipment

将管道、水泵、水池、喷泉喷头、照明装置、控制装置等组合成一个整体,可任意搬动的小型或微型水景设备。适用于小型庭院和室内摆设;微型水景设备还可置于案头、橱窗、柜台等处供观赏。 　(张延灿)

移动式消防设备 mobile fire fighting equipment

根据消防需要可灵活移动以达到防火、灭火及抢救人员、物资等目的的消防设备和器材。主要包括:为扑救火灾在火灾现场进行通讯调度的通讯指挥车,扑救火灾用的水罐、泵、泡沫、干粉等消防车,火场照明车,为抢救人员、物资用的云梯消防车、登高平台消防车、后勤车以及灭火用的移动式机动泵、各类急救灭火器材等。 　(陈耀宗)

移频器 frequency shifter

能使信号频率偏移的设备。它的频率偏移只有几 Hz,在放声时可以基本保持原来的音色不致被察觉。由于扬声器放出声音频率作了少量偏移,可减少会场中声反馈,从而提高了整个系统中的传声增益,可以开大音量、增大输出功率。　　　　(袁敦麟)

移液管法　pipette method

用沉降原理测定粉尘粒径分布的方法。不同粒径的尘粒在液体介质中具有不同的沉降速度。按不同粒径的尘粒沉降过同一深度所需的不同时间,在该深度处用移液管逐次抽出等量悬浮液并烘干称重,分别与同体积原始悬浮液中所含粉尘质量比较,即得出粒径分布。　　　　(徐文华)

乙字管　offset

又称乙字弯、偏置管。连接两根平行轴线管子的管接头。常用于铸铁管的连接,并采用承插接口形式。　　　　(唐尊亮)

义务消防队　volunteer fireman

设置在企业事业单位、城镇街道、林区居民点和易燃建筑密集的村寨,预防和扑救火灾事故的群众性自防自救的消防组织。是中国公安、专职、义务三支消防力量的组成部分。它分别由本单位或所在地区的行政负责人领导,同时受当地公安消防监督机关和专职消防队的业务指导。　　　　(马　恒)

异程式系统　direct return hot water heating system

见逆流回水式热水供暖系统(169页)。

异径管　reducer

又称变径管、大小头。不同管径的管子在直线段连接的外接头。按连接管轴线分有同心和偏心两种。用于焊接钢管、铜管等的连接。　　　　(唐尊亮)

抑制法灭火　fire extinguishing by interruption of chain reaction

利用灭火剂在燃烧反应中分解出的游离基取代燃烧物质在燃烧化学链锁反应中释放出的 H 和 OH,中断燃烧化学链锁反应,从而使燃烧火势熄灭的方法。常用干粉灭火剂及卤代烷灭火剂。此法能迅速地扑灭可燃气体、易燃与可燃液体、电器火灾及易燃固体表面火灾。因其冷却效果差,不能扑灭阴燃火灾,故为防火灾复燃,多与其他灭火方法联合使用。
　　　　(杨金华　陈耀宗)

易爆固体物质　explosive solid

具有爆炸性的无定形和结晶状结构的固体物质。其燃点和自然点均较低,燃烧速度快,燃烧产物毒性大,熔点也低,挥发较快,在燃烧前有闪爆现象。如硝基化合物受热分解温度低,先燃后爆,火灾危险大。这类物质有硝基化合物类、碱金属及碱土金属类、迭氮化合物类、乙炔金属物类、氯酸盐及其过氯酸盐类、高锰酸盐类、有机过氧化物类和硝化棉等。
　　　　(赵昭余)

易爆液体物质　explosive liquid

蒸汽与空气能形成爆炸性混合物的易燃可燃性液体。包括液体炸药、液氧等。具有流动性、散发性、不可压缩性、受热膨胀性、分子间引力强、闪点和燃点低、爆炸极限范围宽、爆炸下限低和危险性大等特性。　　　　(赵昭余)

易燃固体　flammable solid

燃点较低且在遇火、受热、撞击、摩擦或与某些物质(如氧化剂)接触后,会引起猛烈燃烧的固体物质。其特点:①与强氧化剂接触能发生剧烈反应而形成燃烧爆炸,如红磷与氯酸钾接触;②与强酸反应会发生爆炸,如萘与发烟硝酸反应;③对火源、摩擦、撞击等反应比较敏感,如五硫化磷、红磷等遇火源、高温、热源等会发生猛烈燃烧,受摩擦、撞击、震动等也能起火;④若干易燃固体本身有毒,或其燃烧产物有毒性,如硫磺、二硝基苯酚等。　　(赵昭余)

易燃气体物质　explosive gas

在常温常压下的可燃气体经压缩液化后的气态物质。具有易燃易爆性,在受热、撞击、明火、高温等作用下,易引起燃烧或爆炸的特性。除氢气和一氧化碳气外,多数比空气重,泄漏后将会沉积于低洼处,不易散发,遇火星即发生爆炸,火灾危险性甚大。
　　　　(赵昭余).

易燃物质　flammable substance

接触到火源或高温能迅速发生燃烧现象的物质。包括气体(乙炔气、煤气、天然气以及丙烷、丁烷等);液体(酒精、丙酮、苯);固体〔萘、红磷、硝化棉(含氮量在 12.5% 以下)、闪光粉等〕三类物质。评定它的主要理化指标是:气体物质以燃烧性为依据;液体物质以闪点高低为依据;固体物质以燃点高低及燃烧速度为依据。　　　　(赵昭余)

易燃液体　flammable liquid

闪点等于或低于 45℃ 的液体。在化学危险物品中占的比例较多,约有几百种,均属有机物质,大体上可分为:①烃类;②芳香类;③卤代烃;④烃的含氧衍生物;⑤酯类;⑥腈类;⑦胺类;⑧杂环化合物;⑨肼类;⑩有机混合物制品等。评定它的火灾危险性的指标有闪点及爆炸浓度范围两项。　(赵昭余)

易熔合金喷头　solder-type sprinkler head

当环境温度升高,使易熔合金闭锁装置熔化脱落而开启喷水的闭式喷头。由喷水口、易熔合金锁片和溅水盘等组成。喷头的公称动作温度和色标分有:55~77℃ 为本色、79~107℃ 为白色、121~149℃ 为蓝色和 163~191℃ 为红色。　(张英才　陈耀宗)

溢流管　overflow pipe

贮水设备与贮水构筑物中排除超越设计水位水量的管段。由设计水位以上留孔洞接管,以间接排水方式排除。　　　(王义贞　方修睦　胡鹤钧)

溢流井　intercepting well, overflow chamber

合流制排水系统中仅截留污水而使大量暴雨溢流入水体的井状构筑物。由井基础、井底、流槽及堰、井身、井盖及井盖座组成。按构造分为截流槽式、溢流堰式和跳越堰式等。 (魏秉华)

溢流口 overflow

水流超过设计值（水位或流量）时溢出的孔口。设置在建筑物屋面天沟末端山墙或女儿墙上距屋面一定高度处，以排除超过重现期的雨水或因雨水斗、天沟和管道被杂物堵塞形成的积水。 (王继明)

翼轮式水表

见旋翼式水表（266页）。

翼型铸铁散热器 cast iron ribbed radiator

外部浇铸出肋片以增强散热的铸铁散热器。按肋片形状分为长翼型铸铁散热器和圆翼型铸铁散热器两种。 (郭 骏 董重成)

yin

阴燃 smouldering

可燃物质在火种或热源的接触下发生的缓慢无焰燃烧现象。通常产生烟气和升温，带微弱火星。如烟头掉入锯末、稻草、纸张以及床上用品（纺织品）时，经过一段时间蓄热冒烟而燃烧。 (赵昭余)

阴影 shade

在方向照明照射下，由于遮挡形成轮廓明显的亮度差。它有时妨碍视觉工作；有时可利用它表现物体的立体感和实体感。如对具有雕塑陈列或其他立体展品的照明就需要这种效果。 (江予新)

音量调节器 volume control

用于调节一只或一组扬声器音量大小的器件。根据调节方式可分连续调节和定点调节两种。根据采用部件可分为变压器式、电位器式和电阻式等。 (袁敦麟)

音响报警器 audible alarm device

用响亮的声音发出有关发生盗窃、抢劫或其他危险事件的信息，并对作案者在心理上造成威胁的音响设备。按声音分有连续音调、双音调（如375Hz/500Hz）以及双级声强与多种音调。为了防止破坏，均装有防拆开关。 (王秩泉)

引入管 service pipe, inlet pipe

旧称进水管。自室外给水管网接出至与建筑内部给水干管连接处的管段。通常设有水表。一般埋地敷设，穿越建筑物外墙或基础。 (黄大江 张 淼)

引射管 injector

又称文丘里管。以燃气（或空气）喷射的动能将助燃空气（或燃气）吸入，使之混合均匀，并达一定静压力值的燃烧器部件。分燃气引射空气或空气引射燃气两种。由吸气收缩管、混合管（喉管）和扩压管组成。引射能力的大小取决于喷嘴前的燃气（或空气）压力、喷孔直径及其各部分的几何尺寸。 (蔡 雷 吴念劬)

引射系数 jet coefficient

又称喷射系数、引射比。被引射流体的质量流量 M_0 与工作流体的质量流量 M_1 之比。常用 μ 表示，即为 $\mu = \dfrac{M_0}{M_1}$。它是衡量喷射器性能的一个重要指标。在一定工况下，μ 越大越好。 (杨 磊)

引示号码 pilot number

又称代表号码。系小交换机的一组呼入中继线的代表号码。一般小交换机有多条呼入中继线，所有呼入中继线一般接至市内电话局用户级，每一条中继线均有一个电话号码，所有小交换机呼入中继线在自动电话交换机中都具有连选性能，即市话局用户拨叫小交换机时，只需拨某一指定号码（即引示号码），市话局交换机能自动逐一试线到达小交换机的所有呼入中继线。 (袁 玫)

引下线 down lead

将接闪器与接地装置以尽可能短的途径连接起来的一根或一组金属导体。对于第一类防雷建筑物必须独立设置，并要求与建筑物有一定的安全距离；其他建筑物则沿周长约等距布置，并尽可能在转角附近和人迹不常到之处敷设，根数不少于两根；也可以利用建筑物的金属框架或钢筋混凝土柱和剪力墙内通长焊接的主钢筋。 (沈旦五)

引向天线 directed antenna

由一个有源振子和多个辅助振子组合而成的方向性较强的天线。有源振子接受馈电后向空间辐射电磁波，而辅助振子接收此电磁波将产生相应的感应电流，也发生电磁波辐射，变动辅助振子的长度和距有源振子的距离，可使辅助振子的感应电流幅度和相位发生变化，从而影响有源振子的方向性图。使整个电磁场在辅助振子的方向增强的称为引向器；反之，若减弱的称为反射器。经引向器和反射器的引导后，电波将沿着引向器的方向形成单方向的辐射。 (李景谦)

饮料

见饮料水（278页）。

饮料水 beverage, soft drink

又称饮料。经深度处理（过滤、吸附及消毒），并添加适量调料及防腐剂，或作特殊物化处理（矿化、磁化）的饮水。最常见的有汽水、各类可乐型饮料与矿泉水等。 (夏葆真 姜文源)

饮水 drinking water

水质符合生活饮用水卫生标准，为人们直接饮用进入体内的水。按水温和制备方法分有凉水、砂滤

水、饮料水和开水。 （姜文源 胡鹤钧）

饮水定额 drinking water norm

公用和公共建筑及工业企业建筑中,人们饮水需用的用水单位在单位时间内的水量规定值。根据建筑物性质、劳动环境、饮水习惯和地区条件等确定。 （姜文源 孙玉林）

饮水给水系统 drinking water system

集中饮水供应方式的饮水制备、贮存、输配等全部设施的总称。按饮水种类分有开水系统、冷饮水系统等;按制备和输配方式分有集中制备分装供应系统、集中制备管道输配系统等;按系统是否密闭分有开式系统和闭式系统。 （孙玉林）

饮水量 drinking demand

供饮用进入人体的水量。为饮水人数与饮水定额的乘积。按水质和制备、供应方式分有开水量、凉开水量、冷饮水量、饮料水量和矿化水量等。 （姜文源）

饮水器 drink fountain

可喷出饮用水供人们直接饮用的卫生器具。由喷嘴、受水器和控制阀等组成,有的还带有过滤、消毒、制冷或加热等装置。分有立柜式、台式和壁式等。为防止交叉感染,喷嘴带有防护罩,控制阀常用脚踏式、手揿式或自动式。常设在人流较多的公共场所。 （孙玉林 金烈安）

饮用水

见生活饮用水 （213页）。

ying

迎风面风速 air face velocity

空气流经换热器迎风面积（指内轮廓面积）时的风速 v_y。常用于预选表冷器轮廓面积和由实验公式计算换热器传热系数及空气阻力。 （田胜元）

荧光灯 fluorescent lamp

利用荧光粉将低气压汞蒸气放电过程中产生的紫外线转变为可见光的管形灯。发光效率为 50lm/W 左右。其典型结构包括玻管、荧光粉、液态或固态汞、惰性气体、电极和灯头。主要型式分有直管形、环形和各种紧凑型荧光灯。用于家庭、办公室、教室、商场、工厂等照明,也可用于生物学、光化学和荧光分析等方面。 （何鸣皋）

荧光灯散热量 heat gain from fluorescent lamp

荧光灯在使用过程中向室内空气散发的热量。在所散发的热量中,辐射成分和对流成分约各占50%,其中对流成分应包括镇流器的散热。 （单寄平）

荧光高压汞灯 high pressure mercury fluorescent lamp

利用高气压汞蒸汽放电获得可见光的高强气体放电灯。分有自镇流荧光高压汞灯等。灯结构包括涂有荧光粉的外玻壳;石英放电管,放电管内充汞、惰性气体及钨电极和汞;碱土金属氧化物的电子发射电极等。发光效率 40lm/W 左右,一般显色指数为35。可用于环境温度为 $-20\sim40℃$ 范围内的街道、广场、工地、仓库、高大厂房和交通运输等场所的照明。 （何鸣皋）

荧光微丝法 fluorescent tuft method

以涂有荧光物质的微丝显示气流运动的方法。荧光微丝在紫外线照射下可产生较高的亮度以便于观察和摄影。微丝的直径为 0.01mm 左右。它比细丝法具有更高的灵敏度。 （李强民）

应急照明 emergency lighting

旧称事故照明。在正常照明电源因故障中断的情况下,供人员疏散、保障安全或继续工作用的照明。按其预期目的分为疏散照明、安全照明和备用照明。它可作为正常照明的一部分运行,也可仅在应急情况下才运行。 （俞丽华）

应急照明灯具 luminaire for emergency lighting and standby lighting

在正常照明电源发生故障时能有效地照明和显示疏散通道或能维持照明工作不间断的灯具。广泛用于公共场所和不能间断照明的地方。按工作状态可分为:持续式,不管正常照明电源有否故障都能提供照明的灯具;非持续式,正常照明电源故障时才提供照明的灯具;复合式,灯内装有两个以上光源,至少一个可在正常照明电源发生故障时提供照明的灯具。按功能分有:照明型,发生事故时,提供走道、出口、楼梯和必须继续照明地段的必要维持的最低照明水平的灯具;标志型,用文字或图案能醒目地作为标志指示出口和通道方向的灯具。它由光源、电池（或蓄电池）、灯体和电气附件等组成。使用白炽灯或荧光灯为光源,电池的放电时间必须符合规范要求,并经常对全套灯具进行检查、维护和保养。 （冯利健）

硬度 hardness

材料抵抗硬的物体压入自己表面的能力。是材料的机械性能之一。金属的耐磨性、强度等一般与它有关。测量方法有压入法,它的大小可用不同的量值来表示:①布氏硬度（HB）,是以一定的载荷把一定大小的淬硬钢球压入材料表面,按压入凹坑的大小来计算此值;②洛氏硬度（HR）,是以一定的载荷把金刚石圆锥或直径较小的钢球压入材料表面,由压痕深度求出此值。按采用不同的压头和载荷分别采用三种不同的硬度标度 HRA（测极高硬度）、HRB（测较低硬度）和 HRC（测高硬度）。当材料的 HB 超过 450 以上或者试样过小时,则不能采用布氏硬度,而应改用洛氏硬度;③维氏硬度(HV)也采用的是压痕法,它可以测量很薄的硬表面,测量范围广泛,由低硬度到极高硬度都可以用;④肖氏硬度(HS)是应用弹性回跳法,将撞销从一定的高度落到被测表面,以其回跳高度表示此值。肖氏硬度计携带轻便,测量简单,不用计算,但测值不够稳定。

(甘鸿仁)

硬反馈　hard feedback

又称刚性反馈。只与输出值有关,而与时间无关的反馈。如比例调节器在调节过程结束后,被调参数不能回到原来给定值上,而保留着一定的偏差。

(唐衍富)

硬件　hardware

组成计算机的任何机械、磁性、电子的装置或部件的总称。它是与计算机程序、过程、规则和有关的文件集相对而言的。

(温伯银)

硬聚氯乙烯(PVC-U)管　unplasticized polyvinyl chloride pipe

聚氯乙烯树脂加入稳定剂、润滑剂等助剂,经捏合、滚压塑化、切粒、挤出成型的热塑性塑料管。按工作压力分有轻型管(最大工作压力 0.6MPa)和重型管(最大工作压力 1.0MPa)。中国标准规格的公称直径分为 15～400mm 和 8～200mm。按原料性质分有普通硬聚氯乙烯管(Ⅰ型)、改性硬聚氯乙烯管(Ⅱ型)和氯化聚氯乙烯管(Ⅲ型),一般用于腐蚀性介质的输送,也可用作结构材料。作为专用硬聚氯乙烯管还有硬聚氯乙烯给水管和硬聚氯乙烯排水管等。常用连接形式有螺纹连接、承插粘结、承插焊接、热熔焊接、承插电熔接和法兰连接等。使用介质温度一般 为 $-10～50℃$,密度 $1.40～1.60g/cm^3$,具有自熄性。

(肖睿书　张延灿)

硬聚氯乙烯给水管　unplasticized polyvinyl chloride water pipe

由聚氯乙烯树脂加入专用无毒稳定剂、润滑剂,经混合、塑化、造粒、挤出成型的热塑性硬聚氯乙烯管。根据卫生要求,其原材料中氯乙烯单体不得大于 1.0mg/L、重金属不得大于 1.0mg/L。最大工作压力不大于 0.6MPa,允许介质温度 0～60℃,密度 $1.40～1.60g/cm^3$,具有自熄性。常用规格为公称直径 15～65mm。主要用于输送生活饮用水等。

(张延灿)

硬聚氯乙烯排水管　unplasticized polyvinyl chloride soil pipe

又称卫生排水管。由聚氯乙烯树脂加入专用助剂,经混合、塑化、造粒和挤出成型的热塑性硬聚氯乙烯管。中国标准规格为公称直径 40～150mm。密度 $1.40～1.60g/cm^3$,具有自熄性。主要用于排除建筑内部生活排水、雨水及工业建筑酸性或碱性污水。

(张延灿)

硬铅管

见铅合金管(185 页)。

硬镶　fixed connection

用气管与燃气用具之间的刚性连接方式。常用镀锌钢管作为连接管,安全性较好;但不能随意移动,并不便于燃具的维护保养。　(郑克敏)

yong

涌泉　pouring fountain

自水下或管嘴中向上涌出的涌水形态。在水下连续鼓入空气也可造成类似水流形态。涌起的水柱不高,不致形成喷射状态。由于空气未与水流充分混合,水柱仍为透明或半透明状态,形似的突泉。是水景工程中常用水流形态,可造成寂静幽深和野趣浓郁的意境。

(张延灿)

涌水形态　gush water

自低处向上涌起的水流形态。水流涌起的水头不高,不致形成喷射状态,呈透明或半透明状态。按涌流形式分为涌泉和珠泉等形态。　(张延灿)

用户电报　telex

把终端机直接装在用户处的电报。每只用户终端机有一个编号,发报用户可用拨号(或键盘)进行呼叫,通过电报局用户电报交换机接通收报用户,收发双方可进行书面问答。　(袁敦麟)

用户调压器　service regulator

为输入某一栋楼或住户的燃气调至规定压力而设置的燃气调压器。一般装挂于建筑物外墙。

(吴雯琼)

用户端电平　subscriber's end level

共用天线系统的输出电平。即用户端(用户插座)电视接收机的输入电平。一般控制在 57～83dBμV 范围内。　(余尽知)

用户接线盒　user's junction box of CATV

俗称接线箱。内装分支器或用户接线端子,供用户的引出线的接线盒。分有塑料和铁制两种。

(李景谦)

用户通信电缆　subscriber cable of telephone

连接用户和电话站(局)之间的通信电缆。

(袁敦麟)

用气不均匀系数　uneven factor of gas consumption

燃气用户用气量不均匀性的数值指标。分为月不均匀系数、日不均匀系数和时不均匀系数。在城市燃气管网设计中,用于确定燃气的计算流量。

(张　明)

用气不均匀性　uneveness of gas consumption

燃气用户用气随时不均匀变化的特性。以用气不均匀系数表示。分为月不均匀性（或季节不均匀性）、日不均匀性和时不均匀性。　　　（张　明）

用气定额　rated gas consumption

各类用户用气量的单位数值指标。与用具设施、居民生活水平和生活习惯等因素有关，需对各类典型用户作调查测定、综合分析确定。常用单位为 kJ/人·a、kJ/床位、kJ/kg 产品等。　　　（黄一苓）

用气管　service pipe

指燃气用户自计量表至燃气用具间的管段。常采用镀锌钢管。　　　　　　　　　（郑克敏）

用水保证率　output assurance factor

制定亨特曲线时，对卫生器具使用概率所取定的"离散型随机变量取值概率和"小于 1 的规定值。据此而得的最少卫生器具同时使用数能满足使用要求。亨特据用水安全要求与经济因素定为 0.99。
　　　　　　　　　　　（姜文源　胡鹤钧）

用水变化曲线　curve of water consumption

反映用水量在全日中逐时变化情况的图形曲线。纵坐标表示用水量，以日用水量的百分数计；横坐标表示全日小时数。　　　　　（姜文源）

用水定额　water consumption norm

旧称用水量标准。用水对象在单位时间内所需用的水量规定值。系在各类用水对象实际耗用水量实测基础上，经分析研究并考虑国家经济状况及发展趋势而制定，作为规范必须遵循。是计算用水量的主要依据之一。按用水性质分有生活用水定额和生产用水定额。　　　　　　　（姜文源）

用水量　water consumption

用水对象（人、产品、设备等）在设计计算时段（日、时）内累计需用的水量。按使用对象分有生活用水量、生产用水量和消防用水量；按时间计量单位分有日用水量和小时用水量。（姜文源　胡鹤钧）

用水温度　hot water temperature requined

计算卫生器具耗热量所采用的规定温度值。系据各器具使用功能和使用习惯而确定。一般用于洗涤的为 30～40℃。　　　　　（陈钟潮）

烟　exergy

工质从某一初态出发，经过一系列的可逆过程达到与环境相平衡，此时工质所能完成最大有用功。即最大可用能。就称为系统工质的烟。它广义而言，就是当系统由任意状态可逆变化到与给定环境相平衡的状态时，理论上可无限转换为其它能量形式的那部分能量。

对闭口系统 1kg 工质的烟 ex，则
$$ex = (u + p_0 v - T_0 s) - (h_0 - T_0 s_0)$$
u 为比内能；p_0 为环境绝对压力；v 为比容；T_0 为环

境温度，h_0 为环境比焓；s、s_0 为熵。

对开口系统 1kg 工质的烟，则
$$ex = (h - T_0 s) - (h_0 - T_0 s_0)$$
$(h_0 - T_0 s_0)$ 为终态烟，也称环境烟。因为它是根据环境参数 p_0、T_0 来确定的。从上式不难看出，烟实质上是表示工质在某一状态下作最大有用功的本领。除环境状态外，工质的烟仅与工质的初态有关，而环境状态（p_0、T_0）可作为一个不变的已知值。所以当环境压力 p_0 和温度 T_0 为定值时，烟如同熵一样，也是一个状态参数，工质的烟差与状态变化的途径无关。由于在推导它这一与环境状态有关的参数过程中，引用了热力学第一定律与第二定律，所以状态参数烟在本质上就包括了这两个定律的内容。
　　　　　　　　　　　　　　（杨　磊）

烟-焓图　exergy-enthalpy (e-h) diagram

是进行烟分析和计算的线图。它以比烟 e（kJ/kg）为纵坐标，以比焓 h（kJ/kg）为横坐标。通常它是以 $T_0 = 273K$（$t = 0℃$）和与其相应的饱和蒸汽压力 p_0 作为环境状态，此点的 $e_0 = 0$ 而绘制的。在零以上为正值，零以下为负值。但是由于烟分析的计算主要是相对差，所以环境状态的取法对分析和计算没有影响。图上一系列等参数线：定压线为一斜线，其斜率随温度而变；等熵线为与横坐标成 45°的斜线；等温线在湿蒸汽区域内与定压线重合，在过热区为一曲线；同样，等干度线 x 将图分成三个区域，干度 x 由 0～1，两线交点为临界点。（杨　磊）

烟损　exergy loss

不可逆热力过程的不可逆损失。　　（杨　磊）

烟损系数　coefficiency of exergy loss

烟损与输入烟之比。　　　　　　（杨　磊）

you

优值系数　figure of merit

判别热电材料和热电偶的性能的技术指标。以 Z 表示。它是由热电物性参数决定的。其表达式为
$$Z = \frac{4S^2}{KR} = \frac{s^2 \sigma}{k}$$
S、K、R 为热电偶的温差电动势系数、热导和电阻；s、σ、k 为热电材料的温差电动势系数、导电率和导热系数。　　　　　　　　　　　（杨　磊）

优质生活废水系统　low-pollated household wastewater system

接纳排除建筑物内优质杂排水的排水系统。
　　　　　　　　　　　　　　（胡鹤钧）

优质杂排水　low-polluted household wastewater

污染程度较低的生活废水。包括沐浴、盥洗与冷

却后所排除的废水,但不包括厨房排水。是优先采用的中水原水。　　　　　　　　　(夏葆真　姜文源)

由任

见活接头(110页)。

油断路器　oil circuit-breaker

利用绝缘的矿物油来灭弧的断路器。常用的分有多油断路器和少油断路器。　　　　　(朱桐城)

油分离器　oil separator

又称分油器、油气分离器。用来分离制冷剂蒸汽中的油的设备。　　　　　　　　　　(杨磊)

油浸式变压器　oil-immersed power transformer

采用矿物油作为绝缘和冷却介质的变压器。
　　　　　　　　　　　　　　　(朱桐城)

油煤气　oil gas

用燃料油制取的可燃气体。常用热裂解、催化裂解、加氢裂解和部分氧化等方法制取,可作为城市燃气气源。中国目前多采用重油蓄热热裂解制气和重油蓄热催化裂解制气。前者主要成分是甲烷、乙烯和丙烯,热值在41870kJ/Nm³左右;后者主要成分是氢、甲烷和一氧化碳,热值在19255kJ/Nm³左右。
　　　　　　　　　　　　　　　(黄一苓)

油压继电器　oil pressure relay

也称压差控制器。以压差发出信号控制的双位调节器。在制冷上专门用来作为制冷压缩机压力润滑的保护装置。主要由高压低压信号波纹管、压力差调整齿轮、压力开关、人工复位按钮和延时开关等组成。一般老系列压缩机的油压较吸气压力高$0.5\sim1.5\times10^5$Pa,新系列高$1.5\sim3\times10^5$Pa,当压缩机润滑油泵出口处压力与曲轴箱内压力之差减小至某一给定值时,等待一定时间(如60s)不能恢复油压,则该继电器动作,切断压缩机电源,使压缩机停止运转,以防止润滑油压力不足造成压缩机故障甚至烧毁事故。压缩机停车经检查和排除故障后,开车需按动人工复位按钮。　　　　　　　(杨磊)

油脂分离器

见油脂阻集器(282页)。

油脂污水　grease waste

公共食堂和饮食业以及肉类联合加工厂等生产过程中排放含有大量油脂的水。随水温下降,水中挟带的油脂颗粒会凝固而堵塞管道,需设隔油井或油脂截留器等回收处理。　　　　　(姜文源)

油脂阻集器　grease intercepter, grease separater

又称除油器、隔油器、油脂分离器。分离、阻截和收集废水中含有的动植物油脂的器具。由贮槽、油水分离器、贮油器、进出水口和水封装置等组成。常用于家庭、餐馆、公共厨房、肉类加工车间等排水的

预处理,以免油脂堵塞排水管道、引起火灾并回收油脂。它常用碳钢、铸铁、不锈钢或玻璃钢等材料制成。　　　　　　　　　　　　(张延灿)

游离性有效余氯

见游离性余氯。

游离性余氯　free available residual chlorine

又称游离性有效余氯。在规定的接触时间终了时,以次氯酸、次氯酸根离子或溶解的元素氯形式存在的余氯。三者存在比例,主要取决于介质的pH值,起主要作用的为次氯酸。　　　(卢安坚)

游泳池补给水　supplemental water for swimming pool

补充游泳池蒸发、排污、溢流、过滤设备反冲洗和游泳者带出等损失的用水。一般通过游泳池补水水箱或游泳池平衡水间接地自动向池内补水。水质应符合《生活饮用水卫生标准》和《游泳池水质卫生标准》;水量由各种损失计算而得。(杨世兴)

游泳池池水　water for swimming pool usage

专用于游泳池(包括跳水池)内供锻炼、嬉戏、比赛使用的体育娱乐用水。包括首次充满全池的初次充水和补充运行过程中因池水蒸发、溢流及净化设备反冲洗、排污等所损失水量的补充水。
　　　　　　　　　　　　　　　(姜文源)

游泳池池水混合式循环　pool water combined circulation

游泳池水循环流量自池底进入池内,一部分循环水流从池顶溢流回水,另一部分从池底回水的游泳池池水循环方式。由池顶溢流回水的流量不得少于总循环流量的50%。　　　　(杨世兴)

游泳池池水逆流式循环　pool water reverse circulation

游泳池水循环流量自池底进入池内,从池顶溢流回水的游泳池池水循环方式。为保证水流均匀,溢流水槽堰口必须严格水平。　　　(杨世兴)

游泳池池水顺流式循环　pool water series flow circulation

游泳池水循环流量由池的侧壁或端壁进入池内,而自池底最低处回水;或由池的一端进水另一端回水的游泳池池水循环方式。　　(杨世兴)

游泳池池水循环方式　pool water circulation methods

为保证游泳池池水经常符合水质卫生标准和水温要求,而设计的游泳池进水与回水循环方式。循环方式应保证进水分布均匀,不产生涡流、急流、短流及死水区,池内各处的水温和余氯一致,池底及水面不积存和漂浮污物,池水不繁殖细菌和藻类。一般分有游泳池池水逆流式循环、游泳池池水顺流式循环

和游泳池池水混合式循环。 （杨世兴）

游泳池池水循环周期 pool water circulation period

游泳池内全部池水进行净化过滤、消毒杀菌和加热一次所需时间（以小时计）。由游泳池的使用性质（比赛、训练、公用或专用）、游泳人数、游泳池容积和水净化设备运行时间等确定。 （杨世兴）

游泳池定期换水给水系统 interval refill fresh water system

将使用过的游泳池水定期全部泄空，再重新换入新鲜水的给水系统。此系统虽简单、投资省，但水质难以满足《游泳池水质卫生标准》的要求，且浪费水资源，应避免采用。 （杨世兴）

游泳池回水口 return water discharge outlet of swimming pool

为了将脏污的游泳池池水经平衡水池或直接用水泵送至过滤设备进行净化，而设置在游泳池池底或溢流水槽内的出水口。设置位置应保证池内水流均匀，不产生短流、急流和死水区。设置数量和过水面积应满足循环流量要求，并在口上应安装防护格栅。 （杨世兴）

游泳池给水口 water intake of swimming pool

又称游泳池进水口。为将新鲜水或经净化后的游泳池池水送入游泳池，而设置在游泳池池底或池壁带格栅护板的送水口。按结构形式分有带流量调节装置和无流量调节装置。设置数量和位置应保证游泳池内配水均匀，进水流速不超过要求，不产生短流、涡流、急流和死水区。 （杨世兴）

游泳池给水排水工程 swimming pool water supply and arainage engineering

为满足游泳池池水水质、水量、水温、波浪等要求，而设置的给水排水设备、构筑物、装置及管道系统等的总称。完善的游泳池给水排水工程由游泳池充水、补水、溢水、泄水、排污等设施以及池水的循环、净化、消毒、加热等设备和为游泳者服务的强制淋浴、洗腰、洗脚、冲洗等设施组成。（杨世兴）

游泳池给水排水设计规范 water supply and drainage design code for swimming pool

建筑给水排水推荐性标准。为适应迅速发展的体育事业，使中国游泳池的设计和技术正规化和标准化，根据中国工程建设标准化委员会文件，由全国建筑给水排水工程标准分技术委员会组织、建设部建筑设计院主编而成。1989年12月26日由中国工程建设标准化委员会批准并推荐使用。它共分12章34节110条，内容包括总则、水质和水温、给水系统、水的循环、水的净化、水的消毒、水的加热、附

属装置、洗净设施、跳水游泳池制波、排水系统和水净化设备用房等部分。 （姜文源）

游泳池进水口

见游泳池给水口。

游泳池喷水制波 spout making-wave

在跳水游泳池的周边或池底安装一定数量的喷头，向水面或由池底向上喷射压力水，使水面产生波纹的方法。 （杨世兴）

游泳池平衡水池 balancing basin for swimming pool

为平衡多个并联游泳池的水位及使循环水泵正常工作而设置的水池。用连通管与游泳池相连。其有效容积按游泳池面积计算。适用于数座游泳池共用一组并联过滤器、游泳池池水为逆流式或混合式循环、循环水泵无条件设计成自灌式、循环水泵的吸水管过长影响水泵吸水高度。它并有沉淀杂质与间接补水的作用。 （杨世兴 胡鹤钧）

游泳池起泡制波 bubbling making-wave

在跳水游泳池的池底或回水口格栅盖板下面安装一定数量的喷头，向池水中喷射压缩空气形成上升气泡，在水面激起波纹的方法。为防止池水污染，空气不得含有油污和杂物。 （杨世兴）

游泳池水面面积指标 average pool water face area index

每一游泳者平均需要的游泳池水面面积标准。由游泳池的用途、性质、池水深度、游泳者的年龄和熟练程度等来确定。是游泳池设计规模的基本数据。 （杨世兴）

游泳池水循环流量 circulating flow for swimming pool

游泳池的循环净化给水系统中，为确保池水符合人工游泳池水质卫生标准而在循环管道中流动着的水量。其值与游泳池使用性质、泄水容积与循环周期有关。 （姜文源）

游泳池送风制波 blowing-off making-wave

在跳水游泳池四周设置喷头，向水面高速送风造成水面波纹的方法。 （杨世兴）

游泳池泄水口 blowoff of swimming pool

为便于池底排污和在池水严重污染或维护检修时将池水迅速泄空，而设在游泳池池底最低处的排水口。对于顺流式和混合流式循环方式，它与回水口一般合并设置，并在口上应安装防护格栅。 （杨世兴）

游泳池循环给水系统 circulation supply system

将使用中的游泳池池水按规定的游泳池水循环流量从池内抽出，经过净化、消毒、澄清和灭菌，达

游泳池溢流水槽 overflow gutter of swimming pool

为消除游泳时池水水面出现的波浪、随时排除池水表面的油污及漂浮杂物,在池壁上部水位线处或游泳池顶沿外侧设置的排水沟槽。分开放式和凹入式两种类型。如兼作回水装置时,应满足循环流量的要求。开放式的溢流水槽应设安全防护格栅盖板。 (杨世兴)

游泳池溢水口 overflow hole of gutter

设置在游泳池溢流水槽内的排水口。 (杨世兴)

游泳池直流给水系统 one-through supply system

连续不断向游泳池供给符合水质、水温要求的新鲜水,并排除使用后游泳池池水的给水系统。适用于有充足水量且水质、水温符合要求的情况。其特点为系统简单,工程投资少,维护管理简单。常用于温泉游泳池。 (杨世兴)

游泳池制波装置 making-wave installation

跳水游泳池人工制造水面波浪的装置。为了使跳水运动员从跳板或跳台上跳下时能够清楚地判断水面位置,准确地完成空中动作,防止动作失调造成水面拍伤,故跳水游泳池水面需要有细微波浪。常用的制波方式有游泳池喷水制波、游泳池起泡制波、游泳池送风制波等。 (杨世兴)

有触点控制 contact control

在接通和分断主要控制回路环节中,由有触点的电器元件(继电器等)所组成的控制。

(唐衍富)

有功电度表 active-erengy meter

用于测量交流回路中有功功率和时间乘积累计值(即有功电能)的仪表。 (张世根)

有功功率表 active power meter

用于直接或间接测量有功功率的仪表。按量程的不同分为兆瓦表、千瓦表和瓦特表。(张世根)

有害气体浓度的测定 concentration measurement of pernicious gases

测定单位体积空气中所含有害气体的质量或体积。为环境监测及通风系统的设计、检验提供科学依据。测定内容主要包括采样和分析。采样按不同原理和装置分为浓缩测定法和集气法;分析方法分有比色分析法、荧光分析法、原子吸收分光光度法、气相色谱法和检气管快速测定法等。 (徐文华)

有害物质浓度 concentration of pollutant

单位体积空气中所含有害物质的量。其中有害物质的量可用质量来表示,单位为 mg/m^3、g/m^3;有害物质为气体时也可用体积来表示,单位为 mL/m^3,因为 $1mL=10^{-6}m^3$,mL/m^3 又可表示为体积百万分率,符号为 ppm;有害物质为粉尘时,特别是在洁净室空调技术中,也用颗粒数来表示,单位为粒/L、粒/m^3。 (陈在康)

有害物质浓度曲线 pollutant concentration curve

表示室内空气有害物质浓度随通风时间长短而变化的变化过程曲线。 (陈在康)

有害物质散发量 pollutant emission rate

单位时间内有害物质散发到室内空气中的数量。是进行全面通风计算的基本依据。(陈在康)

有害物质最高允许浓度 maximun allowable pollutant concentration

车间空气或居住区大气环境必须满足的空气品质极限指标。对于各种有害物质最高允许浓度由国家颁布的卫生标准加以规定。在车间中它是以工人在此浓度的空气环境中长期进行生产劳动而不会引起急性或慢性职业病为基础而制订的;居住区大气中有害物质的一次最高允许浓度,一般是根据不引起居民感到呼吸道粘膜刺激和恶臭制订的;居住区大气日平均最高允许浓度主要是根据防止居民受有害物质影响而产生慢性中毒和慢性疾病而制订的。

(陈在康)

有机玻璃(PMMA)管 polymethyl methacrylate pipe; packaging machinery manufacturers pipe

用聚甲基丙烯酸甲酯制成的热塑性塑料管。透明度高,质轻,密度为 $1.18g/cm^3$,不易碎裂,耐(稀酸、稀碱、石油、乙醇等)腐蚀,介电性能高,耐紫外线及大气老化性能良好;但硬度和耐热性较差。用于实验室和仪表的连接管路。 (张延灿)

有填料管式熔断器 powder-filled cartridge fuse

熔体被封闭在充有颗粒、粉末等灭弧填料的熔管内的熔断器。 (施沪生)

有/无触点控制 with/without contact control

在接通和分断主要控制回路环节中,由有触点电器元件及无触点电子元件共同组成的控制。

(唐衍富)

有限容量系统 limited capacity system

当系统某处发生短路时,电源母线电压将随之发生变化的系统。在此系统中,短路电流周期分量在短路过程中亦将随之变化。 (朱桐城)

有线电视 CTV

见电缆电视系统（48 页）。

有线电通信 wire communication

用导线来传输电信号（代表声音、文字、图像等）的电信。它可传输电报、电话、传真和数据等各种信息。按其传输线路的种类可分为明线通信、电缆通信和波导通信等。和无线电通信相比，保密性强，不易受到干扰；但线路建设费用大，施工时间长，机动性和灵活性差。　　　　　　　　（袁敦麟）

有线广播 wired broadcasting

利用导线传输电的信号，播送广播节目。由有线广播站和有线广播网组成。其系统可分为单一广播站和中央站-分站两大类。　　　（袁敦麟）

有线广播网 wired broadcast network

指有线广播站外的设备。包括线路设备和用户装置两部分。广播线路可采用架空或埋地敷设。
　　　　　　　　　　　　　　（袁敦麟）

有线广播站 wired broadcast station

简称广播站。能把各种广播节目源（包括自办节目）的信号通过站内安装的广播设备加以选择和放大，并传送到广播线路上的机构。农村有线广播站以某广播站为中心，乡镇广播放大站为基础。在城市它可分为市广播站和机关、工矿企业广播站等。大型广播站机房应分隔为机械室、播音室、维修室和仓库等。站内主要设备有转播用收音机或调谐器、电唱机、录音机、传声器、控制台、扩音机、输出分路控制盘、电源配电盘和监测维护设备等。（袁敦麟）

有效辐射表面系数 effective radiation area factor

物体的有效辐射表面积与物体总表面积之比。
　　　　　　　　　　　　　　（齐永系）

有效辐射强度 effective radiant intensity

物体外表面发出的长波辐射与来自大气和周围物体的长波辐射的差值。　　　　（单寄平）

有效辐射热量 heat quantity of effective radiant

物体的本身辐射和反射辐射的总和。对于红外线辐射器来说，系指辐射器头部、燃烧产物废气层与反射罩向预定目标辐射的热量总和。它不包括辐射器的外壳和反射罩背面辐射与对流散出的热量。
　　　　　　　　　　　　　　（陆耀庆）

有效氯 available chlorine

为含氯化合物总氧化能力的量度。只有正价或零价的氯具有氧化和消毒作用。在消毒过程中，这些氯在氧化还原反应中被还原成负一价的氯，从而失去了消毒能力。　　　　　　　（卢安坚）

有效驱进速度 effective migration velocity

根据某种电除尘器实际测得的除尘效率和气体流量、集尘极总面积，利用多依奇效率计算公式推算出的驱进速度。它是一个表观的数值，体现了粉尘粒径、粉尘比电阻、气流速度、气体温度、电极型式、粉尘层厚度、振打清灰时的二次扬尘等因素的综合效应，其数值与理论计算出的驱进速度相差较大。此值是通过大量的经验积累所得，可供电除尘器设计时供鉴，但必须考虑其特定的应用条件。
　　　　　　　　　　　　　　（叶　龙）

有效热价 effective heat price

供暖用户使用时的热能价格。以 r 表示。单位为（¥/h·W）。它与热源价格及供热系统的效率（包括锅炉效率和热网输送效率）有关。　（西亚庚）

有效容积 effective volume

贮水设备或贮水构筑物的总容积中可保证得到使用的水容积。对水箱、水塔和水池系指底部出水管中心至最高水位间的容积；对气压水罐系指最大工作压力时的水位至最小工作压力时的水位间的容积。按所贮存水的作用分包括调节容积和贮水容积。
　　　　　　　　　　　　　　（姜文源）

有效速度 effective velocity

气流速度的平均值 $\overline{w}$ 与其标准差 S_w 之和。是正确评价空调房间气流速度的依据。因为只用平均流速而不考虑其紊动情况是不足以确定热舒适标准的。图示为有效速度应用曲线。

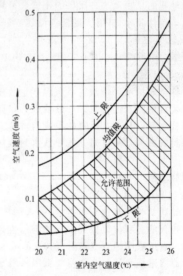

　　　　　　　　　　　　　　（马九贤）

有效温度 ET, effective temperature

将实际空气的温、湿度和流动速度对人体的热感效应（人体热状态）综合成一个以流速为零，相对湿度 $\varphi=100\%$ 的单一空气温度所表示的热感指标。以 ET 表示。其先决条件为在实际环境和饱和空气环境中人的衣着和活动情况均相同，且平均辐射温度等于空气干球温度,静坐而身着单薄服装。当有热辐射影响时,如风速不大,可以黑球温度计读数代替干球温度计读数。这时对身着薄服（0.6clo）,静坐或轻微活动者可以下式确定:

$$ET = \frac{1.2T_a - 0.21T_{wb}}{1 + 0.029(T_a - T_{wb})}$$

对半裸体者可以下式确定:

$$ET = \frac{0.944T_a + 0.056T_{wb}}{1 + 0.22(T_a - T_{wb})}$$

T_a、T_{wb} 分别为空气干球和湿球温度（℃）。

（马仁民）

有效烟囱高度 effective chimney height

烟囱的实体高度与烟流抬升高度之和。以 H 表示。其表达式为

$$H = H_s + \Delta H$$

H_s 为烟囱的实体高度;ΔH 为烟流的抬升高度。

（利光裕）

有源天线 active antenna

含有晶体三极管、隧道二极管、变容二极管器件的有源网络的天线。它可改善天线的阻抗、系统的噪声特性、展宽频带,以实现天线的小型化。

（李景谦）

诱导比 induction ratio

诱导器的二次风与一次风的比值。是评价诱导器的一个特性指标。其值大的诱导器比较好,一般产品在 $2.5 \sim 5$ 之间。

（代庆山）

诱导虹吸 induced siphonage, suction due to negative pressure

又称负压抽吸。排水管系内因产生负压抽吸所接水封装置中封水的现象。一般抽吸力仅使水封层损失部分水量,只有在反复抽吸或与回压交替作用而使水封失去有效高度时,才导致水封破坏。

（胡鹤钧）

诱导器静压箱 static pressure chamber of inductor

诱导器的喷嘴高速喷出空气,进入诱导器之前,有一个较大的容积、以保证空气的静压均匀与稳定的箱体。通过喷嘴把空气高速（$20 \sim 30$m/s）喷出,在诱导器内造成负压,室内空气被吸入诱导器。

（代庆山）

诱导器喷嘴 inductor nozzle

诱导器中使空气以高速喷出的部件。它造成了诱导器箱内的负压,用以引射室内的二次风。

（代庆山）

诱导器系统 induction unit system

以高压的一次风的引射作用将二次风（室内空气）抽出,二次风经过换热器盘管冷却或加热后与一次风相混合的装置。分为全空气诱导器系统、水-空气诱导器系统。水-空气诱导器使用调节时有较好的灵活性,一般应用较多。供水水管分双管制、三管制及四管制。它在管理与调节方面较麻烦。

（代庆山）

诱导通风 induced exhaust ventilation, venturi ejector for ventilation

经由喷嘴喷出较高压力的一次气流使诱导室产生负压,吸引低压的二次气流的排风装置。多用于排除有爆炸、着火和腐蚀的气体,效率较低。

（王天富）

诱导型变风量系统 induction variable air volume system

采用诱导型末端装置的变风量系统。其工作原理与诱导器相类似,用空调房间室内的温度敏感元件控制诱导器的射流流量,使送入空调房间风量与引射房间风量之比发生变化,从而改变总风量。

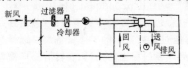

（代庆山）

诱导型旋流风口 swirl flow diffuser with secondary air induction

依靠进入风口内部旋转的一次气流中心区产生的负压作用,诱入风口外部的空气（二次气流）共同旋转,出流后形成旋转射流的风口。它送出的旋转射流由于预先混入了室内空气,有利于减少风感,宜用于向工作区直接送风的局部空调。二次气流量与一次风量之比称为诱导比,它是此种风口重要的性能指标。

（马仁民）

yu

余量补气 make-up air with surplus quantity

又称过量补气、超量补气、变量补气。气压水罐中气体的补充量大于损耗量的自动补气方式。罐内多于设计工况要求的气体,通过气压水罐排气装置泄出。

（姜文源）

余氯 residual chlorine

水、污水或污泥中,在指定的接触时间终了或流至规定的位置时,仍保留剩余的有效氯。由于水、污水或污泥中致病微生物的存活率,与余氯的浓度有密切关系。常用其浓度作为衡量消毒效果的常规指标。它包括游离性余氯和化合性余氯,两者之和称为总余氯。

（卢安坚）

余热 surplus heat

单位时间内室内空气的总得热量与总失热量的差值。即在单位时间内需要借助于通风气流从室内排出的热量。它是进行全面通风热平衡计算时的主要依据。 （陈在康）

余湿 surplus moisture

单位时间内散发到室内空气中的水蒸气量和从室内空气中析出的水蒸气量的差值。即在单位时间内需要借助于通风气流排出的水蒸气量。 （陈在康）

余隙 clearance

活塞在气缸中作往复运动，当活塞行至上止点时活塞顶部与气缸盖之间均需留有一定的间隙。其所具有的空间称为余隙容积。 （杨 磊）

余弦定律 cosine law

说明任一被照面上的照度随光线入射角的余弦而变化的定律。用式表达为

$$E_\theta = E_n \cos\theta$$

E_θ 为被照面上与法线（入射光方向上）照度成 θ 角方向的照度 (lx)；E_n 为法线照度 (lx)；$\cos\theta$ 为光线入射角的余弦。 （俞丽华）

余压 surplus pressure

室内空气压强和室外同标高未受扰动的空气压强的差值，即以室外同标高空气静压强为计算基准所表示的室内空气相对压强。这种对室内空气压强的表示方法主要用于建筑物的自然通风设计计算，达到简化计算。 （陈在康）

余压阀 residual air pressure valve

控制洁净室内正压的装置。一般装在洁净室的墙壁上，使多余的风量通过它排至走廊或洁净度较低的邻室。 （杜鹏久）

余压回水 back pressure return system

又称背压回水。高压凝水靠疏水阀出口的剩余压力(称余压或背压)直接返回热源总凝水箱的回水方式。其管路称余压凝水管。用户入口处无需回收设备，总凝水箱可以是开式或闭式。可以先进扩容箱再进总凝水箱，也可以在用户入口处增设凝水降温用热交换器。 （王亦昭）

雨量计 rainfall ga (u) ge

测定降雨量的仪器。分有普通式与自记式两种。前者只能测定某一时段内的总降雨水深（以 mm 计）；后者能对降雨全过程作记录，以获得较精确的降雨资料。 （王继明）

雨淋阀 deluge vavle

旧称成组作用阀。安装在开式自动喷水灭火系统中的专用阀。在传动管网中充满了与进水管网相同压力的水时，处于关闭状态。失火情况下，火灾探测器接到火灾信号，通过传动阀（或闭式喷头、消防电磁阀等)自动泄放传动管网中的压力水,在进水管网的水压推动下瞬间开启，向喷淋管网供水。 （张英才 陈耀宗）

雨淋系统 deluge system

利用火灾探测器控制的电磁阀、闭式喷头，与带易熔锁封的钢索绳装置等传动设备自动开启雨淋阀或人工开启向管网送压力水的开式自动喷水灭火系统。 （张英才 胡鹤钧）

雨淋系统温控传动装置 heat-responsive device of deluge system

利用易熔锁片，通过拉紧弹簧等部件开启开式自动喷水灭火系统，进行扑灭火灾的感温式控制装置。由传动阀、旋塞、拉紧绳索、弹簧、绳索控制器和拉紧联接器等组成。与雨淋阀配套使用。 （张英才 陈耀宗）

雨落管 downspout, nain leader

又称水落管。敷设在建筑物外墙接纳檐沟或天沟雨水的立管.常用白铁皮制成圆形或方形断面管，也有用铸铁排水管或塑料管等。 （王继明）

雨水 rain-water, rainfall water

又称大气降水。自然产生在大气中并自由降落至地面或屋面的水.按成因和形状分有雨、雪、霜、雹等。 （王继明 姜文源）

雨水敞开系统 open storm system

雨水管系非密闭，与大气敞通的内排水雨水系统。适用于地面为有盖板的明沟和设检查井的雨水埋地管，允许接入少量生产和生活废水的工业厂房。水流状态呈重力流。 （王继明 张 淼）

雨水斗 roof drain, rain strainer

设置在屋面上排除聚集雨水的设备。由栅条(平面或帽盖形)、底座与连接短管组成。具有排水、整流、减少掺气量、拦阻杂物和便于清通的作用。根据屋面形式与安装位置分为用于厂房天沟或无人活动平屋面的立箅式、用于屋顶花园或阳台的平箅式和用于侧壁排水的侧箅式。 （王继明）

雨水管系 rain water piping

排除建筑物屋面雨雪水的管道系统整体。由雨水架空管系和雨水埋地管及检查口、检查井等组成。 （胡鹤钧）

雨水集水时间 time of rain water concentration

雨水自建筑物屋面汇水面积上最远点流至雨水口的时间。即雨水在屋面与管道内流经时间。一般为 $2\sim3$min，设计采用 5min。 （王继明）

雨水架空管系 hanged rain water piping

工业厂房内横管吊装在空间的排除屋面雨雪水的管道系统整体。由雨水斗及其连接管、雨水悬吊管、雨水立管、排出管等组成。 （胡鹤钧）

雨水口 gulley hole, gutter inlet

接纳地面径流雨水进入雨水管渠的井状构筑物。由进水箅、井筒和连接管组成。按进水箅安设位置分为边沟式、边石式及联合式等。进水箅多为铸铁栅条，井身用砖砌或混凝土、钢筋混凝土预制构件。 （魏秉华）

雨水量 rainfall precipitation

又称雨量。设计雨水排水系统的基本水量参数。以当地暴雨强度公式按降雨历时 5min 与重现期 1a 换成小时的降雨量计。 （姜文源）

雨水埋地管 burial rain water pipe

内排水雨水系统中埋设在工业厂房内地下的横管。在雨水敞开系统中连接雨水管道的检查井允许接入少量生产废水和生活废水。 （姜文源）

雨水密闭系统 closed storm system

雨水管系呈密闭状态的内排水雨水系统。水流状态呈压力流。可避免雨水在建筑物内冒溢。不允许生产和生活废水接入。 （王继明 张 淼）

雨水排水系统 rain-water system, storm system

接纳排除建筑物屋面、墙面、窗井等雨雪水的排水系统。一般由天沟、檐沟、雨水斗、管道、检查井等组成。按排水方式分有外排水雨水系统、内排水雨水系统和混合式雨水排水系统。 （张 淼）

雨水设计流量 rainfall design flowrate

雨水排水系统的屋面汇水面积内应宣泄的雨水量。为屋面汇水面积、暴雨强度与屋面宣泄能力系数的乘积。 （姜文源）

雨水悬吊管 hanged rain water pipe

内排水雨水系统中吊设在屋架和梁下的连接雨水立管与雨水斗连接管的横管。管内水流在暴雨时呈压力流。 （姜文源）

语言 language

在计算机上应用的一种形式语言，是人与计算机交换信息的工具。 （温伯银 俞丽华）

浴池 bath pool

可供多人同时沐浴用的水池。多为钢筋混凝土结构，池壁贴瓷砖、马赛克等。也有玻璃钢制品。根据池内水温高低不同分有烫水池、热水池、温水池。常用于公共浴室和工矿企业浴室。 （金烈安 倪建华）

浴缸

见浴盆。

浴盆 bath tub

又称浴缸。人可在其中坐着或躺着清洗全身用的沐浴用卫生器具。多为陶瓷制品，也有搪瓷、玻璃钢、人造大理石等制品。按使用功能分有普通浴盆、坐浴盆和漩涡浴盆。与水龙头、莲蓬头和排水存水弯配套使用。 （朱文璆 倪建华）

预测不满意百分比 PPD, predicted percentage dissatisfied

与预测平均反应 PMV 指标相对应，并以其为函数，对某一热环境感到不满意的人数占总受测者的百分数。它乃是一组人的预测平均反应的函数，所有这组人均有着同样的衣着和活动量。（马仁民）

预测平均值 PMV, predicted mean vote

用公式表示的一个可用来预测任何给定环境变量的组合对人体所产生的热感觉的指标。该指标是 P. O. Fanger（范格）以人体热平衡原理、舒适方程为基础，从收集的 1396 名受测对象的热感觉表述数加以平均而得出的。PMV 实际是影响人体热感觉的六个环境变量的函数，由范格公式确定。该指标已为国际标准化组织确认。 （马仁民）

预处理 pretreatment

污水主要处理过程之前所进行的前处理。如在活性污泥曝气池之前的预曝气，可促进生物氧化过程；医院污水消毒之前的一级、二级甚至三级处理，可提高消毒效果和节约消毒剂用量。 （卢安坚）

预调节负荷 preconditioning load

间歇调节系统实现预调节所需能量。调节速度较快则所需能耗亦较大。 （赵鸿佐）

预调节期 preconditioning period

空调及供暖系统间歇调节时，为使温度从某一初始值调到设计值所经历的整个时间。按加热、冷却不同简称预热或预冷期。 （赵鸿佐）

预告信号 announcement signal

当电气设备发生故障或某种不正常运行情况时，能自动发出音响和灯光信号的信号装置。音响信号用以引起值班人员注意；灯光信号指明了哪一个设备发生了何种故障或不正常运行的情况。 （张世根）

预拉位置 pre-pull position

在供热管道安装时，将方形补偿器开口由制作尺寸预拉伸至安装位置。通常预拉伸量为补偿管段热伸长量之半。预拉伸是为了减少热状态下方形补偿器的补偿弯曲应力，或增加补偿器的补偿能力。 （胡 泊）

预期过电压 prospective over-voltage

对电气设备的绝缘可能出现有危害的最高电压。 （沈旦五）

预期接触电压 prospective touch voltage

在电气装置中发生阻抗可忽略的故障时，可能出现的最高接触电压。 （瞿星志）

预压变形量 precompressed deformation

预先调整弹簧的压紧螺母，使弹簧受压缩短，此时弹簧高度与其自由高度的差值。

（邢茀桐　丁崇功）

预压荷载　precompressing load

为使受压弹簧可靠地稳定在其安装位置上，预先调整压紧螺母，给弹簧施加上一定的压缩力。单位为 N。此值与弹簧丝的材质和弹簧的刚度有关。它随弹簧刚度的增加而增加。

（邢茀桐　丁崇功）

预应力钢筋混凝土输水管　prestressed rein-forced concrete pipe

又称承插式预应力水泥压力管。混凝土凝固前对配筋预先施加张拉应力以提高配筋强度的钢筋混凝土输水管。按生产工艺过程分为一阶段生产法和三阶段生产法。按工作压力级别分有 0.4、0.6、0.8、1.0、1.2MPa 五种。中国标准规格为公称直径 400～1400mm。

（张延灿）

预作用自动喷水灭火系统　pre-action sprinkler system

利用探测装置报警向充气或非充气管道输送压力水灭火的闭式自动喷水灭火系统。由预作用阀、火灾报警装置、闭式喷头和供水管网等组成。用于平时不允许有水渍损失的重要建筑物、构筑物和干式自动喷水灭火系统适用的场所。

（张英才　陈耀宗）

遇忙回叫　call back

当主叫用户拨叫对方电话遇忙时，可拨回叫性能调用码后挂机等待，在对方电话空时，能自动向主叫振铃回叫接通的性能。回叫分有内线忙回叫和中继线忙回叫两种。在同一时间内，只允许一个回叫。在回叫登记后超过一定时间或回叫主叫超过 1min 无人应答时，此性能即自动取消。主叫登记回叫性能后，仍可拨叫其他电话。

（袁　玫）

yuan

原理接线图　principle connection diagram

表示继电保护、测量仪表和自动装置等的电气联系和工作原理的图。通常将二次接线和一次接线的有关部分画在一起，并应表示出交流部分的三相和直流部分的两极。图中二次设备都是以整体形式表示的，将相互联系的电流回路、电压回路和直流回路都综合在一起。

（张世根）

原排水　raw sewage

又称原污水。用作中水水源的城市污水、雨水与生活排水的统称。其水质和水量是决定中水道系统设计工艺的主要依据。

（夏葆真）

原色　primary colours

在颜色匹配实验中所采用的特定颜色。一般采用三种原色，其中任何一种原色都不能由其他两种原色相加混合出来。加色法（光混合）的原色为红、绿、蓝三色；减色法（颜料的混合）的三原色是青、品红和黄三色。

（俞丽华）

原水　raw water

又称生水。取自水源而未经净化的水。分为江湖河海的地表水和地下水。

（胡鹤钧）

原污水

见原排水。

圆形喷口　circular nozzle outlet

在气流出口处具有较小的收缩角度、没有任何叶片遮挡的圆形喷射式送风口。通常安装在均匀送风管道的侧壁或静压箱上。用于体育馆、影剧院、礼堂和某些高大生产车间等建筑空间进行送风。

（王天富）

圆形网式回风口　circular meshed air return opening

在吸风面上带有菱形铝板网的圆形回风口。不带调节阀。通常安装在支风管的末端。

（王天富）

圆翼形铸铁散热器　cast iron ring-ribbed radiator

外部带有环形肋片的管状铸铁散热器。主要在工厂车间内使用。以内径表示规格分有 $DN50$ 和 $DN75$ 两种。一般每根长 1m，两端铸有法兰供连接用。

（郭　骏　董重成）

yue

月不均匀系数　monthly uneven factor

用以表示一年中各月的用燃气不均匀性的数值指标。以 K_1 表示。其表达式为

$$K_1 = \frac{月平均日用气量}{全年平均日用气量}$$

与气温变化、用户性质、工艺要求等因素有关。其最大值称为月高峰系数，该月称为高峰月或计算月。

（张　明）

月平均最低温度　mean monthly minimum air temperature

一个月逐日室外最低温度的平均值。

（章崇清）

月弯　long turn elbow

又称肘形弯头、肘弯。曲率半径较大的弯头。其转弯角度分有 90° 和 45° 两种。连接形式为螺纹连接，分有内螺纹、外螺纹和内外螺纹等。

（唐尊亮）

钥匙开关　key switch

用钥匙操作的开关。供专职人员使用,其用途分有:在电梯控制系统中可操纵电梯投入或停止运行;在防盗系统中可与闯入探测系统的控制/指示器联用,以提高保密性。　　　　　　（唐衍富　王秩泉）

yun

云梯消防车　aerial ladder fire truck

装备伸缩式云梯,全回转、液压操纵,用载重汽车底盘改装而成的举高消防车辆。可在梯架上装有载人升降斗。由底盘、伸缩梯架、撑脚机构、液压操作系统等组成。用于城市和工矿企业专职消防队登高扑救高层建筑火灾和抢救被困人员物资,也可用于其他登高作业。　　　　　　（陈耀宗）

匀速移动测量法　measuring method with an anemometer moving uniformly

将风速仪沿整个风口平面按一定路线缓慢地匀速移动,测出风口平均风速,再乘以风口的有效面积,求得风口风量的方法。它是近似的测量法,适用于面积不大的风口。

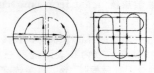

（王天富）

匀质多层材料　homogeneous multilayer material

每层由同一材料组成的多层围护结构。一般建筑物的外墙和屋顶多属于此类平壁结构。其传热系数 K〔W（m²·K）〕值的计算式为

$$K = \frac{1}{1/\alpha_n + \Sigma\delta_i\lambda_i + 1/\alpha_w}$$

α_n 为围护结构内表面换热系数〔W/（m²·K）〕;α_w 为围护结构外表面换热系数〔W/（m²·K）〕;δ_i 为围护结构本体各层材料（包括封闭的空气间层）的厚度（m）;λ_i 为围护结构本体各层材料（包括封闭的空气间层）的导热系数〔W/（m·K）〕。

（胡　泊）

允许载流量　current-carrying capacity

在规定条件下,导线、电缆长期允许通过的电流值。它取决于导体中通过电流后产生的热量及其散热情况,与线芯的材料和截面、绝缘材料和厚度、环境温度、导线电缆的敷设方式等有关。可用计算或实验方法确定。　　　　　　（朱桐城）

运动粘度　coefficient of kinematic viscosity

又称运动粘滞系数。流体动力粘度与密度之比。用 ν 表示。单位 cm²/s。其值愈大,反映流体质点相互牵制的影响愈显著,流动性愈低。（王亦昭）

运停循环控制　duty cycle

在不降低舒适度而又达到节约电能目的的前提下,对空气处理机组采取运行一段时间停止一段时间的运行方式。为了防止设备运停循环周期过于频繁以致影响设备可靠性,循环周期中停止运行时间不能过短;同时为了不降低舒适度,停止运行时间也不能过长。　　　　　　（廖传善）

Z

za

杂排水

见生活废水（212页）。

杂用水　non-drinking water, water for living only

又称非饮用水。水质未达到生活饮用水卫生标准,而符合《杂用水水质标准》的生活用水。不能饮用,也不适宜与人体直接接触。按用途分有冲洗用水、浇洒用水、浇灌用水和特种用水（如空调用水、水景用水。）　　　　（夏葆真　姜文源）

杂用水水箱

见中水水箱（303页）。

zai

再冷却器　subcooler

又称过冷器。装在冷凝器的后面,使冷凝后的制冷剂液体得到过冷,达到减少节流损失,提高系统制冷能力的装置。一般应用于制冷量大,蒸发温度低于-5℃,冷却水温度较低的氨制冷装置。对氟里昂制冷系统均采用回热器,达到制冷剂液体过冷的目的。

（杨　磊）

再生水

见回用水（108页）。

再循环空气　recirculated air

从室内排出后经过适当的净化或热湿处理又送

回室内的空气。 (陈在康)

载波 carrier wave

用以运载送欲传递的信号（称为调制信号）的高频电振荡。一般载波均为简谐波（正弦波），也可是非简谐波，如方波、矩形波等。 (余尽知)

载波电报 carrier telegraphy

又称音频电报。使用频率分割的方法在一对线或二对线（四线制）上同时传输多路的电报。在发端由直流电报信号对该路载频进行调制，在收端用滤波器把各路分开，经解调，恢复成直流电报信号，去控制终端机。一个话路一般可传送12～16路调频电报。按照调制方式不同，可分为调幅、调频和调相三种。 (袁敦麟)

载波电话 carrier telephone system

利用频率分割的原理，在一对线或二对线（四线制）上同时传输多路的电话。它是将发送端的各路话音信号经过一次或多次调制，分别调到不同的频带，经线路和增音机传输到接收端，再经各自对应的带通滤波器选出所需信号，经一次或多次反调制（解调）还原成各路话音。按其所用线路可分为明线载波电话、对称电缆载波电话和同轴电缆载波电话；按其通话回路容量可分为单路、3路、12路、24路、60路、120路、300路、960路、1800路、2700路、3600路、10800路等。有线多路载波电话仍是目前长途通信网重要手段，不仅可供多路电话通信用，还可二次复用开放载波电报、广播节目、电视、传真和传输数据等。 (袁 玫)

载冷剂 secondary refrigerant medium

又称冷媒。制冷系统中向被冷却物体传递冷量的媒介物质。常用的有水、空气和盐水溶液等。 (杨 磊)

载炮泡沫消防车 foam fire truck with monitor

具有载炮水罐消防车的性能，又具备容量较大的空气泡沫-水喷射炮扑救大面积油类火灾，用大型载重汽车底盘改装而成的消防车辆。由乘员室、泡沫液罐、水罐、水泵、水泵室、空气泡沫-水两用炮、分动箱动力传动系统、进出水系统、操纵仪表板、器材箱、电子警报器、警灯装置等组成。用于大中城市公安消防队、石油化工企业、机场、码头等消防队扑救大面积油类火灾和一般物质火灾。 (陈耀宗)

载炮水罐消防车 fire vehicle with water monitor

车上装备有较大容积的贮水罐，并有消防水泵、水炮及其他消防器材，用大型载重汽车底盘改装而成的消防车辆。由乘员室、水泵室、分动箱传动系统、水泵进出水系统、操纵仪表板、水炮、水罐、器材箱、电子报警器、警灯装置等组成。其操作集中、方便、

灵活，水泵性能优异，水炮射程远，并能边行驶、边喷射灭火剂。用于大中城市公安消防队和工矿企业专职消防队扑救房屋建筑火灾和一般物质的火灾，更宜于高原、干旱缺水地区扑救火灾和输送供水。 (陈耀宗)

zan

暂载率

见负载持续率（75页）。

zao

皂泡法 soap bubble method

通过火焰在肥皂泡内静止可燃混合气体中传播来测定其传播速度的方法。根据肥皂泡中心球形火焰核半径扩张速率计算法向火焰传播速度 S_n 为

$$S_n = \left(\frac{r_1}{r_2}\right)^3 \frac{dr}{d\tau}$$

r_1 为燃烧前的肥皂泡半径；r_2 为燃烧后的肥皂泡半径；$\frac{dr}{d\tau}$ 为火球半径的增长率；τ 为火球半径从 r_1 扩张到 r_2 所需的时间。此法准确度较高；但操作复杂，较少使用。 (施惠邦)

皂液供给器 soap emulsion supplyer

又称皂液龙头。供给洗手用皂液、洗涤剂等的装置。由皂液（洗涤剂等）容器和开关等组成。常设在洗脸盆附近的墙或台面上。用于卫生要求较高的医院、宾馆、饭店、食堂、食品工厂、实验室以及公共卫生间、厕所等处。皂液容器常用玻璃、陶瓷、塑料等制品，开关分有手动式和自动式。可避免或减少使用公共肥皂等造成的交叉感染。 (张延灿)

造型指数 modeling index

照明矢量（E）和标量照度（E_s）之比。表示被照物体照明方向性效果的量。其数值在0～4之间，数值大的为方向性强烈，数值小的为方向性弱。 (江予新)

噪声 noise

指一种不规则的、断续的、随机的或不需要的声音。可引伸为在一定频段中任何不需要的干扰。它可分为无规噪声、脉冲噪声、白噪声、粉红噪声、环境噪声、本底噪声和背景噪声等。 (袁敦麟)

噪声测量仪 noise meter

测定工作区或某一环境中噪声大小的仪表。通常使用的有声级计，能测出被测点噪声声压级的大小。为了使测得的值与人耳的感觉特性相一致，在声级计上有A、B、C三个计权网络，近年来往往使用A网络测得的声级来代表噪声的大小，称为A声

级，并记作 dB（A）。　　　　　　　　（安大伟）

噪声叠加　adding sound level

噪声级（声压级）分贝值的叠加。因分贝值是对数单位，故需按对数法则进行相加。根据对数运算的原理，可得它的增量计算值为

$$\Delta L = 10 \lg \left(1 + 10^{\frac{-L_{p_1} - L_{p_2}}{10}} \right)$$

L_{p_1} 及 L_{p_2} 分别为两个不同的声压级。先算出其差值 ΔL_p 后，ΔL 即可求出，将 ΔL 值加在声压级分贝值高的 L_p 上，即得所求。如当 ΔL_p 为零时，$\Delta L = 3$；当 ΔL_p 为 2 时，$\Delta L = 2.1$；当 ΔL_p 为 6 时，$\Delta L = 1$。
　　　　　　　　　　　　　　　　（范存养）

噪声评价曲线　noise criteria curve

评价室内声级可接受性的一组噪声频谱曲线。通常可根据房间的性质选定其中的某一曲线作为噪声的容许标准。1961 年国际标准化组织（ISO）提出并推荐使用的噪声标准曲线。考虑到人耳对低频声的敏感程度差以及对低频噪声的消声处理比较困难，故低频噪声的容许声压级较高；对于高频噪声的限制比较严格，即容许的倍频程声压级分贝值较小。
　　　　　　　　　　　　　　　　（范存养）

噪声系数　noise factor

接收机输入信号的噪声与输出信号噪声的比值。若接收机本身不附加噪声，则等于 1；接收机中附加噪声愈大，其值愈大。通常用来衡量接收机噪声性能的好坏。作为接收机内部噪声的量度，可方便地计算接收机所能做到的最高灵敏度。用 dB 表示。
　　　　　　　　　　　　　　　　（余尽知）

zeng

增安型灯具　improved safety luminaire

在正常条件下，不会产生电弧、火花或在有可能点燃爆炸性混合气体的高温设备的结构上采取措施，提高安全程度，以避免在正常和认可的过载条件下出现不安全现象的灯具。　　　　（许卫君）

zha

闸阀　gate valve, slide valve

旧称水门、闸门、水掣、闸门凡尔等。阀体内装有阀杆带动的闸板（启闭件），作升降运动时改变流体的流通截面积，而控制、截断管道内流体的阀门。按闸板构造分有平行式、楔形板式、单闸板式和双闸板式等。按阀杆是否升降分有明杆式和暗杆式。按驱动方式分有手动式、液动式、电动式。其流道直通、结构长度较小、流体阻力小、无方向限制，但结构高度较大、启闭时间较长、密封面易擦伤、闸槽易堵塞、结构较复杂、价格较贵。用于大口径管子，但不宜于含有悬浮颗粒的介质。　　（张连奎　董　锋）

闸门

见闸阀（292 页）。

zhan

粘接连接　stieky joint

用粘合剂将管子、管件粘合密封的连接方式。接口多采用承插式，在承口内表面与插口外表面涂上粘合剂后插接粘合。它连接牢固、不易拆卸。用于塑料管、有机玻璃管等永久性连接。　　（张延灿）

展开接线图　spread connection diagram

按供电给二次设备的交流电流回路、交流电压回路、直流操作回路和信号回路分开来画的接线图。同一个设备的电流线圈、电压线圈要分别画在不同的回路里，同一个元件的线圈和触头采用相同的文字标号。每一回路分成许多行。交流回路按程序排列；直流回路按继电器的动作次序各行由上而下排列。每一行中各元件的线圈和触头是按实际连接顺序排列。在每一回路的右侧有一个文字说明表。
　　　　　　　　　　　　　　　　（张世根）

zhang

胀管连接　expanded tube joint

采用机械滚胀或爆炸扩胀，使管端直径扩大并产生塑性变形的连接方法。如换热器中管子与管板间的连接，管板只产生弹性变形，板对管子产生挤压力使两者紧密结合。它能保证连接的密封性和抗拉脱强度。　　　　　　　　　　　（王重生）

障碍照明　obstruction lighting

装设在飞机场周围较高建筑物上或有船舶通行的河流的两侧建筑物上表示障碍用的照明。应按航空和交通部门的有关规定装设。　　　（俞丽华）

zhao

着火　ignition

可燃物质在空气中达到一定温度时与火源接触而发生的持续燃烧现象。可燃物质的着火点越低，越容易着火，火灾的危险性越大。　　（赵昭余）

着火温度　burning temperature

旧称着火点。引起可燃物质或制品的表面发生燃烧，并持续燃烧一定时间所需的最低温度。一般可用 T 杯和坩埚闪点仪测定。其值越低，火灾危险性就越大。　　　　　　　　　　　　（赵昭余）

着火源　ignition source

能引起燃烧物质着火的热能源。以温度高低来衡量,在一定温度下,燃烧物质与助燃物质才能发生剧烈反应,并引起着火。具有着火温度的热能源有下列 8 种:电火花、静电火花、高温表面、热辐射、冲击或摩擦、绝热压缩、明火和自然着火(如雷击起火等)。 (赵昭余)

照度 illuminance

又称平面照度。指单位面积上入射的光通量。以 E 表示,其表达式为

$$E = \frac{\mathrm{d}\phi}{\mathrm{d}A} \quad (\mathrm{lx})$$

$\mathrm{d}A$ 为被照面面积(m²);$\mathrm{d}\phi$ 为 $\mathrm{d}A$ 面上所接受到的光通量(lm)。由于平面照度与被照面的性质以及观察者的观看方向无关。它只表明被照面受光照射的强弱,不表征被照面的明暗程度。 (江予新)

照度比 illuminance ratio

室内各个面(如工作面、墙面、顶棚、地板)上的照度之比。一般以工作面上的照度为基准值。控制各个面上的比值,使室内有一个合适的亮度分布,可创造一个舒适的光环境。一般顶棚为 0.3~0.9;墙面、隔断为 0.5~0.8;地面为 0.9~1.0。 (江予新)

照度标准 illuminance standard

衡量工作场所工作面上照度的准则。由各个国家或地区自行制定。与视觉效能、舒适感有关;也与所在国家或地区的经济能力、供电能力、卫生标准有关。其值一般指的是平均使用照度或平均维持照度。国际上有些国家采用平均使用照度,有些国家采用平均维持照度。 (江予新)

照度补偿系数 depreciation factor

又称减光补偿系数。照明设备新装时在工作面上产生的平均照度与该设备使用一定时期后在相同条件下产生的平均照度之比。以 DF 表示。其值大于 1。 (俞丽华)

照度均匀度 uniformity ratio of illuminance

衡量给定平面上照度变化的量。一般可用两个比值表示:给定平面上最小照度与平均照度之比或最小照度与最大照度之比。前者称照度平均均匀度;后者称照度最小均匀度。中国采用前者。 (江予新)

照度稳定性 steadiness of illuminance

在给定范围内照度的稳定程度。它取决于电压波动的大小、照明装置的摆动幅度等因素。 (江予新)

照明程序自动控制 automatic program lighting control

不用人工操作,只要发出"运行"指令,控制设备就能按预先编制好的程序运行的照明自动控制。

一般采用电子计算机或程序控制器来实现,如舞厅照明控制、舞台照明控制。 (江予新)

照明单位容量法 lighting method of unit capacity

采用达到设计照度所需要的单位容量 P_0(W/m²)或 ϕ_0(lm/m²)进行简易的照明负荷估算方法。其计算式为

$$P = P_0 A \quad (\mathrm{W})$$
$$P = \phi_0 A / \eta \quad (\mathrm{W})$$

A 为被照房间面积(m²);η 为光源的发光效率(lm/W)。P_0、ϕ_0 可从有关手册查得。 (俞丽华)

照明定时控制 timing lighting control

使照明装置开亮一定时间后自动关闭的照明自动控制。各种住宅楼梯照明常采用这种控制。 (江予新)

照明方式 lighting system

按其照明设备安装部位或使用功能而构成的基本形式。一般分为一般照明、分区一般照明、局部照明和混合照明等方式。 (江予新)

照明负荷 lighting load

电气照明设备消耗的电力。包括电光源和镇流器等附件消耗的电力。 (朱桐城)

照明负荷控制 lighting control

对设置在建筑物内的人工照明装置根据天然光强度、室内光照度、使用时间、性质、范围和要求等进行的控制。在保证满足使用条件下达到最大限度的节约电能。 (廖传善)

照明光电控制 photoelectric lighting contral

控制动作取决于被照明场所中天然光的强弱程度的照明自动控制。一般用于街道照明、室内恒定的人工辅助照明和障碍灯的控制。 (江予新)

照明集中控制 central lighting control

集中于某一场所对若干照明装置进行的控制。一般体育场和体育馆的场地照明和舞台照明采用这种控制。它包括就地集中控制与距离集中控制。 (江予新)

照明计算机控制 computer lighting control

以电子计算机为控制设备的照明自动控制。一般在照明控制比较复杂且控制要求又比较高的多功能体育馆、机场、车站等场所采用。这种控制往往与其他设备(空调、消防、通讯等)一起采用计算机控制。 (江予新)

照明就地控制 site lighting control

在装设照明装置的场所内进行的照明控制。局部照明以及办公室、住宅、旅馆和其他面积比较小的场所中的一般照明均采用这种控制。 (江予新)

照明距离控制 remote lighting control

在远离照明装置的地方进行的照明控制。一般

照明控制　lighting control

对照明装置的发光与否、发光强度、光色、投照方向等进行的控制。按控制方式分为手动控制和自动控制两类。也可分为就地控制与距离控制。　　　　　　　　　　　　　　　　（江予新）

照明利用系数　utilization factor, utilization coefficient

工作面（或另外规定的参考平面）上接受的光通量与光源发射的光通量之比。以 u 表示。它与房间的室空间特征、室内墙、顶棚、地板各面的反射比以及照明器的效能有关。　　　　　　　　　（俞丽华）

照明利用系数法　utilization factor (coefficient) method of lighting

见流明法（157页）。

照明配电箱　lighting distribution box

用于工业及民用建筑中交流 50Hz500V 以下的照明和小动力控制回路中的配电箱。其安装方式分有悬挂式和嵌墙式两种。　　　　　　　（俞丽华）

照明器　luminaire

见灯具（38页）。

照明人体间接探测控制　personal sensor lighting control

由声波、超声波、无源红外线及光学设备来探测人的活动，并反馈低压控制信号来控制电源的关合的照明自动控制。它能实现在室内无人时自动切断电源，以达到节能的目的。　　　　　　（罗　红）

照明矢量　illuminance vector

系对空间某一点照明方向性的表述。它的量值等于该点的一个小球径面两个正反方向最大的照度差。矢量方向是由高照度一侧指向低照度一侧。以 $\vec{E}$ 表示。其表达式为

$$\vec{E} = (\vec{E_f} - \vec{E_r})_{max}$$

$\vec{E_f}$ 和 $\vec{E_r}$ 分别为该点一个小球径面正反两个照度矢量值，$\vec{E_f} \geqslant \vec{E_r}$。在全漫射条件下 $\vec{E} \to 0$；在一个无反射的房间中，光只从一个方向照射，此时 $\vec{E} = \vec{E}_{fmax}$。　　　　　　　　　　　　　　（江予新）

照明手动控制　manual lighting control

必须通过人工的操作才能实现的照明控制。一般场所的照明装置在无特殊要求的情况下，大部分采用这种控制。如办公室、教室、一般的工业厂房等。　　　　　　　　　　　　　　（江予新）

照明消防车　lighting tower fire vehicle

装备发电设备和照明设备，用轻型载重汽车底盘改装而成的消防车辆。由发电机组、金属卤素照明灯具、输电线盘、录像机、录放机、电台、警报器等组成。主灯由液压传动，可做升降、回转及俯仰，也

有用电气控制箱控制灯的升降、回转、开关等，灯的俯仰也有手操纵。用于大中城市、大型工矿企业、仓库等必备的消防照明设备。也可作港口、码头、建筑工地以及其它大面积抗灾救险等野外作业的照明和临时供电。还可作火场指挥、记录现场实况及通信联系之用。　　　　　　　　　　　　（陈耀宗）

照明质量　quality of lighting

照明装置所射出的光以及所造就的光环境的质量。一般包括光的显色性能、色温和色温的一致性和稳定性、照度水平、照度均匀度和稳定性、亮度对比、眩光程度、阴影以及被照明对象对照明装置的特殊要求。不同的被照明对象，对各方面也有不同程度的要求。　　　　　　　　　　　　　（江予新）

照明自动控制　automatic lighting control

不用人工操作就能实现的照明控制。按控制方式大致分有开环控制和闭环控制两种。前者如照明程序自动控制；后者如照明光电控制。（江予新）

zhe

遮光角　shielding angle

见保护角（5页）。

遮光器　chopper

记时照相技术中的光学元件。具有齿轮状的薄片。当其绕中心轴转动时，可将光束变成具有一定频率的闪光。　　　　　　　　　　　（李强民）

遮栏　barrier

对电气现场任何经常接近的方向起直接接触保护作用的部件。用以防止工作人员或其他人员无意触及到带电部分而装设的一种屏护。对于高压设施，不论其本身绝缘和防护如何，都必须妥善采取这种防护措施。　　　　　　　　　　　（瞿星志）

折边机　edgefold machine

利用压梁和折梁将金属板材作简单的直线弯折的机械设备。它可将平板，沿划定的直线，弯折成具有不同角度折边的各种板制零件。　　　（邹孚泳）

折角补偿

见自然补偿（312页）。

折旧年限　number of year for depreciation

建筑物的使用年限或投资回收年限。分为技术折旧、经济折旧和政策折旧年限。技术折旧年限一般指建筑物的使用年限；经济折旧年限指经济上回收投资的年限；政策折旧年限是国家政府根据各方面情况人为确定的投资回收年限。　　　（西亚庚）

折流板　baffle plate

壳体内流体为改变流动方向和流动速度增强传热而装设的挡板。与管束垂直安装的称为横向折流板，具有支撑管束减小振动的作用；与管束平行安装

的称为纵向折流板，具有壳程分程作用。

（王重生）

折射喷头　refraction sprinkler-head

在喷嘴出口处设有水流折射体的喷泉喷头。喷出的水流形态因折射体形式不同而各异。常用折射体形式有平面形、圆锥形、曲面形等，分别可喷出钟罩形、喇叭形与任意形水膜。　（张延灿）

折射器　refractor

利用光线通过媒质发生折射的原理，改变光源光通量在空间分布的光学部件。如透镜和棱镜等。分有两种形式：①安装在灯具的出光口面上呈平面或凸面形状，使光源直接向外和从反射器中反射出来的两部分光线通过它后得到需要的光分布，如有棱镜罩的荧光灯和汽车前灯等；②包围整个光源，呈罩形或筒形，改变光源光通量在空间的分布，在全方位上发光，如航行信号灯。　（章海骢）

折线型天窗　broken-line-type skylight

挡风板为折线型的避风天窗。　（陈在康）

zhen

针状换热器　needle-shaped heat exchanger

管子内、外面都带有针状凸出物的金属换热器。通常用铸铁或合金铸铁浇铸而成。表面带针，增加管子的实际换热面积，提高了传热效率。（赵建华）

真空泵　vacuum pump

用以抽吸容器中空气使其形成真空负压状态的泵类机械。常见的为水环式构造，用于各类水泵抽真空引水。　（姜乃昌）

真空表　vacuum gauge

又称真空计、真空规。用于测量密闭容器或管道中负压强的仪表。测量原理与压力表相同。

（唐尊亮）

真空度　degree of vacuum

指密闭系统或容器中的压力低于大气压力的程度。　（杨　磊）

真空断路器　vacuum circuit breaker

利用真空的高绝缘强度和扩散性能灭弧的断路器。　（朱桐城）

真空管式集热器　vacuum-tube heat collector

透明罩管与涂黑集热管组成的两层空间中抽成真空而形成的集热器。需与贮热水箱配合使用。吸热效率高，绝热性能好，可全年使用；但结构复杂，制造困难，造价较高。　（岑幻霞　郑大华）

真空计

见真空表。

真空排水坐便器　vacuum drainage closet bowl

以水为载体，以真空作动力排除污物的坐式大便器。与真空式下水道配合使用。可显著节约冲洗水量、减少排水支管管径和冲洗水箱容积。用于船舶、车辆、飞机等移动场合，不因摇摆溢水；也可在一般建筑内使用。　（张延灿）

真空破坏器　vaccum breaker

又称空气隔断器。防止给水管道内产生负压形成回流污染的装置。按照所装设管段是否承受水压分有压力式（承受水压）、大气式（不承受水压与大气相通，如冲洗阀出口后装设的）；按结构形式分有隔膜式、膜片式、单阀瓣式和双阀瓣式等。

（郑大华　张延灿）

真空式下水道　vacuum sewer

以负压为动力、以水为载体的污水管道系统。由真空泵、真空罐、调节罐与真空排水坐便器等卫生设备和管道组成。与重力排水管道相比，具有可减小管径、坡度不受限制、不需通气系统、节水显著、施工安装方便、气密性要求较高等。用于船舶、车辆等移动场合。　（张延灿）

真空蒸汽供暖系统　vacuum steam heating system

使用低于大气压的蒸汽的供暖系统。散热设备内的蒸汽在低于大气压力下凝结，表面温度随系统的真空度而定，可在较宽的范围内调节。系统是封闭的。真空主要靠真空回水泵产生，也用此泵向锅炉给水。因此，要求系统有较好的严密性。主要辅件是排气阀、疏水装置和调节阀等。当系统的真空度较小，蒸汽压力近于或稍低于大气压时，特称为大气式蒸汽系统。它有时只靠密闭系统内蒸汽凝结形成的部分真空工作。　（王亦昭）

振动传递率　vibration transmissibility

又称隔振系数。用以衡量隔振效果的参数。以 η 表示。它表示通过隔振器传递过去的力 F_1 与传来的总扰动力 F 之比。即为

$$\eta = \frac{F_1}{F} = \sqrt{\frac{1 + \left(2\zeta\dfrac{f}{f_0}\right)^2}{\left[1 - \left(\dfrac{f}{f_0}\right)^2\right]^2 + \left(2\zeta\dfrac{f}{f_0}\right)^2}}$$

f 为振动源的扰动频率；f_0 为隔振系统的固有频率；ζ 为阻尼比。对于积极隔振，它表示采用隔振器后传给地基或基础的动载荷的减小程度。对于消极隔振则表示采用隔振器后传给防振设备的振幅（或振动速度、加速度）的减小程度。故它小于 1 才有隔振效果。　（甘鸿仁　钱以明）

振动探测器　vibration detector

通过检测由闯入者破坏被保护面而产生的机械振动来感知闯入事件的发生的防盗探测器。按其作用原理可分为机械式振动探测器和电子式振动探测

器。 （王秩泉）

振源振动频率 frequency of vibration source

产生振动的设备动力源、不平衡装置或地震中心所发生的振动频率。在振动分析中属激振频率。 （甘鸿仁）

镇流器 ballast

气体放电光源电路中安装在电源与一个或几个放电灯之间，使灯稳定工作的器件。由电阻、电感、电容、漏磁变压器或它的组合组成。常用的为电阻镇流器、电感镇流器及电子镇流器等。前者常用于在直流放电灯；后两者则用于交流放电灯。 （何鸣皋）

镇流器消耗功率系数 power consumption factor of ballast

用以表征荧光灯镇流器所消耗功率的系数。当明装荧光灯的镇流器装设在房间内时，其值取 1.2；当暗装荧光灯的镇流器装设在顶棚内时，可取为1.0。 （单寄平）

zheng

蒸发冷却液体减湿系统 dehumidification system by liquid evaporation

净化后的室外空气和吸湿剂溶液接触，其中的水分被溶液吸收而减湿后与回风混合，再经表冷器冷却送入室内的减湿系统。被稀释了的吸湿剂溶液经蒸汽盘管加热，水分蒸发再生成浓溶液，冷却后可继续使用。 （齐永系）

蒸发器 evaporator

制冷剂液体在其中气化吸热的热交换器。在制冷系统中它是产生冷量的设备。一般均属于间壁式换热设备，被冷却介质的热量通过管壁或板壁传给制冷剂，制冷剂在低温下气化，吸收被冷却物体的热量实现制冷。按其冷却方式不同分为直冷式和间冷式；按其冷却介质的种类分为冷却空气、冷却液体和冷却固体的接触式。按供液方式不同分为满液式、非满液式、循环式和淋激式等。制冷系统中常用的有冷却液体的直立管式、螺旋管式、卧式壳管式、干式壳管式和沉浸盘管式等；冷却空气的有冷却盘管和冷风机。 （杨磊）

蒸发温度 evaporating temperature

制冷剂液体在蒸发器中一定压力下气化时的温度。 （杨磊）

蒸发系数 evaporation coefficient

空气与水进行热湿交换时，周围空气和水表面饱和空气层的水蒸气分压力差为 1Pa，每平方米表面和空气之间，每秒钟湿交换的千克数，单位为 kg/(s·N)。 （齐永系）

蒸馏水 distilled water

含盐水加热汽化后冷凝成的水。水中含有较少的矿物质和其他杂质。其制备原理为蒸发冷凝。 （姜文源）

蒸汽 steam

处于汽相的水。常用热媒之一。作为供暖热媒，常以 70kPa 作为划分高压蒸汽和低压蒸汽的界线。城市供热系统以它为热媒的优点为：①可以满足不同用户的需要；②输送能耗少。尚可直接作为供暖热媒。具有比容大、密度小、水静压力小，热惰性小等特点。适于间歇采暖，无冻结危险。 （郭慧琴）

蒸汽除尘 dust control by steam

在局部扬尘点喷射蒸汽，蒸汽在尘粒表面凝结，使其润湿、凝聚、减少粉尘飞扬的措施。主要应用于煤、焦炭等对含湿量有一定要求的弱粘结性粉尘的扬尘点。通常采用压力为 98.1kPa 的饱和蒸汽。在炎热地区夏季蒸汽不易凝结，除尘效果会相应下降。 （孙一坚）

蒸汽干度 steam dryness

简称干度。一定质量湿蒸汽中所含干饱和蒸汽质量与总质量之比。以 x 表示。其表达式为

$$x = \frac{干饱和蒸汽质量}{湿蒸汽总质量}$$

$$= \frac{干饱和蒸汽质量}{饱和水质量 + 干饱和蒸汽质量}$$

（郭慧琴）

蒸汽干管 steam main

供汽给若干幢建筑或若干根立管的蒸汽管道。水平敷设时，应有使汽水同向流动的坡度，以利沿途凝水排除。水平管较长时，可做成梯形敷设，称为梯形管式系统。 （王亦昭）

蒸汽供暖系统 steam heating system

以蒸汽为热媒的供暖系统。由热源、散热设备、凝水回收设备以及蒸汽管路和凝水管路等组成。蒸汽在散热设备中定压凝结放出汽化潜热后，凝水回收至热源重新被加热成蒸汽。具有系统热惰性小，热媒容重轻及散热设备表面温度较高等特点。按供汽压力分为低压、高压和真空三种方式。常用于工业建筑，也可用于部分民用建筑。 （王亦昭）

蒸汽加湿 steam humidification

将用外界热源产生的蒸汽直接混到空气中去，对空气进行加湿处理的方法。加湿时，空气近似按等温加湿过程变化。在空调工程中，广泛使用它的设备有喷管、干式蒸汽加湿器和电加湿器。 （齐永系）

蒸汽加压 steam pressurization

以蒸汽罐内的蒸汽压力对高温水进行加压的方法。其工作原理与气体加压相似。但蒸汽升压时会凝结，故蒸汽罐所需容积较小；缺点是蒸汽压力随温度变化，其压力不易稳定。汽水两用锅炉的锅筒可作为

蒸汽罐使用，称为锅筒加压方式。 （盛昌源）

蒸汽开水炉 steam heater for drinking

以蒸汽为热媒的开水炉。分连续式和间断式两类。常用于公共建筑供应沸水。 （郑大华）

蒸汽冷凝水 condensate water

在热水及开水供应系统中，作为热媒的蒸汽经表面式水加热设备换热后，由气态转化成液态的热水。一般常予以回用。 （姜文源）

蒸汽灭火系统 steam fire extinguishing system

利用水蒸气作为灭火剂的灭火系统。水蒸气是一种含热量的惰性气体，能冲淡燃烧及可燃气体浓度，降低空气中氧含量及窒息火焰而达到灭火的目的。按设备特点分为固定式和半固定式两类。饱和蒸汽的灭火效果要优于过热蒸汽。用于高温设备的油气火灾灭火系统等。 （张英才 陈耀宗）

蒸汽盘管热水器 steam coil water heater

以蒸汽为热媒进行间接加热的小型热水装置。钢管或铜管弯制成的加热盘管设置在开式或闭式的箱罐内，管内通以蒸汽间接使水加热。（钱维生）

蒸汽喷射器 steam jet

用以引射、输送和加压流体的设备。主要由喷嘴、吸入室和扩压器（包括混合室和扩压室）组成。是蒸汽喷射制冷的主要部件。它靠较高压力的工作蒸汽流经喷嘴后，达到很高的速度（可达1000m/s），在喷嘴出口周围造成很高的真空度，使蒸发器内的低压蒸汽被抽吸到装置的吸入室，然后两股气流在混合室中进行动量交换和充分混合，速度均匀，再进入扩压器使速度下降，压力升高。当达到冷凝压力后进入冷凝器。它起着对低压气体的抽吸、压缩和输送的作用。其经济压力比为1～6，最大可达8左右。 （杨 磊）

蒸汽喷射制冷 steam-jet refrigeration

以较高压力的蒸汽通过蒸汽喷射器把与之相连的蒸发器抽吸成很高的真空，使水在低压下蒸发吸热而达到制冷的过程。是蒸汽制冷的一种，常以水为制冷剂。它仅能制取0℃以上空调和生产工艺需要的冷冻水。近年来已在研究以氮、R12、R11、R113等为制冷剂的装置。 （杨 磊）

蒸汽渗透量 weight of water vapour transmitted

在室内外水蒸气分压力差作用下，通过围护结构渗透的水蒸气重量。 （西亚庚）

蒸汽渗透强度 water vapour transmission intensity

单位时间内通过单位面积的围护结构所渗透的水蒸气重量。以W表示。单位为g/（m²•h）。 （西亚庚）

蒸汽渗透系数 water vapour permeability、water vapour diffusion coefficient

又称蒸汽扩散系数。当单一材料为单位厚度、两侧的水蒸气为单位压力差时，单位时间内通过单位面积所渗透的水蒸气量。以μ表示。单位为g/（m•h•Pa）。除玻璃和金属之类的材料不渗透蒸汽外，一般建筑材料都有一定的该系数。 （西亚庚）

蒸汽渗透阻 water vapour transmission resistance、water vapour diffusion resistance

又称蒸汽扩散阻。围护结构材料层阻止水蒸气渗透扩散的性能指标。单位时间内通过单位面积的蒸汽渗透量为单位重量时，在该层材料两表面所需的水蒸气压力差。以$H=\delta/\mu$表示。单位为m²•h•Pa/g。δ为材料厚度（m）；μ为材料的蒸汽渗透系数〔g/（m•h•Pa）〕。 （西亚庚）

蒸汽压缩制冷 vapour compression refrigeration system

又称机械压缩制冷。制冷剂用机械进行压缩的制冷系统。由制冷压缩机、冷凝器、节流机构和蒸发器组成。压缩机将从蒸发器来的低压蒸汽进行压缩，变成高温高压蒸汽后进入冷凝器，冷却而凝结成高压液体，再经节流后在蒸发器中吸热，使用冷场合得到低温。是一种应用最普遍的制冷方法。

（赵鸿佐）

蒸汽制冷 vapour-refrigeration

利用制冷剂液体气化时要吸收热量的原理来实现制冷。气化时的压力越低其气化温度也就越低，则被冷却物体或空间的温度也就越低。随补偿的能量和装置的不同，它分有压缩式、喷射式和吸收式三种。 （杨 磊）

蒸汽贮能器 steam accumulator

贮存热能、调节蒸汽锅炉热负荷的密闭高压热水贮存设备。由高压贮罐、循环筒、喷嘴和自动控制阀等组成。连接在蒸汽锅炉和蒸汽用户之间，在用汽量大于锅炉蒸发量时，贮能器内压力下降，贮存的高压热水蒸发，产生蒸汽补充锅炉的供汽不足；反之，多余蒸汽以高压饱和热水形式贮存起来。贮热能力由高压热水的最高压力与用户允许最低压力之差和热水贮量决定。它可使锅炉按平均负荷稳定高效运行，在夜间等极低负荷时可停止运行，管理简便；并可节省燃料，提高蒸汽品质，延长锅炉使用寿命，提高运行的可靠性，改善排烟质量。 （张延灿）

整定值 setting

在规定条件下，预先确定的继电保护装置测量元件的动作值。 （张世根）

整流电压波纹因数 ripple factor of rectifying voltage

整流器输出电压的交流分量有效值与整流电压的直流分量之比值。其值愈小愈好。　　（袁敦麟）

整流电压脉动因数　pulse cofficient of rectifying voltage

整流器输出电压交流分量中基波振幅与整流电压直流分量之比值。其值愈小愈好。　　（袁敦麟）

整流器　rectifier

将交流电变换为直流电的装置。按整流的方法不同分为机械整流器和电子整流器。按整流元件的不同可分为真空管整流器、充气管整流器、半导体整流器、汞弧整流器和可控硅（晶闸管）整流器等。
　　　　　　　　　　　　　　　　　　（施沪生）

整流器供电电力拖动　rectifier feed electric drive

又称晶闸管直流励磁拖动、可控硅直流励磁拖动。利用晶闸管（可控硅）整流装置，得到电压可调的直流电源，以实现直流电动机调速的直流电力拖动。　　　　　　　　　　（唐衍富　唐鸿儒）

整流设备直接供电方式　power directly supplied by rectifier

又称整流设备直供式。电信设备所需的直流电功率全部由交流电源经整流后供给的方式。它不用蓄电池，节约了蓄电池充放电控制设备和蓄电池室装修的特殊要求，简化了电源设备的维修工作，并节约了电能；但停电后电信设备就不能工作；在交流电源不稳定情况下，还必须配备自动稳压器；如用于电话交换机，还必须有较好的滤波器。仅用于电源中断时允许电信中断、容量很小的电话站或级别较低的调度电话站。　　　　　　　　　　　　（袁敦麟）

整坡　adjustment of slope

调整管道坡向和坡度的操作。用以清除燃气管道内由于倒坡等原因形成的积水。通常在坡度失真管道的最低处加设凝水井或钻孔装胆。（李伯珍）

整体换热器　integrative heat exchanger

空气（或燃气）和烟气通道垂直配置，用铸铁浇成一个整体的换热器。气密性好，可用于预热燃气。
　　　　　　　　　　　　　　　　　　（赵建华）

正常火焰传播　normal flame propagation

仅是由于传热作用，炽热的焰面将热量传给未燃气体使其着火燃烧，依次传播到整个体积的过程。可分为在静止或层流状态下的火焰传播和在紊流状态下的火焰传播两种。　　　　　　　（章成骏）

正常照明　normal lighting

所有在正常情况下使用、固定安装的室内、外人工照明。　　　　　　　　　　　　　　（俞丽华）

正逆流水表　positive and adverse flow meter

用于计量管道内正逆两向流过水量总和的流速式水表。主要用于计量海水的水量。　　（唐尊亮）

正压喷溅　spurt due to possitive pressure

由于回压作用使排水管系所接水封装置中的封水喷出的现象。是水封破坏的原因之一。防止的技术措施是在离立管底部以上一定的垂直高度内不得接入横支管或受水容器等。　　　　　　（胡鹤钧）

zhi

支管　branch

建筑内部给水管系、热水管系和排水管系中直接配水和接纳污废水的横管。管径较干管为小，常称配水支管和排水横支管。　　（黄大江　蒋彦胤）

支架敷设　cradle mounting, clips mounting

每隔一定距离设置一个专用支架或支墩作为支承结构，在其上端设置支座固定管道的明露敷设。按支架的高低分为高支架敷设和低支架或支墩敷设。用于工业建筑厂区管道的敷设。
　　　　　　　　　　　　（蒋彦胤　黄大江）

支链着火　chain inflammation

可燃混合气体系统中氢、氧原子和氢氧根游离基浓度增加，引起氧化反应加速而产生自发燃烧的着火。着火时，可燃混合气体温度与可燃物性质、浓度、系统压力、容器形状等有关。浓度较低时，着火温度范围较大。有些可燃物在常温常压下就会着火，着火时也会引起火灾。工程上极少遇到。
　　　　　　　　　　　　　　　　　　（施惠邦）

枝状管网　branched network

管道呈树枝状布置的给水系统。自干管又接出的各支管均有尽端。比环状管网供水安全性差，但投资费用较低。　　　　　　　（黄大江　胡鹤钧）

直达声　direct sound

声源在室内发声时，未经反射而直接传至室内某点的声波。　　　　　　（袁敦麟　陈惠兴）

直缝焊接钢管　straight seam welding steel pipe

又称电焊钢管。将 A2、A3、A4 普通碳素钢或 08、10、15、20 号优质碳素钢等直缝卷管电焊加工成型的焊接钢管。按材料加工状态可分为软质、低硬和硬质三种。中国标准规格为外径 57～480mm。主要用于输送水、煤气、蒸汽，也可作为建筑或机械结构的构件。　　　　　　　（肖睿书　张延灿）

直敷布线　staple wiring

又称卡钉布线。塑料护套线、铅包线等由铝皮轧头或塑料轧头直接固定在墙、顶棚、梁等处明敷的布线。布线简单、施工方便；但影响建筑的美观。
　　　　　　　　　　　　　　　　　　（俞丽华）

直箍

见外接头（244 页）。

直击雷 direct stroke

雷云对地面凸出物的直接放电。它产生热效应、电效应和电动力。 （沈旦五）

直角阀

见角阀（126页）。

直接供液式 direct supply liquid type

制冷剂液体利用冷凝压力和蒸发压力之间的压力差作为动力，只经节流机构直接进入蒸发器而不经过其它设备的供液系统。该供液方式系统简单、工程费用低。主要用于为空调或生产工艺制取冷冻水和直接蒸发冷却的氟里昂制冷系统。 （杨磊）

直接混接 direct cross connection

生活饮用水管道与非饮用水管道或设备直接连通，生活饮用水水质有被污染可能的现象。连接处必须有可靠的空气隔断措施。 （胡鹤钧）

直接给水方式 direct supply scheme

旧称简单给水方式。室外管网资用水头大于室内所需总水头，由室外给水管网直接供水的给水方式。系统简单、投资省、安装维护简便，充分利用室外给水管网水压，节约能源，但受制于室外给水管网的工作，无贮备水量，供水安全可靠性较差。常用于低层和多层建筑及高层建筑的下部。 （姜文源）

直接加热方式 direct method of heating water

蒸汽作为热媒与被加热水直接接触，或煤、炭作为热源直接制取热水的加热方式。蒸汽与冷水直接混合的优点是：①蒸汽热量使用效率高；②无需凝水管，简化管路系统；缺点为：①无凝水回收，锅炉水的处理费用大；②混合工作时噪声较大。

（钱维生 胡鹤钧）

直接加热耐火材料燃烧器 direct heated fireproof material burner

燃烧火焰直接加热耐火材料的燃烧器。是燃气红外线辐射器的一种形式。燃气通过它而燃烧，辐射出大量的红外线。燃气与空气从管道中喷出而点火燃烧时，火焰直接加热耐火材料，当达到炽热状态时，即辐射出大量红外线。 （陆耀庆）

直接接触 direct contact

人或家畜与带电部分接触。 （瞿星志）

直接接触保护 protection against direct contact

又称正常情况下的电击保护、基本保护。防止人、家畜与带电部分有危险的接触。它的方法可采取：防止电流经由任何人或家畜的身体通过；限制可能流经身体的故障电流，使之小于电击电流。

（瞿星志）

直接冷却水 direct cooling water

为满足工艺过程需要，与产品、半成品直接接触换热的冷却水。包括调温、调湿使用的直流喷雾水等。 （姜文源）

直接连接高温水供暖系统 direct connection of consumers to heat source for HTW heating system

用户与热源的供回水温度和供回水压力均一致时所采用的用户与热源的连接方式的高温水供暖系统。在用户入口安装进水阀和出水阀用于切断用户；安装压力表和温度计用于调节；安装节流阀或孔板用于提高用户的回水压力或降低供水压力，并达到需要的压差；必要时在用户回水管上安装阀前压力调节器或在供水管上安装阀后压力调节器以及流量调节器和流量、热量计量装置等。 （盛昌源）

直接燃烧 direct combustion

将含可燃有毒物质的废气直接作为燃料的燃烧过程。燃烧温度为 $1100℃$。适用于净化可燃有毒物质浓度较高的废气。 （党筱凤）

直接受益式太阳房 direct gain solar house

阳光经窗射至室内墙、地面及家具，其表面温度升高，以对流和辐射方式向室内散热，另有部分热量被储存起来，于无阳光时向室内释放的被动式太阳房。其升温快，构造简单，地板及隔墙选用重型材料以增加热容量，南向窗与地面应有适当比例，并配有夜间隔热措施。 （岑幻霞）

直接数字控制系统 DDC, direct digital control system

用计算机代替常规的调节器及控制装置，直接对生产过程进行控制的计算机控制系统。用一台计算机对建筑设备系统进行巡回调节，可直接控制几十个工艺参数，替代几十个常规 PID 调节器。在建筑设备控制系统中采用 DDC 按照 PID 调节规律来完成自动控制。它一般作为一个分站，作为分级计算机控制系统的前沿控制级。 （温伯银）

直接眩光 direct glare

在视野中存在高亮度的发光体或未曾充分遮蔽的照明器反光面而引起的直接进入眼睛而感觉的眩光。 （江予新）

直接照明 direct lighting

通过照明器的配光，使发射的光通量 $90\%\sim100\%$ 向下，并直接到达工作面上（假定工作面是无边界的）的正常照明。 （俞丽华）

直接制冷系统 direct feed refrigeration system

又称直接供液制冷系统。指对蒸发器的供液只经过节流阀直接进入蒸发器而不经过其它设备的系统。 （杨磊）

直立式喷头 upright sprinkler head

朝上安装在给水支管上的喷头。分有带伞形溅水盘的喷头可将 40%～60% 的水量向下喷洒；带平板形溅水盘的喷头可将 60%～80% 的水量向下喷洒，其余水量向上喷向顶板。（张英才　陈耀宗）

直流变换器　DC power inverter

将低电压直流电源变换为另高电压直流电源的装置。在电信站中一般以容量较大的 60V 或 24V 蓄电池作为基础电源，所需的其他电压的直流电源，均可通过它取得，以减少蓄电池组品种，简化或减少整流器，也减少了日常维护工作量。两部同型号此变换器可并联使用，以增加容量；也可串联使用，使输出电压加倍或组成正、负两种相同电压的直流电源。

（袁敦麟）

直流操作电源　DC operational power supply

用直流电源（或电压）组成的操作电源。由构成的不同分有蓄电池直流操作电源和整流直流操作电源。后者又可分为硅整流电容器储能直流操作电源或带镉镍电池直流操作电源和复式整流直流电源。

（张世根）

直流电力拖动　DC electric drive

以直流电动机作为原动机的电力拖动。

（唐衍富　唐鸿儒）

直流发电机-电动机拖动　leonard drive

简称 F-D 系统。由单独的直流发电机向直流电动机供电以实现其调速的直流电力拖动。直流发电机可由交流电动机带动。　（唐衍富　唐鸿儒）

直流给水系统　once through system

生产用水经一次使用后直接排除的给水系统。常用于用水量不大的一般性生产给水系统。

游泳池、水景等设施中，其用水非循环回用时的给水系统。　　　　　　　　（耿学栋　胡鹤钧）

直流喷头　straight-stream sprinkler-head jet sprinkler-head

过流断面相等或渐缩的喷泉喷头。流束从其中通过时不改变方向（或稍有收缩）也不与其他流体混合。是最简单也是最常用的一种喷头。（张延灿）

直流式空调系统　once-through air conditioning system

空调房间的送风全部采用新风，经过处理后送入房间，再由房间全部排出，而不采用循环空气的集中式空调系统。多用于空调房间污染较大和不宜再用回风的情况。　　　　　　　　（代庆山）

直流水枪　solid stream nozzle

使水流速度加快形成紧密水柱以利扑灭火灾的消防水枪。由喷嘴、枪管和管牙接口组成。是一种用途较广泛的水枪。水枪喷嘴口径为 DN13、16、19、22、25mm。装有控制开关以控制水流大小与射程的称为开关直流水枪。由铜合金、铝合金、塑料等制成。

（郑必贵　陈耀宗）

直流子母钟系统　DC secondary and primary clock system

由母钟发出直流脉冲带动子钟，使各处子钟时间与母钟一致的计时装置的系统。由母钟、控制设备、子钟、线路和直流电源设备组成。子钟线路一般可利用电话电缆芯线，也可单独敷设，在保证子钟最低额定电压值时，允许 1 对线上并联数只子钟，但一般以不超过 4 只单面子钟为宜。直流子母钟系统一般只设一个母钟站，如远距离子钟较多，可在远距离处设电钟转送设备（中继器），以节约子钟线路。用于工业生产中各工序间的时间衔接性比较强，或工艺流程需要有一个准确、统一时间的工业企业；目前在铁路局、电信局和大型工厂用得较多。

（袁敦麟）

直片式散流器　sheet diffuser

由多个导流叶片组成的圆形扩散型的送风口。当吹出角 θ＞40° 时，在室内形成平送流型。

（邹月琴）

直射辐射强度　direct solar radiant intensity

来自太阳圆面立体角内，透过大气层，以平行光线形式投向地表上与该立体角中轴线相垂直平面上的日射强度。在一定地点和时间，它受云量的影响较大。　　　　　　　　（单寄平　赵鸿佐）

直行程电动执行器　linear travel electric actuator

接受电信号并转变机械转角出轴为线性位移的电气动力装置。是一个用单相交流伺服电动机为原动机的位置伺服机构。输出线性位移的轴通常用来推动直通单座阀、双座阀、三通阀、角形阀等线性动作的阀门，并直接安装在阀体上与阀杆相连。

（刘幼荻）

值班供暖　stand-by heating

为使建筑物在非工作时间内，水管及用水设备免于冻结或仍能保持生产工艺要求的最低室温而进行的供暖。中国有关规范规定值班供暖期间室内温度应保持不低于 +5℃。　　　　　　（岑幻霞）

值班系统　system of watch

在非生产期间，保证洁净室仍能维持一定的洁净度所设置的净化系统。一般设值班风机，其送风量按维持洁净室正压所需的风量考虑。　（杜鹏久）

值班照明　duty lighting

在非工作时间内供值班人员使用的照明。在非三班制生产的重要车间、仓库或非经营时间的大型商店、银行等处宜设置。可利用正常照明中能单独控制的一部分，或利用应急照明的一部分或全部。

（俞丽华）

植物生长室　plant growth chamber, phy-

totron

用以研究植物生长的人工气候室。它包括各种人工照明、天然照明或暗的箱室。一般它的温度调节幅度为 5～40℃，相对湿度为 75%～95%，并根据作物的种类不同而装设相应要求的光照设备，其照度可由 3000～100000 lx（相当于夏日晴天午间阳光的照度）不等，一般中等强度照明的生长室约有 25000 lx 左右。　　　　　　　　　　（赵鸿佐）

止回阀　check valve

又称单向阀、逆止阀、单流阀。阀体内装有单向开启阀瓣，以阻止流体在管道内倒流的阀门。按结构形式分有升降式、蝶式和旋启式、梭式等；按阀瓣关闭速度分有普通止回阀、缓闭止回阀、速闭止回阀；按安装方式分有卧式和立式。（陈文桂　张连奎）

止回隔断阀

见防污隔断阀（67 页）。

只读存储器　ROM. read only memory storage

在工作过程中只能读出信息，而不能由机器指令写入信息的存储器。所存放的信息是预先设计好的。即使断电也不使信息丢失，故专用于存放固定程序、系统操作程序。　　　　（温伯银　陈惠兴）

纸盆扬声器　cone loudspeaker

扬声器的声音辐射器采用纸盆的电动扬声器。结构简单、体积小、价格便宜、频响较宽、低音丰满；但效率较低（一般在 0.5%～2%）。根据纸盆不同可分为圆形、椭圆形、双纸盆和橡皮折环扬声器等。在扩声工程中，广泛使用的纸盆标称直径为 130、165、200、250、300、400mm 等。　　　　（袁敦麟）

指向性响应　directional response

电声换能器辐射或接收某规定频率（或频带）的声波与在通过声源中心的某一平面上传播方向的响应。由于声源的辐射声波（如扬声器的辐射声音）和接收器的接收声波（如传声器接收声音），对不同的辐射和入射方向上的声波响应是不一样的，故需用它来描述声源或接收器特性。（袁敦麟　陈惠兴）

指向性响应图　directional response pattern

在通过声中心某规定平面上和在某规定频率时，以辐射或入射声音方向为函数的电声换能器的辐射或接收声波特性图。一般用极坐标来表示。对辐射声源（如扬声器），以声压的分贝数表示；对接收器（如传声器），以自由声场灵敏度的分贝数表示。　　　　　　　　　　（袁敦麟　陈惠兴）

制冷　refrigeration

利用人工的方法将某物体或空间的热量，排至环境介质中，使其温度低于环境介质（即周围空气或水）的温度并维持这个温度的技术。　（杨　磊）

制冷标准工况　refrigeration standard condition

制冷压缩机的各种工作温度（冷凝温度、蒸发温度、节流前的温度以及吸气温度、过冷温度等）符合标准规定条件下的技术指标。这些指标因制冷剂的不同而异，如 R12 制冷剂为：蒸发温度为 -15℃、吸气温度为 15℃、冷凝温度为 30℃、过冷温度为 25℃。用它来比较制冷机的性能。　　　（马仁民）

制冷机运行工况　refrigeration operating condition

制冷机实际运行条件，各工作温度包括蒸发温度、冷凝温度和过冷温度等的数值。　（马仁民）

制冷机自动控制　automatic control of refrige-rating machine

实现制冷机自动启动、自动停机、自动保护与自动调节的控制系统。各类制冷机的共同特点是：启停过程有顺序与程序控制要求，自动保护占有重要地位，能量自动调节的节能效果显著，自动化与成套化促进了机电仪一体化。　　　　（张瑞武）

制冷剂　refrigerant

又称制冷工质。是制冷系统中完成制冷循环的工作物质。在蒸汽制冷中，它在蒸发器中吸取被冷却物体的热量而气化，在冷凝器内将自被冷却物体吸取的热量和补偿消耗的能量而转化的热量一同排给周围环境介质（水或空气）而凝结成液体，它在系统中借助集态的变化来达到制冷的目的。（杨　磊）

制冷量　refrigerating capacity

制冷机每小时从被冷却物体中吸取的热量。单位为 W（J/s）或 kW（kJ/s）。　　　　（杨　磊）

制冷系数　COP, coefficient of performance

消耗单位功所获得的制冷量。是衡量制冷循环或装置技术经济的特性系数。　　　　（杨　磊）

质交换系数　mass transfer coefficient

又称空气与水表面之间按含湿量差计算的湿交换系数。喷水室中，空气和水表面之间，含湿量差为 1kg/kg 时，单位水表面每秒钟的湿交换量。单位为 kg/（m² · s）。　　　　　　　　（齐永系）

质量流速　mass velocity

空气通过换热器有效断面（通风净断面面积）的风速 v 与密度 ρ 的乘积。代表单位时间内通过换热器单位有效断面积的空气质量，$v\rho$ 值对空气通过换热器的阻力和换热器的换热性能有明显的影响。用于预选空气换热器的有效断面积和计算换热器传热系数及空气阻力。　　　　　　（田胜元）

窒息法灭火　fire extinguishing by suffocation method

将可燃物质与助燃物质之间加以隔绝，让燃烧物质得不到助燃物质如空气中的氧，使燃烧火势熄灭的方法。常用方法有：①将不燃物质或难燃物质覆盖在燃烧物质表面；②使用泡沫灭火剂、二氧化碳灭火剂或喷射蒸汽；③封闭燃烧的空间。

（杨金华　陈耀宗）

智能型风速仪　intelligent anemometer

带有微处理器和具有储存及统计运算功能的热电风速仪表。适用于测量紊动的流速并要求得到统计运算结果的风速测量。　　　　　（马九贤）

滞止参数　stagnation parameters

又称定熵滞止参数。气流某断面的流速，在定熵下使之降低到零时，断面上气体各参数所达到的值。各参数的注脚常用"0"表示。已知气体在某断面上的状态参数如压力 P_1、绝对温度 T_1、熵 h_1，同时知其流速 c_1，则表达式为 $h_0 = h_1 + \dfrac{c_1^2}{2}$ 计算其滞止熵。其它滞止参数：当理想气体时，表达式为 $P_0 = P_1\left(\dfrac{T_0}{T_1}\right)^{k/k-1}$、$T_0 = T_1 + \dfrac{c_1^2}{2c_p}$ 计算，c_p 为定压比热，是定值；当水蒸气时，可在其焓熵图上查定。

（王亦昭）

置换气　substitute gas

为了鉴别燃具的适应能力而使用的一种性质与基准气不同的燃气。如果燃具在不加任何调整的情况下，它能置换基准气，则燃具对它具有适应性。

（杨庆泉）

zhong

中表位　middle level arrangement of gas flowmeter

燃气表安装于燃具斜上方的方式。进表支管离室内地坪 2.0m。安装规范化，便于抄表读数。

（孙孝财）

中分式　up-down feed system

给水或热水的横干管位于其管系的中部，通过向上和向下连接的立管向上下两个方向给水的管道布置方式。常用于多层和高层建筑中间层设有技术层的情况。　　　　（黄大江　姜文源）

中分式供暖系统　midfeed heating system

又称中供式系统。供水干管设在顶层楼板下部的热水供暖系统。可解决上供下回式系统在顶层敷设供水干管的困难，但顶层散热器的排气较为麻烦。

（路煜）

中国工程建设标准化协会建筑给水排水委员会

系全国建筑给水排水工程标准分技术委员会升级后的组织。隶属于中国工程建设标准化协会、组织开展建筑给水排水工程建设标准化工作的群众性学术团体。1990 年 11 月在河北省保定市成立，共有委员 39 名，聘任顾问 3 名，名誉委员 3 名。委员会挂靠在上海市建筑设计研究院。主要任务是团结和组织全国建筑给水排水工程建设标准化工作者，充分发扬民主，开展建筑给水排水工程建设标准化各项有关活动，为提高中国建筑给水排水工程建设标准化水平，加速社会主义现代化建设服务。重点工作为组织制定和管理建筑给水排水工程建设推荐性标准。主要有《水泵隔振技术规程》、《气压给水设计规范》、《特殊单立管排水系统设计规程》和《半即热式水加热器热水供应设计规程》等。该技术委员会下设分技术委员会。　　　　　　　　（姜文源）

中国土木工程学会给水排水学会建筑给水排水委员会

中国土木工程学会给水排水学会建筑给水排水委会员系隶属于中国土木工程学会给水排水学会的群众性学术团体。1987 年 3 月在陕西省西安市成立，共有委员 47 名，顾问 3 名。它挂靠在上海市建筑设计研究院。宗旨是团结和组织全国从事建筑给水排水的专业人员积极开展建筑给水排水领域内的学术活动，提高建筑给水排水的技术水平，促进中国建筑给水排水事业的发展。该委员会下设有建筑给水、建筑排水、热水供应、消防给水、气体消防、居住小区给水排水、建筑水处理、游泳池、喷泉和建筑设备隔振技术应用等专题研讨会。1994 年 11 月进行换届，委员共有 60 人。　　　　　（姜文源）

中和面　neutral level

在热压作用下，室内和室外空气压强相等的水平面，即余压为零的水平面。室内空气温度高于室外空气温度时，该面以上的室内空间余压为正值，该面以下的室内空间余压为负值；室内空气温度低于室外空气温度时则相反。　　　　　（陈在康）

中继方式　trunking

主要指工业企业自设电话站与当地市话局、长话局以及其他电话站间的连接方式。包括中继线对数和号码制度等。工业企业电话站与市话局间一般采用用户交换机方式（每对中继线相当于市话局的一个电话用户）。容量与市话局相当的一些大型企业的电话站，根据当地具体条件，经与市话局协商后可采用分局或支局的方式。人工小交换机呼入呼出均采用人工接续方式。自动小交换机入市话网有半自动直拨、全自动直拨及混合进网三种方式。目前大多采用半自动入网方式，即小交换机用户呼出是采用自动拨号，呼入需经话务台转接。　　（袁玫）

中继器　trunk circuit, repeater

使两个电话交换机之间能正确无误配合协同工作的接口设备。它的功能根据需要确定，如为使不同制式的交换机能协同工作，把三线的电话站内中继线转换成二线的站间中继线，改善拨号脉冲和监视信号由于线路传输引起的失真等。它装在站间中继线出入端，分别称为出中继器和入中继器。

（袁　玫）

中继通信电缆　trunk cable of telephone

由电话站到市内电话局和长途电话局间，以及电话站（局）之间和市内电话局到长途电话局间的通信电缆。

（袁敦麟）

中间继电器　auxiliary relay

用以扩展前级继电器触点对数或触点负载容量的继电器。在继电保护中，如启动元件（电流、电压、继电器等）的触点容量不足，用以增大触点容量；而在需要同时接通或断开几个回路或在一个元件装有几套保护要用共同的出口继电器时采用。

（张世根）

中间耦合器调速　among clutch governor

调速水泵机组的拖动电动机恒速运转，靠电动机与水泵间的耦合器产生滑差来调节水泵转速的调速方法。按原理分有液力耦合器调速和磁力耦合器调速等。

（张延灿）

中期火灾　middle stage fire

在火灾发生后，经过初起阶段到达成长发展阶段的燃烧火势。此时，随着燃烧时间的增长，周围的可燃物质迅速被加热，易燃物质起火，燃烧区内逐渐被烟气所充满，温度迅速上升。同时气体对流增强，燃烧速度加快，燃烧面积迅速扩大。　（华瑞龙）

中水　reclaimed water

城市污水或雨水或建筑小区与建筑内部的生活排水经适当处理达到杂用水水质标准后作为杂用水回用的水。介于上水与下水之间，属回用水范畴。常用于不与人体直接接触的冲洗厕所、清扫卫生、冲洗汽车、浇洒道路、浇灌绿地、补充水景或循环冷却水等。是节约用水的重要措施之一。　（夏葆真）

中水道　reclaimed water pipeline

用于输送和分配中水的管道。　（夏葆真）

中水道系统　reclaimed water system

原排水的收集、贮存、处理及中水的输配管道、设备、构筑物等各组成部分的总称。按原排水来源及供水范围分为城市中水道系统、居住小区中水道系统、建筑内部中水道系统。　（夏葆真）

中水技术　reclaimed technology

有关中水道系统的研究、设计、施工安装和运行管理等方面的应用技术。包括中水原水取集技术、中水处理技术、中水输配技术以及系统的自动控制、维护管理与卫生防护等技术。　（孙玉林）

中水水量平衡　balance of reclaimed water quantity

设计规划范围内的中水原水量、处理量与中水用量、给水补水量等通过计算、调整而达到的平衡。

是中水设计的重要内容与步骤。常用中水水量平衡图表示。　（孙玉林）

中水水量平衡图　balance graph of reclaimed water quantity

显示中水水量平衡的框图。可直观、量化地掌握设计规划范围内各种水量大小、流入流出及其相互关系的情况，便于设计和管理使用。　（孙玉林）

中水水箱　reclaimed water tank

又称杂用水水箱。设置在建筑内部中水道系统的最高位置，利用重力供给杂用水的水箱。考虑中水可能产生结垢和腐蚀，箱体采用玻璃钢或塑料材料制成。　（夏葆真）

中水原水　souree of reclaimed water

中水道系统实际取集的原排水。对建筑小区中水道系统和建筑内部中水道系统，一般按下列用途废水顺序选取收集：冷却、沐浴、盥洗、洗衣、厨房、厕所。　（胡鹤钧）

中危险级　ordinary hazard

火灾危险性较大的建筑物、构筑物中所设置的自动喷水灭火系统的设计标准级别。由于其可燃物质较多、发热量中等、火灾初期不会引起迅速燃烧，故设计喷水强度要求为 $6.0L/min \cdot m^2$，设计作用面积为 $200m^2$。　（胡鹤钧）

中位径　middle diameter

小于该粒径的尘粒与大于该粒径的尘粒质量相等的粉尘粒径。即粉尘的累计质量百分数为50%时的粒径。常以 d_{50} 表示。对于符合正态分布的粉尘，它等于算术平均粒径；对于符合对数正态分布的粉尘，它等于几何平均粒径。它可概略反映粉尘的粒度。

（孙一坚）

中温辐射供暖系统　medial temperature radiant heating system

主要依靠辐射传热方式进行热传递，且辐射表面的温度在 $80\sim200℃$ 范围以内的供暖系统。一般采用钢制辐射板作为散热装置。适用于大容积的供暖房间，如冷加工车间、室内田径馆、体操和舞蹈训练馆等。　（陆耀庆）

中温热水　middle temperature hot water

又称中温水。温度为 $40\sim60℃$ 的热水。集中热水供应系统配水点处水温为 $50\sim60℃$，洗涤盆的热水使用温度为 $60℃$。　（姜文源）

中温水

见中温热水（303页）。

中效过滤器　midinm-efficiency filter

常采用中细孔泡沫塑料、化纤无纺布等为滤料的过滤器。主要用于过滤 $1\sim10\mu m$ 的尘粒。它的过滤风速较低。数量级为 clm/s。为提高处理能力，常作成扁袋式或抽屉式，使滤料实际过滤面积与迎风

面积之比在 10～20 倍以上。其压力损失高于粗效过
滤器，适用于空气含尘浓度较低的过滤。

(叶 龙)

中性点漂移 neutral-point shift

供配电系统中，由于三相负荷不平衡，引起系统
中性点偏离零电位的现象。 (朱桐城)

中性线 neutral conductor

又称 N 线。与系统中性点相联接并能起传输电
能作用的导线。 (瞿星志)

中性状态 neutral condition

气团受外力作用上升或下降时，内部大气温度
与外部大气温度始终保持相等的大气状态。

(利光裕)

中央处理机 CPU，central processing unit

简称 CPU。计算机内部控制器和运算器的总
称。 (温伯银)

中音扬声器 squawker

工作频率在 500～1000Hz，用作组合扬声器中
的中音单元的扬声器。它是重放音乐的主要部分。声
压频率特性、失真度、方向性等均必须良好。可选用
的有号筒式扬声器、直径为 100～200mm 纸盆式扬
声器和球顶形扬声器。 (袁敦麟)

终限长度 terminal length

自水流进入排水立管处至形成终限流速的终限
点间的距离。表示式为

$$L_t = 0.14433v_t^2$$

L_t 为终限长度（m）；v_t 为终限流速（m/s）。在水膜
流状态下对于 $DN100$ 铸铁排水管，其值约为 3m。

(胡鹤钧)

终限点 terminative point

排水立管中水膜流下落至其水膜厚度固定不变
时的起始位置。 (胡鹤钧)

终限流速 terminal velocity

排水立管中水膜流的水膜厚度固定不变时的下
降流速，也即自终限点后的不变流速。由试验得到表
达式为

$$v_t = 1.75 \left(\frac{1}{K}\right)^{1/10} \left(\frac{Q}{d}\right)^{2/5}$$

v_t 为终限流速（m/s）；K 为管壁粗糙度（m）；Q 为
排水立管通水能力（L/s）；d 为立管计算内径
（cm）。 (胡鹤钧)

钟罩地漏 bell type floor drain

又称扣碗式地漏。兼有排水与阻气双重作用的
带水封地漏。钟罩底与出水管口的垂直距离形成水
封高度。由地漏箅子、钟罩、底座和出水管组成。

(胡鹤钧)

钟罩式存水弯

见碗式存水弯（244 页）。

重锤式安全阀 weight lever safety valve

又称杠杆式安全阀。靠重锤及杠杆作用常闭排
汽（水）孔口的安全阀。改变重锤位置可调节启闭排
汽（水）的压力。分有单杆式和双杆式两类。

(王亦昭)

重点照明 accent lighting

为突出特定的目标或引起对视野中某一部分的
注意而设置的定向正常照明。商品橱窗中常采用。

(俞丽华)

重力沉降 gravitational deposition

在重力作用下尘粒在气流中自由沉降的过程。
主要用于粗大而密实的粉尘。 (汤广发)

重力供液式 gravity supply liquid type

利用制冷剂液柱的重力（液位差）作为动力来向
蒸发器供液的制冷系统。工作时将节流后的制冷剂
送入高于蒸发器装设的气液分离器，用以分离制冷
剂液体在节流后产生的闪发气体和分离来自蒸发器
蒸汽中的液体，并使低压制冷剂液体借助气液分离
器液面与蒸发器液面之间的液位差作为动力向蒸发器
供液。该系统由于将进入压缩机的蒸汽中的液体分
离，从而防止湿冲程；又将进入蒸发器液体中的蒸汽
分离，从而提高蒸发器的效果。 (杨 磊)

重力回水 gravity return of condensate

凝水仅靠位能直接流进锅炉的回水方式。限于
锅炉压力低时使用。要求锅炉内的蒸发面与凝水系
统上的空气管连接点之间的高差大于锅炉内蒸汽压
力的设计水柱值。 (王亦昭)

重力循环作用压力 gravity circulation action
pressure

又称自然循环作用压力。因水的密度差而形成
的循环作用压力。在有垂直管路的连通闭合回路内，
若两侧垂直管路中水的温度不同，则因水密度差形
成压力差，促使水克服流动阻力沿回路循环。

(王亦昭)

重量流速 weight velocity

空气通过换热器有效断面（通风净截面积）的风
速 v 与表观密度 ρ 的乘积。$v\rho$ 值是决定换热器换热
性能与空气通过阻力的重要因素。常用于预选表面
换热器的有效断面积和计算传热系数及空气阻力。

(田胜元)

zhou

舟车式灭火器 fire extinguisher for vessels
and vehicles

用在各种船舶、汽车、火车等交通工具上的灭火
器具。其功能和类型均与手提式灭火器相同。

(吴以仁)

周边速度梯度理论 peripheral velocity gradienttheory

用以解释本生火焰在火孔上稳定的理论。1943年德国科学家刘易斯（B. Lewis）和冯·埃尔柏（G. Von Elbe）提出。火焰在火孔上的稳定取决于火焰根部在火孔边缘的稳定。在火孔出口的周边处，火焰传播速度和气流速度都在变化。在离火孔端面的某一位置，火焰根部某一点的火焰传播速度等于气流速度时，火焰根部就稳定在该位置上。当气流速度下降，周边速度梯度降至某一极限值时，火焰根部某一点的火焰传播速度大于气流速度，火焰会迎着气流方向移动到火孔内部，发生回火；当气流速度上升，周边速度梯度升至某一极限值时，火焰根部每一点的气流速度都超过火焰传播速度，火焰被气流无限制地推离火孔而熄灭，发生脱火。该理论已被实验证实。但在说明脱火现象时，存在一定局限性。

（吴念劬）

周边形排风罩 rim hood all around

沿工业用槽槽边周围布置的槽边排风罩。按其布置形式不同分为四周形和环形两种。（茅清希）

周界监视 perimeter surveillance

对环绕被保护建筑物的地带的监视。是识别早期危险，并向保安人员发出报警信号。这种防护设施是机械和电子手段（如机械/电子墙、红外线墙、微波墙或埋设在地下的探测系统等）的组合。一般配有照明和闭路电视系统。

（王秩泉）

周率表 period meter

见频率表（177 页）。

周围表面平均辐射温度 mean radiant temperature of surrounding surfaces

指一黑体空间的均匀温度。在此空间内人体通过辐射散热量与一实际空间内的散热量相同。该温度与人体的着衣情况、在空间内的位置等有关。当作为近似计算时，可认为该温度等于空间各表面温度的面积加权平均值。

（齐永系）

轴流泵 axial flow pump

固定在旋转轴上的轴向流叶轮高速旋转时使液体受到轴向升力作用的叶片式水泵。其大流量、低扬程，比转数超过 500。用于大型钢厂、火电厂与热电站的循环泵站及城市防洪泵站与大型污水泵站。

（姜乃昌）

轴流式通风机 axial fan

利用叶轮在旋转时产生的轴向推力，使气体增压，沿轴向流动的通风机。按照结构分为筒式、简易筒式和风扇式。其叶片有板形和机翼形。叶片根部到梢常是扭曲的，有些叶片的安装角是可以调整的，以改变通风机的性能，该机由电动机1、叶片2、机壳3和集流器4组成（如图）。此类通风机风压低，流

量大，风压一般在 490Pa 以下。可装设在墙上，直接从室内排风，也用于夏季通风降温。

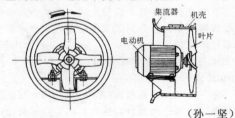

（孙一坚）

轴压式自闭水龙头 axis pressure self-close faucet

靠水压力及预压弹簧的增压而自动密封关闭进水的节水型水龙头。使用时轴向下压橡胶圆锥阀芯，打开锥孔，水由下向上并作角式配水。按控制方式分有手压式和脚踏式。特别适用于公共用水场所。

（胡鹤钧）

肘弯

见月弯（289 页）。

肘形弯头

见月弯（289 页）。

zhu

珠泉 bead fountain

将空气断续鼓入清澈水底，而形成的串串气泡上涌的涌水形态。水下"珍珠"进涌，水面鳞纹细碎，可将环境衬托得更加清新幽雅、野趣横生。常与镜池配合应用构成水景工程小品。（张延灿）

逐点测量法 point by point measuring method

将风口截面划分为若干个面积相等的小方块，在每个方块中心处用风速仪测量风速，然后求得风口的平均风速，再将平均风速乘以风口的面积因子，从而得到该风口风量的测量方法。

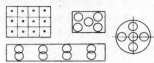

（王天富）

逐点法 point method, point by point method

以光源或灯具的光度数据（光强）为基础，求出被照面上各点照度的计算方法。它将计算点照度分为直射照度（直射光产生的）和反射照度（经室内顶棚、墙等各面反射的光产生的）两部分。点光源和线光源的直射照度，可分别按平方反比定律和方位系数法求得。当采用多盏灯照明时，应为各灯对该点所

产生照度的总和。 (俞丽华)

主保护 main protection

在被保护元件整个保护范围内发生故障都能以最短的时间切除，并保证系统中其它非故障部分继续运行的保护。 (张世根)

主波长 dominant wavelength (of a colour stimulus)

单一波长光的色刺激（单色光刺激）和特定的白光刺激以适当比例混合，达到与试验色刺激相匹配的单色光刺激的波长。以 λ_d 表示。在色度图上将表示该颜色光的点和白色点连成直线，并延长至光谱轨迹，它们的交点所对应的波长即为其值。 (俞丽华)

主导风向 dominant wind direction, prevailing wind direction

在确定的季节或全年内出现频率最高的风向。 (陈在康)

主动式太阳房 active solar house

又称主动太阳房、主动式太阳能供暖系统。由独立于建筑物之外的集热和储热部件、管道及风机或泵等收集、储存及输配太阳能的系统。其控制调节较灵活，应用范围较广。按使用热媒种类分为热水式和空气式；按建筑物内散热器形式分为辐射板式、风机盘管式和暖气片式；按与其他系统联合状况分为太阳能发电供暖系统和太阳能空调供暖系统。 (岑幻霞)

主回路

见主接线（306 页）。

主机 main frame

计算机中运算器、控制器和内存储器三部分设备的总称。 (温伯银)

主接线 primary system

又称一次接线、一次回路、主回路、主系统。由各种开关电器、电力变压器、母线和电力电缆等电气设备，依一定次序相连接的接受和分配电能的电路。通常画成单线图的形式。建筑供配电系统中常用的分有单母线接线、双母线接线和桥式接线等。 (朱桐城)

主通气立管 main vent stack

靠近排水立管设置并与各层环形通气管相连接的通气立管。与排水立管连接点：其上端为最高卫生器具上边缘或检查口以上不小于 0.15m 处（其上端也可直接伸出屋面或顶棚）；下端为最低排水横支管接入点以下；中间部分每隔 8～10 层与结合通气管相连。 (张 淼)

助燃物质 oxidizer

与燃烧物质发生反应并能帮助和支持燃烧的物质。包括有空气、氧气、氯气、溴、氟等，实际上是一种强氧化剂。燃烧时可燃物与氧化剂发生剧烈的氧化反应，在反应中可燃物质被氧化，氧化剂被还原。如氢气在空气或氧气中燃烧，反应式为

$$H_2^0 + \frac{1}{2}O_2^0 \rightarrow H_2^{+1}O^{-2}$$

H_2 的两个 H 元素各失去一个电子被氧化，O_2 的一个 O 元素获得两个电子被还原。 (赵昭余)

住宅生活用水定额 household water consumption norm

居住建筑中人们日常生活需用的每人最高日用水量规定值。中国按设置分户水表制度制定。按卫生设施完善程度分有三个等级，其中第三级包括热水用水定额值。 (姜文源)

贮备水量 storage content

贮水设备或贮水构筑物中用以满足瞬时高峰或事故时用水的水量。按贮水用途分有生活用水贮备量、消防贮备水量与生产事故备用水量。 (胡鹤钧)

贮热设备 heat storage equipment

贮存热水以调节热量的供给与需求变化的设备。按承压与否分有承压式（如热水贮水器）、非承压式（如热水贮水箱）；按其工况分为定温变容贮热设备、定容变温贮热设备和变温变容贮热设备。 (刘振印 钱维生)

贮水池 storage reservior

又称蓄水池。以贮存调节水量和贮备水量为主要功能的水池。包括高位水池、调节水池与消防水池、生产水池等。池内设有吸水坑、水池导流墙与水池通气装置等。 (姜文源 胡鹤钧)

贮水构筑物 storage structure

能贮存和调节水的构筑物。常见的有水池、水塔、水柜和吸水井等。 (姜文源)

贮水罐 storage tank

与大气不相通的密闭式贮水设备。因承受水压通常用钢板制作成圆柱形罐体，两头呈锅形封头，罐体留有进出水管接口及仪表安装口。按安装形式分有立式和卧式；按用途分有仅作贮水用的压力水罐、作热交换用的容积式水加热器和主要作控制调节压力用的气压水罐。它与水箱相比：调节容积较小、系统密闭水质不易受污染和可置于系统的任意高度上。 (胡鹤钧)

贮水容积 storage volume

贮水设备或贮水构筑物中，用以贮存贮备水量的有效容积，如用于扑救初期火灾的消防水箱为 10min 室内消防用水量；用于扑救火灾全过程的消防水池为火灾延续时间内的消防用水量；生产事故备用水量的容积根据生产工艺要求、考虑停水造成

事故的严重程度和经济损失等因素确定。

（姜文源）

贮水设备　storage equipment

贮存和调节水的设备。按是否与大气相通分有水箱与贮水罐两类。

（姜文源）

贮液器　surge drum，liquid receiver

用来贮存、调节和供应制冷系统中液态制冷剂的容器。其是使制冷剂循环量适应工况变化的要求，即能满足各设备的正常供液量，又能保证压缩机的安全运行。根据用途不同分为高压贮液器和低压贮液器等。

（杨　磊）

驻极体传声器　electret microphone

利用驻极体材料做成的电容式传声器。因驻极体本身已带电，故不需配置一般电容式传声器中笨重的极化电源。结构简单，容易小型化，电声性能较好，抗振能力强，价格低；但在高温高湿条件下，寿命较短。广泛用于录音机，特别是盒式磁带录音机。

（袁敦麟）

柱面反射器　cylindrical reflector

将一条对称或不对称的曲线平移后得到的柱形曲面两端加上侧板后得到的对称反射器。适合安装发光体细长的诸如高压钠灯、管形卤钨灯等一类光源，得到扇形光束。在水平面上，光束扩散角大，有接近余弦形状的光分布；在垂直面上，根据曲线的形状和对称性，可得到对称的或不对称的光束角度相差很大的宽狭光束，特别适合做投光灯，照明距离不太远的场地。其中有些灯具的出光口面上装有减少直接眩光的格栅片，适用于体育场馆的照明。

对称柱面　　　　　不对称柱面

（章海璁）

柱型铸铁散热器　cast iron column radiator

竖向水流通道呈柱形、上下有横向水道连通的单片铸铁散热器。用对丝互相连接组合。根据柱数分为二柱、三柱、四柱和五柱等；每种又分有不同高度的各种规格。其传热系数、金属热强度和美观程度均优于翼型，但制造工艺较为复杂。是世界上应用最普遍的散热器。

（郭　骏　董重成）

铸石管　cast rock pipe

将岩石破碎、熔融后，采用重力模铸或离心浇铸成型的非金属管。常用岩石有辉绿岩、玄武岩、页岩等。耐磨损，耐化学腐蚀；但质脆不耐振动和挠曲，自重大，管节短，施工运输较困难。最大工作压力一般为 0.3～0.5MPa。常用规格公称直径为 30～

500mm。用于输送磨损剧烈的碴料和酸、碱性污水，也可作其它管道的衬里材料。

（张延灿）

铸铁管　cast iron pipe

又称生铁管。用含碳量大于 2% 的铁碳合金熔融铸造成型的无缝金属管。耐腐蚀性较好、经久耐用、价廉，但质脆、承受振动和弯折能力较差、自重较大、管长较短、接头较多、施工安装不便。按铸造方法分有砂型铸造管、砂型离心铸造管、连续铸造管等；按连接方式分有承插式和法兰式；按铸铁材料分有灰口铸铁管、球墨铸铁管；按用途分有承压铸铁管和排水铸铁管。主要用于各种流体的压力或重力输送。

（肖睿书　张延灿）

铸铁散热器　cast iron radiator

以生铁浇铸的普通型散热器。按构造外形分为柱型和翼型等。使用最为广泛。结构简单、抗腐蚀性强、使用寿命长等；但金属耗量大、笨重、生产制造过程污染环境。在国外，已逐步被钢制散热器所取代。

（郭　骏　董重成）

zhuan

专用电话小交换机　PBX，private branch exchange

简称小交换机、总机。装在工矿企业、机关或大型建筑内，供内部通话并能与城市电话网相接续的电话交换设备。其所属用户电话机称分机。它的特点是容量较小，绝大多数是单局制，与城市电话用户通话须经小交换机转接。交换机由话路设备和控制设备两大部分组成。在人工交换机中，用话务员工作来代替控制设备工作。与城市交换机相同，分有人工电话交换机和自动电话交换机两类。

（袁　玫）

专用调压器　regulator for special purpose

为用气压力特殊或用气量特大的用户而专门设置的燃气调压器。当出口压力与城市燃气管网压力相同时，应与城市管网连通。

（吴雯琼）

专用通气立管　specific vent stack

与排水立管平行设置并与之相连接的通气立管与排水立管连接点：其上端为最高卫生器具上边缘或检查口以下不小于 0.15m 处（其上端也可直接伸出屋面或顶棚）；下端为最低排水横支管接入点以下；中间部分每隔 2 层与结合通气管相连。

（张　森）

专用通信网　private network

各机关、企业、铁路、军事、气象等单位为本单位业务需要而设置的通信网。专用网中的明线、电缆、微波中继线路和电话管道等可自行建设或向邮电部门租用。邮电部门通信网称为公用通信网。

（袁敦麟）

专用语言 speciad-purpose language

反映特定应用领域要求的程序设计语言。

（温伯银）

专用自动小交换机 PABX, private automatic branch exchange

装在工矿企业、机关或大型建筑内，供内部通话并能与城市电话网相接续的自动电话交换设备。参见专用电话小交换机（307 页）。 （袁 玫）

专职消防队 fire brigade

担负本企业事业单位的防火、灭火工作，并协助公安消防队扑救外单位火灾的消防组织。是中国公安、专职、义务三支消防力量的组成部分。它由单位负责人（厂长或经理等）领导，日常工作由本单位公安、保卫或安全技术部门管理，在业务上接受当地公安消防监督机关的指导。 （马 恒）

转杯式风速仪 rotating cup anemometer

又称杯式风速仪。利用流动气体的动压推动由几个半球形叶片制成的叶轮旋转，并由计数机构显示气流速度的仪表。 （刘耀浩）

转动调向条缝送风 supply air from adjustment slots

可转动而改变送风方向的条缝送风口，在室内形成的气流组织型式。 （邹月琴）

转换开关 change-over swith

用于电路中，从一组连接回路转换至另一组连接回路的开关。常用于通断控制电路、选择控制方式等，也可用作小容量用电设备的电源开关。分有采用刀开关结构形式的称刀形转换开关和采用叠装式触头元件组合成旋转操作的称组合转换开关。 （施沪生）

转轮除湿机 rotary wheel dehumidifier

由除湿转轮、传动机构、外壳、风机及再生用电加热器等组成的能连续进行吸湿和再生的除湿设备。转轮构造与转轮式全热交换器相同。转轮与潮湿空气接触吸湿后旋转至再生空气通过部分，水分被热空气带到室外，转轮继续旋转吸湿。除湿后的空气被送往房间。 （齐永系）

转轮式全热交换器 rotary heat exchanger

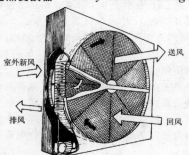

室外新风 / 送风 / 排风 / 回风

以铝、铝合金或纤维纸等板材为基料，浸涂以氯化锂等吸湿剂，做成以平板和波纹板相间排列，断面呈蜂窝状、外形呈轮状，同时进行显热和潜热交换的换热器。常用来利用空调、通风系统的排风预热新风。轮子以旋转方式进行工作，轮芯转至下部时，排风通过，使转轮在冬季被加热，而夏季则被冷却。当轮芯转至上部时，新风流过，冬季被轮芯加热，而夏季则被冷却。在上下交界处设一小区，借新风来清洁轮芯。如在它的基料上不涂吸湿剂，即成为转轮式显热交换器。 （马九贤）

转圈理论 rotation theory for cyclone

类比平流重力沉降室的沉降分离理论建立起的一种旋风除尘器临界粒径计算理论。认为某一粒径为 d_{c100} 的尘粒在离心力作用下沉降到旋风除尘器壁面所需时间，如与含尘气流在旋风除尘器内的停留时间相等，则认为粒径为 d_{c100} 以及大于 d_{c100} 的尘粒都被捕集。该粒径 d_{c100} 称为除尘效率 100% 的临界粒径。根据此理论，人们采取不同条件（如不同的旋流指数 n 等），推导出多种 d_{c100} 计算公式。由于它忽略了实际流场内的径向和轴向运动，以及锥体对除尘的作用，其计算结果一般与实际相差较大。

（叶 龙）

转输流量 transportation flow of pipeline

流自上游管段，经本管段转送至下游管段的流量。是确定燃气管道计算流量的依据之一。

（张 同）

转心门

见旋塞阀（266 页）。

转移呼叫 call transfer

可将用户电话号码（或呼入电话）转移到临时去处的电话机上的性能。可分为全转移（不论什么情况下都转移）、忙转移（只有被叫话机占线时才会转移）和无应答转移（只有当被叫话机铃响无人应答时才会转移）三种。主要用于用户外出或占线时，避免耽误接听呼入的电话。 （袁 玫）

转子流量计 rotometer, rota flow meter

又称浮子流量计。以浮子的上浮高度为依据计量管道内流体流量的流量计。由倒锥形管和浮子组成。依倒锥形管的材料分为远传金属管式和直读玻璃管式两类。前者又包括气远传和电远传两种型式，用于测量压力、温度较高的流体和粘滞性较大的流体。后者限于测量清洁、透明的流体。

（徐文华 唐尊亮 董 锋）

zhuang

装配式洁净室 assembling cleanroom

用拼装式板壁、顶棚、地面等预制件和风机过滤器机组、照明灯具等设备在现场拼装成的洁净室。

（杜鹏久）

装饰式喷头　flush sprinkler head

又称吊顶型喷头。将给水支管隐蔽在建筑物吊顶内，仅感温元件外露在吊顶下的闭式喷头。按照安装形式分为平齐型、半隐蔽型和隐蔽型。用于宾馆、饭店、展览厅、百货大楼、医院和办公大楼等建筑美观要求较高的场所。　　　　（张英才　陈耀宗）

装置负荷　instalation load

为供暖和空调系统服务的锅炉和制冷机所应提供的热量和冷量。它除包括空调设备负荷外，还应包括管网冷热损失和管网漏损等所增加的冷热量。

（马仁民）

装置外可导电部分　extraneous conductive part

不属于电气装置一部分的可导电部分。一般是地电位，故障时可能引入电位。如建筑物的金属构件、金属煤气管、水管、热力管以及与之有电气连接的非电气设备、非绝缘的地板和墙壁等。

（瞿星志）

状态参数　state parameter

又称工质的热力状态参数。简称状态参数。状态是指在某一瞬间工质所呈现的物理状况。通常它是标志工质所处状态的宏观物理量。已知该参数可确定工质状态，反之亦然。它可分为基本状态参数和导出状态参数。　　　　　　　　　（岑幻霞）

撞击喷头　bumping sprinkler-head

利用高速水流相互碰撞或与喷嘴碰撞而将水流分散成细小水滴的喷泉喷头。是喷出水雾形态的喷头形式之一。　　　　　　　　　（张延灿）

zhui

锥体弯曲水平式旋风除尘器　horizontal bending cone type cyclone

采用牛角弯形锥体的旋风除尘器。当入口风速较大时，由于离心力远远大于粉尘重力，故这种旋风除尘器不仅可水平放置，甚至可以倒置。水平放置用于中、小型锅炉烟气除尘，所占空间小、安装灵活方便。　　　　　　　　　　　　（叶　龙）

锥形调节阀　conical regulating damper

在风口上装有可前后移动的锥体的风阀。改变锥体插入风口中的不同深度，使流通截面面积变化，从而调节流量。　　　　　　　　（陈郁文）

zhuo

桌式电话机　table telephone set

可放置在办公桌或控制台等水平台面上的电话机。有的是两用的，可放在台面上，也可固定在墙上。桌机或墙机决定了电话机外壳的构造和收发话器的位置。　　　　　　　　　　　（袁　玫）

浊度法　nephelometry method

通过对过滤器或滤料前后气流中的微粒总的散射光的能力，即混浊程度的比较，来检验过滤尘粒的效率的相对方法。　　　　　　　（许钟麟）

zi

子钟　secondary clock

受母钟发出脉冲控制的时钟。由极化继电器和指针等组成。极化继电器受母钟发送的变极脉冲控制而动作，带动指针走时。其结构比一般机械钟简单，走时统一准确，不受交流电源频率变动的影响，也不需要更换电池。一般工作电压为 24V±10%，最低不小于 18V，也有工作电压为 60V。定型生产的子钟有单面 100、300、400、600mm 及双面 600mm 五种，外形分有圆形、矩形和菱形等。每个单面子钟的脉冲电流不大于 8mA，一只双面子钟电流等于 2 只单面子钟。　　　　　　　　　（袁敦麟）

紫铜管　copper pipe

又称铜管。用工业纯铜经拉制、挤制或轧制成型的无缝有色金属管。具有较好的机械强度、耐腐蚀性、良好的延展性、导电性、导热性、壁厚较薄、重量较轻、低温性能较好。按材料状态分有软、硬两种；按成型方法分有拉制铜管和挤制铜管。常用连接方法有螺纹连接、焊接（气焊、电弧焊和钎焊）、平焊铜法兰连接、凹凸面对焊铜法兰连接、卷边松套钢法兰连接、铜环松套钢法兰连接等。中国标准规格为外径 3～360mm、壁厚 0.5～30mm。常用于热交换设备的传热管、制氧工艺的低温管以及压力润滑、油压系统和仪表等管路上的小直径管。　　（张延灿）

紫外光源　ultraviolet radiation source

以产生紫外辐射为主要目的的光源。根据辐射波长分为近紫外 UV-A（315～400nm）、中紫外 UV-B（280～315nm）、远紫外 UV-C（100～280nm）。用于光化学、工业、农业、国防和医疗等领域。

（何鸣皋）

紫外火焰火灾探测器　ultra-violet flame fire dectator

对紫外光辐射响应的感光火灾探测器。其传感元件对物质燃烧火焰波长低于 280mm 的紫外线特别敏感。　　　　　　　　　（徐宝林）

紫外线消毒　ultraviolet disinfection

利用高压或低压汞灯发射的紫外线杀灭致病微生物的过程。是辐射消毒的一种。紫外线辐照可引起

微生物细胞成分的变异致使其死亡。用于各种清洁水的消毒。　　　　　　　　　　　　（张延灿）

紫外线饮水消毒器　ultraviolet ray disinfector

利用紫外线灭菌对自来水作进一步处理的装置。波长接近 235.7nm 的紫外线有破坏水中细菌和微生物的核酸蛋白质及使之死亡和变异的作用。由紫外线灯管、石英玻璃套管、筒体和电控箱组成。用于安装在公共集会场所供直接饮用的饮水，也可供制备水中不宜有余氯的饮料、人造冰等用水。

（郑大华　孙玉林）

自闭式冲洗阀　self-closing flush valve

用人手或脚触按或松开启闭件按钮时靠弹簧的作用开启或关闭的冲洗阀。要有一定水压才能保证所需的冲洗流量；但如水压过高在断水瞬时会产生水锤现象。　　　　　　（倪建华　张延灿）

自承式通信电缆　self supporting telecommunication cable

用于架空线路中不需另加钢绞线吊挂的通信电缆。它的剖面是一个相连的大圆和小圆，大圆护套内为电缆，小圆护套内为钢绞线。施工时将电缆本身中钢绞线固定在杆上，不需要挂钩，施工比较方便。

（袁敦麟）

自动补气　automatic make-up air

利用专用补气装置自动向气压水罐补充气体的补气方式。按作用原理分有水泵吸水管真空补气、水泵出水管上水射器补气、补气罐补气、补气器补气和空压机补气等。按补气量分有余量补气和限量补气。

（姜文源）

自动采样　automatic sampling

对不小于 $0.5\mu m$ 的尘粒，用光散射粒子计数器进行采样的方法。可监测 100 级以下的空气洁净度。

（杜鹏久）

自动重合闸装置　automatic reclosing equipment

被保护设备发生故障，继电保护装置动作使断路器跳闸切除故障后，令该断路器立即重新合闸的自动装置。　　　　　　　　　　（张世根）

自动冲洗水箱　automatic flush tank

可定时或根据使用人数自动对便溺用卫生器具和大便槽进行冲洗的冲洗水箱。其作用与普通冲洗水箱相同。常用于公共厕所大便槽和小便槽的自动冲洗。箱体材料多用塑料、玻璃钢、陶瓷或钢板。

（倪建华　金烈安）

自动电话　automatic telephone system

电话交换过程中的接线、拆线等有关动作均由机械或电子设备来完成的电话。通信质量和接续速度均比人工电话显著提高，在容量较大时，可以节省大量工作人员，目前在国内外已普遍采用。

（袁玫）

自动电话呼叫发送机　automatic telephone call transmitter

利用电话线路自动地将报警信号发送到预定的用户或接收点的设备。当要将报警信号发送给预定的电话用户时，应将所要传送的语言信息以简单的文本形式，或将要呼叫的用户编号以拨盘脉冲形式，存贮在盒式磁带上；当要将报警信号发送给装有自动打印记录设备的接收站时，应将信号以数字代码形式存贮在盒式磁带上。一旦接收到报警信号，它按顺序反复向各预定用户呼叫，直至一个用户确认此次报警。　　　　　　　　　　　　（王秩泉）

自动电话机　automatic telephone set

在共电式电话机基础上加装拨号设备用于自动电话交换机系统的电话机。拨号设备按所拨用户号码送出一定信号去控制自动交换机进行接续。拨号设备分有转盘式和按钮式两种。发出信号分有直流脉冲和双频制音频信号两种。　　　（袁玫）

自动调节　automatic regulation

在生产过程中，采用仪表、自动装置在没有人直接参与下实现使物理量达到规定值或按某种规律变化的操作。它是生产过程自动化的基础。

（唐衍富）

自动调节系统　automatic regulation system

在调节过程中无人参与的情况下能使被调对象的被调量达到规定值或按一定规律变化的系统。一般由传感器（被调量）、变送器、调节器和执行机构等组成。按偏差调节并具有反馈的闭环系统。其结构方框见图。

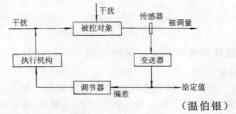

（温伯银）

自动放气阀　automatic air vent

利用蒸汽、空气和凝水三者温度和密度的不同，而自动排除蒸汽系统中的空气却不使蒸汽漏出的部件。　　　　　　　　（王义贞　方修睦）

自动扶梯　escalator, moving staircase, travelling staircase

将大批人员有效地和快速地由一层输送到另一层的设备。它不同于一般的提升装置，不需等待时间，而且不必占用较多的提升地板空间，当上层的人流很多时，它可以和提升机一起使用。用在客流量少的地下室和底层之间，可避免提升机运输到较低层。

它能适应高峰时的客流量，广泛应用于银行、商场、展览厅、航空站和火车站。其客运量取决于沿倾斜线的速度和梯级的宽度。速度一般在 0.45～0.6m/s 之间变化，但输送人流特别多时可超过 0.7m/s。踏步宽度一般在 600～1200mm 之间，600mm 仅适用于小的装置；810mm 适用于中型商场（小的部门贮藏室）和银行；1000mm 将容许两个人并站或通过；1200mm 一般用于大型商场、航空站和地铁车站。

（唐衍富）

自动换片唱机 auto-change turntable

能自动连续重放多张唱片的唱机。当一张唱片放唱结束时，能自动换片放唱。 （袁敦麟）

自动浸油过滤器 automatic roll oiled filter

用驱动装置使滤材在使用过程中不停地循环运动，自动不断地浸入油槽，洗下尘埃并带上过滤器油的过滤器。 （许钟麟）

自动卷绕式过滤器 moving curtain filter

能自动卷绕滤料的过滤器。由箱体、滤料和固定滤料部分、传动部分、控制部分等组成，滤料采用化纤组合毡或涤纶无纺布等。当滤料积尘到一定程度，由过滤器的自动控制系统自动卷绕更新滤料，每卷滤料一般可使用半年以上。可以减少人工更换滤料的工作量和提高运行管理水平。使用过的滤料可用水清洗后再用，但其过滤效率较新滤料略有降低。有的型号可以按处理风量的要求多台并联使用，而自动控制装置共用一套。是一种粗效过滤器。

（叶 龙）

自动控制 automatic control

在控制过程中无人直接参加的情况下采用自动化装置进行测量、变送、传递和计算，并用以控制被控制对象达到预定的运动状态或具有所要求功能的控制技术。基本内容包括自动控制理论、自动控制技术、工具及其应用。 （温伯银）

自动控制系统 automatic control system

指由被控对象和控制装置所组成的能够对被控对象的工作状态进行自动控制的系统。按系统结构特点分有单回路控制系统与多回路控制系统、开环控制系统与闭环控制系统、单级控制系统与多级控制系统和固定结构控制系统与变结构控制系统。

（唐衍富）

自动控制装置 automatic control equipment

由继电器、接触器和电子元器件等组成的对供配电系统或电气设备进行自动监察、控制或操作的装置。常用的分有自动重合闸装置和备用电源自动投入装置等。 （张世根）

自动喷水灭火系统 sprinkler system

又称水喷淋系统。以水作灭火剂，安装在建筑物与构筑物内外或设备上部与四周，以控制和扑灭火灾的固定式消防设施。由可靠的水源、管道系统和安装于其上的喷头、控制阀门和在系统工作时的报警设备等组成。按其结构形式分为闭式系统（包括湿式系统、干式系统、干湿式系统、预作用系统等）和开式系统（包括雨淋系统、水幕系统、水喷雾灭火系统等）两大类。 （华瑞龙）

自动喷水灭火系统设计规范 standard for the design of sprinkler systems

为合理地设计自动喷水灭火系统，保护人身和财产的安全而制定的规范。主要内容包括：总则，建筑物、构筑物危险等级和自动喷水灭火设备数据的基本规定，消防给水，喷头布置，系统类型及水力计算等。 （马 恒）

自动水龙头 automatic tap

根据光电效应、电容效应、电磁感应等原理自动控制启闭的节水型水龙头。常用于高标准建筑中的盥洗、洗浴、饮水等的出水控制和便溺用器具的自动冲洗；也用于公共场所、医院等的盥洗、洗浴、饮水的出水控制，以减少交叉感染，提高卫生水平和舒适程度，并还起到节约用水的作用。 （张连奎）

自动装置 automatic equipment

见自动控制装置。

自动坐便器 automatic closet seat

不用手操作，现代化的坐式大便器。水箱进水、冲洗污物、冲洗下身、热风吹干、便坐圈电暖等全部功能与过程均由机械装置和电子装置自动完成。使用方便、舒适和卫生。用于豪华宾馆、家庭、医院、疗养院等卫生间。 （张延灿）

自虹吸 self-siphonage

水封装置排出管过长致使排水时形成较强虹吸力的水力学现象。常发生在受水容器呈凹斗形、S 型存水弯下肢或 P 型存水弯排出管过长的情况。它易使水封破坏。 （胡鹤钧）

自激式除尘器 self-impulse separafor

利用含尘气流以较高速度冲击水面，分离尘粒的除尘器。气流激起大量水滴，部分粒径大的尘粒在气流冲击水面时沉降于水中，部分粒径较小的尘粒与水滴碰撞面被捕集。冲激式除尘器、水浴等均属此类。净化后的气体经挡水板脱水后排出。保持恒定水位是保证它的除尘效率稳定的重要条件，故设置水位自动控制装置。这类除尘器的用水是内部自动循环，节省了循环水泵及其电耗，减少了废水处理量。

（叶 龙）

自记湿度计 hygroautometer

把湿度敏感元件感受到的湿度变化情况，通过传动、放大机构带动记录笔在自记筒上记录出被测湿度变化曲线的仪表。如自记毛发湿度计等。

（安大伟）

自净流速

见自清流速（312 页）。

自救式消火栓

见小口径消火栓（262 页）。

自耦减压起动器 auto-transformer starter

从自耦变压器上抽出一个或几个抽头，以降低电动机起动时的端电压，减小起动电流的起动器。用于三相鼠笼型异步电动机作不频繁地降压起动及停止，并具有过载、断相及失压保护作用。

（施沪生）

自清流速 self-cleansing velocity

又称自净流速、防淤流速。污废水在排水管渠内流动时所含悬浮杂质不致沉淀淤积的最小流速。与杂质成分和粒径、管渠的水力半径及其粗糙系数等因素有关。一般为 $0.6 \sim 0.7 \mathrm{m/s}$。 （魏秉华）

自然补偿 natural compensation

又称折角补偿。利用管道敷设时形成的自然转角（如 L 型、Z 型等）来吸收热力管道的热应力的方法。它可节省特制的伸缩器、较经济，但受敷设条件限制，管道变形时会产生横向位移。

（黄大江　蒋彦胤）

自然补偿器 nature compensator

利用供热管路中自然弯曲部分的弹性补偿管道受热伸长的部件。因此在这段管路中就不必专门设置补偿器，布置供热管道时应尽量利用这种自然补偿能力；但它会产生横向位移，且补偿能力较小。

（胡　泊）

自然对流式太阳房 gravitational convective solar house

白天集热器内空气受热上升，经储热槽进入室内散热后，由储热槽下部返回，进入集热器的太阳房。夜间关集热器阀门，室内冷空气通过自然循环，将储热槽热量取出，散入室内。 （岑幻霞）

自然功率因数 natural power factor

未采用无功功率补偿设备时，用电设备和用户的功率因数。 （朱桐城）

自然接地极 natual earth electrode

与大地紧密接触的永久性不可拆卸的金属构件、非可燃和非爆炸介质的金属管道、建筑物基础中的钢筋网以及电缆的金属外皮等用作接地的总称。为了节约金属，减少施工费用，应充分利用自然接地导体作为接地极。 （瞿星志）

自然进风 natural inlet air

利用热压或风压等自然作用力使空气进入室内的方式。 （陈在康）

自然排风 natural exhaust air

利用热压或风压等自然作用力从室内排出空气的方式。 （陈在康）

自然排烟 natural smoke exhaust

以自然力为动力所进行的排烟。即利用火灾时产生的高温烟气和室外空气密度不同所产生的热压或由室外风力造成的风压，使烟气通过火灾房间的窗、竖井或排烟口排出室外，而使室外空气通过指定的门、窗补入。只有当火灾房间处于背风侧时，烟气才能较顺利地通过窗、排烟口流向室外。

（邹孚泳　于广荣）

自然通风 natural ventilation

依靠自然风所形成的风压和室内外空气的温度差所形成的热压使空气流动而不消耗机械动力实现的通风方法。 （陈在康）

自然循环 natural circulation

热水循环流量无需动力机械，而由供、回水温差因素自行循环流动的方式。计算出的自然循环压力值必须大于因热水循环流量在管路中形成的水头损失值。常用于热媒循环系统和小型热水系统。

（陈钟潮）

自然循环热水供暖系统 gravitational hot water heating system, gravity circulating hot water heating system

又称重力循环热水供暖系统。以重力作用压头为循环动力的热水供暖系统。不需设循环泵，也不耗电，且无噪声；但由于重力压头小，所以管径大，作用半径小，系统升温慢；另外，由于重力压头大小与散热器所在楼层数有关，易使上、下层散热器水量分配不均而产生上热下冷现象。因此，它的使用受到限制。 （路　煜）

自然循环压力值 circulating head, circulating force

又称自然循环作用水头。热水供应系统中促成热水自然循环的压力差。为冷热源计算点之高差与配水、回水管中因水温形成的重力密度差的平均值之乘积。如在上行下给式的热水循环系统中，前者为锅炉或水加热器的中心与上行横干管管段中心的标高差；后者为最远处立管与配水主立管的管段中点水的重力密度差。 （钱维生　胡鹤钧）

自然引风式扩散燃烧器 diffusion-flame burner with natural draft

靠自然抽力或分子扩散作用获得空气与燃气混合燃烧的燃烧器。一般分有管式燃烧器、扇形火焰燃烧器和冲焰式燃烧器等。 （周佳霓）

自燃 spontaneous ignition

可燃物质在无外界火源作用下，因受热或自身发热并蓄热所产生的自行燃烧现象。又分为受热自燃及本身自燃两种现象。如油棉丝蓄热、烟煤因堆垛

过高和农副产品受潮发热等引起,均属本身自燃;工矿企业内的化学物品和硝化棉受热等引起,均属受热自燃。 (赵昭余)

自燃点 spontaneous ignition temperature

在没有外部火花、火焰等高温热源作用下,可燃物质因受热或自身发热并蓄热而产生自行燃烧时的最低温度。其值越低,火灾危险性就越大。它可按规定的条件和相应的仪器测定得出,如一氧化碳为60.5℃,乙醇为460℃,乙醚为170℃,固体樟脑为250℃等。固体物质的自燃点除了取决于物质的种类和结构形态外,还与固体物质的粉碎程度、受热时间长短和大气中含氧量高低等有关。 (赵昭余)

自身回流型低 NO$_x$ 燃烧器 self-reflux low NO$_x$ burner

利用燃气或空气吸引炉内烟气,在燃烧器内部进行循环的燃烧器。循环烟气促进燃气和空气的混合,使燃烧在短时间内完成,同时使 NO$_x$ 生成区温度降低,O$_2$ 的浓度减少,以抑制 NO$_x$ 的生成。 (郑文晓)

自身预热式燃烧器 self-recuperative high velocity burner

利用自身的高温烟气预热助燃空气的燃烧器。由空气预热器、燃烧器、排烟系统组成。燃烧器、炉内的高温烟气靠炉压或置于烟道内的引射装置排出,然后在空气预热器里与助燃空气进行热交换,预热后的空气与燃气混合进行燃烧。 (陆慧英)

自应力钢筋混凝土输水管 self-stressing reinforced concrete pipe

又称承插式自应力水泥压力管。利用自应力水泥在凝固过程中体积膨胀的特性,将管壁内配筋张拉产生应力,以提高配筋强度的钢筋混凝土输水管。常用自应力水泥有硅酸盐类水泥和硫铝酸盐类水泥等。按工作压力级别分有 0.4、0.5、0.6、0.8、1.0、1.2MPa 六种。中国标准规格为公称直径 100～800mm。 (张延灿)

自由边界 free boundary

在求解一定范围内流体流动过程时,此范围远离固壁或其他不同流体介质界面的边界。系流体流动过程数值解法中边界条件的一种类型。 (陈在康)

自由射流 free jet

气体经孔口或管嘴向无限大空间出流所形成的外射扩散流动。因流动不受空间固体边壁的影响与限制,沿程不断卷吸周围空间中的空气参与流动,射流流量和射流横截面不断增大,而射流速度却不断减小。射流中静压强与周围空气中静压强相等,致使射流各个横截面上动量相等。 (陈郁文)

自镇流荧光高压汞灯 self-ballasted mercury lamp

用置于放电管四周的串联灯丝起镇流作用来点灯的荧光高压汞灯。因无需外接镇流器,使用方便;但灯的发光效率比荧光高压汞灯下降约 50%。 (何鸣皋)

zong

综合电话网 integrated telephone network

电话电缆芯线除了连接电话外,还连接有调度电话、直流子母钟等其它弱电设备的电话网。在大中型现代化工业企业中,除了厂区电话(又称行政电话)外,还常有生产调度电话、会议电话、直通电话、工业信号、广播信号、报警通信、直流子母钟等设备。这些设备的工作电压和电平均属同一等级,常不单独敷设上述各设备线路,均利用厂区电话网中电话电缆的芯线,这样节约了投资,大大简化了线路种类,又增加了线路的灵活性。 (袁敦麟)

综合防尘措施 comprehensive dust control method

在生产车间防止粉尘对人体危害的综合措施。其主要内容为:①改革工艺和操作方法,减少尘源;②湿法生产,从根本上消除粉尘的产生。在车间内喷雾、洒水、湿法清扫,控制二次扬尘;③尘源密闭,操作工人和粉尘脱离接触;④局部排风,密闭罩内形成一定负压,控制粉尘外逸;⑤个人防护;⑥加强维护管理;⑦定期检查车间工作地点粉尘浓度和操作工人的健康状况;⑧宣传教育。 (孙一坚)

综合护层通信电缆 composite-sheathed telecommunication cable

采用铝或钢等金属材料和聚乙烯等非金属材料,共同综合构成护套层的通信电缆。它有足够的电磁屏蔽、防潮、机械强度和防腐蚀等性能。目前常用的分有铝-聚乙烯护层和铝-钢-聚乙烯护层等。它可以代替铅护套电缆用于地下管道或架空敷设。 (袁敦麟)

综合给水方式 comprehensive water supply scheme

其有串联给水方式、并联给水方式与减压给水方式任两种以上的竖向分区给水方式。用于大型或多功能的高层建筑,尤其是消防给水系统。 (姜文源)

综合业务数字通信网 ISDN, integrated service digital network

用数字信号进行传输、交换与处理的综合业务通信网。在这种通信网中,如果信号是模拟的,需先经模/数转换设备，将其转换为数字信号，才能进入网中传输与交换。到达接收端后，再经数/模转换设备，变换为原来的模拟信号。　　　　　　（袁敦麟）

综合业务通信网　integrated service network
简称综合通信网。能进行各种通信业务的通信网。可用来进行电话、电报、数据、传真和电视电话等多种通信。　　　　　　　　　　　（袁敦麟）

总辐射强度　global solar radiant intensity
到达地面的直射辐射强度、散射辐射强度与地面反射辐射强度三者之和。其值取决于所在地点的地理纬度、时间、云量和大气透明度等。
　　　　　　　　　　　　　　　　（单寄平）

纵横制自动电话交换机　crossbar automatic telephone system
以纵横接线器作为话路接续元件，电磁继电器作为主要控制元件的自动电话交换机。其优点是：①由于采用压接式纵横接线器，因而接触可靠、杂音小、机件磨损小、寿命长，维护工作量也少。②由于采用间接控制方式，因而灵活性高，便于汇接和自动路由选择，利用率高，从而合理地组织电话交换网络，提高安全可靠性；便于实现长途自动化；控制设备利用率高，便于改善服务性能；对话机拨号盘性能要求低，并可适应按钮拨号。纵横制交换机由话路网络、用户电路、绳路、出入中继器、记发器和标志器等组成。它是机电式交换机中较先进的一种，在国内已得到广泛使用。　　　　　　　　（袁　玫）

纵火　arson
由人为蓄意造成火灾的行为。　　　（华瑞龙）

纵向位移　longitudinal displacement
杆件（如橡胶软接头）承受轴向荷载（拉伸或压缩）时，其自身伸长或缩短的量。其允许值与软接头的结构形式、公称通径以及受力方式有关。
　　　　　　　　　　　　　（邢弗桐　丁崇功）

纵向下沉式天窗　straight sinking skylight
厂房纵轴方向部分屋面架设在屋架下弦的天窗。利用上层屋面和下沉屋面部分错开的高度所形成的孔口作为天窗的排风口，并能在不同风向自然风的作用下保持排风口外风压为负值。

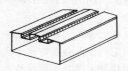

　　　　　　　　　　　　　　　　（陈在康）

ZU

阻垢
见管道防结垢（91页）。

阻垢剂　scale inhibition
又称缓垢剂。抑制或降低介质中成垢物质沉淀的药剂。按机理分为分散剂、螯合剂与络合剂、高分子混凝剂的凝聚架桥作用。在锅炉给水中采用前两类药剂；对于冷却水系统，前三类药剂均可选用。
　　　　　　　　　　　　　　　　（贾克欣）

阻抗标么值　per unit of impedance
有名单位表示的阻抗 Z 与相应有名单位表示的基准阻抗 Z_b 之比值。以 Z_* 表示。其表达式为

$$Z_* = \frac{Z}{Z_b}$$

　　　　　　　　　　　　　　　　（朱桐城）

阻抗复合式消声器　resistance-impedance compound silencer
利用阻性和抗性两种消声原理组合而成的消声器。它在较宽的频率范围内能起良好的消声效果。
　　　　　　　　　　　　　　　　（范存养）

阻抗匹配　impedance matching
使信号源内阻与其负载等效阻抗相等，以保证负载从信号源获取最大功率。在电缆电视系统中，凡用馈线连接的各个部分都要求有良好的匹配，否则会产生重影或降低图像的清晰度。
　　　　　　　　　　　（李景谦　陈惠兴）

阻力数　hydraulic resistance characteristic
又称阻力特性数。管路或网在单位流量下的压降。常以 S 表示。单位为 $Pa/(m^3 \cdot h)^2$。对于热水供暖系统，它与管段管径、长度、管内壁绝对粗糙度和管段局部阻力的当量长度有关。
　　　　　　　　　　　（郭　骏　董重成）

阻尼比　damping radio
在具有线性粘性阻尼的振动系统中，等于系统的实际阻尼系数（r）与临界阻尼系数（r_c）之比。以 ζ 表示。即为

$$\zeta = \frac{r}{r_c} = \frac{r}{2m\omega} = \frac{n}{\omega}$$

m 为振动系统的质量；ω 为振动系统的固有圆频率；n 为衰减系数。ζ 值越大，振动系统阻尼也越大，从而对振动有较大的抑制作用。$\zeta \geqslant 1$ 时，自由振动系统即使受到初始扰动，也不会产生振动。
　　　　　　　　　　　　　　　　（甘鸿仁）

阻尼隔振　damping isolation
靠隔振装置产生的阻尼力来消耗振动能量，减小振动，降低振动危害的措施。　　　（甘鸿仁）

阻汽具
见疏水阀（220页）。

阻汽排水阀
见疏水阀（220页）。

阻燃绝缘线　flame-retardant insulated wire

绝缘材料中加入了以提高吸热性、抑止可燃性并阻断供氧条件为目的的添加剂的绝缘导线。从总体上提高了其阻燃效果。 （晁祖慰）

阻性消声器 resistance silencer

利用吸声材料或吸声结构的吸声作用制成的消声器。沿着管道传播的噪声，由于吸声材料微孔内空气的阻尼作用，部分声能转化成热能而消耗掉，从而达到消声的目的。吸声材料直接衬贴在管道内壁上的，称为管式消声器。吸声材料按一定方式排列的分有片式、格板式和声流式等消声器。它对低频声的消声作用较差。 （范存养）

组合扬声器 combination loudspeakers, composite loudspeakers

在一只扬声器箱内装有几个扬声器单元和分频器，甚至还有音量衰减器的放声系统。由于高保真放音系统要求重放音质近似于天然声，故要求能重放 20～20000Hz 的频率范围，使用一只扬声器是达不到此要求的，因而需用两个或两个以上不同频率范围的扬声单元，通过分频的方法，组合安装在一个助音箱内，共同承担全部频率范围的放声，以获得满意的重放效果。常用的是高低音二路组合或高中低音三路组合。由于各扬声器单元只承担一段频带的放声，可以选择合适的扬声器，充分发挥各单元的优良特性。因此它除频率范围宽外，还具有失真小，指向性宽和瞬态特性好等。多只扬声器单元组合使用时，各个扬声器输入端子的极性应相同。 （袁敦麟）

zui

最不利处配水点 topmost point of distribution

又称最不利点。给水系统中距供水水源点最远、最高及水头损失值最大的配水点。作为整个给水系统安全供水的控制点。 （姜文源）

最不利环路 worst circuit

平均比摩阻最小的循环环路。是供暖管道水力计算时首先计算的基本环路。当系统的各并联环路的作用压力相等时，是环路折算长度最长的环路；当各并联环路的折算长度相等而作用压力不等时，是作用压力最小的环路。

（王亦昭）

最大补偿能力 maximum compensation capability

补偿器能吸收管道热伸长量的最大值。是补偿器主要性能指标，它取决于补偿器的构造形式和材料，其数值的大小决定了固定支座的跨距。

（胡　泊）

最大传热系数 maximum heat transfer coefficient

建筑物围护结构热工设计计算中容许采用的传热系数之上限值。与最小传热阻互为倒数。以 K_{max} 表示。单位为 W/（m² · K）。限定它是为了节能。 （岑幻霞）

最大电力负荷 maximum demand

旧称 MD，又称最大需量、最高需量。为某一时期内（如一天、一星期、一月、一年）规定的时间间隔中（如 15min、30min、60min）的最大平均负荷。其数值可由某一时间间隔中的最大电能除以间隔时间求得，用电功率表示。 （朱桐城）

最大负荷功率因数 power factor of maximum load

最大负荷时的有功功率 P_{max} 和其视在功率 S_{max} 之比。以 $\cos\phi_{max}$ 表示。其表达式为

$$\cos\phi_{max} = \frac{P_{max}}{S_{max}}$$

（朱桐城）

最大负荷利用小时数 maximum load hours

燃气用户连续以最大小时用气量耗尽其年用气量的小时数。在城市燃气管网估算时，用于确定燃气的计算流量。 （黄一苓）

最大负荷年利用小时数 annual utilization hours of maximum load

全年消耗的电能 W_y 和最大计算负荷 P_{max} 之比。以 T_{max} 表示。用式表示为

$$T_{max} = \frac{W_y}{P_{max}}$$

即为用户全年以实际变化的负荷所消耗的电能，若以最大负荷 P_{max} 持续运行，则工作 T_{max} 小时就消耗掉全年的电能。 （朱桐城）

最大负荷年损耗小时数 annual power loss hours of maximum load

供配电线路或变压器的年有功电能损耗 ΔW_y 和其最大功率损耗 ΔP_{max} 之比。以 τ 表示。用式表示为

$$\tau = \frac{\Delta W_y}{\Delta P_{max}}$$

（朱桐城）

最大秒流量 maximum secondly flow rate

最大时流量在 1h 内以秒为单位的最大值。为平均秒流量与秒变化系数的乘积。 （姜文源）

最大时流量 maximum hourly flow rate

输送最大时用水量的流量。用以确定水泵出水量和气压水罐的调节容积等。 （姜文源）

最大时用水量 maximum hourly water consumption

又称最高时用水量。给水使用时间内最大需用水量小时的用水量。为平均时用水量与时变化系数的乘积。　　　　　　　　　　　　（姜文源）

最大输出电平　maximum output level

放大器正常工作情况下输出电平的界限。包括当有两个或两个以上信号通过时，所产生的交叉调制为—46dB时的输出电平，作为放大器的最大输出电平。　　　　　　　　　（余尽知　陈惠兴）

最大需量

见最大电力负荷（315页）。

最大允许流速　①maximum permissible velocity，②maximum allowable velocity of flow

①见防冲流速（66页）。

②避免热媒在管内流动时产生噪声的流速限制值。随热媒种类而定。　　　　　　（王亦昭）

最大运行方式　maximum operating mode

在给定的电力系统范围内，所有发电机组、线路全部投入运行，选定的接地中性点全部接地的运行方式。对继电保护是指在被保护元件末端短路时，系统的等值阻抗最小，通过保护装置的短路电流最大的运行方式。通常用来确定保护装置的整定值。
　　　　　　　　　　　　（张世根）

最低日平均温度　lowest mean daily air temperature

一定时段内，逐日平均温度的最低值。
　　　　　　　　　　　　（章崇清）

最低温度　minimum air temperature

一定时段内，室外空气温度的最低值。一日中的最低温度通常用最低温度表测得。（章崇清）

最多风向平均风速　mean velocity of prevailing wind

一定时段内风向频率最大的风，即主导风的平均风速。在冬季系指累年最冷三个月该风向的各月平均风速的平均值。　　　　　（章崇清）

最高日用水量　maximum daily water consumption

又称最大日用水量。一年365日中，最大需用水量日的用水量。为平均日用水量与日变化系数的乘积。在住宅、公用和公共建筑中，为生活用水定额与用水单位数的乘积。　　　　　（姜文源）

最高容许浓度　maximum allowable concentration

人们在所处环境长期进行生产劳动和生活而不致于引起急性或慢性疾病的污染物最高容许浓度值。如车间中含有10%以上游离SiO_2的粉尘，空气中的该浓度为$2mg/m^3$。　　　　（利光裕）

最高容许排放量　maximum allowable emission quantity

按平原地区，大气为中性状态，连续点源每小时最高容许的排放量。单位为kg/h。对于每天排放一次又小于1h，则二氧化硫、烟尘及生产性粉尘、二硫化碳、氟化物、氯、氯化氢和一氧化碳等七类物质的排放量可为规定量的3倍。　（利光裕）

最高需量

见最大电力负荷（315页）。

最佳起停控制　optimum start/stop

间歇运行的采暖空调设备，为保证满足使用要求并尽可能节约能源，控制其在使用期前投入运行的提前期最短，在结束使用期前停止运行的提前期最长的控制方式。一般按室内外温度和累计的历史数据并采用最近一次的起动数据加以修正来计算最佳起动时间。按最大热（冷）负荷时室内温度和实测升温和降温速率来计算最佳停止时间。（廖传善）

最小测点数　minimum sampling points

中国规范规定的为检测洁净度所必须的最小测点总数。即平行流洁净室不应少于20点，测点间距为0.5~2.0m。水平平行流洁净室仅在第一工作面测定。乱流洁净室可按面积≤50m²布置5个测点；每增加20~50m²，增加3~5个测点。（杜鹏久）

最小传热阻　minimum resistance of heat transfer

又称最小总热阻。为防止因围护结构内表面温度过低而结露，和为防止因人体向该表面辐射放热过多而感到不适，对围护结构的传热阻所规定的下限值。以$R_{0·min}$表示。单位为m²·K/W 其表达式为
$$R_{0·min}=a（t_n-t_w）\Delta t_y·\alpha_n$$
t_n为冬季室内计算温度（℃）；t_w为冬季围护结构室外计算温度（℃）；a为围护结构温差修正系数；Δt_y为冬季室内计算温度与围护结构内表面温度的允许温差（℃）；α_n为围护结构内表面换热系数〔W/（m²·K）〕。　　　　　　　　　（西亚庚）

最小供液量　minimum liqud flow

吸收塔采用最小液气比操作时的供液量。常用它来确定吸收塔的实际供液量。通常实际供液量是它的1.2~2.0倍。　　　　（于广荣　党筱凤）

最小检测容积　minimum measurement volume

粒子计数器测得的粒子数大于零时的最小空气采样量。中国规范规定：100级每次采样≥1L；1000级~10000级每次采样≥0.3L；100000级每次采样≥0.1L。　　　　　　　　（杜鹏久）

最小新风量　minimum fresh air requirement

混合式空调系统中，空调房间内需要补充的最

小新鲜空气量。其值由人体的卫生要求、空调房间的局部排风以及房间正压要求的风量来确定。人体卫生要求与维持房间正压及局部排风量相加二者相比较，取二者中的大值。在一般空调系统中不小于总风量的10%。　　　　　　　　　　　（代庆山）

最小液气比　minimum liquid-gas ratio

在逆流吸收塔中，被吸收物质在出塔液相中的浓度等于平衡浓度（与入塔气体相平衡）时，进入塔的液量与气量的比值。其值为与平衡线相交的吸收操作线的斜率。用以确定吸收塔的最小供液量。
　　　　　　　　　（党筱凤　于广荣）

最小运行方式　minimum operating mode

在所给定的电力系统范围内，根据长时间出现的最小负荷，投入运行的发电机组、线路和接地点最少的运行方式。对继电保护是指在被保护元件末端短路时，系统的等值阻抗最大，通过保护装置的短路电流最小的运行方式。通常用来校验保护装置的灵敏度。　　　　　　　　　　（张世根）

最优控制　optimum control

以目标函数达到极值为品质指标的控制。
　　　　　　　　　　　　　（温伯银）

ZUO

作业地带　operation area

生产车间中，工人为观察和管理以及生产操作过程经常或定时停留的地点。如生产操作在车间内许多不同地点进行，则整个车间均被视为该地带。
　　　　　　　　　　　　　（陈在康）

作用面积法　operation coverage method

按闭式自动喷水灭火系统的设计作用面积内喷头出水量计算管系所需流量与水压的方法。火灾发生时由于火焰系自火源点呈辐射状向四周扩散蔓延。故计算时假定：①作用面积为正方形或长方形；②其范围内上方的喷头全部开放喷水。（应爱珍）

作用压头　available pressure head

流体通过管道系统可资利用于克服流动时的摩擦阻力和局部阻力的压头。它可来源于机械动力，如水泵与通风机；也可来源于自然动力，如风压与热压。　　　　　　　　　　　（陈在康）

坐便器

见坐式大便器（317页）。

坐式大便器　closet bowl

供人们坐着使用的大便器。简称坐便器。按结构形式分有水冲式坐便器、虹吸式坐便器、喷射虹吸式坐便器和漩涡虹吸式坐便器。按安装方式分有落地式坐便器和悬挂式坐便器。由器体、坐圈和存水弯构成。与冲洗水箱或冲洗阀配套使用。（金烈安）

坐浴盆　sitz bath tub

一种尺寸较小，沐浴者只能坐在其中洗澡的浴盆。多用在家庭和旅馆客房卫生间内，也有专供残疾人使用的产品。有的盆内设有台阶可供浴者坐靠，有的设有对流孔可供盆外加热。与配水龙头和排水存水弯配套使用。　　　　（倪建华　朱文璆）

外文字母・数字

A类火灾　fire class A

指固体物质火灾，这种物质往往具有有机物的性质，一般在燃烧时能产生灼热的余烬。如木材、棉、毛、麻、纸张火灾等。　　　　　（赵昭余）

A声级　A sound level

用A网络测得的噪声值较为接近人耳对声音的感觉是一种噪声级的主观量度。在噪声测量仪器中，声级计是最基本的测量仪器。为了模拟人耳对声音响度的感觉特性，大多数声级计都包括A、B和C计权网络，有的还包括D计权网络，它使所接收的声音按不同的程度滤波。A网络是模拟人耳对40phon纯音的响应，它使声学测量仪器对高频敏感，对低频不敏感，这正与人耳对噪声的感觉一样。故一般使用A网络测得的声级作为评价噪声的标准，记作分贝（A）或dB（A）。　　（钱以明）

AMS接头　arrange middle stream joint

又称侧旋器。带有呈扭旋状管壁段的上部特制配件。水流进入后沿管壁作螺旋状减速下落，具有较大空气芯，以改善水气流工况。　　（胡鹤钧）

B类火灾　fire class B

指液体火灾和可熔化的固体物质火灾。如汽油、煤油、柴油、原油、甲醇、乙醇、沥青、石蜡火灾等。
　　　　　　　　　　　　　（赵昭余）

BAS分站　substation

又称子站。两级建筑设备电脑管理系统（BAS）中的第二级。它按主站指令或规定程序负责对建筑物各分布地区机电设备进行数据采集、运行控制和管理。　　　　　　　　　　（廖传善）

BAS主站　central station

又称中央。建筑设备电脑管理系统（BAS）中最高的一级。在只有两级的系统中，它通过下一级（子站）负责对整座建筑物或建筑群内全部机电设备运行的调度、监督和管理。如起停控制、确定优化或节能运行方式、改变设定参数、正常运行监视、事故和维修报警、水电油汽消耗量统计和动态图表绘制等。

（廖传善）

C 类火灾　fire class C

指气体火灾。如煤气、天然气、甲烷、乙烷、丙烷、氢气火灾等。　　　　　　　　　（赵昭余）

CIE 标准色度（表色）系统　CIE standard colorimetric system

又称 XYZ 表色系统。按照 CIE 规定的光谱三刺激值的三原色色度系统。包括 CIE1931 标准色度系统和 CIE1964 辅助标准色度系统，前者光谱三刺激值为 $\bar{x}(\lambda)$、$\bar{y}(\lambda)$、$\bar{z}(\lambda)$，又称为 2°视场 XYZ 系统；后者光谱三刺激值为 $\bar{x}_{10}(\lambda)$、$\bar{y}_{10}(\lambda)$、$\bar{z}_{10}(\lambda)$，又称为 10°视场 $X_{10}Y_{10}Z_{10}$ 系统。（俞丽华）

CIE 眩光指数法　CIE glare index method

以 CIE 推荐的眩光指数 CGI 为定量评价不舒适眩光尺度的方法。使用步骤同眩光指数法。

（江予新）

CRT 显示器　CRT, cathode-ray tube

用阴极射线管的屏幕作为显示终端的显示装置。它可附带一个键盘，也可不带。这种终端又称为视频数据终端，用来显示字符和图形。（温伯银）

D 类火灾　fire class D

指金属火灾。如钾、钠、镁、钛、锆、锂、铝镁合金火灾等。　　　　　　　　　（赵昭余）

IT 系统　IT system

电力系统的带电部分与大地间不直接连接的系统。即不接地或经阻抗接地，而装置的外露可导电部分接至电气上与电力系统阻抗接地点无关的接地极。这种系统当任何一相发生故障接地时，大地即作为相线工作，虽能继续运行，但若此时另一相又发生接地时，则形成相间短路，造成危险，故必须装设单相接地检测装置，以便及时发出警报，迅速处理接地故障，减少停电的机会。

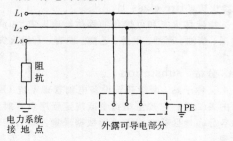

（瞿星志）

N 形存水弯

见 S 形存水弯。

P 形存水弯　P type trap

又称 P 弯。形似横卧英文字母"P"的管式存水弯。进、出水管相垂直，出水管水平方向安装。适合安装于排水横管位置较高的卫生器具排水管上。

（唐尊亮）

PEN 线　PEN conductor

起中性线 N 和保护线 PE 两种作用的接地的导线。PEN 是保护线 PE 与中性线 N 两者的组合。

（瞿星志）

PMV-PPD 热舒适指标　index of PMV-PPD for thermal comfort

衡量热舒适度的综合预测平均反应 PMV 和预测不满意百分数 PPD 两指标的综合应用指标。范格从 1396 名受测者的主观热感觉表述过程找到了 PPD 与 PMV 之间的函数关系（如图）。当 PMV=0 时，PPD=5%。说明即使在平均热感觉为最佳状况时，仍有 5% 的人不满意。当 PMV 偏离最佳值时，不舒适者的比例就会迅速增加。国际标准化组织于 1984 年颁布了 ISO 7730 国际标准，名为《适中热环境的 PMV 和 PPD 指标的计算与热舒适条件规范》。其中规定：$-0.5 < PMV < 0.5$、$PPD < 10\%$，为可接受的热环境。

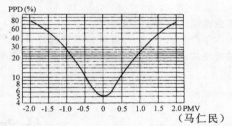

（马仁民）

S 形测压管　S-type pressure measurement tube

由两等径圆管并列而成，两管测压端所开测孔方向相反，适用于管内含尘气流的测压管。测压时一孔正对气流，一孔背向气流，由于开孔较大，不易被粉尘堵塞。使用前须经标准毕托管校正，以获得修正系数，使用时开口朝向应和较正时一致。

（徐文华）

S 形存水弯　S type trap

又称 S 弯、N 形存水弯，形似横卧英文字母"S"的管式存水弯。进、出水管均为垂直方向。适合安装于排水横管位置较低的卫生器具排水管上。

（唐尊亮）

S 型机械接口　S-type gas pipe mechanical joint

多层密封组合结构的新型铸铁管柔性接口。由

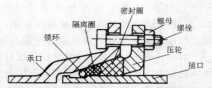

螺栓、螺母、压轮、橡胶密封圈、隔离圈和锁环等组成。密封性能好，安全可靠、施工维修方便。

（陆　杰）

TN 系统　TN system

电力系统有一点直接接地，装置的外露可导电部分用保护线与该点连接的系统。按照中性线与保护线的组合情况，此系统又可分为 TN-S 系统、TN-C-S 系统和 TN-C 系统三种型式。　（瞿星志）

TN-C 系统　TN-C system

TN 系统的整个中性线 N 与保护线 PE 是合一的，装置的外露可导电部分都接在 PEN 线上的系统。与 TN-S 系统相比，它少用一根导线，比较经济。但当三相负荷不平衡时，接地的 PEN 线上有不平衡电流通过而在其上产生电压降，若此时触及外露可导电部分或 PEN 线上某一点，有可能导致电击；中性线 N 与保护线 PE 合一，增加了断线造成危险的可能性；单相碰壳短路时过流保护装置灵敏度可能不够，不能保证快速切断故障。中国的三相四线制系统属于这类。

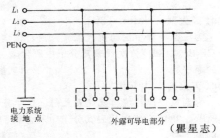

（瞿星志）

TN-C-S 系统　TN-C-S system

TN 系统中有一部分中性线 N 与保护线 PE 是合一的，而另一部分是分开的系统。即在 TN-C 系统的末端将 PEN 线分开为 PE 线和 N 线，分开后则不允许再将其合一。此种型式兼有 TN-S 系统和 TN-C 系统的特点，常用于线路末端环境较差的用电场所或有数据处理等设备的供电系统。

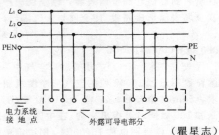

（瞿星志）

TN-S 系统　TN-S system

TN 系统的整个中性线 N 和保护线 PE 是分开的，装置的外露可导电部分都接到保护线上的系统。其正常工作时保护线上没有电流，外露可导电部分上不呈现电压，有较强的电磁适应性；事故时容易切断电源，比较安全；可避免由于末端线路、分支线或主干线的中性线断线所造成的危险。但装设单独的保护线会增加投资。

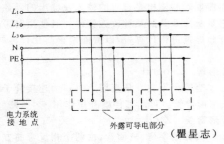

（瞿星志）

TT 系统　TT system

电力系统有一个直接接地点，各个装置的外露可导电部分采用单独的保护线 PE 接至电气上与电力系统的接地点无关的接地极的系统。因此电磁适应性较好，在土壤电阻率较低的地区使用是较经济和稳定的。

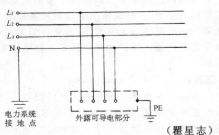

（瞿星志）

U 形存水弯　U type trap

形似英文字母"U"的管式存水弯。进、出水管均为水平方向。适合安装于排水横管上，为便于疏通，应在其上、下游设清扫口。　（唐尊亮）

U 形管式换热器　U-tube heat exchanger

管束弯成 U 字形，两端均固定于同一管板上，呈 U 形弯的部分悬置于壳体内且可自由伸缩的管壳式换热设备。结构简单、管束能方便地抽出，但更换管束较困难。　（王重生）

U 型弯管　U-elbow

连接两根平衡管端的管件。用于管道 180°转向。

（唐尊亮　潘家多）

XYZ 表色系统

见 CIE 标准色度（表色）系统（318 页）。

Z 传递函数系数　z-transfer factors

传递函数经过 z 变换（$z=\exp[-\Delta s]$）后所得到的，以 z 的负 j 次幂的分式多项式表示一个系统的离散形动态特性,其中第 j 项即为 c_jz^{-j} 中的系数 c_j 就是对应于 j 时刻的特性值,所以它是以两个时间序列来表示的系统动态特性值。习惯上,墙板系统使用 b_j,d_j 等,房间系统使用 v_j,$w_j(j=0,1,2\cdots)$,这些系数可以直接从已知的反应系数时间序列中求得。它与输入 $\theta(j)$ 及输出 $q(j)$ 的关系式为

$$q(n) = \sum_{j=0}^{M} b_j\theta(n-j) - \sum_{j=1}^{N} d_jq(n-j)$$

亦即现时的输出是过去的输入及输出的函数。由于它是反应系数的某种改进变形,且使用时可从 0 时开始递推进行计算,所以常能取得简化计算的效果。

(赵鸿佐)

Z 形弯 Z-bend

当管子不在一条直线上时,为连接管子而设的 Z 字形弯管。可起到伸缩补偿作用。 (路 煜)

Z 形弯头 Z elbow

又称乙字弯、来回弯。由两个相反弯曲方向的弯头组成的配件。用以连接两条轴线平行的管道。

(陈郁文)

γ 射线辐照消毒 disinfection with gamma radiation

利用 γ 射线的辐射杀灭致病微生物的过程。γ射线是放射性同位素(如钴 60)辐射的电磁波。在足够的剂量下,γ 射线辐照能达到灭菌目的。此射线比紫外线的渗透能力强得多,故更适用于污泥消毒。由于需要严格的防护和费用昂贵,目前还不能大量采用。 (卢安坚)

0 级设备 class 0 equipment

依靠基本绝缘作为电击保护的设备。此类设备不设置保护接地。如有可触及的外露可导电部分,在基本绝缘一旦失效漏电时,触电程度完全取决于周围环境的防护条件。 (瞿星志)

1 级 class1

代表 0.0283m³(1 立方英尺)空气中 $\geqslant 0.5\mu m$ 的微粒数不超过 1 粒的空气洁净度级别,同时也不允许有 $\geqslant 5\mu m$ 的微粒。该级别是 1988 年美国联邦标准 209D 正式提出的,也可以用 $\geqslant 0.1\mu m$、$\geqslant 0.2\mu m$、$\geqslant 0.3\mu m$ 中的几个粒径的微粒数来衡量,参见 10级。 (许钟麟)

10 级 class10

代表 0.0283m³(1 立方英尺)空气中 $\geqslant 0.5\mu m$ 的微粒数不超过 10 粒的空气洁净度级别,同时不允许有 $\geqslant 5\mu m$ 的微粒。该级别是 1988 年美国联邦标准 209D 正式提出的。 (许钟麟)

100 级 class 100

代表 0.0283m³(1 立方英尺)空气中 $\geqslant 0.5\mu m$ 的微粒数不超过 100 粒的空气洁净度级别,同时要求 $\geqslant 5\mu m$ 的微粒数为零。这是世界上第一个洁净室标准——1961 年的美国空军技术条令 TO.00—25—203 首次提出的当时洁净度的最高级别,后为美国联邦标准 209 所引用,现已成为国际上习惯通用的一个洁净度级别。在中国《洁净厂房设计规范》中该级别也称 100 级,用法定单位制或公制表示,即 $\geqslant 0.5\mu m$ 的微粒数 $\leqslant 35\times100$ 粒/m³(3.5 粒/L)。这个级别一般是区分平行流洁净空间和乱流洁净空间的界限:100 及 100 以下的级别必须用平行流气流组织,100 以上的级别只需要用乱流气流组织。按 1988 年颁布的美国联邦标准 209D,该级别也可以用 $\geqslant 0.2\mu m$ 或 $\geqslant 0.3\mu m$ 的微粒数来衡量。参见 10级。 (许钟麟)

1000 级 class 1000

代表 0.0283m³(1 立方英尺)空气中 $\geqslant 0.5\mu m$ 的微粒数不超过 1000 粒的空气洁净度级别,同时要求 $\geqslant 5\mu m$ 的微粒数 $\leqslant 7$ 粒/ft³(0.25 粒/L)。该级别最早是在 1976 年 5 月美国颁布的联邦标准 209B 修订版中正式提出的。在中国《洁净厂房设计规范》中,该级别也称 1000 级,用法定单位制或公制表示,即 $\geqslant 0.5\mu m$ 的微粒数 $\leqslant 35\times1000$ 粒/m³(35 粒/L),$\geqslant 5\mu m$ 的微粒数 $\leqslant 0.25$ 粒/L。 (许钟麟)

1211 灭火剂 Halon 1211

为二氟一氯一溴甲烷的卤代烷灭火剂。化学分子式为 CF_2ClBr。"1211"依次代表其分子中所含碳、氟、氯、溴的原子数。 (熊湘伟)

1301 灭火剂 Halon 1301

为三氟一溴甲烷的卤代烷灭火剂。化学分子式为 CF_3Br。"1301"依次代表其分子中所含碳、氟、氯、溴的原子数。 (熊湘伟)

2402 灭火剂 Halon 2402

为四氟二溴乙烷卤代烷灭火剂。化学分子式为 $C_2F_4Br_2$。"2402"依次代表其分子中所含碳、氟、氯、溴的原子数。 (熊湘伟)

7150 灭火剂 extinguishing agent 7150

用于扑救镁、铝、镁铝合金、海绵状钛等轻金属火灾的无色透明可燃液体灭火剂。为三甲氧基硼氧六环主要成分的卤代烷灭火剂化学式为 $(CH_3O)_3B_3O_3$。由硼酸三甲酯与硼酐按一定比例加热反应制成。灭火时,在氮气等加压气体作用下,以雾状喷射到燃烧着的金属表面,燃烧反应产生的硼酐在金属表面形成隔膜,使金属与大气隔绝,燃烧窒息。 (华瑞龙)

10000 级 class 10000

代表 0.0283m³(1 立方英尺)空气中 $\geqslant 0.5\mu m$ 的微粒数不超过 10000 粒的空气洁净度级制,同时要求 $\geqslant 5\mu m$ 的微粒数 $\leqslant 70$ 粒/ft³(2.5 粒/L)。该级别是和 100 级同时被提出来的。在中国《洁净厂房设计规范》中,该级别也称 10000 级,用法定单位制或

公制表示，即≥5μm 的微粒数≤350×1000 粒/m³（350 粒/L），≥5μm 的微粒数≤2.5 粒/L。

（许钟麟）

100000 级　class 100000

代表 0.0283m³（1 立方英尺）空气中≥0.5μm 的微粒数不超过 100000 粒的空气洁净度级别，同时要求≥5μm 的微粒数≤700 粒/ft³（25 粒/L）。该级别是和 100 级同时被提出来的。在中国《洁净厂房设计规范》中，该级别也称为 100000 级，用法定单位制或公制表示，即≥5μm 的微粒数≤3500×1000 粒/m³（3500 粒/L），≥5μm 的微粒数≤25 粒/L。

（许钟麟）

Ⅰ级设备　class Ⅰ equipment

除依靠基本绝缘作为电击保护外，还采用保护接地或保护接零附加安全措施的设备。即将可触及的外露可导电部分与电源进线中保护线相连接，一旦基本绝缘失效时外露可导电部分不会成为带电体。但对于按Ⅰ级设计又只配有两芯软电线或软电缆的设备，或其插头不能插入带有接地极的三孔插座时，该设备的保护就相当于 0 级。（瞿星志）

Ⅱ级设备　class Ⅱ equipment

不仅有基本绝缘，还具有双重绝缘或加强绝缘附加安全措施的设备。当基本绝缘损坏时，由附加绝缘与带电体隔离防止电击。这类电气设备有绝缘外壳、金属外壳及综合型的外壳。　（瞿星志）

Ⅲ级设备　class Ⅲ equipment

采用安全电压供电且其本身不会产生高于安全电压的设备。此类设备不设置保护接地。

（瞿星志）

词目汉语拼音索引

说　明

一、本索引供读者按词目汉语拼音序次查检词条。

二、词目的又称、旧称、俗称、简称等，按一般词目排列，但页码用圆括号括起，如(1)、(9)。

三、外文、数字开头的词目按外文字母与数字大小列于本索引末尾。

词目汉字笔画索引

说 明

一、本索引供读者按词目的汉字笔画查检词条。

二、词目按首字笔画数序次排列;笔画数相同者按起笔笔形,横、竖、撇、点、折的序次排列,首字相同者按次字排列,次字相同者按第三字排列,余类推。

三、词目的又称、旧称、俗称简称等,按一般词目排列,但页码用圆括号括起,如(1)、(9)。

四、外文、数字开头的词目按外文字母与数字大小列于本索引的末尾。

一画

[一]

一次灭火用水量	275
一次回风系统	275
一次回路	275,(306)
一次空气	275
一次射流区	275
一次接线	275,(306)
一次最高容许浓度	275
一级电力负荷	276
一级处理	276
一点接地系统	(75)
一般净化	275
一般显色指数	275
一般照明	275
一般漫射照明	(136)

[乛]

乙字弯	(277),(320)
乙字管	277

二画

[一]

二次电池	(265)
二次扬尘	62
二次回风系统	62
二次回路	(62)
二次系统	(62)
二次空气	62
二次射流区	62
二次接线	62
二次盘管	62
二次蒸发箱	62
二次蒸汽	62
二级电力负荷	62
二级处理	62
二进制	62
二项式法	62
二氧化碳灭火系统	63
二氧化碳灭火剂	62
二氧化碳延时施放法	63
二氧化碳消防车	63
二通阀	(62)
二通调节阀	62
二维显示	62
十字管	215

丁字托滑动支座	54
丁字管	54,(206)

[丿]

八木天线	2
人工气候室	201
人工电话	201
人工冷水系统	201
人工矿泉水	(202)
人工呼吸法	201
人工排水	201
人工接地极	201
人工煤气	201
人民防空工程设计防火规范	201
人体发尘量	201
人体对流换热	201
人体对流换热系数	201
人体有效辐射面积系数	202
人体全热散热量	202
人体表面投影系数	201
人体表面积	201
人体显热散热量	202
人体热平衡	202
人体散热散湿量	202
人体散湿量	202
人体蒸发散热	202
人体辐射角系数	201
人体辐射换热	201

六画

[一]

七画

十一画

[一]

十三画

十四画

[一]

词目英文索引